《现代物理基础丛书》编委会

现代物理基础丛书 99

量子统计物理

王先智 编著

科学出版社

北京

内 容 简 介

本书介绍量子统计物理的基本原理及其应用。本书共 13 章,主要内容包括密度矩阵、量子刘维尔方程、微正则系综、正则系综、巨正则系综、玻色分布、费米分布、玻色-爱因斯坦凝聚、相互作用气体的集团展开方法、密度分布函数理论、朗道连续相变的平均场理论、伊辛模型的严格解、杨-李相变理论、标度理论、重正化群理论、朗道超流理论、费曼超流微观理论、博戈留波夫理论、朗道正常费米液体理论、玻尔兹曼积分微分方程及其近似解、福克尔-普朗克方程、昂萨格倒易关系以及涨落-耗散定理等。

本书可作为高等学校物理专业高年级本科生和研究生的教学用书或教学参考书,也可供相关专业研究生和科研人员参考。

图书在版编目(CIP)数据

量子统计物理/王先智编著. —北京:科学出版社,2023.10
(现代物理基础丛书)
ISBN 978-7-03-076706-6

I. ①量… II. ①王… III. ①量子统计物理学 IV. ①O414.2

中国国家版本馆 CIP 数据核字 (2023) 第 199044 号

责任编辑:周 涵 孔晓慧/责任校对:彭珍珍
责任印制:赵 博/封面设计:陈 敬

科 学 出 版 社 出版
北京东黄城根北街 16 号
邮政编码:100717
http://www.sciencep.com

北京中科印刷有限公司印刷
科学出版社发行 各地新华书店经销
*
2023 年 10 月第 一 版 开本:720×1000 B5
2024 年 4 月第二次印刷 印张:34
字数:682 000
定价:148.00 元
(如有印装质量问题,我社负责调换)

序　言

对宏观系统的描述有宏观描述和微观描述两种。宏观描述不关心物质的微观结构，把宏观系统当成连续介质处理，这就是热力学方法。热力学是建立在人们日常经验观察基础之上的，由这些观测归纳成几个热力学定律。从几个这样的定律出发，用纯逻辑推理和其他数学的方法，推导出热力学函数和热力学基本方程。宏观描述的态变量仅为诸如密度、温度、压强等几个，热力学的观察总结非常简单，逻辑推理非常合理，结论非常可靠。热力学是使用欧几里得的《几何原本》里的逻辑推理方法最多的物理分支，因此爱因斯坦非常赞赏热力学，他说：A theory is more impressive the greater the simplicity of its premises, the more different are the kinds of things it relates, and the more extended its range of applicability. Therefore, the deep impression which classical thermodynamics made on me. It is the only physical theory of universal content, which I am convinced, that within the framework of applicability of its basic concepts will never be overthrown.(一个理论，如果它的前提越简单，而且能说明各种类型的问题越多，应用的范围越广，那么它给人们的印象就越深刻。因此，经典热力学给我留下了深刻的印象。经典热力学是具有普遍内容的唯一物理理论。我深信在其基本概念适用的范围内是绝不会被推翻的。) 宏观系统的分子数量巨大，从数量级上来讲跟阿伏伽德罗常量可比拟，描述系统的微观自由度为同一数量级，因此要对系统作详尽的微观描述是十分困难的。幸好在统计物理建立之前，已经有一种成熟的数学处理方法，那就是拉普拉斯古典概率，其定义是由法国数学家拉普拉斯提出的。如果一个随机试验所包含的单位事件是有限的，且每个单位事件发生的可能性均相等，则这个随机试验称为拉普拉斯试验，这种条件下的概率模型就称为古典概型。在这个模型下，随机试验所有可能的结果是有限的，并且每个基本结果发生的概率是相同的。古典概型是概率论中最直观和最简单的模型，概率的许多运算规则，也首先是在这种模型下得到的。19 世纪下半叶，玻尔兹曼首先将拉普拉斯古典概率应用于平衡态宏观系统，提出了平衡态统计物理的基本原理——等概率假设。20 世纪初，吉布斯和爱因斯坦各自独立提出了统计系综概念，得到了统计分布，建立起了平衡态统计物理的基本框架。平衡态统计物理的基本假设非常简单，应用非常广泛，是理论物理最美丽的分支之一。可惜的是，等概率假设对于非平衡态宏观系统不成立，迄今为止，非平衡态统计物理的基本原理还没有发现,基本框架没有建立起来。玻尔兹曼还在非平衡态统计物理方面做出了重大贡献,他针对经典稀薄气体提出了输运方程,从玻尔兹曼积分微分方程计算得到的输运系数与实验结果符合,表明玻尔兹曼积分微分方程是非平衡态统计物理的伟大方程。

作者曾经为上海交通大学物理系研究生上过十年高等统计物理课,编写过讲义,本书是在讲义的基础上经过扩充而成的。

热学研究方法有宏观描述和微观描述两种,宏观描述对应平衡态热力学,微观描述对应平衡态统计物理,它们之间的关系十分密切,因此有必要回顾平衡态热力学,所以第 1 章总结了平衡态热力学。首先介绍热力学第零定律、热力学第一定律、热力学第二定律、卡诺定理、克劳修斯等式、熵和热力学基本方程,然后介绍热动平衡的判据、麦克斯韦关系、电介质和磁介质的热力学;接下来介绍热力学稳定性条件、开放系统的热力学基本方程、相变和热力学第三定律。

第 2 章首先介绍量子力学中的密度矩阵,然后介绍统计物理中的密度矩阵和量子刘维尔方程。

第 3 章介绍平衡态量子统计物理的基本原理。首先介绍等概率假设和微正则系综中的熵公式;接下来介绍正则分布、巨正则分布、正则系综里的密度算符、布洛赫方程、正则系综和巨正则系综的统计平均值公式;最后介绍态密度的计算、热力学极限、系综的等价性、正则配分函数的经典极限和统计物理的变分原理。

第 4 章介绍量子无相互作用系统的严格解。首先介绍量子无相互作用系统的玻色分布和费米分布,然后介绍其应用。玻色分布的应用包括理想玻色气体的热力学性质、玻色–爱因斯坦凝聚、普朗克黑体辐射公式、基尔霍夫定律、超导的带电理想玻色气体模型。还介绍了固体热容量的德拜理论,固体的简正振动模可以看成化学势为零的理想玻色气体,称为声子气体,这是更一般的相互作用玻色系统的元激发的特殊情形。费米分布的应用包括理想费米气体的热力学性质 (尤其是靠近绝对零度时的热力学性质)、理想费米气体的磁性质 (包括泡利顺磁性、朗道抗磁性和德哈斯–范阿尔芬效应)、金属中的热电子发射、白矮星模型和重原子的统计模型。白矮星模型和重原子的统计模型在物理本质上是一样的,白矮星可以看成一个大原子,而且由于重原子的统计模型与流体力学近似等效,可以表示成密度泛函,因此重原子的统计模型是密度泛函理论的先驱。

第 5 章介绍相互作用气体和液体的近似处理方法。首先介绍适用于稀薄气体的经典集团展开,作者提出的正则配分函数的递推公式以及使用该公式推导迈耶级数公式,经典第二和第三位力系数的计算,范德瓦耳斯状态方程的推导;然后介绍量子集团展开方法和量子非理想气体的第二位力系数的计算；接下来介绍经典完全电离气体的德拜–休克尔近似、对应态定律、适用于稠密气体和液体的密度分布函数理论和经典一维硬棒气体的严格解。

第 6 章介绍统计模型与平均场近似。首先介绍各种统计模型，包括范德瓦耳斯平均场近似、外斯分子场理论、海森伯交换模型和伊辛模型；然后介绍各种平均场近似，包括布拉格–威廉斯近似、贝特近似和范德瓦耳斯气体的临界性质；最后介绍普遍的朗道连续相变的平均场理论、序参量的涨落和超导的金兹堡–朗道理论。

第 7 章介绍一维和二维伊辛模型的严格解。首先介绍一维伊辛模型的严格解、二维伊辛模型的对偶关系和星–三角形变换；然后介绍二维伊辛模型的两个严格解——无规行走表象和相互作用费米子表象。

第 8 章介绍配分函数的奇点与相变之间的关系。首先介绍杨–李相变理论、杨–李圆周定理、铁磁伊辛模型的零点分布密度公式、复温度平面上的零点分布；接下来介绍作者提出的理论，包括二维反铁磁伊辛模型的临界线、把杨–李相变理论从巨正则系综推广至正则系综的理论、气–液相变出现的判据、理想玻色气体的巨配分函数的奇点与玻色–爱因斯坦凝聚之间的关系。

第 9 章介绍临界现象的重正化群理论。首先介绍临界指数满足的不等式、维多姆标度理论和卡达诺夫标度变换理论；然后以伊辛模型为例介绍实空间中的重正化群理论，具体给出一维伊辛模型的严格重正化群变换以及三角格子和正方格子上的伊辛模型的近似重正化群变换；接下来介绍使用伊辛模型和高斯积分推导朗道有效哈密顿量；最后介绍动量空间中的重正化群变换、高斯模型的严格重正化群变换和 ψ^4 模型的近似重正化群变换。

第 10 章介绍量子流体。首先介绍液氦的超流现象；然后介绍唯象理论，包括伦敦对超流的解释、二流体模型和朗道超流理论；接下来介绍微观理论，包括费曼超流微观理论和博戈留波夫理论；最后介绍朗道正常费米液体理论、具有排斥势的简并近理想费米气体和具有吸引势的简并近理想费米气体的热力学性质。

流体力学知识对理解非平衡态热力学和统计物理以及液氦的量子涡是必不可少的，为此在第 11 章专门介绍流体力学。首先介绍流体力学的基本概念，如拉格朗日描写与欧拉描写、随体导数、涡量、速度环量等；然后介绍广义牛顿黏性定律和纳维–斯托克斯方程；最后介绍纳维–斯托克斯方程的应用，包括严格解和斯托克斯阻力公式。

第 12 章介绍流体的微观描述。首先介绍刘维尔方程、BBGKY(Born-Bogoliubov-Green-Kirkwood-Yvon) 方程链和弗拉索夫方程的推导；接下来介绍玻尔兹曼积分微分方程、H 定理、流体力学方程的推导和玻尔兹曼积分微分方程的近似解；最后介绍洛伦兹气体的玻尔兹曼积分微分方程的解。

第 13 章介绍涨落理论。首先介绍涨落的准热力学理论、布朗运动的爱因斯坦理论和朗之万理论以及福克尔–普朗克方程；接下来介绍力与流、昂萨格倒易关系和热电效应；最后介绍涨落–耗散定理。

王先智

2023 年 10 月

目　　录

第 1 章 热 力 学

在 19 世纪，科学家把已经认识到的关于宏观物体的热现象的经验规律上升到理性认识，归纳成热力学定律。从这几个定律出发，用逻辑推理和其他数学的方法，推导出热力学基本方程 [1−9]。

1.1 热力学第零定律和第一定律

1.1.1 热力学第零定律

1. 热力学系统

热力学的研究对象是由大量微观粒子组成的宏观系统。根据系统与外界相互作用的情况，可划分为如下三类。

(1) 孤立系统：与其他物体没有任何相互作用的系统。

(2) 闭合系统：与外界有能量交换，但没有物质交换的系统。

(3) 开放系统：与外界既有能量交换，又有物质交换的系统。

现实世界里并不存在严格的孤立系统，孤立系统只是理想物理模型。

2. 平衡态

实验上发现，在不受外界影响的条件下，热力学系统的宏观性质不随时间改变。我们把这样的状态称为热平衡态。

描述热力学系统平衡态的这些参量如体积、压强、温度称为状态参量。根据物理性质，状态参量可划分为如下四类。

(1) 几何参量 (如体积、长度)；

(2) 力学参量 (如压强)；

(3) 电磁参量 (如电场强度 $\mathcal{E}$、电极化强度 $\mathcal{P}$、磁化强度 M)；

(4) 化学参量 (如质量、物质的量、化学势)。

根据状态参量与系统的质量之间的关系可划分为如下两类。

(1) 广延量：与系统的质量或物质的量成正比 (如体积 V、总磁矩 $\mathcal{M}$ 等)。

(2) 强度量：与质量或物质的量无关 (如压强 P、温度 T 等)。

3. 准静态过程

热力学系统从一个状态变化到另一个状态, 称为热力学过程。如果一个热力学过程进行得足够缓慢, 以至于系统在其变化过程中所经历的每一中间状态都无限接近于热平衡态, 则这样的过程称为准静态过程。准静态过程是理想物理模型。实际上, 如果一个热力学过程的所用时间远大于弛豫时间 (从非平衡态过渡到平衡态所用的时间), 则在过程中系统就几乎随时接近平衡态, 就可以看成准静态过程。把一个热力学过程简化为准静态过程, 用平衡态状态参量来描述, 可以使描述得到极大简化。

4. 热力学第零定律的表述

热力学第零定律指出, 各自与第三个热力学系统处于热平衡的两个热力学系统彼此处于热平衡。热力学第零定律断言, 处在同一热平衡状态的所有热力学系统都具有一个共同的宏观特征, 这一特征是由这些互为热平衡系统的状态所决定的一个数值相等的状态函数, 这个状态函数被定义为温度。

1.1.2 热力学第一定律

能量守恒定律断言, 能量既不会创造, 也不会消失, 只能从一种形式转化为别的形式, 或者从一个物体转移到别的物体, 在转换和传递的过程中, 其总量不变。能量守恒定律是自然界普适的定律之一, 对微观过程和宏观过程都成立。

热力学第一定律是能量守恒定律对热力学过程的具体应用。热力学第一定律指出, 热能可以从一个物体传递给另一个物体, 也可以与机械能或其他能量相互转换, 在传递和转换过程中, 能量的总量不变。热力学第一定律断言, 存在描述系统热运动能量的状态函数——内能 (焦耳能定理)。系统内能指的是构成系统的所有分子的平动能、转动能、振动能和分子间相互作用势能的总和。

考虑热力学系统经历某一热过程, 系统从外界吸热 Q, 系统对外界做功 A, 系统的内能从初始值 E_1 变为 E_2。能量守恒意味着吸热等于内能的增加与系统对外界所做的功之和, 即热力学第一定律可以表述为

$$Q = \Delta E + A = E_2 - E_1 + A \tag{1.1-1}$$

如果系统经历一个元过程, 则式 (1.1-1) 化为

$$\delta Q = \mathrm{d}E + \delta A \tag{1.1-2}$$

注意，由于热和功依赖于过程，则上式中的 δQ 和 δA 是无穷小量，但不是全微分，$\mathrm{d}E$ 才是全微分。

如果系统经历的是准静态过程，式 (1.1-1) 和式 (1.1-2) 分别化为

$$Q = \Delta E + \int_{V_1}^{V_2} P\mathrm{d}V \tag{1.1-3}$$

$$\delta Q = \mathrm{d}E + P\mathrm{d}V \tag{1.1-4}$$

式中，P 为压强；V_1 和 V_2 分别为系统的初态和末态的体积。

1.2 热力学第二定律

1.2.1 热过程的方向性

热力学第一定律指出各种形式的能量在相互转化的过程中满足能量守恒定律，但对过程进行的方向却没有给出任何限制。实验发现，自然界一切与热有关的运动过程都是有方向性的，都是不可逆的。

不可逆过程定义如下：一个热力学系统由某一初态出发，经过某一过程到达末态后，如果不存在另一过程，它能使系统和外界完全复原，则原过程称为不可逆过程。

1.2.2 理想气体的卡诺循环

热力学系统经过一系列状态变化以后，又回到原来状态的热过程称为热力学循环过程。如果循环所经历的过程都是准静态过程，则此循环过程为准静态循环过程，可以用 P-V 图来表示。如果在 P-V 图上循环过程按顺时针进行，那么这样的循环称为正循环；反之称为逆循环。

在一次正循环过程中，工作物质 (热力学系统) 从高温热源吸热 Q_1，向低温热源放热 Q_2，同时对外做功 A，如图 1.2.1 所示。热机效率定义为

$$\eta = \frac{A}{Q_1} = 1 - \frac{Q_2}{Q_1} \tag{1.2-1}$$

式中，Q_1 和 Q_2 均为绝对值。

卡诺 (Carnot) 循环由理想气体的两个准静态等温过程和两个准静态绝热过程组成，如图 1.2.2 所示。

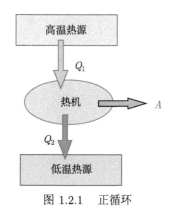

图 1.2.1　正循环

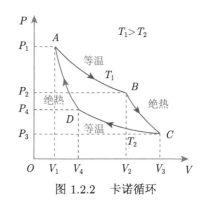

图 1.2.2　卡诺循环

A—B 为等温膨胀，从高温热源吸热，即

$$Q_1 = Q_{AB} = \nu R T_1 \ln \frac{V_2}{V_1} \tag{1.2-2}$$

C—D 为等温压缩，向低温热源放热，即

$$Q_2 = |Q_{CD}| = \nu R T_2 \ln \frac{V_3}{V_4} \tag{1.2-3}$$

热机效率为

$$\eta = 1 - \frac{Q_2}{Q_1} = 1 - \frac{T_2}{T_1} \frac{\ln \dfrac{V_3}{V_4}}{\ln \dfrac{V_2}{V_1}} \tag{1.2-4}$$

式 (1.2-4) 还可以化简，因为还有两个绝热过程的方程没有使用。

B—C 绝热过程满足

$$V_2^{\gamma-1} T_1 = V_3^{\gamma-1} T_2 \tag{1.2-5}$$

D—A 绝热过程满足

$$V_1^{\gamma-1} T_1 = V_4^{\gamma-1} T_2 \tag{1.2-6}$$

把式 (1.2-5) 和式 (1.2-6) 相除得

$$\frac{V_2}{V_1} = \frac{V_3}{V_4} \tag{1.2-7}$$

把式 (1.2-7) 代入式 (1.2-4) 得

$$\eta = 1 - \frac{T_2}{T_1} \tag{1.2-8}$$

1.2.3 克劳修斯表述和开尔文表述及其等价

热力学第二定律的克劳修斯 (Clausius) 表述指出,不可能把热量从低温物体传到高温物体而不引起其他影响。

热力学第二定律的开尔文 (Kelvin) 表述指出,不可能从单一热源吸收热量,使之完全变为有用的功而不引起其他影响。

克劳修斯表述和开尔文表述是等价的。

证明 (1) 利用反证法,首先证明,如果克劳修斯表述不成立,则开尔文表述也不成立。

假设克劳修斯表述不成立,有热量 Q_2 自发从低温热源 T_2 传向高温热源 T_1,同时有一台卡诺热机工作于两热源之间,从高温热源吸取热量 Q_1,向低温热源排放热量 Q_2,同时输出功 A,如图 1.2.3 所示。

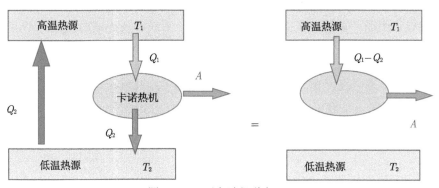

图 1.2.3 两个过程联合 (1)

把两个过程联合,其净效果为向高温热源吸取热量 $Q_1 - Q_2$,全部转化为功,违背开尔文表述。

(2) 下面证明,如果开尔文表述不成立,则克劳修斯表述也不成立。

假设开尔文表述不成立,可以从热源 T_1 吸取热量 Q_1,全部转化为功,用该功驱动一台卡诺致冷机,从低温热源吸取热量 Q_2,向高温热源排放热量 $Q_1 + Q_2$,如图 1.2.4 所示。

把两个过程联合,其净效果为有热量 Q_2 自发从低温热源 T_2 传到高温热源 T_1,违背了克劳修斯表述。证毕。

热力学第二定律断言,一切与热现象有关的实际宏观过程都是不可逆的。

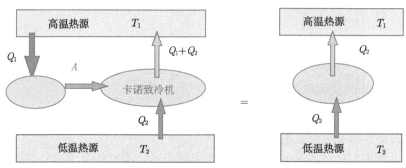

图 1.2.4   两个过程联合 (2)

1.2.4 卡诺定理

由热力学第二定律可以证明卡诺定理：① 在相同高温热源和低温热源之间工作的任意工作物质的可逆热机都具有相同的效率；② 工作在相同的高温热源和低温热源之间的一切不可逆机，不管其工作物质如何，其效率都小于可逆热机的效率。

这里热源定义为温度均匀的恒温热源。可逆机定义为，其循环为可逆循环，即系统完成一个循环后接着又完成其逆向循环后，系统和外界同时复原。不可逆机定义为，其循环为不可逆循环，即系统完成一个循环后接着又完成其逆向循环后，系统复原，外界没有复原。

证明   考虑工作在相同高温热源和低温热源之间的两部热机，a 机为可逆机，b 机任意，且在一个循环内输出相同的功，如图 1.2.5 所示。有

$$Q_{1a} - Q_{2a} = Q_{1b} - Q_{2b} = A > 0 \tag{1.2-9}$$

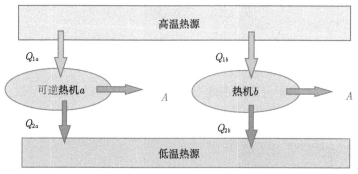

图 1.2.5   两个热机输出相同的功

使用反证法，假设 a 机效率小于 b 机，即

$$\eta_a = \frac{A}{Q_{1a}} < \eta_b = \frac{A}{Q_{1b}} \tag{1.2-10}$$

得

$$Q_{1a} > Q_{1b} \tag{1.2-11}$$

联合式 (1.2-9) 和式 (1.2-11) 得

$$Q_{2a} - Q_{2b} = Q_{1a} - Q_{1b} > 0 \tag{1.2-12}$$

将 a 机逆向运转作致冷机，并用 b 机输出的功驱动 a 机，如图 1.2.6 所示。

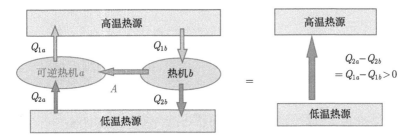

图 1.2.6　两机联合运转

两机联合运转的结果是，有 $Q_{1a} - Q_{1b}$ 的热量由低温热源传递到高温热源，且未产生任何影响，如图 1.2.6 所示，这违反热力学第二定律的克劳修斯表述。因此前面的假设不成立，必有

$$\eta_a \geqslant \eta_b \tag{1.2-13}$$

这样我们证明了工作在相同的高温热源和低温热源之间的一切不可逆机的效率都不可能大于可逆机的效率。

如果 b 也是可逆机，两个互为可逆，则满足

$$\eta_a \geqslant \eta_b, \quad \eta_a \leqslant \eta_b \tag{1.2-14}$$

得

$$\eta_a = \eta_b \tag{1.2-15}$$

这样我们证明了在相同高温热源和低温热源之间工作的任意工作物质的可逆机都具有相同的效率。证毕。

在上面的证明中，为什么选择可逆热机逆向运转作致冷机？原因是，对于相同的功，如果选择可逆热机逆向运转，则 Q_1 和 Q_2 数值上不会变化；如果选择不可逆热机逆向运转，则 Q_1 和 Q_2 数值上会变化，导致上面的证明无法进行下去。

前面我们使用理想气体作为工作物质完成可逆卡诺循环，得到可逆热机的效率为

$$\eta_{\mathrm{C}} = \frac{Q_1 - Q_2}{Q_1} = \frac{T_1 - T_2}{T_1} \tag{1.2-16}$$

因此卡诺定理可以表示为

$$\eta = \frac{Q_1 - Q_2}{Q_1} \leqslant \eta_{\mathrm{C}} = \frac{T_1 - T_2}{T_1} \tag{1.2-17}$$

式中可逆机取等号，不可逆机取不等号。

1.2.5 克劳修斯等式

如果规定工作物质吸收的热量为正，放出的热量为负，那么卡诺定理 (1.2-17) 可以表示为

$$\frac{Q_1}{T_1} + \frac{Q_2}{T_2} \leqslant 0 \tag{1.2-18}$$

式中，Q_1 和 Q_2 为代数值。

现在我们把式 (1.2-18) 推广。假设一个系统在循环过程中与温度分别为 T_1，T_2，$\cdots$，T_n 的 n 个热源接触，并从它们那里分别吸热 Q_1，Q_2，$\cdots$，Q_n，那么克劳修斯不等式成立，即

$$\sum_{i=1}^{n} \frac{Q_i}{T_i} \leqslant 0 \tag{1.2-19}$$

式中，可逆循环取等号，不可逆循环取不等号。

证明   引入一个温度为 T_0 的热源。同时引入 n 台可逆卡诺热机，分别工作于热源 T_0 和热源 $T_i (i = 1, 2, \cdots, n)$ 之间，如图 1.2.7 所示。

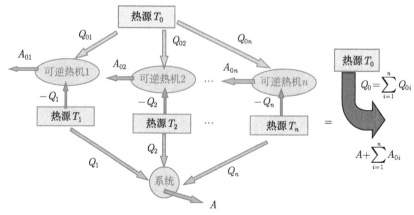

图 1.2.7 n 台可逆卡诺热机

可逆卡诺热机 i 工作于热源 T_0 和热源 T_i 之间,从热源 T_0 吸热 Q_{0i},从热源 T_i 吸热 $-Q_i$。根据卡诺定理,有

$$\frac{Q_{0i}}{T_0} + \frac{-Q_i}{T_i} = 0 \tag{1.2-20}$$

将所有过程联合起来,其净效果是,从热源 T_0 吸热 $Q_0 = \sum_{i=1}^{n} Q_{0i}$,全部转化为有用功且未产生任何影响,违背开尔文表述。因此必须有

$$Q_0 = \sum_{i=1}^{n} Q_{0i} \leqslant 0 \tag{1.2-21}$$

把式 (1.2-20) 代入式 (1.2-21) 得

$$\sum_{i=1}^{n} \frac{Q_i}{T_i} \leqslant 0 \tag{1.2-22}$$

如果循环过程是可逆的,则可令其反向进行,此时 Q_i 变成 $-Q_i$,式 (1.2-22) 化为

$$\sum_{i=1}^{n} \frac{-Q_i}{T_i} \leqslant 0 \tag{1.2-23}$$

为了保证式 (1.2-22) 和式 (1.2-23) 同时成立,必须有

$$\sum_{i=1}^{n} \frac{Q_i}{T_i} = 0 \tag{1.2-24}$$

证毕。

如果循环过程是一个连续过程,接触的热源数 $n \to \infty$,则克劳修斯不等式 (1.2-19) 化为

$$\oint \frac{\delta Q}{T} \leqslant 0 \tag{1.2-25}$$

1.3 熵和热力学基本方程

1.3.1 熵

对于可逆循环,克劳修斯不等式 (1.3-25) 化为等式,即

$$\oint \frac{\delta Q}{T} = 0 \tag{1.3-1}$$

我们看到，$\dfrac{\delta Q}{T}$ 必须是全微分，即

$$\mathrm{d}S = \frac{\delta Q}{T} \tag{1.3-2}$$

式中，S 是态函数，称为熵。

把式 (1.3-2) 和热力学第一定律 (1.1-4) 结合起来，得热力学基本方程

$$T\mathrm{d}S = \mathrm{d}E + P\mathrm{d}V \tag{1.3-3}$$

1.3.2　熵增加原理

现在我们把克劳修斯不等式 (1.2-25) 应用到如图 1.3.1 所示的由过程 acb 和可逆过程 bda 组成的循环，得

$$\oint \frac{\delta Q}{T} = \int_{acb} \frac{\delta Q}{T} + \int_{bda} \frac{\delta Q}{T} \leqslant 0 \tag{1.3-4}$$

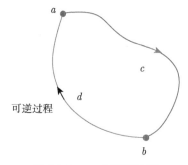

图 1.3.1　一个循环过程

对于可逆过程 bda，可以应用熵公式 (1.3-2)，得

$$\int_{adb} \frac{\delta Q}{T} = \int_{adb} \mathrm{d}S = -\int_{bda} \frac{\delta Q}{T} = \Delta S = S_b - S_a \tag{1.3-5}$$

把式 (1.3-4) 代入式 (1.3-5) 得

$$\Delta S = S_b - S_a \geqslant \int_{acb} \frac{\delta Q}{T} \tag{1.3-6}$$

对于无穷小过程，式 (1.3-6) 化为

$$\mathrm{d}S \geqslant \frac{\delta Q}{T} \tag{1.3-7}$$

对于绝热过程，有 $\delta Q = 0$，式 (1.3-7) 化为

$$\mathrm{d}S \geqslant 0 \tag{1.3-8}$$

我们得到熵增加原理：当系统经绝热过程由一态到达另一态时，其熵永不减少。如果系统经历的是可逆绝热过程，则其熵不变；如果系统经历的是不可逆绝热过程，则其熵增加。

熵增加原理也可以表述为：一个孤立系统的熵永不减少。

1.4 热动平衡的判据

1.4.1 熵判据

从上面的熵增加原理我们知道，孤立系统的平衡态是熵最大的态。从而得到熵判据：孤立系统对于各种可能的变动，平衡态的熵最大。

这里所说的各种可能的变动，是指平衡态附近的变动，包括到达平衡态的变动和离开平衡态的变动，前者是能够发生的，后者是不可能发生的。这些理论上设想的变动称为虚变动。使用这些虚变动的目的是确定孤立系统的熵是否是极大值。

熵判据给出，对于孤立系统的平衡态，熵的一级变分为零，二级变分小于零，即

$$\delta S^{(1)} = 0, \quad \delta S^{(2)} < 0 \tag{1.4-1}$$

1.4.2 亥姆霍兹自由能判据

把热力学第一定律 (1.1-2) 代入式 (1.3-6)，得

$$\Delta S = S_b - S_a \geqslant \int_{acb} \frac{\mathrm{d}E + \delta A}{T} \tag{1.4-2}$$

考虑等温过程，式 (1.4-2) 化为

$$\Delta F = F_b - F_a \leqslant -A \tag{1.4-3}$$

式中，$F = E - TS$ 为亥姆霍兹 (Helmholtz) 自由能。

我们得到最大功原理：经过一个等温过程，系统的亥姆霍兹自由能的增量不大于外界对系统所做的功。如果系统经历的是可逆等温过程，则系统的亥姆霍兹自由能的增量等于外界对系统所做的功。如果系统经历的是不可逆等温过程，则系统的亥姆霍兹自由能的增量小于外界对系统所做的功。

对于等温等体过程，系统对外界所做的功为零，式 (1.4-3) 化为

$$\Delta F = F_b - F_a \leqslant 0 \tag{1.4-4}$$

我们得到推论：经过一个等温等体过程，系统的亥姆霍兹自由能不增加。如果系统经历的是可逆等温等体过程，则系统的亥姆霍兹自由能不变。如果系统经历的是不可逆等温等体过程，则系统的亥姆霍兹自由能减少。

我们得到亥姆霍兹自由能判据：等温等体系统对于各种可能的变动，平衡态的亥姆霍兹自由能最小。

亥姆霍兹自由能判据给出：对于等温等体系统的平衡态，亥姆霍兹自由能的一级变分为零，二级变分大于零，即

$$\delta F^{(1)} = 0, \quad \delta F^{(2)} > 0 \tag{1.4-5}$$

1.4.3   吉布斯自由能判据

对于等温等压过程，系统对外界所做的功为 $A = P\Delta V = P(V_b - V_a)$，代入式 (1.4-2) 得

$$\Delta G = G_b - G_a \leqslant 0 \tag{1.4-6}$$

式中，$G = E - TS + PV$ 为吉布斯 (Gibbs) 自由能。

我们看到，经过一个等温等压过程，系统的吉布斯自由能不增加。如果系统经历的是可逆等温等压过程，则系统的吉布斯自由能不变。如果系统经历的是不可逆等温等压过程，则系统的吉布斯自由能减少。

我们得到吉布斯自由能判据：等温等压系统对于各种可能的变动，平衡态的吉布斯自由能最小。

吉布斯自由能判据给出：对于等温等压系统的平衡态，吉布斯自由能的一级变分为零，二级变分大于零，即

$$\delta G^{(1)} = 0, \quad \delta G^{(2)} > 0 \tag{1.4-7}$$

1.5   热力学量的偏微分之间的关系

T、V 和 P 是实验上最容易控制和调节的热力学量，因而这些热力学量之间的相互偏微分容易得到。其他的热力学量如内能、熵实验上不能直接得到，为了得到这些热力学量，我们需要求出这些热力学量对 T、V 和 P 的偏微分，再用 T、V 和 P 之间的相互偏微分来表示，这样就可以得到这些热力学量了。本节我们来寻找热力学量的偏微分之间的关系。

1.5.1   麦克斯韦关系

数学上求偏导数的次序可以交换，即

$$\frac{\partial^2 f}{\partial x \partial y} = \frac{\partial^2 f}{\partial y \partial x} \tag{1.5-1}$$

使用 $dE = TdS - PdV$ 和式 (1.5-1) 得

$$T = \left(\frac{\partial E}{\partial S}\right)_V, \quad P = -\left(\frac{\partial E}{\partial V}\right)_S \tag{1.5-2}$$

$$\left(\frac{\partial T}{\partial V}\right)_S = -\left(\frac{\partial P}{\partial S}\right)_V \tag{1.5-3}$$

式 (1.5-3) 为第一个麦克斯韦关系。

使用 $dH = TdS + VdP$ 和式 (1.5-1) 得

$$T = \left(\frac{\partial H}{\partial S}\right)_P, \quad V = \left(\frac{\partial H}{\partial P}\right)_S \tag{1.5-4}$$

$$\left(\frac{\partial T}{\partial P}\right)_S = \left(\frac{\partial V}{\partial S}\right)_P \tag{1.5-5}$$

式 (1.5-5) 为第二个麦克斯韦关系。

使用 $dF = -SdT - PdV$ 和式 (1.5-1) 得

$$S = -\left(\frac{\partial F}{\partial T}\right)_V, \quad P = -\left(\frac{\partial F}{\partial V}\right)_T \tag{1.5-6}$$

$$\left(\frac{\partial P}{\partial T}\right)_V = \left(\frac{\partial S}{\partial V}\right)_T \tag{1.5-7}$$

式 (1.5-7) 为第三个麦克斯韦关系。

使用 $dG = -SdT + VdP$ 和式 (1.5-1) 得

$$S = -\left(\frac{\partial G}{\partial T}\right)_P, \quad V = \left(\frac{\partial G}{\partial P}\right)_T \tag{1.5-8}$$

$$-\left(\frac{\partial V}{\partial T}\right)_P = \left(\frac{\partial S}{\partial P}\right)_T \tag{1.5-9}$$

式 (1.5-9) 为第四个麦克斯韦关系。

1.5.2 麦克斯韦关系的应用

1. 选 T 和 V 为独立状态参量

有

$$dS = \left(\frac{\partial S}{\partial T}\right)_V dT + \left(\frac{\partial S}{\partial V}\right)_T dV \tag{1.5-10}$$

$$\mathrm{d}E = \left(\frac{\partial E}{\partial T}\right)_V \mathrm{d}T + \left(\frac{\partial E}{\partial V}\right)_T \mathrm{d}V \tag{1.5-11}$$

把式 (1.5-10) 代入热力学基本方程 $\mathrm{d}E = T\mathrm{d}S - P\mathrm{d}V$，并使用麦克斯韦关系 $\left(\frac{\partial P}{\partial T}\right)_V = \left(\frac{\partial S}{\partial V}\right)_T$，得

$$\mathrm{d}E = T\mathrm{d}S - P\mathrm{d}V = T\left(\frac{\partial S}{\partial T}\right)_V \mathrm{d}T + \left[T\left(\frac{\partial P}{\partial T}\right)_V - P\right]\mathrm{d}V \tag{1.5-12}$$

把式 (1.5-11) 与式 (1.5-12) 比较，得

$$C_V = \left(\frac{\delta Q}{\mathrm{d}T}\right)_V = \left(\frac{\partial E}{\partial T}\right)_V = T\left(\frac{\partial S}{\partial T}\right)_V, \quad \left(\frac{\partial E}{\partial V}\right)_T = T\left(\frac{\partial P}{\partial T}\right)_V - P \tag{1.5-13}$$

使用 $S = -\left(\frac{\partial F}{\partial T}\right)_V$ 得

$$\left(\frac{\partial C_V}{\partial V}\right)_T = T\frac{\partial^2 S}{\partial T \partial V} = -T\frac{\partial^3 F}{\partial T^2 \partial V} = -T\frac{\partial^2}{\partial T^2}\left(\frac{\partial F}{\partial V}\right)_T$$

代入 $P = -\left(\frac{\partial F}{\partial V}\right)_T$ 得

$$\left(\frac{\partial C_V}{\partial V}\right)_T = T\left(\frac{\partial^2 P}{\partial T^2}\right)_V \tag{1.5-14}$$

2. 选 T 和 P 为独立状态参量

有

$$\mathrm{d}S = \left(\frac{\partial S}{\partial T}\right)_P \mathrm{d}T + \left(\frac{\partial S}{\partial P}\right)_T \mathrm{d}P \tag{1.5-15}$$

$$\mathrm{d}H = \left(\frac{\partial H}{\partial T}\right)_P \mathrm{d}T + \left(\frac{\partial H}{\partial P}\right)_T \mathrm{d}P \tag{1.5-16}$$

把式 (1.5-15) 代入热力学方程 $\mathrm{d}H = T\mathrm{d}S + V\mathrm{d}P$，并使用麦克斯韦关系 $-\left(\frac{\partial V}{\partial T}\right)_P = \left(\frac{\partial S}{\partial P}\right)_T$，得

$$\mathrm{d}H = T\mathrm{d}S + V\mathrm{d}P = T\left(\frac{\partial S}{\partial T}\right)_P \mathrm{d}T + \left[V - T\left(\frac{\partial V}{\partial T}\right)_P\right]\mathrm{d}P \qquad (1.5\text{-}17)$$

把式 (1.5-16) 与式 (1.5-17) 比较，得

$$C_P = \left(\frac{\delta Q}{\mathrm{d}T}\right)_P = T\left(\frac{\partial S}{\partial T}\right)_P = \left(\frac{\partial H}{\partial T}\right)_P, \quad \left(\frac{\partial H}{\partial P}\right)_T = V - T\left(\frac{\partial V}{\partial T}\right)_P \qquad (1.5\text{-}18)$$

3. 选 P 和 V 为状态参量

有

$$\mathrm{d}S = \left(\frac{\partial S}{\partial P}\right)_V \mathrm{d}P + \left(\frac{\partial S}{\partial V}\right)_P \mathrm{d}V \qquad (1.5\text{-}19)$$

$$\mathrm{d}E = \left(\frac{\partial E}{\partial P}\right)_V \mathrm{d}P + \left(\frac{\partial E}{\partial V}\right)_P \mathrm{d}V \qquad (1.5\text{-}20)$$

把式 (1.5-19) 代入热力学基本方程 $\mathrm{d}E = T\mathrm{d}S - P\mathrm{d}V$，并使用麦克斯韦关系 $\left(\frac{\partial T}{\partial V}\right)_S = -\left(\frac{\partial P}{\partial S}\right)_V$ 和 $\left(\frac{\partial T}{\partial P}\right)_S = \left(\frac{\partial V}{\partial S}\right)_P$，得

$$\mathrm{d}E = T\mathrm{d}S - P\mathrm{d}V = -T\left(\frac{\partial V}{\partial T}\right)_S \mathrm{d}P + \left[T\left(\frac{\partial P}{\partial T}\right)_S - P\right]\mathrm{d}V \qquad (1.5\text{-}21)$$

把式 (1.5-20) 与式 (1.5-21) 比较，得

$$\left(\frac{\partial E}{\partial P}\right)_V = -T\left(\frac{\partial V}{\partial T}\right)_S, \quad \left(\frac{\partial E}{\partial V}\right)_P = T\left(\frac{\partial P}{\partial T}\right)_S - P \qquad (1.5\text{-}22)$$

1.5.3 雅可比行列式

设 $u = u(x,y)$，$v = v(x,y)$，雅可比行列式定义为

$$\frac{\partial(u,v)}{\partial(x,y)} = \begin{vmatrix} \dfrac{\partial u}{\partial x} & \dfrac{\partial u}{\partial y} \\[2mm] \dfrac{\partial v}{\partial x} & \dfrac{\partial v}{\partial y} \end{vmatrix} = \frac{\partial u}{\partial x}\frac{\partial v}{\partial y} - \frac{\partial u}{\partial y}\frac{\partial v}{\partial x} \qquad (1.5\text{-}23)$$

具有如下性质：

$$\frac{\partial(u,y)}{\partial(x,y)} = \left(\frac{\partial u}{\partial x}\right)_y, \quad \frac{\partial(u,v)}{\partial(x,y)} = -\frac{\partial(v,u)}{\partial(x,y)}, \quad \frac{\partial(u,v)}{\partial(x,y)} = \frac{\partial(u,v)}{\partial(t,s)}\frac{\partial(t,s)}{\partial(x,y)}$$

$$\frac{\partial(u,v)}{\partial(x,y)} = \frac{1}{\dfrac{\partial(x,y)}{\partial(v,u)}} \tag{1.5-24}$$

式中，$u = u(x,y) = u(t,s), \ v = v(x,y) = v(t,s)$。

例 1　证明 $C_P - C_V = -\dfrac{\left[\left(\dfrac{\partial V}{\partial T}\right)_P\right]^2}{\left(\dfrac{\partial V}{\partial P}\right)_T}$。

证明　使用雅可比行列式得

$$C_V = T\left(\frac{\partial S}{\partial T}\right)_V = T\frac{\partial(S,V)}{\partial(T,V)} = T\frac{\dfrac{\partial(S,V)}{\partial(T,P)}}{\dfrac{\partial(T,V)}{\partial(T,P)}}$$

$$= T\frac{\left(\dfrac{\partial S}{\partial T}\right)_P \left(\dfrac{\partial V}{\partial P}\right)_T - \left(\dfrac{\partial S}{\partial P}\right)_T \left(\dfrac{\partial V}{\partial T}\right)_P}{\left(\dfrac{\partial V}{\partial P}\right)_T}$$

$$= C_P - \frac{\left(\dfrac{\partial S}{\partial P}\right)_T \left(\dfrac{\partial V}{\partial T}\right)_P}{\left(\dfrac{\partial V}{\partial P}\right)_T}$$

代入麦克斯韦关系 $-\left(\dfrac{\partial V}{\partial T}\right)_P = \left(\dfrac{\partial S}{\partial P}\right)_T$ 得要求的结果。

例 2　证明 $\left(\dfrac{\partial T}{\partial V}\right)_S = -\dfrac{T}{C_V}\left(\dfrac{\partial P}{\partial T}\right)_V$。

证明　使用雅可比行列式得

$$\left(\frac{\partial T}{\partial V}\right)_S = \frac{\partial(T,S)}{\partial(V,S)} = \frac{\dfrac{\partial(T,S)}{\partial(V,T)}}{\dfrac{\partial(V,S)}{\partial(V,T)}} = -\frac{\left(\dfrac{\partial S}{\partial V}\right)_T}{\left(\dfrac{\partial S}{\partial T}\right)_V} = -\frac{T}{C_V}\left(\frac{\partial S}{\partial V}\right)_T$$

代入麦克斯韦关系 $\left(\dfrac{\partial P}{\partial T}\right)_V = \left(\dfrac{\partial S}{\partial V}\right)_T$ 得要求的结果。

1.5.4 有用的关系

设三个态变量 x、y 和 g 只有两个是独立的，态变量 w 是 x、y 和 g 中的两个的函数。有

$$\left(\frac{\partial x}{\partial y}\right)_g = \frac{1}{\left(\frac{\partial y}{\partial x}\right)_g}, \quad \left(\frac{\partial x}{\partial g}\right)_y = -\left(\frac{\partial x}{\partial y}\right)_g \left(\frac{\partial y}{\partial g}\right)_x, \quad \left(\frac{\partial x}{\partial w}\right)_g = \left(\frac{\partial x}{\partial y}\right)_g \left(\frac{\partial y}{\partial w}\right)_g$$

$$\left(\frac{\partial x}{\partial y}\right)_g = \left(\frac{\partial x}{\partial y}\right)_w + \left(\frac{\partial x}{\partial w}\right)_y \left(\frac{\partial w}{\partial y}\right)_g \tag{1.5-25}$$

证明 选取 $x = x(y,g)$，有

$$dx = \left(\frac{\partial x}{\partial y}\right)_g dy + \left(\frac{\partial x}{\partial g}\right)_y dg \tag{1.5-26}$$

选取 $y = y(x,g)$，有

$$dy = \left(\frac{\partial y}{\partial x}\right)_g dx + \left(\frac{\partial y}{\partial g}\right)_x dg \tag{1.5-27}$$

把式 (1.5-27) 代入式 (1.5-26) 得

$$\left[\left(\frac{\partial x}{\partial y}\right)_g \left(\frac{\partial y}{\partial x}\right)_g - 1\right] dx + \left[\left(\frac{\partial x}{\partial y}\right)_g \left(\frac{\partial y}{\partial g}\right)_x + \left(\frac{\partial x}{\partial g}\right)_y\right] dg = 0 \tag{1.5-28}$$

因为 dx 和 dg 是独立变化的，所以式 (1.5-28) 中它们的系数必须为零，得

$$\left(\frac{\partial x}{\partial y}\right)_g = \frac{1}{\left(\frac{\partial y}{\partial x}\right)_g}, \quad \left(\frac{\partial x}{\partial g}\right)_y = -\left(\frac{\partial x}{\partial y}\right)_g \left(\frac{\partial y}{\partial g}\right)_x$$

把式 (1.5-26) 两边除以 dw 得

$$\frac{dx}{dw} = \left(\frac{\partial x}{\partial y}\right)_g \frac{dy}{dw} + \left(\frac{\partial x}{\partial g}\right)_y \frac{dg}{dw} \tag{1.5-29}$$

令 $g = \text{const}$，式 (1.5-29) 成为

$$\left(\frac{\partial x}{\partial w}\right)_g = \left(\frac{\partial x}{\partial y}\right)_g \left(\frac{\partial y}{\partial w}\right)_g$$

选取 $x = x(y, w)$，有

$$\mathrm{d}x = \left(\frac{\partial x}{\partial y}\right)_w \mathrm{d}y + \left(\frac{\partial x}{\partial w}\right)_y \mathrm{d}w \tag{1.5-30}$$

把式 (1.5-30) 两边除以 $\mathrm{d}y$ 得

$$\frac{\mathrm{d}x}{\mathrm{d}y} = \left(\frac{\partial x}{\partial y}\right)_w + \left(\frac{\partial x}{\partial w}\right)_y \frac{\mathrm{d}w}{\mathrm{d}y} \tag{1.5-31}$$

令 $g = \mathrm{const}$，式 (1.5-31) 成为

$$\left(\frac{\partial x}{\partial y}\right)_g = \left(\frac{\partial x}{\partial y}\right)_w + \left(\frac{\partial x}{\partial w}\right)_y \left(\frac{\partial w}{\partial y}\right)_g$$

证毕。

例 3　证明 $C_P - C_V = T\left(\frac{\partial P}{\partial T}\right)_V \left(\frac{\partial V}{\partial T}\right)_P$。

证明　根据 $\delta Q = T\mathrm{d}S$ 得

$$C_P - C_V = T\left[\left(\frac{\partial S}{\partial T}\right)_P - \left(\frac{\partial S}{\partial T}\right)_V\right]$$

取 $x=S$，$y=T$，$g=P$，$w=V$，代入 $\left(\frac{\partial x}{\partial y}\right)_g = \left(\frac{\partial x}{\partial y}\right)_w + \left(\frac{\partial x}{\partial w}\right)_y \left(\frac{\partial w}{\partial y}\right)_g$ 得

$$\left(\frac{\partial S}{\partial T}\right)_P = \left(\frac{\partial S}{\partial T}\right)_V + \left(\frac{\partial S}{\partial V}\right)_T \left(\frac{\partial V}{\partial T}\right)_P$$

代入麦克斯韦关系 $\left(\frac{\partial S}{\partial V}\right)_T = \left(\frac{\partial P}{\partial T}\right)_V$ 得要求的结果。

例 4　证明 $\left(\frac{\partial P}{\partial V}\right)_S = \left(\frac{\partial P}{\partial V}\right)_T - \frac{T}{C_V}\left[\left(\frac{\partial P}{\partial T}\right)_V\right]^2$。

证明　取 $x = P$，$y = V$，$g = S$，$w = T$，代入 $\left(\frac{\partial x}{\partial y}\right)_g = \left(\frac{\partial x}{\partial y}\right)_w + \left(\frac{\partial x}{\partial w}\right)_y \left(\frac{\partial w}{\partial y}\right)_g$ 得

$$\left(\frac{\partial P}{\partial V}\right)_S = \left(\frac{\partial P}{\partial V}\right)_T + \left(\frac{\partial P}{\partial T}\right)_V \left(\frac{\partial T}{\partial V}\right)_S \tag{1.5-32}$$

使用雅可比行列式得

$$\left(\frac{\partial T}{\partial V}\right)_S = \frac{\partial(T,S)}{\partial(V,S)} = \frac{\frac{\partial(T,S)}{\partial(V,T)}}{\frac{\partial(V,S)}{\partial(V,T)}} = -\frac{\left(\frac{\partial S}{\partial V}\right)_T}{\left(\frac{\partial S}{\partial T}\right)_V} = -\frac{T}{C_V}\left(\frac{\partial P}{\partial T}\right)_V \qquad (1.5\text{-}33)$$

把式 (1.5-33) 代入式 (1.5-32) 得要求的结果。

习　题

1. 证明：

(1) $\left(\frac{\partial C_P}{\partial P}\right)_T = -T\left(\frac{\partial^2 V}{\partial T^2}\right)_P$;　　(2) $C_P - C_V = -T\frac{\left[\left(\frac{\partial P}{\partial T}\right)_V\right]^2}{\left(\frac{\partial P}{\partial V}\right)_T}$;

(3) $\left(\frac{\partial T}{\partial P}\right)_S = \frac{T}{C_P}\left(\frac{\partial V}{\partial T}\right)_P$;　　(4) $\left(\frac{\partial V}{\partial P}\right)_S = \frac{C_V}{C_P}\left(\frac{\partial V}{\partial P}\right)_T$;

(5) $\left(\frac{\partial V}{\partial P}\right)_S = \left(\frac{\partial V}{\partial P}\right)_T + \frac{T}{C_P}\left[\left(\frac{\partial V}{\partial T}\right)_P\right]^2$;

(6) $\left(\frac{\partial T}{\partial P}\right)_H = \frac{1}{C_P}\left[T\left(\frac{\partial V}{\partial T}\right)_P - V\right]$;

(7) $\mathrm{d}\left(\frac{F}{T}\right) = -\frac{E}{T^2}\mathrm{d}T - \frac{P}{T}\mathrm{d}V$。

1.6 电介质和磁介质的热力学

本节我们推导电介质和磁介质的热力学 [10]。

1.6.1 电介质

对于有限带电体，一般情况下选无限远为电势零点，电势 φ 定义为

$$\varphi_P = \int_P^\infty \boldsymbol{\mathcal{E}} \cdot \mathrm{d}\boldsymbol{l} \qquad (1.6\text{-}1)$$

有

$$-q\varphi_P = \int_\infty^P q\boldsymbol{\mathcal{E}} \cdot \mathrm{d}\boldsymbol{l} \qquad (1.6\text{-}2)$$

式中，$\boldsymbol{\mathcal{E}}$ 为电场强度。

式 (1.6-2) 的物理意义为：把点电荷 q 由无穷远移至 P 点时电场力所做的功为 $-q\varphi_P$。因此把点电荷 q 由无穷远移至 P 点时外力所做的功为 $q\varphi_P$。

现在推导电介质存在时的做功表达式。为简单起见，假设电介质中只有一个实心导体，导体静电平衡时电荷只能分布在导体表面。把电场高斯定理应用到导体，得导体表面的总自由电荷

$$q_{\mathrm{f}} = -\frac{1}{4\pi} \oiint_S \boldsymbol{D} \cdot \mathrm{d}\boldsymbol{S} \tag{1.6-3}$$

式中，$\boldsymbol{D} = \boldsymbol{\mathcal{E}} + 4\pi\boldsymbol{\mathcal{P}}$ 为电位移矢量，这里 $\boldsymbol{\mathcal{P}}$ 为电极化强度；S 为实心导体表面；$\mathrm{d}\boldsymbol{S}$ 的方向取为从电介质指向导体内部。

现在假设在导体表面上各处的 $\boldsymbol{D}$ 增加无穷小量 $\delta\boldsymbol{D}$，那么根据式 (1.6-3)，导体表面上的总自由电荷将增加无穷小量

$$\delta q_{\mathrm{f}} = -\frac{1}{4\pi} \oiint_S \delta\boldsymbol{D} \cdot \mathrm{d}\boldsymbol{S} \tag{1.6-4}$$

由式 (1.6-2) 可知，把电荷元 δq_{f} 由无穷远移至导体表面，电场力所做的功为

$$\delta A = -\varphi\delta q_{\mathrm{f}} = \frac{1}{4\pi} \oiint_S \varphi\delta\boldsymbol{D} \cdot \mathrm{d}\boldsymbol{S} = \frac{1}{4\pi} \int_V \nabla \cdot (\varphi\delta\boldsymbol{D}) \mathrm{d}V$$

$$= \frac{1}{4\pi} \int_V [(\nabla\varphi) \cdot \delta\boldsymbol{D} + \varphi\delta(\nabla \cdot \boldsymbol{D})] \mathrm{d}V = -\frac{1}{4\pi} \int_V \boldsymbol{\mathcal{E}} \cdot \delta\boldsymbol{D} \mathrm{d}V \tag{1.6-5}$$

式中，V 为导体外面的全部空间；φ 为导体 (包括表面) 的电势。由于在导体外面的全部空间里没有自由电荷，我们已经根据电场高斯定理使用 $\nabla \cdot \delta\boldsymbol{D} = 0$。

此功为系统对外界做功。外界对系统做功为 $-\delta A$。

使用式 (1.6-5) 和热力学基本方程 $\delta Q = T\mathrm{d}S = \mathrm{d}E + \delta A$，得

$$T\mathrm{d}S = \mathrm{d}E - \frac{1}{4\pi}V\boldsymbol{\mathcal{E}} \cdot \mathrm{d}\boldsymbol{D} = \mathrm{d}E' - V\boldsymbol{\mathcal{E}} \cdot \mathrm{d}\boldsymbol{\mathcal{P}} \tag{1.6-6}$$

式中，$E' = E - \frac{1}{8\pi}\mathcal{E}^2 V$ 表示内能扣除电场能量后的剩余部分。

对于各向同性电介质，$\boldsymbol{\mathcal{E}}$ 和 $\boldsymbol{\mathcal{P}}$ 是平行的，式 (1.6-6) 化为

$$T\mathrm{d}S = \mathrm{d}E' - V\mathcal{E}\mathrm{d}\mathcal{P} \tag{1.6-7}$$

亥姆霍兹自由能和吉布斯自由能分别定义为

$$F = E' - TS, \quad G = E' - TS - \mathcal{E}\mathcal{P}V \tag{1.6-8}$$

满足

$$\mathrm{d}F = -S\mathrm{d}T + V\mathcal{E}\mathrm{d}\mathcal{P}, \quad \mathrm{d}G = -S\mathrm{d}T - V\mathcal{P}\mathrm{d}\mathcal{E} \tag{1.6-9}$$

1.6.2 磁介质

众所周知，洛伦兹力垂直于粒子速度，不做功。只有电场力做功。考虑在电场和磁场中的传导带电粒子，在很短的时间间隔 δt 内，电场力做功为

$$\delta A = \sum_i q_i \boldsymbol{\mathcal{E}} \cdot \delta \boldsymbol{r}_i = \sum_i q_i \boldsymbol{v}_i \cdot \boldsymbol{\mathcal{E}} \delta t = \delta t \int_V nq\boldsymbol{v} \cdot \boldsymbol{\mathcal{E}} \mathrm{d}V = \delta t \int_V \boldsymbol{j}_{\mathrm{c}} \cdot \boldsymbol{\mathcal{E}} \mathrm{d}V \quad (1.6\text{-}10)$$

式中，q_i 为带电粒子 i 的电量；$\boldsymbol{j}_{\mathrm{c}} = nq\boldsymbol{v}$ 为传导电流密度矢量；n 为带电粒子的数密度。

使用安培定律 $\nabla \times \boldsymbol{H} = \dfrac{4\pi}{c} \boldsymbol{j}_{\mathrm{c}}$ 和法拉第-麦克斯韦定律 $\nabla \times \boldsymbol{\mathcal{E}} = -\dfrac{1}{c}\dfrac{\partial \boldsymbol{B}}{\partial t}$，得

$$
\begin{aligned}
\delta A &= \frac{c}{4\pi} \delta t \int_V (\nabla \times \boldsymbol{H}) \cdot \boldsymbol{\mathcal{E}} \mathrm{d}V = \frac{c}{4\pi} \delta t \int_V [-\nabla \cdot (\boldsymbol{\mathcal{E}} \times \boldsymbol{H}) + \boldsymbol{H} \cdot (\nabla \times \boldsymbol{\mathcal{E}})] \mathrm{d}V \\
&= -\frac{c}{4\pi} \delta t \oint_{S_\infty} (\boldsymbol{E} \times \boldsymbol{\mathcal{E}}) \cdot \mathrm{d}\boldsymbol{S} + \frac{c}{4\pi} \delta t \int_V [\boldsymbol{H} \cdot (\nabla \times \boldsymbol{\mathcal{E}})] \mathrm{d}V \\
&= -\frac{1}{4\pi} \delta t \int_V \boldsymbol{H} \cdot \frac{\partial \boldsymbol{B}}{\partial t} \mathrm{d}V = -\frac{1}{4\pi} \int_V \boldsymbol{H} \cdot \delta \boldsymbol{B} \mathrm{d}V
\end{aligned}
\quad (1.6\text{-}11)
$$

式中，表面积分为零。

磁性固体热力学通常考虑的是恒定压力，体积的变化微小，可以忽略由此产生的功。因此功表达式 (1.6-11) 为系统对外界做功。外界对系统做功为 $-\delta A$。

使用式 (1.6-11)、热力学基本方程 $\delta Q = T\mathrm{d}S = \mathrm{d}E + \delta A$ 和 $\boldsymbol{H} = \boldsymbol{B} - 4\pi\boldsymbol{M}$，得

$$T\mathrm{d}S = \mathrm{d}E - \frac{1}{4\pi} V \boldsymbol{H} \cdot \mathrm{d}\boldsymbol{B} = \mathrm{d}E' - V\boldsymbol{H} \cdot \mathrm{d}\boldsymbol{M} \quad (1.6\text{-}12)$$

式中，$E' = E - \dfrac{1}{8\pi} H^2 V$ 表示内能扣除磁场能量后的剩余部分。

对于各向同性磁介质，$\boldsymbol{H}$ 和 $\boldsymbol{M}$ 是平行的，式 (1.6-12) 化为

$$T\mathrm{d}S = \mathrm{d}E' - VH\mathrm{d}M \quad (1.6\text{-}13)$$

与简单流体的热力学基本方程 $T\mathrm{d}S = \mathrm{d}E + P\mathrm{d}V$ 比较，得

$$P \Leftrightarrow -H, \quad V \Leftrightarrow VM \quad (1.6\text{-}14)$$

定义热容量和等温磁化率

$$C_M = \left(\frac{\delta Q}{\mathrm{d}T}\right)_M = \left(\frac{\partial E'}{\partial T}\right)_M = T\left(\frac{\partial S}{\partial T}\right)_M,$$

$$C_H = \left(\frac{\delta Q}{\mathrm{d}T}\right)_H = T\left(\frac{\partial S}{\partial T}\right)_H, \quad \chi_T = \left(\frac{\partial M}{\partial H}\right)_T \tag{1.6-15}$$

亥姆霍兹自由能和吉布斯自由能分别定义为

$$F = E' - TS, \quad G = E' - TS - HMV \tag{1.6-16}$$

满足

$$\mathrm{d}F = -S\mathrm{d}T + VH\mathrm{d}M, \quad \mathrm{d}G = -S\mathrm{d}T - VM\mathrm{d}H \tag{1.6-17}$$

习　　题

1. 证明：$C_H - C_M = TV\dfrac{\left[\left(\dfrac{\partial M}{\partial T}\right)_H\right]^2}{\chi_T}$。

1.7　热力学稳定性条件

1.7.1　熵判据方法

考虑一个内能为 E、体积为 V 的热力学系统与一个内能为 E_0、体积为 V_0 的很大的热源接触，它们组成复合孤立系统，其总内能和总体积不变，即

$$E + E_0 = \mathrm{const}, \quad V + V_0 = \mathrm{const} \tag{1.7-1}$$

总熵为

$$S_\mathrm{t} = S + S_0 \tag{1.7-2}$$

设热力学系统和热源在平衡态附近发生小的虚变动，内能的变化分别为 δE 和 δE_0，体积的变化分别为 δV 和 δV_0，那么使用式 (1.7-1) 和式 (1.7-2) 有

$$\delta E + \delta E_0 = 0, \quad \delta V + \delta V_0 = 0, \quad \delta S_\mathrm{t} = \delta S + \delta S_0 \tag{1.7-3}$$

选 (E, V) 为描述热力学系统的独立状态参量。围绕平衡态作泰勒展开，保留到二次项，并使用热力学基本方程 $T\mathrm{d}S = \mathrm{d}E + P\mathrm{d}V$，得

$$\begin{aligned}
\delta S = \delta S(E, V) &= \frac{\partial S}{\partial E}\delta E + \frac{\partial S}{\partial V}\delta V + \frac{1}{2}\frac{\partial^2 S}{\partial E^2}(\delta E)^2 + \frac{\partial^2 S}{\partial E\partial V}\delta E\delta V + \frac{1}{2}\frac{\partial^2 S}{\partial V^2}(\delta V)^2 \\
&= \frac{1}{T}\delta E + \frac{P}{T}\delta V + \frac{1}{2}\delta E\left[\left(\frac{\partial}{\partial E}\frac{1}{T}\right)\delta E + \left(\frac{\partial}{\partial V}\frac{1}{T}\right)\delta V\right] \\
&\quad + \frac{1}{2}\delta V\left[\left(\frac{\partial}{\partial E}\frac{P}{T}\right)\delta E + \left(\frac{\partial}{\partial V}\frac{P}{T}\right)\delta V\right]
\end{aligned}$$

$$= \frac{1}{T}\delta E + \frac{P}{T}\delta V + \frac{1}{2}\delta E\delta\left(\frac{1}{T}\right) + \frac{1}{2}\delta V\delta\left(\frac{P}{T}\right) \tag{1.7-4}$$

选 (T,V) 为描述热力学系统的独立状态参量。使用式 (1.5-12) 得

$$\delta E = C_V\delta T + \left[T\left(\frac{\partial P}{\partial T}\right)_V - P\right]\delta V \tag{1.7-5}$$

$$\delta\left(\frac{P}{T}\right) = \left(\frac{\partial}{\partial T}\frac{P}{T}\right)_V \delta T + \left(\frac{\partial}{\partial V}\frac{P}{T}\right)_T \delta V$$

$$= \frac{1}{T^2}\left[T\left(\frac{\partial P}{\partial T}\right)_V - P\right]\delta T + \frac{1}{T}\left(\frac{\partial P}{\partial V}\right)_T \delta V \tag{1.7-6}$$

把式 (1.7-5) 和式 (1.7-6) 代入式 (1.7-4) 得

$$\delta S = \frac{1}{T}\delta E + \frac{P}{T}\delta V - \frac{C_V}{2T^2}(\delta T)^2 + \frac{1}{2T}\left(\frac{\partial P}{\partial V}\right)_T (\delta V)^2 \tag{1.7-7}$$

选 (E_0,V_0) 为描述热源的独立状态参量。参考式 (1.7-4)，得

$$\delta S_0 = \frac{1}{T_0}\delta E_0 + \frac{P_0}{T_0}\delta V_0 + \frac{1}{2}\delta E_0\left[\left(\frac{\partial}{\partial E_0}\frac{1}{T_0}\right)\delta E_0 + \left(\frac{\partial}{\partial V_0}\frac{1}{T_0}\right)\delta V_0\right]$$

$$+ \frac{1}{2}\delta V_0\left[\left(\frac{\partial}{\partial E_0}\frac{P_0}{T_0}\right)\delta E_0 + \left(\frac{\partial}{\partial V_0}\frac{P_0}{T_0}\right)\delta V_0\right] \tag{1.7-8}$$

把式 (1.7-3) 中的前两个方程代入式 (1.7-8) 得

$$\delta S_0 = -\frac{1}{T_0}\delta E - \frac{P_0}{T_0}\delta V + \frac{1}{2}\delta E\left[\left(\frac{\partial}{\partial E_0}\frac{1}{T_0}\right)\delta E + \left(\frac{\partial}{\partial V_0}\frac{1}{T_0}\right)\delta V\right]$$

$$+ \frac{1}{2}\delta V\left[\left(\frac{\partial}{\partial E_0}\frac{P_0}{T_0}\right)\delta E + \left(\frac{\partial}{\partial V_0}\frac{P_0}{T_0}\right)\delta V\right] \tag{1.7-9}$$

由于 $E_0 \gg E$，$V_0 \gg V$，有

$$\frac{\partial}{\partial E_0}\frac{1}{T_0}\sim\frac{1}{E_0 T_0}\ll\frac{\partial}{\partial E}\frac{1}{T}\sim\frac{1}{ET},\quad \frac{\partial}{\partial V_0}\frac{1}{T_0}\sim\frac{1}{V_0 T_0}\ll\frac{\partial}{\partial V}\frac{1}{T}\sim\frac{1}{VT},$$

$$\frac{\partial}{\partial E_0}\frac{P_0}{T_0}\sim\frac{P_0}{E_0 T_0}\ll\frac{\partial}{\partial E}\frac{P}{T}\sim\frac{P}{ET},\quad \frac{\partial}{\partial V_0}\frac{P_0}{T_0}\sim\frac{P_0}{V_0 T_0}\ll\frac{\partial}{\partial V}\frac{P}{T}\sim\frac{P}{VT} \tag{1.7-10}$$

我们看到，δS_0 的二次项远小于 δS 的二次项，因此 δS_0 的二次项可以忽略不计，得

$$\delta S_0 = -\frac{1}{T_0}\delta E - \frac{P_0}{T_0}\delta V \tag{1.7-11}$$

把式 (1.7-7) 和式 (1.7-11) 代入式 (1.7-3) 中的第三个方程得

$$\delta S_{\mathrm{t}} = \left(\frac{1}{T} - \frac{1}{T_0}\right)\delta E + \left(\frac{P}{T} - \frac{P_0}{T_0}\right)\frac{P}{T}\delta V - \frac{C_V}{2T^2}(\delta T)^2 + \frac{1}{2T}\left(\frac{\partial P}{\partial V}\right)_T (\delta V)^2 \tag{1.7-12}$$

熵判据指出，处于平衡态的孤立系统的熵的一级变分为零，二级变分小于零，有

$$\delta S_{\mathrm{t}}^{(1)} = \left(\frac{1}{T} - \frac{1}{T_0}\right)\delta E + \left(\frac{P}{T} - \frac{P_0}{T_0}\right)\frac{P}{T}\delta V = 0 \tag{1.7-13}$$

$$\delta S_{\mathrm{t}}^{(2)} = -\frac{C_V}{2T^2}(\delta T)^2 + \frac{1}{2T}\left(\frac{\partial P}{\partial V}\right)_T (\delta V)^2 < 0 \tag{1.7-14}$$

为了保证式 (1.7-13) 和式 (1.7-14) 对任意的虚变动成立，必须有

$$T = T_0, \quad P = P_0, \quad C_V > 0, \quad \left(\frac{\partial P}{\partial V}\right)_T < 0 \tag{1.7-15}$$

1.7.2   吉布斯自由能判据方法

热力学稳定性条件也可以使用吉布斯自由能判据推导 [2]。

从 1.7.1 节我们知道，对于由一个热力学系统和一个大热源组成的复合孤立系统，达到平衡态时，其总熵的一级变分为 0，二级变分为负。其总熵的一级变分为 0 要求系统和热源的温度相等和压强相等。在温度相等和压强相等的情况下，可以使用吉布斯自由能判据来研究系统的吉布斯自由能的二级变分，而无须研究总熵的二级变分，这样要方便些。

系统的吉布斯自由能的变分为

$$\delta G = \delta E - T_0\delta S + P_0\delta V \tag{1.7-16}$$

选 (S, V) 为描述热力学系统的独立状态参量，得

$$\delta E = \delta E(S, V) = \frac{\partial E}{\partial S}\delta S + \frac{\partial E}{\partial V}\delta V + \frac{1}{2}\frac{\partial^2 E}{\partial S^2}(\delta E)^2 + \frac{\partial^2 E}{\partial S\partial V}\delta S\delta V + \frac{1}{2}\frac{\partial^2 E}{\partial V^2}(\delta V)^2 \tag{1.7-17}$$

使用热力学基本方程 $T\mathrm{d}S = \mathrm{d}E + P\mathrm{d}V$，得

$$\delta E = \delta E(S,V) = T\delta S - P\delta V + \frac{1}{2}\frac{\partial^2 E}{\partial S^2}(\delta E)^2 + \frac{\partial^2 E}{\partial S\partial V}\delta S\delta V + \frac{1}{2}\frac{\partial^2 E}{\partial V^2}(\delta V)^2$$

$$(1.7\text{-}18)$$

把式 (1.7-18) 代入式 (1.7-16) 得

$$\delta G = (T - T_0)\,\delta S + (P - P_0)\,\delta V + \frac{1}{2}\frac{\partial^2 E}{\partial S^2}(\delta E)^2 + \frac{\partial^2 E}{\partial S\partial V}\delta S\delta V + \frac{1}{2}\frac{\partial^2 E}{\partial V^2}(\delta V)^2$$

$$(1.7\text{-}19)$$

吉布斯自由能判据要求

$$\delta G^{(1)} = (T - T_0)\,\delta S + (P - P_0)\,\delta V = 0 \qquad (1.7\text{-}20)$$

给出 $T = T_0$，$P = P_0$，这就是前面总熵的一级变分为零给出的结果。

接下来，我们研究吉布斯自由能的二级变分

$$\delta G^{(2)} = \frac{1}{2}\frac{\partial^2 E}{\partial S^2}(\delta E)^2 + \frac{\partial^2 E}{\partial S\partial V}\delta S\delta V + \frac{1}{2}\frac{\partial^2 E}{\partial V^2}(\delta V)^2$$

$$= \frac{1}{2}\frac{\partial^2 E}{\partial S^2}\left(\delta E + \frac{\dfrac{\partial^2 E}{\partial S\partial V}}{\dfrac{\partial^2 E}{\partial S^2}}\delta V\right)^2 + \frac{1}{2}\frac{\dfrac{\partial^2 E}{\partial V^2}\dfrac{\partial^2 E}{\partial S^2} - \left(\dfrac{\partial^2 E}{\partial S\partial V}\right)^2}{\dfrac{\partial^2 E}{\partial S^2}}(\delta V)^2 > 0$$

$$(1.7\text{-}21)$$

给出

$$\frac{\partial^2 E}{\partial S^2} = \left(\frac{\partial T}{\partial S}\right)_V = \frac{T}{C_V} > 0 \qquad (1.7\text{-}22)$$

$$\frac{\partial^2 E}{\partial V^2}\frac{\partial^2 E}{\partial S^2} - \left(\frac{\partial^2 E}{\partial S\partial V}\right)^2 = \frac{\partial\left[\left(\dfrac{\partial E}{\partial S}\right)_V, \left(\dfrac{\partial E}{\partial V}\right)_S\right]}{\partial(S,V)} = -\frac{\partial(T,P)}{\partial(S,V)}$$

$$= -\frac{\dfrac{\partial(T,P)}{\partial(T,V)}}{\dfrac{\partial(S,V)}{\partial(T,V)}} = -\frac{\left(\dfrac{\partial P}{\partial V}\right)_T}{\left(\dfrac{\partial S}{\partial T}\right)_V} = -\frac{T}{C_V}\left(\frac{\partial P}{\partial V}\right)_T > 0$$

$$(1.7\text{-}23)$$

即可得热力学稳定性条件。

1.8 开放系统的热力学基本方程

考虑开放系统，由于开放系统与外界既有能量交换，又有物质交换，其粒子数可以变化，所以其熵可以写成 $S = S(E, V, N)$，得

$$\mathrm{d}S = \left(\frac{\partial S}{\partial E}\right)_{V,N} \mathrm{d}E + \left(\frac{\partial S}{\partial V}\right)_{E,N} \mathrm{d}V + \left(\frac{\partial S}{\partial N}\right)_{E,V} \mathrm{d}N \tag{1.8-1}$$

把式 (1.8-1) 与前面的闭合系统的热力学基本方程 $T\mathrm{d}S = \mathrm{d}E + P\mathrm{d}V$ 比较，我们发现，开放系统的热力学基本方程应该增加正比于 $\mathrm{d}N$ 的一项，即

$$T\mathrm{d}S = \mathrm{d}E + P\mathrm{d}V - \mu\mathrm{d}N \tag{1.8-2}$$

式中，$\mu = -T\left(\dfrac{\partial S}{\partial N}\right)_{E,V}$ 为化学势。

同前面的闭合系统一样，可以引进焓、亥姆霍兹自由能和吉布斯自由能。

$$H = E + PV, \quad F = E - TS, \quad G = E - TS + PV \tag{1.8-3}$$

满足

$$\mathrm{d}H = T\mathrm{d}S + V\mathrm{d}P + \mu\mathrm{d}N, \quad \mathrm{d}F = -S\mathrm{d}T - P\mathrm{d}V + \mu\mathrm{d}N,$$
$$\mathrm{d}G = -S\mathrm{d}T + V\mathrm{d}P + \mu\mathrm{d}N \tag{1.8-4}$$

得

$$\mu = \left(\frac{\partial H}{\partial N}\right)_{S,P} = \left(\frac{\partial F}{\partial N}\right)_{T,V} = \left(\frac{\partial G}{\partial N}\right)_{T,P} \tag{1.8-5}$$

因此广延量 G 可以写成

$$G = N\mu(T, P) \tag{1.8-6}$$

代入 $\mathrm{d}G = -S\mathrm{d}T + V\mathrm{d}P + \mu\mathrm{d}N$ 得

$$\mathrm{d}\mu = -\frac{S}{N}\mathrm{d}T + \frac{V}{N}\mathrm{d}P = -s\mathrm{d}T + v\mathrm{d}P \tag{1.8-7}$$

1.9 相 变

如果没有外力作用，则物理和化学性质完全相同、成分完全相同的均匀物质的状态称为相。根据吉布斯自由能判据，等温等压系统对于各种可能的变动，平衡态

的吉布斯自由能最小。在等温等压下如果系统的吉布斯自由能为最小值，那么对热力学扰动是稳定的，我们称系统处于稳定的相。在等温等压下如果系统的吉布斯自由能不是全域最小值 (global minimum)，而是局域最小值 (local minimum)，那么对于小的热力学扰动是稳定的，但对于大的热力学扰动不是稳定的，我们称系统处于亚稳定的相。在等温等压下如果系统的相的吉布斯自由能为极大值，那么对任何热力学扰动都不是稳定的，我们称系统处于不稳定的相。在通常条件下，只有稳定的相才可以出现。只有在特定条件下，亚稳定的相才可以出现。不稳定的相不会出现。在一定的温度和压强下，物质的某一种相的吉布斯自由能最小，是稳定的，但当温度和压强处于某些特定的区间时，单一相的吉布斯自由能不是最小，会变得不稳定，系统必须改变其结构，向吉布斯自由能最小的状态转变，这时系统的新稳定态就是同时出现两种或两种以上的相，并且有边界把它们分隔开。我们把物质在压强、温度等外界条件不变的情况下，从一种相转变为另一种相的现象称为相变。

1.9.1 气–液相变的杠杆法则

1869 年，安德鲁斯实验上研究了气体的等温过程。安德鲁斯发现每种气体均有一个临界温度，高于此温度则无论施加多大压强它都不能液化。在临界点，气体和液体之间的差别消失了，这就是临界现象。气–液共存区域的等温线为压强不变的直线段。

现在我们来推导杠杆法则。设该直线段上任意一点气、液部分的体积和质量分别为 V_G'、m_G' 和 V_L'、m_L'，亥姆霍兹自由能为 F。该直线段右端对应气体刚开始液化，其体积和质量分别为 V_G 和 m_G，亥姆霍兹自由能为 F_G；该直线段左端对应液体刚开始气化，其体积和质量分别为 V_L 和 m_L，亥姆霍兹自由能为 F_L。由于沿该直线段压强和温度不变，所以气体和液体的密度不变，设分别为 ρ_G 和 ρ_L。由于相变过程中物质的总质量不变 (质量守恒)，有

$$m_G' + m_L' = V_G'\rho_G + V_L'\rho_L = m_G = V_G\rho_G = m_L = V_L\rho_L \tag{1.9-1}$$

定义

$$x_G = \frac{V_G'}{V_G} = \frac{m_G'}{m_G}, \quad x_L = \frac{V_L'}{V_L} = \frac{m_L'}{m_L} \tag{1.9-2}$$

把式 (1.9-2) 代入式 (1.9-1) 得杠杆法则

$$x_G + x_L = 1 \tag{1.9-3}$$

我们看到，杠杆法则是沿气–液共存直线段等温线压强和温度不变以及总质量不变 (质量守恒) 这两个事实的推论。

由于亥姆霍兹自由能是广延量，有

$$F = x_G F_G + x_L F_L \tag{1.9-4}$$

1.9.2 单元系的复相平衡条件

考虑由两相组成但属于同一种成分的复合孤立系统，其总能量、总体积和总粒子数不变，即

$$E_1 + E_2 = E_0, \quad V_1 + V_2 = V_0, \quad N_1 + N_2 = N_0 \tag{1.9-5}$$

考虑虚变动，满足

$$\delta E_1 + \delta E_2 = 0, \quad \delta V_1 + \delta V_2 = 0, \quad \delta N_1 + \delta N_2 = 0 \tag{1.9-6}$$

使用热力学基本方程 $T\mathrm{d}S = \mathrm{d}E + P\mathrm{d}V$，两相的熵的一级变分分别为

$$\delta S_1^{(1)} = \frac{\delta E_1 + P_1 \delta V_1 - \mu_1 \delta N_1}{T_1}, \quad \delta S_2^{(1)} = \frac{\delta E_2 + P_2 \delta V_2 - \mu_2 \delta N_2}{T_2} \tag{1.9-7}$$

因此复合孤立系统的总熵的一级变分为

$$\delta S^{(1)} = \delta S_1^{(1)} + \delta S_2^{(1)} = \left(\frac{1}{T_1} - \frac{1}{T_2}\right) \delta E_1 + \left(\frac{P_1}{T_1} - \frac{P_2}{T_2}\right) \delta V_1 - \left(\frac{\mu_1}{T_1} - \frac{\mu_2}{T_2}\right) \delta N_1$$

$$\tag{1.9-8}$$

根据熵判据，处于平衡态的孤立系统的熵的一级变分为零，得相平衡条件

$$T_1 = T_2, \quad P_1 = P_2, \quad \mu_1 = \mu_2 \tag{1.9-9}$$

1.9.3 克拉珀龙方程

沿相平衡曲线有 $\mu_1(T, P) = \mu_2(T, P)$，使用热力学方程 (1.8-7) 得

$$\mathrm{d}\mu_1 = \mathrm{d}\mu_2 = -s_1 \mathrm{d}T + v_1 \mathrm{d}P = -s_2 \mathrm{d}T + v_2 \mathrm{d}P \tag{1.9-10}$$

给出克拉珀龙 (Clapeyron) 方程

$$\frac{\mathrm{d}P}{\mathrm{d}T} = \frac{s_2 - s_1}{v_2 - v_1} = \frac{q}{T(v_2 - v_1)} \tag{1.9-11}$$

式中，$q = T(s_2 - s_1)$ 为相变潜热。

作为应用，考虑与凝聚相 (液相或固相) 达到平衡的蒸气的压强。我们把跟液体处于平衡的蒸气称为饱和蒸气，饱和蒸气的压强称为饱和蒸气压。此时蒸气的

v_2 比凝聚相的 v_1 大得多，可以忽略 v_1，可以把蒸气看成理想气体，式 (1.9-11)
化为

$$\frac{\mathrm{d}P}{\mathrm{d}T} = \frac{q}{Tv_2} = \frac{qP}{k_{\mathrm{B}}T^2} \tag{1.9-12}$$

在相变潜热可以看成常数的温度范围内，把式 (1.9-12) 进行积分得饱和蒸气压与
温度的关系

$$P = P_0 \exp\left(-\frac{q}{k_{\mathrm{B}}T}\right) \tag{1.9-13}$$

式中，P_0 为常量。

1.9.4　范德瓦耳斯方程描述的气–液相变

1869 年，安德鲁斯实验上发现了临界现象。为了解释安德鲁斯的实验结果，
1873 年，范德瓦耳斯 (van der Waals) 考虑到实际气体分子有大小，并且分子之
间存在相互作用，对理想气体状态方程进行了修正，得到范德瓦耳斯状态方程

$$\left(P + \frac{N^2 a}{V^2}\right)(V - Nb) = Nk_{\mathrm{B}}T \tag{1.9-14}$$

式中，a 和 b 为常量。

1. 范德瓦耳斯状态方程的等温线

如图 1.9.1 所示，范德瓦耳斯状态方程的等温线具有如下性质：高于某个临
界温度，等温线为满足热力学稳定性条件 $\left(\dfrac{\partial P}{\partial V}\right)_{T > T_c} < 0$ 的曲线，对应气相；低
于临界温度，气–液共存区域的直线段等温线不存在，而且等温线存在违反热力学
稳定性条件 $\left(\dfrac{\partial P}{\partial V}\right)_{T < T_c} < 0$ 的非物理段，因此范德瓦耳斯状态方程不能直接描
述气–液相变；临界点是临界温度时的等温线的拐点，满足

$$\left(\frac{\partial P}{\partial V}\right)_{T = T_c} = 0, \quad \left(\frac{\partial^2 P}{\partial V^2}\right)_{T = T_c} = 0 \tag{1.9-15}$$

把式 (1.9-14) 代入式 (1.9-15) 得临界点参量

$$T_{\mathrm{c}} = \frac{8a}{27k_{\mathrm{B}}b}, \quad P_{\mathrm{c}} = \frac{a}{27b^2}, \quad V_{\mathrm{c}} = 3Nb \tag{1.9-16}$$

使用临界点参量，定义对比量

$$\tilde{T} = \frac{T}{T_{\mathrm{c}}}, \quad \tilde{P} = \frac{P}{P_{\mathrm{c}}}, \quad \tilde{V} = \frac{V}{V_{\mathrm{c}}} \tag{1.9-17}$$

代入式 (1.9-14) 得范德瓦耳斯对比方程

$$\left(\tilde{P} + \frac{3}{\tilde{V}^2}\right)\left(\tilde{V} - \frac{1}{3}\right) = \frac{8}{3}\tilde{T} \tag{1.9-18}$$

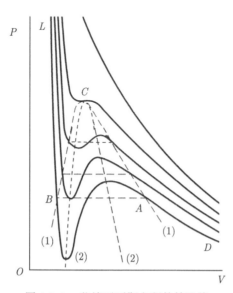

图 1.9.1   范德瓦耳斯方程的等温线

我们得到对应态定律：一切物质在相同的对比压强和对比温度下，就有相同的对比体积，即采用对比变量，则各种气 (液) 体的物态方程是完全相同的。

对应态定律可以进一步推广：处在相同对比状态的各种气体 (乃至液体)，具有相同的对比热力学性质 (如对比摩尔热容、对比膨胀系数、对比压缩系数、对比黏性系数等)。

在 5.8 节, 我们将用统计物理推导对应态定律, 弄清楚对应态定律的适用范围。

2. 麦克斯韦等面积法则

为了使范德瓦耳斯方程能够描述气–液相变，麦克斯韦引进了等面积法则来消除等温线的非物理段，从而得到气–液共存区域的直线段等温线。

如图 1.9.2 所示，设范德瓦耳斯等温线对应的气–液共存区域的直线段等温线为 ADB。使用热力学方程 $N\mathrm{d}\mu = -S\mathrm{d}T + V\mathrm{d}P$, 沿 $AJDNB$ 积分, 得

$$\int_{AJDNB} \mathrm{d}\mu = \frac{1}{N}\int_{AJDNB} V\mathrm{d}P = \mu_B - \mu_A = \mu_\mathrm{G} - \mu_\mathrm{L} \tag{1.9-19}$$

使用相平衡条件 $\mu_G = \mu_L$，式 (1.9-19) 化为

$$\int_{AJDNB} V\mathrm{d}P = A_{AJD} - A_{DNB} = 0 \qquad (1.9\text{-}20)$$

即曲线 AJD 包围的面积等于曲线 DNB 包围的面积。我们看到，气–液共存区域的直线段等温线与范德瓦耳斯等温线所包围的两个面积相等，这就是麦克斯韦等面积法则。图 1.9.1 中的虚线 (1) 表示由麦克斯韦等面积法则确定的气–液共存区域的直线段等温线的两个端点连接成的曲线。虚线 (1) 包围的区域为气–液共存区域。

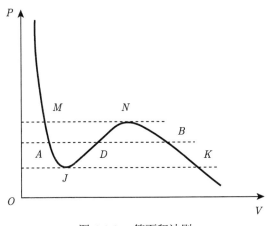

图 1.9.2   等面积法则

3. 过冷蒸气及过热液体

如图 1.9.2 所示，在 AJ 段上，由于蒸气中没有足够的凝结核，不能凝结为液体，这种蒸气称为过冷蒸气。相反，在 NB 段上，由于液体中没有足够的气化核，即使温度超过沸点，液体也不会沸腾，这种液体称为过热液体。等温线分别在 J 点和 N 点终止。

虽然在 AJ 段上和在 NB 段上，热力学稳定性条件仍然成立，但对应的过冷、过热的状态的吉布斯自由能不是全域最小值，而是局域最小值，只是亚稳态。亚稳态对于小的扰动是稳定的，但对于足够大的扰动都是不稳定的，最终它们必将成为最稳定的两相共存态，因此范德瓦耳斯状态方程还能描述亚稳定现象。图 1.9.1 中的虚线 (2) 表示由 $\left(\dfrac{\partial P}{\partial V}\right)_T = 0$ 确定的点连接成的曲线，虚线 (1) 和 (2) 之间的区域为亚稳态区域。

1.9.5 相变分类

1933 年，埃伦菲斯特 (Ehrenfest) 假设化学势的各阶导数在相变点不发散，对相变进行了分类。

相平衡时，两相的化学势连续，但化学势的各阶导数不一定连续，据此可以对相变进行分类。

1. 一级相变

化学势的一阶导数在相变点不连续，相变为一级相变。使用热力学方程 $\mathrm{d}\mu = -s\mathrm{d}T + v\mathrm{d}P$ 得

$$\mu_1(T,P) = \mu_2(T,P), \quad \frac{\partial \mu_1}{\partial T} = -s_1 \neq \frac{\partial \mu_2}{\partial T} = -s_2, \quad \frac{\partial \mu_2}{\partial P} = -v_1 \neq \frac{\partial \mu_2}{\partial P} = -v_2$$

$$(1.9\text{-}21)$$

一级相变具有以下特点：① 在相变点附近为两相共存区，并存在亚稳相；② 在相变点，摩尔熵和摩尔体积发生突变，总伴随着相变潜热；③ 定压比热在相变点处不连续。

2. 二级相变

化学势的一阶导数在相变点连续，但二阶导数不连续，相变为二级相变，即

$$\frac{\partial \mu_1}{\partial T} = -s_1 = \frac{\partial \mu_2}{\partial T} = -s_2, \quad \frac{\partial \mu_2}{\partial P} = -v_1 = \frac{\partial \mu_2}{\partial P} = -v_2$$

$$\frac{\partial^2 \mu_1}{\partial T^2} \neq \frac{\partial^2 \mu_2}{\partial T^2}, \quad \frac{\partial^2 \mu_1}{\partial T \partial P} \neq \frac{\partial \mu_2}{\partial T \partial P}, \quad \frac{\partial^2 \mu_2}{\partial P^2} \neq \frac{\partial^2 \mu_2}{\partial P^2}$$

$$(1.9\text{-}22)$$

二级相变的特点是摩尔熵和摩尔体积连续，无相变潜热，无两相共存，无亚稳相。

3. n 级相变

以此类推，化学势的一阶导数至 $n-1$ 阶导数在相变点连续，但 n 阶导数不连续，相变为 n 级相变。

由于二级及以上的相变出现时，相变前后两相的摩尔熵和摩尔体积均不发生突变，因而把这种相变称为连续相变。二级以上的高级相变实验上几乎不出现。而且对于二级相变，实验上观察到定压比热在相变点发散，因此埃伦菲斯特对相变的分类方法对连续相变失效了，现代一般把相变分为一级相变和连续相变两类。

定压比热在连续相点附近随温度的变化曲线像希腊字母 λ，因此连续相变又称为 λ 相变。

习　题

1. 已知贝特洛 (Berthelot) 状态方程为

$$\left(P + \frac{N^2 a}{T V^2}\right)(V - Nb) = N k_{\mathrm{B}} T$$

式中，a 和 b 为常量。计算临界点参量和对比方程。

2. 已知狄特里奇 (Dieterici) 状态方程为

$$P(V - Nb)\mathrm{e}^{Na/TV} = N k_{\mathrm{B}} T$$

式中，a 和 b 为常量。计算临界点参量和对比方程。

3. 证明范德瓦耳斯气体满足

$$C_P - C_V = N k_{\mathrm{B}} \frac{1}{1 - \dfrac{2a}{k_{\mathrm{B}} T v^3}}, \quad \left(\frac{\partial E}{\partial V}\right)_T = \frac{a}{v^2}, \quad C_V(T) = C_{V0}(T)$$

式中，$C_{V0}(T)$ 为体积趋于无穷时的理想气体的热容量。

4. 假设范德瓦耳斯气体的定容热容量为常量，证明绝热过程方程为

$$(v - b)\, T^{C_V / N k_{\mathrm{B}}} = \mathrm{const}$$

5. 假设范德瓦耳斯气体定容热容量为常量，经历绝热自由膨胀，初、末态为平衡态，体积分别为 V_1 和 V_2，证明温度差为

$$T_2 - T_1 = \frac{N^2 a}{C_V}\left(\frac{1}{V_2} - \frac{1}{V_1}\right)$$

1.10　热力学第三定律

1.10.1　能斯特定理

热力学第三定律是在低温现象的研究中总结出来的一个普遍规律。1906 年，能斯特 (Nernst) 在研究各种低温下化学反应的性质之后，总结出来的一个结论，称为能斯特定理 [4]。

能斯特定理：凝聚系统的熵在等温过程中的改变随着温度趋于零而趋于零，即

$$\lim_{T \to 0} (\Delta S)_T = 0 \tag{1.10-1}$$

能斯特定理具有如下推论。

(1) 绝对零温的熵是一个常量。

取 (T, y) 为描述热力学系统的独立状态参量，式 (1.10-1) 意味着，对于任意的 y_1 和 y_2，有

$$\lim_{T \to 0} S(T, y_1) = \lim_{T \to 0} S(T, y_2) = S_0 \tag{1.10-2}$$

我们看到，当 $T \to 0$ 时，熵的值 S_0 与状态参量无关，是一个常量。

(2) 趋于绝对零度时，热膨胀系数和压强系数均趋于零。

使用麦克斯韦关系，热膨胀系数和压强系数可以表示为

$$\alpha = \frac{1}{V} \left(\frac{\partial V}{\partial T} \right)_P = -\frac{1}{V} \left(\frac{\partial S}{\partial P} \right)_T, \quad \beta = \frac{1}{P} \left(\frac{\partial P}{\partial T} \right)_V = \frac{1}{P} \left(\frac{\partial S}{\partial V} \right)_T \tag{1.10-3}$$

选 $S = S(T, P)$，使用式 (1.10-1) 得

$$\lim_{T \to 0} S(T, P) = \lim_{T \to 0} S(T, P + \mathrm{d}P) = S_0 \tag{1.10-4}$$

得

$$\lim_{T \to 0} \left(\frac{\partial S}{\partial P} \right)_T = 0, \quad \lim_{T \to 0} \alpha = 0 \tag{1.10-5}$$

选 $S = S(T, V)$，使用式 (1.10-1) 得

$$\lim_{T \to 0} S(T, V) = \lim_{T \to 0} S(T, V + \mathrm{d}V) = S_0 \tag{1.10-6}$$

从而得

$$\lim_{T \to 0} \left(\frac{\partial S}{\partial V} \right)_T = 0, \quad \lim_{T \to 0} \beta = 0 \tag{1.10-7}$$

我们看到，趋于绝对零度时，热膨胀系数和压强系数均趋于零。

(3) 趋于绝对零度时的热容量趋于零。

定义热容量

$$C_y = T \left(\frac{\partial S}{\partial T} \right)_y \tag{1.10-8}$$

积分得

$$S(T, y) = S_0 + \int_0^T \frac{C_y}{T} \mathrm{d}T \xrightarrow{T \to 0} S_0 \tag{1.10-9}$$

给出

$$\lim_{T \to 0} \int_0^T \frac{C_y}{T} \mathrm{d}T = 0 \tag{1.10-10}$$

如果 $\lim\limits_{T \to 0} C_y \neq 0$，则有

$$\lim_{T \to 0} \int_0^T \frac{C_y}{T} \mathrm{d}T = \lim_{T \to 0} C_y (T = 0, y) \int_0^T \frac{1}{T} \mathrm{d}T \to \infty$$

与式 (1.10-10) 相矛盾，因此趋于绝对零度时的热容量趋于零。

1.10.2 绝对零度不能达到原理

1912 年能斯特根据他的定理推出一个原理：绝对零度不能达到原理，此即第三定律的标准表述。

在式 (1.10-9) 中取 $y = P$，得

$$S(T, P) = S_0 + \int_0^T \frac{C_P}{T} \mathrm{d}T \tag{1.10-11}$$

把式 (1.10-11) 代入式 (1.10-3) 得

$$\alpha V = -\frac{\partial}{\partial P} \int_0^T \frac{C_P}{T} \mathrm{d}T = -\int_0^T \frac{1}{T} \frac{\partial C_P}{\partial P} \mathrm{d}T \tag{1.10-12}$$

实验结果为

$$C_P \xrightarrow{T \to 0} T^\zeta \left[A(P) + B(P) T + C(P) T^2 + \cdots \right] \tag{1.10-13}$$

式中，$\zeta > 0$ 为常数。

把式 (1.10-13) 代入式 (1.10-12) 得

$$-\alpha V = \int_0^T \frac{1}{T} \frac{\partial C_P}{\partial P} \mathrm{d}T \xrightarrow{T \to 0} \frac{1}{\zeta} T^\zeta A' + \frac{1}{1+\zeta} T^{1+\zeta} B' + \frac{1}{2+\zeta} T^{2+\zeta} C' + \cdots \tag{1.10-14}$$

使用式 (1.10-14) 和式 (1.10-13) 得

$$\lim_{T \to 0} -\frac{\alpha V}{C_P} = \lim_{T \to 0} \frac{\dfrac{1}{\zeta} A' + \dfrac{1}{1+\zeta} T B' + \dfrac{1}{2+\zeta} T^2 C' + \cdots}{A + BT + CT^2 + \cdots} = \frac{1}{\zeta A} A' = \text{有限值} \tag{1.10-15}$$

考虑绝热过程 $\mathrm{d}S(T, P) = 0$，有

$$\left(\frac{\partial S}{\partial T} \right)_P \mathrm{d}T + \left(\frac{\partial S}{\partial P} \right)_T \mathrm{d}P = 0 \tag{1.10-16}$$

把式 (1.10-3) 代入式 (1.10-16) 得

$$(\mathrm{d}T)_S = \frac{\alpha V}{C_P} T \mathrm{d}P \tag{1.10-17}$$

把式 (1.10-15) 代入式 (1.10-17) 得

$$-\frac{1}{\zeta A} A' \mathrm{d}P = \lim_{T \to 0} \frac{1}{T} (\mathrm{d}T)_S \to \infty \tag{1.10-18}$$

我们看到, 趋于绝对零度时, 为了产生有限的温度变化, 需要的压强变化趋于无穷, 因此不可能通过有限的步骤使一个物体冷却到绝对零度。

最后我们需要指出, 虽然热力学第三定律与前面讲过的几个热力学定律一样, 是由大量实验事实归纳总结出来的, 它与第零定律、第一定律、第二定律一起构成热力学的理论基础, 但是热力学第三定律本身没有第零定律、第一定律、第二定律那样深刻, 它只不过是量子统计物理的一个推论, 细节见 3.2 节。

第 2 章 密 度 矩 阵

2.1 量子力学中的密度矩阵

2.1.1 密度矩阵的定义

孤立系统有哈密顿算符，因此有薛定谔 (Schrödinger) 方程和波函数。如果一个子系统是一个大的孤立系统的一部分，则子系统没有这样的波函数描述。波函数描述是量子力学中能够得到的最完全的描述。本节我们讨论对这样的没有波函数描述的子系统的描述。

现在我们来定义由两个子系统组成的任意复合孤立系统的密度算符。由于子系统之间存在相互作用，所以子系统没有薛定谔方程和波函数 [11,12]。

考虑一个任意的复合孤立系统，其中的一部分是一系统，用 x 表示，其余部分用 y 表示。假设存在波函数的正交归一完全集 $\{\chi_n(x)\}$。复合孤立系统的波函数可用这个完全集展开为

$$\Psi(x, y) = \sum_n C_n(y) \chi_n(x) \tag{2.1-1}$$

式中，

$$C_n(y) = \int \mathrm{d}x \chi_n^*(x) \Psi(x, y) \tag{2.1-2}$$

归一化条件为

$$\int \Psi^*(x, y) \Psi(x, y) \mathrm{d}x \mathrm{d}y = \sum_n \int \mathrm{d}y \, |C_n|^2 = 1 \tag{2.1-3}$$

为方便起见，我们用狄拉克 (Dirac) 记号

$$\chi_n(x) = \langle x | \chi_n \rangle \tag{2.1-4}$$

正交归一完全集的条件为

$$\sum_n |\chi_n\rangle \langle \chi_n| = 1, \quad \langle \chi_n | \chi_{n'} \rangle = \delta_{nn'} \tag{2.1-5}$$

使用狄拉克记号，得

$$|\Psi\rangle = \sum_n C_n |\chi_n\rangle \tag{2.1-6}$$

式中,

$$C_n(y) = \int \mathrm{d}x \chi_n^*(x)\Psi(x,y) = \langle \chi_n \mid \Psi \rangle \tag{2.1-7}$$

式 (2.1-1) 可以写成

$$\Psi(x,y) = \langle x| \Psi \rangle = \sum_n C_n \langle x \mid \chi_n \rangle = \sum_n C_n \chi_n(x) \tag{2.1-8}$$

设 $\hat{A}$ 为一个只作用于系统的算符, 即

$$\hat{A}|\Psi\rangle = \sum_n C_n \left(\hat{A}|\chi_n\rangle\right) \tag{2.1-9}$$

其期望值为

$$\left\langle \hat{A} \right\rangle = \langle \Psi| \hat{A} |\Psi\rangle = \int \mathrm{d}y \sum_{nn'} C_n^* C_{n'} \left(\langle \chi_n| \hat{A} |\chi_{n'}\rangle\right) = \sum_{nn'} \langle \chi_n| \hat{A} |\chi_{n'}\rangle \rho_{n'n}$$
$$\tag{2.1-10}$$

式中,

$$\rho_{n'n} = \int \mathrm{d}y C_n^* C_{n'} \tag{2.1-11}$$

称为密度矩阵。

归一化条件 (2.1-3) 可以用密度矩阵表示为

$$\sum_n \rho_{nn} = 1 \tag{2.1-12}$$

使用密度矩阵 (2.1-11) 可以定义密度算符

$$\rho_{n'n} = \langle \chi_{n'}| \hat{\rho} |\chi_n\rangle = \int \mathrm{d}y C_n^* C_{n'} \tag{2.1-13}$$

把式 (2.1-7) 代入式 (2.1-13) 得

$$\langle \chi_{n'}| \hat{\rho} |\chi_n\rangle = \int \mathrm{d}y \langle \chi_{n'} \mid \Psi \rangle \langle \Psi \mid \chi_n \rangle = \langle \chi_{n'}| \left(\int \mathrm{d}y |\Psi\rangle \langle \Psi|\right) |\chi_n\rangle$$

从而得

$$\hat{\rho} = \int \mathrm{d}y |\Psi\rangle \langle \Psi| \tag{2.1-14}$$

坐标表象里的密度矩阵为

$$\rho(x', x) = \langle x' | \hat{\rho} | x \rangle = \int \mathrm{d}y \langle x' | \Psi \rangle \langle \Psi | x \rangle = \int \mathrm{d}y \Psi^*(x, y) \Psi(x', y) \quad (2.1\text{-}15)$$

使用密度算符来表示期望值, 得

$$\left\langle \hat{A} \right\rangle = \langle \Psi | \hat{A} | \Psi \rangle = \sum_{nn'} \langle \chi_n | \hat{A} | \chi_{n'} \rangle \langle \chi_{n'} | \hat{\rho} | \chi_n \rangle$$

$$= \sum_n \langle \chi_n | \hat{A} \hat{\rho} | \chi_n \rangle = \mathrm{Tr}\left(\hat{A}\hat{\rho}\right) = \mathrm{Tr}\left(\hat{\rho}\hat{A}\right) \quad (2.1\text{-}16)$$

使用密度矩阵的定义 (2.1-11) 得

$$\rho_{n'n}^* = \int \mathrm{d}y C_{n'}^* C_n = \rho_{nn'} \quad (2.1\text{-}17)$$

所以密度算符为厄米 (Hermite) 算符, 其本征值 w_n 为实数, 本征矢 $\{|\varphi_n\rangle\}$ 为一组正交归一完全集, 即

$$\hat{\rho} | \varphi_n \rangle = w_n | \varphi_n \rangle \quad (2.1\text{-}18)$$

$\{|\varphi_n\rangle\}$ 满足

$$\sum_n |\varphi_n\rangle \langle \varphi_n| = 1, \quad \langle \varphi_n | \varphi_m \rangle = \delta_{nm} \quad (2.1\text{-}19)$$

密度算符为

$$\hat{\rho} = \sum_n w_n |\varphi_n\rangle \langle \varphi_n| \quad (2.1\text{-}20)$$

式 (2.1-16) 中取 $\hat{A} = 1$, 得

$$\langle \Psi | \Psi \rangle = \mathrm{Tr}\left(\hat{\rho}\right) = \sum_n \langle \varphi_n | \hat{\rho} | \varphi_n \rangle = \sum_n w_n = 1 \quad (2.1\text{-}21)$$

式 (2.1-16) 中取 $\hat{A} = |\varphi_{n'}\rangle \langle \varphi_{n'}|$, 得

$$\left\langle \hat{A} \right\rangle = \langle \Psi | \hat{A} | \Psi \rangle = \mathrm{Tr}\left(\hat{\rho}\hat{A}\right) = \sum_n \langle \varphi_n | \hat{\rho} | \varphi_{n'} \rangle \langle \varphi_{n'} | \varphi_n \rangle = \sum_n \langle \varphi_{n'} | \varphi_n \rangle \langle \varphi_n | \hat{\rho} | \varphi_{n'} \rangle$$

$$= \langle \varphi_{n'} | \hat{\rho} | \varphi_{n'} \rangle = w_{n'} = \langle \Psi | \varphi_{n'} \rangle \langle \varphi_{n'} | \Psi \rangle = \left| \langle \Psi | \varphi_{n'} \rangle^2 \right| \geqslant 0 \quad (2.1\text{-}22)$$

可知本征值 w_n 为正值。

坐标表象里的密度矩阵为

$$\rho(x', x) = \langle x' | \hat{\rho} | x \rangle = \sum_n w_n \langle x' | \varphi_n \rangle \langle \varphi_n | x \rangle = \sum_n w_n \varphi_n(x') \varphi_n^*(x) \quad (2.1\text{-}23)$$

综上所述，密度算符定义为

$$\hat{\rho} = \sum_n w_n | \varphi_n \rangle \langle \varphi_n |$$

式中，本征矢 $\{|\varphi_n\rangle\}$ 为一组正交归一完全集，

$$w_n \geqslant 0, \quad \sum_n w_n = 1$$

系统的算符 $\hat{A}$ 的期望值为

$$\left\langle \hat{A} \right\rangle = \mathrm{Tr}\left(\hat{A}\hat{\rho}\right) = \mathrm{Tr}\left(\hat{\rho}\hat{A}\right) = \sum_n w_n \langle \varphi_n | \hat{A} | \varphi_n \rangle$$

2.1.2　纯态和混合态

1. 纯态

如果只有一个 w_n 不为零，我们说系统处于纯态 $|\varphi_n\rangle$ 上，有

$$\hat{\rho} = |\varphi_n\rangle \langle \varphi_n| \quad (2.1\text{-}24)$$

纯态存在的充分必要条件为

$$\hat{\rho}^2 = \hat{\rho} \quad (2.1\text{-}25)$$

我们看到，密度矩阵描述是量子力学中最普遍的描述，波函数描述是其特殊情况。

2. 混合态

如果不只有一个 w_n 不为零，我们说系统处于混合态。

2.2　统计物理中的密度矩阵

2.2.1　密度矩阵定义

2.1 节密度算符的定义适用于任何由两个子系统组成的复合孤立系统，现在我们把上述密度矩阵的定义应用于统计物理 [2,4,11,13]。

分子之间的相互作用势能随着距离的增加而迅速减小，在很大的距离下按距离的六次方的倒数的规律减小，因此分子之间的相互作用是极为短程的。虽然外

界远大于宏观系统, 但由于分子之间的极为短程的相互作用, 从微观角度看, 宏观系统与外界的相互作用只是通过其分界面两侧附近厚度为几埃 (Å) 的分子层内的分子之间的相互作用而实现的, 所以宏观系统与外界的相互作用能量远小于宏观系统自身的能量, 宏观系统可以近似看成孤立系统, 近似存在哈密顿算符 $\hat{H}$ 和波函数 $\psi_n(q,t)$, 薛定谔方程为

$$i\hbar\frac{\partial\psi_n(q,t)}{\partial t} = \hat{H}\psi_n(q,t) \tag{2.2-1}$$

式中, q 为描述宏观系统的一个坐标组。

把 $\psi_n(q,t) = \langle q\,|\psi_n(t)\rangle$ 代入式 (2.2-1) 得狄拉克记号里的薛定谔方程

$$i\hbar\frac{\partial}{\partial t}|\psi_n(t)\rangle = \hat{H}|\psi_n(t)\rangle \tag{2.2-2}$$

假设 $\{|\psi_n(t)\rangle\}$ 为一组正交归一完全集。在密度算符的定义 (2.1-20) 中, 把正交归一完全集 $\{|\varphi_n\rangle\}$ 取为 $\{|\psi_n(t)\rangle\}$, 得

$$\hat{\rho} = \sum_n w_n |\psi_n\rangle\langle\psi_n| \tag{2.2-3}$$

式中, $w_n \geqslant 0$, $\sum_n w_n = 1$。

宏观系统的算符 $\hat{A}$ 的期望值为

$$\left\langle\hat{A}\right\rangle = \mathrm{Tr}\left(\hat{A}\hat{\rho}\right) = \mathrm{Tr}\left(\hat{\rho}\hat{A}\right) = \sum_n w_n\langle\psi_n|\hat{A}|\psi_n\rangle \tag{2.2-4}$$

坐标表象里的密度矩阵为

$$\rho(q',q) = \langle q'|\hat{\rho}|q\rangle = \sum_n w_n\langle q'\,|\psi_n\rangle\langle\psi_n|\,q\rangle = \sum_n w_n\psi_n(q',t)\psi_n^*(q,t) \tag{2.2-5}$$

式 (2.2-5) 的物理意义如下: 根据量子力学测量假设, 当系统处于量子态 $|\psi_n\rangle$ 时, 对力学量 $\hat{A}$ 进行测量的结果的统计平均值为 $\langle\psi_n|\hat{A}|\psi_n\rangle$。根据 $w_n \geqslant 0$, $\sum_n w_n = 1$, w_n 可以解释为系统处于态 $|\psi_n\rangle$ 上的概率。因此式 (2.2-5) 具有双重平均, 既包含了与粒子出现的概率密度正比于波函数的模的平方相联系的量子力学平均 $\langle\psi_n|\hat{A}|\psi_n\rangle$, 又包含了由于对宏观物体的数据不全而进行的统计平均。但是这两种平均是不能彼此分隔开的, 只能一次进行。

众所周知,存在两种等效实验方法确定概率,得到的结果相同。例如布丰 (Buffon) 投针实验中，第一种方法是，把实验时间无限延长，做无穷多次实验；第二种方法是，安排无穷多个人同时独立做实验。

因此存在一种等效的描述，即统计系综，外界与宏观物体之间的微弱相互作用可以用统计系综内部复制品之间的微弱相互作用代替。吉布斯是这样定义系综的：“让我们想象大量的独立体系，它们在本性上相同，但在相上不同，也就是有关它们的位形与速度的情况不同。对于每个体系来说，力被假定取决于同样的定律，或者仅仅是体系坐标 $q_1, q_2, \cdots, q_n$ 的函数，或者还是某些外部物体坐标 $a_1, a_2, \cdots$ 的函数。”

系综定义如下：设想把宏观系统复制 M 个 $(M \gg 1)$，每个复制品都具有相同的哈密顿量和宏观条件，复制品之间有微弱相互作用，各自准独立，但处于不同的微观状态，我们把由这些复制品组成的假想的系统称为系综。

假设有 M_n 个复制品处于量子态 $|\psi_n\rangle$ 上，那么系综处于 $|\psi_n\rangle$ 上的概率为

$$w_n = \lim_{M \to \infty} \frac{M_n}{M} \tag{2.2-6}$$

w_n 可以解释为系综内部的分布概率，满足归一化条件

$$\sum_n w_n = 1 \tag{2.2-7}$$

2.2.2　平衡态系统的密度算符

对于平衡态系统，薛定谔方程 $i\hbar \dfrac{\partial \psi_n(q,t)}{\partial t} = \hat{H}\psi_n(q,t)$ 化为定态薛定谔方程

$$\hat{H}\Phi_n(q) = E_n\Phi_n(q) \tag{2.2-8}$$

式中，$\Phi_n(q)$ 为本征波函数，构成正交归一完全集。

把 $\Phi_n(q) = \langle q\,|\Phi_n\rangle$ 代入式 (2.2-8) 得狄拉克记号里的定态薛定谔方程

$$\hat{H}\,|\Phi_n\rangle = E_n\,|\Phi_n\rangle \tag{2.2-9}$$

在密度算符的定义 (2.1-20) 中，把正交归一完全集 $\{|\varphi_n\rangle\}$ 取为 $\{|\Phi_n\rangle\}$，得

$$\hat{\rho} = \sum_n w_n\,|\Phi_n\rangle\langle\Phi_n| = \hat{\rho}\left(\hat{H}\right) \tag{2.2-10}$$

式中，$w_n \geqslant 0$，$\displaystyle\sum_n w_n = 1$。

宏观系统的算符 $\hat{A}$ 的期望值为

$$\left\langle \hat{A} \right\rangle = \mathrm{Tr}\left(\hat{A}\hat{\rho}\right) = \mathrm{Tr}\left(\hat{\rho}\hat{A}\right) = \sum_n w_n \left\langle \Phi_n \right| \hat{A} \left| \Phi_n \right\rangle \qquad (2.2\text{-}11)$$

坐标表象里的密度矩阵为

$$\rho(q',q) = \left\langle q' \right| \hat{\rho} \left| q \right\rangle = \sum_n w_n \left\langle q' \mid \Phi_n \right\rangle \left\langle \Phi_n \mid q \right\rangle = \sum_n w_n \Phi_n(q')\Phi_n^*(q) \qquad (2.2\text{-}12)$$

2.3 量子刘维尔方程

对于经典系统,可以引进系综概率密度 $w_N(\boldsymbol{r}_1, \boldsymbol{p}_1, \cdots, \boldsymbol{r}_N, \boldsymbol{p}_N, t)$ 来描述,系综概率密度满足刘维尔方程 (Liouville equation)(推导细节见 12.1 节)

$$\frac{\partial w_N}{\partial t} = \{H_N, w_N\} \qquad (2.3\text{-}1)$$

式中,

$$\{H_N, w_N\} = \sum_{i=1}^{N} \left(\frac{\partial H_N}{\partial \boldsymbol{r}_i} \cdot \frac{\partial w_N}{\partial \boldsymbol{p}_i} - \frac{\partial H_N}{\partial \boldsymbol{p}_i} \cdot \frac{\partial w_N}{\partial \boldsymbol{r}_i} \right) \qquad (2.3\text{-}2)$$

由于宏观系统可以看成准孤立系统,2.2 节定义的宏观系统的密度算符应该满足类似于经典刘维尔方程 (2.3-1) 的方程。现在我们来推导 [13]。

使用狄拉克记号把薛定谔方程 (2.3-1) 写成如下形式:

$$\mathrm{i}\hbar \frac{\partial}{\partial t} \left| \psi_n\left(t\right) \right\rangle = \hat{H} \left| \psi_n\left(t\right) \right\rangle, \quad -\mathrm{i}\hbar \left\langle \psi_n\left(t\right) \right| \frac{\partial}{\partial t} = \left\langle \psi_n\left(t\right) \right| \hat{H} \qquad (2.3\text{-}3)$$

对于保守系统,没有外界的扰动来改变系综内部的分布概率 w_n,所以 w_n 与 t 无关。使用式 (2.2-3) 得

$$\mathrm{i}\hbar \frac{\partial \hat{\rho}}{\partial t} = \sum_n w_n \left(\mathrm{i}\hbar \frac{\partial \left| \psi_n \right\rangle}{\partial t} \left\langle \psi_n \right| + \mathrm{i}\hbar \left\langle \psi_n \right| \frac{\partial}{\partial t} \right) \qquad (2.3\text{-}4)$$

把式 (2.2-3) 代入式 (2.3-4) 得量子刘维尔方程

$$\mathrm{i}\hbar \frac{\partial}{\partial t} \hat{\rho} = \hat{H}\hat{\rho} - \hat{\rho}\hat{H} = \left[\hat{H}, \hat{\rho} \right]_- \qquad (2.3\text{-}5)$$

平衡态时密度算符与时间无关,有 $\frac{\partial}{\partial t}\hat{\rho} = 0$,代入量子刘维尔方程 (2.3-5) 得

$$\left[\hat{H}, \hat{\rho} \right]_- = 0 \qquad (2.3\text{-}6)$$

解为

$$\hat{\rho} = \hat{\rho}\left(\hat{H}\right) \tag{2.3-7}$$

2.4　统计算符的薛定谔表象和海森伯表象

2.4.1　量子刘维尔方程的形式解

定义时间平移算符 $\hat{U}(t)$

$$|\psi_n(t)\rangle = \hat{U}(t)|\psi_n(0)\rangle \tag{2.4-1}$$

初始条件为 $\hat{U}(0) = 1$。

把式 (2.4-1) 代入薛定谔方程 $\mathrm{i}\hbar\frac{\partial}{\partial t}|\psi_n(t)\rangle = \hat{H}|\psi_n(t)\rangle$ 得

$$\mathrm{i}\hbar\frac{\partial}{\partial t}|\psi_n(t)\rangle = \mathrm{i}\hbar\frac{\partial}{\partial t}\hat{U}(t)|\psi_n(0)\rangle = \hat{H}|\psi_n(t)\rangle = \hat{H}\hat{U}(t)|\psi_n(0)\rangle \tag{2.4-2}$$

化为

$$\mathrm{i}\hbar\frac{\partial}{\partial t}\hat{U}(t) = \hat{H}\hat{U}(t) \tag{2.4-3}$$

把式 (2.4-1) 代入式 (2.2-3) 得

$$\hat{\rho}(t) = \hat{U}(t)\hat{\rho}(0)\hat{U}^\dagger(t) \tag{2.4-4}$$

如果 $\hat{H}$ 不显含 t，式 (2.4-3) 的解为

$$\hat{U}(t) = \exp\left(-\frac{\mathrm{i}}{\hbar}\hat{H}t\right) \tag{2.4-5}$$

得

$$\hat{\rho}(t) = \mathrm{e}^{-\frac{\mathrm{i}}{\hbar}\hat{H}t}\hat{\rho}(0)\mathrm{e}^{\frac{\mathrm{i}}{\hbar}\hat{H}t} \tag{2.4-6}$$

2.4.2　薛定谔表象和海森伯表象

到目前为止，我们使用的是薛定谔表象，即力学量不依赖于时间，而密度算符随时间变化。有时使用海森伯 (Heisenberg) 表象更方便，在海森伯表象里，密度算符不依赖于时间，而力学量随时间变化 [13]。

把式 (2.4-4) 代入式 (2.2-4)，并利用迹的变量的循环置换的不变性，得

$$\left\langle \hat{A}\right\rangle = \mathrm{Tr}\left[\hat{\rho}(t)\hat{A}\right] = \mathrm{Tr}\left[\hat{U}(t)\hat{\rho}(0)\hat{U}^\dagger(t)\hat{A}\right] = \mathrm{Tr}\left[\hat{\rho}(0)\hat{A}(t)\right] \tag{2.4-7}$$

式中，

$$\hat{A}(t) = \hat{U}^\dagger(t)\,\hat{A}\hat{U}(t) \tag{2.4-8}$$

为海森伯表象里的力学量算符。

如果 $\hat{H}$ 不显含 t，则式 (2.4-8) 化为

$$\hat{A}(t) = \mathrm{e}^{\frac{i}{\hbar}\hat{H}t}\hat{A}\mathrm{e}^{-\frac{i}{\hbar}\hat{H}t} \tag{2.4-9}$$

如果 $\hat{A}$ 不显含时间，把式 (2.4-9) 两边对时间 t 微分，得海森伯表象里的算符满足的海森伯方程

$$\frac{\mathrm{d}\hat{A}(t)}{\mathrm{d}t} = \frac{1}{i\hbar}\left[\hat{A}(t), \hat{H}\right]_- \tag{2.4-10}$$

第 3 章　统 计 系 综

本章介绍平衡态统计物理的基本原理[2-8,13-20]。

3.1　平衡态量子统计物理的基本假设

3.1.1　等概率假设

考虑一个宏观孤立系统 (微正则系综)，由于宏观孤立系统与外界有微弱的相互作用，其能量值处于一个小的范围，其体积和粒子数为常数。其能量本征值方程为

$$\hat{H} |\Phi_n\rangle = E' |\Phi_n\rangle, \quad E \leqslant E' \leqslant E + \Delta E, \quad n = 1, 2, \cdots, \Lambda \tag{3.1-1}$$

现在我们问：系统处在这 $\Lambda = \Lambda(E, \Delta E, V, N)$ 个本征态中的某一个的概率是多少？

如果系统处在非平衡态，其热力学性质随时间变化，则系统处在这 Λ 个本征态中的每一个的概率都会随时间变化。但是如果系统处在平衡态，其热力学性质不随时间变化，则系统处在这 Λ 个本征态中的每一个的概率都不随时间变化，而且这 Λ 个本征态中的每一个对平衡态热力学量的贡献都是一样的，因此系统处在这 Λ 个本征态中的每一个的概率应该是相同的，这就是等概率假设，即

$$w_n = \frac{1}{\Lambda}, \quad n = 1, 2, \cdots, \Lambda \tag{3.1-2}$$

3.1.2　微正则系综中的密度算符

把式 (3.1-2) 代入密度算符定义式 (2.2-10)，得

$$\hat{\rho} = \sum_n w_n |\Phi_n\rangle \langle \Phi_n| = \frac{1}{\Lambda} \sum_{n=1}^{\Lambda} |\Phi_n\rangle \langle \Phi_n| \tag{3.1-3}$$

把式 (3.1-2) 代入坐标表象里的密度矩阵 (2.2-12)，得

$$\rho(\boldsymbol{r}', \boldsymbol{r}) = \sum_n w_n \Phi_n(\boldsymbol{r}') \Phi_n^*(\boldsymbol{r}) = \frac{1}{\Lambda} \sum_{n=1}^{\Lambda} \Phi_n(\boldsymbol{r}') \Phi_n^*(\boldsymbol{r}) \tag{3.1-4}$$

3.2 微正则系综中的熵公式

考虑由两个宏观物体组成的复合孤立系统,其总能量、总体积和总粒子数不变,即

$$E_1 + E_2 = \text{const}, \quad N_1 + N_2 = \text{const}, \quad V_1 + V_2 = \text{const} \tag{3.2-1}$$

为了达到热平衡,两个宏观物体之间必须存在微弱的相互作用。可以忽略这部分微弱的相互作用,复合孤立系统的哈密顿算符等于两个子系统的哈密顿算符之和,即

$$\hat{H}_1 + \hat{H}_2 = \hat{H} \tag{3.2-2}$$

两个子系统的能量本征值方程分别为

$$\hat{H}_1 \Phi_1 = E_1 \Phi_1, \quad \hat{H}_2 \Phi_2 = E_2 \Phi_2 \tag{3.2-3}$$

复合孤立系统的能量本征值方程为

$$\hat{H}\Phi = (\hat{H}_1 + \hat{H}_2)\Phi = (E_1 + E_2)\Phi \tag{3.2-4}$$

使用式 (3.2-3) 和式 (3.2-4) 我们发现,复合孤立系统的波函数等于两个子系统的波函数之积,即

$$\Phi = \Phi_1 \Phi_2 \tag{3.2-5}$$

因此复合孤立系统的总微观状态数 Λ 等于两个子系统的微观状态数 Λ_1 和 Λ_2 之积,即

$$\Lambda = \Lambda_1 \Lambda_2 \tag{3.2-6}$$

使用式 (3.2-1),复合孤立系统的熵为

$$S(E_1, V_1, N_1, E_2, V_2, N_2) = S(E_1, V_1, N_1) = S(E_2, V_2, N_2) \tag{3.2-7}$$

根据热力学的熵增加原理我们知道,孤立系统的熵永不减少,达到热平衡时熵最大。因此复合孤立系统达到热平衡时熵 S 满足

$$\frac{\partial S}{\partial E_1} = 0, \quad \frac{\partial S}{\partial V_1} = 0, \quad \frac{\partial S}{\partial N_1} = 0 \tag{3.2-8}$$

复合孤立系统的熵 S 等于两个子系统的熵 S_1 和 S_2 之和,即

$$S_1 + S_2 = S \tag{3.2-9}$$

把式 (3.2-9) 代入式 (3.2-8),并使用式 (3.2-1),得

$$\left(\frac{\partial S_1}{\partial E_1}\right)_{N_1,V_1} - \left(\frac{\partial S_2}{\partial E_2}\right)_{N_2,V_2} = 0, \quad \left(\frac{\partial S_1}{\partial V_1}\right)_{N_1,E_1} - \left(\frac{\partial S_2}{\partial V_2}\right)_{N_2,E_2} = 0,$$

$$\left(\frac{\partial S_1}{\partial N_1}\right)_{V_1,E_1} - \left(\frac{\partial S_2}{\partial N_2}\right)_{V_2,E_2} = 0 \tag{3.2-10}$$

根据热力学熵判据，达到热平衡时两个子系统的温度相等，压强相等，化学势相等，即

$$T_1 = T_2, \quad P_1 = P_2, \quad \mu_1 = \mu_2 \tag{3.2-11}$$

　　根据等概率原理，孤立系统一切可能的微观状态出现的概率都相等，因此孤立系统的宏观状态包含的微观状态数越多，那么该宏观状态出现的概率越大。而根据热力学的熵增加原理，孤立系统中发生的自发过程总是沿着熵增加的方向进行，达到热平衡时熵最大。结合等概率原理和熵增加原理，我们得到结论，一切孤立系统内部所发生的过程总是从包含微观态数目少的宏观态向包含微观态数目多的宏观态方向进行的，用玻尔兹曼 (Boltzmann) 的话说："自然界的一切过程都是向着微观状态数大的方向进行的。"因此热平衡态为包含微观状态数最多的宏观状态。复合孤立系统达到热平衡时有

$$\frac{\partial \Lambda}{\partial E_1} = 0, \quad \frac{\partial \Lambda}{\partial V_1} = 0, \quad \frac{\partial \Lambda}{\partial N_1} = 0 \tag{3.2-12}$$

把式 (3.2-6) 代入式 (3.2-12)，并使用式 (3.2-1) 得

$$\left(\frac{\partial \ln \Lambda_1}{\partial E_1}\right)_{N_1,V_1} - \left(\frac{\partial \ln \Lambda_2}{\partial E_2}\right)_{N_2,V_2} = 0, \quad \left(\frac{\partial \ln \Lambda_1}{\partial V_1}\right)_{N_1,E_1} - \left(\frac{\partial \ln \Lambda_2}{\partial V_2}\right)_{N_2,E_2} = 0,$$

$$\left(\frac{\partial \ln \Lambda_1}{\partial N_1}\right)_{V_1,E_1} - \left(\frac{\partial \ln \Lambda_2}{\partial N_2}\right)_{V_2,E_2} = 0 \tag{3.2-13}$$

把式 (3.2-10) 与式 (3.2-13) 比较，得微正则系综中的熵公式

$$S = k_{\mathrm{B}} \ln \Lambda \tag{3.2-14}$$

式中，k_{B} 为玻尔兹曼常量。

　　使用热力学方程 $\mathrm{d}S = \dfrac{1}{T}\mathrm{d}E + \dfrac{P}{T}\mathrm{d}V - \dfrac{\mu}{T}\mathrm{d}N$，得微正则系综的热力学量公式

$$\frac{1}{k_{\mathrm{B}}T} = \left(\frac{\partial \ln \Lambda}{\partial E}\right)_{N,V}, \quad \frac{P}{k_{\mathrm{B}}T} = \left(\frac{\partial \ln \Lambda}{\partial V}\right)_{E,N}, \quad -\frac{\mu}{k_{\mathrm{B}}T} = \left(\frac{\partial \ln \Lambda}{\partial N}\right)_{E,V}$$

$$\tag{3.2-15}$$

由于实际的宏观孤立系统 (微正则系综) 与外界有微弱的相互作用, 其能量值处于一个很小的范围内, 即 $E \leqslant E' \leqslant E + \Delta E$, ($E \ll \Delta E$), 微观状态数为

$$\Lambda = \Lambda(E, \Delta E, V, N) = \Omega(E, V, N) \Delta E \tag{3.2-16}$$

式中, $\Omega = \dfrac{\mathrm{d}\Lambda}{\mathrm{d}E}$ 称为态密度。

把式 (3.2-16) 代入式 (3.2-14) 得

$$S = k_{\mathrm{B}} \ln \Omega(E, V, N) + k_{\mathrm{B}} \ln \Delta E \tag{3.2-17}$$

由于 ΔE 与 N 无关, 有 $\lim\limits_{N \to \infty} \dfrac{1}{N} \ln \Delta E = 0$, 所以熵与 ΔE 无关, 即

$$S = k_{\mathrm{B}} \ln \Omega(E, V, N) \tag{3.2-18}$$

同理, 式 (3.2-15) 化为

$$\frac{1}{k_{\mathrm{B}}T} = \left(\frac{\partial \ln \Omega}{\partial E}\right)_{N,V}, \quad \frac{P}{k_{\mathrm{B}}T} = \left(\frac{\partial \ln \Omega}{\partial V}\right)_{E,N}, \quad -\frac{\mu}{k_{\mathrm{B}}T} = \left(\frac{\partial \ln \Omega}{\partial N}\right)_{E,V} \tag{3.2-19}$$

在绝对零度时, 态密度为

$$\Omega = \Omega(E_0, V, N) \tag{3.2-20}$$

式中, E_0 为系统的基态能。

熵为

$$S = k_{\mathrm{B}} \ln \Omega(E_0, V, N) \tag{3.2-21}$$

我们看到, 绝对零温时的熵是一个常量, 这就是热力学第三定律, 它只不过是量子统计物理的一个推论。

例 1 求出体积为 V 的容器内由 N 个质量为 m 的无相互作用粒子组成的经典理想气体的态密度及熵。

解 把容器取为边长为 L 的立方体箱子, 即 $V = L^3$。系统的能量本征值方程为

$$-\frac{\hbar^2}{2m}\left(\frac{\partial^2}{\partial x_1^2} + \cdots + \frac{\partial^2}{\partial x_{3N}^2}\right)\Phi = E'\Phi$$

其解为

$$E' = \frac{1}{2m}\left(\boldsymbol{p}_1^2 + \boldsymbol{p}_2^2 + \cdots + \boldsymbol{p}_N^2\right), \quad \Phi = \prod_{j=1}^{N} \mathrm{e}^{\mathrm{i}\frac{\boldsymbol{p}_j \cdot \boldsymbol{r}_j}{\hbar}}$$

使用周期性边界条件

$$\Phi(x_1 + L, x_2, \cdots, x_{3d}) = \Phi(x_1, x_2 + L, \cdots, x_{3d}) = \cdots$$

$$= \Phi\left(x_1, x_2, \cdots, x_{3d} + L\right) = \Phi\left(x_1, x_2, \cdots, x_{3d}\right)$$

得系统的能量为

$$E' = \frac{2\pi^2\hbar^2}{mL^2}\left(n_1^2 + n_2^2 + \cdots + n_{3N}^2\right), \quad n_1, \cdots, n_{3N} = 0, \pm 1, \pm 2, \cdots$$

系统的微观状态数为

$$\Lambda = \frac{1}{N!} \sum_{\frac{mL^2E}{2\pi^2\hbar^2} \leqslant n_1^2 + n_2^2 + \cdots + n_{3N}^2 \leqslant \frac{mL^2(E+\Delta E)}{2\pi^2\hbar^2}} 1$$

式中，因子 $N!$ 来自量子力学的同类粒子不可分辨性原理。

对于宏观系统，相邻能级间隔很小，能量分布可以看成连续的，因此求和可以用积分代替，得

$$\Lambda = \frac{1}{N!} \int \cdots \int_{\frac{mL^2E}{2\pi^2\hbar^2} \leqslant n_1^2 + n_2^2 + \cdots + n_{3N}^2 \leqslant \frac{mL^2(E+\Delta E)}{2\pi^2\hbar^2}} \mathrm{d}n_1 \cdots \mathrm{d}n_{3N}$$

$$= \frac{\pi^{3N/2}}{N!\Gamma\left(1 + 3N/2\right)} \left\{ \left[\frac{(E+\Delta E)mL^2}{2\pi^2\hbar^2}\right]^{3N/2} - \left[\frac{EmL^2}{2\pi^2\hbar^2}\right]^{3N/2} \right\}$$

$$= \left(\frac{V}{h^3}\right)^N \frac{(2\pi mE)^{3N/2}}{N!\Gamma\left(1 + 3N/2\right)} \frac{3N}{2} \frac{\Delta E}{E} + O\left[(\Delta E)^2\right]$$

式中，我们已经使用 n 维球的体积公式：$\displaystyle\int \cdots \int_{x_1^2 + x_2^2 + \cdots + x_n^2 \leqslant r^2} \mathrm{d}x_1 \cdots \mathrm{d}x_n = V_n\left(r\right) =$

$\dfrac{r^n\pi^{n/2}}{\Gamma\left(1 + n/2\right)}$，从而得 $\Omega\left(E\right) = \left(\dfrac{V}{h^3}\right)^N \dfrac{(2\pi mE)^{3N/2}}{N!\Gamma\left(1 + 3N/2\right)} \dfrac{3N}{2E}$。

使用斯特林 (Stirling) 公式 $\ln M! \cong M\left(\ln M - 1\right), M > 10$，得

$$S = k_{\mathrm{B}} \ln \Omega\left(E\right) = \frac{5}{2}Nk_{\mathrm{B}} + Nk_{\mathrm{B}} \ln\left[\frac{V}{h^3N}\left(\frac{4\pi mE}{3N}\right)^{3/2}\right]$$

$$\frac{P}{k_{\mathrm{B}}T} = \left(\frac{\partial \ln \Omega}{\partial V}\right)_{E,N} = \frac{N}{V}, \quad -\frac{\mu}{k_{\mathrm{B}}T} = \left(\frac{\partial \ln \Omega}{\partial N}\right)_{E,V} = \ln\left[\frac{V}{h^3N}\left(\frac{4\pi mE}{3N}\right)^{3/2}\right]$$

3.3 正 则 分 布

3.2 节我们发展了微正则系综，虽然微正则系综中的热力学量公式简单，但一般情况下微观状态数的计算极其困难，因此我们需要发展其他的系综。本节引进

的正则系综描述的是一个热力学系统与一个很大的热源接触，热力学系统与热源之间可以交换能量，但不能交换粒子。

3.3.1 方法 1

设宏观系统和热源组成的复合孤立系统的总能量为 E_0。宏观系统的能量本征值方程为 $\hat{H}|\Phi_r\rangle = E_r|\Phi_r\rangle$。宏观系统处于量子态 $|\Phi_r\rangle$，能量为 E_r。热源的能量为 $E_0 - E_r$，微观状态数为 $\Lambda(E_0 - E_r)$。根据等概率原理，宏观系统处于量子态 $|\Phi_r\rangle$ 的概率为

$$w_r = \frac{\Lambda(E_0 - E_r)}{\sum_r \Lambda(E_0 - E_r)} \tag{3.3-1}$$

由于宏观系统比热源小很多，有 $E_r \ll E_0$，对 $\ln\Lambda(E_0 - E_r)$ 作泰勒展开，并使用微正则系综的热力学量公式 $\dfrac{1}{k_{\mathrm{B}}T} = \left(\dfrac{\partial \ln\Lambda}{\partial E}\right)_{N,V}$，得

$$\ln\Lambda(E_0 - E_r) = \ln\Lambda(E_0) + \sum_{n=1}^{\infty}\frac{1}{n!}(-E_r)^n\frac{\partial^n\ln\Lambda(E_0)}{\partial E_0^n}$$

$$= \ln\Lambda(E_0) - \frac{E_r}{k_{\mathrm{B}}T} + \frac{1}{k_{\mathrm{B}}}\sum_{n=2}^{\infty}\frac{1}{n!}(-E_r)^n\frac{\partial^{n-1}}{\partial E_0^{n-1}}\frac{1}{T} \tag{3.3-2}$$

使用

$$(-E_r)^n\frac{\partial^{n-1}}{\partial E_0^{n-1}}\frac{1}{T} \sim (-E_r)^n\frac{1}{E_0^{n-1}T}\xrightarrow{E_r/E_0\to 0} 0, \quad n = 2, 3, \cdots$$

式 (3.3-2) 化为

$$\ln\Lambda(E_0 - E_r)\xrightarrow{E_r/E_0\to 0}\ln\Lambda(E_0) - \frac{E_r}{k_{\mathrm{B}}T} \tag{3.3-3}$$

把式 (3.3-3) 代入式 (3.3-1)，得

$$w_r = \frac{\mathrm{e}^{-\frac{E_r}{k_{\mathrm{B}}T}}}{Q} \tag{3.3-4}$$

式中，

$$Q = \sum_r \mathrm{e}^{-\frac{E_r}{k_{\mathrm{B}}T}} \tag{3.3-5}$$

为正则配分函数。

本方法的优点是简单, 但缺点是需要使用微正则系综的热力学量公式 $\dfrac{1}{k_{\mathrm{B}}T} = \left(\dfrac{\partial \ln \Lambda}{\partial E}\right)_{N,V}$。

3.3.2 方法 2——最可几值方法

正则系综也可以看成由 M 个全同近独立系统组成的复合孤立系统, 系统之间具有微弱的相互作用, 可以交换能量, 但不能交换粒子。系统的能量本征值方程为 $\hat{H}|\Phi_r\rangle = E_r|\Phi_r\rangle$。在量子态 $|\Phi_r\rangle$ 上的系统数为 n_r。系综 (复合孤立系统) 的总能量 ε 和系统的总数 M 固定, 给定的分布 $\{n_r\}$ 满足

$$\sum_r n_r = M, \quad \sum_r n_r E_r = \varepsilon = MU \tag{3.3-6}$$

对于给定的分布 $\{n_r\}$, M 个系统的不同的排列总数为 $M!$, 但在同一量子态 $|\Phi_r\rangle$ 上的 n_r 个系统的交换不产生新的系综的状态, 因此系综的状态数为

$$W\{n_r\} = \frac{M!}{\prod_r n_r!} \tag{3.3-7}$$

由于正则系综是孤立系统, 等概率原理成立, 分布 $\{n_r\}$ 出现的概率正比于其状态数 $W\{n_r\}$, 即

$$P\{n_r\} = \frac{W\{n_r\}}{\displaystyle\sum_{\{n_r\}} W\{n_r\}} \tag{3.3-8}$$

给定系综的总能量 ε 和系统的总数 M, 出现的概率最大的分布, 也就是状态数 $W\{n_r\}$ 最大的分布, 称为最可几分布 (也称最概然分布, most probable distribution)。

使用拉格朗日 (Lagrange) 乘子法和斯特林公式, 得

$$\delta \ln W - \alpha \delta M - \beta \delta \varepsilon = -\sum_r (\ln n_r + \alpha + \beta E_r)\,\delta n_r = 0 \tag{3.3-9}$$

式中, α 和 β 为待定乘子。

因为式 (3.3-9) 里的每一个 δn_r 都是独立变化的, δn_r 的系数必须为零, 得最可几分布

$$n_r = \mathrm{e}^{-\alpha - \beta E_r} \tag{3.3-10}$$

从而得系综占据量子态 $|\varPhi_r\rangle$ 的概率

$$w_r = \frac{n_r}{M} = \frac{\mathrm{e}^{-\beta E_r}}{\sum\limits_r \mathrm{e}^{-\beta E_r}} \qquad (3.3\text{-}11)$$

最可几值方法的优点是简单, 但缺点是: ① 除了最可几分布, 还有其他分布存在, 而且并不清楚这些分布的贡献对于宏观系统是否趋于零; ② 对于某些量子态, n_r 可能很小, 斯特林近似不太好。

3.3.3 方法 3——最速下降方法

为了克服最可几值方法的缺点, 需要发展更严格的方法, 为此达尔文 (Darwin) 和福勒 (Fowler) 引进了最速下降方法 (steepest descent method), 对统计平均做了严格计算, 考虑了所有可能的分布的贡献 [4,18]。

定义

$$\tilde{W}\{n_r\} = M! \prod_r \frac{\omega_r^{n_r}}{n_r!} \qquad (3.3\text{-}12)$$

这里, ω_r 为参量, 在计算完后令所有 $\omega_r = 1$ 即可。构造约束求和

$$\Gamma(M, U) = \sum_{\{n_r\}, \sum\limits_r n_r = M} \tilde{W}\{n_r\} = M! \sum_{\{n_r\}, \sum\limits_r n_r = M} \prod_r \frac{\omega_r^{n_r}}{n_r!} \qquad (3.3\text{-}13)$$

一旦知道 Γ, 可求得占据量子态 $|\varPhi_r\rangle$ 的系统的平均数

$$\langle n_r \rangle = \sum_{\{n_r\}, \sum\limits_r n_r = M} n_r P\{n_r\} = \omega_r \frac{\partial}{\partial \omega_r} \ln \Gamma \bigg|_{\{\omega_r = 1\}} \qquad (3.3\text{-}14)$$

计算约束求和极其困难, 需要引进生成函数以便消去约束求和, 即

$$G(M, z) = \sum_{U=0}^{\infty} z^{MU} \Gamma(M, U) = \sum_{U=0}^{\infty} \sum_{\{n_r\}, \sum\limits_r n_r = M, \sum\limits_r n_r E_r = MU} M! \prod_r \frac{(\omega_r z^{E_r})^{n_r}}{n_r!}$$

$$\qquad (3.3\text{-}15)$$

式中, z 为任意复数。

式 (3.3-15) 表示首先完成对受双重约束条件 $\sum\limits_r n_r E_r = \varepsilon = MU$ 和 $\sum\limits_r n_r = M$ 的求和, 然后再完成求和 $\sum\limits_{U=0}^{\infty} \cdots$, 这等效于取消了约束条件 $\sum\limits_r n_r E_r = \varepsilon = MU$,

只对满足单个约束条件 $\sum\limits_r n_r = M$ 的集合 $\{n_r\}$ 求和，即

$$G\left(M,z\right) = \sum_{\{n_r\},\sum\limits_r n_r = M} M! \prod_r \frac{\left(\omega_r z^{E_r}\right)^{n_r}}{n_r!} = \left[f\left(z\right)\right]^M \tag{3.3-16}$$

式中，我们已经使用多项式定理，$f\left(z\right)$ 定义为

$$f\left(z\right) = \sum_r \omega_r z^{E_r} \tag{3.3-17}$$

如果选择能量单位足够小，那么 E_r 均为整数。根据复变函数中的柯西 (Cauchy) 积分公式，得

$$\Gamma\left(M,U\right) = \frac{1}{2\pi\mathrm{i}} \oint I\left(z\right)\mathrm{d}z \tag{3.3-18}$$

式中，积分路径为环绕原点的任意围线，$I\left(z\right)$ 定义为

$$I\left(z\right) = \frac{\left[f\left(z\right)\right]^M}{z^{MU+1}}, \quad z = x + \mathrm{i}y \tag{3.3-19}$$

选 $E_0 = 0$，$0 < E_1 < E_2 < E_3 < \cdots$，在式 (3.3-17) 中令所有 $\omega_r = 1$，得

$$f\left(z\right) = 1 + z^{E_1} + z^{E_2} + \cdots \tag{3.3-20}$$

我们看到，沿正实轴 $z = x > 0$，$f\left(x\right)$ 是 x 的单调增加的函数，$\frac{1}{x^{MU+1}}$ 是 x 的单调减小的函数，如图 3.3.1 所示，因此一定存在一点 $x = x_0 > 0$，在该处 $I\left(x\right)$ 达到最小值，即

$$\left(\frac{\partial I}{\partial z}\right)_{z=x_0} = 0, \quad \left(\frac{\partial^2 I}{\partial x^2}\right)_{z=x_0} > 0 \tag{3.3-21}$$

因为 $I\left(z\right)$ 是除 $z = 0$ 之外的解析函数，满足柯西-黎曼 (Cauchy-Riemann) 方程

$$\left(\frac{\partial^2}{\partial x^2} + \frac{\partial^2}{\partial y^2}\right) I\left(z\right) = 0 \tag{3.3-22}$$

结合式 (3.3-21) 和式 (3.3-22)，得

$$\left(\frac{\partial I}{\partial z}\right)_{z=x_0} = 0, \quad \left(\frac{\partial^2 I}{\partial x^2}\right)_{z=x_0} > 0, \quad \left(\frac{\partial^2 I}{\partial y^2}\right)_{z=x_0} = -\left(\frac{\partial^2 I}{\partial x^2}\right)_{z=x_0} < 0 \tag{3.3-23}$$

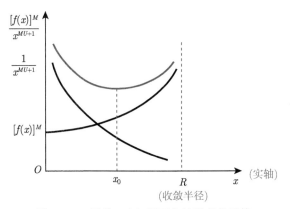

图 3.3.1 函数 $I(z)$ 沿正实轴的变化规律

我们看到，在复 z 平面上，如果沿着实轴 x 的路径，那么 $I(z)$ 在 $x = x_0$ 处达到最小值；如果沿着平行于虚轴 y 并且穿过 $z = x_0$ 点的路径，那么在 $z = x_0$ 处达到最大值。所以 $z = x_0$ 为鞍点，如图 3.3.2 所示。

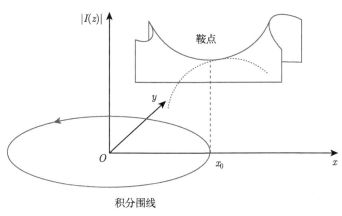

图 3.3.2 鞍点

定义

$$I\left(z\right) = \mathrm{e}^{Mg(z)} \tag{3.3-24}$$

式中，

$$g\left(z\right) = \ln f\left(z\right) - \left(U + \frac{1}{M}\right)\ln z \cong \ln f\left(z\right) - U\ln z \tag{3.3-25}$$

$I'\left(x_0\right) = 0$ 意味着 $g'\left(x_0\right) = 0$，即

$$\frac{\sum\limits_{r} E_r x_0^{E_r}}{\sum\limits_{r} x_0^{E_r}} = U \tag{3.3-26}$$

进一步有

$$\left(\frac{\partial^2 I}{\partial x^2}\right)_{z=x_0} = M g''(x_0) \, \mathrm{e}^{M g(x_0)} \xrightarrow{M \to \infty} \infty \tag{3.3-27}$$

我们看到, 如果选择积分路径为以点 $z=0$ 为中心、半径为 x_0 的圆, 如图 3.3.2 所示, 那么积分路径将沿虚轴方向穿过点 $z=x_0$, 在点 $z=x_0$ 处被积函数有一极其陡的最大值, 所以对积分的贡献主要来自点 $z=x_0$ 的邻域, 沿虚轴方向把 $g(z)$ 围绕 $z=x_0$ 作泰勒展开, 并保留到二次项, 得

$$\Gamma(M,U) = \frac{1}{2\pi \mathrm{i}} \oint \mathrm{e}^{M g(z)} \mathrm{d}z = \frac{1}{2\pi} \mathrm{e}^{M g(x_0)} \int_{-\infty}^{\infty} \mathrm{d}y \mathrm{e}^{-M g''(x_0) y^2/2} = \frac{\mathrm{e}^{M g(x_0)}}{\sqrt{2\pi M g''(x_0)}} \tag{3.3-28}$$

$$\frac{1}{M} \ln \Gamma(M,U) = g(x_0) - \frac{\ln[2\pi M g''(x_0)]}{2M} \xrightarrow{M \to \infty} g(x_0) \tag{3.3-29}$$

$$\frac{\langle n_r \rangle}{M} = \omega_r \frac{\partial}{\partial \omega_r} \frac{1}{M} \ln \Gamma \Big|_{\{\omega_r = 1\}} = \frac{x_0^{E_r}}{\sum\limits_{r} x_0^{E_r}} = \frac{\mathrm{e}^{-\beta E_r}}{\sum\limits_{r} \mathrm{e}^{-\beta E_r}} \tag{3.3-30}$$

式中, $x_0 = \mathrm{e}^{-\beta}$。

3.4 正则系综里的密度算符

把正则系综占据能量本征态的概率公式 (3.3-11) 代入式 (2.2-10) 得正则系综里的密度算符

$$\hat{\rho} = \sum_n w_n |\Phi_n\rangle \langle \Phi_n| = \sum_n \frac{\mathrm{e}^{-\beta E_n}}{Q} |\Phi_n\rangle \langle \Phi_n|$$

$$= \frac{\mathrm{e}^{-\beta \hat{H}}}{Q} \sum_n |\Phi_n\rangle \langle \Phi_n| = \frac{\mathrm{e}^{-\beta \hat{H}}}{Q} = \frac{\mathrm{e}^{-\beta \hat{H}}}{\mathrm{Tr}(\mathrm{e}^{-\beta \hat{H}})} \tag{3.4-1}$$

把式 (3.4-1) 代入式 (2.2-5) 得坐标表象里的密度矩阵

$$\langle \boldsymbol{r}_1, \cdots, \boldsymbol{r}_N | \hat{\rho} | \boldsymbol{r}_1', \cdots, \boldsymbol{r}_N' \rangle = \frac{1}{Q} \sum_n \mathrm{e}^{-\beta E_n} \Phi_n(\boldsymbol{r}_1, \cdots, \boldsymbol{r}_N) \Phi_n^*(\boldsymbol{r}_1', \cdots, \boldsymbol{r}_N') \tag{3.4-2}$$

例 1 已知磁场中的一个电子，把磁场方向取为 z 轴方向，计算其正则系综里的密度算符。

解 哈密顿算符为

$$\hat{H} = -\mu_{\mathrm{B}}\boldsymbol{\sigma} \cdot \boldsymbol{H} = -\mu_{\mathrm{B}}H\boldsymbol{\sigma}_z$$

式中，$\mu_{\mathrm{B}} = e\hbar/2mc$ 为玻尔磁子；$\boldsymbol{\sigma}$ 为泡利算符。引进两个正交的基态 $|+1\rangle$ 和 $|-1\rangle$，泡利算符在这基态表象里可以表示为泡利矩阵

$$\boldsymbol{\sigma}_x = \begin{pmatrix} 0 & 1 \\ 1 & 0 \end{pmatrix}, \quad \boldsymbol{\sigma}_y = \begin{pmatrix} 0 & -\mathrm{i} \\ \mathrm{i} & 0 \end{pmatrix}, \quad \boldsymbol{\sigma}_z = \begin{pmatrix} 1 & 0 \\ 0 & -1 \end{pmatrix}$$

哈密顿算符可以表示为

$$\hat{H} = \begin{pmatrix} -\mu_{\mathrm{B}}H & 0 \\ 0 & \mu_{\mathrm{B}}H \end{pmatrix}$$

得

$$\mathrm{e}^{-\beta\hat{H}} = \sum_{n=0}^{\infty} \frac{1}{n!}\left(-\beta\hat{H}\right)^n = \begin{pmatrix} \mathrm{e}^{\beta\mu_{\mathrm{B}}H} & 0 \\ 0 & \mathrm{e}^{-\beta\mu_{\mathrm{B}}H} \end{pmatrix}$$

正则系综里的密度算符为

$$\hat{\rho} = \frac{\mathrm{e}^{-\beta\hat{H}}}{\mathrm{Tr}(\mathrm{e}^{-\beta\hat{H}})} = \frac{1}{\mathrm{e}^{\beta\mu_{\mathrm{B}}H} + \mathrm{e}^{-\beta\mu_{\mathrm{B}}H}} \begin{pmatrix} \mathrm{e}^{\beta\mu_{\mathrm{B}}H} & 0 \\ 0 & \mathrm{e}^{-\beta\mu_{\mathrm{B}}H} \end{pmatrix}$$

得统计平均值

$$\langle\boldsymbol{\sigma}_z\rangle = \mathrm{Tr}\left(\hat{\rho}\boldsymbol{\sigma}_z\right) = \frac{\mathrm{e}^{\beta\mu_{\mathrm{B}}H} - \mathrm{e}^{-\beta\mu_{\mathrm{B}}H}}{\mathrm{e}^{\beta\mu_{\mathrm{B}}H} + \mathrm{e}^{-\beta\mu_{\mathrm{B}}H}}, \quad \langle\sigma_x\rangle = \langle\sigma_y\rangle = 0$$

例 2 已知箱子中有一个自由粒子，确定其坐标表象里的密度矩阵。

解 系统的能量本征值方程为

$$\hat{H}\varphi_E = -\frac{\hbar^2}{2m}\left(\frac{\partial^2}{\partial x^2} + \frac{\partial^2}{\partial y^2} + \frac{\partial^2}{\partial z^2}\right)\varphi_E = E\varphi_E$$

假设箱子为边长为 L 的立方体。使用周期性边界条件

$$\varphi_E(x+L, y, z) = \varphi_E(x, y+L, z) = \varphi_E(x, y, z+L) = \varphi_E(x, y, z)$$

得

$$\varphi_E\left(\boldsymbol{r}\right) = \frac{1}{L^{3/2}}\mathrm{e}^{\mathrm{i}\boldsymbol{k}\cdot\boldsymbol{r}}, \quad E = \frac{\hbar^2 k^2}{2m}, \quad \boldsymbol{k} = (k_x, k_y, k_z) = \frac{2\pi}{L}\left(n_x, n_y, n_z\right) = \frac{2\pi}{L}\boldsymbol{n},$$

$$n_x, n_y, n_z = 0, \pm 1, \pm 2, \cdots$$

坐标表象里的密度矩阵为

$$\langle\boldsymbol{r}|\,\hat{\rho}\,|\boldsymbol{r}'\rangle = \frac{1}{Q}\sum_E \mathrm{e}^{-\beta E}\varphi_E\left(\boldsymbol{r}\right)\varphi_E^*\left(\boldsymbol{r}'\right) = \frac{1}{QL^3}\sum_{\boldsymbol{k}}\exp\left[-\beta\frac{\hbar^2 k^2}{2m} + \mathrm{i}\boldsymbol{k}\cdot\left(\boldsymbol{r}-\boldsymbol{r}'\right)\right]$$

$$= \frac{1}{Q\left(2\pi\right)^{3/2}}\int\mathrm{d}^3 k\exp\left[-\beta\frac{\hbar^2 k^2}{2m} + \mathrm{i}\boldsymbol{k}\cdot\left(\boldsymbol{r}-\boldsymbol{r}'\right)\right]$$

$$= \frac{1}{Q}\left(\frac{m}{2\pi\beta\hbar^2}\right)^{3/2}\exp\left[-\frac{m}{2\beta\hbar^2}\left(\boldsymbol{r}-\boldsymbol{r}'\right)^2\right]$$

得

$$Q = \mathrm{Tr}(\mathrm{e}^{-\beta\hat{H}}) = Q\int\mathrm{d}^3 r\,\langle\boldsymbol{r}|\,\hat{\rho}\,|\boldsymbol{r}\rangle = \left(\frac{m}{2\pi\beta\hbar^2}\right)^{3/2}V,$$

$$\langle\boldsymbol{r}|\,\hat{\rho}\,|\boldsymbol{r}'\rangle = \frac{1}{V}\exp\left[-\frac{m}{2\beta\hbar^2}\left(\boldsymbol{r}-\boldsymbol{r}'\right)^2\right]$$

例 3 确定一个一维谐振子的坐标表象里的密度矩阵。

解 系统的能量本征值方程为

$$\hat{H}\varphi_n = \left(-\frac{\hbar^2}{2m}\frac{\partial^2}{\partial x^2} + \frac{1}{2}m\omega^2 x^2\right)\varphi_n = E_n\varphi_n$$

其解为

$$E_n = \left(n + \frac{1}{2}\right)\hbar\omega, \quad \varphi_n = \left(\frac{m\omega}{\pi\hbar}\right)^{1/4}\frac{H_n\left(\xi\right)}{\sqrt{2^n n!}}\mathrm{e}^{-\xi^2/2}, \quad n = 0, 1, 2, \cdots$$

式中，$\xi = \sqrt{\dfrac{m\omega}{\hbar}}x$；$H_n$ 是厄米 (Hermite) 多项式，即

$$H_n\left(\xi\right) = (-1)^n\,\mathrm{e}^{\xi^2}\left(\frac{\mathrm{d}}{\mathrm{d}\xi}\right)^n\mathrm{e}^{-\xi^2} = \frac{\mathrm{e}^{\xi^2}}{\sqrt{\pi}}\int_{-\infty}^{\infty}(-\mathrm{i}2u)^n\,\mathrm{e}^{-u^2+\mathrm{i}2\xi u}\mathrm{d}u$$

代入坐标表象里的密度矩阵得

$$\langle x|\,\hat{\rho}\,|x'\rangle = \frac{1}{Q}\sum_n \mathrm{e}^{-\beta E_n}\varphi_n\left(x\right)\varphi_n^*\left(x'\right)$$

$$= \frac{1}{\pi Q}\left(\frac{m\omega}{\pi\hbar}\right)^{1/2}\mathrm{e}^{\frac{1}{2}\left(\xi^2+\xi'^2\right)}$$

$$\times \int_{-\infty}^{\infty} \int_{-\infty}^{\infty} \sum_{n=0}^{\infty} \frac{(-2up)^n}{n!} \mathrm{e}^{-\beta(n+1/2)\hbar\omega} \mathrm{e}^{-u^2+\mathrm{i}2\xi u-p^2+\mathrm{i}2\xi' p} \mathrm{d}u\mathrm{d}p$$

$$= \frac{1}{\pi Q} \left(\frac{m\omega}{\pi\hbar}\right)^{1/2} \mathrm{e}^{\frac{1}{2}(\xi^2+\xi'^2)} \mathrm{e}^{-\beta\hbar\omega/2}$$

$$\times \int_{-\infty}^{\infty} \int_{-\infty}^{\infty} \mathrm{e}^{-u^2+\mathrm{i}2\xi u-p^2+\mathrm{i}2\xi' p-2up\mathrm{e}^{-\beta\hbar\omega}} \mathrm{d}u\mathrm{d}p$$

$$= \frac{1}{\pi Q} \left(\frac{m\omega}{\pi\hbar}\right)^{1/2} \mathrm{e}^{\frac{1}{2}(\xi^2+\xi'^2)} \mathrm{e}^{-\beta\hbar\omega/2} \frac{\mathrm{e}^{-a_5}}{a_3} \int_{-\infty}^{\infty} \int_{-\infty}^{\infty} \mathrm{e}^{-x^2-y^2} \mathrm{d}x\mathrm{d}y$$

式中，

$$x = u - a_1 - a_2 p, \quad y = a_3 p - a_4, \quad a_1 = \mathrm{i}\xi, \quad a_2 = -\mathrm{e}^{-\beta\hbar\omega}, \quad a_3 = \sqrt{1-\mathrm{e}^{-2\beta\hbar\omega}},$$

$$a_4 = \mathrm{i}\frac{\xi' - \xi\mathrm{e}^{-\beta\hbar\omega}}{\sqrt{1-\mathrm{e}^{-2\beta\hbar\omega}}}, \quad a_5 = \frac{\xi'^2 - 2\xi\xi'\mathrm{e}^{-\beta\hbar\omega} + \xi^2}{1-\mathrm{e}^{-2\beta\hbar\omega}}$$

完成积分得

$$\langle x| \hat{\rho} |x'\rangle = \frac{1}{Q} \left[\frac{m\omega}{2\pi\hbar \sinh(\beta\hbar\omega)}\right]^{1/2}$$

$$\times \exp\left\{-\frac{m\omega}{4\hbar}\left[(x+x')^2 \tanh\frac{\beta\hbar\omega}{2} + (x-x')^2 \coth\frac{\beta\hbar\omega}{2}\right]\right\}$$

当 $\beta\hbar\omega \ll 1$ 时，有

$$\langle x| \hat{\rho} |x'\rangle \to \frac{1}{Q} \left(\frac{m}{2\pi\hbar^2\beta}\right)^{1/2} \exp\left[-\frac{\beta m\omega^2}{8}(x+x')^2 - \frac{m}{2\beta\hbar^2}(x-x')^2\right]$$

$$\to \frac{1}{Q} \exp\left(-\frac{\beta m\omega^2}{2}x^2\right) \delta(x-x')$$

这里已利用

$$\sqrt{\frac{a}{2\pi}} \exp\left[-\frac{a}{2}(x-y)^2\right] \xrightarrow{a\to\infty} \delta(x-y)$$

习　题

1. 已知磁场中有一个电子，把磁场方向取为 x 轴方向，哈密顿算符为

$$\hat{H} = -\mu_{\mathrm{B}}\boldsymbol{\sigma} \cdot \boldsymbol{H} = -\mu_{\mathrm{B}}H\boldsymbol{\sigma}_x$$

证明:

$$(2\sinh 2K)^{1/2}\,\mathrm{e}^{\tilde{K}\sigma_x} = \mathrm{e}^{K}\mathbf{1} + \mathrm{e}^{-K}\sigma_x = \begin{pmatrix} \mathrm{e}^{K} & \mathrm{e}^{-K} \\ \mathrm{e}^{-K} & \mathrm{e}^{K} \end{pmatrix}$$

式中，$\sinh 2K \sinh 2\tilde{K} = 1$。

计算正则系综里的密度算符。

2. 已知磁场中的一个电子，把磁场方向取为 y 轴方向，哈密顿算符为

$$\hat{H} = -\mu_{\mathrm{B}}\boldsymbol{\sigma}\cdot\boldsymbol{H} = -\mu_{\mathrm{B}}H\sigma_y$$

证明：

$$(2\sinh 2K)^{1/2}\,\mathrm{e}^{\tilde{K}\sigma_y} = \mathrm{e}^{K}\mathbf{1} + \mathrm{e}^{-K}\sigma_y = \begin{pmatrix} \mathrm{e}^{K} & -\mathrm{i}\mathrm{e}^{-K} \\ \mathrm{i}\mathrm{e}^{-K} & \mathrm{e}^{K} \end{pmatrix}$$

式中，$\sinh 2K \sinh 2\tilde{K} = 1$。

计算正则系综里的密度算符。

3.5 布洛赫方程

正则系综里的未归一化的密度算符为

$$\hat{\rho}_{\mathrm{u}} = \mathrm{e}^{-\beta\hat{H}} \tag{3.5-1}$$

满足

$$\frac{\partial}{\partial\beta}\hat{\rho}_{\mathrm{u}} = -\hat{H}\mathrm{e}^{-\beta\hat{H}} = -\mathrm{e}^{-\beta\hat{H}}\hat{H} = -\hat{H}\hat{\rho}_{\mathrm{u}} = -\hat{\rho}_{\mathrm{u}}\hat{H} \tag{3.5-2}$$

设系统的能量本征值方程为 $\hat{H}\,|\Phi_i\rangle = E_i\,|\Phi_i\rangle$，$\{|\Phi_i\rangle\}$ 构成一组正交完全集，使用式 (3.5-2) 得

$$\langle\boldsymbol{r}|\,\frac{\partial}{\partial\beta}\hat{\rho}_{\mathrm{u}}\,|\boldsymbol{r}'\rangle = \frac{\partial}{\partial\beta}\,\langle\boldsymbol{r}|\,\hat{\rho}_{\mathrm{u}}\,|\boldsymbol{r}'\rangle = -\langle\boldsymbol{r}|\,\hat{H}\hat{\rho}_{\mathrm{u}}\,|\boldsymbol{r}'\rangle = -\sum_i \langle\boldsymbol{r}|\,\hat{H}\,|\Phi_i\rangle\,\langle\Phi_i|\,\hat{\rho}_{\mathrm{u}}\,|\boldsymbol{r}'\rangle$$

$$= -\sum_i E_i\Phi_i\,(\boldsymbol{r})\,\langle\Phi_i|\,\hat{\rho}_{\mathrm{u}}\,|\boldsymbol{r}'\rangle = -\hat{H}\,(\boldsymbol{r})\sum_i \Phi_i\,(\boldsymbol{r})\,\langle\Phi_i|\,\hat{\rho}_{\mathrm{u}}\,|\boldsymbol{r}'\rangle$$

$$= -\hat{H}\,(\boldsymbol{r})\sum_i \langle\boldsymbol{r}\mid\Phi_i\rangle\,\langle\Phi_i|\,\hat{\rho}_{\mathrm{u}}\,|\boldsymbol{r}'\rangle = -\hat{H}\,(\boldsymbol{r})\,\langle\boldsymbol{r}|\,\hat{\rho}_{\mathrm{u}}\,|\boldsymbol{r}'\rangle \tag{3.5-3}$$

式中，$\hat{H}\,(\boldsymbol{r})$ 表示作用在 $\boldsymbol{r}$ 上。

记 $\rho_{\mathrm{u}}\,(\boldsymbol{r},\boldsymbol{r}';\beta) = \langle\boldsymbol{r}|\,\hat{\rho}_{\mathrm{u}}\,|\boldsymbol{r}'\rangle$，式 (3.5-3) 化为

$$\frac{\partial}{\partial\beta}\rho_{\mathrm{u}}\,(\boldsymbol{r},\boldsymbol{r}';\beta) = -\hat{H}\,(\boldsymbol{r})\,\rho_{\mathrm{u}}\,(\boldsymbol{r},\boldsymbol{r}';\beta) \tag{3.5-4}$$

式 (3.5-4) 称为布洛赫 (Bloch) 方程 [11]。

初始条件为

$$\rho_{\mathrm{u}}\left(\boldsymbol{r}, \boldsymbol{r}'; \beta = 0\right) = \langle \boldsymbol{r} \mid \boldsymbol{r}' \rangle = \delta\left(\boldsymbol{r} - \boldsymbol{r}'\right) \tag{3.5-5}$$

例 1 已知边长为 L 的一维箱子里有一个粒子，确定其坐标表象里的密度矩阵。

解 把哈密顿算符 $\hat{H} = -\dfrac{\hbar^2}{2m}\dfrac{\partial^2}{\partial x^2}$ 代入布洛赫方程得

$$\frac{\partial}{\partial \beta}\rho_{\mathrm{u}}\left(x, x'; \beta\right) = \frac{\hbar^2}{2m}\frac{\partial^2}{\partial x^2}\rho_{\mathrm{u}}\left(x, x'; \beta\right)$$

上式属于扩散方程。

初始条件为 $\rho_{\mathrm{u}}\left(x, x'; \beta = 0\right) = \delta\left(x - x'\right)$。解为

$$\rho_{\mathrm{u}}\left(x, x'; \beta\right) = \left(\frac{m}{2\pi\hbar^2\beta}\right)^{1/2}\exp\left[-\frac{m}{2\beta\hbar^2}\left(x - x'\right)^2\right]$$

得

$$Q = \int \mathrm{d}x\rho_{\mathrm{u}}\left(x, x; \beta\right) = \left(\frac{m}{2\pi\beta\hbar^2}\right)^{3/2} L$$

$$\rho\left(x, x'\right) = \frac{\rho_{\mathrm{u}}\left(x, x'; \beta\right)}{Q} = \frac{1}{L}\exp\left[-\frac{m}{2\beta\hbar^2}\left(x - x'\right)^2\right]$$

例 2 已知磁场中有一个电子，把磁场方向取为 x 轴方向，计算其密度矩阵及 $\langle \boldsymbol{\sigma}_x \rangle, \langle \boldsymbol{\sigma}_y \rangle, \langle \boldsymbol{\sigma}_z \rangle$。

解 系统的哈密顿算符为

$$\hat{H} = -\mu_{\mathrm{B}}\boldsymbol{\sigma} \cdot \boldsymbol{H} = -\mu_{\mathrm{B}}H\boldsymbol{\sigma}_x$$

式中，$\mu_{\mathrm{B}} = e\hbar/2mc$ 为玻尔磁子，泡利矩阵为

$$\boldsymbol{\sigma}_x = \begin{pmatrix} 0 & 1 \\ 1 & 0 \end{pmatrix}, \quad \boldsymbol{\sigma}_y = \begin{pmatrix} 0 & -\mathrm{i} \\ \mathrm{i} & 0 \end{pmatrix}, \quad \boldsymbol{\sigma}_z = \begin{pmatrix} 1 & 0 \\ 0 & -1 \end{pmatrix}$$

矩阵表象里的系统的哈密顿算符为

$$\hat{\boldsymbol{H}} = \begin{pmatrix} 0 & -\mu_{\mathrm{B}}H \\ -\mu_{\mathrm{B}}H & 0 \end{pmatrix}$$

设厄米矩阵 $\boldsymbol{\rho}_{\mathrm{u}}(\beta) = \begin{pmatrix} a & c \\ c^* & b \end{pmatrix}$, 这里 $a(\beta)$、$b(\beta)$ 和 $c(\beta)$ 为待定函数。由于 $\hat{H}\hat{\rho}_{\mathrm{u}} = \hat{\rho}_{\mathrm{u}}\hat{H}$, 有 $\boldsymbol{\sigma}_x \boldsymbol{\rho}_{\mathrm{u}} = \boldsymbol{\rho}_{\mathrm{u}} \boldsymbol{\sigma}_x$, 即

$$\begin{pmatrix} 0 & 1 \\ 1 & 0 \end{pmatrix} \begin{pmatrix} a & c \\ c^* & b \end{pmatrix} = \begin{pmatrix} a & c \\ c^* & b \end{pmatrix} \begin{pmatrix} 0 & 1 \\ 1 & 0 \end{pmatrix} = \begin{pmatrix} c^* & b \\ a & c \end{pmatrix} = \begin{pmatrix} c & a \\ b & c^* \end{pmatrix}$$

得 $c = c^*$, $a = b$, $\boldsymbol{\rho}_{\mathrm{u}}(\beta) = \begin{pmatrix} a & c \\ c & a \end{pmatrix}$。

使用布洛赫方程得

$$\frac{\partial}{\partial \beta} \boldsymbol{\rho}_{\mathrm{u}}(\beta) = -\hat{\boldsymbol{H}} \boldsymbol{\rho}_{\mathrm{u}}(\beta) = \frac{\partial}{\partial \beta} \begin{pmatrix} a & c \\ c & a \end{pmatrix} = \mu_{\mathrm{B}} H \begin{pmatrix} c & a \\ a & c \end{pmatrix}$$

化为

$$\frac{\partial a}{\partial \beta} = \mu_{\mathrm{B}} H c, \quad \frac{\partial c}{\partial \beta} = \mu_{\mathrm{B}} H a$$

消去 c 得 $\dfrac{\partial^2 a}{\partial \beta^2} = (\mu_{\mathrm{B}} H)^2 a$, 其解为

$$a = A \mathrm{e}^{\beta \mu_{\mathrm{B}} H} + B \mathrm{e}^{-\beta \mu_{\mathrm{B}} H}, \quad c = A \mathrm{e}^{\beta \mu_{\mathrm{B}} H} - B \mathrm{e}^{-\beta \mu_{\mathrm{B}} H}$$

式中, A 和 B 为待定常数。

初始条件为 $\boldsymbol{\rho}_{\mathrm{u}}(\beta = 0) = \begin{pmatrix} 1 & 0 \\ 0 & 1 \end{pmatrix}$, 即 $a(\beta = 0) = 1$, $c(\beta = 0) = 0$, 得

$$\boldsymbol{\rho}_{\mathrm{u}}(\beta) = \frac{1}{2} \begin{pmatrix} \mathrm{e}^{\beta \mu_{\mathrm{B}} H} + \mathrm{e}^{-\beta \mu_{\mathrm{B}} H} & \mathrm{e}^{\beta \mu_{\mathrm{B}} H} - \mathrm{e}^{-\beta \mu_{\mathrm{B}} H} \\ \mathrm{e}^{\beta \mu_{\mathrm{B}} H} - \mathrm{e}^{-\beta \mu_{\mathrm{B}} H} & \mathrm{e}^{\beta \mu_{\mathrm{B}} H} + \mathrm{e}^{-\beta \mu_{\mathrm{B}} H} \end{pmatrix}$$

$$\boldsymbol{\rho}(\beta) = \frac{1}{2} \frac{1}{\mathrm{e}^{\beta \mu_{\mathrm{B}} H} + \mathrm{e}^{-\beta \mu_{\mathrm{B}} H}} \begin{pmatrix} \mathrm{e}^{\beta \mu_{\mathrm{B}} H} + \mathrm{e}^{-\beta \mu_{\mathrm{B}} H} & \mathrm{e}^{\beta \mu_{\mathrm{B}} H} - \mathrm{e}^{-\beta \mu_{\mathrm{B}} H} \\ \mathrm{e}^{\beta \mu_{\mathrm{B}} H} - \mathrm{e}^{-\beta \mu_{\mathrm{B}} H} & \mathrm{e}^{\beta \mu_{\mathrm{B}} H} + \mathrm{e}^{-\beta \mu_{\mathrm{B}} H} \end{pmatrix}$$

$$\langle \boldsymbol{\sigma}_x \rangle = \mathrm{Tr}(\boldsymbol{\rho} \boldsymbol{\sigma}_x) = \frac{\mathrm{e}^{\beta \mu_{\mathrm{B}} H} - \mathrm{e}^{-\beta \mu_{\mathrm{B}} H}}{\mathrm{e}^{\beta \mu_{\mathrm{B}} H} + \mathrm{e}^{-\beta \mu_{\mathrm{B}} H}}$$

$$\langle \boldsymbol{\sigma}_z \rangle = \langle \boldsymbol{\sigma}_y \rangle = 0$$

例 3 计算一个一维谐振子的坐标表象里的密度矩阵。

解 一个一维谐振子的布洛赫方程为

$$\frac{\partial}{\partial \beta} \rho_{\mathrm{u}}\left(x, x'; \beta\right) = \left(\frac{\hbar^2}{2m} \frac{\partial^2}{\partial x^2} - \frac{1}{2} m\omega^2 x^2\right) \rho_{\mathrm{u}}\left(x, x'; \beta\right)$$

初始条件为 $\rho_{\mathrm{u}}\left(x, x'; \beta=0\right) = \delta\left(x - x'\right)$

定义 $\xi = \sqrt{\frac{m\omega}{\hbar}} x$，$y = \beta\hbar\omega/2$，布洛赫方程成为

$$\frac{\partial \rho_{\mathrm{u}}}{\partial y} = \frac{\partial^2 \rho_{\mathrm{u}}}{\partial \xi^2} - \xi^2 \rho_{\mathrm{u}}$$

初始条件

$$\rho_{\mathrm{u}}\left(\beta=0\right) = \sqrt{\frac{m\omega}{\hbar}} \delta\left(\xi - \xi'\right)$$

高温极限下，$\beta\hbar\omega \to 0$，粒子变为自由粒子，即

$$\rho_{\mathrm{u}} \xrightarrow{\beta\hbar\omega \to 0} \left(\frac{m}{2\pi\hbar^2\beta}\right)^{1/2} \exp\left[-\frac{m}{2\beta\hbar^2}\left(x - x'\right)^2\right] = \left(\frac{m\omega}{4\pi\hbar y}\right)^{1/2} \exp\left[-\left(\xi - \xi'\right)^2 / 4y\right]$$

这就提示密度矩阵具有如下形式：

$$\rho_{\mathrm{u}} = \exp\left[-a\left(y\right)\xi^2 - b\left(y\right)\xi - c\left(y\right)\right]$$

式中，$a(y)$、$b(y)$ 和 $c(y)$ 为待定函数。

代入布洛赫方程得

$$a'\left(y\right)\xi^2 + b'\left(y\right)\xi + c'\left(y\right) = \left(1 - 4a^2\right)\xi^2 - 4ab\xi + 2a - b^2$$

得

$$\begin{cases} a'\left(y\right) = 1 - 4a^2 \\ b'\left(y\right) = -4ab \\ c'\left(y\right) = 2a - b^2 \end{cases}$$

满足

$$a\left(y\right) \xrightarrow{y \to 0} \frac{1}{4y}, \quad b\left(y\right) \xrightarrow{y \to 0} -\frac{\xi'}{2y}, \quad \mathrm{e}^{-c\left(y\right)} \xrightarrow{y \to 0} \left(\frac{m\omega}{4\pi\hbar y}\right)^{1/2} \exp\left(-\xi'^2 / 4y\right)$$

可解得

$$a\left(y\right) = \frac{1}{2}\coth\left(2y\right), \quad b\left(y\right) = -\frac{\xi'}{\sinh\left(2y\right)}$$

$$c\left(y\right) = \frac{1}{2} \ln \left[\sinh\left(2y\right)\right] + \frac{\xi'^2}{2} \coth\left(2y\right) - \ln \sqrt{\frac{m\omega}{2\pi\hbar}}$$

从而得

$$\rho_u\left(x, x'; \beta\right) = \left[\frac{m\omega}{2\pi\hbar \sinh\left(\beta\hbar\omega\right)}\right]^{1/2}$$

$$\times \exp\left\{-\frac{m\omega}{2\hbar \sinh\left(\beta\hbar\omega\right)} \left[\left(x^2 + x'^2\right) \cosh\left(\beta\hbar\omega\right) - 2xx'\right]\right\}$$

习   题

1. 已知磁场中有一个电子, 把磁场方向取为 y 轴方向, 系统的哈密顿算符为

$$\hat{H} = -\mu_{\mathrm{B}}\boldsymbol{\sigma} \cdot \boldsymbol{H} = -\mu_{\mathrm{B}}H\boldsymbol{\sigma}_y$$

使用布洛赫方程计算密度矩阵及 $\langle\boldsymbol{\sigma}_x\rangle$, $\langle\boldsymbol{\sigma}_y\rangle$, $\langle\boldsymbol{\sigma}_z\rangle$。

3.6 巨正则系综

3.6.1 方法 1

巨正则系综描述的是一个热力学系统与一个很大的热源接触, 热力学系统与热源之间可以交换能量和粒子。

设热力学系统和热源组成的复合孤立系统的总能量为 E_0, 粒子数为 N_0, 复合孤立系统的总能量和粒子数固定。系统粒子数为 N, 处于微观量子态 $|j\left(N\right)\rangle$, 能量为 $E_{j(N)}$。热源的能量为 $E_0 - E_{j(N)}$, 粒子数为 $N_0 - N$, 热源处于宏观状态, 其微观状态数为 $\Lambda(E_0 - E_{j(N)}, N_0 - N)$。由等概率原理, 系统处于量子态 $|j\left(N\right)\rangle$ 的概率为

$$w\left(|j\left(N\right)\rangle\right) = \frac{\Lambda(E_0 - E_{j(N)}, N_0 - N)}{\sum\limits_{N}\sum\limits_{j(N)}\Lambda(E_0 - E_{j(N)}, N_0 - N)} \tag{3.6-1}$$

由于系统比热源小很多, 有 $E_{j(N)} \ll E_0, N \ll N_0$, 把 $\ln \Lambda(E_0 - E_{j(N)}, N_0 - N)$ 作泰勒展开, 并使用微正则系综的热力学量公式 $\dfrac{1}{k_{\mathrm{B}}T} = \left(\dfrac{\partial \ln \Lambda}{\partial E}\right)_{N,V}$ 和 $-\dfrac{\mu}{k_{\mathrm{B}}T} = \left(\dfrac{\partial \ln \Lambda}{\partial N}\right)_{E,V}$, 得

$$\ln \Lambda(E_0 - E_r, N_0 - N)$$

$$= \ln \Lambda(E_0, N_0) + \sum_{n=1}^{\infty} \frac{1}{n!} \left(-E_{j(N)}\right)^n \frac{\partial^n \ln \Lambda(E_0, N_0)}{\partial E_0^n}$$

$$+ \sum_{n=1}^{\infty} \frac{1}{n!} \left(-N\right)^n \frac{\partial^n \ln \Lambda(E_0, N_0)}{\partial N_0^n}$$

$$= \ln \Lambda(E_0, N_0) - \frac{E_{j(N)} - \mu N}{k_{\mathrm{B}} T} + \sum_{n=2}^{\infty} \frac{1}{k_{\mathrm{B}} n!} \left(-E_{j(N)}\right)^n \frac{\partial^{n-1}}{\partial E_0^{n-1}} \frac{1}{T}$$

$$+ \sum_{n=2}^{\infty} \frac{1}{k_{\mathrm{B}} n!} \left(-N\right)^n \frac{\partial^{n-1}}{\partial N_0^{n-1}} \left(-\frac{\mu}{T}\right) \tag{3.6-2}$$

使用

$$\left(-E_{j(N)}\right)^n \frac{\partial^{n-1}}{\partial E_0^{n-1}} \frac{1}{T} \sim \left(-E_{j(N)}\right)^n \frac{1}{E_0^{n-1} T} \xrightarrow{E_{j(N)}/E_0 \to 0} 0, \quad n = 2, 3, \cdots$$

$$\left(-N\right)^n \frac{\partial^{n-1}}{\partial N_0^{n-1}} \left(-\frac{\mu}{T}\right) \sim \left(-N\right)^n \frac{\mu}{N_0^{n-1} T} \xrightarrow{N/N_0 \to 0} 0, \quad n = 2, 3, \cdots$$

式 (3.6-2) 化为

$$\ln \Lambda(E_0 - E_{j(N)}, N_0 - N) \xrightarrow{E_{j(N)}/E_0 \to 0, \, N/N_0 \to 0} \ln \Lambda(E_0, N_0) - \frac{E_{j(N)} - \mu N}{k_{\mathrm{B}} T} \tag{3.6-3}$$

把式 (3.6-3) 代入式 (3.6-1) 得

$$w\left(|j(N)\rangle\right) = \frac{\mathrm{e}^{-\frac{E_{j(N)} - \mu N}{k_{\mathrm{B}} T}}}{\Xi} \tag{3.6-4}$$

式中,

$$\Xi = \sum_N \sum_{j(N)} \mathrm{e}^{-\frac{E_{j(N)} - \mu N}{k_{\mathrm{B}} T}} \tag{3.6-5}$$

为巨配分函数。

3.6.2 方法 2——最可几值方法

巨正则系综也可以看成是由 M 个近独立系统组成的复合孤立系统,系统之间具有微弱的相互作用以便达到热平衡, 系统之间可以交换能量和粒子。粒子数为 N 的系统的能量本征值方程为 $\hat{H}(N)|j(N)\rangle = E_{j(N)}|j(N)\rangle$。在量子态 $|j(N)\rangle$

上的系统数为 $M_{j(N)}$。系综 (复合孤立系统) 的总能量 ε、总粒子数 $\mathcal{N}$ 以及系统的总数 M 固定，即

$$\sum_N \sum_{j(N)} M_{j(N)} = M, \quad \sum_N \sum_{j(N)} N M_{j(N)} = \mathcal{N},$$

$$\sum_N \sum_{j(N)} E_{j(N)} M_{j(N)} = \varepsilon \tag{3.6-6}$$

对于给定的分布 $\{M_{j(N)}\}$，由于 M 个系统的不同的排列总数为 $M!$，但在同一量子态 $|j(N)\rangle$ 上的 $M_{j(N)}$ 个系统的交换不产生新的系综的状态，因此系综的状态数为

$$W\{M_{j(N)}\} = \frac{M!}{\prod_N \prod_{j(N)} M_{j(N)}!} \tag{3.6-7}$$

根据等概率原理，分布 $\{M_{j(N)}\}$ 出现的概率正比于其状态数 $W\{M_{j(N)}\}$，即

$$w\{M_{j(N)}\} = \frac{W\{M_{j(N)}\}}{\sum_{\{M_{j(N)}\}} W\{M_{j(N)}\}} \tag{3.6-8}$$

给定系综的总能量 ε、总粒子数以及系统的总数 M，出现的概率最大的分布，也就是状态数 $W\{n_r\}$ 最大的分布，称为最可几分布。

使用拉格朗日乘子法和斯特林公式，得

$$\delta \ln W + \alpha \delta M + \beta \delta \varepsilon + \gamma \delta \mathcal{N}$$

$$= -\sum \left[\ln M_{j(N)} + \alpha + \beta E_{j(N)} + \gamma N \right] \delta M_{j(N)} = 0 \tag{3.6-9}$$

式中，α、β 和 γ 为待定乘子。

因为每一个 $\delta M_{j(N)}$ 都是独立变化的，得最可几分布

$$M_{j(N)} = \mathrm{e}^{-\alpha - \beta E_{j(N)} - \gamma N} \tag{3.6-10}$$

从而得系综占据量子态 $|j(N)\rangle$ 的概率

$$w(|j(N)\rangle) = \frac{\mathrm{e}^{-\beta E_{j(N)} - \gamma N}}{\Xi} \tag{3.6-11}$$

3.7 正则系综和巨正则系综的统计平均值公式

3.7.1 正则系综的统计平均值公式

使用正则系综占据量子态 $|\psi_r\rangle$ 的概率公式 (3.3-11)，得系统的能量的统计平均值

$$\bar{E} = \frac{\sum_r E_r \mathrm{e}^{-\beta E_r}}{\sum_r \mathrm{e}^{-\beta E_r}} = -\frac{\partial \ln Q}{\partial \beta} \tag{3.7-1}$$

系统处于量子态 $|\Phi_r\rangle$ 时，其能量为 E_r，如果系统体积有无穷小增量 $\mathrm{d}V$，外界对系统做功 $-P\mathrm{d}V$，根据能量守恒定律，外界对系统做功等于系统能量的增量，即 $\mathrm{d}E_r = -P\mathrm{d}V$，所以压强的微观表达式为 $-\dfrac{\partial E_r}{\partial V}$，压强的统计平均值为

$$\bar{P} = \frac{\sum_r \left(-\dfrac{\partial E_r}{\partial V}\right) \mathrm{e}^{-\beta E_r}}{\sum_r \mathrm{e}^{-\beta E_r}} = \frac{1}{\beta}\frac{\partial \ln Q}{\partial V} \tag{3.7-2}$$

既然 $Q = Q(\beta, V)$，其全微分为

$$\mathrm{d}\ln Q = \frac{\partial \ln Q}{\partial \beta}\mathrm{d}\beta + \frac{\partial \ln Q}{\partial V}\mathrm{d}V \tag{3.7-3}$$

把式 (3.7-1) 和式 (3.7-2) 代入式 (3.7-3)，得

$$\mathrm{d}\bar{E} + \bar{P}\mathrm{d}V = \frac{1}{\beta}\mathrm{d}\left(\ln Q + \beta\bar{E}\right) \tag{3.7-4}$$

把式 (3.7-4) 与热力学方程 $T\mathrm{d}S = \mathrm{d}E + P\mathrm{d}V$ 比较得

$$\beta = \frac{1}{k_{\mathrm{B}}T}, \quad \bar{S} = k_{\mathrm{B}}\left(\ln Q + \beta\bar{E}\right) = k_{\mathrm{B}}\left(\ln Q - \beta\frac{\partial \ln Q}{\partial \beta}\right) \tag{3.7-5}$$

3.7.2 巨正则系综的统计平均值公式

使用巨正则系综占据量子态 $|j(N)\rangle$ 的概率公式 (3.6-11)，得系统的能量的统计平均值

$$\bar{E} = \frac{\sum_N \sum_{j(N)} E_{j(N)} \mathrm{e}^{-\beta E_{j(N)}-\gamma N}}{\sum_N \sum_{j(N)} \mathrm{e}^{-\beta E_{j(N)}-\gamma N}} = -\frac{\partial \ln \Xi}{\partial \beta} \tag{3.7-6}$$

系统处于量子态 $|j(N)\rangle$ 时，其能量为 $E_{j(N)}$，如果系统体积有无穷小增量 dV，外界对系统做功 $-PdV$，根据能量守恒定律，外界对系统做功等于系统能量的增量，即 $dE_{j(N)} = -PdV$，所以压强的微观表达式为 $-\dfrac{\partial E_{j(N)}}{\partial V}$，压强的统计平均值为

$$\bar{P} = \frac{\displaystyle\sum_{N}\sum_{j(N)} \left[-\frac{\partial E_{j(N)}}{\partial V}\right] \mathrm{e}^{-\beta E_{j(N)} - \gamma N}}{\displaystyle\sum_{N}\sum_{j(N)} \mathrm{e}^{-\beta E_{j(N)} - \gamma N}} = \frac{1}{\beta}\frac{\partial \ln \Xi}{\partial V} \tag{3.7-7}$$

系统的粒子数的统计平均值为

$$\bar{N} = \frac{\displaystyle\sum_{N}\sum_{j(N)} N\mathrm{e}^{-\beta E_{j(N)} - \gamma N}}{\displaystyle\sum_{N}\sum_{j(N)} \mathrm{e}^{-\beta E_{j(N)} - \gamma N}} = -\frac{\partial \ln \Xi}{\partial \gamma} \tag{3.7-8}$$

既然 $\Xi = \Xi(\beta, V, \gamma)$，其全微分为

$$\mathrm{d}\ln \Xi = \frac{\partial \ln \Omega}{\partial \beta}\mathrm{d}\beta + \frac{\partial \ln \Xi}{\partial V}\mathrm{d}V + \frac{\partial \ln \Xi}{\partial \gamma}\mathrm{d}\gamma \tag{3.7-9}$$

把式 (3.7-6)~ 式 (3.7-8) 代入式 (3.7-9)，得

$$\mathrm{d}\bar{E} + \bar{P}\mathrm{d}V + \frac{\gamma}{\beta}\mathrm{d}\bar{N} = \frac{1}{\beta}\mathrm{d}\left(\ln \Xi + \beta\bar{E} + \gamma\bar{N}\right) \tag{3.7-10}$$

把式 (3.7-10) 与热力学方程 $T\mathrm{d}S = \mathrm{d}E + P\mathrm{d}V - \mu\mathrm{d}N$ 比较得

$$\beta = \frac{1}{k_{\mathrm{B}}T}, \quad \gamma = -\frac{\mu}{k_{\mathrm{B}}T},$$

$$\bar{S} = k_{\mathrm{B}}\left(\ln \Xi + \beta\bar{E} + \gamma\bar{N}\right) = k_{\mathrm{B}}\left(\ln \Xi - \beta\frac{\partial \ln \Xi}{\partial \beta} - \gamma\frac{\partial \ln \Xi}{\partial \gamma}\right) \tag{3.7-11}$$

给出

$$\bar{S} = k_{\mathrm{B}}\ln \Xi + \frac{\bar{E} - \mu\bar{N}}{T} \tag{3.7-12}$$

把式 (3.7-12) 与热力学方程 $G = \mu N = E - TS + PV$ 比较，得

$$\bar{P}V = k_{\mathrm{B}}T\ln \Xi \tag{3.7-13}$$

3.8 态密度的计算

正则配分函数为 [14]

$$Q(\beta) = \sum_n \mathrm{e}^{-\beta E_n} = \int_0^\infty \mathrm{e}^{-\beta E_n} \mathrm{e}^{-\beta E_n} \mathrm{d}n = \int_{E_0}^\infty \mathrm{e}^{-\beta E} \Omega(E) \mathrm{d}E = \mathcal{L}[\Omega(E)]$$

$$(3.8\text{-}1)$$

式中，$\mathcal{L}$ 为拉普拉斯 (Laplace) 变换 [21]，定义为

$$\mathcal{L}(f) \equiv g(s) = \int_0^\infty \mathrm{e}^{-sx} f(x) \mathrm{d}x \tag{3.8-2}$$

其中，$f(x)$ 为实函数。

其逆变换为

$$f(x) = \mathcal{L}^{-1}[g(s)] = \frac{1}{2\pi \mathrm{i}} \int_{s'-\mathrm{i}\infty}^{s'+\mathrm{i}\infty} g(s) \mathrm{e}^{sx} \mathrm{d}s \tag{3.8-3}$$

式中，积分路径为平行于虚轴的直线，如图 3.8.1 所示，但只要积分收敛它就可以连续变形。

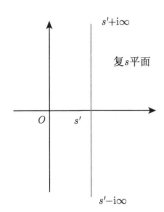

图 3.8.1 拉普拉斯逆变换的积分路径

使用式 (3.8-3)，态密度为

$$\Omega(E) = \mathcal{L}^{-1}[Q(\beta)] = \frac{1}{2\pi \mathrm{i}} \int_{\beta'-\mathrm{i}\infty}^{\beta'+\mathrm{i}\infty} Q(\beta) \mathrm{e}^{\beta E} \mathrm{d}\beta \tag{3.8-4}$$

例 1 计算经典理想气体的态密度。

解 容易求得经典理想气体的正则配分函数为

$$Q\left(\beta\right)=\frac{1}{N!}V^{N}\left(\frac{2\pi m}{h^{2}}\right)^{3N/2}\beta^{-3N/2}=\alpha\beta^{-3N/2}$$

代入式 (3.8-4) 得

$$\Omega\left(E\right)=\frac{1}{2\pi\mathrm{i}}\int_{\beta'-\mathrm{i}\infty}^{\beta'+\mathrm{i}\infty}\alpha\beta^{-3N/2}\mathrm{e}^{\beta E}\mathrm{d}\beta$$

(1) N 为偶数。

选取封闭积分路径如图 3.8.2 所示，把原点围在内部，原点为被积函数在平面上的极点。当半圆半径趋于无穷时，沿半圆弧的积分为零。使用柯西公式

$$\frac{1}{2\pi\mathrm{i}}\oint f\left(z\right)\frac{1}{\left(z-a\right)^{n+1}}\mathrm{d}z=\frac{1}{n!}f^{(n)}\left(a\right)$$

得

$$\Omega\left(E\right)=\frac{1}{2\pi\mathrm{i}}\oint_{C}\alpha\beta^{-3N/2}\mathrm{e}^{\beta E}\mathrm{d}\beta=\frac{\alpha}{\left(3N/2-1\right)!}\left.\frac{\mathrm{d}^{3N/2-1}}{\mathrm{d}\beta^{3N/2-1}}\mathrm{e}^{\beta E}\right|_{\beta=0}=\frac{\alpha E^{3N/2-1}}{\Gamma\left(3N/2\right)}$$

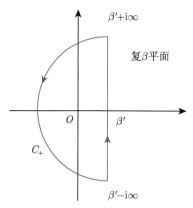

图 3.8.2 积分路径为左侧半圆

(2) N 为奇数。

选取封闭积分路径如图 3.8.3 所示，被积函数在封闭积分路径内没有奇点，根据柯西定理积分为零。当半圆半径趋于无穷时，沿半圆弧的积分为零。因此有

$$\oint_{C}\alpha\beta^{-3N/2}\mathrm{e}^{\beta E}\mathrm{d}\beta=0=\int_{\beta'-\mathrm{i}\infty}^{\beta'+\mathrm{i}\infty}\alpha\beta^{-3N/2}\mathrm{e}^{\beta E}\mathrm{d}\beta+\int_{C_{1}}\alpha\beta^{-3N/2}\mathrm{e}^{\beta E}\mathrm{d}\beta$$

$$+ \int_{C_2} \alpha \beta^{-3N/2} \mathrm{e}^{\beta E} \mathrm{d}\beta$$

$$\rightarrow \int_{\beta'-\mathrm{i}\infty}^{\beta'+\mathrm{i}\infty} \alpha \beta^{-3N/2} \mathrm{e}^{\beta E} \mathrm{d}\beta + \int_{C_1} \alpha \beta^{-3N/2} \mathrm{e}^{\beta E} \mathrm{d}\beta$$

得

$$\Omega\left(E\right) = \frac{1}{2\pi\mathrm{i}} \int_{-C_1} \alpha \beta^{-3N/2} \mathrm{e}^{\beta E} \mathrm{d}\beta = \alpha \frac{E^{3N/2-1}}{\Gamma\left(3N/2\right)}$$

式中，我们已经使用伽马 (gamma) 函数的积分表象

$$\Gamma\left(z\right) = \frac{1}{2\mathrm{i}\sin \pi z} \int_{-C_1} \mathrm{d}t \mathrm{e}^t t^{z-1}$$

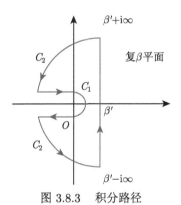

图 3.8.3 积分路径

习　题

1. 证明: 由 N 个可分辨的频率为 ω 的经典谐振子的配分函数为

$$Q\left(\beta\right) = \left\{ \frac{1}{h} \int \mathrm{d}p \mathrm{d}q \exp\left[-\beta\left(\frac{p^2}{2m} + \frac{1}{2}m\omega^2 q^2 \right) \right] \right\}^N = (\beta\hbar\omega)^{-N}$$

态密度为

$$\Omega\left(E\right) = \frac{(\hbar\omega)^{-N} E^{N-1}}{(N-1)!}$$

2. 证明: 一个频率为 ω 的量子谐振子的配分函数为

$$Q\left(\beta\right) = \sum_{n=0}^{\infty} \mathrm{e}^{-\beta(n+1/2)\hbar\omega} = \frac{1}{2\sinh\left(\beta\hbar\omega/2\right)}$$

态密度为

$$\Omega\left(E\right) = \frac{1}{2\pi i}\int_{\beta'-i\infty}^{\beta'+i\infty}\frac{1}{2\sinh\left(\beta\hbar\omega/2\right)}e^{\beta E}d\beta = \frac{1}{\hbar\omega}$$

3.9 热力学极限

    虽然宏观系统无论是气体、液体和固体, 其体积和质量都是有限的, 但实验告诉我们, 宏观系统存在两类状态参量: 第一类是广延量, 与系统的质量成正比; 第二类是强度量, 与质量无关。这两类状态参量与系统的边界条件即表面形状无关。宏观系统这样的性质, 来源于分子之间的极为短程的相互作用。实际分子之间的相互作用势能随着两个分子的接近而迅速增加, 体现了分子的相互不可穿过性, 称为强排斥核; 分子之间的相互作用势能随着距离的增加而迅速减小, 在很大的距离下按距离的六次方的倒数规律减小, 称为弱吸引尾巴, 因此分子之间的相互作用势能具有强排斥核和弱吸引尾巴。如果我们把一个宏观系统划分为若干个子系统, 因为分子之间的相互作用范围大约只有几埃, 两个相邻的子系统之间的相互作用只是出现在其分界面两侧附近厚度为几埃的分子层内的分子之间, 子系统的尺寸远大于该分子层的厚度, 所以子系统的内能一定远大于子系统之间的相互作用势能, 宏观系统的内能在很高精度内等于各个子系统的内能之和[4,17,19,22]。

    为了保证宏观系统的热力学量与系统的边界条件 (表面形状) 无关, 现在我们来确定分子之间的相互作用势能需要满足的条件, 要求一个分子与其余分子之间的相互作用势能的总和为有限。离开一个分子足够远处, 分子的分布可以看成均匀的, 有

$$\int_{r_0}^{\infty}\mathcal{U}(r)n4\pi r^2 dr \neq \infty \tag{3.9-1}$$

式中, $\mathcal{U}(r)$ 为分子之间的二体相互作用势能; n 为分子数密度; r_0 远大于分子之间的平均间距。

    式 (3.9-1) 化为

$$\int_{r_0}^{\infty}\mathcal{U}(r)r^2 dr \neq \infty \tag{3.9-2}$$

假设 $\mathcal{U}(r) \xrightarrow{r\to\infty} r^s$, 这里 $s < 0$ 为指数, 式 (3.9-2) 化为

$$s < -3 \tag{3.9-3}$$

如果推广到任意 d 维，代替式 (3.9-2) 的是

$$\int_{r_0}^{\infty} \mathcal{U}(r) r^{d-1} \mathrm{d}r \neq \infty \tag{3.9-4}$$

式 (3.9-4) 给出

$$s < -d \tag{3.9-5}$$

这样的宏观系统的总相互作用势能满足下列条件:

$$U(\boldsymbol{r}_1, \cdots, \boldsymbol{r}_N) = \sum_{1 \leqslant i < j \leqslant N} \mathcal{U}(\boldsymbol{r}_i - \boldsymbol{r}_j) \geqslant -BN \tag{3.9-6}$$

式中, $B > 0$ 为与粒子数 N 无关的常量。

之所以总相互作用势能存在下限, 是因为实际分子之间的二体相互作用势能存在最小值, 设为 $\mathcal{U}_{\min} = \mathcal{U}(r_{ij} \approx r_1)$, 因此当所有相邻分子的间距接近 r_1 时, 总相互作用势能最小, 即

$$U_{\min} = -BN \sim \mathcal{U}_{\min} N \tag{3.9-7}$$

正则配分函数满足

$$Q_N \leqslant \frac{V^N}{N! \lambda^{3N}} \exp\left(\beta B N\right) \tag{3.9-8}$$

有

$$\lim_{N \to \infty} \frac{1}{N} \ln Q_N \leqslant \ln \frac{V}{N \lambda^3} + 1 + \beta B \tag{3.9-9}$$

我们看到, 如果让密度不变, 粒子数和体积分别趋于无穷, 即取下列极限:

$$N \to \infty, \quad V \to \infty, \quad N/V = \text{const} \tag{3.9-10}$$

有

$$\lim_{N \to \infty} \frac{1}{N} \ln Q_N = \left[f\left(T, \frac{N}{V}\right)\right]^N \tag{3.9-11}$$

这样计算出来的热力学量就是广延量或强度量。

极限 $N \to \infty, V \to \infty, N/V = \text{const}$ 称为热力学极限。在热力学极限下, 使用统计系综计算出来的热力学量与系统的边界条件 (表面形状) 无关。

如果式 (3.9-3) 不满足, 热力学极限不存在, 会发生什么情况呢? 这样的由同类粒子组成的物体的每一部分受到来自离它很远的部分的作用力很大, 物体边界附近和内部的状态大不相同, 结果物体只能以非均匀的形式存在, 而且统计系综

也不存在。这方面著名的例子就是由万有引力维持的系统，例如银河系。引力系统的统计物理是一个没有解决的问题。

历史上，范霍夫 (van Hove) 于 1949 年使用正则系综证明了分子之间的相互作用势能具有硬核的系统的热力学极限存在 [23]。

1952 年，杨振宁和李政道 [24] 考虑了分子之间的相互作用势能有硬核和吸引部分的气体，即

$$
\mathcal{U}(r) = \begin{cases} \infty, & r < a \\ -\varepsilon, & a \leqslant r \leqslant b \\ 0, & r > b \end{cases}
$$

式中，a 和 b 为常量；$\varepsilon > 0$。

对于这样的系统，杨振宁和李政道证明了两个定理：第一定理说热力学极限存在，第二定理说如果零点分布没有趋近正实轴，那么没有相变发生 (第二定理见 8.1 节)。第一定理具体如下：

杨–李第一定理   对所有的正实的 z，当 $V \to \infty$ 时，$\dfrac{1}{V} \ln \Xi$ 趋近于一个与体积的形状无关的极限，而且该极限是 z 的连续单调增长函数。

杨–李第一定理的证明比较复杂，这里略去。有兴趣的读者可以参考原始文献。

3.10   系综的等价性

前面我们提出了微正则系综、正则系综与巨正则系综，一个疑问自然也就出现了，那就是，在热力学极限下，使用这些系综得到的热力学量是否相同？本节将回答这个疑问 [13,14,19]。

3.10.1   微正则系综与正则系综的等价

1. 正则系综的相对能量涨落

能量涨落定义为

$$
\overline{(\Delta E)^2} = \overline{\left(E - \bar{E}\right)^2} = \overline{E^2} - \bar{E}^2 \tag{3.10-1}
$$

使用正则分布得

$$
\overline{E^2} = \frac{\sum_r E_r^2 \mathrm{e}^{-\beta E_r}}{\sum_r \mathrm{e}^{-\beta E_r}} = \frac{1}{Q} \frac{\partial^2 Q}{\partial \beta^2} \tag{3.10-2}
$$

把式 (3.10-2) 和式 (3.7-1) 代入式 (3.10-1) 得

$$\left[\overline{(\Delta E)^2}\right]_{\mathrm{C}} = \frac{\partial^2 \ln Q}{\partial \beta^2} = -\frac{\partial \bar{E}}{\partial \beta} = k_{\mathrm{B}} T^2 C_V \qquad (3.10\text{-}3)$$

相对能量涨落为

$$\left[\sqrt{\frac{\overline{(\Delta E)^2}}{\bar{E}^2}}\right]_{\mathrm{C}} = \sqrt{\frac{k_{\mathrm{B}} T^2 C_V}{\bar{E}^2}} = O\left(\bar{E}^{-1/2}\right) \xrightarrow{\bar{E}\to\infty} 0 \qquad (3.10\text{-}4)$$

我们看到, 对于宏观系统, 正则系综里的相对能量涨落趋近于零。

2. 正则配分函数的最速下降法处理

宏观系统的能量本征值分布非常稠密, 可以看成连续分布, 因此宏观系统的正则配分函数的求和可以用积分代替, 即

$$Q\left(\beta\right) = \sum_n \mathrm{e}^{-\beta E_n} = \int_0^\infty \mathrm{e}^{-\beta E_n} \mathrm{d}n = \int_{E_0}^\infty \mathrm{e}^{-\beta E} \Omega\left(E\right) \mathrm{d}E \qquad (3.10\text{-}5)$$

式中, E_0 为基态能; $\Omega\left(E\right) = \dfrac{\mathrm{d}n}{\mathrm{d}E}$ 称为态密度。

现在我们使用最速下降法处理积分 [14]。设在 $E = \tilde{E}$ 处 $\mathrm{e}^{-\beta E}\Omega\left(E\right)$ 为最大, 即

$$\left\{\frac{\partial}{\partial E}\ln\left[\mathrm{e}^{-\beta E}\Omega\left(E\right)\right]\right\}_{E=\tilde{E}} = 0 \qquad (3.10\text{-}6)$$

得

$$\beta = \left.\frac{\partial \ln\Omega\left(E\right)}{\partial E}\right|_{E=\tilde{E}} \qquad (3.10\text{-}7)$$

把被积函数在 $E = \tilde{E}$ 附近作泰勒展开并保留到二次项, 得

$$\ln\left[\mathrm{e}^{-\beta E}\Omega\left(E\right)\right] = \ln\left[\mathrm{e}^{-\beta\tilde{E}}\Omega\left(\tilde{E}\right)\right] + \frac{1}{2}\left[\frac{\partial^2 \ln\Omega\left(E\right)}{\partial E^2}\right]_{E=\tilde{E}}\left(E - \tilde{E}\right)^2 + O\left(E - \tilde{E}\right)^3 \qquad (3.10\text{-}8)$$

把式 (3.10-8) 代入式 (3.10-5) 并积分, 得

$$Q\left(\beta\right) = \mathrm{e}^{-\beta\tilde{E}}\Omega\left(\tilde{E}\right)\int_{-\infty}^\infty \exp\left\{\frac{1}{2}\left(E - \tilde{E}\right)^2\left[\frac{\partial^2 \ln\Omega\left(E\right)}{\partial E^2}\right]_{E=\tilde{E}}\right\}\mathrm{d}\left(E - \tilde{E}\right)$$

$$= \mathrm{e}^{-\beta \tilde{E}} \Omega\left(\tilde{E}\right) \sqrt{\dfrac{\pi}{-\dfrac{1}{2}\left[\dfrac{\partial^2 \ln \Omega\left(E\right)}{\partial E^2}\right]_{E=\tilde{E}}}} \tag{3.10-9}$$

式中，由于积分收敛很快，可以把积分下限 $E_0 - \tilde{E}$ 取为 $-\infty$。

使用式 (3.10-7) 得

$$\frac{\partial \beta}{\partial \tilde{E}} = \left[\frac{\partial^2 \ln \Omega\left(E\right)}{\partial E^2}\right]_{E=\tilde{E}} \sim \frac{1}{\tilde{E}} \tag{3.10-10}$$

把式 (3.10-10) 代入式 (3.10-9) 得

$$\frac{\ln Q}{\tilde{E}} = -\beta + \frac{\ln \Omega\left(\tilde{E}\right)}{\tilde{E}} + O\left(\frac{\ln \tilde{E}}{\tilde{E}}\right) \xrightarrow{\tilde{E}\to\infty} -\beta + \frac{\ln \Omega\left(\tilde{E}\right)}{\tilde{E}} \tag{3.10-11}$$

给出

$$Q\left(\beta\right) \xrightarrow{\tilde{E}\to\infty} \mathrm{e}^{-\beta \tilde{E}} \Omega\left(\tilde{E}\right) \tag{3.10-12}$$

得

$$\bar{E} = -\frac{\partial \ln Q}{\partial \beta} = \tilde{E} \tag{3.10-13}$$

亥姆霍兹自由能为

$$F\left(\tilde{E}\right) = -k_{\mathrm{B}}T \ln Q\left(\beta\right) = \tilde{E} - k_{\mathrm{B}}T \ln \Omega\left(\tilde{E}\right) \tag{3.10-14}$$

根据亥姆霍兹自由能的定义 $F = E - TS$，有

$$F\left(\tilde{E}\right) = \tilde{E} - TS\left(\tilde{E}\right) \tag{3.10-15}$$

联合式 (3.10-14) 和式 (3.10-15) 得

$$S\left(\tilde{E}\right) = k_{\mathrm{B}} \ln \Omega\left(\tilde{E}\right) \tag{3.10-16}$$

3. 微正则系综

微正则系综里的温度和熵的公式分别为

$$\beta = \frac{\partial \ln \Omega\left(E\right)}{\partial E}, \quad S = k_{\mathrm{B}} \ln \Omega\left(E\right) \tag{3.10-17}$$

我们看到，在热力学极限下，使用最速下降法处理正则配分函数，只要令正则系综里的平均内能等于微正则系综里的内能，那么得到的温度和熵分别等于微正则系综里的温度和熵。另外，在热力学极限下，正则系综的相对能量涨落趋近于零。因此微正则系综与正则系综等价。

3.10.2 正则系综与巨正则系综的等价

1. 巨正则系综的粒子数涨落

不同于正则系综，巨正则系综存在粒子数涨落，即

$$\overline{(\Delta N)^2} = \overline{\left(N - \bar{N}\right)^2} = \overline{N^2} - \bar{N}^2 \tag{3.10-18}$$

使用巨正则分布得

$$\overline{N^2} = \frac{\displaystyle\sum_N \sum_{j(N)} N^2 e^{-\beta E_{j(N)} - \gamma N}}{\displaystyle\sum_N \sum_{j(N)} e^{-\beta E_{j(N)} - \gamma N}} = \frac{1}{\Xi} \frac{\partial^2 \Xi}{\partial \gamma^2} \tag{3.10-19}$$

把式 (3.10-19) 和式 (3.7-8) 代入式 (3.8-19)，并使用 $\gamma = -\dfrac{\mu}{k_B T}$，得

$$\overline{(\Delta N)^2} = \frac{\partial^2 \ln \Xi}{\partial \gamma^2} = -\frac{\partial \bar{N}}{\partial \gamma} = k_B T \left(\frac{\partial \bar{N}}{\partial \mu}\right)_{V,T} \tag{3.10-20}$$

既然 $\mu = \mu\left(T, \dfrac{\bar{N}}{V}\right)$，有

$$\left(\frac{\partial \bar{N}}{\partial \mu}\right)_{V,T} = V \left(\frac{\partial}{\partial \mu} \frac{\bar{N}}{V}\right)_{V,T} = -\frac{\bar{N}}{V} \left(\frac{\partial V}{\partial \mu}\right)_{\bar{N},T} \tag{3.10-21}$$

使用热力学方程 $N\mathrm{d}\mu = -S\mathrm{d}T + V\mathrm{d}P$ 得

$$(\mathrm{d}\mu)_T = \frac{V}{\bar{N}} (\mathrm{d}P)_T \tag{3.10-22}$$

把式 (3.10-22) 代入式 (3.10-21) 得

$$\left(\frac{\partial \bar{N}}{\partial \mu}\right)_{V,T} = -\frac{\bar{N}^2}{V^2} \left(\frac{\partial V}{\partial P}\right)_{\bar{N},T} \tag{3.10-23}$$

把式 (3.10-23) 代入式 (3.10-20) 得粒子数相对涨落

$$\frac{\overline{(\Delta N)^2}}{\bar{N}^2} = -\frac{k_B T}{V^2} \left(\frac{\partial V}{\partial P}\right)_{\bar{N},T} = \frac{k_B T}{V} \kappa_T \tag{3.10-24}$$

式中，$\kappa_T = -\dfrac{1}{V} \left(\dfrac{\partial V}{\partial P}\right)_{\bar{N},T}$ 为等温压缩率。

在气–液相变区域以外, $\left(\dfrac{\partial V}{\partial P}\right)_{\bar{N},T}$ 为有限, 有

$$\sqrt{\dfrac{\overline{(\Delta N)^2}}{\bar{N}^2}} = O\left(\bar{N}^{-1/2}\right) \xrightarrow{\bar{N}\to\infty} 0 \tag{3.10-25}$$

但在气–液相变临界点, $\left(\dfrac{\partial V}{\partial P}\right)_{\bar{N},T} \to \infty$, 因此有

$$\sqrt{\dfrac{\overline{(\Delta N)^2}}{\bar{N}^2}} \to \infty \tag{3.10-26}$$

2. 巨正则系综的相对能量涨落

使用巨正则分布得

$$\overline{E^2} = \dfrac{\displaystyle\sum_N \sum_{j(N)} E_{j(N)}^2 \mathrm{e}^{-\beta E_{j(N)} - \gamma N}}{\displaystyle\sum_N \sum_{j(N)} \mathrm{e}^{-\beta E_{j(N)} - \gamma N}} = -\dfrac{1}{\Xi}\dfrac{\partial^2 \Xi}{\partial \beta^2} \tag{3.10-27}$$

把式 (3.10-27) 和式 (3.7-6) 代入式 (3.10-1) 得

$$\left[\overline{(\Delta E)^2}\right]_{\mathrm{GC}} = \dfrac{\partial^2 \ln \Xi}{\partial \beta^2} = -\dfrac{\partial \bar{E}}{\partial \beta} = k_{\mathrm{B}} T^2 \left(\dfrac{\partial \bar{E}}{\partial T}\right)_{z,V} \tag{3.10-28}$$

选取 $x = \bar{E}$, $y = T$, $g = z$, $w = \bar{N}$, 代入 $\left(\dfrac{\partial x}{\partial y}\right)_g = \left(\dfrac{\partial x}{\partial y}\right)_w + \left(\dfrac{\partial x}{\partial w}\right)_y \left(\dfrac{\partial w}{\partial y}\right)_g$ 得

$$\left(\dfrac{\partial \bar{E}}{\partial T}\right)_{z,V} = \left(\dfrac{\partial \bar{E}}{\partial T}\right)_{\bar{N},V} + \left(\dfrac{\partial \bar{E}}{\partial \bar{N}}\right)_{T,V} \left(\dfrac{\partial \bar{N}}{\partial T}\right)_{z,V} = C_V + \left(\dfrac{\partial \bar{E}}{\partial \bar{N}}\right)_{T,V} \left(\dfrac{\partial \bar{N}}{\partial T}\right)_{z,V} \tag{3.10-29}$$

使用热力学方程 $\mathrm{d}E = T\mathrm{d}S - P\mathrm{d}V + \mu\mathrm{d}N$ 得

$$\left(\dfrac{\partial \bar{E}}{\partial \bar{N}}\right)_{T,V} = \mu + T\left(\dfrac{\partial S}{\partial \bar{N}}\right)_{T,V} \tag{3.10-30}$$

使用热力学方程 $\mathrm{d}F = -S\mathrm{d}T - P\mathrm{d}V + \mu\mathrm{d}N$ 得

$$\left(\dfrac{\partial S}{\partial \bar{N}}\right)_{T,V} = -\left(\dfrac{\partial \mu}{\partial T}\right)_{\bar{N},V} \tag{3.10-31}$$

把式 (3.10-31) 代入式 (3.10-30) 得

$$\left(\frac{\partial \bar{E}}{\partial \bar{N}}\right)_{T,V} = \mu - T\left(\frac{\partial \mu}{\partial T}\right)_{\bar{N},V} \tag{3.10-32}$$

选取 $x=\bar{N}$，$y=T$，$g=z$，$w=\mu$，代入 $\left(\frac{\partial x}{\partial y}\right)_g = \left(\frac{\partial x}{\partial y}\right)_w + \left(\frac{\partial x}{\partial w}\right)_y\left(\frac{\partial w}{\partial y}\right)_g$ 得

$$\left(\frac{\partial \bar{N}}{\partial T}\right)_{z,V} = \left(\frac{\partial \bar{N}}{\partial T}\right)_{\mu,V} + \left(\frac{\partial \bar{N}}{\partial \mu}\right)_{T,V}\left(\frac{\partial \mu}{\partial T}\right)_{z,V} \tag{3.10-33}$$

选取 $x=\bar{N}$，$y=\mu$，$g=T$，代入 $\left(\frac{\partial x}{\partial g}\right)_y = -\left(\frac{\partial x}{\partial y}\right)_g\left(\frac{\partial y}{\partial g}\right)_x$ 得

$$\left(\frac{\partial \bar{N}}{\partial T}\right)_{\mu,V} = -\left(\frac{\partial \bar{N}}{\partial \mu}\right)_{T,V}\left(\frac{\partial \mu}{\partial T}\right)_{\bar{N},V} \tag{3.10-34}$$

把式 (3.10-34) 代入式 (3.10-33)，并使用 $\left(\frac{\partial \mu}{\partial T}\right)_{z,V} = \frac{\mu}{T}$，得

$$\left(\frac{\partial \bar{N}}{\partial T}\right)_{z,V} = \frac{1}{T}\left(\frac{\partial \bar{N}}{\partial \mu}\right)_{T,V}\left[\mu - T\left(\frac{\partial \mu}{\partial T}\right)_{\bar{N},V}\right] \tag{3.10-35}$$

把式 (3.10-32) 代入式 (3.10-35) 得

$$\left(\frac{\partial \bar{N}}{\partial T}\right)_{z,V} = \frac{1}{T}\left(\frac{\partial \bar{N}}{\partial \mu}\right)_{T,V}\left(\frac{\partial \bar{E}}{\partial \bar{N}}\right)_{T,V} \tag{3.10-36}$$

把式 (3.10-36) 代入式 (3.10-29) 得

$$\left(\frac{\partial \bar{E}}{\partial T}\right)_{z,V} = C_V + \frac{1}{T}\left(\frac{\partial \bar{N}}{\partial \mu}\right)_{T,V}\left[\left(\frac{\partial \bar{E}}{\partial \bar{N}}\right)_{T,V}\right]^2 \tag{3.10-37}$$

把式 (3.10-20) 和式 (3.10-24) 代入式 (3.10-37)，得

$$\left(\frac{\partial \bar{E}}{\partial T}\right)_{z,V} = C_V + \frac{1}{k_B T^2}\overline{(\Delta N)^2}\left[\left(\frac{\partial \bar{E}}{\partial \bar{N}}\right)_{T,V}\right]^2$$

$$= C_V - \frac{\bar{N}^2}{TV^2}\left(\frac{\partial V}{\partial P}\right)_{\bar{N},T}\left[\left(\frac{\partial \bar{E}}{\partial \bar{N}}\right)_{T,V}\right]^2 \tag{3.10-38}$$

把式 (3.10-38) 代入式 (3.10-28) 得

$$\overline{[(\Delta E)^2]}_{\mathrm{GC}} = k_{\mathrm{B}}T^2 C_V + \overline{(\Delta N)^2}\left[\left(\frac{\partial \bar{E}}{\partial \bar{N}}\right)_{T,V}\right]^2$$

$$= k_{\mathrm{B}}T^2 C_V - \frac{k_{\mathrm{B}}T\bar{N}^2}{V^2}\left(\frac{\partial V}{\partial P}\right)_{\bar{N},T}\left[\left(\frac{\partial \bar{E}}{\partial \bar{N}}\right)_{T,V}\right]^2 \tag{3.10-39}$$

把式 (3.10-3) 代入式 (3.10-39) 得正则系综和巨正则系综的能量涨落之间的关系

$$\overline{[(\Delta E)^2]}_{\mathrm{GC}} = \overline{[(\Delta E)^2]}_{\mathrm{C}} + \overline{(\Delta N)^2}\left[\left(\frac{\partial \bar{E}}{\partial \bar{N}}\right)_{T,V}\right]^2 \tag{3.10-40}$$

在气–液相变区域以外，$\left(\dfrac{\partial V}{\partial P}\right)_{\bar{N},T}$ 为有限，有

$$\left[\sqrt{\frac{\overline{(\Delta E)^2}}{\bar{E}^2}}\right]_{\mathrm{GC}} = O\left(\bar{E}^{-1/2}\right) \xrightarrow{\bar{E}\to\infty} 0 \tag{3.10-41}$$

在气–液相变区域，$\left(\dfrac{\partial V}{\partial P}\right)_{\bar{N},T} \to \infty$，所以

$$\left[\sqrt{\frac{\overline{(\Delta E)^2}}{\bar{E}^2}}\right]_{\mathrm{GC}} \to \infty \tag{3.10-42}$$

我们看到，在气–液相变区域以外，能量涨落趋于零。在气–液相变区域，能量涨落趋于无穷大。

3. 巨配分函数的最速下降法处理

宏观系统的分子数极其巨大，因此宏观系统的巨配分函数的求和可以用积分代替，即

$$\Xi = \sum_{N=0}^{\infty} z^N Q_N = \int_0^{\infty} z^N Q_N \mathrm{d}N \tag{3.10-43}$$

现在我们使用最速下降法处理积分。设在 $N = \tilde{N}$ 处 $z^N Q_N$ 为最大，即

$$\left[\frac{\partial}{\partial N}\ln\left(z^N Q_N\right)\right]_{N=\tilde{N}} = 0$$

得

$$\mu = -k_\mathrm{B}T \left(\frac{\partial}{\partial N} \ln Q_N \right)_{N=\tilde{N}} \tag{3.10-44}$$

把被积函数在 $N = \tilde{N}$ 附近作泰勒展开并保留到二次项，得

$$\ln \left(z^N Q_N \right) = \ln \left(z^{\tilde{N}} Q_{\tilde{N}} \right) + \frac{1}{2} \left(N - \tilde{N} \right)^2 \left[\frac{\partial^2 \ln Q_N}{\partial N^2} \right]_{N=\tilde{N}} + O \left(N - \tilde{N} \right)^3 \tag{3.10-45}$$

把式 (3.8-45) 代入式 (3.8-44) 并积分，得

$$\begin{aligned}
\varXi &= z^{\tilde{N}} Q_{\tilde{N}} \int_{-\infty}^{\infty} \exp \left\{ \frac{1}{2} \left(N - \tilde{N} \right)^2 \left[\frac{\partial^2 \ln Q_N}{\partial N^2} \right]_{N=\tilde{N}} \right\} \mathrm{d} \left(N - \tilde{N} \right) \\
&= z^{\tilde{N}} Q_{\tilde{N}} \sqrt{\frac{\pi}{-\frac{1}{2} \left[\dfrac{\partial^2 \ln Q_N}{\partial N^2} \right]_{N=\tilde{N}}}}
\end{aligned} \tag{3.10-46}$$

式中, 由于积分收敛很快，可以把积分下限取为 $-\infty$。

由于

$$\left[\frac{\partial^2 \ln Q_N}{\partial N^2} \right]_{N=\tilde{N}} \sim \frac{1}{\tilde{N}}$$

式 (3.10-46) 化为

$$\frac{\ln \varXi}{\tilde{N}} = \ln z + \frac{\ln Q_{\tilde{N}}}{\tilde{N}} + O \left(\frac{\ln \tilde{N}}{\tilde{N}} \right) \xrightarrow{\tilde{N} \to \infty} \ln z + \frac{\ln Q_{\tilde{N}}}{\tilde{N}}$$

即

$$\varXi = z^{\tilde{N}} Q_{\tilde{N}} \tag{3.10-47}$$

得

$$\bar{N} = z \frac{\partial \ln \varXi}{\partial z} = \tilde{N} \tag{3.10-48}$$

$$-k_\mathrm{B}T \ln Q_{\tilde{N}} = -k_\mathrm{B}T \ln \varXi + \tilde{N}\mu \tag{3.10-49}$$

使用 $PV = k_\mathrm{B}T \ln \varXi$ 和式 (3.10-49) 得

$$PV = k_\mathrm{B}T \ln Q_{\tilde{N}} + \tilde{N}\mu \tag{3.10-50}$$

使用热力学关系 $F = N\mu - PV$ 和式 (3.10-50) 得

$$F = \tilde{N}\mu - PV = -k_\mathrm{B}T \ln Q_{\tilde{N}} \tag{3.10-51}$$

4. 正则系综

在正则系综里亥姆霍兹自由能为

$$F = -k_{\mathrm{B}} T \ln Q_N \tag{3.10-52}$$

使用热力学方程 $\mathrm{d}F = -P\mathrm{d}V - S\mathrm{d}T + \mu\mathrm{d}N$，得

$$\mu = \left(\frac{\partial F}{\partial N}\right)_{V,T} = -k_{\mathrm{B}} T \left(\frac{\partial \ln Q_N}{\partial N}\right)_{V,T} \tag{3.10-53}$$

我们看到，在热力学极限下，使用最速下降法处理巨配分函数，只要令巨正则系综的平均粒子数等于正则系综的粒子数，那么得到的化学势、亥姆霍兹自由能等所有热力学量分别等于使用正则系综计算出来的相应的热力学量。此外，在热力学极限下，在气–液相变区域以外，巨正则系综里的相对粒子数涨落趋于零，正则系综里和巨正则系综里的相对能量涨落均趋近于零，因此正则系综与巨正则系综等价。

但在气–液相变区域，巨正则系综里的粒子数涨落和能量涨落趋于无穷大，正则系综与巨正则系综不一定等价。巨正则系综提供了正确描述气–液相变的方法。如果要使用正则系综，为了正确描述气–液相变，就需要与热力学的杠杆法则和麦克斯韦等面积法则结合。

3.11 正则配分函数的经典极限

本节我们分别研究无相互作用和相互作用量子气体的正则配分函数的经典极限 [4,18]。

3.11.1 量子理想气体的经典极限

1. 波函数

哈密顿算符为

$$\hat{H} = \hat{T} = \sum_{j=1}^{N} \frac{1}{2m} \hat{p}_j^2 = -\frac{\hbar^2}{2m} \sum_{j=1}^{N} \nabla_j^2 \tag{3.11-1}$$

式中，$\hat{T}$ 为动能算符；m 为粒子的质量。

由于粒子之间没有相互作用，则量子理想气体的波函数是各个粒子的单粒子波函数之积。由于宏观系统的热力学量与容器的形状无关 (见 3.9 节)，则把容器取为边长为 L 的立方体箱子，这样就可以得到单粒子波函数。

单粒子定态薛定谔方程为

$$-\frac{\hbar^2}{2m}\left(\frac{\partial^2}{\partial x^2}+\frac{\partial^2}{\partial y^2}+\frac{\partial^2}{\partial z^2}\right)\varphi = E\varphi \tag{3.11-2}$$

使用周期性边界条件

$$\varphi\left(x+L,y,z\right)=\varphi\left(x,y+L,z\right)=\varphi\left(x,y,z+L\right)=\varphi\left(x,y,z\right) \tag{3.11-3}$$

解薛定谔方程得归一化的单粒子波函数及能量本征值

$$\varphi = \varphi_{\boldsymbol{k}} = \frac{1}{L^{3/2}}\mathrm{e}^{\mathrm{i}\boldsymbol{k}\cdot\boldsymbol{r}} = V^{-1/2}\mathrm{e}^{\mathrm{i}\boldsymbol{k}\cdot\boldsymbol{r}}, \quad E = \frac{\hbar^2 k^2}{2m},$$

$$\boldsymbol{k} = (k_x,k_y,k_z) = \frac{2\pi}{L}\left(n_x,n_y,n_z\right) = 2\pi V^{-1/3}\boldsymbol{n}, \quad n_x,n_y,n_z = 0,\pm 1,\pm 2,\cdots \tag{3.11-4}$$

为简单起见，不考虑粒子自旋。根据量子力学同类粒子不可分辨性原理，全同玻色系统的波函数对于任意一对粒子交换而言不变，是对称的，其波函数是对称的；而全同费米系统的波函数对于任意一对粒子交换而言改变符号，是反对称的。因此需要把各个粒子的单粒子波函数之积组合起来，以满足对称和反对称要求，即

$$
\begin{aligned}
&\psi_E\left(\boldsymbol{r}_1,\boldsymbol{r}_2,\cdots,\boldsymbol{r}_N\right)\\
&= (N!)^{-1/2}\sum_P \delta_P P\left[\varphi_{\boldsymbol{k}_1}\left(\boldsymbol{r}_1\right)\varphi_{\boldsymbol{k}_2}\left(\boldsymbol{r}_2\right)\cdots\varphi_{\boldsymbol{k}_N}\left(\boldsymbol{r}_N\right)\right]\\
&= (N!)^{-1/2}\sum_P \delta_P\varphi_{\boldsymbol{k}_1}\left(P\boldsymbol{r}_1\right)\varphi_{\boldsymbol{k}_2}\left(P\boldsymbol{r}_2\right)\cdots\varphi_{\boldsymbol{k}_N}\left(P\boldsymbol{r}_N\right)\\
&= (N!)^{-1/2}\sum_P \delta_P\varphi_{P\boldsymbol{k}_1}\left(\boldsymbol{r}_1\right)\varphi_{P\boldsymbol{k}_2}\left(\boldsymbol{r}_2\right)\cdots\varphi_{P\boldsymbol{k}_N}\left(\boldsymbol{r}_N\right) \tag{3.11-5}
\end{aligned}
$$

式中，P 表示把 N 个粒子从集合 $(1,2,\cdots,N)$ 置换到集合 $(P1,P2,\cdots,PN)$。对于玻色子，$\delta_P = 1$；对于费米子，如果置换 P 需要偶数 (奇数) 次交换，有 $\delta_P = 1(\delta_P = -1)$。

2. 密度矩阵

使用式 (3.11-5) 和坐标表象里的密度矩阵 (3.4-3) 得未归一化的密度矩阵

$$\langle \boldsymbol{r}_1,\boldsymbol{r}_2,\cdots,\boldsymbol{r}_N|\,\mathrm{e}^{-\beta\hat{H}}\,|\boldsymbol{r}_1',\boldsymbol{r}_2',\cdots,\boldsymbol{r}_N'\rangle$$

$$= \langle \boldsymbol{r}_1,\boldsymbol{r}_2,\cdots,\boldsymbol{r}_N|\,\mathrm{e}^{-\beta\hat{T}}\,|\boldsymbol{r}_1',\boldsymbol{r}_2',\cdots,\boldsymbol{r}_N'\rangle$$

$$= \sum_E e^{-\beta E} \psi_E \left(\boldsymbol{r}_1, \boldsymbol{r}_2, \cdots, \boldsymbol{r}_N \right) \psi_E^* \left(\boldsymbol{r}_1', \boldsymbol{r}_2', \cdots, \boldsymbol{r}_N' \right)$$

$$= \frac{1}{(N!)^2} \sum_{\{\boldsymbol{k}_1, \cdots, \boldsymbol{k}_N\}} e^{-\beta \hbar^2 \left(\boldsymbol{k}_1^2 + \cdots + \boldsymbol{k}_N^2 \right)/2m} \left[\sum_P \delta_P \varphi_{\boldsymbol{k}_1} \left(P\boldsymbol{r}_1 \right) \cdots \varphi_{\boldsymbol{k}_N} \left(P\boldsymbol{r}_N \right) \right]$$

$$\times \left[\sum_{\tilde{P}} \delta_{\tilde{P}} \varphi_{\boldsymbol{k}_1}^* \left(\tilde{P}\boldsymbol{r}_1' \right) \cdots \varphi_{\boldsymbol{k}_N}^* \left(\tilde{P}\boldsymbol{r}_N' \right) \right]$$

$$= \frac{1}{(N!)^2} \sum_P \sum_{\tilde{P}} \delta_P \delta_{\tilde{P}} \left[\sum_{\boldsymbol{k}_1} e^{-\beta \hbar^2 \boldsymbol{k}_1^2/2m} \varphi_{\boldsymbol{k}_1} \left(P\boldsymbol{r}_1 \right) \varphi_{\boldsymbol{k}_1}^* \left(\tilde{P}\boldsymbol{r}_1' \right) \right]$$

$$\times \cdots \times \left[\sum_{\boldsymbol{k}_N} e^{-\beta \hbar^2 \boldsymbol{k}_N^2/2m} \varphi_{\boldsymbol{k}_N} \left(P\boldsymbol{r}_N \right) \varphi_{\boldsymbol{k}_N}^* \left(\tilde{P}\boldsymbol{r}_N' \right) \right]$$

$$= \frac{1}{(N!)^2 \lambda^{3N}} \sum_{\tilde{P}} \sum_P \delta_P \delta_{\tilde{P}} f \left(P\boldsymbol{r}_1 - \tilde{P}\boldsymbol{r}_1' \right) \cdots f \left(P\boldsymbol{r}_N - \tilde{P}\boldsymbol{r}_N' \right) \qquad (3.11\text{-}6)$$

式中，$\lambda = \dfrac{h}{\sqrt{2\pi m k_{\mathrm{B}} T}}$ 为热波长，

$$f \left(\boldsymbol{r} - \boldsymbol{r}' \right) = \lambda^3 \sum_{\boldsymbol{k}} e^{-\beta \hbar^2 \boldsymbol{k}^2/2m} \varphi_{\boldsymbol{k}} \left(\boldsymbol{r} \right) \varphi_{\boldsymbol{k}}^* \left(\boldsymbol{r}' \right)$$

$$= \frac{\lambda^3}{(2\pi)^3} \int \mathrm{d}^3 k e^{-\hbar^2 k^2/2m + \mathrm{i}\boldsymbol{k} \cdot \left(\boldsymbol{r} - \boldsymbol{r}' \right)} = e^{-\pi \left(\boldsymbol{r} - \boldsymbol{r}' \right)^2/\lambda^2} \qquad (3.11\text{-}7)$$

令 $P = \tilde{P}P'$，由于有 $\left\{ \tilde{P}P' \right\} = \{P'\}$，式 (3.11-7) 成为

$$\langle \boldsymbol{r}_1, \boldsymbol{r}_2, \cdots, \boldsymbol{r}_N | e^{-\beta \hat{H}} | \boldsymbol{r}_1', \boldsymbol{r}_2', \cdots, \boldsymbol{r}_N' \rangle$$

$$= \frac{1}{(N!)^2 \lambda^{3N}} \sum_{\tilde{P}} \sum_{\tilde{P}P'} \delta_{\tilde{P}P'} \delta_{\tilde{P}} f \left(\tilde{P}P'\boldsymbol{r}_1 - \tilde{P}\boldsymbol{r}_1' \right) \cdots f \left(\tilde{P}P'\boldsymbol{r}_N - \tilde{P}\boldsymbol{r}_N' \right)$$

$$= \frac{1}{(N!)^2 \lambda^{3N}} \sum_{\tilde{P}} \tilde{P} \left[\sum_{P'} \delta_{P'} f \left(P'\boldsymbol{r}_1 - \boldsymbol{r}_1' \right) \cdots f \left(P'\boldsymbol{r}_N - \boldsymbol{r}_N' \right) \right]$$

$$= \frac{1}{N! \lambda^{3N}} \sum_{P'} \delta_{P'} f \left(P'\boldsymbol{r}_1 - \boldsymbol{r}_1' \right) \cdots f \left(P'\boldsymbol{r}_N - \boldsymbol{r}_N' \right)$$

$$= \frac{1}{N! \lambda^{3N}} \left[1 \pm \sum_{i<j} f_{ij} f_{ji} + \sum_{i<j<k} f_{ij} f_{jk} f_{ki} + \cdots \right] \qquad (3.11\text{-}8)$$

3. 经典极限

使用式 (3.11-8) 得正则配分函数

$$
Q_N = \int \mathrm{d}^3r_1 \cdots \mathrm{d}^3r_N \, \langle \boldsymbol{r}_1, \boldsymbol{r}_2, \cdots, \boldsymbol{r}_N | \, \mathrm{e}^{-\beta\hat{H}} \, | \boldsymbol{r}_1, \boldsymbol{r}_2, \cdots, \boldsymbol{r}_N \rangle
$$

$$
= \frac{1}{N!\lambda^{3N}} \int \mathrm{d}^3r_1 \cdots \mathrm{d}^3r_N \left(1 \pm \sum_{i<j} f_{ij}f_{ji} + \sum_{i<j<k} f_{ij}f_{jk}f_{ki} + \cdots \right) \quad (3.11\text{-}9)
$$

高温极限下，式 (3.11-9) 中的被积函数的展开只需要取第一项，得

$$
Q_N \cong \frac{1}{N!h^{3N}} \int \mathrm{d}^3p_1 \cdots \mathrm{d}^3p_N \mathrm{d}^3r_1 \cdots \mathrm{d}^3r_N \exp\left(-\beta \frac{p_1^2 + p_2^2 + \cdots + p_N^2}{2m} \right)
$$
$$
(3.11\text{-}10)
$$

式 (3.11-10) 就是量子理想气体的正则配分函数的经典极限。

4. 统计势

在高温下，f 函数很小。式 (3.11-8) 中保留一次项，得

$$
\langle \boldsymbol{r}_1, \boldsymbol{r}_2, \cdots, \boldsymbol{r}_N | \, \mathrm{e}^{-\beta\hat{H}} \, | \boldsymbol{r}_1', \boldsymbol{r}_2', \cdots, \boldsymbol{r}_N' \rangle \cong \frac{1}{N!\lambda^{3N}} \left[1 \pm \sum_{i<j} f_{ij}f_{ji} \right] \quad (3.11\text{-}11)
$$

正则配分函数为

$$
Q_N \cong \frac{1}{N!\lambda^{3N}} \int \mathrm{d}^3r_1 \cdots \int \mathrm{d}^3r_N \left[1 \pm \sum_{i<j} f_{ij}f_{ji} \right]
$$

$$
\cong \frac{1}{N!\lambda^{3N}} \int \mathrm{d}^3r_1 \cdots \int \mathrm{d}^3r_N \prod_{i<j} \left(1 \pm f_{ij}f_{ji} \right)
$$

$$
= \frac{1}{N!\lambda^{3N}} \int \mathrm{d}^3r_1 \cdots \int \mathrm{d}^3r_N \exp\left[-\beta \sum_{1 \leqslant i<j \leqslant N} \mathcal{U}_{\mathrm{s}}(r_{ij}) \right] \quad (3.11\text{-}12)
$$

式中，

$$
\mathcal{U}_{\mathrm{s}}(r) = -k_{\mathrm{B}}T \ln\left[1 \pm \exp\left(-\frac{2\pi r^2}{\lambda^2} \right) \right] \quad (3.11\text{-}13)
$$

我们看到，高温下量子理想气体的正则配分函数近似为二体势为 $\mathcal{U}_{\mathrm{s}}(r)$ 的经典相互作用气体的配分函数。$\mathcal{U}_{\mathrm{s}}(r)$ 随 r 的变化如图 3.11.1 所示。对于理想玻色气体，$\mathcal{U}_{\mathrm{s}}(r)$ 为负，$\mathcal{U}_{\mathrm{s}}(r)$ 随两个玻色子的间距 r 的增加而增加，表明玻色子之间

是统计上相互吸引的。对于理想费米气体，$\mathcal{U}_{\mathrm{s}}(r)$ 为正，$\mathcal{U}_{\mathrm{s}}(r)$ 随两个费米子的间距 r 的增加而减小，表明费米子之间是统计上相互排斥的。$\mathcal{U}_{\mathrm{s}}(r \to 0) \to \infty$ 反映了泡利不相容原理。$\mathcal{U}_{\mathrm{s}}(r)$ 可以解释为统计势，应该注意的是，统计势不是粒子之间的真正的相互作用势 [25]。

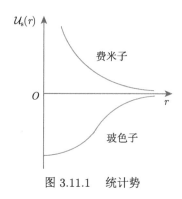

图 3.11.1　统计势

3.11.2　吉布斯佯谬

带隔板的绝热容器内有两种理想气体，温度和密度分别相同，即状态分别为 (N_1, V_1, T) 和 (N_2, V_2, T)，满足 $\dfrac{V_1}{N_1} = \dfrac{V_2}{N_2}$。吉布斯曾经计算过隔板抽去前后熵的变化。最初他用了经典配分函数

$$Q_N = \int \mathrm{d}^3 p_1 \cdots \mathrm{d}^3 p_N \mathrm{d}^3 r_1 \cdots \mathrm{d}^3 r_N \exp\left(-\beta \sum_{i=1}^{N} \frac{\boldsymbol{p}_i^2}{2m}\right) = \left[V\left(\frac{2\pi m}{\beta}\right)^{3/2}\right]^N$$

(3.11-14)

$$S = k_{\mathrm{B}}\left(\ln Q_N - \beta \frac{\partial \ln Q_N}{\partial \beta}\right) = N k_{\mathrm{B}}\left[\ln V + \ln T + \frac{3}{2}\ln(2\pi m k_{\mathrm{B}}) + \frac{3}{2}\right]$$

(3.11-15)

由于容器是绝热的，隔板抽去后温度不变，熵变为

$$\Delta S = N_1 k_{\mathrm{B}} \ln \frac{V_1 + V_2}{V_1} + N_2 k_{\mathrm{B}} \ln \frac{V_1 + V_2}{V_2} > 0 \tag{3.11-16}$$

吉布斯发现，隔板抽去后气体的熵增加。对于不同的两种理想气体，抽去隔板后的混合是不可逆过程，熵增加是应该的。但对于相同的两种理想气体，由于抽去隔板前除了温度相同，还有密度相同，那么抽去隔板后的混合应该是可逆过程，熵不应该增加，这就是吉布斯佯谬 [2]。

为了让熵变为零，吉布斯对经典配分函数进行了修正，加上了一个 $1/N!$ 的因子，这里 N 为系统的粒子数。但吉布斯从经典物理角度理解不了为什么要加上因

子 $1/N!$，这是因为经典统计物理把粒子看作可分辨的，交换任何两个处于不同位置的粒子，系统的微观态就会改变。如果 N 个粒子交换位置，就要产生 $N!$ 个新的不同的微观态。直到量子力学建立后，这一困惑才得到了解释。根据量子力学的同类粒子不可分辨性原理，内禀属性完全相同的粒子是不可分辨的，对任意两个这样的粒子进行交换，不会改变系统的微观态。因此分子间 $N!$ 种可能的交换不会产生新的不同的微观态，用量子统计物理导出的配分函数中自然地出现了因子 $1/N!$。

3.11.3　相互作用量子气体的经典极限

相互作用量子气体的哈密顿算符为

$$\hat{H} = \hat{T} + U\left(\boldsymbol{r}_1, \boldsymbol{r}_2, \cdots, \boldsymbol{r}_N\right) = -\frac{\hbar^2}{2m}\sum_{j=1}^{N}\frac{\partial^2}{\partial \boldsymbol{r}_j^2} + U\left(\boldsymbol{r}_1, \boldsymbol{r}_2, \cdots, \boldsymbol{r}_N\right) \quad (3.11\text{-}17)$$

式中，$U = U\left(\boldsymbol{r}_1, \boldsymbol{r}_2, \cdots, \boldsymbol{r}_N\right)$ 为系统势能；$\hat{T}$ 为动能算符。

$\hat{T}$ 与 U 并不对易，因此 $\mathrm{e}^{-\beta\hat{H}} = \mathrm{e}^{-\beta\hat{T}-\beta U} \neq \mathrm{e}^{-\beta\hat{T}}\mathrm{e}^{-\beta U}$，可以写成 [4]

$$\mathrm{e}^{-\beta\hat{H}} = \mathrm{e}^{-\beta\hat{T}-\beta U} = \mathrm{e}^{-\beta\hat{T}}\mathrm{e}^{-\beta U}\mathrm{e}^{\hat{C}_0}\mathrm{e}^{\beta\hat{C}_1}\mathrm{e}^{\beta^2\hat{C}_2}\cdots\mathrm{e}^{\beta^n\hat{C}_n}\cdots \quad (3.11\text{-}18)$$

式中，$\hat{C}_n\,(n = 0, 1, 2, \cdots)$ 为待定算符。

把式 (3.11-18) 两边展开为 β 的幂级数，令各自的展开系数相等，即

$$\left.\frac{\partial^j}{\partial\beta^j}\left(\mathrm{e}^{-\beta\hat{T}-\beta U}\right)\right|_{\beta=0} = \left.\frac{\partial^j}{\partial\beta^j}\left(\mathrm{e}^{-\beta\hat{T}}\mathrm{e}^{-\beta U}\mathrm{e}^{\hat{C}_0}\mathrm{e}^{\beta\hat{C}_1}\mathrm{e}^{\beta^2\hat{C}_2}\cdots\mathrm{e}^{\beta^n\hat{C}_n}\cdots\right)\right|_{\beta=0},$$

$$j = 0, 1, 2, \cdots \quad (3.11\text{-}19)$$

给出

$$\hat{C}_0 = \hat{C}_1 = 0, \quad \hat{C}_2 = -\frac{1}{2}\left[\hat{T}, U\right]_{-}, \quad \cdots \quad (3.11\text{-}20)$$

高温极限下有

$$\mathrm{e}^{-\beta\hat{H}} = \mathrm{e}^{-\beta\hat{T}-\beta U} = \mathrm{e}^{-\beta\hat{T}}\mathrm{e}^{-\beta U} \quad (3.11\text{-}21)$$

取基函数为式 (3.11-5) 给出的 $\psi_E\left(\boldsymbol{r}_1, \boldsymbol{r}_2, \cdots, \boldsymbol{r}_N\right)$，得

$$\begin{aligned}
Q_N &= \sum_E \int \mathrm{d}^3 r_1 \cdots \mathrm{d}^3 r_N\, \psi_E^*\left(\boldsymbol{r}_1, \boldsymbol{r}_2, \cdots, \boldsymbol{r}_N\right)\mathrm{e}^{-\beta\hat{H}}\psi_E\left(\boldsymbol{r}_1, \boldsymbol{r}_2, \cdots, \boldsymbol{r}_N\right) \\
&\cong \frac{1}{N!\lambda^{3N}}\int \mathrm{d}^3 r_1 \cdots \mathrm{d}^3 r_N\, \psi_E^*\left(\boldsymbol{r}_1, \boldsymbol{r}_2, \cdots, \boldsymbol{r}_N\right)\mathrm{e}^{-\beta\hat{T}}\mathrm{e}^{-\beta U}\psi_E\left(\boldsymbol{r}_1, \boldsymbol{r}_2, \cdots, \boldsymbol{r}_N\right)
\end{aligned}$$

$$(3.11\text{-}22)$$

由于 $\hat{T}$ 是厄米算符，$\mathrm{e}^{-\beta\hat{T}}$ 也是厄米算符，有

$$
\begin{aligned}
Q_N \cong{} & \frac{1}{N!\lambda^{3N}} \sum_E \int \mathrm{d}^3 r_1 \cdots \mathrm{d}^3 r_N \psi_E^*(\boldsymbol{r}_1, \boldsymbol{r}_2, \cdots, \boldsymbol{r}_N)\, \mathrm{e}^{-\beta\hat{T}} \\
& \times \left[\mathrm{e}^{-\beta U} \psi_E(\boldsymbol{r}_1, \boldsymbol{r}_2, \cdots, \boldsymbol{r}_N)\right] \\
={} & \frac{1}{N!\lambda^{3N}} \sum_E \int \mathrm{d}^3 r_1 \cdots \mathrm{d}^3 r_N \left[\mathrm{e}^{-\beta\hat{T}} \psi_E(\boldsymbol{r}_1, \boldsymbol{r}_2, \cdots, \boldsymbol{r}_N)\right]^* \\
& \times \left[\mathrm{e}^{-\beta U} \psi_E(\boldsymbol{r}_1, \boldsymbol{r}_2, \cdots, \boldsymbol{r}_N)\right] \\
={} & \frac{1}{N!\lambda^{3N}} \int \mathrm{d}^3 r_1 \cdots \mathrm{d}^3 r_N \mathrm{e}^{-\beta U} \\
& \times \sum_{\{\boldsymbol{k}_1, \cdots, \boldsymbol{k}_N\}} \mathrm{e}^{-\beta\hbar^2(\boldsymbol{k}_1^2 + \cdots + \boldsymbol{k}_N^2)/2m} \psi_E^*(\boldsymbol{r}_1, \boldsymbol{r}_2, \cdots, \boldsymbol{r}_N)\, \psi_E(\boldsymbol{r}_1, \boldsymbol{r}_2, \cdots, \boldsymbol{r}_N)
\end{aligned}
\tag{3.11-23}
$$

把式 (3.11-8) 代入式 (3.11-23) 得

$$
Q_N \cong \frac{1}{N!\lambda^{3N}} \int \mathrm{d}^3 r_1 \cdots \mathrm{d}^3 r_N \mathrm{e}^{-\beta U} \left[1 \pm \sum_{i<j} f_{ij} f_{ji} + \sum_{i<j<k} f_{ij} f_{jk} f_{ki} + \cdots\right]
\tag{3.11-24}
$$

高温极限下保留式 (3.11-24) 中的展开的最大项，得

$$
Q_N \cong \frac{1}{N!h^{3N}} \int \mathrm{d}^3 p_1 \cdots \mathrm{d}^3 p_N \mathrm{d}^3 r_1 \cdots \mathrm{d}^3 r_N \exp\left[-\beta\left(\frac{p_1^2 + p_2^2 + \cdots + p_N^2}{2m} + U\right)\right]
\tag{3.11-25}
$$

因此式 (3.11-25) 就是相互作用量子气体的正则配分函数的经典极限。

式 (3.11-25) 是一般的量子力学准经典近似的一个特例。从量子力学我们知道 [12]，在准经典的情况下，在系统的相空间 $(q_1, \cdots, q_s, p_1, \cdots, p_s)$ 中的一个体积元 $\mathrm{d}q_1 \cdots \mathrm{d}q_s \mathrm{d}p_1 \cdots \mathrm{d}p_s$ 具有的量子态数为

$$
\mathrm{d}W = \frac{1}{h^s} \mathrm{d}q_1 \cdots \mathrm{d}q_s \mathrm{d}p_1 \cdots \mathrm{d}p_s
\tag{3.11-26}
$$

式中，s 为系统的自由度。

3.12 统计物理的变分原理

在量子力学中，对于由 N 个粒子组成的系统，存在变分原理，即其薛定谔方程 $\hat{H}\Psi = E\Psi$ 可以从以下变分方程获得：

$$\delta \int \Psi^* \left(\hat{H} - E \right) \Psi \mathrm{d}q = 0$$

对于基态，使用变分原理获得的基态能量要大于或等于系统真实的基态能量，因此变分原理对使用近似方法得到的结果给出了限制。

在统计物理中，只有少数问题有严格解，因此很多问题需要使用近似方法。派尔斯 (R. E. Peierls)[26] 提出的以下变分原理对使用近似方法得到的结果给出了限制。

派尔斯变分原理 考虑一个系统，其哈密顿算符为 $\hat{H}$，则其正则配分函数满足

$$Q = \mathrm{Tr}(\mathrm{e}^{-\beta \hat{H}}) \geqslant \sum_n \mathrm{e}^{-\beta(\psi_n, \hat{H}\psi_n)} \tag{3.12-1}$$

式中，$\{\psi_n\}$ 为系统的波函数的任何集合。当 $\{\psi_n\}$ 为 $\hat{H}$ 的本征波函数的集合时等式成立。

证明 假设 $\{\psi_n\} + \{\Lambda_n\} = \{\Pi_n\}$ 构成了一个正交归一的完全集 [4]，有 $(\Pi_m, \Pi_n) = \delta_{mn}$。我们先证明

$$Q = \mathrm{Tr}(\mathrm{e}^{-\beta \hat{H}}) \geqslant \sum_n \mathrm{e}^{-\beta(\Pi_n, \hat{H}\Pi_n)} \tag{3.12-2}$$

为此我们先证明如下数学引理。

数学引理：设 $\{x_m\}$ 是一个任意的实数集，$\{c_m\}$ 是一个实数集，且 $c_m \geqslant 0$，$\sum_m c_m = 1$，定义

$$\bar{x} = \sum_m c_m x_m \tag{3.12-3}$$

设 $f(x)$ 是一个实变量 x 的实的凸函数，即 $f''(x) > 0$，定义

$$\overline{f(x)} = \sum_m c_m f(x_m) \tag{3.12-4}$$

那么有

$$\overline{f(x)} \geqslant f(\bar{x}) \tag{3.12-5}$$

数学引理的证明: 根据拉格朗日中值定理, 在 $\bar{x}$ 和 x_m 之间存在一点 ξ_m, 满足

$$f(x_m) = f(\bar{x}) + (x_m - \bar{x}) f'(\xi_m) \tag{3.12-6}$$

式中, $\xi_m = \xi_m(x_m)$。

根据拉格朗日中值定理, 在 $\bar{x}$ 和 ξ_m 之间存在一点 α_m, 满足

$$f'(\xi_m) = f'(\bar{x}) + (\xi_m - \bar{x}) f''(\alpha_m) \tag{3.12-7}$$

式中, $\alpha_m = \alpha_m(x_m)$。

把式 (3.12-7) 代入式 (3.12-6) 得

$$f(x_m) = f(\bar{x}) + (x_m - \bar{x}) f'(\bar{x}) + (x_m - \bar{x})(\xi_m - \bar{x}) f''(\alpha_m) \tag{3.12-8}$$

把式 (3.12-8) 代入式 (3.12-4) 得

$$\overline{f(x)} = f(\bar{x}) + \sum_m c_m (x_m - \bar{x})(\xi_m - \bar{x}) f''(\alpha_m) \tag{3.12-9}$$

拉格朗日中值定理意味着, ξ_m 位于 x_m 和 $\bar{x}$ 之间, 即如果 $x_m > \bar{x}$, 有 $\xi_m > \bar{x}$; 如果 $x_m < \bar{x}$, 有 $\xi_m < \bar{x}$。所以无论哪种情况都有 $(x_m - \bar{x})(\xi_m - \bar{x}) > 0$。还有 $c_m \geqslant 0$, 凸函数的性质 $f''(\alpha_m) > 0$, 因此

$$\sum_m c_m (x_m - \bar{x})(\xi_m - \bar{x}) f''(\alpha_m) \geqslant 0 \tag{3.12-10}$$

把式 (3.12-10) 代入式 (3.12-9) 得

$$\overline{f(x)} \geqslant f(\bar{x})$$

数学引理证毕。

设 $\{\Phi_n\}$ 为 $\hat{H}$ 的本征波函数的正交归一的完全集, 即 $\hat{H}\Phi_n = E_n\Phi_n$, $(\Phi_m, \Phi_n) = \delta_{mn}$, 则 Π_n 可用 $\{\Phi_n\}$ 展开

$$\Pi_n = \sum_m S_{nm} \Phi_m \tag{3.12-11}$$

把式 (3.12-11) 代入 $(\Pi_m, \Pi_n) = \delta_{mn}$, 并使用 $(\Phi_m, \Phi_n) = \delta_{mn}$, 得

$$\sum_m |S_{nm}|^2 = 1 \tag{3.12-12}$$

进一步有

$$\left(\Pi_n, \hat{H}\Pi_n\right) = \sum_m |S_{nm}|^2 E_m \qquad (3.12\text{-}13)$$

$$\sum_n \mathrm{e}^{-\beta\left(\Pi_n, \hat{H}\Pi_n\right)} = \sum_n \mathrm{e}^{-\beta\sum_m |S_{nm}|^2 E_m} \qquad (3.12\text{-}14)$$

既然 $\{\Pi_n\}$ 和 $\{\Phi_n\}$ 都是正交归一的完全集，可以使用它们来计算配分函数，即

$$Q = \sum_n \langle \Phi_n | \mathrm{e}^{-\beta\hat{H}} | \Phi_n \rangle = \sum_n \mathrm{e}^{-\beta E_n} = \sum_n \langle \Pi_n | \mathrm{e}^{-\beta\hat{H}} | \Pi_n \rangle$$

$$= \sum_n \sum_m |S_{nm}|^2 \mathrm{e}^{-\beta E_m} \qquad (3.12\text{-}15)$$

由于 $\sum_m |S_{nm}|^2 = 1$，在式 (3.12-3) 中取 $c_m = |S_{nm}|^2$，$x_m = E_m$，得

$$\overline{E} = \sum_m c_m E_m = \sum_m |S_{nm}|^2 E_m \qquad (3.12\text{-}16)$$

把式 (3.12-16) 代入式 (3.12-14) 得

$$\sum_n \mathrm{e}^{-\beta\left(\Pi_n, \hat{H}\Pi_n\right)} = \sum_n \mathrm{e}^{-\beta\sum_m |S_{nm}|^2 E_m} = \sum_n \mathrm{e}^{-\beta\bar{E}} \qquad (3.12\text{-}17)$$

由于 $\mathrm{e}^{-\beta x}$ 是一个实变量 x 的实的凸函数，取 $f(x) = \mathrm{e}^{-\beta x}$，得

$$\sum_n \mathrm{e}^{-\beta\left(\Pi_n, \hat{H}\Pi_n\right)} = \sum_n \mathrm{e}^{-\beta\bar{E}} = \sum_n f\left(\bar{E}\right) \qquad (3.12\text{-}18)$$

在式 (3.12-4) 中取 $c_m = |S_{nm}|^2$，$f(E_m) = \mathrm{e}^{-\beta E_m}$，得

$$\overline{f(E)} = \sum_m c_m f(E_m) = \sum_m |S_{nm}|^2 \mathrm{e}^{-\beta E_m} \qquad (3.12\text{-}19)$$

把式 (3.12-19) 代入式 (3.12-15) 得

$$Q = \sum_n \overline{f(E)} \qquad (3.12\text{-}20)$$

把式 (3.12-20) 减去式 (3.12-18)，并使用式 (3.12-5)，得

$$Q - \sum_n \mathrm{e}^{-\beta\left(\Pi_n, \hat{H}\Pi_n\right)} = \sum_n \left[\overline{f(E)} - f\left(\bar{E}\right)\right] \geqslant 0 \qquad (3.12\text{-}21)$$

证毕。

第 4 章　量子无相互作用系统的严格解

实际气体很稀薄时，粒子的间距远大于粒子相互作用范围，可以忽略粒子之间的相互作用。因此理想气体是实际气体无限稀薄时的极限情形，是理想模型。本章将把统计系综应用于量子理想气体和其他量子无相互作用系统。由于忽略了相互作用，量子无相互作用系统存在严格解 [2,4,18]。

4.1　使用微正则系综推导玻色分布和费米分布

考虑量子理想气体，其哈密顿算符为单粒子哈密顿算符之和，即

$$\hat{H} = \sum_j \left(-\frac{\hbar^2}{2m} \nabla_j^2 \right) \tag{4.1-1}$$

所以其能量本征值为单粒子能量之和。设单粒子能级为 ε_j，其简并度为 G_j，共有 N_j 个粒子占据。系统的总能量和总粒子数为

$$E = \sum_j \varepsilon_j N_j, \quad N = \sum_j N_j \tag{4.1-2}$$

对于宏观系统，单粒子能级实际上是连续分布的。我们把全部单粒子量子态分成很多群，每一群包含很多能量相近的量子态，每一群上的粒子占据数也很多。因此 ε_j、G_j、N_j 可以分别解释为第 j 个群的能量、包含的单粒子量子态数以及粒子占据数，有 $G_j \gg 1$，$N_j \gg 1$。气体的宏观状态完全由 N_j 的集合决定。

1. 理想费米气体

不可能有多于一个的粒子占据同一单粒子量子态。则 N_j 个粒子占据 G_j 个单粒子量子态的可能方式的数目等于从 G_j 个元素中选取 N_j 个元素的组合数，因此系统的微观状态数为

$$\Lambda = \prod_j \frac{G_j!}{N_j! \, (G_j - N_j)_!} \tag{4.1-3}$$

把式 (4.1-3) 代入微正则系综的熵的表达式 (3.2-14)，并使用斯特林公式，得

$$S = k_{\rm B} \ln \Lambda = k_{\rm B} \sum_j [G_j \ln G_j - N_j \ln N_j - (G_j - N_j) \ln (G_j - N_j)]$$

$$= -k_B \sum_j G_j \left[\bar{n}_j \ln \bar{n}_j + (1 - \bar{n}_j) \ln (1 - \bar{n}_j) \right] \tag{4.1-4}$$

式中，$\bar{n}_j = \dfrac{N_j}{G_j}$ 为第 j 个群的每个量子态上的平均粒子占据数。

根据热力学第二定律，在热力学平衡态，孤立系统的熵为最大。使用拉格朗日乘子法得

$$\delta S - k_B \alpha \delta N - k_B \beta \delta E = -k_B \sum_j \left(\ln \frac{N_j}{G_j - N_j} + \alpha + \beta \varepsilon_j \right) \delta N_j = 0 \tag{4.1-5}$$

式中，α 和 β 为待定乘子。

因为每一个 δN_j 都是独立变化的，所以有

$$\ln \frac{N_j}{G_j - N_j} + \alpha + \beta \varepsilon_j = 0$$

得量子态的平均占据数

$$\bar{n}_j = \frac{N_j}{G_j} = \frac{1}{e^{\alpha + \beta \varepsilon_j} + 1} \tag{4.1-6}$$

2. 玻色气体

在每个单粒子量子态上可以有任意个粒子占据。所以 N_j 个粒子占据在 G_j 个单粒子量子态上的可能方式的数目等效于把 N_j 个相同的球分配到 G_j 个箱子中去的可能分配方式数目。用竖线表示箱子，竖线右边的球属于该箱子：

$$| \bullet \bullet \bullet | \bullet \bullet || \bullet | \cdots | \bullet \bullet \bullet \bullet$$

我们看到，不管怎么分配球，第一根竖线是不动的。所以可能分配方式的数目等于从 $N_j + G_j - 1$ 个元素中选取 $G_j - 1$ 个元素的组合数，得

$$\Lambda = \prod_j \frac{(N_j + G_j - 1)!}{N_j! (G_j - 1)!} \tag{4.1-7}$$

把式 (4.1-7) 代入熵的表达式 (3.2-14)，并使用 $G_j \gg 1$ 和斯特林公式，得

$$S = k_B \ln \Lambda \cong k_B \sum_j \left[(N_j + G_j) \ln (N_j + G_j) - N_j \ln N_j - G_j \ln G_j \right]$$

$$= k_B \sum_j G_j \left[-\bar{n}_j \ln \bar{n}_j + (1 + \bar{n}_j) \ln (1 + \bar{n}_j) \right] \tag{4.1-8}$$

式中，$\bar{n}_j = \dfrac{N_j}{G_j}$ 为第 j 个群的每个量子态上的平均粒子占据数。

根据热力学第二定律，在热力学平衡态，孤立系统的熵为最大。利用拉格朗日乘子法得

$$\delta S - k_{\mathrm{B}}\alpha\delta N - k_{\mathrm{B}}\beta\delta E = -k_{\mathrm{B}}\sum_j\left(\ln\frac{N_j}{G_j+N_j}+\alpha+\beta\varepsilon_j\right)\delta N_j = 0 \quad (4.1\text{-}9)$$

式中，α 和 β 为待定乘子。

因为每一个 δN_j 都是独立变化的，所以有

$$\ln\frac{N_j}{G_j+N_j}+\alpha+\beta\varepsilon_j = 0$$

得量子态的平均粒子占据数

$$\bar{n}_j = \frac{N_j}{G_j} = \frac{1}{\mathrm{e}^{\alpha+\beta\varepsilon_j}-1} \quad (4.1\text{-}10)$$

4.2   使用微巨正则系综推导玻色分布和费米分布

设单粒子量子态为 $\varphi_{\boldsymbol{p}\sigma}$，单粒子能量为 $\varepsilon_{\boldsymbol{p}\sigma}$，粒子占据数为 $n_{\boldsymbol{p}\sigma}$。这里，$\sigma = -s, -s+1, \cdots, s$，为自旋 s 在 z 轴上的投影。系统的总能量和总粒子数为

$$E = \sum_{\boldsymbol{p}\sigma}\varepsilon_{\boldsymbol{p}\sigma}n_{\boldsymbol{p}\sigma}, \quad N = \sum_{\boldsymbol{p}\sigma}n_{\boldsymbol{p}\sigma} \quad (4.2\text{-}1)$$

正则配分函数为

$$Q_N = \sum_r \mathrm{e}^{-\beta E_r} = \sum_{\substack{\{n_{\boldsymbol{p}\sigma}\}\\ N=\sum\limits_{\boldsymbol{p}\sigma}n_{\boldsymbol{p}\sigma}, E=\sum\limits_{\boldsymbol{p}\sigma}\varepsilon_{\boldsymbol{p}\sigma}n_{\boldsymbol{p}\sigma}}} \mathrm{e}^{-\beta\sum\limits_{\boldsymbol{p}\sigma}\varepsilon_{\boldsymbol{p}\sigma}n_{\boldsymbol{p}\sigma}} \quad (4.2\text{-}2)$$

式 (4.2-2) 为约束求和。计算约束求和极其困难，如同处理约束求和 (3.3-13) 一样，需要引进生成函数来消去约束求和，得

$$\Xi = \sum_{N=0}^{\infty} z^N Q_N = \sum_{N=0}^{\infty}\sum_{\substack{\{n_{\boldsymbol{p}\sigma}\}\\ N=\sum\limits_{\boldsymbol{p}\sigma}n_{\boldsymbol{p}\sigma}, E=\sum\limits_{\boldsymbol{p}\sigma}\varepsilon_{\boldsymbol{p}\sigma}n_{\boldsymbol{p}\sigma}}}\prod_{\boldsymbol{p}\sigma}\left(z\mathrm{e}^{-\beta\varepsilon_{\boldsymbol{p}\sigma}}\right)^{n_{\boldsymbol{p}\sigma}} = \sum_{\{n_{\boldsymbol{p}\sigma}\}}\prod_{\boldsymbol{p}\sigma}\left(z\mathrm{e}^{-\beta\varepsilon_{\boldsymbol{p}\sigma}}\right)^{n_{\boldsymbol{p}\sigma}}$$

$$= \sum_{n_{\boldsymbol{p}_1\sigma_1}}\sum_{n_{\boldsymbol{p}_2\sigma_2}}\cdots\sum_{n_{\boldsymbol{p}_j\sigma_j}}\cdots\left(z\mathrm{e}^{-\beta\varepsilon_{\boldsymbol{p}_1\sigma_1}}\right)^{n_{\boldsymbol{p}_1\sigma_1}}\left(z\mathrm{e}^{-\beta\varepsilon_{\boldsymbol{p}_2\sigma_2}}\right)^{n_{\boldsymbol{p}_2\sigma_2}}\cdots\left(z\mathrm{e}^{-\beta\varepsilon_{\boldsymbol{p}_j\sigma_j}}\right)^{n_{\boldsymbol{p}_j\sigma_j}}\cdots$$

$$
\begin{aligned}
&= \left[\sum_{n_{\boldsymbol{p}_1\sigma_1}} \left(z\mathrm{e}^{-\beta\varepsilon_{\boldsymbol{p}_1\sigma_1}}\right)^{n_{\boldsymbol{p}_1\sigma_1}} \right] \left[\sum_{n_{\boldsymbol{p}_2\sigma_2}} \left(z\mathrm{e}^{-\beta\varepsilon_{\boldsymbol{p}_2\sigma_2}}\right)^{n_{\boldsymbol{p}_2\sigma_2}} \right] \times \cdots \\
&\quad \times \left[\sum_{n_{\boldsymbol{p}_j\sigma_j}} \left(z\mathrm{e}^{-\beta\varepsilon_{\boldsymbol{p}_j\sigma_j}}\right)^{n_{\boldsymbol{p}_j\sigma_j}} \right] \times \cdots \\
&= \prod_{\boldsymbol{p}\sigma} \left[\sum_{n_{\boldsymbol{p}\sigma}} \left(z\mathrm{e}^{-\beta\varepsilon_{\boldsymbol{p}\sigma}}\right)^{n_{\boldsymbol{p}\sigma}} \right]
\end{aligned}
\tag{4.2-3}
$$

对于玻色子, 有 $n_{\boldsymbol{p}\sigma} = 0, 1, 2, \cdots$, 式 (4.2-3) 化为

$$
\Xi = \prod_{\boldsymbol{p}\sigma} \left[\sum_{n_{\boldsymbol{p}\sigma}=0}^{\infty} \left(z\mathrm{e}^{-\beta\varepsilon_{\boldsymbol{p}\sigma}}\right)^{n_{\boldsymbol{p}\sigma}} \right] = \prod_{\boldsymbol{p}\sigma} \left(\frac{1}{1 - z\mathrm{e}^{-\beta\varepsilon_{\boldsymbol{p}\sigma}}} \right)
\tag{4.2-4}
$$

使用巨正则系综里的系统的粒子数的统计平均值公式 (3.6-9) 得

$$
N = z\frac{\partial}{\partial z} \ln \Xi = \sum_{\boldsymbol{p}\sigma} \bar{n}_{\boldsymbol{p}\sigma} = \sum_{\boldsymbol{p}\sigma} \frac{1}{\mathrm{e}^{\beta(\varepsilon_{\boldsymbol{p}\sigma}-\mu)} - 1}
\tag{4.2-5}
$$

$$
\bar{n}_{\boldsymbol{p}\sigma} = \frac{1}{\mathrm{e}^{\beta(\varepsilon_{\boldsymbol{p}\sigma}-\mu)} - 1}
\tag{4.2-6}
$$

对于费米子, 有 $n_{\boldsymbol{p}\sigma} = 0, 1$, 式 (4.2-3) 化为

$$
\Xi = \prod_{\boldsymbol{p}\sigma} \left[\sum_{n_{\boldsymbol{p}\sigma}=0,1} \left(z\mathrm{e}^{-\beta\varepsilon_{\boldsymbol{p}\sigma}}\right)^{n_{\boldsymbol{p}\sigma}} \right] = \prod_{\boldsymbol{p}\sigma} \left(1 + z\mathrm{e}^{-\beta\varepsilon_{\boldsymbol{p}\sigma}}\right)
\tag{4.2-7}
$$

得

$$
N = z\frac{\partial}{\partial z} \ln \Xi = \sum_{\boldsymbol{p}\sigma} \bar{n}_{\boldsymbol{p}\sigma} = \sum_{\boldsymbol{p}\sigma} \frac{1}{\mathrm{e}^{\beta(\varepsilon_{\boldsymbol{p}\sigma}-\mu)} + 1}
\tag{4.2-8}
$$

$$
\bar{n}_{\boldsymbol{p}\sigma} = \frac{1}{\mathrm{e}^{\beta(\varepsilon_{\boldsymbol{p}\sigma}-\mu)} + 1}
\tag{4.2-9}
$$

4.3 玻色–爱因斯坦凝聚

1924 年, 印度物理学家玻色 (Bose) 把黑体辐射看成光子理想气体, 研究了光子在各量子态上的分布, 推导出了普朗克黑体辐射公式。他的方法隐含了这样

的观点: 光子是不可分辨的和可以有任意数目的光子占据同一量子态。他将这一结果寄给爱因斯坦 (Einstein), 爱因斯坦立即意识到玻色工作的重要性, 并且认为一些原子也应该具有类似性质, 即这类原子是不可分辨的, 而且可以有任意数目的原子占据同一量子态。爱因斯坦 [27] 研究了由无相互作用的这类原子组成的理想气体, 发现当气体的温度足够低时, 开始有宏观数量的原子聚集在基态, 这就是玻色–爱因斯坦凝聚。由于理想气体是理想物理模型, 在很长一段时间里, 人们把玻色–爱因斯坦凝聚看成数学上的人为结果, 与真实的物理世界无关, 直到 1938 年, 伦敦 (F. London)[28] 提出低温下液氦 (⁴He) 的超流相变是玻色–爱因斯坦凝聚, 玻色–爱因斯坦凝聚才真正引起物理学界的重视。

从 3.11 节我们看到, 对于理想玻色气体, 虽然玻色子之间没有相互作用, 但玻色系统的波函数是对称的, 这导致玻色子之间是统计上相互吸引的, 因此统计吸引力可能会导致一种凝聚, 就是玻色–爱因斯坦凝聚, 这是自然界唯一的不需要相互作用力就实现凝聚的例子。

虽然理想玻色气体是理想物理模型, 不会在实验中严格实现, 但 20 世纪 80 年代以来, 激光冷却、激光陷阱和蒸发冷却技术有了突破性的进展, 终于在 1995 年实现了弱相互作用的稀薄玻色气体如碱金属 ⁸⁷Rb、²³Na 和 ⁷Li 蒸气的玻色–爱因斯坦凝聚 [29,30]。

4.3.1 节 ~4.3.5 节讨论三维理想玻色气体的玻色–爱因斯坦凝聚, 4.3.6 节讨论任意维理想玻色气体的玻色–爱因斯坦凝聚, 4.3.7 节讨论谐振势约束下的玻色–爱因斯坦凝聚。

4.3.1　等体过程的玻色–爱因斯坦凝聚

为简单起见, 我们先考虑等体过程。

考虑无自旋的理想玻色气体, 使用式 (4.2-4) 得

$$\Xi = \prod_{\boldsymbol{p}} \left(\frac{1}{1 - z\mathrm{e}^{-\beta\varepsilon_{\boldsymbol{p}}}} \right), \quad \frac{PV}{k_\mathrm{B}T} = \ln\Xi = -\sum_{\boldsymbol{p}} \ln\left(1 - z\mathrm{e}^{-\beta\varepsilon_{\boldsymbol{p}}}\right)$$

$$N = z\frac{\partial}{\partial z}\ln\Xi = \sum_{\boldsymbol{p}} \bar{n}_{\boldsymbol{p}} = \sum_{\boldsymbol{p}} \frac{1}{\mathrm{e}^{\beta(\varepsilon_{\boldsymbol{p}} - \mu)} - 1} \tag{4.3-1}$$

式中, 单粒子能量 $\varepsilon_{\boldsymbol{p}}$ 由式 (3.11-4) 给出, 即

$$\varepsilon_{\boldsymbol{p}} = \frac{\hbar^2 k^2}{2m} = \frac{p^2}{2m}, \quad \boldsymbol{p} = \hbar\boldsymbol{k} = \hbar\left(k_x, k_y, k_z\right) = 2\pi\hbar V^{-1/3}\left(n_x, n_y, n_z\right) = \left(p_x, p_y, p_z\right),$$

$$n_x, n_y, n_z = 0, \pm 1, \pm 2, \cdots \tag{4.3-2}$$

由于

$$\bar{n}_{\boldsymbol{p}} = \frac{1}{\mathrm{e}^{\beta(\varepsilon_{\boldsymbol{p}}-\mu)} - 1} \geqslant 0, \quad \varepsilon_{\boldsymbol{p}} = \frac{p^2}{2m} \geqslant 0, \quad (\varepsilon_{\boldsymbol{p}})_{\min} = 0$$

要求 $\varepsilon_{\boldsymbol{p}} - \mu \geqslant 0$, 得 $\mu \leqslant (\varepsilon_{\boldsymbol{p}})_{\min}$, 即

$$\mu \leqslant 0 \tag{4.3-3}$$

对于宏观系统, 动量 $\boldsymbol{p}$ 可以看成连续的, 求和可以用积分代替, 使用式 (4.3-2) 得

$$\sum_{\boldsymbol{p}} = \sum_{n_x,n_y,n_z=0,\pm 1,\pm 2,\cdots} \to \int \mathrm{d}n_x \mathrm{d}n_y \mathrm{d}n_z = \frac{V}{h^3} \int \mathrm{d}p_x \mathrm{d}p_y \mathrm{d}p_z = \frac{4\pi V}{h^3} \int \mathrm{d}p p^2 \tag{4.3-4}$$

给出

$$N = \bar{n}_{\boldsymbol{p}=0} + N_{\boldsymbol{p}\neq 0} = \bar{n}_{\boldsymbol{p}=0} + \frac{4\pi V}{h^3} \int_0^\infty \mathrm{d}p p^2 \frac{1}{\mathrm{e}^{\beta(p^2/2m-\mu)} - 1} \tag{4.3-5}$$

式中, $\bar{n}_{\boldsymbol{p}=0}$ 为能级 $\varepsilon_{\boldsymbol{p}} = 0$ 上的粒子数; $N_{\boldsymbol{p}\neq 0} = \sum_{\boldsymbol{p}\neq 0} \bar{n}_{\boldsymbol{p}}$ 为分布于能级 $\varepsilon_{\boldsymbol{p}} \neq 0$ 上的总粒子数,

$$\bar{n}_{\boldsymbol{p}=0} = \frac{1}{\mathrm{e}^{-\beta\mu} - 1} \tag{4.3-6}$$

既然使用连续近似, 那为什么我们要保留 $\bar{n}_{\boldsymbol{p}=0}$? 原因是, 对于理想玻色气体, 可以有任意数量的粒子占据同一单粒子量子态。在足够低的温度下, 为了使系统的能量尽可能低, 可能有宏观数量的粒子占据单粒子基态, 此时就不能忽略单粒子基态上的粒子占据数。

如果 μ 为不为 0 的有限值, 有

$$\bar{n}_{\boldsymbol{p}=0} = \frac{1}{\mathrm{e}^{-\beta\mu} - 1} = O(1) \ll N_{\boldsymbol{p}\neq 0} = O(N), \quad \mu \neq 0 \tag{4.3-7}$$

此时 $\bar{n}_{\boldsymbol{p}=0}$ 可以忽略不计, 式 (4.3-5) 化为

$$N = \frac{4\pi V}{h^3} \int_0^\infty \mathrm{d}p p^2 \frac{1}{\mathrm{e}^{(p^2/2m-\mu)/k_{\mathrm{B}}T} - 1}, \quad \mu \neq 0 \tag{4.3-8}$$

我们看到, 给定粒子数密度 $\dfrac{N}{V}$, 如果温度降低, 则化学势必然增加。由于 $\mu \leqslant 0$, μ 不可能无限制地增加, 只能增加到 $\mu = 0$, 所以 T 不可能无限制地降低, 只能降低到 $T = T_{\mathrm{c}}$。T_{c} 由 $\mu = 0$ 给出, 即

$$N = \frac{4\pi V}{h^3} \int_0^\infty \mathrm{d}p p^2 \frac{1}{\mathrm{e}^{p^2/2mk_{\mathrm{B}}T_{\mathrm{c}}} - 1} = \zeta(3/2) \frac{V}{\lambda_{\mathrm{c}}^3} \tag{4.3-9}$$

式中，$\lambda(T) = \dfrac{h^2}{\sqrt{2\pi m k_{\mathrm{B}} T}}$ 为热波长；$\lambda_{\mathrm{c}} = \lambda(T = T_{\mathrm{c}})$。

把式 (4.3-9) 反解得

$$T_{\mathrm{c}} = \frac{h^2}{2\pi m k_{\mathrm{B}}} \left[\frac{N}{\zeta(3/2) V} \right]^{2/3} \tag{4.3-10}$$

因此对 $T > T_{\mathrm{c}}$，有 $\mu < 0$；对 $T \leqslant T_{\mathrm{c}}$，有 $\mu = 0$。但是 $\mu \to 0^-$，有 $\bar{n}_{\boldsymbol{p}=0} \to \dfrac{1}{-\beta\mu} \to \infty$，表明低于临界温度时有宏观数量的粒子占据单粒子基态。从上面的讨论我们发现，$\bar{n}_{\boldsymbol{p}=0}$ 由下列条件确定：

$$\begin{cases} \mu < 0, & \bar{n}_{\boldsymbol{p}=0} = O(1), & T > T_{\mathrm{c}} \\ \mu = 0, & \bar{n}_{\boldsymbol{p}=0} = O(N), & T \leqslant T_{\mathrm{c}} \end{cases} \tag{4.3-11}$$

考虑 $T \leqslant T_{\mathrm{c}}$，在式 (4.3-5) 中令 $\mu = 0$，并使用式 (4.3-9)，得

$$\bar{n}_{\boldsymbol{p}=0} = N \left[1 - \left(\frac{T}{T_{\mathrm{c}}} \right)^{3/2} \right], \quad T \leqslant T_{\mathrm{c}} \tag{4.3-12}$$

我们看到，低于临界温度时有宏观数量的粒子占据单粒子基态，这一现象称为玻色–爱因斯坦凝聚，如图 4.3.1 所示。理想玻色–爱因斯坦凝聚不同于气–液相变，是动量空间中的凝聚，而气–液相变是实空间中的凝聚。

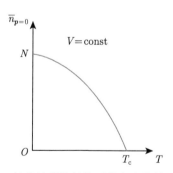

图 4.3.1   等体过程的单粒子基态上的粒子占据数

4.3.2   任意过程的玻色–爱因斯坦凝聚

对于任意过程，在临界点上方，化学势不为零，单粒子基态上的粒子占据数可以忽略不计，玻色–爱因斯坦凝聚没有出现；在临界点下方，化学势为零，有宏

观数量的粒子占据单粒子基态，玻色–爱因斯坦凝聚出现，即

$$\begin{cases} \mu < 0, & \bar{n}_{\boldsymbol{p}=0} = O(1), & \text{临界点上方} \\ \mu = 0, & \bar{n}_{\boldsymbol{p}=0} = O(N), & \text{临界点下方} \end{cases} \tag{4.3-13}$$

1. 临界点上方

在临界点上方，单粒子基态上的粒子占据数可以忽略不计，把式 (4.3-8) 中的被积函数作泰勒展开并积分得

$$N = \frac{4\pi V}{h^3} \int_0^\infty \mathrm{d}p p^2 \sum_{l=1}^\infty \left[\mathrm{e}^{-(p^2/2m-\mu)/k_{\mathrm{B}}T} \right]^l = \frac{V}{\lambda^3} g_{3/2}(z) \tag{4.3-14}$$

式中，$g_\alpha(z) = \sum\limits_{l=1}^\infty \dfrac{z^l}{l^\alpha}$ 为玻色–爱因斯坦函数；$g_\alpha(1) = \sum\limits_{l=1}^\infty \dfrac{1}{l^\alpha} = \zeta(\alpha)$ 为黎曼 (Riemann) ζ 函数。

同理可得

$$P = \frac{4\pi k_{\mathrm{B}}T}{h^3} \int_0^\infty \mathrm{d}p p^2 \ln\left[1 - \mathrm{e}^{-(p^2/2m-\mu)/k_{\mathrm{B}}T} \right] = \frac{2E}{3V} = \frac{k_{\mathrm{B}}T}{\lambda^3} g_{5/2}(z) \tag{4.3-15}$$

从而得

$$C_V = \left(\frac{\partial E}{\partial T} \right)_V = \frac{5}{2} \frac{3k_{\mathrm{B}}V}{2\lambda^3} g_{5/2}(z) + \frac{3k_{\mathrm{B}}TV}{2\lambda^3 z} g_{3/2}(z) \left(\frac{\partial z}{\partial T} \right)_V \tag{4.3-16}$$

把式 (4.3-14) 两边对 T 微分，并使用 $z\dfrac{\mathrm{d}g_\alpha(z)}{\mathrm{d}z} = g_{\alpha-1}(z)$，得

$$\left(\frac{\partial z}{\partial T} \right)_V = -\frac{3z g_{3/2}(z)}{2T g_{1/2}(z)} \tag{4.3-17}$$

把式 (4.3-17) 代入式 (4.3-16) 得

$$C_V = N k_{\mathrm{B}} \left[\frac{15}{4} \frac{g_{5/2}(z)}{g_{3/2}(z)} - \frac{9}{4} \frac{g_{3/2}(z)}{g_{1/2}(z)} \right] \tag{4.3-18}$$

2. 临界点

在玻色–爱因斯坦凝聚的临界点，化学势为零，在式 (4.3-14) 中令 $z = 1$，得玻色–爱因斯坦凝聚出现的临界条件

$$\left(\frac{N\lambda^3}{V} \right)_c = \zeta(3/2) \tag{4.3-19}$$

在式 (4.4-15) 中令 $z=1$，并使用式 (4.3-19)，得临界点的压强

$$P = \frac{k_{\mathrm{B}}T}{\lambda^3}\zeta\left(5/2\right) = \frac{\zeta\left(5/2\right)}{\zeta\left(3/2\right)}\frac{Nk_{\mathrm{B}}T}{V} \tag{4.3-20}$$

3. 临界点下方

在临界点下方，使用式 (4.3-5)，得单粒子基态上的粒子占据数

$$\bar{n}_{\boldsymbol{p}=0} = N - \frac{4\pi V}{h^3}\int_0^\infty \mathrm{d}pp^2\frac{1}{\mathrm{e}^{\beta p^2/2m}-1} = N - \frac{V}{\lambda^3}\zeta\left(3/2\right) \tag{4.3-21}$$

压强和内能分别为

$$P = \frac{2E}{3V} = \frac{k_{\mathrm{B}}T}{\lambda^3}\zeta\left(5/2\right), \quad C_V = \left(\frac{\partial E}{\partial T}\right)_V = \frac{15}{4}\frac{k_{\mathrm{B}}}{\lambda^3}\zeta\left(5/2\right)V \tag{4.3-22}$$

4. 临界点附近上方的状态方程

因为 $g_{1/2}\left(1\right) = \sum_{l=1}^\infty \frac{1}{l^{1/2}} = \infty$，所以 $g_{1/2}\left(z\right)$ 含有奇点 $z=1$。既然有限的求和 $\sum_{l=1}^M \frac{1}{l^{1/2}}$ 为有限，那么 $g_{1/2}\left(z\right)$ 的奇点出现在无限的求和上。对于大的 l，求和可以用积分代替，因此 $g_{1/2}\left(z\right)$ 的奇点与积分 $\int_1^\infty \frac{z^l}{l^{1/2}}\mathrm{d}l$ 的奇点相同。换句话说，$g_{1/2}\left(z\right) - \int_1^\infty \frac{z^l}{l^{1/2}}\mathrm{d}l$ 没有奇点。

定义 $z = \mathrm{e}^{-\theta}$ 得

$$\int_1^\infty \frac{z^l}{l^{1/2}}\mathrm{d}l = \int_1^\infty \frac{\mathrm{e}^{-l\theta}}{l^{1/2}}\mathrm{d}l = 2\int_1^\infty \mathrm{e}^{-x^2\theta}\mathrm{d}x = \sqrt{\frac{\pi}{\theta}} - 2\int_0^1 \mathrm{e}^{-x^2\theta}\mathrm{d}x \tag{4.3-23}$$

所以 $g_{1/2}\left(z\right)$ 的奇异部分为

$$g_{1/2}\left(z\right) \xrightarrow{\theta\to 0^+} \sqrt{\frac{\pi}{\theta}} + O\left(\theta\right) \tag{4.3-24}$$

使用 $z\frac{\partial}{\partial z}g_\alpha\left(z\right) = -\frac{\partial}{\partial\theta}g_\alpha\left(z\right) = g_{\alpha-1}\left(z\right)$ 并积分得

$$g_{3/2}\left(z\right) \xrightarrow{\theta\to 0^+} \zeta\left(3/2\right) - 2\pi^{1/2}\theta^{1/2} + O\left(\theta\right) \tag{4.3-25}$$

$$g_{5/2}(z) \xrightarrow{\theta \to 0^+} \zeta(5/2) - \zeta(3/2)\theta + \frac{4}{3}\pi^{1/2}\theta^{3/2} + O(\theta^2) \tag{4.3-26}$$

把式 (4.3-25) 和式 (4.3-26) 分别代入式 (4.3-14) 和式 (4.3-15),得

$$\frac{N\lambda^3}{V} = \zeta(3/2) - 2\pi^{1/2}\theta^{1/2} + O(\theta) \tag{4.3-27}$$

$$\frac{P\lambda^3}{k_{\rm B}T} = \zeta(5/2) - \zeta(3/2)\theta + \frac{4}{3}\pi^{1/2}\theta^{3/2} + O(\theta^2) \tag{4.3-28}$$

消去参数 θ 得临界点附近上方的状态方程

$$\frac{P\lambda^3}{k_{\rm B}T} = \zeta(5/2) - \frac{\zeta(3/2)}{4\pi}\left[\frac{N\lambda^3}{V} - \zeta(3/2)\right]^2 \tag{4.3-29}$$

使用 $E = \dfrac{3PV}{2}$ 得

$$\begin{aligned}
C_V = \left(\frac{\partial E}{\partial T}\right)_V =& \frac{15}{4}\frac{k_{\rm B}}{\lambda^3}\zeta(5/2)V\left\{1 - \frac{\zeta(3/2)}{4\pi\zeta(5/2)}\left[\frac{N\lambda^3}{V} - \zeta(3/2)\right]^2\right\} \\
&+ \frac{3}{2}\frac{k_{\rm B}}{\lambda^3}\zeta(5/2)V\left\{-\frac{\zeta(3/2)}{4\pi\zeta(5/2)}\left[\frac{N\lambda^3}{V} - \zeta(3/2)\right]\left(-3\frac{N\lambda^3}{V}\right)\right\}
\end{aligned} \tag{4.3-30}$$

5. 临界点的热容量

使用式 (4.3-19)、式 (4.3-22) 和式 (4.3-30) 得

$$(C_V)_+ = (C_V)_- = \frac{15\zeta(5/2)}{4\zeta(3/2)}Nk_{\rm B} \tag{4.3-31}$$

$$\left[\left(\frac{\partial C_V}{\partial T}\right)_V\right]_+ = \left\{\frac{45\zeta(5/2)}{8\zeta(3/2)} - \frac{27\left[\zeta(3/2)\right]^2}{16\pi}\right\}\frac{Nk_{\rm B}}{T} \tag{4.3-32}$$

$$\left[\left(\frac{\partial C_V}{\partial T}\right)_V\right]_+ - \left[\left(\frac{\partial C_V}{\partial T}\right)_V\right]_- = -\frac{27\left[\zeta(3/2)\right]^2}{16\pi}\frac{Nk_{\rm B}}{T} \tag{4.3-33}$$

$$\left[\left(\frac{\partial C_V}{\partial V}\right)_T\right]_+ = \left\{\frac{45\zeta(5/2)}{8\zeta(3/2)} - \frac{27\left[\zeta(3/2)\right]^2}{16\pi}\right\}\frac{Nk_{\rm B}}{V} \tag{4.3-34}$$

$$\left[\left(\frac{\partial C_V}{\partial V}\right)_T\right]_+ - \left[\left(\frac{\partial C_V}{\partial V}\right)_T\right]_- = -\frac{27\left[\zeta(3/2)\right]^2}{16\pi}\frac{Nk_{\rm B}}{V} \tag{4.3-35}$$

式中, 下标 + 和 − 分别表示临界点上方和下方。

我们看到, 在临界点, 热容量是连续的, 其斜率有有限的跳跃。因此玻色–爱因斯坦凝聚是三级相变。例如, 对于等体过程, 在临界点, 热容量是连续的, 其斜率 $\left(\dfrac{\partial C_V}{\partial T}\right)_V$ 有有限的跳跃, 如图 4.3.2 所示。

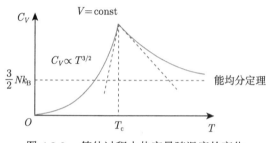

图 4.3.2   等体过程中热容量随温度的变化

4.3.3   临界点上方的绝热过程方程

使用热力学方程 $N\mathrm{d}\mu = -S\mathrm{d}T + V\mathrm{d}P$ 和式 (4.3-14) 以及式 (4.3-15) 得熵

$$S = V\left(\frac{\partial P}{\partial T}\right)_\mu = \frac{5}{2}Nk_\mathrm{B}\frac{g_{5/2}(z)}{g_{3/2}(z)} - N\frac{\mu}{T} = S(z) \tag{4.3-36}$$

我们看到, 熵是 $z = \mathrm{e}^{\mu/k_\mathrm{B}T}$ 的函数。因此对于绝热过程, 熵为常量, 有

$$z = \mathrm{e}^{\mu/k_\mathrm{B}T} = \mathrm{const} \tag{4.3-37}$$

把式 (4.3-37) 代入式 (4.3-14) 和式 (4.3-15) 得绝热过程方程

$$PT^{-5/2} = \mathrm{const}, \quad VT^{3/2} = \mathrm{const}, \quad PV^{5/3} = \mathrm{const} \tag{4.3-38}$$

值得注意的是, 理想玻色气体与经典单原子分子理想气体两者的绝热过程方程完全一样, 这不是巧合。这是因为, 经典单原子分子理想气体是密度保持不变的情况下理想玻色气体的高温极限情形。

4.3.4   等温过程的玻色–爱因斯坦凝聚

现在保持温度不变, 压缩体积。当体积小于临界体积时, 玻色–爱因斯坦凝聚出现。使用式 (4.3-19) 和式 (4.3-20) 得临界体积和临界压强

$$V_\mathrm{c} = \frac{N\lambda^3}{\zeta(3/2)}, \quad P_\mathrm{c} = \frac{\zeta(5/2)\,k_\mathrm{B}T}{\lambda^3} \propto V_\mathrm{c}^{-5/3} \tag{4.3-39}$$

使用式 (4.3-21) 和式 (4.3-39) 得单粒子基态上的粒子占据数

$$\bar{n}_{\boldsymbol{p}=0} = N - \zeta\,(3/2)\,\frac{V}{\lambda^3} = N\left(1 - \frac{V}{V_{\rm c}}\right), \quad V \leqslant V_{\rm c} \tag{4.3-40}$$

使用式 (4.3-29) 得临界点附近上方的状态方程

$$(P - P_{\rm c})_T \xrightarrow{V \to V_{\rm c}^+} -P_{\rm c}\frac{[\zeta\,(3/2)]^3}{4\pi\zeta\,(5/2)}\left(\frac{V_{\rm c}}{V} - 1\right)^2 \propto (V - V_{\rm c})^2 \tag{4.3-41}$$

当体积小于临界体积时，压强与体积无关，即

$$P = P_{\rm c}, \quad V < V_{\rm c} \tag{4.3-42}$$

等温线如图 4.3.3 所示。

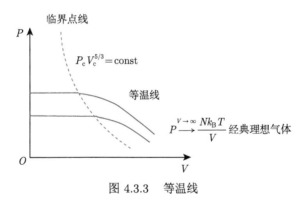

图 4.3.3 等温线

4.3.5 等压过程的玻色–爱因斯坦凝聚

1. 临界温度和临界体积

现在保持压强不变，降低温度或压缩体积。当温度降低到临界温度或体积压缩到临界体积时，玻色–爱因斯坦凝聚出现。使用式 (4.3-19) 式 (4.3-20) 得临界温度和临界体积

$$P = \frac{k_{\rm B}T_{\rm c}}{\lambda_{\rm c}^3}\zeta\,(5/2)\,, \quad \frac{N\lambda_{\rm c}^3}{V_{\rm c}} = \zeta\,(3/2) \tag{4.3-43}$$

即

$$T_{\rm c} = \frac{[\zeta\,(5/2)]^2\,k_{\rm B}^5\,(2\pi m)^3}{h^6 P^2}, \quad V_{\rm c} = \frac{[\zeta\,(5/2)]^3\,k_{\rm B}^6\,(2\pi m)^3}{\zeta\,(3/2)\,h^6 P^3} \tag{4.3-44}$$

2. 临界点下方

由于在临界点下方压强只依赖于温度, 所以对于等压过程, 温度只能降低到临界温度, 如果继续降低, 就不是等压过程了, 但体积可以继续压缩。因此在临界点下方, 温度为临界温度。

使用式 (4.3-21), 得单粒子基态上的粒子占据数

$$\bar{n}_{\boldsymbol{p}=0} = N - \frac{V}{\lambda_{\mathrm{c}}^3} \zeta\left(3/2\right) = N\left(1 - \frac{V}{V_{\mathrm{c}}}\right), \quad V \leqslant V_{\mathrm{c}} \tag{4.3-45}$$

4.3.6　任意维空间里的玻色–爱因斯坦凝聚

1. 临界点上方

在临界点上方, 使用 n 维球的体积公式, 得

$$\begin{aligned}
N &= \frac{V}{h^d} \int \mathrm{d}p_1 \mathrm{d}p_2 \cdots \mathrm{d}p_d \frac{1}{\mathrm{e}^{(p^2/2m-\mu)/k_{\mathrm{B}}T} - 1} \\
&= \frac{\pi^{d/2} V}{h^d \Gamma(1 + d/2)} \int_0^\infty \mathrm{d}p p^{d-1} \frac{1}{\mathrm{e}^{(p^2/2m-\mu)/k_{\mathrm{B}}T} - 1} \\
&= \frac{V}{\lambda^d} g_{d/2}\left(z\right)
\end{aligned} \tag{4.3-46}$$

同理可得

$$P = \frac{2E}{dV} = \frac{k_{\mathrm{B}}T}{\lambda^d} g_{1+d/2}\left(z\right) \tag{4.3-47}$$

$$C_V = N k_{\mathrm{B}} \left[\frac{d\left(d+2\right)}{4} \frac{g_{1+d/2}\left(z\right)}{g_{d/2}\left(z\right)} - \frac{d^2}{4} \frac{g_{d/2}\left(z\right)}{g_{-1+d/2}\left(z\right)}\right] \tag{4.3-48}$$

$$S = V\left(\frac{\partial P}{\partial T}\right)_\mu = \frac{2+d}{2} N k_{\mathrm{B}} \frac{g_{1+d/2}\left(z\right)}{g_{d/2}\left(z\right)} - N\frac{\mu}{T} = S\left(z\right) \tag{4.3-49}$$

绝热过程方程为

$$PT^{-1-d/2} = \mathrm{const}, \quad VT^{d/2} = \mathrm{const}, \quad PV^{1+2/d} = \mathrm{const} \tag{4.3-50}$$

2. 临界条件

在式 (4.3-46) 中令 $z = 1$, 得玻色–爱因斯坦凝聚出现条件

$$\frac{N\lambda^d}{V} = g_{d/2}\left(1\right) \tag{4.3-51}$$

我们看到, 对于 $d = 1, 2$, 有 $g_{1/2}\left(1\right) = \infty$, $g_1\left(1\right) = \infty$, 有限温度下式 (4.3-51) 不成立, 因此没有玻色–爱因斯坦凝聚出现。

3. 临界点下方

在临界点下方，单粒子基态上的粒子占据数为

$$\bar{n}_{\boldsymbol{p}=0} = N - \frac{V}{\lambda^d} g_{d/2}(1) \tag{4.3-52}$$

压强、内能和热容量分别为

$$P = \frac{2E}{dV} = \frac{k_{\mathrm{B}}T}{\lambda^d} g_{1+d/2}(1), \quad C_V = \frac{d(d+2)\,dk_{\mathrm{B}}V}{4\lambda^d} g_{1+d/2}(1) \tag{4.3-53}$$

4. 临界点的热容量

在临界点两侧的热容量之差为

$$(C_V)_+ - (C_V)_- = -Nk_{\mathrm{B}} \frac{d^2}{4} \frac{g_{d/2}(1)}{g_{-1+d/2}(1)} \tag{4.3-54}$$

我们看到，对于 $d \geqslant 5$，在临界点热容量有一个有限的跳跃。因此玻色–爱因斯坦凝聚是二级相变。

5. 等体过程

对于等体过程，使用式 (4.3-51) 得临界温度公式

$$N = g_{d/2}(1) \frac{V}{\lambda_{\mathrm{c}}^d} \tag{4.3-55}$$

即

$$T_{\mathrm{c}} = \frac{h^2}{2\pi m k_{\mathrm{B}}} \left[\frac{N}{g_{d/2}(1)\,V} \right]^{2/d} \tag{4.3-56}$$

使用式 (4.3-52) 得单粒子基态上的粒子占据数

$$\bar{n}_{\boldsymbol{p}=0} = N \left[1 - \left(\frac{T}{T_{\mathrm{c}}} \right)^{d/2} \right], \quad T < T_{\mathrm{c}} \tag{4.3-57}$$

4.3.7 谐振势约束下的玻色–爱因斯坦凝聚

谐振势为 [31]

$$V(\boldsymbol{r}) = \frac{1}{2} m \left(\omega_1^2 x^2 + \omega_2^2 y^2 + \omega_3^2 z^2 \right) \tag{4.3-58}$$

式中，ω_1、ω_2 和 ω_3 为振动频率。

单粒子能级为

$$\varepsilon_{n_1 n_2 n_3} = \hbar \left(\omega_1 n_1 + \omega_2 n_2 + \omega_3 n_3 \right) + \frac{1}{2} \hbar \left(\omega_1 + \omega_2 + \omega_3 \right), \quad n_1, n_2, n_3 = 0, 1, 2, \cdots \tag{4.3-59}$$

单粒子能级简并度为 1。

把式 (4.3-59) 代入式 (4.3-1) 得

$$N = \sum_{n_1, n_2, n_3 = 0}^{\infty} \frac{1}{\mathrm{e}^{\beta \left(\varepsilon_{n_1 n_2 n_3} - \mu \right)} - 1} = N_0 + N' = N_0 + \sum_{n_1 n_2 n_3}' \frac{1}{\mathrm{e}^{\beta \left(\varepsilon_{n_1 n_2 n_3} - \mu \right)} - 1} \tag{4.3-60}$$

式中，

$$N_0 = \frac{1}{\mathrm{e}^{\beta(\varepsilon_0 - \mu)} - 1} \tag{4.3-61}$$

表示单粒子基态上的粒子占据数；$\varepsilon_0 = \frac{1}{2} \hbar \left(\omega_1 + \omega_2 + \omega_3 \right)$ 为基态能；N' 表示除单粒子基态以外其余所有单粒子量子态上的总粒子占据数；$\sum\limits_{n_1 n_2 n_3}'$ 表示求和扣除基态的贡献。

由于单粒子能级间距为

$$\Delta \varepsilon_{n_1 n_2 n_3} \sim \hbar \left(\omega_1 + \omega_2 + \omega_3 \right) \sim 10^{-34} \times 100 \sim 10^{-32} \mathrm{J} \sim 10^{-9} \mathrm{K} \cdot k_{\mathrm{B}}$$

实验上达到的低温极限为 $\sim 10^{-7} \mathrm{K}$。所以在低温下，有 $\beta \Delta \varepsilon_{n_1 n_2 n_3} \ll 1$，式 (4.3-60) 中的求和可以用积分代替，得

$$N = N_0 + \int_0^{\infty} \mathrm{d} n_1 \mathrm{d} n_2 \mathrm{d} n_3 \frac{1}{\mathrm{e}^{\beta \left(\varepsilon_{n_1 n_2 n_3} - \mu \right)} - 1} = N_0 + \left(\frac{T}{T_0} \right)^3 g_3 \left(\mathrm{e}^{\mu - \varepsilon_0} \right) \tag{4.3-62}$$

式中，

$$T_0 = \frac{1}{k_{\mathrm{B}}} \hbar \left(\omega_1 \omega_2 \omega_3 \right)^{1/3} \tag{4.3-63}$$

有

$$\begin{cases} \mu < \varepsilon_0, & N_0 = O(1), & T > T_{\mathrm{c}} \\ \mu = \varepsilon_0, & N_0 = O(N), & T \leqslant T_{\mathrm{c}} \end{cases} \tag{4.3-64}$$

得

$$N = \left(\frac{T}{T_0} \right)^3 g_3 \left(\mathrm{e}^{\mu - \varepsilon_0} \right) \quad T \geqslant T_{\mathrm{c}} \tag{4.3-65}$$

$$N = \left(\frac{T_c}{T_0}\right)^3 g_3(1) \tag{4.3-66}$$

$$N_0 = N\left[1 - \left(\frac{T}{T_c}\right)^3\right], \quad T \leqslant T_c \tag{4.3-67}$$

当 $T > T_c$ 时，系统能量为

$$E = \sum_{n_1 n_2 n_3} \frac{\varepsilon_{n_1 n_2 n_3}}{\mathrm{e}^{\beta\left(\varepsilon_{n_1 n_2 n_3} - \mu\right)} - 1} = \int_0^\infty \mathrm{d}n_1 \mathrm{d}n_2 \mathrm{d}n_3 \frac{\varepsilon_{n_1 n_2 n_3}}{\mathrm{e}^{\beta\left(\varepsilon_{n_1 n_2 n_3} - \mu\right)} - 1}$$

$$= 3k_{\mathrm{B}}T\left(\frac{T}{T_0}\right)^3 g_4(z) \tag{4.3-68}$$

当 $T \leqslant T_c$ 时，系统能量为

$$E = N_0 \varepsilon_0 + 3k_{\mathrm{B}}T\left(\frac{T}{T_0}\right)^3 g_4(1) \cong 3k_{\mathrm{B}}T\left(\frac{T}{T_0}\right)^3 g_4(1) \tag{4.3-69}$$

习　题

1. 证明: 二维理想玻色气体的化学势为

$$\mu = k_{\mathrm{B}}T \ln\left[1 - \exp\left(-\frac{h^2 N}{2\pi m k_{\mathrm{B}}TA}\right)\right]$$

式中，A 为气体的面积。

2. 证明: 对于 d 维理想玻色气体，有

$$C_V = Nk_{\mathrm{B}}\left[\frac{d(d+2)}{4}\frac{g_{1+d/2}(z)}{g_{d/2}(z)} - \frac{d^2}{4}\frac{g_{d/2}(z)}{g_{-1+d/2}(z)}\right]$$

3. 已知 d 维理想玻色气体被约束在如下谐振势中:

$$V(\boldsymbol{r}) = \frac{1}{2}m\left(\omega_1 x_1^2 + \omega_2 x_2^2 + \cdots + \omega_{3d} x_{3d}^2\right)$$

式中，$\omega_1, \omega_2, \cdots, \omega_{3d}$ 为振动频率。

单粒子能级为

$$\varepsilon_{n_1 n_2 \cdots n_{3d}} = \hbar\left(\omega_1 n_1 + \omega_2 n_2 + \cdots + \omega_{3d} n_{3d}\right) + \frac{1}{2}\hbar\left(\omega_1 + \omega_2 + \cdots + \omega_{3d}\right),$$

$$n_1, n_2, \cdots, n_{3d} = 0, 1, 2, \cdots$$

单粒子能级简并度为 1。计算玻色–爱因斯坦凝聚出现的临界温度；证明二维情况下有玻色–爱因斯坦凝聚出现。

4. 证明: 高于玻色–爱因斯坦凝聚临界温度时，三维理想玻色气体单位时间内粒子与单位器壁表面碰撞的次数为

$$\Gamma = \frac{h}{2\pi\lambda^4} g_2(z)$$

4.4 黑 体 辐 射

一个物体若能完全吸收投射到它上面的全部辐射，则称为黑体。显然，黑体是理想物理模型。实验上可以按如下方法制作黑体：把内壁具有良好吸收本领的空腔开一小孔，从外面射入小孔的辐射需要经过内壁的很多次反射后，才能从小孔中射出，此时射出的辐射的强度几乎衰减完了。因此只要小孔足够小，空腔可以把几乎所有投射到小孔上的辐射都吸收掉，小孔表面就是精度很高的黑体。

4.4.1 普朗克黑体辐射公式

根据爱因斯坦光量子假设，光是由一颗一颗的光子 (光量子) 组成。每个光子的能量与其频率成正比，即

$$\varepsilon = h\nu = \hbar\omega = pc \tag{4.4-1}$$

光子是玻色子，遵守玻色–爱因斯坦分布。由于麦克斯韦方程组是线性方程，光子之间没有相互作用，所以光子气体是理想玻色气体。但光子不是实物粒子，可以被物质吸收或发射，黑体辐射正是通过这样的机制而达到热平衡，因此光子数不守恒，由热平衡条件确定。在 4.1 节推导玻色–爱因斯坦分布时使用的约束条件 $N = \sum_j N_j$ 不存在，因此光子气体的化学势为零，分布 (4.1-10) 化为

$$\bar{n}_j = \frac{N_j}{G_j} = \frac{1}{\mathrm{e}^{\beta\varepsilon_j} - 1} \tag{4.4-2}$$

得

$$PV = k_{\mathrm{B}} T \ln \Xi = -k_{\mathrm{B}} T \sum_j \ln\left(1 - \mathrm{e}^{-\beta\varepsilon_j}\right)$$

$$= -2\frac{V}{\hbar^3} k_{\mathrm{B}} T \int_0^\infty \mathrm{d}p_x \mathrm{d}p_y \mathrm{d}p_z \ln\left(1 - \mathrm{e}^{-\beta\hbar\omega}\right)$$

$$= -2 k_{\mathrm{B}} T \int_0^\infty \mathrm{d}\omega g(\omega) \ln\left(1 - \mathrm{e}^{-\beta\hbar\omega}\right)$$

$$= \frac{\pi V}{3 \left(\pi c\right)^3} \int_0^\infty \mathrm{d}\omega \omega^2 \frac{\hbar \omega}{\mathrm{e}^{\beta \hbar \omega} - 1} = \frac{\bar{E}}{3}$$

$$= \frac{\pi V \left(k_{\mathrm{B}} T\right)^4}{3 \left(\pi c \hbar\right)^3} \int_0^\infty \mathrm{d}x \frac{x^3}{\mathrm{e}^x - 1} = \frac{\pi^2 \left(k_{\mathrm{B}} T\right)^4 V}{45 c^3 \hbar^3} \tag{4.4-3}$$

式中, 因子 2 是因为电磁驻波是横波, 有两个独立的偏振方向。光子数的频率分布函数为

$$g\left(\omega\right) = \frac{\pi V}{\left(\pi c\right)^3} \omega^2 \tag{4.4-4}$$

黑体辐射能量按频率的分布函数即普朗克黑体辐射公式为

$$\frac{\mathrm{d}\bar{E}}{\mathrm{d}\omega} = \frac{\pi \hbar V}{\left(\pi c\right)^3} \frac{\omega^3}{\mathrm{e}^{\beta \hbar \omega} - 1} \tag{4.4-5}$$

黑体辐射能量的频率分布函数的最大值出现的条件为

$$\lambda T = \frac{hc}{4.965 k_{\mathrm{B}}} \tag{4.4-6}$$

我们看到, 黑体辐射能量的频率分布函数的最大值对应的波长与热力学温度之积为常量, 此即维恩 (Wien) 位移定律。

光子数的平均值为

$$\bar{N} = \frac{\pi V}{\left(\pi c\right)^3} \int_0^\infty \mathrm{d}\omega \omega^2 \frac{1}{\mathrm{e}^{\beta \hbar \omega} - 1} = \frac{\pi V \left(k_{\mathrm{B}} T\right)^3}{\left(\pi \hbar c\right)^3} \int_0^\infty \mathrm{d}x \frac{x^2}{\mathrm{e}^x - 1} = \frac{\pi V \left(k_{\mathrm{B}} T\right)^3}{\left(\pi \hbar c\right)^3} 2\zeta\left(3\right) \tag{4.4-7}$$

4.4.2 斯特藩–玻尔兹曼定律

我们来研究与黑体辐射处于热平衡的物体 [2]。

由于黑体辐射是完全各向同性的, 能流从每一个体积元均匀地流出, 所以在单位体积内单位立体角内黑体辐射的能谱密度为

$$e_0\left(\omega\right) = \frac{1}{4\pi V} \frac{\mathrm{d}\bar{E}}{\mathrm{d}\omega} = \frac{\hbar}{4 \left(\pi c\right)^3} \frac{\omega^3}{\mathrm{e}^{\beta \hbar \omega} - 1} \tag{4.4-8}$$

在立体角元 $\mathrm{d}\Omega$ 的方向流出的频率位于 $\omega \sim \omega + \mathrm{d}\omega$ 间隔内的能流密度为

$$ce_0\left(\omega\right) \mathrm{d}\Omega \mathrm{d}\omega = \frac{c\hbar}{4 \left(\pi c\right)^3} \frac{\omega^3}{\mathrm{e}^{\beta \hbar \omega} - 1} \mathrm{d}\omega \mathrm{d}\Omega \tag{4.4-9}$$

因此在单位时间内投射到物体表面的单位面积上且投射方向与表面法线的夹角为
θ、频率位于 $\omega \sim \omega + \mathrm{d}\omega$ 间隔内的辐射能量为

$$ce_0\left(\omega\right)\cos\theta\mathrm{d}\Omega\mathrm{d}\omega = \frac{c\hbar}{4\left(\pi c\right)^3}\frac{\omega^3}{\mathrm{e}^{\beta\hbar\omega}-1}\cos\theta\mathrm{d}\omega\mathrm{d}\Omega \tag{4.4-10}$$

如果物体是黑体,那么它将完全吸收投射到它上面的全部辐射。此时细致平衡
原理成立,即热平衡状态由细致平衡维持,被吸收的这部分辐射 (4.4-10) 被物体在
同一个方向上和同一个频率间隔内所发射的辐射抵消。这里细致平衡指的是某一
元过程与其相应的元逆过程相互抵消,总的平衡由细致平衡维持。因此在单位时间
内物体表面的单位面积上发射方向与表面法线的夹角为 θ、频率位于 $\omega \sim \omega + \mathrm{d}\omega$
间隔内的辐射能量为

$$J_0\left(\omega,\theta\right)\mathrm{d}\Omega\mathrm{d}\omega = ce_0\left(\omega\right)\cos\theta\mathrm{d}\Omega\mathrm{d}\omega = \frac{c\hbar}{4\left(\pi c\right)^3}\frac{\omega^3}{\mathrm{e}^{\beta\hbar\omega}-1}\cos\theta\mathrm{d}\omega\mathrm{d}\Omega \tag{4.4-11}$$

式中, $J_0\left(\omega,\theta\right)$ 为辐射强度,即

$$J_0\left(\omega,\theta\right) = \frac{c\hbar}{4\left(\pi c\right)^3}\frac{\omega^3}{\mathrm{e}^{\beta\hbar\omega}-1}\cos\theta \tag{4.4-12}$$

物体单位表面在单位时间内发出的频率在 ω 附近单位频率间隔内的电磁波
的能量为单色辐出度 M_ω,使用式 (4.4-12) 得

$$M_\omega = \int J_0\left(\omega,\theta\right)\mathrm{d}\Omega = \frac{c\hbar}{4\left(\pi c\right)^3}\frac{\omega^3}{\mathrm{e}^{\beta\hbar\omega}-1}\int_0^{\pi/2}2\pi\cos\theta\sin\theta\mathrm{d}\theta = \frac{\pi c\hbar}{4\left(\pi c\right)^3}\frac{\omega^3}{\mathrm{e}^{\beta\hbar\omega}-1} \tag{4.4-13}$$

在单位时间内物体表面的单位面积上发射的总辐射能量为物体的总辐出度
M,使用式 (4.4-13) 得斯特藩–玻尔兹曼 (Stefan-Boltzmann) 定律

$$M(T) = \int_0^\infty M_\omega(T)\mathrm{d}\omega = \int_0^\infty \frac{\pi c\hbar}{4\left(\pi c\right)^3}\frac{\omega^3}{\mathrm{e}^{\beta\hbar\omega}-1}\mathrm{d}\omega = \frac{c\bar{E}}{4V} = \sigma T^4 \tag{4.4-14}$$

式中, $\sigma = \frac{\pi^4}{15}\frac{2\pi}{c^2 h^3}k_B^4$ 为斯特藩–玻尔兹曼常量。

4.4.3　基尔霍夫定律

如果物体不是黑体,那么它将部分吸收投射到它上面的辐射。在单位时间内
投射到物体表面的单位面积上且投射方向与表面法线的夹角为 θ、频率位于 $\omega \sim$

$\omega + \mathrm{d}\omega$ 间隔内的辐射能量由式 (4.4-10) 给出，这部分辐射能量的被吸收部分为[2]

$$A(\omega, \theta) \frac{c\hbar}{4(\pi c)^3} \frac{\omega^3}{\mathrm{e}^{\beta\hbar\omega} - 1} \cos\theta \mathrm{d}\omega \mathrm{d}\Omega \qquad (4.4\text{-}15)$$

其中，$A(\omega, \theta)$ 为辐射频率为 ω、辐射投射方向为 θ 时物体的吸收本领，对于黑体，有 $A(\omega, \theta) = 1$；对于普通物体，有 $0 < A(\omega, \theta) < 1$。

如果物体满足以下两个条件：① 物体不散射辐射，也不发荧光 (荧光指的是光照射到某些原子时，原子外层电子吸收光子后由基态跃迁到了激发态，由于激发态不稳定，再跃迁回基态从而发射光子的过程)，因此反射时不发生 θ 和频率的改变；② 辐射不能穿透物体，那么未被反射的那部分辐射被物体全部吸收。

此时热平衡状态由细致平衡维持，被吸收的这部分辐射 (4.4-15) 被物体在同一个方向上和同一个频率间隔内所发射的辐射抵消，因此在单位时间内物体表面的单位面积上且发射方向与表面法线的夹角为 θ、频率位于 $\omega \sim \omega + \mathrm{d}\omega$ 间隔内的辐射能量为

$$J(\omega, \theta) \mathrm{d}\Omega \mathrm{d}\omega = A(\omega, \theta) J_0(\omega, \theta) \mathrm{d}\Omega \mathrm{d}\omega \qquad (4.4\text{-}16)$$

得

$$\frac{J(\omega, \theta)}{A(\omega, \theta)} = J_0(\omega, \theta) = \frac{c\hbar}{4(\pi c)^3} \frac{\omega^3}{\mathrm{e}^{\beta\hbar\omega} - 1} \cos\theta \qquad (4.4\text{-}17)$$

我们看到，函数 $J(\omega, \theta)$ 和 $A(\omega, \theta)$ 对于不同的物体来说是不同的，而它们的比值是频率和 θ 的普适函数，与物体无关，这就是基尔霍夫 (Kirchhoff) 定律。

4.5 理想费米气体的热力学性质

4.5.1 费米函数

考虑没有外磁场的三维理想费米气体，使用式 (4.2-8) 得

$$N = z\frac{\partial}{\partial z} \ln \Xi = \sum_{\boldsymbol{p}\sigma} \bar{n}_{\boldsymbol{p}} = \sum_{\boldsymbol{p}\sigma} \frac{1}{\mathrm{e}^{\beta(\varepsilon_{\boldsymbol{p}} - \mu)} + 1} = \frac{4\pi gV}{h^3} \int_0^\infty \mathrm{d}p p^2 \frac{1}{\mathrm{e}^{(p^2/2m - \mu)/k_{\mathrm{B}}T} + 1}$$
$$(4.5\text{-}1)$$

$$\begin{aligned}
PV &= k_{\mathrm{B}}T \ln \Xi = k_{\mathrm{B}}T \sum_{\boldsymbol{p}, \sigma} \ln\left(1 + z\mathrm{e}^{-\beta\varepsilon_{\boldsymbol{p}}}\right) \\
&= \frac{4\pi gV}{h^3} k_{\mathrm{B}}T \int_0^\infty \mathrm{d}p p^2 \ln\left[1 + \mathrm{e}^{(-p^2/2m + \mu)/k_{\mathrm{B}}T}\right] \\
&= \frac{8\pi gV}{3h^3} \int_0^\infty \mathrm{d}p p^2 \frac{1}{\mathrm{e}^{(p^2/2m - \mu)/k_{\mathrm{B}}T} + 1} \frac{p^2}{2m} = \frac{2E}{3} \qquad (4.5\text{-}2)
\end{aligned}$$

式中，$g = 2s + 1$ 为自旋简并因子，这里 s 为自旋；$z = \mathrm{e}^{\mu/k_\mathrm{B}T}$；$-\infty \leqslant \mu \leqslant \infty$。

定义 $x = \dfrac{p^2}{2mk_\mathrm{B}T}$，把式 (4.5-1) 和式 (4.5-2) 中的积分写成无量纲积分，得

$$\frac{N}{V} = \frac{g}{\lambda^3} f_{3/2}(z), \quad P = \frac{gk_\mathrm{B}T}{\lambda^3} f_{5/2}(z) \tag{4.5-3}$$

式中，

$$f_\alpha(z) \equiv \frac{1}{\Gamma(\alpha)} \int_0^\infty \mathrm{d}x \frac{x^{\alpha-1}}{z^{-1}\mathrm{e}^x + 1} = \sum_{n=1}^\infty (-1)^{n-1} \frac{z^n}{n^\alpha} \tag{4.5-4}$$

称为费米函数，满足

$$z\frac{\partial}{\partial z} f_\alpha(z) = f_{\alpha-1}(z) \tag{4.5-5}$$

4.5.2　绝热过程方程

使用热力学方程 $N\mathrm{d}\mu = -S\mathrm{d}T + V\mathrm{d}P$ 和式 (4.5-3) 得熵

$$S = V\left(\frac{\partial P}{\partial T}\right)_\mu = \frac{5}{2}Nk_\mathrm{B}\frac{f_{5/2}(z)}{f_{3/2}(z)} - N\frac{\mu}{T} = S(z) \tag{4.5-6}$$

我们看到，熵是 $z = \mathrm{e}^{\mu/k_\mathrm{B}T}$ 的函数。因此对于绝热过程，熵为常量，有

$$z = \mathrm{e}^{\mu/k_\mathrm{B}T} = \mathrm{const} \tag{4.5-7}$$

把式 (4.5-7) 代入式 (4.5-3) 得绝热过程方程

$$PT^{-5/2} = \mathrm{const}, \quad VT^{3/2} = \mathrm{const}, \quad PV^{5/3} = \mathrm{const} \tag{4.5-8}$$

4.5.3　绝对零度下的性质

在绝对零度，费米分布函数化为阶跃函数

$$\bar{n}_{\boldsymbol{p}} = \frac{1}{\mathrm{e}^{\beta(\varepsilon_{\boldsymbol{p}}-\mu)} + 1} \xrightarrow{T \to 0\mathrm{K}} \begin{cases} 1, & \varepsilon_{\boldsymbol{p}} \leqslant \mu \\ 0, & \varepsilon_{\boldsymbol{p}} > \mu \end{cases} \tag{4.5-9}$$

我们看到，由于不可能有多于一个的粒子占据同一单粒子量子态，为了使气体的能量达到最小值，粒子占据了从单粒子能级的最小值到某个最大值之间的所有单粒子量子态，如图 4.5.1 的虚线所示。

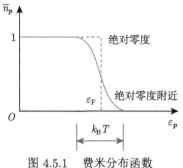

图 4.5.1 费米分布函数

式 (4.5-1) 化为

$$N = g\frac{4\pi V}{h^3} \int_0^{p_F} \mathrm{d}p p^2 = g\frac{4\pi V}{3h^3} p_F^3 \tag{4.5-10}$$

式中，$p_F = \left(\dfrac{3h^3 N}{4\pi g V}\right)^{1/3}$ 称为费米动量。$\varepsilon_F = \dfrac{p_F^2}{2m}$ 称为费米能，$T_F = \varepsilon_F/k_B$ 称为费米温度，$\mu = \varepsilon_F$。

在动量空间，粒子分布在一个球内，该球称为费米球，球面称为费米面，半径为费米动量。

式 (4.5-2) 化为

$$E_0 = \frac{3}{5} N\varepsilon_F = \frac{3}{2} P_0 V, \quad P_0 = \frac{\hbar^2}{5m} \left(\frac{6\pi^2}{g}\right)^{2/3} \left(\frac{N}{V}\right)^{5/3} \tag{4.5-11}$$

4.5.4 绝对零度附近

当温度远低于费米温度时，分布函数只是在费米能 ε_F 附近宽度大约为 $k_B T$ 的狭窄范围内才显著偏离绝对零度时的台阶形状，如图 4.5.1 的实线所示。

从式 (4.5-1) 和式 (4.5-2) 可知，N、P 和 E 都可以表示为下列积分[2]：

$$\begin{aligned}
I &= \int_0^\infty \mathrm{d}\varepsilon_p \frac{f(\varepsilon_p)}{\mathrm{e}^{(\varepsilon_p-\mu)/k_B T}+1} = k_B T \int_{-\mu/k_B T}^\infty \mathrm{d}x \frac{f(\mu+k_B T x)}{\mathrm{e}^x+1} \\
&= \int_0^\mu \mathrm{d}\varepsilon_p f(\varepsilon_p) + k_B T \int_0^\infty \mathrm{d}x \frac{f(\mu+k_B T x) - f(\mu - k_B T x)}{\mathrm{e}^x+1} \\
&\quad - k_B T \int_{\mu/k_B T}^\infty \mathrm{d}x \frac{f(\mu+k_B T x)}{\mathrm{e}^x+1} \tag{4.5-12}
\end{aligned}$$

式中，$x = \dfrac{\varepsilon_p - \mu}{k_B T}$。

在绝对零度附近，有 $\mu \cong \varepsilon_{\mathrm{F}}$，$T \ll T_{\mathrm{F}}$，所以式 (4.5-12) 中最后一个积分的贡献为指数型的小量，可以忽略，把式 (4.5-12) 中的第二个积分的被积函数的分子围绕 μ 作泰勒展开得

$$
\begin{aligned}
I &= \int_0^{\mu} \mathrm{d}\varepsilon_{\boldsymbol{p}} f(\varepsilon_{\boldsymbol{p}}) + 2(k_{\mathrm{B}}T)^2 f'(\mu) \int_0^{\infty} \mathrm{d}x \frac{x}{\mathrm{e}^x + 1} \\
&\quad + \frac{1}{3}(k_{\mathrm{B}}T)^4 f'''(\mu) \int_0^{\infty} \mathrm{d}x \frac{x^3}{\mathrm{e}^x + 1} + \cdots \\
&= \int_0^{\mu} \mathrm{d}\varepsilon_{\boldsymbol{p}} f(\varepsilon_{\boldsymbol{p}}) + \frac{\pi^2}{6}(k_{\mathrm{B}}T)^2 f'(\mu) + \frac{7\pi^4}{360}(k_{\mathrm{B}}T)^4 f'''(\mu) + \cdots
\end{aligned}
\tag{4.5-13}
$$

使用式 (4.5-1)，得

$$
\begin{aligned}
N &= \frac{2\pi(2m)^{3/2}gV}{h^3} \int_0^{\infty} \mathrm{d}\varepsilon_{\boldsymbol{p}} \frac{\varepsilon_{\boldsymbol{p}}^{1/2}}{\mathrm{e}^{(\varepsilon_{\boldsymbol{p}} - \mu)/k_{\mathrm{B}}T} + 1} \\
&= \frac{4\pi(2m)^{3/2}gV}{3h^3} \mu^{3/2} \left[1 + \frac{\pi^2}{8}\left(\frac{k_{\mathrm{B}}T}{\mu}\right)^2 + \cdots \right]
\end{aligned}
\tag{4.5-14}
$$

解得

$$
\mu = \varepsilon_{\mathrm{F}} \left[1 + \frac{\pi^2}{8}\left(\frac{k_{\mathrm{B}}T}{\mu}\right)^2 + \cdots \right]^{-2/3} \cong \varepsilon_{\mathrm{F}} \left[1 - \frac{\pi^2}{12}\left(\frac{k_{\mathrm{B}}T}{\varepsilon_{\mathrm{F}}}\right)^2 + \cdots \right]
\tag{4.5-15}
$$

使用式 (4.5-2) 和式 (4.5-15)，得

$$
\begin{aligned}
E &= \frac{2\pi(2m)^{3/2}gV}{h^3} \int_0^{\infty} \mathrm{d}\varepsilon_{\boldsymbol{p}} \frac{\varepsilon_{\boldsymbol{p}}^{3/2}}{\mathrm{e}^{(\varepsilon_{\boldsymbol{p}} - \mu)/k_{\mathrm{B}}T} + 1} \\
&= \frac{4\pi(2m)^{3/2}gV}{5h^3} \mu^{5/2} \left[1 + \frac{5\pi^2}{8}\left(\frac{k_{\mathrm{B}}T}{\mu}\right)^2 + \cdots \right] \\
&\cong E_0 \left[1 + \frac{5\pi^2}{12}\left(\frac{k_{\mathrm{B}}T}{\varepsilon_{\mathrm{F}}}\right)^2 + \cdots \right]
\end{aligned}
\tag{4.5-16}
$$

$$
C_V = \left(\frac{\partial E}{\partial T}\right)_V = \frac{\pi^2}{2} N k_{\mathrm{B}} \left(\frac{T}{T_{\mathrm{F}}}\right)
\tag{4.5-17}
$$

$$
S = V\left(\frac{\partial P}{\partial T}\right)_{\mu} = \frac{2}{3}\left(\frac{\partial E}{\partial T}\right)_{\mu} = C_V
\tag{4.5-18}
$$

C_V 随温度的变化曲线如图 4.5.2 所示。

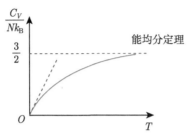

图 4.5.2 C_V 随温度的变化曲线

4.5.5 d 维理想费米气体

使用 d 维球的体积公式,得

$$
\begin{aligned}
N &= \frac{gV}{h^d} \int \mathrm{d}p_1 \mathrm{d}p_2 \cdots \mathrm{d}p_d \frac{1}{\mathrm{e}^{(p^2/2m-\mu)/k_{\mathrm{B}}T}+1} \\
&= \frac{d\pi^{d/2}gV}{h^d\Gamma(1+d/2)} \int_0^\infty \mathrm{d}p p^{d-1} \frac{1}{\mathrm{e}^{(p^2/2m-\mu)/k_{\mathrm{B}}T}+1} \\
&= \frac{gV}{\lambda^d} f_{d/2}(z)
\end{aligned} \tag{4.5-19}
$$

$$
\begin{aligned}
PV &= k_{\mathrm{B}}T \ln \Xi = \frac{d\pi^{d/2}gV k_{\mathrm{B}}T}{h^d\Gamma(1+d/2)} \int_0^\infty \mathrm{d}p p^{d-1} \ln\left[1+\mathrm{e}^{(-p^2/2m+\mu)/k_{\mathrm{B}}T}\right] \\
&= \frac{2E}{d} = \frac{g k_{\mathrm{B}}T}{\lambda^d} f_{1+d/2}(z)
\end{aligned} \tag{4.5-20}
$$

$$
C_V = N k_{\mathrm{B}} \left[\frac{d(d+2)}{4}\frac{f_{1+d/2}(z)}{f_{d/2}(z)} - \frac{d^2}{4}\frac{f_{d/2}(z)}{f_{-1+d/2}(z)}\right] \tag{4.5-21}
$$

$$
S = V\left(\frac{\partial P}{\partial T}\right)_\mu = \frac{2+d}{2} N k_{\mathrm{B}} \frac{g_{1+d/2}(z)}{g_{d/2}(z)} - N\frac{\mu}{T} = S(z) \tag{4.5-22}
$$

绝热过程方程为

$$
PT^{-1-d/2} = \mathrm{const}, \quad VT^{d/2} = \mathrm{const}, \quad PV^{1+2/d} = \mathrm{const} \tag{4.5-23}
$$

4.5.6 三维相对论性理想费米气体

1. 绝对零度

单粒子能级为

$$
\varepsilon_{\boldsymbol{p}} = \sqrt{m_0^2 c^4 + c^2 p^2} \tag{4.5-24}
$$

式中，m_0 为静止质量。

式 (4.5-9) 和式 (4.5-10) 仍然成立，即 $p_{\mathrm{F}} = \left(\dfrac{3h^3 N}{4\pi g V}\right)^{1/3}$。

总能量为

$$E = \frac{4\pi g V}{h^3} \int_0^{p_{\mathrm{F}}} \mathrm{d}p p^2 \varepsilon_{\boldsymbol{p}}$$

$$= \frac{\pi g c V}{2h^3} \left[p_{\mathrm{F}} \left(m_0^2 c^2 + 2p_{\mathrm{F}}^2 \right) \sqrt{p_{\mathrm{F}}^2 + m_0^2 c^2} - m_0^4 c^4 \ln \frac{p_{\mathrm{F}} + \sqrt{p_{\mathrm{F}}^2 + m_0^2 c^2}}{m_0 c} \right]$$

$$(4.5\text{-}25)$$

由于是绝对零度，压强为

$$P = -\frac{\partial E}{\partial V} = \frac{\pi g c}{2h^3} \left[p_{\mathrm{F}} \left(-m_0^2 c^2 + \frac{2}{3} p_{\mathrm{F}}^2 \right) \sqrt{p_{\mathrm{F}}^2 + m_0^2 c^2} + m_0^4 c^4 \ln \frac{p_{\mathrm{F}} + \sqrt{p_{\mathrm{F}}^2 + m_0^2 c^2}}{m_0 c} \right]$$

$$(4.5\text{-}26)$$

2. 极端相对论情形

对于极端相对论情形，可以忽略粒子的静止能量，单粒子能级为

$$\varepsilon_{\boldsymbol{p}} = cp \qquad (4.5\text{-}27)$$

使用式 (4.2-8) 得

$$N = \frac{4\pi g V}{h^3} \int_0^\infty \mathrm{d}p p^2 \frac{1}{\mathrm{e}^{(cp-\mu)/k_{\mathrm{B}}T} + 1} = \frac{4\pi g \left(k_{\mathrm{B}} T \right)^3 V}{c^3 h^3} \Gamma(3) f_3(z) \qquad (4.5\text{-}28)$$

$$PV = k_{\mathrm{B}} T \ln \Xi = \frac{4\pi g V}{h^3} k_{\mathrm{B}} T \int_0^\infty \mathrm{d}p p^2 \ln \left[1 + \mathrm{e}^{(-cp+\mu)/k_{\mathrm{B}}T} \right]$$

$$= \frac{4\pi g V}{3h^3} \int_0^\infty \mathrm{d}p p^2 \frac{1}{\mathrm{e}^{(cp-\mu)/k_{\mathrm{B}}T} + 1} cp$$

$$= \frac{E}{3} = \frac{4\pi g \left(k_{\mathrm{B}} T \right)^4 V}{3c^3 h^3} \Gamma(4) f_4(z) \qquad (4.5\text{-}29)$$

$$S = V \left(\frac{\partial P}{\partial T} \right)_\mu = \frac{4}{3} N k_{\mathrm{B}} \frac{g_4(z)}{g_3(z)} - N \frac{\mu}{T} = S(z) \qquad (4.5\text{-}30)$$

绝热过程方程为

$$PT^{-1-d/2} = \mathrm{const}, \quad VT^{d/2} = \mathrm{const}, \quad PV^{1+2/d} = \mathrm{const} \qquad (4.5\text{-}31)$$

习　　题

1. 证明: 二维理想费米气体的化学势和费米能分别为

$$\mu = k_B T \ln \left[\exp \left(\frac{h^2 N}{2\pi g m k_B T A} \right) - 1 \right], \quad \varepsilon_F = \mu \left(T = 0 \right) = \frac{h^2 N}{2\pi g m A}$$

式中, A 为气体的面积。

2. 对 d 维理想费米气体, 证明: 绝对零度附近有

$$C_V = \frac{d}{6} \pi^2 N k_B \left(\frac{T}{T_F} \right)$$

3. 证明: 绝对零度时二维相对论性理想费米气体有

$$N = \frac{\pi g A p_F^2}{h^2}, \quad E = \frac{2\pi g c A}{3h^2} \left(m_0^2 c^2 + p_F^2 \right)^{3/2},$$

$$P = \frac{\pi g c}{3h^2} \left(-2 m_0^2 c^2 + p_F^2 \right) \sqrt{m_0^2 c^2 + p_F^2}$$

4. 证明: d 维极端相对论性理想费米气体的粒子数、能量和压强分别可以表示为

$$N = \frac{d \pi^{d/2} g V}{h^d \Gamma(1 + d/2)} \left(\frac{k_B T}{c} \right)^d \Gamma(d) f_d(z), \quad E = N k_B T \frac{\Gamma(d+1) f_{d+1}(z)}{\Gamma(d) f_d(z)} = dPV,$$

$$S = V \left(\frac{\partial P}{\partial T} \right)_\mu = \frac{d+1}{d} N k_B \frac{f_{d+1}(z)}{f_d(z)} - N \frac{\mu}{T} = S(z)$$

绝热过程方程为

$$PT^{-1-d} = \text{const}, \quad VT^d = \text{const}, \quad PV^{1+1/d} = \text{const}$$

5. 证明: d 维极端相对论性理想费米气体在绝对零度附近有

$$C_V = \frac{d}{3} \pi^2 N k_B \left(\frac{T}{T_F} \right)$$

6. 对于三维理想费米气体, 证明: 单位时间内粒子与单位器壁表面碰撞的次数为

$$\Gamma = \frac{gh}{2\pi \lambda^4} f_2(z)$$

绝对零度时化为

$$\Gamma = \frac{\pi g}{4mh^3} p_F^4$$

4.6　理想费米气体的磁性质

宏观物质的磁性起源于量子力学。不同类型材料的磁性模型是不同的，导电良好并且存在大量自由电子的金属的磁性可以用传导电子模型描述，其理想模型就是忽略自由电子之间的相互作用，把自由电子气体看成理想费米气体，这就是本节讨论的泡利 (Pauli) 顺磁性和朗道 (Landau) 抗磁性，泡利顺磁性是由电子自旋磁矩产生的，朗道抗磁性是由电子在外磁场中的轨道量子化产生的。一些材料的原子的 d 电子不像金属中的自由电子那样运动，而是在各个原子的 d 轨道上依次巡游，可以使用巡游电子模型描述。绝缘磁性化合物的原子的外层电子由于强烈的电子关联，都被局域在各原子上，由于交换作用产生磁性，可以使用局域电子模型描述，将在第 6 章讨论。

4.6.1　经典系统无磁性

历史上安培 (Ampère) 首先提出宏观物质的磁性起源的分子电流假说，认为每一个分子中都有电荷环绕它运动从而产生分子电流，形成很多小磁体，当这些小磁体在外磁场的作用下呈规则排列时，就使物体呈现了宏观磁性。在安培时代，人们还不了解原子的结构，直到近代才弄清楚了分子电流是分子内部的电子绕原子核运动而产生的等效电流。那么一个遵守经典物理和经典统计法的系统有无磁性呢? 范莱文 (van Leeuwen) 证明了如下定理。

范莱文定理　遵守经典物理和经典统计法的系统的磁化率严格等于零。

证明　处于磁场中的带电粒子系统的哈密顿量为

$$H = \sum_{i=1}^{N} \frac{1}{2m_i} \left[\boldsymbol{p}_i + \frac{q_i}{c} \boldsymbol{A}\left(\boldsymbol{r}_i\right) \right]^2 + U\left(\boldsymbol{r}_1, \cdots, \boldsymbol{r}_N\right) \tag{4.6-1}$$

式中，m_i、q_i 和 $\boldsymbol{A}\left(\boldsymbol{r}_i\right)$ 分别是第 i 个带电粒子的质量、电量和磁矢量势。

其经典正则配分函数为

$$\begin{aligned} Q_N = {}&\frac{1}{N! h^{3N}} \int \mathrm{d}^3 p_1 \cdots \mathrm{d}^3 p_N \mathrm{d}^3 r_1 \cdots \mathrm{d}^3 r_N \\ &\times \exp\left\{ -\beta \sum_{i=1}^{N} \frac{1}{2m_i} \left[\boldsymbol{p}_i + \frac{q_i}{c} \boldsymbol{A}\left(\boldsymbol{r}_i\right) \right]^2 - \beta U\left(\boldsymbol{r}_1, \cdots, \boldsymbol{r}_N\right) \right\} \end{aligned} \tag{4.6-2}$$

定义 $\boldsymbol{p}_i' = \boldsymbol{p}_i + \dfrac{q_i}{c} \boldsymbol{A}\left(\boldsymbol{r}_i\right)$，则

$$Q_N = \frac{1}{N! h^{3N}} \int \mathrm{d}^3 r_1 \cdots \mathrm{d}^3 r_N \exp\left[-\beta U\left(\boldsymbol{r}_1, \cdots, \boldsymbol{r}_N\right) \right]$$

$$\times \int \mathrm{d}^3 p_1' \cdots \mathrm{d}^3 p_N' \exp\left(-\beta \sum_{i=1}^N \frac{\boldsymbol{p}_i'^2}{2m_i}\right)$$

$$= C(T) \int \mathrm{d}^3 r_1 \cdots \mathrm{d}^3 r_N \exp\left[-\beta U\left(\boldsymbol{r}_1, \cdots, \boldsymbol{r}_N\right)\right] = Q_N\left(V, T\right) \tag{4.6-3}$$

我们看到，Q_N 与磁矢量势 $\boldsymbol{A}$ 无关，因此磁化强度为零。证毕。

之所以有这样的结果，是因为在经典物理中作用在电子上的洛伦兹力垂直于电子的运动方向，对电子不做功，导致经典系统的平均能量与外磁场无关，磁化强度为零。这一定理与实验结果矛盾，佯谬可以用量子力学解释。根据量子力学，外磁场中电子的运动是量子化的，系统的能量与外磁场有关，因此磁化强度不为零。

4.6.2 泡利顺磁性

考虑外磁场中的自旋为 $1/2$ 的理想费米气体，其单粒子能级为

$$\varepsilon_{\boldsymbol{p}\sigma} = \frac{\boldsymbol{p}^2}{2m} - \boldsymbol{\mu}_{\mathrm{m}} \cdot \boldsymbol{H} = \frac{\boldsymbol{p}^2}{2m} - 2\mu_{\mathrm{m}} H \sigma = \begin{cases} \dfrac{\boldsymbol{p}^2}{2m} - \mu_{\mathrm{m}} H, & \sigma = 1/2 \\[2mm] \dfrac{\boldsymbol{p}^2}{2m} + \mu_{\mathrm{m}} H, & \sigma = -1/2 \end{cases} \tag{4.6-4}$$

式中，μ_{m} 为粒子磁矩。

其巨配分函数为

$$\Xi = \prod_{\boldsymbol{p},\sigma}\left(1 + z\mathrm{e}^{-\beta\varepsilon_{\boldsymbol{p}\sigma}}\right) = \Xi_+ \Xi_- \tag{4.6-5}$$

式中，$\Xi_+ = \prod_{\boldsymbol{p}}\left(1 + z\mathrm{e}^{-\beta\varepsilon_{\boldsymbol{p},1/2}}\right)$，$\Xi_- = \prod_{\boldsymbol{p}}\left(1 + z\mathrm{e}^{-\beta\varepsilon_{\boldsymbol{p},-1/2}}\right)$，可以解释为平行于和反平行于外磁场方向的粒子的巨配分函数。

平均粒子数为

$$N = \sum_{\boldsymbol{p}\sigma} \bar{n}_{\boldsymbol{p}\sigma} = \sum_{\boldsymbol{p}\sigma} \frac{1}{\mathrm{e}^{\beta(\varepsilon_{\boldsymbol{p}\sigma} - \mu)} + 1} = N_+ + N_- \tag{4.6-6}$$

式中，

$$N_\pm = \frac{4\pi V}{h^3} \int_0^\infty \mathrm{d}p\, p^2 \frac{1}{\mathrm{e}^{(p^2/2m \mp \mu_{\mathrm{m}} H - \mu)/k_{\mathrm{B}} T} + 1}$$

分别为分布在平行于和反平行于外磁场方向的平均粒子数。

气体的平均磁矩为

$$\mathcal{M} = \mu_{\mathrm{m}}\left(N_+ - N_-\right) \tag{4.6-7}$$

考虑绝对零度情形。式 (4.6-6) 和式 (4.6-7) 分别化为

$$N = \frac{4\pi V}{3h^3} \left\{ [2m\,(\mu_{\mathrm{m}}H + \mu)]^{3/2} + [2m\,(-\mu_{\mathrm{m}}H + \mu)]^{3/2} \right\} \tag{4.6-8}$$

$$\mathcal{M} = \mu_{\mathrm{m}} \frac{4\pi V}{3h^3} \left\{ [2m\,(\mu_{\mathrm{m}}H + \mu)]^{3/2} - [2m\,(-\mu_{\mathrm{m}}H + \mu)]^{3/2} \right\} \tag{4.6-9}$$

考虑 $H \to 0$ 的情形。式 (4.6-8) 和式 (4.6-9) 分别化为

$$\mu = \varepsilon_{\mathrm{F}} = \frac{1}{2m} \left(\frac{3h^3 N}{8\pi V} \right)^{2/3} \tag{4.6-10}$$

$$\mathcal{M} = \frac{3}{2} \frac{\mu_{\mathrm{m}}^2 H}{\varepsilon_{\mathrm{F}}} N \tag{4.6-11}$$

从而得磁化率

$$\chi = \frac{\mathcal{M}}{VH} = \frac{3}{2} \frac{\mu_{\mathrm{m}}^2}{\varepsilon_{\mathrm{F}}} \frac{N}{V} = 3m \left(\frac{8\pi}{3h^3} \right)^{2/3} \left(\frac{N}{V} \right)^{1/3} \mu_{\mathrm{m}}^2 > 0 \tag{4.6-12}$$

这就是泡利顺磁效应 [32]。

4.6.3 朗道抗磁性及德哈斯–范阿尔芬效应

现在我们证明，抗磁性源于带电粒子在外磁场中的轨道的量子化。

考虑均匀外磁场中一个带电粒子，其能量本征值方程为

$$\hat{H}\Phi = \frac{1}{2m} \left[\hat{\boldsymbol{p}} + \frac{q}{c} \boldsymbol{A}\,(\boldsymbol{r}) \right]^2 \Phi = \varepsilon \Phi \tag{4.6-13}$$

式中，m 为粒子质量；q 为粒子电荷；$\boldsymbol{A}$ 为磁矢量势，定义为 $\boldsymbol{H} = \nabla \times \boldsymbol{A}$，满足 $\nabla^2 \boldsymbol{A} = 0$。

取外磁场沿 z 轴方向，$\boldsymbol{A}$ 取为

$$A_x = -Hy, \quad A_y = A_z = 0 \tag{4.6-14}$$

把式 (4.6-14) 代入式 (4.6-13) 得

$$\frac{1}{2m} \left[\left(\hat{p}_x - \frac{q}{c}Hy \right)^2 + \hat{p}_y^2 + \hat{p}_z^2 \right] \Phi = \varepsilon \Phi \tag{4.6-15}$$

由于力学量完全集为 $\left(\hat{H}, \hat{p}_x, \hat{p}_z \right)$，波函数可以写成

$$\Phi = \mathrm{e}^{\mathrm{i}\frac{p_x x + p_z z}{\hbar}} f\,(y) \tag{4.6-16}$$

把式 (4.6-16) 代入式 (4.6-15) 得

$$\left(-\frac{\hbar^2}{2m}\frac{\partial^2}{\partial y_1^2} + \frac{1}{2}m\omega^2 y_1^2\right)f = \left(\varepsilon - \frac{p_z^2}{2m}\right)f \tag{4.6-17}$$

式中, $y_1 = y - \dfrac{c}{qH}p_x$, $\omega = \dfrac{qH}{mc}$。

我们看到, 式 (4.6-17) 是一个简谐振子的能量本征值方程, 得

$$\varepsilon = \frac{q\hbar H}{mc}\left(j + \frac{1}{2}\right) + \frac{p_z^2}{2m}, \quad j = 0, 1, 2, \cdots \tag{4.6-18}$$

式 (4.6-18) 称为朗道能级。

考虑外磁场中的带电理想费米气体, 其单粒子能级由式 (4.6-18) 给出。

无外磁场时的单粒子能级为

$$\varepsilon = \frac{p_x^2}{2m} + \frac{p_y^2}{2m} + \frac{p_z^2}{2m} \tag{4.6-19}$$

$\dfrac{p_x^2}{2m} + \dfrac{p_y^2}{2m}$ 的值处于 $\dfrac{q\hbar H}{mc}j$ 和 $\dfrac{q\hbar H}{mc}(j+1)$ 之间的那些能级, 在加外磁场后, 并合在一起成为由量子数 j 所表征的单能级, 如图 4.6.1 所示, 因此其简并度为

$$G_j = \frac{L_x L_y}{h^2} \int\limits_{\frac{q\hbar H}{mc}j \leqslant \frac{p_x^2}{2m} + \frac{p_y^2}{2m} \leqslant \frac{q\hbar H}{mc}(j+1)} \mathrm{d}p_x \mathrm{d}p_y$$

$$= \frac{2\pi m L_x L_y}{h^2} \int_{\frac{q\hbar H}{mc}j}^{\frac{q\hbar H}{mc}(j+1)} \mathrm{d}\left(\frac{p^2}{2m}\right) = L_x L_y \frac{qH}{hc} \tag{4.6-20}$$

粒子在 z 轴方向上的运动是准经典的, 得

$$\ln \Xi = \sum_\varepsilon \ln\left(1 + z\mathrm{e}^{-\beta\varepsilon}\right) = g\int_{-\infty}^\infty \mathrm{d}p_z \frac{L_z}{h}\sum_{j=0}^\infty G_j \ln\left(1 + z\mathrm{e}^{-\beta\varepsilon}\right)$$

$$= g\int_{-\infty}^\infty \mathrm{d}p_z \frac{L_z}{h}\sum_{j=0}^\infty L_x L_y \frac{qH}{hc}\ln\left\{1 + z\exp\left[-\beta\frac{p_z^2}{2m} - \beta\frac{q\hbar H}{mc}\left(j + \frac{1}{2}\right)\right]\right\} \tag{4.6-21}$$

式中, g 为自旋简并因子。

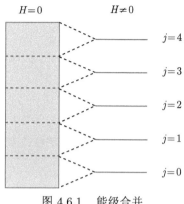

图 4.6.1   能级合并

式 (4.6-21) 的积分和求和没法严格计算，只能近似计算。我们讨论几种极限情形。

1. 高温

高温下有 $z \ll 1$，我们把式 (4.6-21) 中的对数表达式作泰勒展开，并保留最大项，得

$$\ln \Xi = \frac{zgVqH}{h^2 c} \int_{-\infty}^{\infty} \mathrm{d}p_z \sum_{j=0}^{\infty} \exp\left[-\beta \frac{p_z^2}{2m} - 2x\left(j + \frac{1}{2}\right)\right] = \frac{zgV}{\lambda^3} \frac{x}{2\sinh x}$$

(4.6-22)

$$N = z\frac{\partial}{\partial z}\ln \Xi = \frac{zgV}{\lambda^3}\frac{x}{\sinh x}$$

(4.6-23)

$$\mathcal{M} = \frac{1}{\beta}\frac{\partial}{\partial H}\ln \Xi = \frac{zgV}{\lambda^3}\mu_{\text{eff}}\left(\frac{1}{\sinh x} - \frac{x\cosh x}{\sinh^2 x}\right) = -N\mu_{\text{eff}}L(x)$$

(4.6-24)

式中，$x = \beta\mu_{\text{eff}}H$，$\mu_{\text{eff}} = \dfrac{q\hbar}{2mc}$。对于电子，$\mu_{\text{eff}} = \dfrac{e\hbar}{2mc} = \mu_{\text{B}}$ 为玻尔磁子。$L(x) = \coth x - \dfrac{1}{x}$ 为朗之万 (Langevin) 函数。

如果 $x = \beta\mu_{\text{eff}}H \ll 1$，则式 (4.6-24) 化为

$$\chi_{\infty} = \frac{\mathcal{M}}{VH} = -\frac{N}{V}\frac{\mu_{\text{eff}}^2}{3k_{\text{B}}T}$$

(4.6-25)

2. 低温弱场

低温弱场下有 $\mu_{\text{eff}}H \ll k_{\text{B}}T \ll \varepsilon_{\text{F}}$。由于 $\beta\mu_{\text{eff}}H \ll 1$，可以使用欧拉求和公式

$$\sum_{j=0}^{\infty} f\left(j+\frac{1}{2}\right) \cong \int_0^{\infty} f(x)\mathrm{d}x + \frac{1}{24}f'(0) \tag{4.6-26}$$

取

$$f(x) = L_x L_y \frac{qH}{hc} \ln\left[1 + z\exp\left(-\beta\frac{p_z^2}{2m} - 2\beta\mu_{\text{eff}}Hx\right)\right] \tag{4.6-27}$$

式 (4.6-21) 化为

$$\ln\Xi = \frac{2\pi gmV}{\beta h^3}\int_{-\infty}^{\infty}\mathrm{d}p_z\int_0^{\infty}\mathrm{d}y\ln\left[1 + z\exp\left(-\beta\frac{p_z^2}{2m} - y\right)\right]$$
$$- \frac{1}{12}\frac{gVqH^2\beta\mu_{\text{eff}}}{h^2c}\int_{-\infty}^{\infty}\mathrm{d}p_z\frac{1}{\exp\left[\beta\left(\dfrac{p_z^2}{2m} - \mu\right)\right] + 1} \tag{4.6-28}$$

从而得

$$\chi = \frac{\mathcal{M}}{VH} = \frac{1}{\beta VH}\frac{\partial}{\partial H}\ln\Xi = -\frac{gq\mu_{\text{eff}}}{6h^2c}\int_{-\infty}^{\infty}\mathrm{d}p_z\frac{1}{\exp\left[\beta\left(\dfrac{p_z^2}{2m} - \mu\right)\right] + 1}$$
$$\cong -\frac{gq\mu_{\text{eff}}}{6h^2c}\int_{-p_{\text{F}}}^{p_{\text{F}}}\mathrm{d}p_z = -\frac{gq\mu_{\text{eff}}p_{\text{F}}}{3h^2c} < 0 \tag{4.6-29}$$

这就是朗道抗磁效应[33]。

3. 低温强场 (德哈斯–范阿尔芬 (de Haas-van Alphen) 效应)

低温强场下有 $\mu_{\text{eff}}H \sim k_{\text{B}}T \ll \varepsilon_{\text{F}}$。其巨配分函数为[14]

$$\ln\Xi = \sum_{\varepsilon}\ln\left(1 + ze^{-\beta\varepsilon}\right) = \int_0^{\infty}\ln\left(1 + ze^{-\beta\varepsilon}\right)a(\varepsilon)\,\mathrm{d}\varepsilon \tag{4.6-30}$$

式中，$a(\varepsilon)$ 为单粒子态密度。

作两次分部积分得

$$\ln\Xi = -\beta\int_0^{\infty}A(\varepsilon)\frac{\partial}{\partial\varepsilon}\frac{1}{1 + z^{-1}e^{\beta\varepsilon}}\mathrm{d}\varepsilon \tag{4.6-31}$$

式中，$A''(\varepsilon) = a(\varepsilon)$。

单粒子配分函数可以写成单粒子态密度的拉普拉斯变换，即

$$Q_1(\beta) = \sum_{\varepsilon} \mathrm{e}^{-\beta\varepsilon} = \int_0^{\infty} \mathrm{e}^{-\beta\varepsilon} a(\varepsilon) \,\mathrm{d}\varepsilon \tag{4.6-32}$$

因此单粒子态密度等于单粒子配分函数的拉普拉斯逆变换，即

$$a(\varepsilon) = \mathcal{L}^{-1}(Q_1(\beta)) = \frac{1}{2\pi\mathrm{i}} \int_{\beta'-\mathrm{i}\infty}^{\beta'+\mathrm{i}\infty} \mathrm{e}^{\beta\varepsilon} Q_1(\beta) \,\mathrm{d}\beta \tag{4.6-33}$$

从而得

$$A(\varepsilon) = \frac{1}{2\pi\mathrm{i}} \int_{\beta'-\mathrm{i}\infty}^{\beta'+\mathrm{i}\infty} \frac{\mathrm{e}^{\beta\varepsilon}}{\beta^2} Q_1(\beta) \,\mathrm{d}\beta \tag{4.6-34}$$

易求得

$$Q_1(\beta) = g \int_{-\infty}^{\infty} \mathrm{d}p_z \frac{L_z}{h} \sum_{j=0}^{\infty} \frac{L_x L_x qH}{hc} \exp\left[-\beta \frac{p_z^2}{2m} - \beta \frac{q\hbar H}{mc}\left(j + \frac{1}{2}\right)\right]$$

$$= gV\mu_{\mathrm{eff}} H \frac{(2\pi m)^{3/2}}{h^3} \frac{1}{\beta^{1/2}\sinh(\beta\mu_{\mathrm{eff}}H)} \tag{4.6-35}$$

把式 (4.6-35) 代入式 (4.6-34) 得

$$A(\varepsilon) = gV\mu_{\mathrm{eff}} H \frac{(2\pi m)^{3/2}}{h^3} \frac{1}{2\pi\mathrm{i}} \int_{\beta'-\mathrm{i}\infty}^{\beta'+\mathrm{i}\infty} \frac{\mathrm{e}^{\beta\varepsilon}}{\beta^{5/2}\sinh(\beta\mu_{\mathrm{eff}}H)} \,\mathrm{d}\beta \tag{4.6-36}$$

选取如图 4.6.2 所示的封闭积分路径 C。当半圆半径趋于无穷时，沿半圆弧的积分为零，因此有

$$A(\varepsilon) = gV\mu_{\mathrm{eff}} H \frac{(2\pi m)^{3/2}}{h^3} \frac{1}{2\pi\mathrm{i}} \left[\oint_C \frac{\mathrm{e}^{\beta\varepsilon}}{\beta^{5/2}\sinh(\beta\mu_{\mathrm{eff}}H)} \,\mathrm{d}\beta \right.$$

$$\left. - \int_{C_1} \frac{\mathrm{e}^{\beta\varepsilon}}{\beta^{5/2}\sinh(\beta\mu_{\mathrm{eff}}H)} \,\mathrm{d}\beta \right]$$

$$= A(\varepsilon)_{\mathrm{osc}} + A(\varepsilon)_{\mathrm{nosc}} \tag{4.6-37}$$

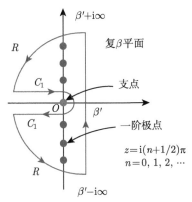

图 4.6.2 封闭积分路径 C

使用留数定理得

$$A\left(\varepsilon\right)_{\text{osc}} = gV\frac{\left(2\pi m\right)^{3/2}\left(\mu_{\text{eff}}H\right)^{5/2}}{h^3}\frac{1}{2\pi\text{i}}\oint_C \frac{1}{z^{5/2}\sinh z}\exp\left(\frac{\varepsilon z}{\mu_{\text{eff}}H}\right)\text{d}z$$

$$= -gV\frac{2\left(2\pi m\right)^{3/2}\left(\mu_{\text{eff}}H\right)^{5/2}}{h^3\pi^{5/2}}\sum_{l=1}^{\infty}\frac{\left(-1\right)^l}{l^{5/2}}\cos\left(\frac{l\pi\varepsilon}{\mu_{\text{eff}}H}-\frac{\pi}{4}\right) \quad (4.6\text{-}38)$$

使用泰勒展开和 gamma 函数定义

$$\frac{1}{\sinh z} = \frac{1}{z}\left[1 + \sum_{n=1}^{\infty}\left(-1\right)^n\frac{2\left(2^{2n-1}-1\right)B_n}{\left(2n\right)!}z^{2n}\right], \quad \frac{1}{2\pi\text{i}}\int_{C_1}\text{d}z\text{e}^z z^{-\alpha} = -\frac{1}{\Gamma\left(\alpha\right)}$$

得

$$A\left(\varepsilon\right)_{\text{nosc}} = -gV\mu_{\text{eff}}H\frac{\left(2\pi m\varepsilon\right)^{3/2}}{h^3}\frac{1}{2\pi\text{i}}\int_{C_1}\frac{\text{e}^z}{z^{5/2}\sinh\left(\dfrac{\mu_{\text{eff}}H}{\varepsilon}z\right)}\text{d}z$$

$$= gV\frac{\left(2\pi m\right)^{3/2}\varepsilon^{5/2}}{h^3}\left[\frac{1}{\Gamma\left(\dfrac{7}{2}\right)} + \sum_{n=1}^{\infty}\left(-1\right)^n\frac{2\left(2^{2n-1}-1\right)B_n}{\left(2n\right)!\Gamma\left(\dfrac{7}{2}-2n\right)}\left(\frac{\mu_{\text{eff}}H}{\varepsilon}\right)^{2n}\right]$$

$$(4.6\text{-}39)$$

式中，B_n 为伯努利 (Bernoulli) 数，例如 $B_1 = 1/6$，$B_2 = 1/30$，$B_3 = 1/42$，$B_4 = 1/30$。

式 (4.6-38) 因为含有余弦函数，所以称为振荡部分。容易看到，$A\left(\varepsilon\right)$ 的沿积分路径 C_1 的那部分不是振荡部分。

把式 (4.6-38) 代入式 (4.6-31) 得 $\ln \Xi$ 的振荡部分

$$(\ln \Xi)_{\text{osc}} = -g\beta^2 V \frac{2(2\pi m)^{3/2}(\mu_{\text{eff}}H)^{5/2}}{4h^3\pi^{5/2}} \sum_{l=1}^{\infty} \frac{(-1)^l}{l^{5/2}} \int_0^\infty \frac{\cos\left(\dfrac{l\pi\varepsilon}{\mu_{\text{eff}}H} - \dfrac{\pi}{4}\right)}{\cosh^2\left(\dfrac{\varepsilon-\mu}{2k_BT}\right)} \mathrm{d}\varepsilon$$

$$(4.6\text{-}40)$$

式 (4.6-40) 中的积分可以写成

$$\int_0^\infty \frac{\cos\left(\dfrac{l\pi\varepsilon}{\mu_{\text{eff}}H} - \dfrac{\pi}{4}\right)}{\cosh^2\left(\dfrac{\varepsilon-\mu}{2k_BT}\right)} \mathrm{d}\varepsilon$$

$$= 2k_BT\mathrm{Re}\left\{ \exp\left[\mathrm{i}\left(\frac{l\pi\mu}{\mu_{\text{eff}}H} - \frac{\pi}{4}\right)\right] \int_{-\mu/2k_BT}^\infty \frac{\exp\left(\dfrac{\mathrm{i}2\pi lz}{\beta\mu_{\text{eff}}H}\right)}{\cosh^2 z} \mathrm{d}z \right\}$$

$$\xrightarrow{T\to 0\mathrm{K}} 2k_BT\mathrm{Re}\left\{ \exp\left[\mathrm{i}\left(\frac{l\pi\mu}{\mu_{\text{eff}}H} - \frac{\pi}{4}\right)\right] \int_{-\infty}^\infty \frac{\exp\left(\dfrac{\mathrm{i}2\pi lz}{\beta\mu_{\text{eff}}H}\right)}{\cosh^2 z} \mathrm{d}z \right\} \quad (4.6\text{-}41)$$

式 (4.6-41) 的积分下限已经取为负无穷大。

选取如图 4.6.3 所示的封闭积分路径 L, 当半圆半径趋于无穷时, 沿半圆弧的积分为零。使用留数定理, 得

$$\int_{-\infty}^\infty \frac{\exp\left(\dfrac{\mathrm{i}2\pi lz}{\beta\mu_{\text{eff}}H}\right)}{\cosh^2 z} \mathrm{d}z = \oint_L \frac{\exp\left(\dfrac{\mathrm{i}2\pi lz}{\beta\mu_{\text{eff}}H}\right)}{\cosh^2 z} \mathrm{d}z$$

$$= \frac{4\pi^2 l}{\beta\mu_{\text{eff}}H} \sum_{n=0}^\infty \exp\left[-\frac{\pi^2 l(2n+1)}{\beta\mu_{\text{eff}}H}\right]$$

$$= \frac{2\pi^2 l}{\beta\mu_{\text{eff}}H \sinh\left(\dfrac{\pi^2 l}{\beta\mu_{\text{eff}}H}\right)} \quad (4.6\text{-}42)$$

把式 (4.6-42) 代入式 (4.6-41), 然后代入式 (4.6-40), 得

$$(\ln \varXi)_{\text{osc}} = -gV \frac{2 (2\pi m)^{3/2} (\mu_{\text{eff}} H)^{3/2}}{h^3 \pi^{1/2}} \sum_{l=1}^{\infty} \frac{(-1)^l}{l^{3/2}} \frac{\cos \left(\frac{\pi l \mu}{\mu_{\text{eff}} H} - \frac{\pi}{4} \right)}{\sinh \left(\frac{\pi^2 l}{\beta \mu_{\text{eff}} H} \right)} \quad (4.6\text{-}43)$$

因此磁化率的振荡部分为

$$\chi_{\text{osc}} = \frac{1}{\beta V H} \frac{\partial}{\partial H} (\ln \varXi)_{\text{osc}}$$

$$\approx -\frac{2g (2\pi m)^{3/2} \pi^{1/2} \mu (\mu_{\text{eff}} H)^{1/2}}{\beta H^2 h^3} \sum_{l=1}^{\infty} \frac{(-1)^l}{l^{1/2}} \frac{\sin \left(\frac{\pi l \mu}{\mu_{\text{eff}} H} - \frac{\pi}{4} \right)}{\sinh \left(\frac{\pi^2 l}{\beta \mu_{\text{eff}} H} \right)} \quad (4.6\text{-}44)$$

式中已经略去小项。

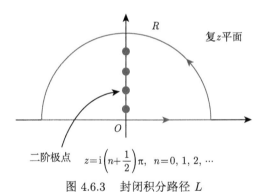

二阶极点 $z = \mathrm{i}\left(n + \frac{1}{2}\right)\pi$, $n = 0, 1, 2, \cdots$

图 4.6.3 封闭积分路径 L

绝对零度时的处理可以简化。使用 $\frac{\partial}{\partial \varepsilon} \frac{1}{1 + z e^{-\beta \varepsilon}} \mathrm{d}\varepsilon = -\delta(\varepsilon - \mu)$, 式 (4.6-31) 化为

$$\ln \varXi = -\beta \int_0^{\infty} A(\varepsilon) \frac{\partial}{\partial \varepsilon} \frac{1}{1 + z^{-1} e^{\beta \varepsilon}} \mathrm{d}\varepsilon = \beta \int_0^{\infty} A(\varepsilon) \delta(\varepsilon - \mu) \mathrm{d}\varepsilon = \beta A(\mu) \quad (4.6\text{-}45)$$

把式 (4.6-38) 和式 (4.6-39) 代入式 (4.6-45) 得

$$\chi_{\text{osc}}(T = 0\text{K}) \approx -\frac{2g (2m\mu_{\text{eff}})^{3/2} \mu}{h^3 H^{1/2}} \sum_{l=1}^{\infty} \frac{(-1)^l}{l^{3/2}} \sin \left(\frac{\pi l \mu}{\mu_{\text{eff}} H} - \frac{\pi}{4} \right) \quad (4.6\text{-}46)$$

$$\chi_{\text{nosc}}\left(T=0\text{K}\right)=\frac{g\left(2\pi m\right)^{3/2}\mu^{5/2}}{h^3H^2}\left[\sum_{n=1}^{\infty}\left(-1\right)^n\frac{4n\left(2^{2n-1}-1\right)B_n}{(2n)!\Gamma\left(\frac{7}{2}-2n\right)}\left(\frac{\mu_{\text{eff}}H}{\mu}\right)^{2n}\right]$$

(4.6-47)

4.6.4　自旋为 1/2 的带电理想费米气体

考虑外磁场中的自旋为 1/2 的带电理想费米气体, 其单粒子能级为

$$\varepsilon=\frac{q\hbar H}{mc}\left(j+\frac{1}{2}\right)+\frac{p_z^2}{2m}-\boldsymbol{\mu}_{\text{m}}\cdot\boldsymbol{H}=\frac{q\hbar H}{mc}\left(j+\frac{1}{2}\right)+\frac{p_z^2}{2m}-2\mu_{\text{m}}H\sigma,$$

$$j=0,1,2,\cdots;\quad\sigma=\pm\frac{1}{2}$$

(4.6-48)

此时泡利顺磁性和朗道抗磁性两种效应共存, 计算过程跟前面类似, 这里不重复, 只给出结果。

高温下结果为

$$\mathcal{M}=\frac{1}{\beta}\frac{\partial}{\partial H}\ln\Xi=N\mu_{\text{m}}\coth\left(\beta\mu_{\text{m}}H\right)-N\mu_{\text{eff}}L\left(x\right)$$

(4.6-49)

式中, $x=\beta\mu_{\text{eff}}H$。

我们看到,高温下总磁矩等于泡利顺磁部分磁矩和朗道抗磁部分磁矩之和,两种效应没有耦合。

如果 $H\to0$, 有

$$\chi_{\infty}=\frac{\mathcal{M}}{VH}=\frac{N}{V}\left(\frac{\mu_{\text{m}}^2}{k_{\text{B}}T}-\frac{\mu_{\text{eff}}^2}{3k_{\text{B}}T}\right)$$

(4.6-50)

低温弱场下, 结果为

$$\chi=\frac{\mathcal{M}}{VH}=\frac{8\pi mp_{\text{F}}}{3h^3}\left(3\mu_{\text{m}}^2-\mu_{\text{eff}}^2\right)$$

(4.6-51)

我们看到,低温弱场下总磁矩等于泡利顺磁部分磁矩和朗道抗磁部分磁矩之和,两种效应没有耦合。

低温强场下, 结果为

$$\chi_{\text{osc}}\approx-\frac{4\left(2\pi m\right)^{3/2}\pi^{1/2}\mu\left(\mu_{\text{eff}}H\right)^{1/2}}{\beta H^2h^3}\sum_{l=1}^{\infty}\frac{\left(-1\right)^l}{l^{1/2}}\frac{\sin\left(\frac{\pi l\mu}{\mu_{\text{eff}}H}-\frac{\pi}{4}\right)\cos\frac{\mu_{\text{m}}\pi l}{\mu_{\text{eff}}}}{\sinh\left(\frac{\pi^2l}{\beta\mu_{\text{eff}}H}\right)}$$

(4.6-52)

在 $T = 0\text{K}$ 时, 化为

$$\chi_{\text{osc}} (T = 0\text{K}) \approx -\frac{4 (2m\mu_{\text{eff}})^{3/2} \mu}{h^3 H^{1/2}} \sum_{l=1}^{\infty} \frac{(-1)^l}{l^{3/2}} \sin \left(\frac{\pi l \mu}{\mu_{\text{eff}} H} - \frac{\pi}{4} \right) \cos \frac{\mu_{\text{m}} \pi l}{\mu_{\text{eff}}} \quad (4.6\text{-}53)$$

我们看到, 低温强场下总磁矩不等于泡利顺磁部分磁矩和朗道抗磁部分磁矩之和,
两种效应存在耦合。

习 题

1. 已知外磁场中的自旋为 s 的三维理想费米气体的单粒子能级为

$$\varepsilon_{\boldsymbol{p}\sigma} = \frac{\boldsymbol{p}^2}{2m} - \boldsymbol{\mu}_{\text{m}} \cdot \boldsymbol{H} = \frac{\boldsymbol{p}^2}{2m} - \frac{1}{s}\mu_{\text{m}} H \sigma, \quad \sigma = -s, -s+1, \cdots, s-1, s$$

式中, μ_{m} 为粒子磁矩; s 为半整数。
证明: 绝对零度时有

$$N = \frac{4\pi V}{3h^3} \sum_{\sigma} [2m (\mu_{\text{m}} H \sigma / s + \mu)]^{3/2},$$

$$\mathcal{M} = \frac{4\pi V \mu_{\text{m}}}{3h^3 s} \sum_{\sigma} \sigma [2m (\mu_{\text{m}} H \sigma / s + \mu)]^{3/2}$$

$H \to 0$ 时有

$$\mu = \frac{1}{2m} \left[\frac{3h^3 N}{4 (2s + 1) \pi V} \right]^{2/3}, \quad \chi = \frac{\mathcal{M}}{VH} = \frac{3\mu_{\text{m}}^2 H}{2 (2s + 1) s^2 \mu} \frac{N}{V} \sum_{\sigma} \sigma^2$$

2. 已知外磁场中的自旋为 $1/2$ 的 d 维理想费米气体的单粒子能级为

$$\varepsilon_{\boldsymbol{p}\sigma} = \frac{\boldsymbol{p}^2}{2m} - \boldsymbol{\mu}_{\text{m}} \cdot \boldsymbol{H} = \frac{\boldsymbol{p}^2}{2m} - 2\mu_{\text{m}} H \sigma = \begin{cases} \dfrac{\boldsymbol{p}^2}{2m} - \mu_{\text{m}} H, & \sigma = 1/2 \\ \dfrac{\boldsymbol{p}^2}{2m} + \mu_{\text{m}} H, & \sigma = -1/2 \end{cases}$$

式中, μ_{m} 为粒子磁矩。
证明: 绝对零度时有

$$N = \frac{\pi^{d/2} V}{h^d d\Gamma(1 + d/2)} \left\{ [2m (\mu_{\text{m}} H + \mu)]^{d/2} + [2m (-\mu_{\text{m}} H + \mu)]^{d/2} \right\}$$

$$\mathcal{M} = \mu_{\mathrm{m}} \frac{\pi^{d/2}V}{h^d d\Gamma(1+d/2)} \left\{ [2m(\mu_{\mathrm{m}}H+\mu)]^{d/2} - [2m(-\mu_{\mathrm{m}}H+\mu)]^{d/2} \right\}$$

$H \to 0$ 时有

$$\mu = \frac{1}{2m} \left[\frac{h^d d N\Gamma(1+d/2)}{2\pi^{d/2}V} \right]^{2/d}, \quad \chi = \frac{\mathcal{M}}{VH} = \frac{d}{2}\frac{\mu_{\mathrm{m}}^2}{\mu}\frac{N}{V}$$

3. 对于朗道抗磁性问题，高温下有 $z \ll 1$，我们把式 (4.6-21) 中的对数表达式作泰勒展开，证明：

$$\ln \Xi = \frac{gqHV}{2h^2c} \left(\frac{2\pi m}{\beta} \right)^{1/2} \sum_{n=1}^{\infty} (-1)^{n+1} \frac{z^n}{n^{3/2}\sinh(n\beta\mu_{\mathrm{eff}}H)}$$

$$N = z\frac{\partial}{\partial z}\ln \Xi = \frac{gqHV}{2h^2c} \left(\frac{2\pi m}{\beta} \right)^{1/2} \sum_{n=1}^{\infty} (-1)^{n+1} \frac{z^n}{n^{1/2}\sinh(n\beta\mu_{\mathrm{eff}}H)}$$

$$\mathcal{M} = \frac{1}{\beta}\frac{\partial}{\partial H}\ln \Xi = \frac{gqV}{2\beta h^2c} \left(\frac{2\pi m}{\beta} \right)^{1/2} \sum_{n=1}^{\infty} (-1)^{n+1} \frac{z^n}{n^{3/2}\sinh(n\beta\mu_{\mathrm{eff}}H)}$$

$$- \frac{gqHV}{2h^2c}\mu_{\mathrm{eff}} \left(\frac{2\pi m}{\beta} \right)^{1/2} \sum_{n=1}^{\infty} (-1)^{n+1} \frac{z^n\cosh(n\beta\mu_{\mathrm{eff}}H)}{n^{1/2}\sinh^2(n\beta\mu_{\mathrm{eff}}H)}$$

4. 已知外磁场中的自旋为 s 的带电理想费米气体的单粒子能级为

$$\varepsilon = \frac{q\hbar H}{mc}\left(j+\frac{1}{2} \right) + \frac{p_z^2}{2m} - \boldsymbol{\mu}_{\mathrm{m}} \cdot \boldsymbol{H} = \frac{q\hbar H}{mc}\left(j+\frac{1}{2} \right) + \frac{p_z^2}{2m} - \frac{1}{s}\mu_{\mathrm{m}}H\sigma,$$

$$j = 0,1,2,\cdots; \quad \sigma = -s, -s+1, \cdots, s-1$$

式中，μ_{m} 为粒子磁矩。

(1) 证明：高温下有

$$\mathcal{M} = N\mu_{\mathrm{m}} \frac{\displaystyle\sum_{\sigma} \sigma e^{\beta\mu_{\mathrm{m}}H\sigma/s}}{\displaystyle\sum_{\sigma} e^{\beta\mu_{\mathrm{m}}H\sigma/s}} - N\mu_{\mathrm{eff}}L(x)$$

式中，$x = \beta\mu_{\mathrm{eff}}H$。

(2) 证明：低温弱场下有

$$\chi = \frac{\mathcal{M}}{VH} \cong \frac{8\pi m p_{\mathrm{F}}}{3h^3} \left[\frac{3}{s^2}\mu_{\mathrm{m}}^2 \sum_{\sigma} \sigma^2 - \mu_{\mathrm{eff}}^2(2s+1) \right]$$

(3) 证明: 低温强场下有

$$\chi_{\text{osc}} \approx -\frac{4\left(2\pi m\right)^{3/2}\pi^{1/2}\mu\left(\mu_{\text{eff}}H\right)^{1/2}}{\beta H^2 h^3}\sum_{\sigma>0}\sum_{l=1}^{\infty}\frac{(-1)^l}{l^{1/2}}\frac{\sin\left(\dfrac{\pi l\mu}{\mu_{\text{eff}}H}-\dfrac{\pi}{4}\right)\cos\dfrac{\sigma\mu_{\text{m}}\pi l}{\mu_{\text{eff}}s}}{\sinh\left(\dfrac{\pi^2 l}{\beta\mu_{\text{eff}}H}\right)}$$

在 $T=0\text{K}$ 时, 化为

$$\chi_{\text{osc}}\left(T=0\text{K}\right)\approx -\frac{4\left(2m\mu_{\text{eff}}\right)^{3/2}\mu}{h^3 H^{1/2}}\sum_{\sigma>0}\sum_{l=1}^{\infty}\frac{(-1)^l}{l^{3/2}}\sin\left(\frac{\pi l\mu}{\mu_{\text{eff}}H}-\frac{\pi}{4}\right)\cos\frac{\sigma\mu_{\text{m}}\pi l}{\mu_{\text{eff}}s}$$

4.7 超导的带电理想玻色气体模型

20 世纪 50 年代, 在巴丁–库珀–施里弗 (Bardeen-Cooper-Schrieffer, BCS) 理论[34,35] 提出之前, 金兹堡 (V. L. Ginzberg)[36]、费曼 (R. P. Feynman)[37] 和沙弗罗思 (M. R. Schafroth)[38] 各自独立地提出了超导的带电理想玻色气体模型。他们发现, 低于玻色–爱因斯坦凝聚临界温度, 带电理想玻色气体展现了只有超导体才具有的完全抗磁性 (迈斯纳 (Meissner) 效应)。BCS 理论不是玻色气体模型, 这是因为虽然库珀对 (Cooper pair) 是两个电子因吸引束缚而结合在一起的, 但这种吸引作用并不强, 电子对的平均空间尺度约为 10^{-6}m, 大约是晶面间距的一万倍。这样一来, 要是费米面附近大量的电子都结成库珀对的话, 各库珀对就会互相重叠在一起, 彼此不会是互相独立的, 因此库珀对不是实空间中的玻色子, 而是动量空间中的玻色子。

虽然传统的 BCS 理论可以完美解释低温超导, 但 BCS 理论不能解释 1986 年以来实验上发现的高温超导。高温超导相比于低温超导, 由于库珀对之间的相互吸引作用要大得多, 束缚紧得多, 电子对的平均空间尺度要小得多, 库珀对更接近于实空间中的玻色子, 因此我们相信带电玻色气体模型在高温超导机理中会起着一定作用。

4.7.1 玻色–爱因斯坦凝聚出现的条件

考虑外磁场中的带电玻色理想气体, 其单粒子能级 (朗道能级) 为

$$\varepsilon = \frac{q\hbar B}{mc}\left(j+\frac{1}{2}\right)+\frac{p_z^2}{2m} = 2\mu_{\text{eff}}B\left(j+\frac{1}{2}\right)+\frac{p_z^2}{2m}, \quad j=0,1,2,\cdots \quad (4.7\text{-}1)$$

式中, $\mu_{\text{eff}}=\dfrac{q\hbar}{2mc}$, 由于外磁场会引起带电理想玻色气体的磁化, 施加在带电粒子上的磁场是 $B=H+4\pi\dfrac{\mathcal{M}}{V}$, 不是外磁场 H。

使用泰勒展开得

$$\ln \Xi = -\sum_{\varepsilon} \ln\left(1 - z\mathrm{e}^{-\beta\varepsilon}\right)$$

$$= -\int_{-\infty}^{\infty} \mathrm{d}p_z \frac{L_z}{h} \sum_{j=0}^{\infty} L_x L_y \frac{qB}{hc} \ln\left\{1 - \exp\left[\beta\mu - \beta\frac{p_z^2}{2m} - \beta 2\mu_{\mathrm{eff}}B\left(j + \frac{1}{2}\right)\right]\right\}$$

$$= \frac{qBV}{h^2c}\left(\frac{2\pi m}{\beta}\right)^{1/2} \sum_{n=1}^{\infty} \frac{\mathrm{e}^{n\beta(\mu - \mu_{\mathrm{eff}}B)}}{n^{3/2}\left(1 - \mathrm{e}^{-2n\beta\mu_{\mathrm{eff}}B}\right)} \tag{4.7-2}$$

$$N = z\frac{\partial}{\partial z}\ln\Xi = \frac{qBV}{2h^2c}\left(\frac{2\pi m}{\beta}\right)^{1/2} \sum_{n=1}^{\infty} \frac{\mathrm{e}^{n\beta\mu}}{n^{1/2}\sinh\left(n\beta\mu_{\mathrm{eff}}B\right)} \tag{4.7-3}$$

为了保证玻色分布函数的正定性，化学势必须满足

$$\mu \leqslant \mu_{\mathrm{eff}}B \tag{4.7-4}$$

玻色–爱因斯坦凝聚出现的临界温度由 $\mu = \mu_{\mathrm{eff}}B$ 给出。由于 $\mu = \mu_{\mathrm{eff}}B$ 时式 (4.7-3) 不收敛，除非 $B = 0$，则对于任何有限的恒定的 B，没有玻色–爱因斯坦凝聚出现。玻色–爱因斯坦凝聚出现的条件是 $\mu = \mu_{\mathrm{eff}}B = 0$。

4.7.2　绝对零度附近的临界磁场

在绝对零度附近，如果 $T \ll \mu_{\mathrm{eff}}B/k_{\mathrm{B}}$，则有 $\beta\mu_{\mathrm{eff}}B \gg 1$。式 (4.7-2) 和式 (4.7-3) 分别化为

$$\ln\Xi \cong \frac{qBV}{h^2c}\left(\frac{2\pi m}{\beta}\right)^{1/2} g_{3/2}\left(\mathrm{e}^{\beta(\mu - \mu_{\mathrm{eff}}B)}\right) \tag{4.7-5}$$

$$N = \frac{1}{\beta}\frac{\partial}{\partial\mu}\ln\Xi \cong \frac{qBV}{h^2c}\left(\frac{2\pi m}{\beta}\right)^{1/2} g_{1/2}\left(\mathrm{e}^{\beta(\mu - \mu_{\mathrm{eff}}B)}\right) \tag{4.7-6}$$

$$\mathcal{M} = \frac{1}{\beta}\frac{\partial}{\partial B}\ln\Xi \cong -\frac{qBV}{h^2c}\mu_{\mathrm{eff}}\left(\frac{2\pi m}{\beta}\right)^{1/2} g_{1/2}\left(\mathrm{e}^{\beta(\mu - \mu_{\mathrm{eff}}B)}\right) \tag{4.7-7}$$

联合式 (4.7-6) 和式 (4.7-7) 得

$$\mathcal{M}\left(T \ll \mu_{\mathrm{eff}}B/k_{\mathrm{B}}\right) = -N\mu_{\mathrm{eff}} \tag{4.7-8}$$

把式 (4.7-8) 代入磁场强度和磁感应强度之间的关系 $B = H + 4\pi\dfrac{\mathcal{M}}{V}$ 得

$$B = H + 4\pi\frac{\mathcal{M}}{V} = H - 4\pi\frac{N\mu_{\mathrm{eff}}}{V} \tag{4.7-9}$$

玻色–爱因斯坦凝聚出现的条件 $B = 0$ 意味着

$$H = H_c = 4\pi \frac{N\mu_{\text{eff}}}{V} \tag{4.7-10}$$

我们看到，在绝对零度附近，气体的总磁矩为 $-N\mu_{\text{eff}}$。当 $H > H_c$ 时，内部的 $B \neq 0$，没有玻色–爱因斯坦凝聚出现。当 $H < H_c$ 时，内部的 $B = 0$，有玻色–爱因斯坦凝聚出现，迈斯纳效应出现，说明气体是超导体。因此 H_c 为临界外磁场。

4.7.3 有限温度下磁场足够高时的磁化

我们应该指出，有限温度下如果磁场足够高，即 $B \gg k_{\text{B}} T / \mu_{\text{eff}}$，则同样满足条件 $\beta\mu_{\text{eff}} B \gg 1$，此时式 (4.7-6) 和式 (4.7-7) 仍然成立，有

$$\mathcal{M}\left(B \gg k_{\text{B}} T / \mu_{\text{eff}}\right) = -N\mu_{\text{eff}} \tag{4.7-11}$$

我们看到，在有限温度下，如果磁感应强度足够高，则气体的总磁矩为 $-N\mu_{\text{eff}}$。

4.7.4 有限温度下的临界磁场

在 4.7.2 节我们计算了绝对零度附近气体的总磁矩，现在我们来确定泰勒展开的奇点，把式 (4.3-24) 和式 (4.3-25) 代入式 (4.7-5)～ 式 (4.7-7) 得奇点

$$\ln \varXi = 2N \left(\frac{T}{T_c}\right)^{3/2} \frac{1}{\zeta(3/2)} \beta\mu_{\text{eff}} B \left[\zeta(3/2) - 2\pi^{1/2}\sqrt{\beta\left(\mu_{\text{eff}} B - \mu\right)}\right] \tag{4.7-12}$$

$$N = N \left(\frac{T}{T_c}\right)^{3/2} \frac{1}{\zeta(3/2)} 2\sqrt{\pi\beta\mu_{\text{eff}} B} \sqrt{\frac{\mu_{\text{eff}} B}{\mu_{\text{eff}} B - \mu}} \tag{4.7-13}$$

$$\mathcal{M} \cong -N\mu_{\text{eff}} \left(\frac{T}{T_c}\right)^{3/2} \frac{1}{\zeta(3/2)} 2\sqrt{\pi\beta\mu_{\text{eff}} B} \sqrt{\frac{\mu_{\text{eff}} B}{\mu_{\text{eff}} B - \mu}} \tag{4.7-14}$$

式中，T_c 为 $B = 0$ 时玻色–爱因斯坦凝聚出现的临界温度，即

$$T_c = \frac{h^2}{2\pi m k_{\text{B}}} \left[\frac{N}{\zeta(3/2) V}\right]^{2/3} \tag{4.7-15}$$

现在我们把绝对零度附近成立的式 (4.7-12)～ 式 (4.7-14) 推广到 $0 < T \leqslant T_c$ 的情形，很容易猜想到奇点性质不变，即

$$\ln \varXi \propto \sqrt{\mu_{\text{eff}} B - \mu}, \quad N \propto \frac{1}{\sqrt{\mu_{\text{eff}} B - \mu}}, \quad \mathcal{M} \propto \frac{1}{\sqrt{\mu_{\text{eff}} B - \mu}} \tag{4.7-16}$$

现在我们来证明这一猜想。

证明 玻色-爱因斯坦凝聚出现时的条件为 $\mu = \mu_{\text{eff}}B = 0$，当外磁场接近临界磁场时，玻色-爱因斯坦凝聚将要出现，此时有 $\mu \sim \mu_{\text{eff}}B \sim 0$，满足 $\beta\mu \sim \beta\mu_{\text{eff}}B \ll 1$。在此条件下，我们来寻找 $\ln \Xi$ 的奇点。首先考虑绝对零度附近 $\ln \Xi$ 的奇点，此时如果把求和式 (4.7-6) 截断为有限项求和，那么奇点不存在，因此 $\ln \Xi$ 的奇点必定出现在无穷多项求和，换句话说，奇点出现在 $n \to \infty$ 的那些项的求和，而 $n \to \infty$ 那些项的求和可以用积分代替，因此奇点包含在积分里。

回到现在的问题，$\ln \Xi$ 的奇点一定出现在式 (4.7-2) 中的 $n \to \infty$ 的那些项的求和，而 $n \to \infty$ 那些项的求和可以用积分代替，因此奇点包含在积分里，即

$$(\ln \Xi)_{\text{s}} = \frac{qBV}{2h^2c} \left(\frac{2\pi m}{\beta} \right)^{1/2} \int_1^\infty \frac{\mathrm{e}^{n\beta\mu}}{n^{3/2} \sinh(n\beta\mu_{\text{eff}}B)} \mathrm{d}n \qquad (4.7\text{-}17)$$

式中，$(\ln \Xi)_{\text{s}}$ 为包含奇点的部分。

式 (4.7-17) 中的被积函数只包含简单极点。米塔-列夫勒 (Mittag-Leffler) 定理告诉我们，如果一个函数 $f(z)$ 只包含一系列简单极点 $\{z_j\}$，那么该函数的非解析部分可以表示为 $\sum_j \frac{R_j}{z - z_j}$，这里 R_j 为 $z = z_j$ 处的留数。

例如，

$$\frac{1}{\sin z} = \frac{1}{z} + 2z \sum_{n=1}^\infty (-1)^n \frac{1}{z^2 - n^2}, \quad \frac{1}{\sinh z} = \frac{1}{z} + 2z \sum_{n=1}^\infty (-1)^n \frac{1}{z^2 + \pi^2 n^2}$$

使用米塔-列夫勒定理得

$$\frac{1}{n} \left[1 - \frac{\mathrm{e}^{n\beta\mu}(n\beta\mu_{\text{eff}}B)}{\sinh(n\beta\mu_{\text{eff}}B)} \right] = -\sum_{j=1}^\infty (-1)^j \left[\frac{\exp\left(\mathrm{i}\frac{j\pi\mu}{\mu_{\text{eff}}B} \right)}{n - \mathrm{i}\frac{j\pi}{\beta\mu_{\text{eff}}B}} + \frac{\exp\left(-\mathrm{i}\frac{j\pi\mu}{\mu_{\text{eff}}B} \right)}{n + \mathrm{i}\frac{j\pi}{\beta\mu_{\text{eff}}B}} \right]$$

$$(4.7\text{-}18)$$

给出

$$\sum_{n=1}^\infty \frac{1}{n^{3/2}} \left[1 - \frac{\mathrm{e}^{n\beta\mu}(n\beta\mu_{\text{eff}}B)}{\sinh(n\beta\mu_{\text{eff}}B)} \right]$$

$$= \zeta(3/2) - \beta\mu_{\text{eff}}B \sum_{n=1}^\infty \frac{\mathrm{e}^{n\beta\mu}}{n^{1/2} \sinh(n\beta\mu_{\text{eff}}B)}$$

$$= g_{\text{ns}} + \int_0^\infty \mathrm{d}n \frac{1}{n^{3/2}} \left[1 - \frac{\mathrm{e}^{n\beta\mu}(n\beta\mu_{\text{eff}}B)}{\sinh(n\beta\mu_{\text{eff}}B)} \right]$$

$$
= g_{\mathrm{ns}} - \sum_{j=1}^{\infty} (-1)^j \int_0^{\infty} \mathrm{d}n \frac{1}{n^{1/2}} \left[\frac{\exp\left(\mathrm{i}\dfrac{j\pi\mu}{\mu_{\mathrm{eff}}B}\right)}{n - \mathrm{i}\dfrac{j\pi}{\beta\mu_{\mathrm{eff}}B}} + \frac{\exp\left(-\mathrm{i}\dfrac{j\pi\mu}{\mu_{\mathrm{eff}}B}\right)}{n + \mathrm{i}\dfrac{j\pi}{\beta\mu_{\mathrm{eff}}B}} \right]
$$

$$
= g_{\mathrm{ns}} - 2\sqrt{\pi\beta\mu_{\mathrm{eff}}B} \sum_{j=1}^{\infty} \frac{\cos\pi\left(j\dfrac{\mu_{\mathrm{eff}}B - \mu}{\mu_{\mathrm{eff}}B} - \dfrac{1}{4}\right)}{j^{1/2}} \tag{4.7-19}
$$

式中，g_{ns} 为不包含奇点的部分。

把式 (4.7-19) 代入式 (4.7-3) 得

$$
N = N\left(\frac{T}{T_{\mathrm{c}}}\right)^{3/2} \frac{1}{\zeta(3/2)}
$$

$$
\times \left[-g_{\mathrm{ns}} + \zeta(3/2) + 2\sqrt{\pi\beta\mu_{\mathrm{eff}}B} \sum_{j=1}^{\infty} \frac{\cos\pi\left(j\dfrac{\mu_{\mathrm{eff}}B - \mu}{\mu_{\mathrm{eff}}B} - \dfrac{1}{4}\right)}{j^{1/2}} \right] \tag{4.7-20}
$$

式 (4.7-20) 的奇点出现在 $j \to \infty$ 的那些项的求和，而 $j \to \infty$ 的那些项的求和可以用积分代替，即

$$
\sum_{j=1}^{\infty} \frac{\cos\pi\left(j\dfrac{\mu_{\mathrm{eff}}B - \mu}{\mu_{\mathrm{eff}}B} - \dfrac{1}{4}\right)}{j^{1/2}}
$$

$$
= f_{\mathrm{ns}} + \int_0^{\infty} \frac{\cos\pi\left(j\dfrac{\mu_{\mathrm{eff}}B - \mu}{\mu_{\mathrm{eff}}B} - \dfrac{1}{4}\right)}{j^{1/2}} \mathrm{d}j
$$

$$
= f_{\mathrm{ns}} + 2\mathrm{Re}\left[\mathrm{e}^{-\mathrm{i}\pi/4} \int_0^{\infty} \exp\left(\mathrm{i}\pi\frac{\mu_{\mathrm{eff}}B - \mu}{\mu_{\mathrm{eff}}B} x^2\right) \mathrm{d}x\right] = f_{\mathrm{ns}} + \sqrt{\frac{\mu_{\mathrm{eff}}B}{\mu_{\mathrm{eff}}B - \mu}} \tag{4.7-21}
$$

式中，f_{ns} 为不包含奇点的部分。

把式 (4.7-21) 代入式 (4.7-20) 得

$$
N = \frac{1}{\beta} \frac{\partial}{\partial\mu} \ln \Xi
$$

$$
= N\left(\frac{T}{T_{\mathrm{c}}}\right)^{3/2} \frac{1}{\zeta(3/2)} \left[-g_{\mathrm{ns}} + \zeta(3/2) + 2\sqrt{\pi\beta\mu_{\mathrm{eff}}B}\left(f_{\mathrm{ns}} + \sqrt{\frac{\mu_{\mathrm{eff}}B}{\mu_{\mathrm{eff}}B - \mu}}\right) \right] \tag{4.7-22}
$$

把式 (4.7-22) 积分得

$$\ln \Xi = (\ln \Xi)_{\mathrm{ns}} - \beta N \left(\frac{T}{T_{\mathrm{c}}}\right)^{3/2} \frac{1}{\zeta(3/2)} 4\sqrt{\pi\beta}\mu_{\mathrm{eff}}B\sqrt{\mu_{\mathrm{eff}}B-\mu} \tag{4.7-23}$$

式中，$(\ln \Xi)_{\mathrm{ns}}$ 为不包含奇点的部分。

从而得

$$\mathcal{M} = \frac{1}{\beta}\frac{\partial}{\partial B}\ln \Xi$$

$$= \mathcal{M}_{\mathrm{ns}} - N\mu_{\mathrm{eff}}\left(\frac{T}{T_{\mathrm{c}}}\right)^{3/2}\frac{1}{\zeta(3/2)}\sqrt{\pi\beta}\left(4\sqrt{\mu_{\mathrm{eff}}B-\mu}+2\frac{\mu_{\mathrm{eff}}B}{\sqrt{\mu_{\mathrm{eff}}B-\mu}}\right) \tag{4.7-24}$$

式中，$\mathcal{M}_{\mathrm{ns}}$ 为不包含奇点的部分。证毕。

式 (4.7-22)~式 (4.7-24) 成立的条件是 $\mu \sim \mu_{\mathrm{eff}}B \sim 0$，因此有 $g_{\mathrm{ns}} \sim 0$, $f_{\mathrm{ns}} \sim 0$, $\mathcal{M}_{\mathrm{ns}} \sim 0$。忽略式 (4.7-22) 和式 (4.7-24) 中的小项得

$$N\left[1-\left(\frac{T}{T_{\mathrm{c}}}\right)^{3/2}\right] = N\left(\frac{T}{T_{\mathrm{c}}}\right)^{3/2}\frac{1}{\zeta(3/2)}2\sqrt{\pi\beta\mu_{\mathrm{eff}}B}\sqrt{\frac{\mu_{\mathrm{eff}}B}{\mu_{\mathrm{eff}}B-\mu}} \tag{4.7-25}$$

$$\mathcal{M} = -N\mu_{\mathrm{eff}}\left(\frac{T}{T_{\mathrm{c}}}\right)^{3/2}\frac{1}{\zeta(3/2)}2\sqrt{\pi\beta\mu_{\mathrm{eff}}B}\sqrt{\frac{\mu_{\mathrm{eff}}B}{\mu_{\mathrm{eff}}B-\mu}} \tag{4.7-26}$$

联合式 (4.7-25) 和式 (4.7-26) 得

$$\mathcal{M} = -N\mu_{\mathrm{eff}}\left[1-\left(\frac{T}{T_{\mathrm{c}}}\right)^{3/2}\right] \tag{4.7-27}$$

代入 $B = H + 4\pi\dfrac{\mathcal{M}}{V}$ 得

$$H = B - 4\pi\frac{\mathcal{M}}{V} = B + 4\pi\frac{N\mu_{\mathrm{eff}}}{V}\left[1-\left(\frac{T}{T_{\mathrm{c}}}\right)^{3/2}\right] \tag{4.7-28}$$

当玻色–爱因斯坦凝聚出现时，有 $B = 0$，式 (4.7-28) 化为

$$H_{\mathrm{c}} = 4\pi\frac{N\mu_{\mathrm{eff}}}{V}\left[1-\left(\frac{T}{T_{\mathrm{c}}}\right)^{3/2}\right] \tag{4.7-29}$$

我们看到，当温度低于玻色–爱因斯坦凝聚的临界温度时，如果 $H > H_{\mathrm{c}}$，此时内部的 $B \neq 0$，则没有玻色–爱因斯坦凝聚出现。如果 $H < H_{\mathrm{c}}$，此时内部的 $B = 0$，则有玻色–爱因斯坦凝聚出现，迈斯纳效应出现，说明气体是超导体。

4.8 固体热容量的德拜理论

固体中的原子可以近似看成在平衡位置附近作谐振动。N 个原子组成的固体共有 $3N$ 个简正振动模。系统的能量的统计平均值为

$$\bar{E} = \Phi_0 + \sum_{j=1}^{3N} \left(\frac{1}{2}\hbar\omega_j + \frac{\hbar\omega_j}{\mathrm{e}^{\frac{\hbar\omega_j}{k_\mathrm{B}T}} - 1} \right) = E_0 + \int \frac{\hbar\omega}{\mathrm{e}^{\frac{\hbar\omega}{k_\mathrm{B}T}} - 1} g\left(\omega\right) \mathrm{d}\omega \qquad (4.8\text{-}1)$$

式中，$E_0 = \Phi_0 + \sum\limits_{j=1}^{3N} \frac{1}{2}\hbar\omega_j$，$\Phi_0$ 为系统在平衡位置时的势能，

$$g\left(\omega_j\right) = \frac{\mathrm{d}j}{\mathrm{d}\omega_j} \qquad (4.8\text{-}2)$$

为频率分布函数。

实际晶格的频率分布函数的计算是十分复杂的 [39]，尤其是晶格元胞包含了多个原子，解析计算几乎是不可能的，在高温和低温极限下，热力学性质与晶格的频率分布函数无关，可以严格计算。

4.8.1 高温极限

在高温极限下，可以使用近似 $\mathrm{e}^{\frac{\hbar\omega_j}{k_\mathrm{B}T}} - 1 \cong \frac{\hbar\omega_j}{k_\mathrm{B}T}$，得经典能均分定理

$$\bar{E} = E_0 + \sum_{j=1}^{3N} k_\mathrm{B}T = E_0 + 3Nk_\mathrm{B}T \qquad (4.8\text{-}3)$$

热容量为

$$C_V = \left(\frac{\partial \bar{E}}{\partial T} \right)_V = 3Nk_\mathrm{B} \qquad (4.8\text{-}4)$$

4.8.2 低温极限

从式 (4.8-1) 我们看到，在低温极限下，只有那些频率接近于零的振动模对系统热力学性质有贡献，那些频率接近于零的简正振动模就是声波。声波的频率分布函数可以严格计算出来。

我们考虑各向同性的固体，在里面能够传播纵波和横波。

纵波方程为

$$\frac{\partial^2 u_\mathrm{L}}{\partial t^2} - C_\mathrm{L}^2 \nabla^2 u_\mathrm{L} = 0 \qquad (4.8\text{-}5)$$

式中，u_L 为连续介质的质点偏离平衡位置的位移；C_L 为纵波声速。

设简正振动模为

$$u_L = A e^{i(\boldsymbol{k} \cdot \boldsymbol{r} - \omega t)} \tag{4.8-6}$$

式中，A 为振幅。

把式 (4.8-6) 代入式 (4.8-5) 得

$$k^2 = \frac{\omega^2}{C_L^2} \tag{4.8-7}$$

由于在热力学极限下，系统的热力学量与边界条件无关，边界条件可以根据需要取。设固体为一边长分别为 L_x、L_y 和 L_z 的长方体，取周期性边界条件

$$u_L(x + L_x, y, z) = u_L(x, y + L_y, z) = u_L(x, y, z + L_z) = u_L(x, y, z) \tag{4.8-8}$$

把式 (4.8-6) 代入式 (4.8-8) 得

$$e^{ik_x L_x} = e^{ik_x L_y} = e^{ik_x L_z} = 1 \tag{4.8-9}$$

解为

$$k_x = \frac{2\pi}{L_1} n_1, \quad k_y = \frac{2\pi}{L_2} n_2, \quad k_z = \frac{2\pi}{L_3} n_3, \quad n_1, n_2, n_3 = 0, \pm 1, \pm 2, \cdots \tag{4.8-10}$$

把式 (4.8-10) 代入式 (4.8-7) 得

$$\frac{\omega^2}{C_L^2} = \left(\frac{2\pi}{L_1} n_1\right)^2 + \left(\frac{2\pi}{L_2} n_2\right)^2 + \left(\frac{2\pi}{L_3} n_3\right)^2 \tag{4.8-11}$$

对于宏观系统，求和可以用积分代替：

$$\sum_{n_1 n_2 n_3} \cdots \to \int dn_1 dn_2 dn_3 \cdots = \frac{L_1 L_2 L_3}{(2\pi)^3} \int dk_x dk_y dk_z \cdots = \frac{V}{2\pi^2 C_L^3} \int d\omega \omega^2 \cdots \tag{4.8-12}$$

频率分布函数为

$$g_L(\omega) = \frac{V}{2\pi^2 C_L^3} \omega^2 \tag{4.8-13}$$

横波方程为

$$\frac{\partial^2 u_{T1}}{\partial t^2} - C_T^2 \nabla^2 u_{T1} = 0, \quad \frac{\partial^2 u_{T2}}{\partial t^2} - C_T^2 \nabla^2 u_{T2} = 0 \tag{4.8-14}$$

这里连续介质的质点偏离平衡位置的位移为 $u_\mathrm{T} = u_{\mathrm{T}1}e_1 + u_{\mathrm{T}2}e_2$，其中 e_1 和 e_2 为横波振动平面内的相互垂直的两个单位矢量；C_T 为横波声速。

同理可得横波频率分布函数为

$$g_{\mathrm{T}1}(\omega) = g_{\mathrm{T}2}(\omega) = \frac{V}{2\pi^2 C_\mathrm{T}^3}\omega^2 \tag{4.8-15}$$

所以声波总的频率分布函数为

$$g(\omega) = g_\mathrm{L}(\omega) + g_{\mathrm{T}1}(\omega) + g_{\mathrm{T}2}(\omega) = \frac{V}{2\pi^2}\left(\frac{1}{C_\mathrm{L}^3} + \frac{2}{C_\mathrm{T}^3}\right)\omega^2 \tag{4.8-16}$$

使用式 (4.8-16)，式 (4.8-1) 化为

$$
\begin{aligned}
\bar{E} &= E_0 + \int_0^\infty \frac{\hbar\omega}{\mathrm{e}^{\frac{\hbar\omega}{k_\mathrm{B}T}} - 1} g(\omega)\,\mathrm{d}\omega \\
&= E_0 + \frac{V}{2\pi^2}\left(\frac{1}{C_\mathrm{L}^3} + \frac{2}{C_\mathrm{T}^3}\right)\frac{(k_\mathrm{B}T)^4}{\hbar^2}\int_0^\infty \mathrm{d}x \frac{x^3}{\mathrm{e}^x - 1} \\
&= E_0 + \frac{\pi^2}{30}\left(\frac{1}{C_\mathrm{L}^3} + \frac{2}{C_\mathrm{T}^3}\right)\frac{(k_\mathrm{B}T)^4}{\hbar^2}V
\end{aligned}
\tag{4.8-17}
$$

式中由于积分快速收敛，已经把积分上限取为无穷大。

热容量为

$$C_V = \left(\frac{\partial \bar{E}}{\partial T}\right)_V = \frac{2\pi^2 k_\mathrm{B}^2}{15\hbar^2}\left(\frac{1}{C_\mathrm{L}^3} + \frac{2}{C_\mathrm{T}^3}\right)VT^3 \tag{4.8-18}$$

4.8.3　德拜内插公式

在任意温度下，为了计算热力学量，德拜 (Debye) 用声波的频率分布函数来代替实际的频率分布函数并截断，即

$$g(\omega) = \begin{cases} \dfrac{V}{2\pi^2}\left(\dfrac{1}{C_\mathrm{L}^3} + \dfrac{2}{C_\mathrm{T}^3}\right)\omega^2, & \omega \leqslant \omega_\mathrm{D} \\[2mm] 0, & \omega > \omega_\mathrm{D} \end{cases} \tag{4.8-19}$$

式中，ω_D 由归一化条件确定：

$$\int_0^{\omega_\mathrm{D}} g(\omega)\,\mathrm{d}\omega = 3N \tag{4.8-20}$$

即

$$\omega_{\mathrm{D}} = \left(\frac{9N}{V} \frac{2\pi^2}{\dfrac{1}{C_{\mathrm{L}}^3} + \dfrac{2}{C_{\mathrm{T}}^3}} \right)^{1/3} \tag{4.8-21}$$

内能为

$$\bar{E} = E_0 + 3Nk_{\mathrm{B}}T\mathcal{D}\left(\frac{T_{\mathrm{D}}}{T}\right) \tag{4.8-22}$$

式中，$E_0 = \Phi_0 + \dfrac{9}{4}Nk_{\mathrm{B}}T_{\mathrm{D}}$；$T_{\mathrm{D}} = \hbar\omega_{\mathrm{D}}/k_{\mathrm{B}}$ 为德拜温度；$\mathcal{D}(x)$ 为德拜函数：

$$\mathcal{D}(x) = \frac{3}{x^3}\int_0^x \frac{y^3}{\mathrm{e}^y - 1}\mathrm{d}y \tag{4.8-23}$$

热容量为

$$\frac{C_V}{3Nk_{\mathrm{B}}} = \frac{1}{3Nk_{\mathrm{B}}}\left(\frac{\partial\bar{E}}{\partial T}\right)_V = 4\mathcal{D}\left(\frac{T_{\mathrm{D}}}{T}\right) - \frac{3\dfrac{T_{\mathrm{D}}}{T}}{\mathrm{e}^{\frac{T_{\mathrm{D}}}{T}} - 1} \tag{4.8-24}$$

我们看到，在德拜近似下，比热 $\dfrac{C_V}{N}$ 是比值 $\dfrac{T_{\mathrm{D}}}{T}$ 的普适函数，即存在对应态定律：具有相同的 $\dfrac{T_{\mathrm{D}}}{T}$ 值的不同固体的比热 $\dfrac{C_V}{N}$ 相同。

现在求出高温下和低温下的级数展开。

1. 高温

存在如下展开：

$$\frac{y}{\mathrm{e}^y - 1} = 1 - \frac{1}{2}y - \sum_{n=1}^{\infty}(-1)^n\frac{B_n}{(2n)!}y^{2n} \tag{4.8-25}$$

式中，B_n 为伯努利数：$B_1 = 1/6$，$B_2 = 1/30$，$B_3 = 1/42, \cdots$。

把式 (4.8-25) 代入式 (4.8-23) 并积分得

$$\mathcal{D}(x) = 1 - \frac{3}{8}x - \sum_{n=1}^{\infty}(-1)^n\frac{3B_n}{(2n)!\,(2n+3)}x^{2n} \tag{4.8-26}$$

把式 (4.8-26) 代入式 (4.8-24) 得

$$\frac{C_V}{3Nk_{\mathrm{B}}} = 1 + \sum_{n=1}^{\infty}(-1)^n\frac{3\,(2n-1)\,B_n}{(2n)!\,(2n+3)}\left(\frac{T_{\mathrm{D}}}{T}\right)^{2n} = 1 - \frac{1}{20}\left(\frac{T_{\mathrm{D}}}{T}\right)^2 + \cdots \tag{4.8-27}$$

2. 低温

把展开 $\dfrac{1}{e^y-1}=\displaystyle\sum_{n=1}^{\infty}e^{-yn}$ 代入式 (4.8-23) 并积分得

$$\mathcal{D}(x)=\frac{\pi^4}{5x^3}-\sum_{n=1}^{\infty}\frac{3}{n}\left(1+\frac{3}{nx}+\frac{6}{n^2x^2}+\frac{6}{n^3x^3}\right)e^{-xn} \tag{4.8-28}$$

把式 (4.8-28) 代入式 (4.8-24) 得

$$\begin{aligned}\frac{C_V}{3Nk_{\mathrm{B}}}=&\frac{4\pi^4}{5}\left(\frac{T}{T_{\mathrm{D}}}\right)^3-3\sum_{n=1}^{\infty}\left[\frac{T_{\mathrm{D}}}{T}+\frac{4}{n}+\frac{12}{n^2}\frac{T}{T_{\mathrm{D}}}\right.\\&\left.+\frac{24}{n^3}\left(\frac{T}{T_{\mathrm{D}}}\right)^2+\frac{24}{n^4}\left(\frac{T}{T_{\mathrm{D}}}\right)^3\right]e^{-nT_{\mathrm{D}}/T}\end{aligned} \tag{4.8-29}$$

德拜内插公式只对一些具有简单晶格的固体才精确。对于晶格结构很复杂的固体，由于振动谱非常复杂，德拜内插公式不成立。

4.8.4 格林艾森定律

现在我们证明，在德拜近似下，格林艾森 (Grüneisen) 定律成立 [2]。

使用式 (4.8-22) 得

$$\bar{E}=k_{\mathrm{B}}T^2\frac{\partial\ln Q}{\partial T}=-k_{\mathrm{B}}T_{\mathrm{D}}\frac{\partial\ln Q}{\partial\left(\dfrac{T_{\mathrm{D}}}{T}\right)}=E_0+3Nk_{\mathrm{B}}T_{\mathrm{D}}\frac{T}{T_{\mathrm{D}}}\mathcal{D}\left(\frac{T_{\mathrm{D}}}{T}\right) \tag{4.8-30}$$

积分得

$$\ln Q=-\frac{E_0}{k_{\mathrm{B}}T}+\varphi\left(\frac{T_{\mathrm{D}}}{T}\right) \tag{4.8-31}$$

式中，

$$\varphi'\left(\frac{T_{\mathrm{D}}}{T}\right)=-3N\frac{T}{T_{\mathrm{D}}}\mathcal{D}\left(\frac{T_{\mathrm{D}}}{T}\right)=-\frac{E-E_0}{k_{\mathrm{B}}T_{\mathrm{D}}} \tag{4.8-32}$$

压强为

$$P=k_{\mathrm{B}}T\frac{\partial\ln Q}{\partial V}=-\frac{\partial E_0}{\partial V}+k_{\mathrm{B}}\frac{\partial T_{\mathrm{D}}}{\partial V}\varphi'\left(\frac{T_{\mathrm{D}}}{T}\right) \tag{4.8-33}$$

把式 (4.8-32) 代入式 (4.8-33) 得

$$P=-\frac{\partial E_0}{\partial V}-\frac{\partial\ln T_{\mathrm{D}}}{\partial V}(E-E_0) \tag{4.8-34}$$

压缩系数为

$$\kappa = -\frac{1}{V}\left(\frac{\partial V}{\partial P}\right)_T \cong -\frac{1}{V}\frac{1}{\frac{\partial^2 E_0}{\partial V^2}} = \kappa_0 \tag{4.8-35}$$

式中我们略去了热振动对压缩系数的小贡献。

把式 (4.8-34) 代入热膨胀系数 $\alpha = \frac{1}{V}\left(\frac{\partial V}{\partial T}\right)_P$ 与压缩系数之间的关系，得

$$\frac{\alpha}{\kappa} = \left(\frac{\partial P}{\partial T}\right)_V = -\frac{\partial \ln T_\mathrm{D}}{\partial V}C_V = -\frac{\partial \ln \omega_\mathrm{D}}{\partial V}C_V \tag{4.8-36}$$

把式 (4.8-35) 代入式 (4.8-36) 得

$$\frac{\alpha}{C_V} \cong -\frac{\partial \ln \omega_\mathrm{D}}{\partial V}\kappa_0 = f(V) \tag{4.8-37}$$

即 $\frac{\alpha}{C_V}$ 近似与温度无关，称为格林艾森定律。

习　　题

1. 频率分布函数不使用德拜近似，而使用如下的近似：

$$g(\omega) = \begin{cases} \dfrac{V}{2\pi^2}\left(\dfrac{1}{C_\mathrm{L}^3} + \dfrac{2}{C_\mathrm{T}^3}\right)\omega^2\left(1 - \dfrac{\omega^2}{\omega_0^2}\right), & 0 \leqslant \omega \leqslant \omega_0 \\ 0, & \omega > \omega_0 \end{cases}$$

计算晶格热容量。

4.9　金属中的热电子发射

金属中的自由电子和周围的原子实之间存在库仑吸引作用，因此金属表面对自由电子具有束缚作用，电子脱离金属表面需要足够的动能。金属中的自由电子气体可以近似看成理想费米气体，根据费米分布，在有限温度下，存在一定数量的自由电子，其动能足够使其脱离金属表面，形成电子流，这就是理查逊 (Richardson) 效应。此外，如果光照射在金属的表面上，会有更多电子发射[16,18]。

4.9.1　热电子发射

为简单起见，我们引进简化的金属模型：传导电子在由金属离子所产生的恒定的负势 $-\chi$ 中自由运动，而且看成是独立粒子，如图 4.9.1 所示。则传导电子

的单粒子势能为

$$V_{\mathrm{ex}}(z) = \begin{cases} -\chi, & \text{金属内部} \\ 0, & \text{金属外部} \end{cases} \tag{4.9-1}$$

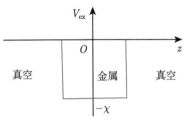

图 4.9.1 简化的金属模型

取传导电子在金属内部的最低能量为零，则单粒子能量为

$$\varepsilon = \begin{cases} \dfrac{p^2}{2m}, & \text{金属内部} \\ \dfrac{p^2}{2m} + \chi, & \text{金属外部} \end{cases} \tag{4.9-2}$$

传导电子的费米分布函数为

$$f = \begin{cases} \dfrac{1}{\mathrm{e}^{(p^2/2m-\mu)/k_{\mathrm{B}}T} + 1}, & \text{金属内部} \\ \dfrac{1}{\mathrm{e}^{(p^2/2m+\chi-\mu)/k_{\mathrm{B}}T} + 1}, & \text{金属外部} \end{cases} \tag{4.9-3}$$

一个传导电子要逃离金属表面，要求 $\dfrac{p_z^2}{2m} \geqslant \chi$，即

$$p_z \geqslant \sqrt{2m\chi} \tag{4.9-4}$$

单位时间内通过金属表面单位面积逸出的电子流为

$$\begin{aligned} J &= 2e\frac{1}{h^3} \int_{-\infty}^{\infty} \mathrm{d}p_x \int_{-\infty}^{\infty} \mathrm{d}p_y \int_{\sqrt{2m\chi}}^{\infty} \mathrm{d}p_z \frac{v_z}{\mathrm{e}^{(p^2/2m-\mu)/k_{\mathrm{B}}T} + 1} \\ &= 2ek_{\mathrm{B}}T\frac{1}{h^3} \int_{-\infty}^{\infty} \mathrm{d}p_x \int_{-\infty}^{\infty} \mathrm{d}p_y \ln\left[1 + \mathrm{e}^{-\left(p_x^2/2m + p_y^2/2m + \chi - \mu\right)/k_{\mathrm{B}}T}\right] \end{aligned} \tag{4.9-5}$$

因为 $\chi - \mu$ 的数量级为几电子伏，所以 $\mathrm{e}^{-(\chi-\mu)/k_{\mathrm{B}}T} \ll 1$，有

$$J \cong 2ek_{\mathrm{B}}T\frac{1}{h^3} \int_{-\infty}^{\infty} \mathrm{d}p_x \int_{-\infty}^{\infty} \mathrm{d}p_y \mathrm{e}^{-\left(p_x^2/2m + p_y^2/2m + \chi - \mu\right)/k_{\mathrm{B}}T}$$

$$= e\frac{4\pi m}{h^3}\left(k_{\mathrm{B}}T\right)^2 \mathrm{e}^{-(\chi-\mu)/k_{\mathrm{B}}T} \tag{4.9-6}$$

在金属外部

$$f = \frac{1}{\mathrm{e}^{(p^2/2m+\chi-\mu)/k_{\mathrm{B}}T}+1} \cong \mathrm{e}^{-\left(p^2/2m+\chi-\mu\right)/k_{\mathrm{B}}T} \tag{4.9-7}$$

为麦克斯韦分布。

4.9.2   光电发射

一旦一个电子接收一个能量为 $h\nu$ 的光子，则它的能量增加 $h\nu$，要逃离金属表面，要求 $\dfrac{p_z^2}{2m}+h\nu\geqslant\chi$，即

$$p_z\geqslant\sqrt{2m\left(\chi-h\nu\right)} \tag{4.9-8}$$

单位时间内通过金属表面单位面积逸出的电子流为

$$
\begin{aligned}
J &= 2e\frac{1}{h^3}\int_{-\infty}^{\infty}\mathrm{d}p_x\int_{-\infty}^{\infty}\mathrm{d}p_y\int_{\sqrt{2m(\chi-h\nu)}}^{\infty}\mathrm{d}p_z\frac{v_z}{\mathrm{e}^{(p^2/2m-\mu)/k_{\mathrm{B}}T}+1}\\
&= 2ek_{\mathrm{B}}T\frac{1}{h^3}\int_{-\infty}^{\infty}\mathrm{d}p_x\int_{-\infty}^{\infty}\mathrm{d}p_y\ln\left[1+\mathrm{e}^{-\left(p_x^2/2m+p_y^2/2m+\chi-h\nu-\mu\right)/k_{\mathrm{B}}T}\right]\\
&= e\frac{4\pi m}{h^3}\left(k_{\mathrm{B}}T\right)^2\int_0^{\infty}\mathrm{d}u\ln\left(1+\mathrm{e}^{-\Theta-u}\right) = e\frac{4\pi m}{h^3}\left(k_{\mathrm{B}}T\right)^2\int_0^{\infty}\mathrm{d}u\frac{u}{1+\mathrm{e}^{\Theta+u}}
\end{aligned}
\tag{4.9-9}
$$

式中，$u=\dfrac{p_x^2+p_y^2}{2mk_{\mathrm{B}}T}$，$\Theta=\dfrac{\chi-h\nu-\mu}{k_{\mathrm{B}}T}$。

如果 $\Theta\gg 1$，有 $\dfrac{1}{1+\mathrm{e}^{\Theta+u}}\cong\mathrm{e}^{-\Theta-u}$，代入式 (4.9-9) 得

$$J\cong e\frac{4\pi m}{h^3}\left(k_{\mathrm{B}}T\right)^2\mathrm{e}^{-\Theta} \tag{4.9-10}$$

如果 $-\Theta\gg 1$，有 $\mathrm{e}^{\Theta}\ll 1$，式 (4.9-9) 化为

$$
\begin{aligned}
J &= e\frac{4\pi m}{h^3}\left(k_{\mathrm{B}}T\right)^2\left[\int_0^{-\Theta}\mathrm{d}u\frac{u}{1+\mathrm{e}^{\Theta+u}}+\int_{-\Theta}^{\infty}\mathrm{d}u\frac{u}{1+\mathrm{e}^{\Theta+u}}\right]\\
&= e\frac{4\pi m}{h^3}\left(k_{\mathrm{B}}T\right)^2\left[\int_0^{-\Theta}\mathrm{d}u\frac{u}{1+\mathrm{e}^{\Theta+u}}+\int_0^{\infty}\mathrm{d}x\frac{x-\Theta}{1+\mathrm{e}^{x}}\right]\\
&= e\frac{4\pi m}{h^3}\left(k_{\mathrm{B}}T\right)^2\left[\frac{\pi^2}{12}-\Theta\ln 2+\sum_{n=0}^{\infty}(-1)^n\mathrm{e}^{\Theta n}\int_0^{-\Theta}\mathrm{d}u\mathrm{e}^{un}u\right]
\end{aligned}
$$

$$= e\frac{4\pi m}{h^3}\left(k_{\mathrm{B}}T\right)^2\left[\frac{\pi^2}{12} - \Theta\ln 2 + \frac{\Theta^2}{2} + \sum_{n=1}^{\infty}(-1)^n\left(-\frac{1 - \mathrm{e}^{\Theta n}}{n^2} - \frac{\Theta}{n}\right)\right]$$

$$\to e\frac{4\pi m}{h^3}\left(k_{\mathrm{B}}T\right)^2\frac{\Theta^2}{2} = e\frac{2\pi m}{h^3}\left(\chi - h\nu - \mu\right)^2 \tag{4.9-11}$$

与温度无关。

4.10 白矮星模型

年轻的恒星内部通过氢核聚变进行燃烧,将质量转变为能量,并产生光和热量。当恒星内部氢燃料消耗完后,一些恒星的内部热核反应就停止了,形成了质量约为一个太阳质量、半径约为 5000km、平均密度高达 $10^9\mathrm{kg/m}^3$ 的致密星体,仅靠残存的热量慢慢冷却。它的颜色呈白色、体积小,因此被命名为白矮星。白矮星是演化到末期的恒星。

白矮星的主要成分是氦,由于处于高温高压状态,氦原子被电离成氦原子核和电子。由于白矮星的温度远小于电子气体的费米温度,内部压强主要来自电子气体的量子简并压强,粒子之间的相互作用对压强的贡献可以忽略不计。白矮星的引力与量子简并压强处于稳定平衡状态,因此白矮星是一种稳定的星体[2]。

4.10.1 小质量的情形

设原子序数为 Z,原子核的电荷为 Ze、质量为 m_{n},电子质量为 m_{e},电子数密度为 n_{e},原子核数密度为 n_{n},白矮星的质量密度为 ρ。由于电中性,有

$$n_{\mathrm{e}} = Zn_{\mathrm{n}} \tag{4.10-1}$$

由于电子的质量远小于原子核的质量,星体的质量主要由原子核的质量组成,电子部分的质量可以忽略不计,使用式 (4.10-1) 得

$$\rho \cong n_{\mathrm{n}}m_{\mathrm{n}} = \frac{n_{\mathrm{e}}m_{\mathrm{n}}}{Z} = \frac{\rho_{\mathrm{e}}m_{\mathrm{n}}}{Zm_{\mathrm{e}}} \tag{4.10-2}$$

对于小质量的白矮星,其电子气体为非相对论性的。在零级近似下,可以把电子气体视为量子理想费米气体,使用式 (4.10-2) 和式 (4.5-9) 得量子简并压强

$$P = Kn_{\mathrm{e}}^{5/3} = K_1\rho^{5/3} \tag{4.10-3}$$

式中,$K = \dfrac{\hbar^2}{5m_{\mathrm{e}}}\left(3\pi^2\right)^{2/3}$,$K_1 = K\left(\dfrac{Z}{m_{\mathrm{n}}}\right)^{5/3}$。

使用流体静力学方程得

$$\frac{1}{\rho}\nabla P = \boldsymbol{g} = -\nabla\varphi = \frac{1}{\rho}\nabla\left(K_1\rho^{5/3}\right) = \nabla\left(\frac{5K_1}{2}\rho^{2/3}\right) \tag{4.10-4}$$

式中，$\boldsymbol{g} = -\nabla\varphi$ 为引力场强度；φ 为引力势。

使用式 (4.10-4) 得

$$-\varphi = \frac{5K_1}{2}\rho^{2/3} + C \tag{4.10-5}$$

式中，C 为常量。

把式 (4.10-5) 代入泊松方程 $\nabla^2\varphi = 4\pi G\rho$ 得

$$\frac{5}{2}K_1\frac{1}{r^2}\frac{\mathrm{d}}{\mathrm{d}r}\left(r^2\frac{\mathrm{d}\rho^{2/3}}{\mathrm{d}r}\right) = -4\pi G\rho \tag{4.10-6}$$

边界条件为 $\rho(R) = 0$，$\rho(0)$ 为有限。这里 R 为星体半径。

现在把式 (4.10-6) 写成无量纲形式。定义

$$\rho(r) = \left(\frac{5K_1}{8\pi GR^2}\right)^3\left[f\left(\frac{r}{R}\right)\right]^{3/2}, \quad \xi = r/R \tag{4.10-7}$$

式 (4.10-6) 化为

$$\frac{1}{\xi^2}\frac{\mathrm{d}}{\mathrm{d}\xi}\left(\xi^2\frac{\mathrm{d}f}{\mathrm{d}\xi}\right) = -f^{3/2} \tag{4.10-8}$$

使用式 (4.10-2)、式 (4.10-4) 和引力场高斯定理得

$$M(r) = \frac{r^2 g(r)}{G} = -\frac{r^2}{G\rho}\frac{\mathrm{d}P}{\mathrm{d}r} = -\frac{r^2}{G\rho}\frac{\mathrm{d}\left(K_1\rho^{5/3}\right)}{\mathrm{d}r} = -\frac{5K_1}{2G}\left(\frac{5K_1}{8\pi GR^2}\right)^2 R\xi^2\frac{\mathrm{d}f}{\mathrm{d}\xi}$$

$$\xrightarrow{r\to 0} \frac{4\pi r^3}{3}\rho(0) = \frac{4\pi R^3}{3}\rho(0)\xi^3 \tag{4.10-9}$$

所以边界条件为

$$f(1) = 0, \quad f'(0) = 0 \tag{4.10-10}$$

对式 (4.10-8) 作数值积分得

$$f(0) = 178.2, \quad f'(1) = -132.4 \tag{4.10-11}$$

使用式 (4.10-9) 得星体质量与半径之间的关系

$$R^3 M(R) = -\frac{5K_1}{2G}\left(\frac{5K_1}{8\pi G}\right)^2 f'(1) \tag{4.10-12}$$

4.10.2 最大质量的情形

白矮星的质量越大，其电子的运动速度越大。如果白矮星的质量足够大，则其电子气体为相对论性的。当白矮星的质量达到最大值时，其电子气体为极端相对论性的，容易求得量子简并压强

$$P = K_2 n_{\mathrm{e}}^{4/3} = K_3 \rho^{4/3} \tag{4.10-13}$$

式中，$K_2 = \dfrac{\hbar c}{4}\left(3\pi^2\right)^{1/3}$，$K_3 = K_2 \left(\dfrac{Z}{m_{\mathrm{n}}}\right)^{4/3}$。

把式 (4.10-13) 代入流体静力学方程得

$$\frac{1}{\rho}\nabla P = \boldsymbol{g} = -\nabla\varphi = \frac{1}{\rho}\nabla\left(K_3\rho^{4/3}\right) = \nabla\left(4K_3\rho^{1/3}\right) \tag{4.10-14}$$

给出

$$-\varphi = 4K_3\rho^{1/3} + C \tag{4.10-15}$$

式中，C 为常量。

把式 (4.10-15) 代入泊松方程 $\nabla^2\varphi = 4\pi G\rho$ 得

$$4K_3\frac{1}{r^2}\frac{\mathrm{d}}{\mathrm{d}r}\left(r^2\frac{\mathrm{d}\rho^{1/3}}{\mathrm{d}r}\right) = -4\pi G\rho \tag{4.10-16}$$

定义

$$\rho\left(r\right) = \left(\frac{K_3}{\pi G R^2}\right)^{3/2}\left[f\left(\frac{r}{R}\right)\right]^3, \quad \xi = r/R \tag{4.10-17}$$

式 (4.10-16) 化为无量纲形式

$$\frac{1}{\xi^2}\frac{\mathrm{d}}{\mathrm{d}\xi}\left(\xi^2\frac{\mathrm{d}f}{\mathrm{d}\xi}\right) = -f^3 \tag{4.10-18}$$

使用引力场高斯定理和式 (4.10-14) 得

$$M\left(r\right) = \frac{r^2 g\left(r\right)}{G} = -\frac{r^2}{G\rho}\frac{\mathrm{d}P}{\mathrm{d}r} = -\frac{r^2}{G\rho}\frac{\mathrm{d}\left(K_3\rho^{4/3}\right)}{\mathrm{d}r} = -4\pi\left(\frac{K_3}{\pi G}\right)^{3/2}\xi^2\frac{\mathrm{d}f}{\mathrm{d}\xi}$$

$$\xrightarrow{r\to 0} \frac{4\pi r^3}{3}\rho\left(0\right) = \frac{4\pi R^3}{3}\rho\left(0\right)\xi^3 \tag{4.10-19}$$

所以边界条件为

$$f\left(1\right) = 0, \quad f'\left(0\right) = 0 \tag{4.10-20}$$

把式 (4.10-18) 作数值积分得

$$f(0) = 6.897, \quad f'(1) = -2.018 \tag{4.10-21}$$

使用式 (4.10-19) 得星体质量

$$M(R) = -4\pi \left(\frac{K_3}{\pi G}\right)^{3/2} f'(1) = 3.09761 \left(\frac{\hbar c}{G}\right)^{3/2} \left(\frac{Z}{m_{\mathrm{n}}}\right)^2 \tag{4.10-22}$$

白矮星的主要成分是氦, 有 $m_{\mathrm{n}} = 2m_{\mathrm{p}}$, $Z = 2$, 代入式 (4.10-22) 得

$$M(R) = 3.09761 \left(\frac{\hbar c}{G}\right)^{3/2} m_{\mathrm{p}}^{-2} \cong 2.855 \times 10^{30}\mathrm{kg} = 1.435 M_{\odot} \tag{4.10-23}$$

我们看到, 白矮星的最大质量为太阳质量 $M_{\odot}(1M_{\odot} = 1.989 \times 10^{30}\mathrm{kg})$ 的 1.435 倍, 称为钱德拉塞卡极限 (Chandrasekhar limit)。

4.11　重原子的托马斯–费米统计模型

由于多电子原子中的电子之间存在库仑相互作用, 电子与电子之间的运动存在着关联, 薛定谔方程的直接求解很困难, 需要使用近似方法, 其中最重要的近似方法就是自洽场法。自洽场法的基本思想就是把原子中的每个电子都看成是在由原子核和其余电子产生的自洽场中运动。但自洽场法计算也是极其烦琐的。我们很多时候只需要对原子作数量级估计, 因此需要一种简单的近似方法, 这就是托马斯–费米统计模型 (Thomas-Fermi statistical model)[12]。

4.11.1　重原子的托马斯–费米近似

重原子由带正电 Ze 的原子核和核外的 Z 个电子构成。考虑原子核外的 Z 个电子, 把由原子核和所有电子产生的电场用一个平均场来代替, 忽略电子之间的相互作用, 各个电子在平均场中彼此独立地运动, 称为单电子近似或平均场近似或独立粒子近似。电子的单粒子能量为 $\frac{p^2}{2m} - e\varphi$, 这里 φ 为原子核和其余电子产生的平均电势。对于原子的基态, 由于不可能有多于一个的电子占据同一单粒子量子态, 为了使原子的能量达到最小值, 电子占据了从单粒子能级的最小值到某个最大值之间的所有单粒子量子态, 即电子的分布函数为

$$\bar{n}_{\boldsymbol{p}} = \begin{cases} 1, & \frac{p^2}{2m} - e\varphi \leqslant \mu \\ 0, & \frac{p^2}{2m} - e\varphi > \mu \end{cases} \tag{4.11-1}$$

总电子数为

$$\bar{N} = 2 \sum_{\boldsymbol{p}} \bar{n}_{\boldsymbol{p}} \tag{4.11-2}$$

式中，2 是电子的自旋简并因子。

由于复杂原子拥有大量的电子，其中的大多数电子具有比较大的主量子数，所以可以使用准经典近似，即

$$\bar{N} = 2 \sum_{\boldsymbol{p}} \bar{n}_{\boldsymbol{p}} = 2 \frac{1}{h^3} \int \mathrm{d}x\mathrm{d}y\mathrm{d}z\mathrm{d}p_x\mathrm{d}p_y\mathrm{d}p_z \bar{n}_{\boldsymbol{p}} = \int \mathrm{d}x\mathrm{d}y\mathrm{d}z n \tag{4.11-3}$$

得电子的数密度

$$n = 2 \frac{1}{h^3} \int \mathrm{d}p_x\mathrm{d}p_y\mathrm{d}p_z \bar{n}_{\boldsymbol{p}} = 2 \frac{4\pi}{h^3} \int_0^{\sqrt{2m(e\varphi+\mu)}} \mathrm{d}p p^2 = \frac{8\pi}{3h^3} \left[2m\left(e\varphi + \mu\right)\right]^{3/2} \tag{4.11-4}$$

这里考虑的是中性原子，在无穷远处 $r \to \infty$，有 $n \to 0$，$\varphi \to 0$，代入式 (4.11-4) 得 $\mu = 0$，所以电子的数密度为

$$n = \frac{8\pi}{3h^3} \left(2me\varphi\right)^{3/2} \tag{4.11-5}$$

电子的电荷密度为

$$\rho_{\mathrm{e}} = -en = -e \frac{8\pi}{3h^3} \left(2me\varphi\right)^{3/2} \tag{4.11-6}$$

把式 (4.11-6) 代入泊松方程 $\nabla^2 \varphi = -4\pi\rho_{\mathrm{e}}$ 得

$$\nabla^2 \varphi = \frac{32\pi^2 e}{3h^3} \left(2me\varphi\right)^{3/2} \tag{4.11-7}$$

由于电荷是球对称分布，式 (4.11-7) 化为

$$\frac{1}{r^2} \frac{\mathrm{d}}{\mathrm{d}r} \left(r^2 \frac{\mathrm{d}\varphi}{\mathrm{d}r}\right) = \frac{4e\left(2me\right)^{3/2}}{3\pi\hbar^3} \varphi^{3/2} \tag{4.11-8}$$

此即托马斯–费米方程。

为了把式 (4.11-8) 写成无量纲方程，我们注意到

$$\varphi\left(r\right) \xrightarrow{r \to 0} \frac{Ze}{r} \tag{4.11-9}$$

令

$$x = 2\left(\frac{4}{3\pi}\right)^{2/3} Z^{1/3} \frac{me^2}{\hbar^2} r, \quad \Phi(x) = \frac{r\varphi(r)}{Ze} \tag{4.11-10}$$

代入式 (4.11-8) 得

$$\frac{\mathrm{d}^2\Phi}{\mathrm{d}x^2} = \frac{\Phi^{3/2}}{x^{1/2}} \tag{4.11-11}$$

我们看到, 原子具有特征尺寸 $\dfrac{\hbar^2}{me^2 Z^{1/3}}$, 大部分电子的半径的数量级就是这个特征尺寸, 在这些区域, 托马斯–费米方程成立。在远离原子核和靠近原子核之处, 准经典近似失效, 因此托马斯–费米方程不成立。

使用 $r\varphi(r) \xrightarrow{r\to\infty} 0$, $\varphi(r) \xrightarrow{r\to 0} \dfrac{Ze}{r}$, 得边界条件

$$\Phi(0) = 1, \quad \Phi(\infty) = 0 \tag{4.11-12}$$

4.11.2 流体力学近似

现在我们证明, 重原子的托马斯–费米统计模型等效于流体力学近似。流体力学近似就是把原子核外的电子气体看成处于基态的无相互作用的不均匀理想费米气体, 其量子简并压强为

$$P = Kn^{5/3} \tag{4.11-13}$$

式中, $K = \dfrac{\hbar^2}{5m}\left(3\pi^2\right)^{2/3}$。

把式 (4.11-13) 代入电子气体的平衡方程 $\nabla P = \rho_e \boldsymbol{E}$, 得

$$\frac{1}{\rho_e}\nabla P = \boldsymbol{E} = -\nabla\varphi = \frac{1}{-en}\nabla\left(Kn^{5/3}\right) = -\nabla\left(\frac{5K}{2e}n^{2/3}\right)$$

得

$$\varphi = \frac{5K}{2e}n^{2/3} + C \tag{4.11-14}$$

式中, C 为常量。

在无穷远处 $r \to \infty$, 有 $n \to 0$, $\varphi \to 0$, 代入式 (4.11-14) 得

$$\varphi = \frac{5K}{2e}n^{2/3} \tag{4.11-15}$$

我们看到, 使用流体力学近似得到的电子的数密度与电势之间的关系式 (4.11-15) 与使用托马斯–费米近似得到的关系式 (4.11-5) 相同, 这就证明重原子的托马斯–费米统计模型等效于流体力学近似。

4.11.3　重原子的密度泛函理论

现在我们证明，重原子的流体力学近似可以表示为密度泛函理论。

在流体力学近似下，把原子核外的电子气体看成处于基态的无相互作用的不均匀理想费米气体，使用均匀理想费米气体的内能与压强之间的关系 $E = 3PV/2$ 得原子核外的电子气体的动能密度为 $3P/2$，总动能为

$$T\left[n\right] = \int \mathrm{d}^3r \frac{3}{2}P = \int \mathrm{d}^3r \frac{3}{2}K\left[n\left(r\right)\right]^{5/3} \tag{4.11-16}$$

总势能包括原子核与电子之间的势能之和以及电子之间的势能之和，因此总能量为

$$\begin{aligned}
E\left[n\right] &= \int \mathrm{d}^3r \frac{3}{2}K\left[n\left(r\right)\right]^{5/3} - \int \mathrm{d}^3r \frac{Ze^2 n\left(r\right)}{r} + \frac{1}{2}\int \mathrm{d}^3r \mathrm{d}^3r_1 \frac{n\left(r\right)n\left(r_1\right)e^2}{\left|r - r_1\right|} \\
&= \int \mathrm{d}^3r \left\{ \frac{3}{2}K\left[n\left(r\right)\right]^{5/3} - \frac{1}{2}\varphi\left(r\right)n\left(r\right)e \right\}
\end{aligned} \tag{4.11-17}$$

我们看到，总能量是电子的数密度的泛函。

约束条件为

$$\int \mathrm{d}^3r n\left(r\right) = N \tag{4.11-18}$$

原子的基态能最低，使用拉格朗日乘子法得

$$\delta E + \alpha \delta N = 0 = \int \mathrm{d}^3r \left\{ \frac{5}{2}K\left[n\left(r\right)\right]^{2/3} - e\varphi\left(r\right) + \alpha \right\}\delta n\left(r\right) \tag{4.11-19}$$

式中，α 为待定乘子。

式 (4.11-19) 化为

$$\frac{5}{2}K\left[n\left(r\right)\right]^{2/3} - e\varphi\left(r\right) + \alpha = 0 \tag{4.11-20}$$

式 (4.11-20) 与托马斯–费米统计近似得到的电子的数密度和电势之间的关系式 (4.11-4) 相同。

4.11.4　白矮星的密度泛函理论

现在我们证明，4.10 节的白矮星的理论也可以表示成为密度泛函理论。

1. 小质量的情形

白矮星的电子气体的总动能为

$$T[\rho] = \int \mathrm{d}^3r \frac{3}{2}P = \int \mathrm{d}^3r \frac{3}{2}K_1[\rho(r)]^{5/3} \tag{4.11-21}$$

忽略原子核与电子之间的势能以及电子之间的势能，总能量为

$$\begin{aligned}
E[\rho] &= \int \mathrm{d}^3r \frac{3}{2}K_1[\rho(r)]^{5/3} - \frac{1}{2}G \int \mathrm{d}^3r\mathrm{d}^3r_1 \frac{\rho(\boldsymbol{r})\rho(\boldsymbol{r}_1)}{|\boldsymbol{r}-\boldsymbol{r}_1|} \\
&= \int \mathrm{d}^3r \left\{ \frac{3}{2}K_1[\rho(r)]^{5/3} + \frac{1}{2}\varphi(r)\rho(r) \right\}
\end{aligned} \tag{4.11-22}$$

约束条件为

$$\int \mathrm{d}^3r\rho(r) = M \tag{4.11-23}$$

白矮星的能量最低，使用拉格朗日乘子法得

$$\delta E + \alpha \delta M = 0 = \int \mathrm{d}^3r \left\{ \frac{5}{2}K_1[\rho(r)]^{2/3} + \varphi(r) + \alpha \right\} \delta\rho(r) \tag{4.11-24}$$

式中，α 为待定乘子。

式 (4.11-24) 化为

$$\frac{5}{2}K_1[\rho(r)]^{2/3} + \varphi(r) + \alpha = 0 \tag{4.11-25}$$

式 (4.11-25) 与小质量白矮星理论得到的密度和引力势之间的关系式 (4.10-5) 相同。

2. 最大质量的情形

总能量为

$$\begin{aligned}
E[\rho] &= \int \mathrm{d}^3r \frac{3}{2}K_3[\rho(r)]^{4/3} - \frac{1}{2}G \int \mathrm{d}^3r\mathrm{d}^3r_1 \frac{\rho(\boldsymbol{r})\rho(\boldsymbol{r}_1)}{|\boldsymbol{r}-\boldsymbol{r}_1|} \\
&= \int \mathrm{d}^3r \left\{ \frac{3}{2}K_3[\rho(r)]^{4/3} + \frac{1}{2}\varphi(r)\rho(r) \right\}
\end{aligned} \tag{4.11-26}$$

约束条件为

$$\int \mathrm{d}^3r\rho(r) = M \tag{4.11-27}$$

白矮星的能量最低，使用拉格朗日乘子法得

$$\delta E + \alpha \delta M = 0 = \int \mathrm{d}^3 r \left\{ \frac{5}{2} K_3 \left[\rho(r) \right]^{1/3} + \varphi(r) + \alpha \right\} \delta \rho(r) \tag{4.11-28}$$

式中，α 为待定乘子。

式 (4.11-28) 化为

$$\frac{5}{2} K_3 \left[\rho(r) \right]^{1/3} + \varphi(r) + \alpha = 0 \tag{4.11-29}$$

式 (4.11-29) 与最大质量白矮星理论得到的密度和引力势之间的关系式 (4.10-15) 相同。

第 5 章　集团展开方法和密度分布函数方法

第 4 章我们研究了没有相互作用的理想气体，得到了严格解，但实际气体有相互作用，一般情况下没有严格解，因此需要发展一些近似方法。对于稀薄气体，可以使用集团展开方法。而对于稠密气体和液体，需要使用密度分布函数来研究。

5.1　经典集团展开

5.1.1　迈耶函数

考虑一经典气体，假设分子之间的相互作用为二体作用，哈密顿量 (Hamiltonian) 为

$$H = \sum_{i=1}^{N} \frac{\boldsymbol{p}_i^2}{2m} + \sum_{1 \leqslant i < j \leqslant N} \mathcal{U}_{ij} \tag{5.1-1}$$

式中，$\mathcal{U}_{ij} = \mathcal{U}(r_{ij})$ 为第 i 个分子和第 j 个分子之间的相互作用势能。

正则配分函数为

$$Q_N(V,T) = \frac{1}{N!h^{3N}} \int \mathrm{d}^3 p_1 \cdots \mathrm{d}^3 p_N \mathrm{d}^3 r_1 \cdots \mathrm{d}^3 r_N \exp(-\beta H) = \frac{1}{N!\lambda^{3N}} Z_N(V,T) \tag{5.1-2}$$

式中，$Z_N(V,T)$ 为位形积分 (configuration integral)：

$$\begin{aligned} Z_N(V,T) &= \int \mathrm{d}^3 r_1 \cdots \mathrm{d}^3 r_N \exp\left(-\beta \sum_{1 \leqslant i < j \leqslant N} \mathcal{U}_{ij}\right) \\ &= \int \mathrm{d}^3 r_1 \cdots \mathrm{d}^3 r_N \prod_{1 \leqslant i < j \leqslant N} (1 + f_{ij}) \end{aligned} \tag{5.1-3}$$

其中，$f_{ij} = \exp(-\beta \mathcal{U}_{ij}) - 1$，为迈耶 (Mayer) 函数 [40]。

由于实际分子之间的相互作用势能具有强排斥核和弱吸引尾巴，则在强排斥区域迈耶函数接近 -1；在弱排斥区域迈耶函数随分子间距的增加而增加，在稳定平衡位置处达到最大值；在弱吸引区域迈耶函数随分子间距的增加而减小，如图 5.1.1 所示。

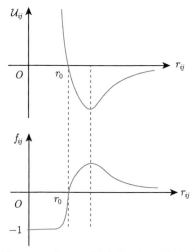

图 5.1.1 迈耶函数随分子间距的变化

在足够高的温度下有 $f_{ij} \cong -\beta\mathcal{U}_{ij} \ll 1$，可以作微扰展开 [4,18]：

$$Z_N(V,T) = \int \mathrm{d}^3 r_1 \cdots \mathrm{d}^3 r_N \left(1 + \sum f_{ij} + \sum f_{ij} f_{kl} + \cdots \right) \tag{5.1-4}$$

例如，

$$Z_2 = \int \mathrm{d}^3 r_1 \mathrm{d}^3 r_2 \left(1 + f_{12} \right)$$

$$Z_3 = \int \mathrm{d}^3 r_1 \mathrm{d}^3 r_2 \mathrm{d}^3 r_3 \left(1 + f_{12} + f_{13} + f_{23} + f_{12} f_{13} + f_{12} f_{23} + f_{13} f_{23} + f_{12} f_{13} f_{23} \right)$$

$$\tag{5.1-5}$$

5.1.2 展开项的图表示

现在引进图来表示展开式中的各项，例如，

$$\int \mathrm{d}^3 r_1 \cdots \mathrm{d}^3 r_8 \, f_{34} \, f_{68} =$$

$$\int \mathrm{d}^3 r_1 \cdots \mathrm{d}^3 r_8 \, f_{12} \, f_{14} \, f_{67} =$$

我们看到，每个图有 N 个圆圈，每个圆圈用不同数字 $i = 1, 2, \cdots, N$ 标记，如果被积函数含有 f_{ij}，则在 i 和 j 两个圆圈之间画一条连线。用图来表示式 (5.1-5)，得

$$Z_2 = \quad ① \quad ② \quad + \quad ① \!\!-\!\! ②$$

$$Z_3 = \cdots$$

我们看到，$Z_N(V,T)$ 为所有不同的 N-粒子图的贡献之和。

5.1.3　图的分解

考虑一种特殊的图，其中任意两个圆圈都有线直接或间接相连，这样的图称为集团 (cluster)。由 l 个圆圈组成的集团称为 l-集团 (l-cluster)，可划分为若干类，每一类都是相同的图，例如 3-集团 (3-cluster) 可划分为 4 类，如图 5.1.2 所示。

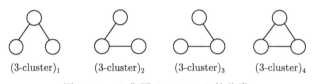

$(3\text{-cluster})_1$　　$(3\text{-cluster})_2$　　$(3\text{-cluster})_3$　　$(3\text{-cluster})_4$

图 5.1.2　3-集团 (3-cluster) 的分类

定义集团积分

$$
\begin{aligned}
b_l(V,T) &= \frac{1}{l!\lambda^{3(l-1)}V} \times \sum_\alpha (l\text{-cluster})_\alpha \\
&= \frac{1}{l!\lambda^{3(l-1)}V} \int \mathrm{d}^d r_1 \mathrm{d}^d r_2 \cdots \mathrm{d}^d r_l \sum_{l\text{-cluster}} \prod f_{ij}
\end{aligned}
\tag{5.1-6}
$$

例如，

$$b_1(V,\ T) = \frac{1}{V} \times \big[\,①\,\big] = 1$$

$$b_2(V,\ T) = \frac{1}{2\lambda^3 V} \times \big[\,①\!\!-\!\!②\,\big]$$

$$= \frac{1}{2\lambda^3 V} \int \mathrm{d}^3 r_1 \mathrm{d}^3 r_2\, f_{12} = \frac{2\pi}{\lambda^3} \int \mathrm{d}r\, r^2 f(r)$$

$$b_3(V,\ T) = \frac{1}{3!\lambda^6 V} \times \left[\quad + \quad + \quad + \quad \right]$$

$$= \frac{1}{6\lambda^6 V} \int \mathrm{d}^3 r_1 \mathrm{d}^3 r_2 \mathrm{d}^3 r_3 (f_{12}f_{13} + f_{12}f_{23} + f_{13}f_{23} + f_{12}f_{13}f_{23})$$

$$= 2b_2^2 + \frac{1}{6\lambda^6} \int \mathrm{d}^3 r_{12} \mathrm{d}^3 r_{13} f_{12} f_{13} f_{23}$$

集团的物理意义是: 在集团内部, 每一个分子至少与另一个分子处于分子相互作用范围之内; 在集团外部的所有分子与集团内部的所有分子处于分子相互作用范围之外。

集团积分可以用相对坐标来表示, 即

$$b_l (V,T) = \frac{1}{l! \lambda^{3(l-1)} V} \int \mathrm{d}^3 r_1 \mathrm{d}^3 r_{12} \mathrm{d}^3 r_{13} \cdots \mathrm{d}^3 r_{1l} \sum_{l\text{-cluster}} \prod f_{ij}$$

$$= \frac{1}{l! \lambda^{3(l-1)}} \int \mathrm{d}^3 r_{12} \mathrm{d}^3 r_{13} \cdots \mathrm{d}^3 r_{1l} \sum_{l\text{-cluster}} \prod f_{ij} \tag{5.1-7}$$

迈耶函数只有在分子的相互作用范围内才明显不为零, 因此当体积趋于无穷大时, $b_l (V,T)$ 趋于一个与体积无关的量, 即

$$\lim_{V \to \infty} b_l (V,T) = b_l (T) \tag{5.1-8}$$

一个 N-粒子图由许多集团组成, 其中 l-集团的数目为 m_l 个, 满足

$$\sum_{l=1}^{N} l m_l = N, \quad m_l = 0, 1, \cdots, N \tag{5.1-9}$$

5.1.4 集团分布的贡献

一个 N-粒子图确定一个分布 $\{m_l\}$; 反之不真, 即一个分布 $\{m_l\}$ 对应许多个 N-粒子图。设一个分布 $\{m_l\}$ 对应的许多个 N-粒子图的贡献之和为 $S\{m_l\}$, 那么

$$Z_N = \sum_{\{m_l\},\ \sum_{l=1}^{N} l m_l = N} S\{m_l\} \tag{5.1-10}$$

现在确定 $S\{m_l\}$。$S\{m_l\}$ 可以表示为

$$\begin{aligned}
S\{m_l\} = \sum_P &\left\{\underbrace{\Big[\bigcirc\Big]\ \cdots\ \Big[\bigcirc\Big]}_{m_1 个}\right\}\left\{\underbrace{\Big[\bigcirc\!\!-\!\!\bigcirc\Big]\ \cdots\ \Big[\bigcirc\!\!-\!\!\bigcirc\Big]}_{m_2 个}\right\}\\
\times &\left\{\underbrace{\Big[\ \Big]\Big[\ \Big]\Big[\ \Big]\ \cdots\ \Big[\ \Big]}_{m_3 个}\right\}\cdots
\end{aligned}$$

$$\tag{5.1-11}$$

式中，P 表示对图中 N 个圆圈中的不同数字 $1, 2, \cdots, N$ 进行置换，对 P 求和表示对置换所得到的各种不同的 N-粒子图的贡献求和。

设在 m_l 个 l-集团中第 α 类的数目为 $n_{l\alpha}$，那么

$$\sum_\alpha n_{l\alpha} = m_l \tag{5.1-12}$$

所以

$$S\{m_l\} = \sum_P \sum_{\{n_{l\alpha}\},\sum_\alpha n_{l\alpha}=m_l} \prod_l \prod_\alpha \big[(l\text{-cluster})_\alpha\big]^{n_{l\alpha}} \tag{5.1-13}$$

对 N 个圆圈中的不同数字 $1, 2, \cdots, N$ 进行置换，有 $N!$ 种不同的结果。既然对同一个 $(l\text{-cluster})_\alpha$ 中的 l 个圆圈中的数字交换给出相同的结果，而且相同的 $n_{l\alpha}$ 个 $(l\text{-cluster})_\alpha$ 彼此交换给出相同的结果，得

$$\begin{aligned}
S\{m_l\} &= N! \sum_{\{n_{l\alpha}\},\sum_\alpha n_{l\alpha}=m_l} \prod_l \prod_\alpha \frac{1}{(l!)^{n_{l\alpha}}\, n_{l\alpha}!} \big[(l\text{-cluster})_\alpha\big]^{n_{l\alpha}}\\
&= N! \sum_{\{n_{l\alpha}\},\sum_\alpha n_{l\alpha}=m_l} \prod_l \frac{1}{(l!)^{m_l}} \prod_\alpha \frac{1}{n_{l\alpha}!} \big[(l\text{-cluster})_\alpha\big]^{n_{l\alpha}}
\end{aligned} \tag{5.1-14}$$

式 (5.1-14) 中的求和和连乘积可以交换，并使用多项式定理，得

$$\begin{aligned}
S\{m_l\} &= N! \prod_l \frac{1}{(l!)^{m_l}} \sum_{\{n_{l\alpha}\},\sum_\alpha n_{l\alpha}=m_l} \prod_\alpha \frac{1}{n_{l\alpha}!} \big[(l\text{-cluster})_\alpha\big]^{n_{l\alpha}}\\
&= N! \prod_l \frac{1}{(l!)^{m_l}\, m_l!} \left[\sum_\alpha (l\text{-cluster})_\alpha\right]^{m_l}
\end{aligned}$$

$$= N! \prod_l \frac{1}{(l!)^{m_l} m_l!} \left[l! \lambda^{3(l-1)} V b_l \right]^{m_l} = N! \lambda^{3N} \prod_{l=1}^{N} \frac{1}{m_l!} \left(\frac{V b_l}{\lambda^3} \right)^{m_l} \quad (5.1\text{-}15)$$

把式 (5.1-15) 代入式 (5.1-10) 得

$$Z_N = \sum_{\{m_l\}, \sum_{l=1}^{N} l m_l = N} S\{m_l\} = N! \lambda^{3N} \sum_{\{m_l\}, \sum_{l=1}^{N} l m_l = N} \prod_{l=1}^{N} \frac{1}{m_l!} \left(\frac{V b_l}{\lambda^3} \right)^{m_l} \quad (5.1\text{-}16)$$

把式 (5.1-16) 代入式 (5.1-2) 得

$$Q_N = \sum_{\{m_l\}, \sum_{l=1}^{N} l m_l = N} \prod_{l=1}^{N} \frac{1}{m_l!} \left(\frac{V b_l}{\lambda^3} \right)^{m_l} \quad (5.1\text{-}17)$$

5.1.5 生成函数

约束求和 (5.1-17) 很复杂, 如同处理约束求和 (3.3-13) 一样, 需要引进生成函数以便消去约束求和, 即

$$\Xi(z, V, T) = \sum_{N=0}^{\infty} z^N Q_N(V, T) = \sum_{N=0}^{\infty} \sum_{\{m_l\}, \sum_{l=1}^{N} l m_l = N} \prod_{l=1}^{N} \frac{1}{m_l!} \left(\frac{z^l V b_l}{\lambda^3} \right)^{m_l}$$

$$= \sum_{m_1} \sum_{m_2} \cdots \sum_{m_l} \cdots \prod_{l=1}^{N} \frac{1}{m_l!} \left(\frac{z^l V b_l}{\lambda^3} \right)^{m_l} = \prod_{l=1}^{N} \sum_{m_l=0}^{\infty} \frac{1}{m_l!} \left(\frac{z^l V b_l}{\lambda^3} \right)^{m_l}$$

$$= \prod_{l=1}^{N} \exp \left(\frac{z^l V b_l}{\lambda^3} \right) = \exp \left(\frac{V}{\lambda^3} \sum_{l=1}^{\infty} b_l z^l \right) \quad (5.1\text{-}18)$$

得

$$\frac{\ln \Xi}{V} = \frac{1}{\lambda^3} \sum_{l=1}^{\infty} b_l z^l \quad (5.1\text{-}19)$$

使用巨正则系综的统计平均值公式 $PV = k_B T \ln \Xi$ 和 $N = z \dfrac{\partial \ln \Xi}{\partial z}$, 得迈耶级数

$$\frac{P}{k_B T} = \lim_{V \to \infty} \frac{\ln \Xi}{V} = \frac{1}{\lambda^3} \sum_{l=1}^{\infty} b_l z^l \quad (5.1\text{-}20)$$

$$\frac{N}{V} = \frac{1}{v} = \lim_{V \to \infty} \frac{z}{V} \frac{\partial \ln \Xi}{\partial z} = \frac{1}{\lambda^3} \sum_{l=1}^{\infty} l b_l z^l \quad (5.1\text{-}21)$$

5.1.6　位力展开

状态方程的位力展开为

$$\frac{Pv}{k_{\mathrm{B}}T} = \sum_{l=1}^{\infty} a_l\left(T\right)\left(\frac{\lambda^3}{v}\right)^{l-1} \tag{5.1-22}$$

式中，$a_l\left(T\right)$ 为位力系数 (virial coefficient)。

把式 (5.1-20) 和式 (5.1-21) 代入式 (5.1-22) 得

$$\sum_{l=1}^{\infty} a_l \left(\sum_{n=1}^{\infty} l b_n z^n\right)^{l-1} = \sum_{l=1}^{\infty} b_l z^l \tag{5.1-23}$$

将方程左边展开成 z 的幂级数，令方程两边 z 的幂级数的各自的同级系数相等得

$$a_1 = b_1 = 1, \quad a_2 = -b_2, \quad a_3 = 4b_2^2 - 2b_3, \quad a_4 = -20b_2^3 + 18b_2 b_3 - 3b_4, \quad \cdots \tag{5.1-24}$$

习　　题

1. 证明: 第三位力系数为

$$a_3 = 4b_2^2 - 2b_3 = -\frac{1}{3\lambda^6} \int \mathrm{d}^3 r_{12}\mathrm{d}^3 r_{13} f_{12} f_{13} f_{23}$$

2. 使用

$$\Xi\left(z,V,T\right) = \sum_{N=0}^{\infty} z^N Q_N\left(V,T\right) = \sum_{N=0}^{\infty} z^N \frac{1}{N!\lambda^{3N}} Z_N\left(V,T\right) = \exp\left(\frac{V}{\lambda^3}\sum_{l=1}^{\infty} b_l z^l\right)$$

证明:

$$b_1 = \frac{1}{V} Z_1 = 1, \quad b_2 = \frac{1}{2!\lambda^3 V}\left(Z_2 - Z_1^2\right), \quad b_3 = \frac{1}{3!\lambda^6 V}\left(Z_3 - 3Z_2 Z_1 + 2Z_1^3\right),$$

$$b_4 = \frac{1}{4!\lambda^9 V}\left(Z_4 - 4Z_3 Z_1 - 3Z_2^2 + 12Z_2 Z_1^2 - 6Z_1^4\right)$$

3. 在 4.4 节我们获得了理想玻色气体在气相的粒子数和压强的表达式

$$N = \frac{V}{\lambda^3} g_{3/2}\left(z\right), \quad P = \frac{k_{\mathrm{B}}T}{\lambda^3} g_{5/2}\left(z\right)$$

证明:

$$b_l = l^{-5/2}, \quad a_2 = -\frac{1}{4\sqrt{2}}, \quad a_3 = \frac{2}{9\sqrt{3}} - \frac{1}{8}, \quad a_4 = \frac{1}{2\sqrt{6}} - \frac{3}{32} - \frac{5}{32\sqrt{2}}$$

4. 证明: 理想玻色气体 (在气相) 和理想费米气体的热容量的位力展开公式均为

$$C_V = \frac{3}{2} N k_B \sum_{l=1}^{\infty} \frac{5-3l}{2} a_l \left(\frac{\lambda^3}{v}\right)^{l-1}$$

5. 在 4.6 节我们获得了理想费米气体的粒子数和压强的表达式

$$N = \frac{gV}{\lambda^3} f_{3/2}(z), \quad P = \frac{gk_B T}{\lambda^3} f_{5/2}(z)$$

证明:

$$b_l = g(-1)^{l-1} l^{-5/2}, \quad a_2 = \frac{g}{4\sqrt{2}},$$

$$a_3 = -\frac{2}{9\sqrt{3}} g + \frac{1}{8} g^2, \quad a_4 = -\frac{1}{2\sqrt{6}} g^2 + \frac{3}{32} g + \frac{5}{32\sqrt{2}} g^3$$

6. 已知硬球气体的状态方程为 Carnahan-Starling 方程

$$\frac{Pv}{k_B T} = \frac{1 + y + y^2 - y^3}{(1-y)^3}$$

式中, $y = \frac{\pi a^3}{6v}$, 这里 a 为硬球直径。

证明: 其位力系数为

$$a_l = \left(\frac{\pi a^3}{6\lambda^3}\right)^{l-1} (l-1)(l+2), \quad l \geqslant 2$$

5.2 正则配分函数的递推公式

迈耶集团展开方法是把 Q_N 的被积函数展开成各个迈耶函数的乘积之和, 积分后的每一项为一个 N-粒子图, 因此 Q_N 为所有不同的 N-粒子图之和。N-粒子图可以分解为许多更小的集团。通过计算集团分布的关系, 即可得到 Q_N。

迈耶集团展开方法的关键点之一就是考虑集团分布。有什么办法能够绕过集团分布而得到 Q_N 呢? 以下就是本书作者提出的方法 [41,42]。

该方法的基本思想为：既然每个 N-粒子图是由一个 n-集团和一个 $(N-n)$-粒子图组成的 $(n=1,2,\cdots,N)$，那么如果我们对所有可能的 n-集团和 $(N-n)$-粒子图求和，就可以得到 Q_N 的展开，不必考虑集团分布。

为了不遗漏所有可能的 n-集团和 $(N-n)$-粒子图，我们采用如下的方法，为 $\prod\limits_{1\leqslant i<j\leqslant N}(1+f_{ij})$ 选择一个合适的展开。N 个粒子的坐标可以分成两组 $\alpha_1^{(n)}$ 和 $\alpha_2^{(N-n)}$，即

$$\alpha_1^{(n)}=(\boldsymbol{r}_1,\boldsymbol{r}_2,\cdots,\boldsymbol{r}_n),\quad \alpha_2^{(N-n)}=(\boldsymbol{r}_{n+1},\boldsymbol{r}_{n+2},\cdots,\boldsymbol{r}_N) \tag{5.2-1}$$

被积函数可以写成两个因子之积，即

$$\prod_{1\leqslant i<j\leqslant N}(1+f_{ij})=\Delta_1^{(n)}\Delta_2^{(N-n)} \tag{5.2-2}$$

式中，

$$\Delta_2^{(N-n)}=\prod_{n+1\leqslant i<j\leqslant N}(1+f_{ij})=\Delta_2^{(N-n)}\left(\alpha_2^{(N-n)}\right) \tag{5.2-3}$$

即 $\Delta_2^{(N-n)}$ 只依赖于 $\alpha_2^{(N-n)}$ 的所有坐标。我们展开 $\Delta_1^{(n)}$ 并保留那些只依赖于 $\alpha_1^{(n)}$ 的所有坐标的项，即

$$\Gamma^{(n)}=\Gamma^{(n)}\left(\alpha_1^{(n)}\right) \tag{5.2-4}$$

这样 $\Gamma^{(n)}\Delta_2^{(N-n)}$ 对 $\alpha_1^{(n)}$ 和 $\alpha_2^{(N-n)}$ 的所有坐标的积分可以分开完成，即

$$\int \mathrm{d}^3r_1\cdots\mathrm{d}^3r_N\Gamma^{(n)}\Delta_2^{(N-n)}=\left[\int \mathrm{d}^3r_1\cdots\mathrm{d}^3r_n\Gamma^{(n)}\right]\left[\int \mathrm{d}^3r_{n+1}\cdots\mathrm{d}^3r_N\Delta_2^{(N-n)}\right] \tag{5.2-5}$$

既然 $\Gamma^{(n)}$ 的所有项只依赖于 $\alpha_1^{(n)}$ 的所有坐标，那么 $\Gamma^{(n)}$ 是所有可能的 n-集团的各个迈耶函数的乘积之和。因此把 $\Gamma^{(n)}$ 对 $\alpha_1^{(n)}$ 的所有坐标积分得相应的集团积分 b_n，即

$$\frac{1}{n!\lambda^{3(n-1)}V}\int \mathrm{d}^3r_1\cdots\mathrm{d}^3r_n\Gamma^{(n)}=b_n \tag{5.2-6}$$

把 $\Delta_2^{(N-n)}$ 对 $\alpha_2^{(N-n)}$ 的所有坐标积分后得相应的正则配分函数 Q_{N-n}，即

$$\frac{1}{(N-n)!\lambda^{3(N-n)}}\int \mathrm{d}^3r_{n+1}\cdots\mathrm{d}^3r_N\Delta_2^{(N-n)}=Q_{N-n} \tag{5.2-7}$$

我们看到 n 对应的展开项就是所有可能的这样的 N-粒子图之和，每个 N-粒子图是由一个 $(N-n)$-粒子图和一个 n-集团组成的。

现在我们详细完成这个展开。

对于 $n = 1$, 我们有

$$\alpha_1^{(1)} = (\boldsymbol{r}_1), \quad \alpha_2^{(N-1)} = (\boldsymbol{r}_2, \boldsymbol{r}_3, \cdots, \boldsymbol{r}_N) \tag{5.2-8}$$

以及

$$\Delta_1^{(1)} = \prod_{j=2}^{N} (1 + f_{1j}), \quad \Delta_2^{(N-1)} = \prod_{2 \leqslant i < j \leqslant N} (1 + f_{ij}) \tag{5.2-9}$$

在展开 $\Delta_1^{(1)}$ 之后, 得

$$\Gamma^{(1)} = 1 \tag{5.2-10}$$

这里我们选择 N 个粒子之一作为粒子 1, 而剩下的 $N-1$ 个粒子没有指定。所以 $n = 1$ 对应的展开项为

$$\frac{1}{N! \lambda^{3N}} \left[\int \mathrm{d}^3 r_1 \right] \left[\int \mathrm{d}^3 r_2 \cdots \mathrm{d}^3 r_N \prod_{2 \leqslant i < j \leqslant N} (1 + f_{ij}) \right] \tag{5.2-11}$$

对于 $n = 2$, 我们有

$$\alpha_1^{(2)} = (\boldsymbol{r}_1, \boldsymbol{r}_2), \quad \alpha_2^{(N-2)} = (\boldsymbol{r}_3, \boldsymbol{r}_4, \cdots, \boldsymbol{r}_N) \tag{5.2-12}$$

以及

$$\Delta_1^{(2)} = \left[\prod_{j=2}^{N} (1 + f_{1j}) \right] \left[\prod_{j=3}^{N} (1 + f_{2j}) \right], \quad \Delta_2^{(N-2)} = \prod_{3 \leqslant i < j \leqslant N} (1 + f_{ij}) \tag{5.2-13}$$

在展开 $\Delta_1^{(2)}$ 之后, 得

$$\Gamma^{(2)} = f_{12} \tag{5.2-14}$$

既然我们已经选择 N 个粒子之一作为粒子 1, 那么有 C_{N-1}^1 种方式选择剩下的 $N-1$ 个粒子作为粒子 2。所以 $n = 2$ 对应的展开项为

$$\frac{1}{N! \lambda^{3N}} C_{N-1}^1 \left[\int \mathrm{d}^3 r_1 \mathrm{d}^3 r_2 f_{12} \right] \left[\int \mathrm{d}^3 r_3 \cdots \mathrm{d}^3 r_N \prod_{3 \leqslant i < j \leqslant N} (1 + f_{ij}) \right] \tag{5.2-15}$$

我们看到, $n = 2$ 对应的展开项就是所有可能的这样的 N-粒子图之和, 每个 N-粒子图是由一个 $(N-2)$-粒子图和 C_{N-1}^1 个不同的 2-集团之一组成的。

对于 $n = 3$, 我们有

$$\alpha_1^{(3)} = (\boldsymbol{r}_1, \boldsymbol{r}_2, \boldsymbol{r}_3), \quad \alpha_2^{(N-3)} = (\boldsymbol{r}_4, \boldsymbol{r}_5, \cdots, \boldsymbol{r}_N) \tag{5.2-16}$$

以及

$$\Delta_1^{(3)} = \left[\prod_{j=2}^{N}(1+f_{1j})\right]\left[\prod_{j=3}^{N}(1+f_{2j})\right]\left[\prod_{j=4}^{N}(1+f_{3j})\right], \quad \Delta_2^{(N-3)} = \prod_{4\leqslant i<j\leqslant N}(1+f_{ij})$$

(5.2-17)

在展开 $\Delta_1^{(3)}$ 之后，得

$$\Gamma^{(3)} = f_{12}+f_{13}+f_{23}+f_{12}f_{13}+f_{12}f_{23}+f_{13}f_{23}+f_{12}f_{13}f_{23}$$

(5.2-18)

既然我们已经选择 N 个粒子之一作为粒子 1，那么有 C_{N-1}^2 种方式选择剩下的 $N-1$ 个粒子作为粒子 2 和粒子 3。所以 $n=3$ 对应的展开项为

$$\frac{1}{N!\lambda^{3N}}C_{N-1}^2\left[\int d^3r_1 d^3r_2 d^3r_3(f_{12}+f_{13}+f_{23}\right.$$

$$+f_{12}f_{13}+f_{12}f_{23}+f_{13}f_{23}+f_{12}f_{13}f_{23})\Big]$$

$$\times\left[\int d^3r_4\cdots d^3r_N\prod_{4\leqslant i<j\leqslant N}(1+f_{ij})\right]$$

(5.2-19)

我们看到，$n=3$ 对应的展开项就是所有可能的这样的 N-粒子图之和，每个 N-粒子图是由一个 $(N-3)$-粒子图和 C_{N-1}^2 个不同的 3-集团之一组成的。

以此类推，n 对应的展开项就是所有可能的这样的 N-粒子图之和，每个 N-粒子图是由一个 $(N-n)$-粒子图和 C_{N-1}^{n-1} 个不同的 n-集团之一组成的，即

$$\frac{1}{N!\lambda^{3N}}C_{N-1}^{n-1}\left[\int d^3r_1 d^3r_2\cdots d^3r_n\sum_{n\text{-cluster}}\prod f_{ij}\right]$$

$$\times\left[\int d^3r_{n+1}\cdots d^3r_N\prod_{n+1\leqslant i<j\leqslant N}(1+f_{ij})\right]$$

(5.2-20)

把所有这些展开项加起来，得递推公式

$$Q_N(V,T) = \sum_{n=1}^{N}\frac{1}{N!\lambda^{3N}}C_{N-1}^{n-1}\left[\int d^3r_1 d^3r_2\cdots d^3r_n\sum_{n\text{-cluster}}\prod f_{ij}\right]$$

$$\times\left[\int d^3r_{n+1}\cdots d^3r_N\prod_{n+1\leqslant i<j\leqslant N}(1+f_{ij})\right]$$

$$= \frac{V}{N\lambda^3}\sum_{n=1}^{N}nb_n Q_{N-n}$$

(5.2-21)

可以用位形积分表示为

$$Z_N = \frac{VN!}{N\lambda^3} \sum_{n=1}^{N} nb_n \frac{1}{(N-n)!} \lambda^{3n} Z_{N-n} \tag{5.2-22}$$

5.3 从正则系综推导迈耶级数

本书作者在文献 [41] 中指出，使用上面的正则配分函数的递推公式，可以获得迈耶级数，不必像迈耶展开方法那样使用巨正则系综。

使用 $F = -k_\text{B}T \ln Q_N$ 以及热力学方程 $\mathrm{d}F = -P\mathrm{d}V - S\mathrm{d}T + \mu\mathrm{d}N$，我们获得

$$\mu = -k_\text{B}T \left(\frac{\partial \ln Q_N}{\partial N} \right)_{V,T} \tag{5.3-1}$$

在热力学极限下有

$$\left(\frac{\partial^2 Q_N}{\partial N^2} \right)_{V,T} = \left[\left(\frac{-\mu}{k_\text{B}T} \right)^2 - \frac{1}{k_\text{B}T} \left(\frac{\partial \mu}{\partial N} \right)_{V,T} \right] Q_N \to \left(\frac{-\mu}{k_\text{B}T} \right)^2 Q_N \tag{5.3-2}$$

式中我们已经使用了 μ 是强度量这一事实，在热力学极限下有 $\left(\dfrac{\partial \mu}{\partial N} \right)_{V,T} \sim \dfrac{\mu}{N} \to 0$。

在热力学极限下我们逐级获得

$$\left(\frac{\partial^j Q_N}{\partial N^j} \right)_{V,T} \to \left(\frac{-\mu}{k_\text{B}T} \right)^j Q_N, \quad j = 1, 2, \cdots \tag{5.3-3}$$

以 n 为变量把 Q_{N-n} 作泰勒展开，并使用式 (5.3-3) 得

$$Q_{N-n} = Q_{N-n}(V, T, N-n) = Q_N + \sum_{j=1}^{\infty} \frac{1}{j!} \left(\frac{\partial^j Q_N}{\partial N^j} \right)_{V,T} (-n)^j$$

$$\to Q_N + Q_N \sum_{j=1}^{\infty} \frac{1}{j!} \left(\frac{-\mu}{k_\text{B}T} \right)^j (-n)^j = \mathrm{e}^{n\mu/k_\text{B}T} Q_N = z^n Q_N \tag{5.3-4}$$

把式 (5.3-4) 代入递推公式 (5.2-21)，得

$$\frac{N}{V} = \frac{1}{\lambda^3} \sum_{l=1}^{\infty} lb_l z^l \tag{5.3-5}$$

使用热力学方程 $N\mathrm{d}\mu = -S\mathrm{d}T + V\mathrm{d}P$ 得

$$\frac{N}{V} = \left(\frac{\partial P}{\partial \mu}\right)_T = \frac{z}{k_\mathrm{B}T}\left(\frac{\partial P}{\partial z}\right)_T \tag{5.3-6}$$

把式 (5.3-5) 代入式 (5.3-6)，并积分得

$$\frac{P}{k_\mathrm{B}T} = \frac{1}{\lambda^3}\sum_{l=1}^{\infty} b_l z^l \tag{5.3-7}$$

式 (5.3-5) 和式 (5.3-7) 即迈耶级数。

5.4　第二及第三位力系数的计算

5.4.1　硬球气体的第二位力系数的计算

分子之间的相互作用势能随着两个分子的接近而迅速增加，具有强排斥核。既然对液-固相变起主要作用的是分子之间的强排斥作用，吸引作用影响不大，则可以把吸引部分忽略不计，把强排斥核进一步简化为硬球，即

$$\mathcal{U}(r) = \begin{cases} \infty, & r \leqslant a \\ 0, & r > a \end{cases} \tag{5.4-1}$$

式中，a 为硬球直径。

显然，硬球模型是理想模型。硬球模型是统计物理中研究得最深入的模型之一 [43,44]。不要被硬球势的简单表达式迷惑，其除了一维情形有严格解，其他情形都没有严格解，到目前为止的进展就是计算出了若干低级位力系数，至今没有人严格证明流体-固体相变的存在，虽然计算机模拟证明其存在 [45,46]。

迈耶函数为

$$f(r) = \begin{cases} -1, & r \leqslant a \\ 0, & r > a \end{cases} \tag{5.4-2}$$

使用 d 维球的体积公式，d 维第二位力系数为

$$a_2 = -b_2 = -\frac{1}{2\lambda^d V}\int \mathrm{d}^d r_1 \mathrm{d}^d r_2 f_{12} = \frac{1}{2\lambda^d}\int_{r_{12}\leqslant a}\mathrm{d}^d r_{12} = \frac{1}{2\lambda^d}\frac{(\pi a^2)^{d/2}}{\Gamma(1+d/2)} \tag{5.4-3}$$

5.4.2 硬球气体的第三位力系数

第三位力系数为

$$a_3 = 4b_2^2 - 2b_3 = -\frac{1}{3\lambda^6}\int \mathrm{d}^3r_{12}\mathrm{d}^3r_{13}f_{12}f_{13}f_{23} \tag{5.4-4}$$

对于硬球势，把式 (5.4-2) 代入式 (5.4-4) 得

$$a_3 = \frac{1}{3\lambda^6}\int_{r_{12}<a,r_{23}<a,r_{13}<a} \mathrm{d}^3r_{12}\mathrm{d}^3r_{13} \tag{5.4-5}$$

为了计算上述积分，首先固定硬球 1 和 2 的位置 $(r_{12} < a)$，让硬球 3 取所有可能的位置，很明显，硬球 3 的球心位于分别以硬球 1 和 2 的球心为中心，以 a 为半径的两个球的公共部分内 [18]，得

$$a_3 = \frac{1}{3\lambda^6}\int_{r_{12}=0}^{a} \mathrm{d}^3r_{12}\left(\int' \mathrm{d}^3r_{13}\right) \tag{5.4-6}$$

式中，积分 $\int' \mathrm{d}^3r_{13}$ 等于这两个球的公共部分的体积，等于图 5.4.1 中的两个分别以硬球 1 和 2 的球心为中心，以 a 为半径的圆的公共部分绕线 12 转一圈所扫过的体积，所以

$$\int' \mathrm{d}^3r_{13} = \int_0^{\sqrt{a^2-(r_{12}/2)^2}}\left(2\sqrt{a^2-y^2}-r_{12}\right)2\pi y\mathrm{d}y = \frac{4\pi}{3}\left(a^3 - \frac{3a^2r_{12}}{4} + \frac{r_{12}^3}{16}\right) \tag{5.4-7}$$

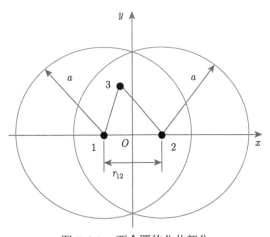

图 5.4.1 两个圆的公共部分

把式 (5.4-7) 代入式 (5.4-6)，得

$$a_3 = \frac{5\pi^2 a^6}{18\lambda^6} \tag{5.4-8}$$

5.4.3   傅里叶展开法

第三位力系数还可以使用傅里叶展开法计算 [6]。把 $f(r)$ 的傅里叶展开代入式 (5.4-4)，并使用 $\boldsymbol{r}_{23} = \boldsymbol{r}_3 - \boldsymbol{r}_2 = \boldsymbol{r}_{13} - \boldsymbol{r}_{12}$，得

$$a_3 = -\frac{1}{3\lambda^6} (2\pi)^{3/2} \int d^3 p \left[\tilde{f}(\boldsymbol{p}) \right]^2 \tilde{f}(-\boldsymbol{p}) \tag{5.4-9}$$

对于球对称分子，有 $\mathcal{U}(\boldsymbol{r}) = \mathcal{U}(r)$，$f(\boldsymbol{r}) = f(r)$，得

$$\tilde{f}(\boldsymbol{p}) = (2\pi)^{-3/2} \int d^3 r e^{i\boldsymbol{p}\cdot\boldsymbol{r}} f(r) = \left(\frac{2}{\pi}\right)^{1/2} \frac{1}{p} \int_0^\infty dr r f(r) \sin(pr) = \tilde{f}(p) \tag{5.4-10}$$

把式 (5.4-10) 代入式 (5.4-9) 得

$$a_3 = -\frac{1}{3\lambda^6} (2\pi)^{3/2} 4\pi \int_0^\infty dp p^2 \left[\tilde{f}(p) \right]^3 \tag{5.4-11}$$

对于硬球势，有

$$\tilde{f}(p) = -\left(\frac{2}{\pi}\right)^{1/2} \frac{1}{p} \int_0^a dr r \sin(pr) = -a^3 \frac{\mathrm{J}_{3/2}(ap)}{(ap)^{3/2}} \tag{5.4-12}$$

把式 (5.4-12) 代入式 (5.4-11)，得

$$a_3 = \frac{a^6}{3\lambda^6} (2\pi)^{3/2} 4\pi \int_0^\infty dx \frac{\left[\mathrm{J}_{3/2}(x)\right]^3}{x^{5/2}} = \frac{5}{8} a_2^2 \tag{5.4-13}$$

式中，$a_2 = \dfrac{2\pi a^3}{3\lambda^3}$。

5.4.4   范德瓦耳斯状态方程的推导

范德瓦耳斯使用了一些似乎是合理的论据获得了范德瓦耳斯状态方程，不过这些论据很难严格证实。现在我们使用统计物理推导该方程 [2]。

在 5.1 节，我们获得了气体状态方程的位力展开式 (5.1-22)。假设气体足够稀薄，可以保留最低级修正，得

$$\frac{Pv}{k_{\mathrm{B}}T} \cong 1 + a_2(T) \left(\frac{\lambda^3}{v}\right) \tag{5.4-14}$$

实际分子之间的相互作用势能具有强排斥核和弱吸引尾巴。我们把强排斥核简化为硬核，同时保留吸引部分，得

$$a_2 = -b_2 = \frac{2\pi}{\lambda^3} \int_0^{r_0} \mathrm{d}r r^2 + \frac{2\pi}{\lambda^3} \int_{r_0}^{\infty} \mathrm{d}r r^2 \left[1 - \mathrm{e}^{-\mathcal{U}(r)/k_\mathrm{B}T} \right] \tag{5.4-15}$$

对于弱吸引尾巴，在温度足够高时有 $\mathcal{U}(r)/k_\mathrm{B}T \ll 1$，因此有 $1 - \mathrm{e}^{-\mathcal{U}(r)/k_\mathrm{B}T} \cong \mathcal{U}(r)/k_\mathrm{B}T$，代入式 (5.4-15) 得

$$a_2 \cong \frac{2\pi r_0^3}{3\lambda^3} + \frac{2\pi}{\lambda^3 k_\mathrm{B}T} \int_{r_0}^{\infty} \mathrm{d}r r^2 \mathcal{U}(r) = \frac{1}{\lambda^3} \left(b - \frac{a}{k_\mathrm{B}T} \right) \tag{5.4-16}$$

式中，

$$b = \frac{2\pi r_0^3}{3}, \quad a = -2\pi \int_{r_0}^{\infty} \mathrm{d}r r^2 \mathcal{U}(r) \sim -r_0^3 \mathcal{U}(2r_0) \ll b k_\mathrm{B}T \tag{5.4-17}$$

b 为分子体积的四倍。

把式 (5.4-16) 代入式 (5.4-14)，得

$$\frac{Pv}{k_\mathrm{B}T} \cong 1 + \frac{1}{v} \left(b - \frac{a}{k_\mathrm{B}T} \right) \tag{5.4-18}$$

假设气体足够稀薄，每个分子平均占据体积远大于分子体积，即 $\frac{b}{v} \ll 1$。假设温度足够高，分子势能的吸引部分远小于 $k_\mathrm{B}T$，即 $\frac{a}{vk_\mathrm{B}T} \ll \frac{a}{bk_\mathrm{B}T} \ll 1$，因此有

$$1 + \frac{1}{v} \left(b - \frac{a}{k_\mathrm{B}T} \right) \cong \left(1 - \frac{b}{v} \right)^{-1} \left(1 + \frac{a}{vk_\mathrm{B}T} \right)^{-1} \tag{5.4-19}$$

把式 (5.4-19) 代入式 (5.4-18) 得

$$\frac{Pv}{k_\mathrm{B}T} \left(1 - \frac{b}{v} \right) \left(1 + \frac{a}{vk_\mathrm{B}T} \right) = \frac{\left(P + \frac{Pa}{vk_\mathrm{B}T} \right)(v - b)}{k_\mathrm{B}T} \cong 1 \tag{5.4-20}$$

由于 $\frac{Pa}{vk_\mathrm{B}T} \ll P$，所以式 (5.4-20) 中的 $\frac{Pa}{vk_\mathrm{B}T}$ 中的 P 可以用零级项 $P \cong \frac{k_\mathrm{B}T}{v}$ 代替，即 $\frac{Pa}{vk_\mathrm{B}T} \cong \frac{a}{v^2}$，代入式 (5.4-20) 得范德瓦耳斯状态方程

$$\left(P + \frac{a}{v^2} \right)(v - b) = k_\mathrm{B}T \tag{5.4-21}$$

式中，$\dfrac{a}{v^2}$ 可以解释为由分子相互吸引引起的对压强的修正量；b 可以解释为由分子的体积引起的对每个分子平均占据体积的修正量。

我们看到，范德瓦耳斯状态方程成立的条件是，气体足够稀薄以至于每个分子平均占据体积远大于分子体积，而且温度足够高，分子势能的吸引部分远小于 $k_{\mathrm{B}}T$。

习　题

1. 计算方阱势 (其排斥部分简化为硬核，吸引部分简化为恒定值，而且当分子间距大于一定值时，势能为零) 的第二位力系数。

2. 伦纳德–琼斯 (Lennard-Jones) 势为

$$\mathcal{U}\left(r\right) = 4\varepsilon\left[\left(\frac{\sigma}{r}\right)^{12} - \left(\frac{\sigma}{r}\right)^{6}\right]$$

式中，ε 和 σ 为常量。

证明：伦纳德–琼斯势的第二位力系数为

$$
\begin{aligned}
a_2 = -b_2 &= \frac{8\pi\sigma^3}{3\lambda^3\tilde{T}} \int_0^\infty \mathrm{d}x\, x^2 \left(12x^{-12} - 6x^{-6}\right) \exp\left[-\frac{4}{\tilde{T}}\left(x^{-12} - x^{-6}\right)\right] \\
&= \frac{16\pi\sigma^3}{3\lambda^3\tilde{T}} \int_0^\infty \mathrm{d}u \left(2u^2 - 1\right) \exp\left[-\frac{4}{\tilde{T}}\left(u^4 - u^3\right)\right] \\
&= \frac{\pi\sigma^3}{6\lambda^3\tilde{T}} \sum_{n=0}^\infty \frac{1}{n!}\left(\frac{4}{\tilde{T}}\right)^{\frac{2n+1}{4}} \Gamma\left(\frac{2n-1}{4}\right)
\end{aligned}
$$

式中，$\tilde{T} = k_{\mathrm{B}}T/\varepsilon$，$x = r/\sigma$，$u = 1/x^3$。

3. 把伦纳德–琼斯势的排斥部分简化为硬核，即为萨瑟兰 (Sutherland) 势

$$\mathcal{U}(r) = \begin{cases} \infty, & r \leqslant \sigma \\ -4\varepsilon\left(\dfrac{\sigma}{r}\right)^6, & r > \sigma \end{cases}$$

式中，ε 为常量。

计算萨瑟兰势的第二位力系数。

4. 一种气体具有

$$f\left(r\right) = \exp\left(-\alpha r^2\right)$$

式中，$\alpha > 0$ 为常量。

计算第二和第三位力系数。

5. 对于二维硬盘气体，用积分法计算证明：

$$a_3 = \frac{1}{3\lambda^4} \int\limits_{r_{12}<a, r_{23}<a, r_{13}<a} \mathrm{d}^2 r_{12} \mathrm{d}^2 r_{13} = \left(\frac{4}{3} - \frac{\sqrt{3}}{\pi}\right) a_2^2$$

式中，$a_2 = \dfrac{\pi a^2}{2\lambda^2}$。

6. 对于一维硬棒气体，用积分法计算证明：

$$a_3 = \frac{1}{3\lambda^2} \int\limits_{|x_{12}|<a, |x_{23}|<a, |x_{13}|<a} \mathrm{d}x_{12}\mathrm{d}x_{13} = \frac{a^2}{\lambda^2}$$

7. 使用傅里叶展开法计算一维硬棒气体的第三位力系数。

8. 分别计算方阱势和萨瑟兰势对应的范德瓦耳斯方程的参量 a 和 b。

5.5 量子集团展开

卡恩 (B. Kahn) 和乌伦贝克 (G. E. Uhlenbeck)[47] 针对量子系统发展了类似于经典集团展开的展开。

考虑由 N 个相同粒子组成的系统，系统的哈密顿算符为 [4,18]

$$\hat{H} = -\frac{\hbar^2}{2m} \sum_{i=1}^{N} \nabla_i^2 + \sum_{1 \leqslant i < j \leqslant N} \mathcal{U}(r_{ij}) \tag{5.5-1}$$

其能量本征值方程为

$$\hat{H}\Phi_\alpha = E_\alpha \Phi_\alpha \tag{5.5-2}$$

$\{\Phi_\alpha\}$ 构成了一个正交归一的完备集。

定义未归一化的坐标表象里的密度矩阵

$$\langle r_1', \cdots, r_N'| \hat{W}_N | r_1, \cdots, r_N \rangle = Q_N N! \lambda^{3N} \langle r_1', \cdots, r_N'| \hat{\rho} | r_1, \cdots, r_N \rangle$$

$$= N! \lambda^{3N} \sum_\alpha \Phi_\alpha(r_1', \cdots, r_N') \Phi_\alpha^*(r_1, \cdots, r_N) \mathrm{e}^{-\beta E_\alpha} \tag{5.5-3}$$

式中，$\hat{\rho}$ 为正则系综里的密度算符。

正则配分函数可以用对角矩阵元来表示：

$$Q_N(V,T) = \frac{1}{N!\lambda^{3N}} \int \mathrm{d}^3 r_1 \cdots \mathrm{d}^3 r_N W_N(r_1, \cdots, r_N) = \frac{1}{N!\lambda^{3N}} \mathrm{Tr}\left(\hat{W}_N\right) \tag{5.5-4}$$

矩阵元具有如下性质。

(1) 单粒子矩阵元为 (参考 3.4 节例 2)

$$\langle \boldsymbol{r}_1' | \hat{W}_1 | \boldsymbol{r}_1 \rangle = Q_1 \lambda^3 \langle \boldsymbol{r}_1' | \hat{\rho} | \boldsymbol{r}_1 \rangle = \exp\left[-\pi \left(\boldsymbol{r}_1' - \boldsymbol{r}_1 \right)^2 / \lambda^2 \right] \tag{5.5-5}$$

(2) 不管波函数 Φ_α 的对称性质如何，概率密度算符的对角矩阵元 $\langle \boldsymbol{r}_1, \cdots, \boldsymbol{r}_N | \hat{W}_N | \boldsymbol{r}_1, \cdots, \boldsymbol{r}_N \rangle$ 相对于粒子位置 $(\boldsymbol{r}_1, \cdots, \boldsymbol{r}_N)$ 的置换总是对称的。这是因为

$$\langle \boldsymbol{r}_1, \cdots, \boldsymbol{r}_N | \hat{W}_N | \boldsymbol{r}_1, \cdots, \boldsymbol{r}_N \rangle = N! \lambda^{3N} \sum_\alpha |\Phi_\alpha \left(\boldsymbol{r}_1, \cdots, \boldsymbol{r}_N \right)|^2 e^{-\beta E_\alpha} \tag{5.5-6}$$

根据量子力学的同类粒子的不可分辨性原理，概率密度 $|\Phi_\alpha \left(\boldsymbol{r}_1, \cdots, \boldsymbol{r}_N \right)|^2$ 相对于粒子位置 $(\boldsymbol{r}_1, \cdots, \boldsymbol{r}_N)$ 的置换保持不变。

(3) 在集合 $\{\Phi_\alpha\}$ 的幺正变换下，对角矩阵元 $\langle \boldsymbol{r}_1, \cdots, \boldsymbol{r}_N | \hat{W}_N | \boldsymbol{r}_1, \cdots, \boldsymbol{r}_N \rangle$ 保持不变。

(4) 假定坐标 $(\boldsymbol{r}_1, \cdots, \boldsymbol{r}_N)$ 可以分成两个组 A 和 B，$\boldsymbol{r}_i \in A$，$\boldsymbol{r}_j \in B$，$|\boldsymbol{r}_i - \boldsymbol{r}_j|$ 远大于 λ 和二体势的有效范围，此时这两个子系统是统计上近似独立的，没有量子衍射发生，存在各自的密度矩阵，整个系统的密度矩阵等于两个子系统的密度矩阵之积，即

$$W_N \left(\boldsymbol{r}_1, \cdots, \boldsymbol{r}_N \right) \cong W_A (A) W_A (B) \tag{5.5-7}$$

对 $N = 2$，当 $|\boldsymbol{r}_1 - \boldsymbol{r}_2| \to \infty$ 时，有

$$\lim_{|\boldsymbol{r}_1 - \boldsymbol{r}_2| \to \infty} W_2 \left(\boldsymbol{r}_1, \boldsymbol{r}_2 \right) \cong W_1 \left(\boldsymbol{r}_1 \right) W_1 \left(\boldsymbol{r}_2 \right) \tag{5.5-8}$$

对于有限的间距，需要考虑两个粒子之间的关联，式 (5.5-8) 修正为

$$W_2 \left(\boldsymbol{r}_1, \boldsymbol{r}_2 \right) = W_1 \left(\boldsymbol{r}_1 \right) W_1 \left(\boldsymbol{r}_2 \right) + U_2 \left(\boldsymbol{r}_1, \boldsymbol{r}_2 \right) \tag{5.5-9}$$

式中，$U_2 \left(\boldsymbol{r}_1, \boldsymbol{r}_2 \right)$ 表示两个粒子之间的关联，满足

$$\lim_{|\boldsymbol{r}_1 - \boldsymbol{r}_2| \to \infty} U_2 \left(\boldsymbol{r}_1, \boldsymbol{r}_2 \right) \to 0 \tag{5.5-10}$$

量 $U_2 \left(\boldsymbol{r}_1, \boldsymbol{r}_2 \right) \to 0$ 类似于经典迈耶函数 f_{12}。

定义

$$\langle \boldsymbol{r}_1' | \hat{W}_1 | \boldsymbol{r}_1 \rangle = \langle \boldsymbol{r}_1' | \hat{U}_1 | \boldsymbol{r}_1 \rangle,$$

$$\langle \boldsymbol{r}_1', \boldsymbol{r}_2' | \hat{W}_2 | \boldsymbol{r}_1, \boldsymbol{r}_2 \rangle = \langle \boldsymbol{r}_1' | \hat{U}_1 | \boldsymbol{r}_1 \rangle \langle \boldsymbol{r}_2' | \hat{U}_1 | \boldsymbol{r}_2 \rangle + \langle \boldsymbol{r}_1', \boldsymbol{r}_2' | \hat{U}_2 | \boldsymbol{r}_1, \boldsymbol{r}_2 \rangle,$$

$$\langle \boldsymbol{r}_1', \boldsymbol{r}_2', \boldsymbol{r}_3' | \hat{W}_3 | \boldsymbol{r}_1, \boldsymbol{r}_2, \boldsymbol{r}_3 \rangle$$

$$= \langle \boldsymbol{r}_1' | \hat{U}_1 | \boldsymbol{r}_1 \rangle \langle \boldsymbol{r}_2' | \hat{U}_1 | \boldsymbol{r}_2 \rangle \langle \boldsymbol{r}_3' | \hat{U}_1 | \boldsymbol{r}_3 \rangle + \langle \boldsymbol{r}_1' | \hat{U}_1 | \boldsymbol{r}_1 \rangle \langle \boldsymbol{r}_2', \boldsymbol{r}_3' | \hat{U}_2 | \boldsymbol{r}_2, \boldsymbol{r}_3 \rangle$$

$$+ \langle \boldsymbol{r}_2' | \hat{U}_1 | \boldsymbol{r}_2 \rangle \langle \boldsymbol{r}_1', \boldsymbol{r}_3' | \hat{U}_2 | \boldsymbol{r}_1, \boldsymbol{r}_3 \rangle + \langle \boldsymbol{r}_3' | \hat{U}_1 | \boldsymbol{r}_3 \rangle \langle \boldsymbol{r}_1', \boldsymbol{r}_2' | \hat{U}_2 | \boldsymbol{r}_1, \boldsymbol{r}_2 \rangle$$

$$+ \langle \boldsymbol{r}_1', \boldsymbol{r}_2', \boldsymbol{r}_3' | \hat{U}_3 | \boldsymbol{r}_1, \boldsymbol{r}_2, \boldsymbol{r}_3 \rangle \tag{5.5-11}$$

以此类推。

对角矩阵元为

$$W_1\left(\boldsymbol{r}_1\right) = U_1\left(\boldsymbol{r}_1\right), \quad W_2\left(\boldsymbol{r}_1, \boldsymbol{r}_2\right) = U_1\left(\boldsymbol{r}_1\right) U_1\left(\boldsymbol{r}_2\right) + U_2\left(\boldsymbol{r}_1, \boldsymbol{r}_2\right),$$

$$W_3\left(\boldsymbol{r}_1, \boldsymbol{r}_2, \boldsymbol{r}_3\right) = U_1\left(\boldsymbol{r}_1\right) U_1\left(\boldsymbol{r}_2\right) U_1\left(\boldsymbol{r}_3\right) + U_1\left(\boldsymbol{r}_1\right) U_2\left(\boldsymbol{r}_2, \boldsymbol{r}_3\right)$$

$$+ U_1\left(\boldsymbol{r}_2\right) U_2\left(\boldsymbol{r}_1, \boldsymbol{r}_3\right) + U_1\left(\boldsymbol{r}_3\right) U_2\left(\boldsymbol{r}_1, \boldsymbol{r}_2\right) + U_3\left(\boldsymbol{r}_1, \boldsymbol{r}_2, \boldsymbol{r}_3\right) \tag{5.5-12}$$

一般情况下有

$$W_N\left(\boldsymbol{r}_1, \cdots, \boldsymbol{r}_N\right) = \sum_{\{m_l\},\, \sum\limits_{l=1}^{N} l m_l = N} \sum_P \underbrace{[U_1\left(\ \right) \cdots U_1\left(\ \right)]}_{m_1} \cdots \underbrace{[U_l\left(\ \right) \cdots U_l\left(\ \right)]}_{m_l} \cdots \tag{5.5-13}$$

式中,在所有空白括号里填充的自变量是坐标 $(\boldsymbol{r}_1, \cdots, \boldsymbol{r}_N)$, 即 $(\ ), \cdots, (\ ) = (\boldsymbol{r}_1, \cdots, \boldsymbol{r}_N)$; P 表示对各个空白括号中的坐标 $(\boldsymbol{r}_1, \cdots, \boldsymbol{r}_N)$ 进行置换。

逆关系为

$$\langle \boldsymbol{r}_1' | \hat{U}_1 | \boldsymbol{r}_1 \rangle = \langle \boldsymbol{r}_1' | \hat{W}_1 | \boldsymbol{r}_1 \rangle,$$

$$\langle \boldsymbol{r}_1', \boldsymbol{r}_2' | \hat{U}_2 | \boldsymbol{r}_1, \boldsymbol{r}_2 \rangle = \langle \boldsymbol{r}_1', \boldsymbol{r}_2' | \hat{W}_2 | \boldsymbol{r}_1, \boldsymbol{r}_2 \rangle - \langle \boldsymbol{r}_1' | \hat{W}_1 | \boldsymbol{r}_1 \rangle \langle \boldsymbol{r}_2' | \hat{W}_1 | \boldsymbol{r}_2 \rangle,$$

$$\langle \boldsymbol{r}_1', \boldsymbol{r}_2', \boldsymbol{r}_3' | \hat{U}_3 | \boldsymbol{r}_1, \boldsymbol{r}_2, \boldsymbol{r}_3 \rangle$$

$$= \langle \boldsymbol{r}_1', \boldsymbol{r}_2', \boldsymbol{r}_3' | \hat{W}_3 | \boldsymbol{r}_1, \boldsymbol{r}_2, \boldsymbol{r}_3 \rangle - \langle \boldsymbol{r}_1' | \hat{W}_1 | \boldsymbol{r}_1 \rangle \langle \boldsymbol{r}_2', \boldsymbol{r}_3' | \hat{W}_2 | \boldsymbol{r}_2, \boldsymbol{r}_3 \rangle$$

$$- \langle \boldsymbol{r}_2' | \hat{W}_1 | \boldsymbol{r}_2 \rangle \langle \boldsymbol{r}_1', \boldsymbol{r}_3' | \hat{W}_2 | \boldsymbol{r}_1, \boldsymbol{r}_3 \rangle - \langle \boldsymbol{r}_3' | \hat{W}_1 | \boldsymbol{r}_3 \rangle \langle \boldsymbol{r}_1', \boldsymbol{r}_2' | \hat{W}_2 | \boldsymbol{r}_1, \boldsymbol{r}_2 \rangle$$

$$+ 2 \langle \boldsymbol{r}_1' | \hat{W}_1 | \boldsymbol{r}_1 \rangle \langle \boldsymbol{r}_2' | \hat{W}_1 | \boldsymbol{r}_2 \rangle \langle \boldsymbol{r}_3' | \hat{W}_1 | \boldsymbol{r}_3 \rangle \tag{5.5-14}$$

对角矩阵元为

$$U_1\left(\boldsymbol{r}_1\right) = W_1\left(\boldsymbol{r}_1\right), \quad U_2\left(\boldsymbol{r}_1, \boldsymbol{r}_2\right) = W_2\left(\boldsymbol{r}_1, \boldsymbol{r}_2\right) - W_1\left(\boldsymbol{r}_1\right) W_1\left(\boldsymbol{r}_2\right)$$

$$U_3\left(\boldsymbol{r}_1,\boldsymbol{r}_2,\boldsymbol{r}_3\right)=W_3\left(\boldsymbol{r}_1,\boldsymbol{r}_2,\boldsymbol{r}_3\right)-W_1\left(\boldsymbol{r}_1\right)W_2\left(\boldsymbol{r}_2,\boldsymbol{r}_3\right)$$
$$-W_1\left(\boldsymbol{r}_2\right)W_2\left(\boldsymbol{r}_1,\boldsymbol{r}_3\right)-W_1\left(\boldsymbol{r}_3\right)W_2\left(\boldsymbol{r}_1,\boldsymbol{r}_2\right)$$
$$+2W_1\left(\boldsymbol{r}_1\right)W_1\left(\boldsymbol{r}_2\right)W_1\left(\boldsymbol{r}_3\right)\tag{5.5-15}$$

我们看到，$U_l\left(\boldsymbol{r}_1,\cdots,\boldsymbol{r}_l\right)$ 由所有 $W_n\left(\boldsymbol{r}_1,\cdots,\boldsymbol{r}_n\right)\left(n\leqslant l\right)$ 所决定，所以是坐标 $\left(\boldsymbol{r}_1,\cdots,\boldsymbol{r}_l\right)$ 的对称函数。根据式 (5.5-7)，当 $|\boldsymbol{r}_i-\boldsymbol{r}_j|\to\infty$ 时，满足

$$\lim_{|\boldsymbol{r}_i-\boldsymbol{r}_j|\to\infty}U_l\left(\boldsymbol{r}_1,\cdots,\boldsymbol{r}_l\right)\to 0\tag{5.5-16}$$

式中，$\boldsymbol{r}_i,\boldsymbol{r}_j\in\left(\boldsymbol{r}_1,\cdots,\boldsymbol{r}_l\right)$。

定义集团积分

$$b_l\left(V,T\right)=\frac{1}{l!\lambda^{3(l-1)}V}\int\mathrm{d}^3r_1\cdots\mathrm{d}^3r_lU_l\left(\boldsymbol{r}_1,\cdots,\boldsymbol{r}_l\right)\tag{5.5-17}$$

有

$$\lim_{V\to\infty}b_l\left(V,T\right)=b_l\left(T\right)\tag{5.5-18}$$

把式 (5.5-13) 代入式 (5.5-4)，得

$$Q_N\left(V,T\right)$$
$$=\frac{1}{N!\lambda^{3N}}\sum_{\{m_l\},\sum_{l=1}^{N}lm_l=N}\sum_P\int\mathrm{d}^3r_1\cdots\mathrm{d}^3r_N\underbrace{[U_1(\ )\cdots U_1(\ )]}_{m_1}\cdots\underbrace{[U_l(\ )\cdots U_l(\ )]}_{m_l}\cdots$$
$$\tag{5.5-19}$$

把所有空白括号里的坐标 $\left(\boldsymbol{r}_1,\cdots,\boldsymbol{r}_N\right)$ 交换，给出 $N!$ 个结果，但是把每一个 U_l 的括号内的坐标交换，不会给出新结果，把 m_l 个 U_l 相互交换，也不会给出新结果。根据乘法原理得

$$Q_N\left(V,T\right)=\frac{1}{N!\lambda^{3N}}\sum_{\{m_l\},\sum_{l=1}^{N}lm_l=N}\frac{N!}{\prod_l(l!)^{m_l}m_l!}\left[\prod_l\int\mathrm{d}^3r_1\cdots\mathrm{d}^3r_lU_l\left(\boldsymbol{r}_1,\cdots,\boldsymbol{r}_l\right)\right]^{m_l}$$
$$=\frac{1}{\lambda^{3N}}\sum_{\{m_l\},\sum_{l=1}^{N}lm_l=N}\prod_l\frac{1}{(l!)^{m_l}m_l!}\left[l!\lambda^{3(l-1)}Vb_l\right]^{m_l}$$

$$= \sum_{\{m_l\}, \sum\limits_{l=1}^{N} l m_l = N} \prod_{l=1}^{N} \frac{1}{m_l!} \left(\frac{V b_l}{\lambda^3} \right)^{m_l} \tag{5.5-20}$$

式 (5.5-20) 与经典集团展开所得的公式 (5.1-17) 相同。

我们应该指出，虽然量子集团展开所得的公式与经典集团展开所得的公式在形式上一样，但量子位力系数的计算比经典位力系数的计算要困难得多，这是因为经典位力系数的计算无非化为多重积分；对于量子情形，由于 $U_l(\boldsymbol{r}_1, \cdots, \boldsymbol{r}_l)$ 由所有 $W_n(\boldsymbol{r}_1, \cdots, \boldsymbol{r}_n)(n \leqslant l)$ 所决定，所以计算量子位力系数 b_l 需要求解所有 n 粒子 $(n \leqslant l)$ 薛定谔方程，这是十分困难的。

5.6 量子非理想气体的第二位力系数

在 5.5 节我们已经指出，量子位力系数的计算十分困难，但有一个例外，那就是第二位力系数的计算。这是因为第二位力系数的计算只需要求解 2 粒子薛定谔方程，而 2 粒子薛定谔方程可以化为单粒子薛定谔方程。

使用式 (5.5-4)、式 (5.5-15) 和式 (5.5-17) 得

$$b_2(V, T) = \frac{1}{2\lambda^3 V} \int \mathrm{d}^3 r_1 \mathrm{d}^3 r_2 \left[W_2(\boldsymbol{r}_1, \boldsymbol{r}_2) - W_1(\boldsymbol{r}_1) W_1(\boldsymbol{r}_2) \right] = \frac{\lambda^3}{V} Q_2 - \frac{V}{2\lambda^3} \tag{5.6-1}$$

得

$$b_2 - b_2^{(0)} = \frac{\lambda^3}{V} \left[Q_2 - Q_2^{(0)} \right] = \frac{\lambda^3}{V} \mathrm{Tr} \left[\mathrm{e}^{-\beta \hat{H}} - \mathrm{e}^{-\beta \hat{H}^{(0)}} \right] \tag{5.6-2}$$

对于 2 粒子系统，薛定谔方程为

$$\hat{H}_2 \Psi_\alpha(\boldsymbol{r}_1, \boldsymbol{r}_2) = \left[-\frac{\hbar^2}{2m} \left(\nabla_1^2 + \nabla_2^2 \right) + \mathcal{U}(r_{12}) \right] \Psi_\alpha(\boldsymbol{r}_1, \boldsymbol{r}_2) = E_\alpha \Psi_\alpha(\boldsymbol{r}_1, \boldsymbol{r}_2) \tag{5.6-3}$$

式中，m 为粒子质量；$\mathcal{U}(r_{12})$ 为二体相互作用势能；E_α 为能量本征值；$\Psi_\alpha(\boldsymbol{r}_1, \boldsymbol{r}_2)$ 为本征波函数。

作变换 $\boldsymbol{R} = (\boldsymbol{r}_1 + \boldsymbol{r}_2)/2$ (质心坐标)，$\boldsymbol{r} = \boldsymbol{r}_2 - \boldsymbol{r}_1$ (相对坐标)，式 (5.6-3) 化为

$$\left[-\frac{\hbar^2}{4m} \frac{\partial^2}{\partial \boldsymbol{R}^2} - \frac{\hbar^2}{m} \frac{\partial^2}{\partial \boldsymbol{r}^2} + \mathcal{U}(r) \right] \Psi_\alpha(\boldsymbol{R}, \boldsymbol{r}) = E_\alpha \Psi_\alpha(\boldsymbol{R}, \boldsymbol{r}) \tag{5.6-4}$$

我们看到，质心运动与相对运动没有耦合，波函数可以写成质心运动的波函数与相对运动的波函数之积。

质心运动的波函数为自由运动的波函数, 即

$$-\frac{\hbar^2}{4m}\frac{\partial^2}{\partial \boldsymbol{R}^2}\psi_j\left(\boldsymbol{R}\right) = \frac{p_j^2}{4m}\psi_j\left(\boldsymbol{R}\right), \quad \psi_j\left(\boldsymbol{R}\right) = \frac{1}{\sqrt{V}}\mathrm{e}^{\mathrm{i}\boldsymbol{p}_j\cdot\boldsymbol{R}/\hbar} \tag{5.6-5}$$

式中, $\boldsymbol{p}_j$ 为质心运动的动量; V 为体积。

相对运动的波动方程为

$$\left[-\frac{\hbar^2}{2\left(m/2\right)}\frac{\partial^2}{\partial \boldsymbol{r}^2} + \mathcal{U}\left(r\right)\right]\psi_t\left(\boldsymbol{r}\right) = \varepsilon_t\psi_t\left(\boldsymbol{r}\right) \tag{5.6-6}$$

归一化条件为

$$\int \mathrm{d}^3r\left|\psi_t\left(\boldsymbol{r}\right)\right|^2 = 1 \tag{5.6-7}$$

能量本征值和波函数分别为

$$E_\alpha = \frac{p_j^2}{2\left(2m\right)} + \varepsilon_t, \quad \varPsi_\alpha\left(\boldsymbol{r}_1,\boldsymbol{r}_2\right) = \varPsi_\alpha\left(\boldsymbol{R},\boldsymbol{r}\right) = \psi_j\left(\boldsymbol{R}\right)\psi_t\left(\boldsymbol{r}\right) = \frac{1}{\sqrt{V}}\mathrm{e}^{\mathrm{i}\boldsymbol{p}_j\cdot\boldsymbol{R}/\hbar}\psi_t\left(\boldsymbol{r}\right)$$
$$\tag{5.6-8}$$

使用式 (5.6-8), 式 (5.6-2) 化为

$$b_2 - b_2^{(0)} = \frac{\lambda^3}{V}\sum_\alpha\left[\mathrm{e}^{-\beta E_\alpha} - \mathrm{e}^{-\beta E_\alpha^{(0)}}\right] = \frac{\lambda^3}{V}\sum_j\mathrm{e}^{-\beta p_j^2/4m}\sum_t\left[\mathrm{e}^{-\beta\varepsilon_t} - \mathrm{e}^{-\beta\varepsilon_t^{(0)}}\right]$$
$$\tag{5.6-9}$$

对于宏观体积 V, 质心运动的能量可以看成连续分布的, 求和可以用积分代替, 得

$$\sum_j\mathrm{e}^{-\beta p_j^2/4m} = \frac{4\pi V}{h^3}\int_0^\infty \mathrm{d}pp^2\mathrm{e}^{-\beta p_j^2/4m} = \frac{\sqrt{8}V}{\lambda^3} \tag{5.6-10}$$

把式 (5.6-10) 代入式 (5.6-9) 得

$$b_2 - b_2^{(0)} = \sqrt{8}\sum_t\left[\mathrm{e}^{-\beta\varepsilon_t} - \mathrm{e}^{-\beta\varepsilon_t^{(0)}}\right] \tag{5.6-11}$$

对于无相互作用系统, 能谱 $\varepsilon_t^{(0)}$ 为连续谱, 即 $\varepsilon_t^{(0)} = \varepsilon_i^{(0)} = \dfrac{p^2}{2\left(m/2\right)} = \dfrac{\hbar^2k^2}{m}$, 设态密度为 $g^{(0)}\left(k\right)$。

对于相互作用系统, 其能谱 $\varepsilon_t^{(0)}$ 存在分立谱和连续谱, 设分立谱为 ε_b, 连续谱为 $\varepsilon_i = \dfrac{p^2}{2\left(m/2\right)} = \dfrac{\hbar^2k^2}{m}$, 态密度为 $g\left(k\right)$。式 (5.6-11) 化为

$$b_2 - b_2^{(0)} = \sqrt{8}\sum_b\mathrm{e}^{-\beta\varepsilon_b} + \sqrt{8}\int_0^\infty \mathrm{d}k\mathrm{e}^{-\beta\hbar^2k^2/m}\left[g\left(k\right) - g^{(0)}\left(k\right)\right] \tag{5.6-12}$$

态密度之差为

$$g(k) - g^{(0)}(k) = \frac{1}{\pi} \sum_l (2l+1) \frac{\partial \eta_l(k)}{\partial k} \tag{5.6-13}$$

式中，$\eta_l(k)$ 为波数为 k 的 l 分波的由二体势引起的散射相移。对于无自旋玻色子，$l = 0, 2, 4, \cdots$。对于无自旋费米子，$l = 1, 3, 5, \cdots$。

证明 相对运动的波动方程在球坐标系里可以用分离变量法求解，即

$$\psi_t(\boldsymbol{r}) = \psi_{klm}(\boldsymbol{r}) = A_{klm} R_{kl}(r) \mathrm{Y}_{lm}(\theta, \varphi) = A_{klm} \frac{\chi_{kl}(r)}{r} \mathrm{Y}_{lm}(\theta, \varphi)$$

$$m = -l, -l+1, \cdots, l-1, l; l = 0, 1, 2, \cdots \tag{5.6-14}$$

式中，A_{klm} 为常量；$\mathrm{Y}_{lm}(\theta, \varphi) = \mathrm{P}_l^m(\cos\theta) \mathrm{e}^{im\varphi}$ 为球谐函数，这里 $\mathrm{P}_l^m(\cos\theta)$ 为缔合勒让德函数，即

$$\mathrm{P}_l^m(x) = \frac{(1-x^2)^{m/2}}{2^l l!} \frac{\mathrm{d}^{l+m}}{\mathrm{d}x^{l+m}} (x^2-1)^l \tag{5.6-15}$$

$\chi_{kl}(r)$ 满足势能为 $\mathcal{U}(r) + \dfrac{\hbar^2 l(l+1)}{mr^2}$ 的一维薛定谔方程，即

$$\left[-\frac{\hbar^2}{m} \frac{\mathrm{d}^2}{\mathrm{d}r^2} + \mathcal{U}(r) + \frac{\hbar^2 l(l+1)}{mr^2} \right] \chi_{kl} = \varepsilon_t \chi_{kl} \tag{5.6-16}$$

当 $r \to \infty$ 时，可以略去式 (5.6-16) 中的势能项，式 (5.6-16) 化为自由粒子的薛定谔方程，即

$$-\frac{\mathrm{d}^2}{\mathrm{d}r^2} \chi_{kl} = \frac{m\varepsilon_t}{\hbar^2} \chi_{kl} = k^2 \chi_{kl} \tag{5.6-17}$$

其解为

$$\chi_{kl}(r) = rR_{kl}(r) \xrightarrow{r\to\infty} \sin\left[kr - \frac{l\pi}{2} + \eta_l(k) \right] \tag{5.6-18}$$

式中，$k = \sqrt{\dfrac{m\varepsilon_t}{\hbar^2}}$；常数 $\eta_l(k)$ 称为相移。

对于无相互作用的情形，有 $\eta_l(k) = 0$，式 (5.6-18) 化为

$$\chi_{kl}^{(0)}(r) \xrightarrow{r\to\infty} \sin\left[kr - \frac{l\pi}{2} \right] \tag{5.6-19}$$

$\boldsymbol{r} \to -\boldsymbol{r}$ 相当于 $\theta \to \pi - \theta, \varphi \to \pi + \varphi$，有

$$\mathrm{Y}_{lm}(\theta, \varphi) = \mathrm{P}_l^m(\cos\theta) \mathrm{e}^{im\varphi} \to (-1)^l \mathrm{Y}_{lm}(\theta, \varphi) \tag{5.6-20}$$

对于无自旋玻色子，有 $\psi_t\left(-\boldsymbol{r}\right) = \psi_t\left(\boldsymbol{r}\right)$，即 $(-1)^l = 1$，得 $l = 0, 2, 4, \cdots$。

对于无自旋费米子，有 $\psi_t\left(-\boldsymbol{r}\right) = -\psi_t\left(\boldsymbol{r}\right)$，即 $(-1)^l = -1$，得 $l = 1, 3, 5, \cdots$。

引进边界条件 $\chi_{kl}\left(R\right) = 0$，这样 $\psi_{klm}\left(\boldsymbol{r}\right)$ 可以写成 $\psi_{nlm}\left(\boldsymbol{r}\right)$，这里 n 为整数，R 为一个很大的半径，在计算结束时令 R 趋于无穷大，得

$$\sum_t \mathrm{e}^{-\beta\varepsilon_t} = \sum_{nlm} \mathrm{e}^{-\beta\hbar^2k^2/m} = \sum_n \sum_l (2l+1)\,\mathrm{e}^{-\beta\hbar^2k^2/m}$$

$$= \int \mathrm{d}n \sum_l (2l+1)\,\mathrm{e}^{-\beta\hbar^2k^2/m} = \int \mathrm{d}k\, g\left(k\right) \mathrm{e}^{-\beta\hbar^2k^2/m} \tag{5.6-21}$$

式中，

$$g\left(k\right) = \sum_l (2l+1)\frac{\partial n}{\partial k} \tag{5.6-22}$$

使用式 (5.6-18) 和边界条件 $\chi_{kl}\left(R\right) = 0$ 得

$$kR - \frac{l\pi}{2} + \eta_l\left(k\right) = n\pi, \quad n = 0, 1, 2, \cdots \tag{5.6-23}$$

把式 (5.6-23) 代入式 (5.6-22) 得

$$g\left(k\right) = \frac{1}{\pi} \sum_l (2l+1) \left[R + \frac{\partial\eta_l\left(k\right)}{\partial k}\right] \tag{5.6-24}$$

对于无相互作用的情形，有 $\eta_l\left(k\right) = 0$，式 (5.6-24) 化为

$$g^{(0)}\left(k\right) = \frac{1}{\pi} \sum_l (2l+1)R \tag{5.6-25}$$

把式 (5.6-24) 减去式 (5.6-25) 得式 (5.6-13)。

证毕。

例 1　计算无自旋硬球气体的第二位力系数。

解　在式 (5.6-16) 中令 $\mathcal{U}\left(r\right) = 0$，得解为 $R_{kl}\left(r\right) = A_{kl}\left[\mathrm{j}_l\left(kr\right) - \mathrm{n}_l\left(kr\right)\tan\eta_l\right]$ 代入边界条件 $R_{kl}\left(r = a\right) = 0$，得

$$\eta_l\left(k\right) = \arctan\frac{\mathrm{j}_l\left(ka\right)}{\mathrm{n}_l\left(ka\right)}$$

使用

$$\mathrm{j}_0\left(x\right) = \frac{\sin x}{x}, \quad \mathrm{j}_1\left(x\right) = \frac{\sin x - x\cos x}{x^2}, \quad \mathrm{j}_2\left(x\right) = \frac{(3-x^2)\sin x - 3x\cos x}{x^3}, \quad \cdots$$

$$\mathrm{n}_0(x) = -\frac{\cos x}{x}, \quad \mathrm{n}_1(x) = -\frac{\cos x + x\sin x}{x^2}, \quad \mathrm{n}_2(x) = -\frac{(3-x^2)\cos x + 3x\sin x}{x^3}, \quad \cdots$$

得

$$\eta_0\left(k\right) = \arctan\left[-\tan\left(ka\right)\right] = -ka$$

$$\eta_1\left(k\right) = \arctan\left[-\frac{\tan\left(ka\right) - ka}{1 + ka\tan\left(ka\right)}\right] = -\left[ka - \arctan\left(ka\right)\right] = -\frac{\left(ka\right)^3}{3} + \frac{\left(ka\right)^5}{5} + \cdots$$

$$\eta_2\left(k\right) = \arctan\left[-\frac{\tan\left(ka\right) - \dfrac{3ka}{3 - \left(ka\right)^2}}{1 + \dfrac{3ka\tan\left(ka\right)}{3 - \left(ka\right)^2}}\right]$$

$$= -\left[ka - \arctan\frac{3ka}{3 - \left(ka\right)^2}\right] = -\frac{\left(ka\right)^5}{45} + \cdots$$

$$b_2 - b_2^{(0)} = \begin{cases} -2\left(\dfrac{a}{\lambda}\right) - \dfrac{10\pi^2}{3}\left(\dfrac{a}{\lambda}\right)^5 - \cdots, & \text{玻色} \\ -6\pi\left(\dfrac{a}{\lambda}\right)^2 + 18\pi^2\left(\dfrac{a}{\lambda}\right)^5 - \cdots, & \text{费米} \end{cases}$$

5.7 德拜–休克尔近似

德拜 (P. Debye) 和休克尔 (Hükel)[48] 发展了一种近似方法,用来计算离子溶液的热力学性质,这样的方法同样可以用于计算稀薄的完全电离的经典气体的热力学量。

现在我们来计算气体的离子之间的总相互作用势能。从电学我们知道,n 个点电荷系统的静电能为

$$W_{\mathrm{e}} = \frac{1}{2}\sum_{i \neq j}\frac{q_i q_j}{r_{ij}} = \frac{1}{2}\sum_{i=1}^{n} q_i \varphi_i \tag{5.7-1}$$

式中,φ_i 为除 q_i 外其余点电荷在 q_i 处产生的电势之和。

在气体中每一种离子在统计上是均匀分布的,设第 i 种离子的平均数密度为 n_{i0},则电中性条件为

$$\sum_i ez_i n_{i0} = 0 \tag{5.7-2}$$

式中,ez_i 为第 i 种离子的电量;z_i 为整数;e 为电子电量的绝对值。

设气体的体积为 V,第 i 种离子的总数为 $N_i = V n_{i0}$。考虑第 i 种离子中的一个离子,设气体中的所有其余离子在该离子所在位置产生的电势为 φ_i,注意 φ_i 对第 i 种离子中的任何一个离子来讲都相同,与离子位置无关,这是因为在气体

中每一种离子在统计上是均匀分布的。使用式 (5.7-1)，气体的离子之间的总相互作用势能为

$$E_{库仑} = \frac{1}{2}\sum_i ez_i N_i \varphi_i = \frac{1}{2}\sum_i ez_i V n_{i0}\varphi_i \qquad (5.7\text{-}3)$$

接下来计算 φ_i。如果在气体中任意选择一个离子为中心，则其余的离子相对于该离子的分布在统计上是球对称的，因此每个离子周围都有一个不均匀带电的、球对称分布的离子云。

现在选取离子 α 为中心，设离子 α 周围的离子云中与中心距离为 r 处的电势为 $\varphi(r)$，第 i 种离子的数密度为 $n_i(r)$，每一个第 i 种离子的势能为 $ez_i\varphi(r)$，离子云中的电荷密度为

$$\rho(r) = ez_\alpha \delta(\boldsymbol{r}) + \sum_i ez_i n_i(r) \qquad (5.7\text{-}4)$$

式中，ez_α 为离子 α 的电量，求和是针对除离子 α 以外的所有离子进行的。

根据玻尔兹曼分布，离子 α 周围的第 i 种离子的数密度为

$$n_i(r) = n_{i0}\exp\left[-\frac{z_i e\varphi(r)}{k_B T}\right] \qquad (5.7\text{-}5)$$

式中，$n_{i0} = n_i(r\to\infty)$ 为离中心很远处的第 i 种离子的数密度，等于第 i 种离子的平均数密度，这是因为那里 $\varphi\to 0$。

把式 (5.7-5) 代入式 (5.7-4) 得离子云中的电荷密度

$$\rho = ez_\alpha\delta(\boldsymbol{r}) + \sum_i ez_i n_i = ez_\alpha\delta(\boldsymbol{r}) + \sum_i ez_i n_{i0}\exp\left[-\frac{z_i e\varphi(r)}{k_B T}\right] \qquad (5.7\text{-}6)$$

代入泊松方程得

$$\nabla^2\varphi = -4\pi\rho = -4\pi ez_\alpha\delta(\boldsymbol{r}) - 4\pi\sum_i z_i e n_{i0}\exp\left[-\frac{z_i e\varphi}{k_B T}\right] \qquad (5.7\text{-}7)$$

离子之间相互作用相对微弱，有 $z_i e\varphi \ll k_B T$，把式 (5.7-7) 中的指数函数作泰勒展开，并保留到线性项，得

$$\nabla^2\varphi = \kappa^2\varphi - 4\pi ez_\alpha\delta(\boldsymbol{r}) \qquad (5.7\text{-}8)$$

式中，

$$\kappa = \left(\frac{4\pi e^2}{k_B T}\sum_i z_i^2 n_{i0}\right)^{1/2} \qquad (5.7\text{-}9)$$

其倒数 κ^{-1} 具有长度量纲，称为德拜–休克尔半径。

使用傅里叶变换法求解式 (5.7-8)，得

$$\varphi_{\boldsymbol{k}} = \frac{4\pi e z_\alpha}{(2\pi)^{3/2}} \frac{1}{k^2 + \kappa^2} \tag{5.7-10}$$

$$\varphi(\boldsymbol{r}) = \frac{1}{(2\pi)^{3/2}} \int_{-\infty}^{\infty} \varphi_{\boldsymbol{k}} \mathrm{e}^{-\mathrm{i}\boldsymbol{k}\cdot\boldsymbol{r}} \mathrm{d}k_x \mathrm{d}k_y \mathrm{d}k_z = e z_\alpha \frac{\mathrm{e}^{-\kappa r}}{r} \tag{5.7-11}$$

当 κr 很小时，可以把式 (5.7-11) 中的指数函数 $\mathrm{e}^{-\kappa r}$ 作泰勒展开，得

$$\varphi \xrightarrow{\kappa r \to 0} e z_\alpha \frac{1}{r} - e z_\alpha \kappa + O(r) \tag{5.7-12}$$

式 (5.7-12) 中的第一项是该离子自身电荷产生的电势，第二项是离子云中的所有其余离子在该离子所在位置产生的电势。现在把离子 α 取为第 i 种离子中的一个离子，那么所有其余离子在该离子所在位置产生的总电势为

$$\varphi_i = -e z_i \kappa \tag{5.7-13}$$

把式 (5.7-13) 代入式 (5.7-3) 得气体的离子之间的总相互作用势能

$$E_{\text{库仑}} = -V e^3 \sqrt{\frac{\pi}{k_\mathrm{B} T}} \left(\sum_i z_i^2 n_{i0} \right)^{3/2} = -e^3 \sqrt{\frac{\pi}{k_\mathrm{B} T V}} \left(\sum_i z_i^2 N_i \right)^{3/2} \tag{5.7-14}$$

使用热力学关系

$$\mathrm{d}\left(\frac{F}{T}\right) = -\frac{E}{T^2}\mathrm{d}T - \frac{P}{T}\mathrm{d}V$$

得

$$\left(\frac{\partial(F/T)}{\partial T}\right)_V = -\frac{E}{T^2} \tag{5.7-15}$$

把式 (5.7-14) 代入式 (5.7-15) 并积分，得气体的自由能

$$F = F_0 - \frac{2}{3} e^3 \sqrt{\frac{\pi}{k_\mathrm{B} T V}} \left(\sum_i z_i^2 N_i \right)^{3/2} \tag{5.7-16}$$

式中，F_0 为理想气体的自由能。

压强为

$$P = -\left(\frac{\partial F}{\partial V}\right)_T = k_\mathrm{B} T \sum_i n_{i0} - \frac{1}{3} e^3 \sqrt{\frac{\pi}{k_\mathrm{B} T}} \left(\sum_i z_0^2 n_{i0} \right)^{3/2} \tag{5.7-17}$$

5.8　对应态定律

在 1.10 节，我们使用范德瓦耳斯状态方程和临界点条件，发现得到的用对比量表示的状态方程是普适的，与具体物质无关。我们得到对应态定律：一切物质在相同的对比压强和对比温度下，就有相同的对比体积，即采用对比变量，各种气 (液) 体的物态方程是完全相同的。

本节我们证明，如果经典气体分子为球对称的，且分子之间的相互作用为二体作用，则对应态定律成立，范德瓦耳斯对应态定律是其特殊情形 [16]。

设分子之间的相互作用为二体作用，二体势为

$$\mathcal{U}(r) = \varepsilon f(r/\sigma) \tag{5.8-1}$$

式中，ε 为表征分子二体势的特征值；σ 为表征分子大小的特征值。

式 (5.8-1) 给出的势能函数适合于惰性气体分子，这是因为惰性气体分子是球对称的，分子相互作用为二体作用。其他的分子不是球形的，二体作用依赖于间距和角度，而且多个分子相互接近时，分子的电荷之间的库仑作用使分子的电荷重新分布，导致了多体作用。

5.8.1　经典情形

把式 (5.8-1) 代入正则配分函数 (5.1-2) 得

$$Q_N = \frac{1}{N!\lambda^{3N}} \int \mathrm{d}^3 r_1 \cdots \mathrm{d}^3 r_N \prod_{1 \leqslant i < j \leqslant N} \exp\left[-\beta\varepsilon f\left(\boldsymbol{r}_{ij}/\sigma\right)\right] \tag{5.8-2}$$

定义无量纲的量 $\tilde{T} = k_{\mathrm{B}}T/\varepsilon$, $\tilde{\boldsymbol{r}} = \boldsymbol{r}/\sigma$, $\tilde{V} = V/\sigma^3$, $\tilde{v} = v/\sigma^3 = \tilde{V}/N$, 式 (5.8-2) 可以写成

$$Q_N = \frac{\sigma^{3N}}{N!\lambda^{3N}} \int \mathrm{d}^3 \tilde{r}_1 \cdots \mathrm{d}^3 \tilde{r}_N \prod_{1 \leqslant i < j \leqslant N} \exp\left[-f\left(\tilde{r}_{ij}\right)/\tilde{T}\right] = Q_N\left(N, \tilde{V}, T\right)$$

$$\tag{5.8-3}$$

在热力学极限下，式 (5.8-3) 可以写成

$$Q_N = \left[h\left(\tilde{v}, \tilde{T}\right)\right]^N \tag{5.8-4}$$

压强为

$$P = k_{\mathrm{B}}T\frac{\partial \ln Q_N}{\partial V} = \frac{\varepsilon}{\sigma^3}\frac{\tilde{T}}{N}\frac{\partial \ln Q_N}{\partial \tilde{v}} = \frac{\varepsilon}{\sigma^3}\tilde{T}\frac{\partial \ln h\left(\tilde{v}, \tilde{T}\right)}{\partial \tilde{v}} \tag{5.8-5}$$

定义无量纲压强 $\tilde{P} = \dfrac{P\sigma^3}{\varepsilon}$，式 (5.8-5) 可以写成

$$\tilde{P} = \tilde{P}\left(\tilde{v}, \tilde{T}\right) \tag{5.8-6}$$

我们看到，范德瓦耳斯对应态定律是其特殊情形。

5.8.2 量子情形

系统的能量本征值方程为

$$\left[-\frac{\hbar^2}{2m}\sum_{i=1}^{N}\nabla_i^2 + \sum_{1\leqslant i<j\leqslant N}\varepsilon f\left(r_{ij}/\sigma\right)\right]\psi_n\left(\boldsymbol{r}_1,\cdots,\boldsymbol{r}_N\right) = E_n\psi_n\left(\boldsymbol{r}_1,\cdots,\boldsymbol{r}_N\right)$$
$$\tag{5.8-7}$$

定义无量纲的量 $\Lambda = \dfrac{h}{\sigma\sqrt{m\varepsilon}}$，$\tilde{E}_n = E_n/\varepsilon$，$\tilde{\boldsymbol{r}} = \boldsymbol{r}/\sigma$，$\tilde{V} = V/\sigma^3$，$\tilde{v} = v/\sigma^3 = \tilde{V}/N$，

那么式 (5.8-7) 化为

$$\left[-\frac{\Lambda^2}{8\pi^2}\sum_{i=1}^{N}\tilde{\nabla}_i^2 + \sum_{1\leqslant i<j\leqslant N}f\left(\tilde{r}_{ij}\right)\right]\psi_n\left(\tilde{\boldsymbol{r}}_1,\cdots,\tilde{\boldsymbol{r}}_N\right) = \tilde{E}_n\psi_n\left(\tilde{\boldsymbol{r}}_1,\cdots,\tilde{\boldsymbol{r}}_N\right) \tag{5.8-8}$$

得

$$\tilde{E}_n = \tilde{E}_n\left(\Lambda, \tilde{V}\right) \tag{5.8-9}$$

正则配分函数为

$$Q_N = \sum_n \mathrm{e}^{-\beta E_n} = \sum_n \mathrm{e}^{-\tilde{E}_n/\tilde{T}} = Q_N\left(\Lambda, N, \tilde{V}, \tilde{T}\right) \tag{5.8-10}$$

在热力学极限下，式 (5.8-10) 可以写成

$$Q_N = \left[g\left(\Lambda, \tilde{v}, \tilde{T}\right)\right]^N \tag{5.8-11}$$

压强为

$$P = k_{\mathrm{B}}T\frac{\partial \ln Q_N}{\partial V} = \frac{\varepsilon}{\sigma^3}\frac{\tilde{T}}{N}\frac{\partial \ln Q_N}{\partial \tilde{v}} \tag{5.8-12}$$

定义无量纲压强 $\tilde{P} = \dfrac{P\sigma^3}{\varepsilon}$，式 (5.8-12) 可以写成

$$\tilde{P} = \tilde{P}\left(\Lambda, \tilde{v}, \tilde{T}\right) \tag{5.8-13}$$

把式 (5.8-13) 和式 (5.8-6) 比较, 我们看到, 经典情形对应 $\Lambda \to 0$. Λ 越大, 量子效应越大. 惰性气体分子的 Λ 如下: $\mathrm{Xe}(\Lambda = 0.064)$, Kr $(\Lambda = 0.102)$, Ar $(\Lambda = 0.187)$, $\mathrm{Ne}(\Lambda = 0.591)$, $^4\mathrm{He}(\Lambda = 2.64)$, $^3\mathrm{He}$ $(\Lambda = 3.05)$. 我们看到, $^3\mathrm{He}$ 和 $^4\mathrm{He}$ 的 Λ 特别大, 意味着它们的量子效应特别大, 这使得在常压下直到接近绝对零度氦仍可保持液态, 存在超流相变.

5.9　密度分布函数

前面讲的集团展开方法适用于稀薄气体, 对于稠密气体和液体, 由于密度大, 集团展开的收敛情况不好, 需要发展新的近似方法, 使用的工具就是本节讲的密度分布函数 [49,50].

5.9.1　正则系综里的密度分布函数

根据正则分布, 粒子 1 位于 $\boldsymbol{r}_1$、粒子 2 位于 $\boldsymbol{r}_2$、$\cdots$、粒子 N 位于 $\boldsymbol{r}_N$ 的概率密度为

$$P_N\left(\boldsymbol{r}_1, \boldsymbol{r}_2, \cdots, \boldsymbol{r}_N\right) = \frac{\exp\left(-\beta U_N\right)}{Z_N} \tag{5.9-1}$$

考虑 N 个粒子中的 k 个特定的粒子, 不管其余 $N-k$ 个粒子出现在何处, 其中第一个位于 $\boldsymbol{r}_1$, 第二个位于 $\boldsymbol{r}_2$, $\cdots$, 第 k 个位于 $\boldsymbol{r}_k$ 的概率密度, 称为 k-粒子分布函数, 定义为

$$n_k^{(\mathrm{C})}\left(\boldsymbol{r}_1, \boldsymbol{r}_2, \cdots, \boldsymbol{r}_k\right) = \frac{N!}{Z_N\left(N-k\right)!} \int \mathrm{d}^3 r_{k+1} \cdots \mathrm{d}^3 r_N \exp\left(-\beta U_N\right) \tag{5.9-2}$$

归一化条件为

$$\int \mathrm{d}^3 r_1 \cdots \mathrm{d}^3 r_k n_k^{(\mathrm{C})}\left(\boldsymbol{r}_1, \boldsymbol{r}_2, \cdots, \boldsymbol{r}_k\right) = \frac{N!}{(N-k)!} \tag{5.9-3}$$

根据归一化条件 (5.9-3) 可知, $n_1^{(\mathrm{C})}\left(\boldsymbol{r}_1\right)$ 表示粒子数密度.

可以定义一个无量纲的分布函数

$$g_k^{(\mathrm{C})}\left(\boldsymbol{r}_1, \boldsymbol{r}_2, \cdots, \boldsymbol{r}_k\right) = \frac{n_k^{(\mathrm{C})}\left(\boldsymbol{r}_1, \boldsymbol{r}_2, \cdots, \boldsymbol{r}_k\right)}{n_1^{(\mathrm{C})}\left(\boldsymbol{r}_1\right) \cdots n_1^{(\mathrm{C})}\left(\boldsymbol{r}_k\right)} \tag{5.9-4}$$

其中, 特别重要的是二体分布函数

$$g_2^{(\mathrm{C})}\left(\boldsymbol{r}_1, \boldsymbol{r}_2\right) = \frac{n_2^{(\mathrm{C})}\left(\boldsymbol{r}_1, \boldsymbol{r}_2\right)}{n_1^{(\mathrm{C})}\left(\boldsymbol{r}_1\right) n_1^{(\mathrm{C})}\left(\boldsymbol{r}_2\right)} \tag{5.9-5}$$

指的是给定某个分子的坐标，其他分子在空间的分布概率。

没有外场时系统是均匀的，分布函数是平移不变的，有

$$n_1^{(\mathrm{C})}\left(\boldsymbol{r}_1\right)=n=\frac{N}{V} \tag{5.9-6}$$

进一步假设分子是球对称的，具有二体相互作用势能 $\mathcal{U}\left(r_{ij}\right)$，那么分布函数还是各向同性的，例如，

$$n_2^{(\mathrm{C})}\left(\boldsymbol{r}_1,\boldsymbol{r}_2\right)=n_2^{(\mathrm{C})}\left(\left|\boldsymbol{r}_1-\boldsymbol{r}_2\right|\right),$$

$$n_3^{(\mathrm{C})}\left(\boldsymbol{r}_1,\boldsymbol{r}_2,\boldsymbol{r}_3\right)=n_3^{(\mathrm{C})}\left(\left|\boldsymbol{r}_1-\boldsymbol{r}_2\right|,\left|\boldsymbol{r}_2-\boldsymbol{r}_3\right|,\left|\boldsymbol{r}_1-\boldsymbol{r}_3\right|\right),$$

$$g_2^{(\mathrm{C})}\left(\boldsymbol{r}_1,\boldsymbol{r}_2\right)=g_2^{(\mathrm{C})}\left(\left|\boldsymbol{r}_1-\boldsymbol{r}_2\right|\right),$$

$$g_3^{(\mathrm{C})}\left(\boldsymbol{r}_1,\boldsymbol{r}_2,\boldsymbol{r}_3\right)=g_3^{(\mathrm{C})}\left(\left|\boldsymbol{r}_1-\boldsymbol{r}_2\right|,\left|\boldsymbol{r}_2-\boldsymbol{r}_3\right|,\left|\boldsymbol{r}_1-\boldsymbol{r}_3\right|\right) \tag{5.9-7}$$

式中，$g_2^{(\mathrm{C})}\left(r\right)=g\left(r\right)$ 又称为径向分布函数。

径向分布函数的归一化条件为

$$\int \mathrm{d}^3r\, g\left(r\right)=V \tag{5.9-8}$$

对于理想气体，有

$$n_k^{(\mathrm{c})}\left(\boldsymbol{r}_1,\boldsymbol{r}_2,\cdots,\boldsymbol{r}_k\right)=\frac{N!}{(N-k)!V^k}\cong\left(\frac{N}{V}\right)^k,\quad g_k^{(\mathrm{C})}\left(\boldsymbol{r}_1,\boldsymbol{r}_2,\cdots,\boldsymbol{r}_k\right)=1 \tag{5.9-9}$$

气体、液体和固体的径向分布函数如图 5.9.1 所示。对于理想气体，分子的分布是随机的，有 $g(r)=1$。对于实际气体，分子的分布不是随机的，有 $g(r)\neq 1$。

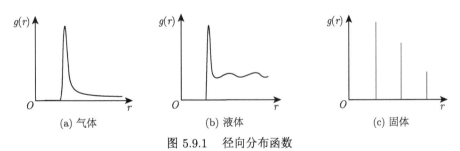

(a) 气体　　　　　　　　(b) 液体　　　　　　　　(c) 固体

图 5.9.1　径向分布函数

对于气体和液体来讲，当 r 小于分子强排斥核直径时，两个分子之间的势能 $\mathcal{U}(r)$ 随 r 的减小而急剧增大，反映了分子的相互不可穿透性，此时 $g(r)$ 趋近于

零。对于气体，当 r 大于分子强排斥核直径时，$g(r)$ 随 r 的增加而单调增大，当 r 达到 $\mathcal{U}(r)$ 的最小值对应的分子间距时，$g(r)$ 达到最大值，然后随 r 的增加而单调减小，并逐渐趋近于 $g(r)=1$。对于液体，当 r 大于分子强排斥核直径时，$g(r)$ 随 r 的增加而振荡变化，出现几个峰值，并逐渐趋近于 $g(r)=1$。$g(r)$ 出现几个极大值，表明在这些极大值对应的位置处，出现另一个分子的概率远大于其他地方，因此在一个分子的近邻其他分子接近于紧密堆积，存在着明显的配位圈，其中第一个配位圈最为突出，其他分子的分布与随机分布相去甚远，表现出一定的规律性，与晶体类似，这个规律称为近程有序。对于晶体，$g(r)$ 随 r 的增加而只出现几个峰值，表明全部分子都有规律地排列在晶格格点上，称为远程有序。

5.9.2　热力学量与二体分布函数之间的关系

使用式 (5.1-2) 和式 (5.9-2) 得

$$
\bar{E} = -\frac{\partial \ln Q_N}{\partial \beta} = \frac{3}{2} N k_{\mathrm{B}} T - \frac{1}{Z_N} \int \mathrm{d}^3 r_1 \cdots \mathrm{d}^3 r_N \left[-\sum_{1 \leqslant i < j \leqslant N} \mathcal{U}(\boldsymbol{r}_{ij}) \right]
$$

$$
\times \exp\left[-\beta \sum_{1 \leqslant i < j \leqslant N} \mathcal{U}(\boldsymbol{r}_{ij}) \right]
$$

$$
= \frac{3}{2} N k_{\mathrm{B}} T + \frac{1}{2} \int \mathrm{d}^3 r_1 \mathrm{d}^3 r_2 \mathcal{U}(\boldsymbol{r}_{12}) n_2^{(\mathrm{C})}(\boldsymbol{r}_1, \boldsymbol{r}_2) \tag{5.9-10}
$$

在热力学极限下，统计平均值与热力学系统的形状无关，因此可以选取热力学系统处于边长为 $L = V^{1/3}$ 的正方体容器中，定义 $\boldsymbol{r}_i = L\boldsymbol{\zeta}_i = V^{1/3}\boldsymbol{\zeta}_i$，代入式 (5.1-3) 得

$$
Z_N = V^N \int \mathrm{d}^3\zeta_1 \cdots \mathrm{d}^3\zeta_N \exp\left[-\beta \sum_{1 \leqslant i < j \leqslant N} \mathcal{U}(V^{1/3}\boldsymbol{\zeta}_{ij}) \right] \tag{5.9-11}
$$

压强为

$$
\bar{P} = \frac{1}{\beta} \frac{\partial \ln Q}{\partial V}
$$

$$
= \frac{N k_{\mathrm{B}} T}{V} - \frac{1}{Z_N} V^N \int \mathrm{d}^3\zeta_1 \cdots \mathrm{d}^3\zeta_N \left[\sum_{1 \leqslant i < j \leqslant N} \frac{\partial \mathcal{U}(\boldsymbol{r}_{ij})}{\partial \boldsymbol{r}_{ij}} \cdot \frac{\partial (V^{1/3}\boldsymbol{\zeta}_{ij})}{\partial V} \right]
$$

$$
\times \exp\left[-\beta \sum_{1 \leqslant i < j \leqslant N} \mathcal{U}(V^{1/3}\boldsymbol{\zeta}_{ij}) \right]
$$

$$= \frac{Nk_{\mathrm{B}}T}{V} - \frac{1}{3Z_N V} V^N \int \mathrm{d}^3\zeta_1 \cdots \mathrm{d}^3\zeta_N \left[\sum_{1 \leqslant i < j \leqslant N} \boldsymbol{r}_{ij} \cdot \frac{\partial \mathcal{U}(\boldsymbol{r}_{ij})}{\partial \boldsymbol{r}_{ij}} \right] \exp\left(-\beta U_N\right)$$

$$= \frac{Nk_{\mathrm{B}}T}{V} - \frac{1}{6V} \int \mathrm{d}^3 r_1 \mathrm{d}^3 r_2 \left[\boldsymbol{r}_{12} \cdot \frac{\partial \mathcal{U}(\boldsymbol{r}_{12})}{\partial \boldsymbol{r}_{12}} \right] n_2^{(\mathrm{C})}(\boldsymbol{r}_1, \boldsymbol{r}_2) \tag{5.9-12}$$

如果分子是球对称的, 则式 (5.9-10) 和式 (5.9-12) 分别化为

$$\bar{E} = \frac{3}{2}Nk_{\mathrm{B}}T + \frac{N^2}{2V} \int_0^\infty \mathrm{d}r 4\pi r^2 \mathcal{U}(r) g_2^{(\mathrm{C})}(r) \tag{5.9-13}$$

$$\bar{P} = \frac{Nk_{\mathrm{B}}T}{V} - \frac{1}{6}\left(\frac{N}{V}\right)^2 \int_0^\infty \mathrm{d}r 4\pi r^3 \frac{\mathrm{d}\mathcal{U}(r)}{\mathrm{d}r} g_2^{(\mathrm{C})}(r) \tag{5.9-14}$$

5.9.3 伊冯–玻恩–格林方程链

使用分布函数的定义式 (5.9-2) 可得伊冯–玻恩–格林 (Yvon-Born-Green) 方程链 [51,52]

$$\frac{\partial n_k^{(\mathrm{C})}(\boldsymbol{r}_1, \boldsymbol{r}_2, \cdots, \boldsymbol{r}_k)}{\partial \boldsymbol{r}_1}$$

$$= -\beta \frac{N!}{Z_N(N-k)!} \int \mathrm{d}^3 r_{k+1} \cdots \mathrm{d}^3 r_N \left[\sum_{i=2}^k \frac{\partial \mathcal{U}(\boldsymbol{r}_{1i})}{\partial \boldsymbol{r}_1} + \sum_{i=k+1}^N \frac{\partial \mathcal{U}(\boldsymbol{r}_{1i})}{\partial \boldsymbol{r}_1} \right] \exp\left(-\beta U_N\right)$$

$$= -\beta n_k^{(\mathrm{C})}(\boldsymbol{r}_1, \boldsymbol{r}_2, \cdots, \boldsymbol{r}_k) \sum_{i=2}^k \frac{\partial \mathcal{U}(\boldsymbol{r}_{1i})}{\partial \boldsymbol{r}_1}$$

$$- \beta \int \mathrm{d}^3 r_{k+1} n_{k+1}^{(\mathrm{C})}(\boldsymbol{r}_1, \boldsymbol{r}_2, \cdots, \boldsymbol{r}_k, \boldsymbol{r}_{k+1}) \frac{\partial \mathcal{U}(\boldsymbol{r}_{1,k+1})}{\partial \boldsymbol{r}_1} \tag{5.9-15}$$

方程链中最重要的方程是伊冯方程

$$\frac{\partial n_2^{(\mathrm{C})}(\boldsymbol{r}_1, \boldsymbol{r}_2)}{\partial \boldsymbol{r}_1} = -\beta n_2^{(\mathrm{C})}(\boldsymbol{r}_1, \boldsymbol{r}_2) \frac{\partial \mathcal{U}(\boldsymbol{r}_{12})}{\partial \boldsymbol{r}_1} - \beta \int \mathrm{d}^3 r_3 n_3^{(\mathrm{C})}(\boldsymbol{r}_1, \boldsymbol{r}_2, \boldsymbol{r}_3) \frac{\partial \mathcal{U}(\boldsymbol{r}_{13})}{\partial \boldsymbol{r}_1}$$
$$\tag{5.9-16}$$

没有外场时系统是均匀的, 式 (5.9-15) 和式 (5.9-16) 分别可以表示成

$$\frac{\partial g_k^{(\mathrm{c})}(\boldsymbol{r}_1, \boldsymbol{r}_2, \cdots, \boldsymbol{r}_k)}{\partial \boldsymbol{r}_1} = -\beta g_k^{(\mathrm{C})}(\boldsymbol{r}_1, \boldsymbol{r}_2, \cdots, \boldsymbol{r}_k) \sum_{i=2}^k \frac{\partial \mathcal{U}(\boldsymbol{r}_{1i})}{\partial \boldsymbol{r}_1}$$

$$- \beta n \int \mathrm{d}^3 r_{k+1} g_{k+1}^{(\mathrm{C})}(\boldsymbol{r}_1, \boldsymbol{r}_2, \cdots, \boldsymbol{r}_k, \boldsymbol{r}_{k+1}) \frac{\partial \mathcal{U}(\boldsymbol{r}_{1,k+1})}{\partial \boldsymbol{r}_1}$$
$$\tag{5.9-17}$$

$$\frac{\partial g_2^{(\mathrm{C})}\left(\boldsymbol{r}_1, \boldsymbol{r}_2\right)}{\partial \boldsymbol{r}_1} = -\beta g_2^{(\mathrm{C})}\left(\boldsymbol{r}_1, \boldsymbol{r}_2\right) \frac{\partial \mathcal{U}\left(\boldsymbol{r}_{12}\right)}{\partial \boldsymbol{r}_1} - \beta n \int \mathrm{d}^3 r_3 g_3^{(\mathrm{C})}\left(\boldsymbol{r}_1, \boldsymbol{r}_2, \boldsymbol{r}_3\right) \frac{\partial \mathcal{U}\left(\boldsymbol{r}_{13}\right)}{\partial \boldsymbol{r}_1}$$

$$(5.9\text{-}18)$$

5.9.4　柯克伍德近似和玻恩–格林方程

方程链 (5.9-17) 虽然是严格的方程，但由于方程链不封闭，不能严格解出来，需要作某种近似使方程链封闭。最早提出的近似就是柯克伍德 (Kirkwood) 近似，导致的封闭方程就是玻恩–格林 (Born-Green) 方程。

当粒子 3 远离粒子 1 和 2 时，粒子 3 与粒子 1 和 2 没有关联，即

$$n_3^{(\mathrm{C})}\left(\boldsymbol{r}_1, \boldsymbol{r}_2, \boldsymbol{r}_3\right) \xrightarrow{r_{13} \sim r_{23} \gg r_{12}} n_2^{(\mathrm{C})}\left(\boldsymbol{r}_1, \boldsymbol{r}_2\right) n \qquad (5.9\text{-}19)$$

根据式 (5.9-19)，柯克伍德作以下近似 [53]：

$$n_3^{(\mathrm{C})}\left(\boldsymbol{r}_1, \boldsymbol{r}_2, \boldsymbol{r}_3\right) = \frac{n_2^{(\mathrm{C})}\left(\boldsymbol{r}_1, \boldsymbol{r}_2\right) n_2^{(\mathrm{C})}\left(\boldsymbol{r}_2, \boldsymbol{r}_3\right) n_2^{(\mathrm{C})}\left(\boldsymbol{r}_3, \boldsymbol{r}_1\right)}{n^3} \qquad (5.9\text{-}20)$$

称为叠加近似 (superposition approximation)。

式 (5.9-20) 也可以表示成

$$g_3^{(\mathrm{C})}\left(\boldsymbol{r}_1, \boldsymbol{r}_2, \boldsymbol{r}_3\right) = g_2^{(\mathrm{C})}\left(\boldsymbol{r}_1, \boldsymbol{r}_2\right) g_2^{(\mathrm{C})}\left(\boldsymbol{r}_2, \boldsymbol{r}_3\right) g_2^{(\mathrm{C})}\left(\boldsymbol{r}_3, \boldsymbol{r}_1\right) \qquad (5.9\text{-}21)$$

把式 (5.9-21) 代入式 (5.9-18) 得玻恩–格林方程

$$\frac{\partial \ln g_2^{(\mathrm{C})}\left(\boldsymbol{r}_1, \boldsymbol{r}_2\right)}{\partial \boldsymbol{r}_1} = -\beta \frac{\partial \mathcal{U}\left(\boldsymbol{r}_{12}\right)}{\partial \boldsymbol{r}_1} - \beta n \int \mathrm{d}^3 r_3 g_2^{(\mathrm{C})}\left(\boldsymbol{r}_2, \boldsymbol{r}_3\right) g_2^{(\mathrm{C})}\left(\boldsymbol{r}_3, \boldsymbol{r}_1\right) \frac{\partial \mathcal{U}\left(\boldsymbol{r}_{13}\right)}{\partial \boldsymbol{r}_1}$$

$$(5.9\text{-}22)$$

5.9.5　巨正则系综里的密度分布函数

根据式 (3.6-11)，巨正则系综占据量子态 $|j(N)\rangle$ 的概率为 $w(|j(N)\rangle) = \dfrac{\mathrm{e}^{-\beta E_{j(N)} - \gamma N}}{\Xi}$，系统具有 N 个粒子的概率为 $w_N = \dfrac{1}{\Xi} z^N Q_N$。把正则系综中的 k-粒子分布函数用 w_N 作统计平均，就得到巨正则系综中的 k-粒子分布函数

$$
\begin{aligned}
n_k^{(\mathrm{G})}\left(\boldsymbol{r}_1, \boldsymbol{r}_2, \cdots, \boldsymbol{r}_k\right) &= \left\langle n_k^{(\mathrm{C})}\left(\boldsymbol{r}_1, \boldsymbol{r}_2, \cdots, \boldsymbol{r}_k\right)\right\rangle_{\mathrm{G}} = \sum_{N=k}^{\infty} w_N n_k^{(\mathrm{C})}\left(\boldsymbol{r}_1, \boldsymbol{r}_2, \cdots, \boldsymbol{r}_k\right) \\
&= \frac{1}{\Xi} \sum_{N=k}^{\infty} \frac{1}{(N-k)! \lambda^{3N}} z^N \int \mathrm{d}^3 r_{k+1} \cdots \mathrm{d}^3 r_N \exp\left(-\beta U_N\right)
\end{aligned}
$$

$$(5.9\text{-}23)$$

式中，求和是从 $N = k$ 开始的，而不是通常的从 $N = 0$ 开始的，这是因为系统的最少粒子数是 k。

把正则系综中的伊冯–玻恩–格林方程链 (5.9-15) 用 w_N 作统计平均 $\langle \cdots \rangle_{\mathrm{G}}$，得巨正则系综中的伊冯–玻恩–格林方程链

$$
\frac{\partial n_k^{(\mathrm{G})}(\boldsymbol{r}_1, \boldsymbol{r}_2, \cdots, \boldsymbol{r}_k)}{\partial \boldsymbol{r}_1} = -\beta n_k^{(\mathrm{G})}(\boldsymbol{r}_1, \boldsymbol{r}_2, \cdots, \boldsymbol{r}_k) \sum_{i=2}^{k} \frac{\partial \mathcal{U}(\boldsymbol{r}_{1i})}{\partial \boldsymbol{r}_1}
$$
$$
- \beta \int \mathrm{d}^3 r_{k+1} n_{k+1}^{(\mathrm{G})}(\boldsymbol{r}_1, \boldsymbol{r}_2, \cdots, \boldsymbol{r}_k, \boldsymbol{r}_{k+1}) \frac{\partial \mathcal{U}(\boldsymbol{r}_{1,k+1})}{\partial \boldsymbol{r}_1}
$$
$$(5.9\text{-}24)$$

定义一个无量纲的分布函数

$$
g_k^{(\mathrm{G})}(\boldsymbol{r}_1, \boldsymbol{r}_2, \cdots, \boldsymbol{r}_k) = \frac{n_k^{(\mathrm{G})}(\boldsymbol{r}_1, \boldsymbol{r}_2, \cdots, \boldsymbol{r}_k)}{n_1^{(\mathrm{G})}(\boldsymbol{r}_1) \cdots n_1^{(\mathrm{G})}(\boldsymbol{r}_k)} \tag{5.9-25}
$$

其中，特别重要的是二体分布函数

$$
g_2^{(\mathrm{G})}(\boldsymbol{r}_1, \boldsymbol{r}_2) = \frac{n_2^{(\mathrm{G})}(\boldsymbol{r}_1, \boldsymbol{r}_2)}{n_1^{(\mathrm{G})}(\boldsymbol{r}_1) n_1^{(\mathrm{G})}(\boldsymbol{r}_2)} \tag{5.9-26}
$$

我们先来看 $n_1^{(\mathrm{G})}(\boldsymbol{r}_1)$ 的物理意义。由于有

$$
\int \mathrm{d}^3 r_1 n_1^{(\mathrm{G})}(\boldsymbol{r}_1) = \frac{1}{\Xi} \sum_{N=1}^{\infty} \frac{1}{(N-1)! \lambda^{3N}} z^N \int \mathrm{d}^3 r_1 \mathrm{d}^3 r_2 \cdots \mathrm{d}^3 r_N \exp(-\beta U_N) = \bar{N} \tag{5.9-27}
$$

因此 $n_1^{(\mathrm{G})}(\boldsymbol{r}_1)$ 表示粒子数密度。没有外场时系统是均匀的，有

$$
n_1^{(\mathrm{G})}(\boldsymbol{r}_1) = n = \frac{\bar{N}}{V} \tag{5.9-28}
$$

$$
g_k^{(\mathrm{G})}(\boldsymbol{r}_1, \boldsymbol{r}_2, \cdots, \boldsymbol{r}_k) = n^{-k} n_k^{(\mathrm{G})}(\boldsymbol{r}_1, \boldsymbol{r}_2, \cdots, \boldsymbol{r}_k) \tag{5.9-29}
$$

伊冯–玻恩–格林方程链 (5.9-24) 化为

$$
\frac{\partial g_k^{(\mathrm{G})}(\boldsymbol{r}_1, \boldsymbol{r}_2, \cdots, \boldsymbol{r}_k)}{\partial \boldsymbol{r}_1} = -\beta g_k^{(\mathrm{G})}(\boldsymbol{r}_1, \boldsymbol{r}_2, \cdots, \boldsymbol{r}_k) \sum_{2 \leqslant i \leqslant k} \frac{\partial \mathcal{U}(\boldsymbol{r}_{1i})}{\partial \boldsymbol{r}_1}
$$
$$
- \beta n \int \mathrm{d}^3 r_{k+1} g_{k+1}^{(\mathrm{G})}(\boldsymbol{r}_1, \boldsymbol{r}_2, \cdots, \boldsymbol{r}_k, \boldsymbol{r}_{k+1}) \frac{\partial \mathcal{U}(\boldsymbol{r}_{1,k+1})}{\partial \boldsymbol{r}_1}
$$
$$(5.9\text{-}30)$$

接下来看 $n_2^{(\mathrm{G})}(\boldsymbol{r}_1)$ 的物理意义：

$$\int \mathrm{d}^3r_1\mathrm{d}^3r_2 n_2^{(\mathrm{G})}(\boldsymbol{r}_1,\boldsymbol{r}_2) = \frac{1}{\Xi}\sum_{N=2}^{\infty}\frac{1}{(N-2)!\lambda^{3N}}z^N\int \mathrm{d}^3r_1\mathrm{d}^3r_2\cdots\mathrm{d}^3r_N\exp\left(-\beta U_N\right)$$
$$= \overline{N^2}-\bar{N} \tag{5.9-31}$$

使用式 (5.9-27) 和式 (5.9-31) 得

$$\int \mathrm{d}^3r_1\mathrm{d}^3r_2\left[n_2^{(\mathrm{G})}(\boldsymbol{r}_1,\boldsymbol{r}_2)-n_1^{(\mathrm{G})}(\boldsymbol{r}_1)n_2^{(\mathrm{G})}(\boldsymbol{r}_2)\right]=\overline{(\Delta N)^2}-\bar{N} \tag{5.9-32}$$

把式 (3.10-24) 代入式 (5.9-32) 得等温压缩率满足的方程

$$\frac{1}{\bar{N}}\int \mathrm{d}^3r_1\mathrm{d}^3r_2\left[n_2^{(\mathrm{G})}(\boldsymbol{r}_1,\boldsymbol{r}_2)-n_1^{(\mathrm{G})}(\boldsymbol{r}_1)n_2^{(\mathrm{G})}(\boldsymbol{r}_2)\right]=\frac{k_{\mathrm{B}}T\bar{N}}{V}\kappa_T-1 \tag{5.9-33}$$

如果没有外场和分子是球对称的，则式 (5.9-33) 可以表示成

$$n\int_0^{\infty}\mathrm{d}r4\pi r^2\left[g_2^{(\mathrm{G})}(r)-1\right]=\frac{k_{\mathrm{B}}T\bar{N}}{V}\kappa_T-1 \tag{5.9-34}$$

使用巨正则系综中的统计平均值公式，并分别代入式 (5.9-10) 和式 (5.9-12)，得

$$\bar{E}=-\frac{\partial\ln\Xi}{\partial\beta}=-\sum_{N=0}^{\infty}w_N\frac{\partial\ln Q_N}{\partial\beta}=\frac{3}{2}\bar{N}k_{\mathrm{B}}T+\frac{1}{2}\int \mathrm{d}^3r_1\mathrm{d}^3r_2\mathcal{U}(\boldsymbol{r}_{12})n_2^{(\mathrm{G})}(\boldsymbol{r}_1,\boldsymbol{r}_2)$$
$$\tag{5.9-35}$$

$$\bar{P}=\frac{1}{\beta}\frac{\partial\ln\Xi}{\partial V}=\sum_{N=0}^{\infty}w_N\frac{\partial\ln Q_N}{\partial V}$$
$$=\frac{\bar{N}k_{\mathrm{B}}T}{V}-\frac{1}{6V}\int \mathrm{d}^3r_1\mathrm{d}^3r_2\left[\boldsymbol{r}_{12}\cdot\frac{\partial\mathcal{U}(\boldsymbol{r}_{12})}{\partial\boldsymbol{r}_{12}}\right]n_2^{(\mathrm{G})}(\boldsymbol{r}_1,\boldsymbol{r}_2) \tag{5.9-36}$$

如果没有外场和分子是球对称的，则式 (5.9-35) 和式 (5.9-36) 化为

$$\bar{E}=\frac{3}{2}\bar{N}k_{\mathrm{B}}T+\frac{\bar{N}^2}{2V}\int_0^{\infty}\mathrm{d}r4\pi r^2\mathcal{U}(r)g_2^{(\mathrm{G})}(r) \tag{5.9-37}$$

$$\bar{P}=\frac{\bar{N}k_{\mathrm{B}}T}{V}-\frac{1}{6}\left(\frac{\bar{N}}{V}\right)^2\int_0^{\infty}\mathrm{d}r4\pi r^3\frac{\mathrm{d}\mathcal{U}(r)}{\mathrm{d}r}g_2^{(\mathrm{G})}(r) \tag{5.9-38}$$

我们看到, 压缩率方程 (5.9-34) 只有巨正则系综才有, 巨正则系综和正则系综的压强、内能公式和伊冯-玻恩-格林方程链都是相同的。

例 1 证明气体密度趋近于零时有

$$g\left(r\right) \xrightarrow{n \to 0} \mathrm{e}^{-\mathcal{U}(r)/k_\mathrm{B}T}$$

证明 从状态方程的位力展开式 (5.1-22) 可知, 气体密度趋近于零时状态方程的位力展开只需要保留到第二位力系数, 即

$$\frac{Pv}{k_\mathrm{B}T} = \sum_{l=1}^{\infty} a_l\left(T\right) \left(\frac{\lambda^3}{v}\right)^{l-1} \xrightarrow{n \to 0} 1 + a_2\left(T\right) \left(\frac{\lambda^3}{v}\right) \tag{1}$$

使用式 (5.4-3) 得

$$a_2 = \frac{2\pi}{\lambda^3} \int_0^\infty \mathrm{d}r r^2 \left[1 - \mathrm{e}^{-\mathcal{U}(r)/k_\mathrm{B}T}\right] = -\frac{2\pi}{3\lambda^3 k_\mathrm{B}T} \int_0^\infty \mathrm{d}r r^3 \mathrm{e}^{-\mathcal{U}(r)/k_\mathrm{B}T} \frac{\mathrm{d}\mathcal{U}\left(r\right)}{\mathrm{d}r} \tag{2}$$

把式 (2) 代入式 (1) 得

$$\frac{Pv}{k_\mathrm{B}T} \cong 1 - \frac{2\pi}{3k_\mathrm{B}Tv} \int_0^\infty \mathrm{d}r r^3 \mathrm{e}^{-\mathcal{U}(r)/k_\mathrm{B}T} \frac{\mathrm{d}\mathcal{U}\left(r\right)}{\mathrm{d}r} \tag{3}$$

使用式 (5.9-38) 得

$$\frac{Pv}{k_\mathrm{B}T} = 1 - \frac{1}{6k_\mathrm{B}Tv} \int_0^\infty \mathrm{d}r 4\pi r^3 \frac{\mathrm{d}\mathcal{U}\left(r\right)}{\mathrm{d}r} g\left(r\right) \tag{4}$$

比较式 (3) 和式 (4) 得

$$g\left(r\right) \xrightarrow{n \to 0} \mathrm{e}^{-\mathcal{U}(r)/k_\mathrm{B}T}$$

5.9.6 奥恩斯坦-策尼克积分方程及其近似

首先引入一个新的相关函数

$$h(r) = g(r) - 1 \tag{5.9-39}$$

对于理想气体, 分子的分布是随机的, 有 $g(r) = 1$, 因而 $h(r) = 0$。因此相关函数 $h(r)$ 反映了分子的分布偏离随机分布的程度, $h(r)$ 越大, 偏离随机分布越大。

奥恩斯坦 (Ornstein) 和策尼克 (Zernike) 进一步将相关函数 $h(r)$ 分成直接相关与间接影响两部分。直接相关部分用 $c(r_{12})$ 表示, 称为直接相关函数 (direct correlation function), 反映了在 $\mathrm{d}^3 r_1$ 处的中心分子 1 对处在 $\mathrm{d}^3 r_2$ 中的分子 2 的直接影响。间接影响部分则表示中心分子 1 首先直接影响 $\mathrm{d}^3 r_3$ 中的第三个分子

3, 可用 $c(r_{13})$ 表示, 而分子 3 再对分子 2 产生间接影响, 即 $nh(r_{23})$。由于分子 3 可能出现在各种位置, 故间接部分应对分子 3 的所有可能位置平均, 从而得到奥恩斯坦–策尼克积分方程

$$h(r_{12}) = c(r_{12}) + n \int c(r_{13})h(r_{23}) \mathrm{d}^3 r_3 \tag{5.9-40}$$

我们看到, 奥恩斯坦–策尼克积分方程不过是使用 $c(r)$ 定义了 $g(r)$, 而 $c(r)$ 本身是未知的。既然奥恩斯坦–策尼克积分方程不能确定 $g(r)$, 那我们为什么还要写出奥恩斯坦–策尼克积分方程呢? 原因是, 把相关函数 $h(r)$ 分成直接相关与间接影响两部分, 便于作近似。

为了求得 $g(r)$, 需要引入独立的 $h(r)$ 与 $c(r)$ 的关系式, 常见的近似有:

(1) 珀卡斯–耶维克 (Percus-Yevick) 近似 [54]

$$g(r_{12}) \mathrm{e}^{\beta \mathcal{U}(r_{12})} = 1 + n \int \left[1 - \mathrm{e}^{\beta \mathcal{U}(r_{13})}\right] g(r_{13}) \left[g(r_{23}) - 1\right] \mathrm{d}^3 r_3 \tag{5.9-41}$$

(2) 超网链近似 (hypernetted chain approximation)[55]

$$\ln g(r_{12}) + \beta \mathcal{U}(r_{12}) = n \int \left[g(r_{23}) - 1 - \ln g(r_{13}) - \beta \mathcal{U}(r_{13})\right] \left[g(r_{23}) - 1\right] \mathrm{d}^3 r_3$$

$$\tag{5.9-42}$$

对于硬球气体, 珀卡斯–耶维克积分方程有解析解 [56]。对于其他的分子之间的相互作用势能, 这些近似方程都没有解析解, 需要作数值计算。数值计算表明, 这些近似方程都给出了严格的第二和第三位力系数。在低密度区域, 这些近似方程给出的结果与计算机模拟结果符合。随着密度的增加, 偏差出现。在比较宽的密度范围内, 珀卡斯–耶维克近似和超网链近似给出的结果比叠加近似好得多。但在高密度区域, 珀卡斯–耶维克近似和超网链近似给出的结果与计算机模拟结果明显不符合。

习　　题

1. 证明: 对于经典硬球气体, 有

$$\bar{E} = \frac{3}{2} N k_{\mathrm{B}} T$$

对于有硬核和弱吸引尾巴的气体, 有

$$\bar{E} = \frac{3}{2} N k_{\mathrm{B}} T + \frac{N^2}{2V} \int_a^\infty \mathrm{d}r 4\pi r^2 \mathcal{U}(r) g(r)$$

式中，a 为硬核直径。

2. 使用阶跃函数的导数为 δ 函数，证明：对于直径为 a 的经典硬球气体，有

$$\frac{\bar{P}V}{Nk_{\mathrm{B}}T} = 1 + \frac{2\pi N}{3V}a^3 g(a)$$

3. 已知具有硬核的方阱势

$$\mathcal{U}(r) = \begin{cases} \infty, & r \leqslant a \\ -\varepsilon, & a < r < \alpha a \\ 0, & r \geqslant \alpha a \end{cases}$$

式中，a、$\alpha > 1$；ε 均为常量。

证明：

$$\frac{\bar{P}V}{Nk_{\mathrm{B}}T} = 1 + \frac{2\pi N}{3V}a^3 \mathrm{e}^{-\beta\varepsilon}g(a) - \frac{2\pi\varepsilon N}{3k_{\mathrm{B}}TV}\alpha^3 a^3 g(\alpha a)$$

5.10 经典一维硬棒气体的严格解

前面我们计算了经典硬球气体的位力系数。本节我们证明对于一维情形，有严格解存在 [57]。

设硬棒长度为 a，硬棒之间的相互作用势能为

$$\mathcal{U}(|x|) = \begin{cases} \infty, & |x| \leqslant a \\ 0, & |x| > a \end{cases} \tag{5.10-1}$$

正则配分函数为

$$Q_N = \frac{1}{N!\lambda^N} \int_0^L \cdots \int_0^L \mathrm{d}x_1 \cdots \mathrm{d}x_N \exp\left[-\beta \sum_{1 \leqslant i < j \leqslant N} \mathcal{U}(|x_i - x_j|)\right] \tag{5.10-2}$$

式中，x_i 为第 i 个硬棒的中心的坐标，容器长度为 $a + L$，如图 5.10.1 所示。

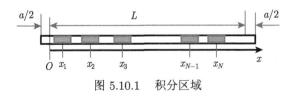

图 5.10.1 积分区域

对于一维问题，存在如下关系：

$$
\int_0^L \cdots \int_0^L \mathrm{d}x_1 \cdots \mathrm{d}x_N \exp\left[-\beta \sum_{1 \leqslant i < j \leqslant N} \mathcal{U}\left(|x_i - x_j|\right)\right]
$$

$$
= N! \int \cdots \int_R \mathrm{d}x_1 \cdots \mathrm{d}x_N \exp\left[-\beta \sum_{1 \leqslant i < j \leqslant N} \mathcal{U}\left(|x_i - x_j|\right)\right] \tag{5.10-3}
$$

式中，R 为积分区域：$0 < x_1 < x_2 < \cdots < x_N < L$，如图 5.10.1 所示。

对于硬球势来讲，一维问题不同于高维问题，一维情况下硬棒之间不能相互交换位置，硬棒的运动被限制在一个狭窄的空间内。而高维情况下处于气相的硬球可以相互交换位置，硬球可以在整个空间内运动，正则配分函数不能写成式 (5.10-3) 那样的积分。而高维情况下虽然处于固相的硬球不能相互交换位置，硬球被限制在一个狭窄的空间内运动，但由于每个硬球所在的狭窄的空间的大小和形状取决于其余硬球的位置，极其复杂，正则配分函数仍然不能写成式 (5.10-3) 那样的积分。这就是一维问题有严格解而高维问题没有严格解的原因。

式 (5.10-3) 中之所以出现因子 $N!$，原因如下：我们把 N 个硬棒放置在区域 R 内，有 N 个硬棒供选择放置在 x_1 处，有 N 种方式选择；之后有 $N-1$ 个硬棒供选择放置在 x_2 处，有 $N-1$ 种方式选择；以此类推，故总共有 $N!$ 种方式选择。

式 (5.10-3) 中的指数部分可以写成

$$
\exp\left[-\beta \sum_{1 \leqslant i < j \leqslant N} \mathcal{U}\left(|x_i - x_j|\right)\right] = \prod_{1 \leqslant i < j \leqslant N} S\left(|x_i - x_j|\right) \tag{5.10-4}
$$

式中，

$$
S\left(|x|\right) = \begin{cases} 1, & |x| > a \\ 0, & |x| \leqslant a \end{cases} \tag{5.10-5}
$$

把式 (5.10-4) 和式 (5.10-3) 代入式 (5.10-2) 得

$$
Q_N = \frac{1}{\lambda^N} \int \cdots \int_R \mathrm{d}x_1 \cdots \mathrm{d}x_N \prod_{1 \leqslant i < j \leqslant N} S\left(|x_i - x_j|\right)
$$

$$
= \frac{1}{\lambda^N} \int \cdots \int_R \mathrm{d}x_1 \cdots \mathrm{d}x_N S\left(|x_1 - x_2|\right) S\left(|x_2 - x_3|\right) \cdots S\left(|x_{N-1} - x_N|\right)
$$

$$
\tag{5.10-6}
$$

从式 (5.10-5) 我们发现, 积分不为零要求 $x_{i+1} - x_i > a$, 得积分区域

$$0 < x_1 < x_2 - a, \quad a < x_2 < x_3 - a, \quad \cdots, \quad (i-1)a < x_i < x_{i+1} - a, \quad \cdots,$$

$$(N-2)a < x_{N-1} < x_N - a \tag{5.10-7}$$

式 (5.10-6) 化为

$$Q_N = \frac{1}{\lambda^N} \int_{(N-1)a}^{L-a} \mathrm{d}x_N \int_{(N-2)a}^{x_N-a} \mathrm{d}x_{N-1} \cdots \int_a^{x_3-a} \mathrm{d}x_2 \int_0^{x_2-a} \mathrm{d}x_1 \tag{5.10-8}$$

作变换 $y_i = x_i - (i-1)a$, 式 (5.10-8) 成为

$$Q_N = \frac{1}{\lambda^N} \int_0^{L-(N-1)a} \mathrm{d}y_N \int_0^{y_N} \mathrm{d}y_{N-1} \cdots \int_0^{y_3} \mathrm{d}y_2 \int_0^{y_2} \mathrm{d}y_1 = \frac{[L-(N-1)a]^N}{\lambda^N N!} \tag{5.10-9}$$

取热力学极限 $N \to \infty, L \to \infty, N/L = \mathrm{const}$, 自由能为

$$F = -k_{\mathrm{B}} T \ln Q_N \to -N k_{\mathrm{B}} T \ln \frac{\dfrac{L}{N} - a}{\lambda \mathrm{e}^{-1}} \tag{5.10-10}$$

状态方程为

$$P = -\frac{\partial F}{\partial L} = \frac{N k_{\mathrm{B}} T}{L - Na} \tag{5.10-11}$$

第 6 章 统计模型与平均场近似

前面几章我们讲了统计物理的基本原理及其应用。虽然原则上一旦知道分子势能函数，我们就能计算热力学函数，但由于宏观系统的粒子数至少跟阿伏伽德罗 (Avogadro) 常量是同一数量级，从第 5 章我们看到，即使是硬球势，使用集团展开方法也只能计算若干低级位力系数，只有在一维的情况下才能得到严格的配分函数，更不用说伦纳德–琼斯势。因此我们必须要寻找新的办法，这就是本章要引进的统计模型，办法是略去次要因素，保留基本因素。除了磁学问题使用晶格统计模型，气体问题也可以使用晶格统计模型。

但即使是晶格统计模型，也只有在一、二维的情况下才有严格解。需要使用平均场近似来处理，平均场近似的基本想法是，系统各粒子对某一粒子相互作用的叠加和平均，产生一个平均场。用一个平均场来代替粒子所受到的其他粒子的相互作用，每一个粒子在一个平均场中运动，粒子与粒子之间的运动是独立的，原来的多体问题转化为单体问题。

6.1 范德瓦耳斯平均场近似

在 5.4 节我们使用统计物理推导出了范德瓦耳斯状态方程。本节我们使用范德瓦耳斯平均场近似和统计物理推导出范德瓦耳斯状态方程。

稀薄气体分子的间距较大，分子之间的相互作用以吸引为主，各分子对某一分子吸引相互作用的叠加和平均，产生一个平均场 φ_0，每一个分子在一个平均场中运动。分子之间的相互作用可以用硬球作用来代替，分子的运动不是独立的。这就是范德瓦耳斯平均场近似。因此范德瓦耳斯气体模型可以定义为在一个平均场中的稀薄硬球气体。

实际分子之间的相互作用势能具有强排斥核和弱吸引尾巴，把强排斥核简化为硬球势，即

$$\mathcal{U}(r) = \mathcal{U}_{\mathrm{HS}}(r) + \mathcal{U}_{\mathrm{A}}(r)\Theta(r - r_0) = \begin{cases} \infty, & r \leqslant r_0 \\ \mathcal{U}_{\mathrm{A}}(r), & r > r_0 \end{cases} \tag{6.1-1}$$

式中，对 $x > 0$，$\Theta(x) = 1$，对 $x \leqslant 0$，$\Theta(x) = 0$；r_0 为分子直径；吸引部分为 $\mathcal{U}_{\mathrm{A}}(r)$；$\mathcal{U}_{\mathrm{HS}}(r)$ 为硬球势 (5.4-1)。

哈密顿量为

$$H = \sum_{i=1}^{N} \frac{\boldsymbol{p}_i^2}{2m} + \sum_{1 \leqslant i < j \leqslant N} \mathcal{U}_{\mathrm{HS}}(r_{ij}) + \sum_{1 \leqslant i < j \leqslant N} \mathcal{U}_{\mathrm{A}}(r_{ij}) \Theta(r_{ij} - r_0) \qquad (6.1\text{-}2)$$

在范德瓦耳斯平均场近似下，分子的分布是均匀的，分子之间的总的吸引相互作用势能为

$$\sum_{1 \leqslant i < j \leqslant N} \mathcal{U}_{\mathrm{A}}(r_{ij}) \Theta(r_{ij} - r_0) = N\varphi_0 = Nn \int_{r_0}^{\infty} \mathcal{U}_{\mathrm{A}}(r) 2\pi r^2 \mathrm{d}r \equiv -Nna \qquad (6.1\text{-}3)$$

把式 (6.1-3) 代入式 (6.1-2) 得范德瓦耳斯平均场近似下的哈密顿量

$$H = \varphi_0 N + \sum_{i=1}^{N} \frac{\boldsymbol{p}_i^2}{2m} + \sum_{1 \leqslant i < j \leqslant N} \mathcal{U}_{\mathrm{HS}}(r_{ij}) \qquad (6.1\text{-}4)$$

正则配分函数为

$$\begin{aligned} Q_N(V, T) &= \frac{1}{N! h^{3N}} \int \mathrm{d}^3 p_1 \cdots \mathrm{d}^3 p_N \mathrm{d}^3 r_1 \cdots \mathrm{d}^3 r_N \exp(-\beta H) \\ &= \frac{\mathrm{e}^{-\beta N \varphi_0}}{N! \lambda^{3N}} \int \mathrm{d}^3 r_1 \cdots \mathrm{d}^3 r_N \exp\left[-\beta \sum_{1 \leqslant i < j \leqslant N} \mathcal{U}_{\mathrm{HS}}(r_{ij})\right] \\ &= \frac{\mathrm{e}^{-\beta N \varphi_0}}{N! \lambda^{3N}} \int \mathrm{d}^3 r_1 \cdots \mathrm{d}^3 r_N \prod_{1 \leqslant i < j \leqslant N} (1 + f_{ij}) \end{aligned} \qquad (6.1\text{-}5)$$

式中，$f_{ij} = \exp[-\beta \mathcal{U}_{\mathrm{HS}}(r_{ij})] - 1$。

在高温下有

$$Q_N(V, T) \cong \frac{\mathrm{e}^{-\beta N \varphi_0}}{N! \lambda^{3N}} \int \mathrm{d}^3 r_1 \cdots \mathrm{d}^3 r_N \left(1 + \sum_{1 \leqslant i < j \leqslant N} f_{ij}\right) = \frac{\mathrm{e}^{\beta N^2 a / V}}{N! \lambda^{3N}} V^N \left(1 - \frac{N^2 b}{V}\right) \qquad (6.1\text{-}6)$$

式中，

$$b = -\frac{1}{2} \int \mathrm{d}^3 r_{12} f_{12} = \int_0^{r_0} 2\pi r^2 \mathrm{d}r = \frac{2\pi r_0^3}{3} \qquad (6.1\text{-}7)$$

为分子体积的 4 倍。

压强为

$$P = k_{\mathrm{B}} T \left(\frac{\partial \ln Q_N}{\partial V}\right)_T = n k_{\mathrm{B}} T (1 + nb) - n^2 a \qquad (6.1\text{-}8)$$

如果气体足够稀薄，nb 足够小，有 $1 + nb \cong \dfrac{1}{1 - nb}$，代入式 (6.1-8) 得范德瓦耳斯状态方程

$$\left(P + \frac{N^2 a}{V^2}\right)(V - Nb) = Nk_{\mathrm{B}}T \tag{6.1-9}$$

6.2 外斯分子场理论

宏观物质的磁性起源于量子力学。在 4.7 节我们研究了金属中的自由电子气体的磁性质，为了简单起见，把自由电子气体简化为理想费米气体，得到泡利顺磁性与朗道抗磁性。6.3 节我们要研究绝缘磁性化合物的磁性质，其原子的外层电子由于强烈的电子关联，都被局域在各原子上，由于相邻原子的电子云会重叠，产生了一种新的量子力学效应——交换作用，交换作用产生了磁性，这就是局域电子模型。

在讲局域电子模型之前，我们先来回忆一下局域电子模型出现之前提出的外斯 (Weiss) 理论。

6.2.1 顺磁性朗之万理论

1895 年，皮埃尔·居里 (Pierre Curie) 发现顺磁质的磁化率与热力学温度成反比，称为居里定律。为了解释居里定律，1904 年，朗之万提出了顺磁性理论。他认为，顺磁性物质的原子或分子具有固有磁矩 $\boldsymbol{\mu}$。每个磁矩在外磁场 $\boldsymbol{H}$ 中的能量为

$$E_i = -\boldsymbol{\mu} \cdot \boldsymbol{H} = -\mu H \cos\theta_i \tag{6.2-1}$$

为便于数学处理，他假设原子间无相互作用。

设系统有 N 个原子。由于原子间无相互作用，磁矩在磁场中的取向分布遵守经典玻尔兹曼统计分布。系统的配分函数为

$$Q(H) = \left[\int_0^{2\pi} \mathrm{d}\varphi \int_0^{\pi} \mathrm{e}^{\mu H \cos\theta/k_{\mathrm{B}}T} \sin\theta \mathrm{d}\theta\right]^N = \left[\frac{4\pi k_{\mathrm{B}}T}{\mu H} \sinh\left(\frac{\mu H}{k_{\mathrm{B}}T}\right)\right]^N \tag{6.2-2}$$

一个原子的平均磁矩为

$$M = \frac{k_{\mathrm{B}}T}{N} \frac{\partial \ln Q(H)}{\partial H} = M_0 L\left(\frac{\mu H}{k_{\mathrm{B}}T}\right) \tag{6.2-3}$$

式中，$\mathcal{M}_0 = N\mu$；$L(x)$ 为朗之万函数：

$$L(x) = \coth x - \frac{1}{x} \tag{6.2-4}$$

现在我们讨论两种极限情况。

(1) 高温弱场。

此时有 $k_{\mathrm{B}}T \gg \mu H$，意味着 $x = \mu H/k_{\mathrm{B}}T \ll 1$，$L(x) \to \dfrac{x}{3}$，有

$$M = \frac{\mu^2 H}{3k_{\mathrm{B}}T}, \quad \chi = \frac{M}{H} = \frac{C}{T} \tag{6.2-5}$$

式中，常量 $C = \dfrac{\mu^2}{3k_{\mathrm{B}}}$。我们看到，在高温下朗之万模型满足顺磁性居里定律。

(2) 低温强场。

此时有 $k_{\mathrm{B}}T \ll \mu H$，意味着 $x = \mu H/k_{\mathrm{B}}T \gg 1$，$L(x) \to 1$，得饱和磁化强度

$$M = M_0 \tag{6.2-6}$$

我们看到，低温下，只要外磁场 $\boldsymbol{H}$ 足够强，所有原子磁矩将沿 $\boldsymbol{H}$ 方向排列。

朗之万顺磁性理论所描述的磁化规律如图 6.2.1 所示。

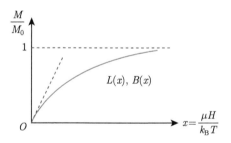

图 6.2.1　朗之万顺磁性理论及其量子修正

朗之万首次使用统计物理方法成功推导出了居里定律，开创了物质磁性的理论研究之先河，物理意义重大。但由于没有考虑原子磁矩之间的相互作用，朗之万的顺磁性理论无法解释铁磁相变。而且根据量子力学，原子磁矩是空间量子化的，因此朗之万顺磁性理论与实验结果相差较大。

6.2.2　朗之万理论的量子修正

根据量子力学，原子磁矩的空间取向是量子化的，原子磁矩在外磁场方向上的投影值为

$$\mu_{J,H} = m_J g_J \mu_{\mathrm{B}}, \quad m_J = -J, -J+1, \cdots, J \tag{6.2-7}$$

式中，g_J 为朗得 (Landé) 因子；μ_{B} 为玻尔 (Bohr) 磁子。

在外磁场中的能量为

$$E_i = -\boldsymbol{\mu}_J \cdot \boldsymbol{H} = -\mu_{J,H} H = -m_J g_J \mu_{\mathrm{B}} H \tag{6.2-8}$$

系统的配分函数为

$$Q\left(H\right)=\left[\sum_i \mathrm{e}^{\frac{-E_i}{k_\mathrm{B}T}}\right]^N=\left(\sum_{m_J=-J}^{+J}\mathrm{e}^{m_J g_J \mu_\mathrm{B}H/k_\mathrm{B}T}\right)^N=\left[\frac{\sinh\dfrac{\left(2J+1\right)g_J\mu_\mathrm{B}H}{2k_\mathrm{B}T}}{\sinh\dfrac{g_J\mu_\mathrm{B}H}{2k_\mathrm{B}T}}\right]^N$$

$$(6.2\text{-}9)$$

得

$$M=\frac{k_\mathrm{B}T}{N}\frac{\partial}{\partial H}\ln Q\left(H\right)=M_0 B\left(\frac{Jg_J\mu_\mathrm{B}H}{k_\mathrm{B}T}\right)\qquad(6.2\text{-}10)$$

式中，$M_0=g_J J\mu_\mathrm{B}$；$B\left(x\right)$ 为布里渊 (Brillouin) 函数：

$$B\left(x\right)=\frac{2J+1}{2J}\coth\left(\frac{2J+1}{2J}x\right)-\frac{1}{2J}\coth\frac{x}{2J}\qquad(6.2\text{-}11)$$

磁化规律如图 6.2.1 所示。现在我们讨论两种极限情况。

(1) 高温弱场。

此时有 $Jg_J\mu_\mathrm{B}H\ll k_\mathrm{B}T$，意味着 $x=Jg_J\mu_\mathrm{B}H/k_\mathrm{B}T\ll1$，$B\left(x\right)\to\dfrac{J+1}{3J}x$，得顺磁性居里定律

$$M=\frac{C}{T}H,\quad \chi=\frac{M}{H}=\frac{C}{T}\qquad(6.2\text{-}12)$$

式中，$C=g_J^2 J\left(J+1\right)\mu_\mathrm{B}^2/3k_\mathrm{B}$。结果和朗之万经典理论在形式上是相同的。

(2) 低温强场。

此时有 $Jg_J\mu_\mathrm{B}H\gg k_\mathrm{B}T$，利用 $x\gg1$ 时 $B\left(x\right)\to1$，得

$$M=M_0\qquad(6.2\text{-}13)$$

结果和朗之万经典理论在形式上是相同的，但由于量子效应，M_0 不同。

我们看到，量子理论由于考虑了原子磁矩的空间量子化，明显改进了朗之万经典理论，所得结果与磁矩间相互作用比较弱的物质的实验结果符合。

6.2.3 外斯铁磁性分子场理论

1. 分子场假设

为了解释顺磁–铁磁相变，1907 年，法国科学家外斯 (P. Weiss)[58] 受到居里关于气–液相变和顺磁–铁磁相变的类似性以及范德瓦耳斯提出的实际气体的内压强的启发，提出了分子场理论，其主要内容包含以下两个假设。① 分子场假设：铁磁体内部存在很强的分子场，在分子场的作用下，原子磁矩趋于同向平行排列，

引起自发磁化。② 磁畴假设：在分子场的作用下，铁磁体内小范围内的原子磁矩趋于同向平行排列，形成一个个小的自发磁化区域，而不同的自发磁化区域内的原子磁矩的取向不同，这样的自发磁化小区域称为磁畴。铁磁体在没有外磁场存在时，由于各个磁畴的磁矩随机取向，彼此相互抵消，所以铁磁体总磁矩为零。

进一步假设：分子场 H_{mf} 与磁化强度 M 成正比，即

$$H_{\mathrm{mf}} = aM \tag{6.2-14}$$

式中，a 为分子场系数。

外斯把他的分子场假设和朗之万理论及其量子修正结合来解释顺磁–铁磁相变。

2. 朗之万理论及其量子修正

在外场作用下，把朗之万顺磁理论 (6.2-3) 和量子修正 (6.2-10) 中的 H 用 $H + aM$ 代替，得

$$M = \mu L\left[\frac{\mu(H+aM)}{k_{\mathrm{B}}T}\right]; \quad M = Jg_J\mu_{\mathrm{B}}B\left[\frac{Jg_J\mu_{\mathrm{B}}(H+aM)}{k_{\mathrm{B}}T}\right] \tag{6.2-15}$$

用作图法求解式 (6.2-15)，令

$$x = \frac{\mu(H+aM)}{k_{\mathrm{B}}T}; \quad x = \frac{Jg_J\mu_{\mathrm{B}}(H+aM)}{k_{\mathrm{B}}T}$$

则式 (6.2-15) 化为

$$M = \mu L(x), \quad M = -\frac{H}{a} + \frac{k_{\mathrm{B}}T}{a\mu}x; \quad M = Jg_J\mu_{\mathrm{B}}B(x), \quad M = -\frac{H}{a} + \frac{k_{\mathrm{B}}T}{aJg_J\mu_{\mathrm{B}}}x \tag{6.2-16}$$

在图上画出式 (6.2-16)，其中一条为曲线，一条为直线，其交点即为解，如图 6.2.2(a) 所示。

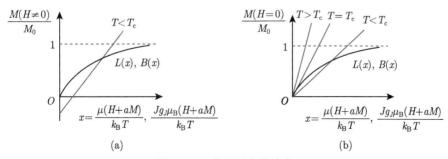

图 6.2.2 临界温度的确定

对于没有外磁场的情况，只有当直线斜率小于曲线在原点的斜率时才有解，如图 6.2.2(b) 所示。由于直线斜率正比于温度，所以只有当温度小于某个临界值时才有解。直线斜率等于曲线在原点的斜率时的温度为临界温度，得

$$T_c = \frac{a\mu^2}{3k_B}, \quad T_c = a\frac{g_J^2 J \mu_B^2}{3k_B}(J+1) \tag{6.2-17}$$

朗之万的顺磁性理论无法解释铁磁相变，而外斯根据两个基本假设，同时利用朗之万的顺磁性理论，并假定分子场正比于磁化强度，成功地解释了铁磁相变，这是一个具有重要意义的进展。但分子场的本质直到量子力学建立以后才弄清楚。

6.3　海森伯交换模型

1928 年，海森伯 (W. Heisenberg)[59] 认为，虽然在非相对论近似下，电子之间的库仑作用与自旋无关，但是根据量子力学同类粒子不可分辨性原理，在两个近邻原子的电子波函数的交叠区域内，电子是不可分辨的，导致两个近邻原子的相互作用能量和电子的自旋状态有关，这样一种纯粹量子力学效应称为交换作用，铁磁性起源于电子的交换作用，从而给予外斯的"分子场"以量子力学解释，这就是海森伯模型。

6.3.1　交换作用

考虑各自有一个最外层电子的两个原子，彼此距离很大，现在我们确定这两个电子在原子核和其他电子产生的电场中的运动，由这两个电子组成的系统的哈密顿算符为 [12]

$$\hat{H} = \hat{H}_1(r_1) + \hat{H}_2(r_2) + \mathcal{U}(r_2 - r_1) \tag{6.3-1}$$

式中，$\mathcal{U}(r_2 - r_1)$ 为两个电子之间的相互作用势能；$\hat{H}_1(r)$ 和 $\hat{H}_2(r)$ 分别为两个原子相距无穷远时的哈密顿算符，能量本征值方程分别为

$$\hat{H}_1(r_1)\varphi_1(r) = E_1\varphi_1(r), \quad \hat{H}_2(r)\varphi_1(r) = E_2\varphi_2(r) \tag{6.3-2}$$

其中，$\varphi_1(r)$ 和 $\varphi_2(r)$ 分别为两个电子相距无穷远时各自的空间波函数。

系统的波函数为空间波函数 $\Phi(r_1, r_2)$ 和自旋波函数 $\chi(\hat{s}_1, \hat{s}_2)$ 的乘积，即

$$\psi(\hat{s}_1, \hat{s}_2, r_1, r_2) = \chi(\hat{s}_1, \hat{s}_2)\Phi(r_1, r_2) \tag{6.3-3}$$

式中，$\hat{s}_1$ 和 $\hat{s}_2$ 是两个电子的自旋算符，这里的单位取为 $\hbar = 1$。

由于是费米系统，其波函数是反对称的。因此，如果空间波函数 $\Phi(r_1, r_2)$ 对称，那么自旋波函数 $\chi(\hat{s}_1, \hat{s}_2)$ 反对称；反之亦然。$\chi(\hat{s}_1, \hat{s}_2)$ 是 $\left(\hat{S}^2, \hat{S}_z\right)$ 的共同

自旋本征波函数 χ_{SM_S}，这里 $\hat{\boldsymbol{S}} = \hat{\boldsymbol{s}}_1 + \hat{\boldsymbol{s}}_2$，即

$$\hat{\boldsymbol{S}}^2 \chi_{SM_S} = S(S+1)\chi_{SM_S}, \quad \hat{S}_z \chi_{SM_S} = M_S \chi_{SM_S},$$

$$S = 0, \quad M_S = 0; \quad S = 1, \quad M_S = -1, 0, 1 \tag{6.3-4}$$

χ_{1M_S} 称为三重态，是对称的，即

$$\chi_{11} = \chi_{\frac{1}{2}}(1)\chi_{\frac{1}{2}}(2), \quad \chi_{10} = \frac{1}{\sqrt{2}}\left[\chi_{\frac{1}{2}}(1)\chi_{-\frac{1}{2}}(2) + \chi_{-\frac{1}{2}}(1)\chi_{\frac{1}{2}}(2)\right],$$

$$\chi_{1,-1} = \chi_{-\frac{1}{2}}(1)\chi_{-\frac{1}{2}}(2) \tag{6.3-5}$$

χ_{00} 称为单态，是反对称的，即

$$\chi_{00} = \frac{1}{\sqrt{2}}\left[\chi_{\frac{1}{2}}(1)\chi_{-\frac{1}{2}}(2) - \chi_{-\frac{1}{2}}(1)\chi_{\frac{1}{2}}(2)\right] \tag{6.3-6}$$

其中，$\chi_{\frac{1}{2}}(i)$ 和 $\chi_{-\frac{1}{2}}(i)$ 是电子 i 的 $(\hat{s}_i^2, \hat{s}_{iz})$ 的共同本征波函数，即

$$\hat{s}_i^2 \chi_{m_s}(i) = s_i(s_i+1)\chi_{m_s}(i), \quad \hat{s}_{iz}\chi_{m_s}(i) = m_s \chi_{m_s}(i), \quad s_i = \frac{1}{2}, \quad m_s = -\frac{1}{2}, \frac{1}{2} \tag{6.3-7}$$

这里，$\hat{\boldsymbol{s}}_i$ 为电子 i 的自旋算符。

如果两个电子相距很远，则系统的波函数的零级近似为

$$\psi(\hat{\boldsymbol{s}}_1, \hat{\boldsymbol{s}}_2, \boldsymbol{r}_1, \boldsymbol{r}_2) = \begin{cases} \chi_{00}\dfrac{1}{\sqrt{2}}\left[\varphi_1(\boldsymbol{r}_1)\varphi_2(\boldsymbol{r}_2) + \varphi_1(\boldsymbol{r}_2)\varphi_2(\boldsymbol{r}_1)\right] \\ \chi_{1M_S}\dfrac{1}{\sqrt{2}}\left[\varphi_1(\boldsymbol{r}_1)\varphi_2(\boldsymbol{r}_2) - \varphi_1(\boldsymbol{r}_2)\varphi_2(\boldsymbol{r}_1)\right] \end{cases} \tag{6.3-8}$$

由于两个电子相距有限远，各自的空间波函数 $\varphi_1(\boldsymbol{r})$ 和 $\varphi_2(\boldsymbol{r})$ 存在交叠区域，典型的例子是氢分子中的两个电子，其电子波函数存在交叠区域，如图 6.3.1 所示。

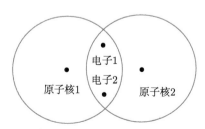

图 6.3.1　氢分子电子波函数的交叠区域示意图

系统的能量的零级近似可以使用系统的波函数的零级近似来计算，并利用 $\varphi_1(\boldsymbol{r})$ 和 $\varphi_2(\boldsymbol{r})$ 的正交性，结果为

$$E = \iint \chi^{\dagger}(\hat{\boldsymbol{s}}_1, \hat{\boldsymbol{s}}_2) \Phi^*(\boldsymbol{r}_1, \boldsymbol{r}_2) \hat{H} \chi(\hat{\boldsymbol{s}}_1, \hat{\boldsymbol{s}}_2) \Phi(\boldsymbol{r}_1, \boldsymbol{r}_2) \, \mathrm{d}^3 r_1 \mathrm{d}^3 r_2$$

$$= \iint \Phi^*(\boldsymbol{r}_1, \boldsymbol{r}_2) \hat{H} \Phi(\boldsymbol{r}_1, \boldsymbol{r}_2) \, \mathrm{d}^3 r_1 \mathrm{d}^3 r_2 = E_1 + E_2 + C \pm A \qquad (6.3\text{-}9)$$

式中，

$$E_1 = \frac{1}{2} \int \varphi_1^*(\boldsymbol{r}_1) \hat{H}_1(\boldsymbol{r}_1) \varphi_1(\boldsymbol{r}_1) \, \mathrm{d}^3 r_1 + \frac{1}{2} \int \varphi_2^*(\boldsymbol{r}_1) \hat{H}_1(\boldsymbol{r}_1) \varphi_2(\boldsymbol{r}_1) \, \mathrm{d}^3 r_1 \quad (6.3\text{-}10)$$

$$E_2 = \frac{1}{2} \int \varphi_2^*(\boldsymbol{r}_2) \hat{H}_2(\boldsymbol{r}_2) \varphi_2(\boldsymbol{r}_2) \, \mathrm{d}^3 r_2 + \frac{1}{2} \int \varphi_1^*(\boldsymbol{r}_2) \hat{H}_2(\boldsymbol{r}_2) \varphi_1(\boldsymbol{r}_2) \, \mathrm{d}^3 r_2 \quad (6.3\text{-}11)$$

$$C = \iint \mathcal{U}(\boldsymbol{r}_2 - \boldsymbol{r}_1) |\varphi_1(\boldsymbol{r}_1)|^2 |\varphi_2(\boldsymbol{r}_2)|^2 \, \mathrm{d}^3 r_1 \mathrm{d}^3 r_2 \qquad (6.3\text{-}12)$$

$$A = \iint \mathcal{U}(\boldsymbol{r}_2 - \boldsymbol{r}_1) \varphi_1(\boldsymbol{r}_1) \varphi_2(\boldsymbol{r}_2) \varphi_1^*(\boldsymbol{r}_2) \varphi_2^*(\boldsymbol{r}_1) \, \mathrm{d}^3 r_1 \mathrm{d}^3 r_2 \qquad (6.3\text{-}13)$$

我们看到，由于同类粒子不可分辨性原理，两个电子组成的系统的空间波函数必须是对称或反对称的，取决于总自旋等于 0 (两个电子的自旋彼此反平行) 或 1(两个电子的自旋彼此平行)。如果是平行的，不相容原理会要求电子远离；而如果是反平行的，则电子可以靠得较近，其波函数显著交叠。两种情况的静电能量明显是不同的。因此即使在非相对论近似下，电子之间的库仑作用与自旋无关，但是系统的能量仍然与自旋有关，这就是交换相互作用，这是纯粹量子力学效应，没有经典对应，源自同类粒子不可分辨性原理。从直观上看，交换相互作用来源于电子波函数的交叠，在交叠区域电子是不可分辨的。A 称为交换相互作用能。

现在我们把式 (6.3-9) 写成算符形式

$$\hat{V}_{\mathrm{exch}} = a + b \hat{\boldsymbol{s}}_1 \cdot \hat{\boldsymbol{s}}_2 \qquad (6.3\text{-}14)$$

式中，a 和 b 为待定常量。

要求

$$\hat{V}_{\mathrm{exch}} \chi_{1M_S} = (E_1 + E_2 + C - A) \chi_{1M_S}, \quad \hat{V}_{\mathrm{exch}} \chi_{00} = (E_1 + E_2 + C + A) \chi_{00}$$
$$(6.3\text{-}15)$$

使用式 (6.3-4) 和式 (6.3-7) 得

$$\hat{\boldsymbol{s}}_1 \cdot \hat{\boldsymbol{s}}_2 \chi_{S M_S} = \frac{1}{2} \left[S(S+1) - \frac{3}{2} \right] \chi_{S M_S} \qquad (6.3\text{-}16)$$

对于单态和三重态, 分别有

$$\hat{\boldsymbol{s}}_1 \cdot \hat{\boldsymbol{s}}_2 \chi_{00} = -\frac{3}{4}\chi_{00}, \quad \hat{\boldsymbol{s}}_1 \cdot \hat{\boldsymbol{s}}_2 \chi_{1M_S} = \frac{1}{4}\chi_{1M_S} \tag{6.3-17}$$

把式 (6.3-14) 代入式 (6.3-15), 并使用式 (6.3-17), 得交换算符

$$\hat{V}_{\mathrm{exch}} = E_1 + E_2 + C - \frac{1}{2}A\left(1+4\hat{\boldsymbol{s}}_1 \cdot \hat{\boldsymbol{s}}_2\right) \tag{6.3-18}$$

忽略恒定项, 交换算符可以写成

$$\hat{V}_{\mathrm{exch}} = -J_{12}\hat{\boldsymbol{s}}_1 \cdot \hat{\boldsymbol{s}}_2 \tag{6.3-19}$$

式中, $J_{12} = 2A$。

6.3.2 海森伯交换模型的提出

海森伯认为, N 个原子体系中, 彼此距离很大, 在零级近似下可忽略其间的相互作用; 所有原子最外层轨道上只有一个电子自旋, 即每个原子只有一个电子自旋磁矩对铁磁性有贡献, 只考虑不同原子中的电子交换作用。因此交换相互作用能算符为

$$\hat{H}_{\mathrm{exch}} = -\sum_{i<j} J_{ij}\hat{\boldsymbol{s}}_i \cdot \hat{\boldsymbol{s}}_j \tag{6.3-20}$$

海森伯理论的主要贡献在于对自发磁化的产生给出了清晰的物理图像, 对分子场的起源给出了令人满意的解释, 对后来的磁学量子理论产生了重大影响。

例 1 计算只有两个格点的海森伯交换模型的配分函数。

解 只有两个格点的海森伯交换模型的哈密顿算符为 $\hat{H} = -J\hat{\boldsymbol{s}}_1 \cdot \hat{\boldsymbol{s}}_2$, 使用式 (6.3-17), 哈密顿量的本征态和本征值为 $\chi_{00}, \frac{3}{4}J; \chi_{1M_S}, -\frac{1}{4}J$。得配分函数

$$Q = \sum_n e^{-\frac{E_n}{k_BT}} = e^{-\frac{3J}{4k_BT}} + 3e^{\frac{J}{4k_BT}}$$

6.4 伊辛模型

1920 年, 伦兹 (W. Lenz)[60] 基于玻尔的老的量子论提出了一个模拟铁磁性的简单模型, 并把它交给了他的学生伊辛。1925 年, 伊辛 (E. Ising)[61] 使用组合方法获得了一维具有最近邻作用的模型的严格解, 因此称为伊辛模型。他发现没有相变出现, 但是他据此错误地推断出在高维的情况下, 这个模型没有相变出现。值得注意的是, 1928 年, 海森伯提出交换模型时把伊辛的这个错误论断列入需要

引进量子模型的论据之一。大约 10 年后，派尔斯 (R. Peierls)[62] 严格证明在高维的情况下，伊辛模型有相变出现。1941 年，克拉默斯 (H. A. Kramers) 和万尼尔 (G. H. Wannier)[63] 发现，方格子上的伊辛模型在没有外磁场的情况下存在对偶关系，即把高温图表象变换为低温图表象；使用这一对偶关系，他们确定了临界温度；他们还证明了伊辛模型的配分函数可以用矩阵来表示。在此基础上，1944 年，昂萨格 (L. Onsager)[64] 严格求解了在没有磁场的情况下方格子上的二维伊辛模型。昂萨格的解极大地推动了相变理论的发展，具有三大成就：第一，第一次清楚地证明了只有在热力学极限下配分函数才能出现奇点；第二，证明了临界指数与相互作用耦合强度无关，具有普适性；第三，证明了平均场理论预言的临界指数是错误的。在有磁场的情况下二维伊辛模型没有严格解存在，1949 年，昂萨格首先猜到了自发磁化，1952 年，杨振宁 [65] 推导了自发磁化。接下来，很多人开始寻找三维伊辛模型的严格解，但可惜都没有成功。

6.4.1　伊辛模型的定义

考虑晶格上的原子，每个原子的自旋为 1/2，磁矩为 $\tilde{\mu}$，外磁场为 $\boldsymbol{H}$，在外磁场中的能量为 $-\sum_{i=1}^{N} 2\tilde{\mu}\boldsymbol{H} \cdot \boldsymbol{s}_i = -2\tilde{\mu}H\sum_{i=1}^{N} s_{iz}$，这里 $s_{iz}=\pm 1/2$，N 为格点数。为了简化书写，取 $\tilde{\mu}=1$，$2s_{iz}=S_i$，这样在外磁场中的能量可以写成 $-H\sum_{i=1}^{N}S_i$，这里 $S_i = \pm 1$。只考虑最近邻原子的自旋之间的相互作用，设为 $-J\sum_{\langle ij\rangle}S_iS_j$，$J$ 为常量，$\langle ij\rangle$ 表示对最近邻对求和。系统的能量为

$$E(J,H,\{S_i\}) = -J\sum_{\langle ij\rangle}S_iS_j - H\sum_i S_i \tag{6.4-1}$$

以后我们会看到，$J>0$ 对应铁磁情况，$J<0$ 对应反铁磁情况。

配分函数为

$$Q_N(H,T) = \sum_{S_1}\sum_{S_2}\cdots\sum_{S_N}\exp\left[-\beta E(J,H,\{S_i\})\right] \tag{6.4-2}$$

系统的平均能量为

$$\bar{E} = -\frac{\partial \ln Q_N}{\partial \beta} \tag{6.4-3}$$

系统的平均磁矩为

$$\mathcal{M}(H,T) = \frac{\sum\limits_{\{S_i\}}\left(\sum\limits_{i} S_i\right)\exp\left[-\beta E\left(J,H,\{S_i\}\right)\right]}{\sum\limits_{\{S_i\}}\exp\left[-\beta E\left(J,H,\{S_i\}\right)\right]} = \frac{1}{\beta}\frac{\partial\ln Q_N}{\partial H} \qquad (6.4\text{-}4)$$

既然 $Q_N = Q_N(\beta,H)$，有

$$k_{\mathrm{B}}T\mathrm{d}\left(\ln Q_N + \beta\bar{E}\right) = \mathrm{d}\bar{E} + \mathcal{M}\mathrm{d}H \qquad (6.4\text{-}5)$$

我们看到，热力学方程为 [66]

$$T\mathrm{d}S = \mathrm{d}\bar{E} + \mathcal{M}\mathrm{d}H \qquad (6.4\text{-}6)$$

熵为

$$S = k_{\mathrm{B}}\ln Q_N + k_{\mathrm{B}}\beta\bar{E} = k_{\mathrm{B}}\ln Q_N - k_{\mathrm{B}}\beta\frac{\partial\ln Q_N}{\partial\beta} \qquad (6.4\text{-}7)$$

亥姆霍兹自由能为

$$F = \bar{E} - TS = -k_{\mathrm{B}}T\ln Q_N \qquad (6.4\text{-}8)$$

满足

$$\mathrm{d}F = -S\mathrm{d}T - \mathcal{M}\mathrm{d}H \qquad (6.4\text{-}9)$$

我们需要指出，伊辛模型的热力学方程 $T\mathrm{d}S = \mathrm{d}\bar{E} + \mathcal{M}\mathrm{d}H$ 不同于实际物质的热力学方程 $T\mathrm{d}S = \mathrm{d}E' - VH\mathrm{d}M = \mathrm{d}E' - H\mathrm{d}\mathcal{M}$，这是因为，伊辛模型只是一个简化模型，实际物质内部的电子处于永不停息的运动中，会产生微观电流，当有外磁场存在时，这些微观电流会做功，而伊辛模型没有考虑微观电流，这导致两者功的表达式的不同，从而导致两者热力学方程的不同。

6.4.2 伊辛模型与海森伯交换模型之间的关系

考虑只有最近邻相互作用的海森伯交换模型

$$\hat{H}_{\mathrm{exch}} = -\sum_{\langle ij\rangle} J_{ij}\hat{\boldsymbol{s}}_i\cdot\hat{\boldsymbol{s}}_j - 2H\sum_{i=1}^{N}\hat{s}_{iz} = -\sum_{\langle ij\rangle} J_{ij}\left(\hat{s}_{ix}\hat{s}_{jx} + \hat{s}_{iy}\hat{s}_{jy} + \hat{s}_{iz}\hat{s}_{jz}\right) - 2H\sum_{i=1}^{N}\hat{s}_{iz}$$

$$(6.4\text{-}10)$$

我们看到，伊辛模型相当于只取海森伯交换模型的 z 分量的情形。伊辛模型本质上是经典模型，而海森伯交换模型是量子模型。这是因为海森伯交换模型包含的每个电子的自旋算符的分量不对易。

6.4.3　配分函数的表达式

对一给定组态 $\{S_i\}$, 定义: $N_\uparrow$ = 自旋向上的格点数, $N_\downarrow$ = 自旋向下的格点数, $N_{\uparrow\uparrow}$ = 自旋向上的格点的最近邻对的数目, $N_{\downarrow\downarrow}$ = 自旋向下的格点的最近邻对的数目, $N_{\uparrow\downarrow}$ = 最近邻格点的自旋分别为向上和向下的数目。满足

$$N_\uparrow + N_\downarrow = N \tag{6.4-11}$$

设 q 为晶格的最近邻数。考虑无穷大的晶格, 从每个自旋向上的格点 ↑ 画一条线到它的每个最近邻格点, 这样画出来的总线数为 $qN_\uparrow$, 其中每一对 ↑-↑ 最近邻格点间有两条线相连, 每一对 ↑-↓ 最近邻格点间有一条线相连, 每一对 ↓-↓ 最近邻格点间没有线相连, 如图 6.4.1 所示。因此有

$$qN_\uparrow = 2N_{\uparrow\uparrow} + N_{\uparrow\downarrow} \tag{6.4-12}$$

同理得

$$qN_\downarrow = 2N_{\downarrow\downarrow} + N_{\uparrow\downarrow} \tag{6.4-13}$$

把式 (6.4-12) 和式 (6.4-13) 代入式 (6.4-11) 得

$$qN/2 = N_{\uparrow\uparrow} + N_{\downarrow\downarrow} + N_{\uparrow\downarrow} \tag{6.4-14}$$

我们看到, $N_\uparrow$、$N_\downarrow$、$N_{\uparrow\uparrow}$、$N_{\downarrow\downarrow}$ 和 $N_{\uparrow\downarrow}$ 中只有两个是独立的, 可以用这两个独立的量来表示配分函数。有

$$\sum_{\langle ij\rangle} S_i S_j = N_{\uparrow\uparrow} + N_{\downarrow\downarrow} - N_{\uparrow\downarrow} = 4N_{\uparrow\uparrow} - 2qN_\uparrow + \frac{q}{2}N \tag{6.4-15}$$

$$\sum_{i=1}^{N} S_i = N_\uparrow - N_\downarrow = 2N_\uparrow - N \tag{6.4-16}$$

把式 (6.4-15) 和式 (6.4-16) 代入式 (6.4-1) 得

$$E(N_\uparrow, N_{\uparrow\uparrow}) = -J\left(4N_{\uparrow\uparrow} - 2qN_\uparrow + \frac{q}{2}N\right) - H(2N_\uparrow - N) \tag{6.4-17}$$

把式 (6.4-17) 代入式 (6.4-2) 得

$$Q_N(H,T) = \sum_{N_\uparrow, N_{\uparrow\uparrow}}{}' \exp\left[-\beta E(N_\uparrow, N_{\uparrow\uparrow})\right]$$

$$= e^{\beta N(qJ/2-H)} \sum_{N_\uparrow=0}^{N} e^{-2\beta(qJ-H)N_\uparrow} \sum_{N_{\uparrow\uparrow}}{}' g_N(N_\uparrow, N_{\uparrow\uparrow}) e^{4\beta J N_{\uparrow\uparrow}} \tag{6.4-18}$$

式中, $g_N(N_\uparrow, N_{\uparrow\uparrow})$ 为给定 $N_\uparrow$ 和 $N_{\uparrow\uparrow}$ 时一切可能的组态数。约束求和表示先在 $N_\uparrow$ 的固定值下对 $N_{\uparrow\uparrow}$ 所有可能值求和, 然后对 $N_\uparrow$ 的所有可能值求和。

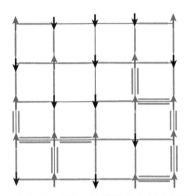

图 6.4.1　从格点 ↑ 画一条线到它的每个最近邻格点

亥姆霍兹自由能为

$$F = -k_{\mathrm{B}}T \ln Q_N$$

$$= -N\left(\frac{1}{2}qJ - H\right) - k_{\mathrm{B}}T \ln\left[\sum_{N_\uparrow=0}^N \mathrm{e}^{-2\beta(qJ-H)N_\uparrow} \sum_{N_{\uparrow\uparrow}}{}' g_N(N_\uparrow, N_{\uparrow\uparrow}) \mathrm{e}^{4\beta JN_{\uparrow\uparrow}}\right]$$

$$(6.4\text{-}19)$$

系统的平均磁矩为

$$\mathcal{M}(H,T) = \frac{1}{\beta}\frac{\partial \ln Q_N}{\partial H} = -N + 2\overline{N_\uparrow} \qquad (6.4\text{-}20)$$

6.4.4　格气模型

如图 6.4.2 所示, 在由 N 个格点所组成的晶格上, 其中一部分格点上有原子占据, 其余格点是空的, 每一个格点上只允许最多一个原子占据, 这样的晶格系统称为格气。

为简单起见, 设原子之间的相互作用只存在于最近邻的原子之间, 即

$$\mathcal{U}(r) = \begin{cases} \infty, & r = 0 \\ -\varepsilon_0, & r = \text{最近邻} \\ 0, & \text{其他} \end{cases} \qquad (6.4\text{-}21)$$

式中, ε_0 为常量。

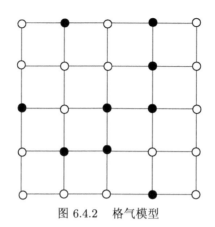

图 6.4.2 格气模型

对系统的一给定组态，用 N_a 表示原子的总数，用 N_aa 表示原子的最近邻对的数目，那么系统的能量为

$$E = -\varepsilon_0 N_\mathrm{aa} \tag{6.4-22}$$

系统的原子的总数为 N_a 时的正则配分函数为

$$Q_{N_\mathrm{a}} = \sideset{}{'}\sum_{N_\mathrm{a},N_\mathrm{aa}} \exp\left[-\beta E\left(N_\mathrm{a},N_\mathrm{aa}\right)\right] = \sideset{}{'}\sum_{N_\mathrm{aa}} g_N\left(N_\mathrm{a},N_\mathrm{aa}\right) \mathrm{e}^{\beta\varepsilon_0 N_\mathrm{aa}} \tag{6.4-23}$$

式中，$g_N\left(N_\mathrm{a},N_\mathrm{aa}\right)$ 为给定 N_a 和 N_aa 时所有可能的组态数。

巨配分函数为

$$\Xi\left(z,T\right) = \sum_{N_\mathrm{a}=0}^{N} z^{N_\mathrm{a}} \sideset{}{'}\sum_{N_\mathrm{aa}} g_N\left(N_\mathrm{a},N_\mathrm{aa}\right) \mathrm{e}^{\beta\varepsilon_0 N_\mathrm{aa}} \tag{6.4-24}$$

格气系统的体积可以取为 N，代入巨正则系综的统计平均值公式 (3.7-8) 和式 (3.7-13) 得

$$\frac{P}{k_\mathrm{B}T} = \frac{\ln\Xi}{N} = \frac{1}{N}\ln\left[\sum_{N_\mathrm{a}=0}^{N} z^{N_\mathrm{a}} \sideset{}{'}\sum_{N_\mathrm{aa}} g_N\left(N_\mathrm{a},N_\mathrm{aa}\right) \mathrm{e}^{\beta\varepsilon_0 N_\mathrm{aa}}\right] \tag{6.4-25}$$

$$\frac{1}{v} = \frac{\overline{N_\mathrm{a}}}{N} = \frac{z}{N}\frac{\partial\ln\Xi}{\partial z} \tag{6.4-26}$$

把式 (6.4-24)~ 式 (6.4-26) 与式 (6.4-18)~ 式 (6.4-20) 比较，我们看到，具有最近邻作用的格气模型和伊辛模型是等效的，存在对应关系

$$N_\mathrm{a} \Leftrightarrow N_\uparrow, \quad z \Leftrightarrow \mathrm{e}^{-2\beta(qJ-H)}, \quad \varepsilon_0 \Leftrightarrow 4J,$$

$$N_{aa} \Leftrightarrow N_{\uparrow\uparrow}, \quad \Xi(z,T) \Leftrightarrow e^{-\beta N(qJ/2-H)} Q_N(H,T)$$

$$P \Leftrightarrow -\frac{1}{N}F - \left(\frac{1}{2}qJ - H\right), \quad \frac{1}{v} \Leftrightarrow \frac{1}{2}\left(1 + \frac{M}{N}\right) \tag{6.4-27}$$

6.5 伊辛模型的布拉格–威廉斯近似

6.5.1 铁磁相变的临界性质

1869 年，安德鲁斯研究二氧化碳气、液两相密度差时发现，温度在 31.04℃ 时气、液密度趋同，两相界限消失，称为临界状态。在临界点附近，热力学函数存在奇异部分，可表示成幂函数的形式，其指数称为临界指数，一般是非整数。实验发现，铁磁相变具有如下临界性质。

(1) 自发磁化为

$$M\left(H=0, T \to T_c^-\right) = a\left(-t\right)^\beta \tag{6.5-1}$$

式中，a 为常量，$t = \dfrac{T}{T_c} - 1$，$\beta \approx 1/3$。

(2) 沿临界等温线磁场和磁化强度之间的关系为

$$H\left(T=T_c\right) = A\left|M\right|^\delta \tag{6.5-2}$$

式中，A 为常量，$4 < \delta < 6$。

(3) 热容量为

$$C_H(H=0) = \begin{cases} B'\left(-t\right)^{-\alpha'}, & T \to T_c^- \\ Bt^{-\alpha}, & T \to T_c^+ \end{cases} \tag{6.5-3}$$

式中，B 和 B' 为常量，$\alpha \sim \alpha' \sim 0.1$。

(4) 等温磁化率为

$$\chi_T(H=0) = \begin{cases} D'\left(-t\right)^{-\gamma'}, & T \to T_c^- \\ Dt^{-\gamma}, & T \to T_c^+ \end{cases} \tag{6.5-4}$$

式中，D 和 D' 为常量，$\gamma' \sim 1.2$，$\gamma \sim 1.3$。

6.5.2 布拉格–威廉斯近似

对于伊辛模型，格点的自旋向上的概率为

$$P_\uparrow = \frac{N_\uparrow}{N} \tag{6.5-5}$$

最近邻格点的自旋向上的概率为

$$P_{\uparrow\uparrow} = \frac{N_{\uparrow\uparrow}}{qN/2} \tag{6.5-6}$$

如果我们忽略最近邻格点的自旋之间的关联，那么最近邻格点的自旋向上的概率等于各自格点的自旋向上的概率的乘积，即

$$P_{\uparrow\uparrow} = \frac{N_{\uparrow\uparrow}}{qN/2} = P_{\uparrow}^2 = \left(\frac{N_{\uparrow}}{N}\right)^2 \tag{6.5-7}$$

这就是伊辛模型的布拉格–威廉斯近似 (Bragg-Williams approximation)[67]。

把式 (6.5-7) 代入式 (6.4-18) 得

$$Q_N = \mathrm{e}^{\beta N(qJ/2-H)} \sum_{N_{\uparrow}=0}^{N} \mathrm{e}^{-2\beta(qJ-H)N_{\uparrow}} g_N(N_{\uparrow}) \mathrm{e}^{2\beta JqN(N_{\uparrow}/N)^2}$$

$$= \mathrm{e}^{\beta N(qJ/2-H)} \sum_{N_{\uparrow}=0}^{N} \frac{N!}{N_{\uparrow}!(N-N_{\uparrow})!} \mathrm{e}^{-2\beta(qJ-H)N_{\uparrow}+2\beta JqN(N_{\uparrow}/N)^2}$$

$$= \sum_{L=-1}^{1} \frac{N!}{\left[\frac{N(1+L)}{2}\right]!\left[\frac{N(1-L)}{2}\right]!} \mathrm{e}^{\beta N\left(qJL^2/2+HL\right)} \tag{6.5-8}$$

式中，

$$L = \frac{N_{\uparrow}-N_{\downarrow}}{N} = \frac{2N_{\uparrow}-N}{N}, \quad -1 \leqslant L \leqslant 1 \tag{6.5-9}$$

有

$$M = \overline{\frac{N_{\uparrow}-N_{\downarrow}}{N}} = \bar{L} \tag{6.5-10}$$

使用斯特林公式得

$$Q_N = \sum_{L=-1}^{1} [\lambda(L)]^N \tag{6.5-11}$$

式中，

$$\lambda(L) = \left(\frac{1+L}{2}\right)^{-(1+L)/2} \left(\frac{1-L}{2}\right)^{-(1-L)/2} \mathrm{e}^{\beta\left(qJL^2/2+HL\right)} \tag{6.5-12}$$

显然当 $N \to \infty$ 时，Q_N 由最大项决定，即

$$Q_N = \lambda_{\max}^N \sum_{L=-1}^{1} \left[\frac{\lambda(L)}{\lambda_{\max}} \right]^N \xrightarrow{N \to \infty} \lambda_{\max}^N \tag{6.5-13}$$

式 (6.5-13) 告诉我们，$\lambda(L)$ 的极值条件 $\dfrac{\partial \lambda(L)}{\partial L} = 0$ 给出的 L 就是磁化强度 $\bar{L}$，得

$$\ln \frac{1+\bar{L}}{1-\bar{L}} = 2\beta H + 2\beta q J \bar{L} \tag{6.5-14}$$

使用式 (6.5-13) 得亥姆霍兹自由能

$$-\frac{F}{Nk_BT} = \frac{\ln Q_N}{N} = \ln \lambda_{\max} = \beta \left(\frac{1}{2} q J \bar{L}^2 + H\bar{L} \right) - \frac{1+\bar{L}}{2} \ln \frac{1+\bar{L}}{2} - \frac{1-\bar{L}}{2} \ln \frac{1-\bar{L}}{2} \tag{6.5-15}$$

进一步得亥姆霍兹自由能对 $\bar{L}$ 的一阶导数和二阶导数

$$-\frac{F'}{Nk_BT} = \beta \left(q J \bar{L} + H \right) - \frac{1}{2} \ln \frac{1+\bar{L}}{1-\bar{L}}, \quad -\frac{F''}{Nk_BT} = qJ\beta - \frac{1}{1-\bar{L}^2} \tag{6.5-16}$$

考虑铁磁相变。令 $H = 0$，极值条件 (6.5-14) 成为

$$\bar{L} = \tanh \left(\frac{qJ}{k_BT} \bar{L} \right) \tag{6.5-17}$$

从图 6.5.1 我们看到：

(1) 当 $\dfrac{qJ}{k_BT} < 1$ 时，有唯一解 $\bar{L} = 0$，$F''(\bar{L} = 0) = Nk_BT(1 - qJ\beta) > 0$，亥姆霍兹自由能为最小，解存在，如图 6.5.2(a) 所示；

(2) 当 $\dfrac{qJ}{k_BT} > 1$ 时，有三个解 $\bar{L} = 0, \pm L_0$，因 $F''(\bar{L} = 0) = Nk_BT(1 - qJ\beta) < 0$，亥姆霍兹自由能为极大值，解 $\bar{L} = 0$ 应抛弃。

由于亥姆霍兹自由能是 $\bar{L}$ 的连续函数，在 $\bar{L} = 0$ 处亥姆霍兹自由能为极大值，所以在 $\bar{L} = \pm L_0$ 必须为亥姆霍兹自由能极小值，如图 6.5.2(b) 所示，解 $\bar{L} = \pm L_0$ 存在。

综上所述，解为

$$\bar{L} = \begin{cases} 0, & T > T_c \\ \pm L_0, & T < T_c \end{cases} \tag{6.5-18}$$

式中，$T_c = qJ/k_B$。因此 $J > 0$ 是发生铁磁相变的必要条件。

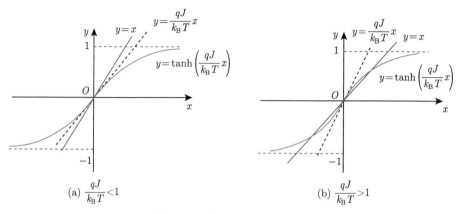

图 6.5.1　式 (6.5-17) 的图解

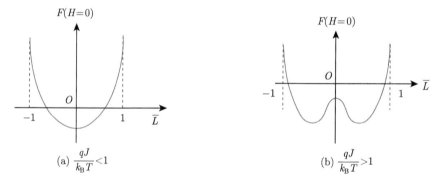

图 6.5.2　亥姆霍兹自由能随 $\bar{L}$ 的变化规律

6.5.3　临界指数

现在我们来计算临界指数。

1. 自发磁化

把式 (6.5-17) 右边作泰勒展开得

$$M\left(H=0\right) = L_0 \xrightarrow{T\to T_{\mathrm c}^-} \sqrt{-3t}, \quad \beta = 1/2 \tag{6.5-19}$$

2. 沿临界等温线磁场和磁化之间的关系

把式 (6.5-14) 右边作泰勒展开，得

$$H \xrightarrow{\bar{L}\to 0} \frac{1}{3} k_{\mathrm B} T_{\mathrm c} \bar{L}^3, \quad \delta = 3 \tag{6.5-20}$$

3. 热容量

使用式 (6.5-11) 和式 (6.5-13) 得

$$\bar{E} = -\frac{\partial \ln Q_N}{\partial \beta} = -N\left(\frac{1}{2}qJ\bar{L}^2 + H\bar{L}\right) \tag{6.5-21}$$

把式 (6.5-18) 和式 (6.5-19) 代入式 (6.5-21)，得

$$\bar{E}\left(H=0\right) = \begin{cases} 0, & T > T_{\mathrm{c}} \\ -\dfrac{3}{2}NqJt, & T \to T_{\mathrm{c}}^{-} \end{cases} \tag{6.5-22}$$

$$C\left(H=0\right) = \frac{\mathrm{d}}{\mathrm{d}T}\bar{E}\left(H=0\right) = \begin{cases} 0, & T > T_{\mathrm{c}} \\ \dfrac{1}{2T_{\mathrm{c}}}NqJ, & T \to T_{\mathrm{c}}^{-} \end{cases} \tag{6.5-23}$$

$$\alpha = \alpha' = 0 \tag{6.5-24}$$

4. 等温磁化率

把式 (6.5-14) 的两边对 $\bar{L}$ 求导，并代入式 (6.5-18) 和式 (6.5-19)，得

$$\chi\left(H=0, T\right) = \begin{cases} \dfrac{1}{k_{\mathrm{B}}T_{\mathrm{c}}}t^{-1}, & T \to T_{\mathrm{c}}^{+} \\ \dfrac{1}{2k_{\mathrm{B}}T_{\mathrm{c}}}\left(-t\right)^{-1}, & T \to T_{\mathrm{c}}^{-} \end{cases} \tag{6.5-25}$$

$$\gamma = \gamma' = 1 \tag{6.5-26}$$

习　　题

1. 使用伊辛模型的布拉格–威廉斯近似解，计算格气模型的状态方程。

6.6　伊辛模型的贝特近似

布拉格–威廉斯近似忽略了近邻自旋之间的关联，而贝特 (Bethe)[68] 考虑了这种关联，从而改进了布拉格–威廉斯近似。

6.6.1　有效磁场

考虑晶格里的一个自旋集团，由一个中心自旋 S_0 及其最近邻的 q 个自旋 S_1，

S_2, $\cdots$, S_q 组成, 如图 6.6.1 所示。外磁场为 H。该集团外面的自旋的影响采用平均场近似, 用有效磁场 H' 代替, 作用在自旋 S_1, S_2, $\cdots$, S_q 上。所以该集团的哈密顿量为

$$E = -JS_0 \sum_{i=1}^{q} S_i - HS_0 - (H + H') \sum_{i=1}^{q} S_i \qquad (6.6\text{-}1)$$

配分函数为

$$Q = \sum_{S_0,\{S_i\}} \exp\left[hS_0 + (h + h' + KS_0) \sum_{i=1}^{q} S_i \right] = Q_\uparrow + Q_\downarrow \qquad (6.6\text{-}2)$$

式中, $h = \beta H$, $h' = \beta H'$, $K = \beta J$, $Q_\uparrow$ 和 $Q_\downarrow$ 分别对应 $S_0 = \pm 1$, 即

$$Q_\uparrow, Q_\downarrow = \sum_{\{S_i\}} \exp\left[\pm h + (h + h' \pm K) \sum_{i=1}^{q} S_i \right]$$

$$= \mathrm{e}^{\pm h} \prod_{i=1}^{q} \sum_{S_i = \pm 1} \exp\left[(h + h' \pm K) S_i \right] = \mathrm{e}^{\pm h} \left[2\cosh(h + h' \pm K) \right]^q \qquad (6.6\text{-}3)$$

中心自旋的平均值为

$$\bar{S}_0 = \frac{1}{Q} \sum_{S_0,\{S_i\}} S_0 \exp\left[hS_0 + (h + h' + KS_0) \sum_{i=1}^{q} S_i \right] = \frac{Q_\uparrow - Q_\downarrow}{Q_\uparrow + Q_\downarrow} \qquad (6.6\text{-}4)$$

最近邻的 q 个自旋的平均值为

$$\bar{S}_i = \frac{1}{Q} \sum_{S_0,\{S_i\}} \frac{\sum_{i=1}^{q} S_i}{q} \exp\left[hS_0 + (h + h' + KS_0) \sum_{i=1}^{q} S_i \right] = \frac{1}{q} \frac{\partial \ln Q}{\partial h'}$$

$$= \frac{Q_\uparrow \tanh(h + h' + K) + Q_\downarrow \tanh(h + h' - K)}{Q_\uparrow + Q_\downarrow} \qquad (6.6\text{-}5)$$

有效磁场 H' 由自洽条件确定: 由于整个系统是平移不变的, 中心自旋的平均值应该等于最近邻的 q 个自旋的平均值, 即

$$\bar{S}_0 = \frac{Q_\uparrow - Q_\downarrow}{Q_\uparrow + Q_\downarrow} = \bar{S}_i = \frac{Q_\uparrow \tanh(h + h' + K) + Q_\downarrow \tanh(h + h' - K)}{Q_\uparrow + Q_\downarrow} \qquad (6.6\text{-}6)$$

得

$$e^{2h'} = \left[\frac{\cosh(h+h'+K)}{\cosh(h+h'-K)}\right]^{q-1} \tag{6.6-7}$$

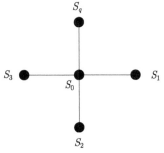

图 6.6.1　自旋集团

6.6.2　自发磁化

现在确定自发磁化。令 $h=0$，式 (6.6-7) 成为

$$h' = \frac{q-1}{2}\ln\frac{\cosh(h'+K)}{\cosh(h'-K)} \tag{6.6-8}$$

把式 (6.6-8) 右边围绕 $h'=0$ 作泰勒展开得

$$h'\left\{[1-(q-1)\tanh K] + \frac{(q-1)\sinh K}{3\cosh^3 K}h'^2 + \cdots\right\} = 0 \tag{6.6-9}$$

式 (6.6-9) 的 $h' \neq 0$ 但 $h' \to 0$ 的解为

$$h' \xrightarrow{T\to T_c^-} \sqrt{\frac{[(q-1)\tanh K - 1]\,3\cosh^2 K_c}{(q-1)\tanh K_c}} = \left[3(q-1)\frac{J}{k_B T_c}\left(1-\frac{T}{T_c}\right)\right]^{1/2} \tag{6.6-10}$$

式中，临界温度为 $1-(q-1)\tanh K_c = 0$，即

$$T_c = \frac{J}{k_B K_c} = \frac{2J}{k_B}\frac{1}{\ln\dfrac{q}{q-2}} \tag{6.6-11}$$

式 (6.6-8) 的另一个解是 $h'=0$。使用式 (6.6-4) 和式 (6.6-6) 可知，该解对应自发磁化为零的情形，即 $\bar{S}_0 = \bar{S}_i = 0$，对应 $T > T_c$ 的情形。有

$$h' = 0, \quad \bar{S}_0 = \bar{S}_i = 0, \quad T > T_c \tag{6.6-12}$$

使用式 (6.5-6)、式 (6.6-10) 和式 (6.6-11) 得自发磁化

$$\bar{S}_0 = \bar{S}_i = \frac{\left[\dfrac{\cosh(h'+K)}{\cosh(h'-K)}\right]^q - 1}{\left[\dfrac{\cosh(h'+K)}{\cosh(h'-K)}\right]^q + 1} \xrightarrow{T\to T_c^-} qh'\tanh K_c \propto (T-T_c)^{1/2} \tag{6.6-13}$$

6.6.3　热容量

现在计算热容量。首先计算 $N_{\uparrow\uparrow}$, $N_{\downarrow\downarrow}$ 及 $N_{\uparrow\downarrow}$。把自旋集团的配分函数改写为

$$
\begin{aligned}
Q &= \sum_{S_0, S_1} \exp\left[hS_0 + (h + h' + KS_0)S_1\right] \prod_{i=2}^{q} \sum_{S_i} \exp\left[(h + h' + KS_0)S_i\right] \\
&= \left[2\cosh(h + h' + KS_0)\right]^{q-1} \sum_{S_0, S_1} \exp\left[hS_0 + (h + h' + KS_0)S_1\right] \\
&= Q_{\uparrow\uparrow} + Q_{\downarrow\downarrow} + Q_{\uparrow\downarrow}
\end{aligned}
\tag{6.6-14}
$$

式中，$Q_{\uparrow\uparrow}$ 对应 $S_0 = S_1 = 1$；$Q_{\downarrow\downarrow}$ 对应 $S_0 = S_1 = -1$；$Q_{\uparrow\downarrow}$ 对应 $S_0 = -S_1 = 1$ 和 $S_0 = -S_1 = -1$。

所以有

$$
N_{\uparrow\uparrow} = DQ_{\uparrow\uparrow} = De^{2h+h'+K}\left[2\cosh(h + h' + K)\right]^{q-1}
$$

$$
\begin{aligned}
N_{\downarrow\downarrow} &= DQ_{\downarrow\downarrow} = De^{-2h-h'+K}\left[2\cosh(h + h' - K)\right]^{q-1} \\
&= De^{-2h-3h'+K}\left[2\cosh(h + h' + K)\right]^{q-1}
\end{aligned}
$$

$$
\begin{aligned}
N_{\uparrow\downarrow} &= DQ_{\uparrow\downarrow} \\
&= De^{-h'-K}\left[2\cosh(h + h' + K)\right]^{q-1} \\
&\quad + De^{h'-K}\left[2\cosh(h + h' - K)\right]^{q-1} \\
&= 2De^{-h'-K}\left[2\cosh(h + h' + K)\right]^{q-1}
\end{aligned}
\tag{6.6-15}
$$

式中，我们已经使用式 (6.6-7)，D 为归一化常数。

把式 (6.6-15) 代入式 (6.4-14) 得

$$
(N_{\uparrow\uparrow}, N_{\downarrow\downarrow}, N_{\uparrow\downarrow}) = \frac{qN}{4} \frac{\left(e^{2h+2h'+K}, e^{-2h-2h'+K}, 2e^{-K}\right)}{e^K \cosh(2h + 2h') + e^{-K}}
\tag{6.6-16}
$$

得

$$
E(H = 0) = -J(N_{\uparrow\uparrow} + N_{\downarrow\downarrow} - N_{\uparrow\downarrow}) = -\frac{1}{2}qJN \frac{\cosh(2h') - e^{-2K}}{\cosh(2h') + e^{-2K}}
\tag{6.6-17}
$$

把式 (6.6-11) 和式 (6.6-13) 代入式 (6.6-17) 得

$$
E(H = 0, T > T_c) = E(H = 0, h' = 0) = -\frac{1}{2}qJN \tanh K
\tag{6.6-18}
$$

$$E\left(H=0, T \to T_{c}^{-}\right) = E\left(H=0, h' \to 0\right)$$

$$= -\frac{1}{2}qJN\frac{1}{q-1}\left[1 + \frac{q(q-2)(3q-2)}{q-1}\frac{J}{k_{B}T_{c}}\left(1 - \frac{T}{T_{c}}\right)\right] \tag{6.6-19}$$

从而得热容量

$$C\left(H=0, T > T_{c}\right) = \frac{1}{2}Nk_{B}q\frac{K^{2}}{\cosh^{2}K} \tag{6.6-20}$$

$$C\left(H=0, T \to T_{c}^{+}\right) = Nk_{B}\frac{q^{2}(q-2)}{8(q-1)^{2}}\left(\ln\frac{q}{q-2}\right)^{2} \tag{6.6-21}$$

$$C\left(H=0, T \to T_{c}^{-}\right) = Nk_{B}\frac{q^{2}(q-2)(3q-2)}{8(q-1)^{2}}\left(\ln\frac{q}{q-2}\right)^{2} \tag{6.6-22}$$

我们看到, 热容量在临界点有一个有限的跳跃, 在相变区域, 贝特近似显著地改进了布拉格–威廉斯近似, 如图 6.6.2 所示。

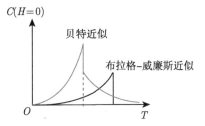

图 6.6.2　布拉格–威廉斯近似和贝特近似下的热容量

6.7　范德瓦耳斯气体的临界性质

在 1.9 节我们使用范德瓦耳斯状态方程计算了临界点参数, 获得了范德瓦耳斯对比方程, 推导了麦克斯韦等面积法则。本节我们将详细推导范德瓦耳斯气体的临界性质。

6.7.1　气–液相变的临界性质

古根海姆 (E. A. Guggenheim)[69] 曾经在 P-V 图上画出了很多种物质的约化共存曲线, 发现大部分物质近似落在同一曲线上, 这就是对应态定律的一个例子, 如图 6.7.1 所示。

简单流体的气–液相变具有如下临界性质。

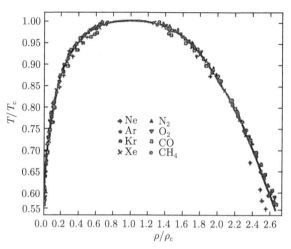

图 6.7.1   古根海姆画出的约化共存曲线

(1) 沿气–液共存直线段等温线压强不变，气体和液体的密度不变，有

$$\frac{\rho_\mathrm{L} + \rho_\mathrm{G}}{\rho_\mathrm{c}} = 1 + \frac{3}{4}\left(1 - \frac{T}{T_c}\right), \quad \frac{\rho_\mathrm{L} - \rho_\mathrm{G}}{\rho_\mathrm{c}} = \frac{7}{2}\left(1 - \frac{T}{T_c}\right)^{1/3} \tag{6.7-1}$$

(2) 沿临界等温线压强与密度之间的关系为

$$(P - P_\mathrm{c})_{T=T_c,\rho\to\rho_\mathrm{c}} = A\,|\rho - \rho_\mathrm{c}|^\delta\,\mathrm{sgn}\,(\rho - \rho_\mathrm{c}) \tag{6.7-2}$$

式中，A 为常量，$4 < \delta < 6$。

(3) 沿临界等体线的热容量为

$$C_V\,(\rho = \rho_\mathrm{c}) = \begin{cases} B'\,(T_c - T)^{-\alpha'}, & T \to T_\mathrm{c}^- \\ B\,(T - T_c)^{-\alpha}, & T \to T_\mathrm{c}^+ \end{cases} \tag{6.7-3}$$

式中，B 和 B' 为常量，$\alpha \sim \alpha' \sim 0.1$。

(4) 等温压缩率为

$$\kappa_T = \begin{cases} D'\,(T_c - T)^{-\gamma'}, & T \to T_\mathrm{c}^-, \quad \rho = \rho_L\,(T) \ \text{或} \ \rho = \rho_\mathrm{G}\,(T) \\ D\,(T - T_c)^{-\gamma}, & T \to T_\mathrm{c}^+, \quad \rho = \rho_\mathrm{c} \end{cases} \tag{6.7-4}$$

式中，D 和 D' 为常量，$\gamma' \sim 1.2$，$\gamma \sim 1.3$。

6.7.2 范德瓦耳斯气体的临界指数

定义

$$\theta = \frac{P}{P_c} - 1 = \tilde{P} - 1, \quad \omega = \frac{V}{V_c} - 1 = \tilde{V} - 1, \quad t = \frac{T}{T_c} - 1 = \tilde{T} - 1 \qquad (6.7\text{-}5)$$

代入范德瓦耳斯对比方程 (1.9-18) 得

$$\left[(1 + \theta) + \frac{3}{(1 + \omega)^2} \right] [3 (1 + \omega) - 1] = 8 (1 + t) \qquad (6.7\text{-}6)$$

把式 (6.7-6) 围绕临界点作泰勒展开得

$$\theta = 4t - 6t\omega - \frac{3}{2}\omega^3 + \cdots \qquad (6.7\text{-}7)$$

1. 沿临界等温线压强与密度之间的关系

在式 (6.7-7) 中令 $t = 0$,得

$$\theta = -\frac{3}{2}\omega^3, \quad (P - P_c)_{T=T_c} \propto (V - V_c)^3, \quad \delta = 3 \qquad (6.7\text{-}8)$$

2. 沿气–液共存直线段等温线气体和液体的密度之间的关系

略去式 (6.7-7) 的高次项,我们发现,$\theta = 4t - 6t\omega - \frac{3}{2}\omega^3$ 是 ω 的奇函数。在这一近似下,麦克斯韦等面积法则自动满足,如图 6.7.2 所示。气体开始液化时的 $\omega_L = \frac{V_L}{V_c} - 1$ 和液体开始气化时的 $\omega_G = \frac{V_G}{V_c} - 1$ 由下列方程确定:

$$-6t\omega - \frac{3}{2}\omega^3 = 0 \qquad (6.7\text{-}9)$$

得

$$\omega_L = -\omega_G = -2\sqrt{-t}, \quad \omega_G - \omega_L = \frac{V_G - V_L}{V_c} = \frac{\rho_L - \rho_G}{\rho_c} = 4\sqrt{-t}, \quad \beta = 1/2$$

$$(6.7\text{-}10)$$

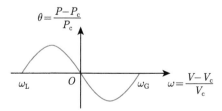

图 6.7.2 麦克斯韦等面积法则自动满足

3. 处于单一相时的范德瓦耳斯气体的热容量

现在计算范德瓦耳斯气体处于单一相 (气相或液相) 时的亥姆霍兹自由能。使用 $P = -\left(\dfrac{\partial F}{\partial V}\right)_T$，代入范德瓦耳斯状态方程，并积分，得

$$F = -\int P\mathrm{d}V = -Nk_\mathrm{B}T\ln(V - Nb) - a\frac{N^2}{V} + W(T) \tag{6.7-11}$$

式中，$W(T)$ 为待定函数。

当 $V \to \infty$ 时，范德瓦耳斯气体变为理想气体，即

$$F(V \to \infty) = F_0 = -Nk_\mathrm{B}T\ln V + W(T) \tag{6.7-12}$$

使用式 (6.7-11) 和 $S = -\left(\dfrac{\partial F}{\partial T}\right)_V$ 得

$$C_V = T\left(\frac{\partial S}{\partial T}\right)_V = -T\left(\frac{\partial^2 F}{\partial T^2}\right)_V = C_{V0}(T) = -T\frac{\mathrm{d}^2 W}{\mathrm{d}T^2} \tag{6.7-13}$$

我们看到，处于单一相时的范德瓦耳斯气体的热容量等于理想气体的热容量 $C_{V0}(T)$。

4. 沿临界等体线的热容量

把式 (6.7-7) 代入 $P = -\left(\dfrac{\partial F}{\partial V}\right)_T$ 得临界点附近范德瓦耳斯气体处于单一相时的亥姆霍兹自由能

$$F(\omega) = -\int P\mathrm{d}V + W(T) = -P_\mathrm{c}V_\mathrm{c}\left[(1 + 4t)\omega - 3t\omega^2 - \frac{3}{8}\omega^4\right] + W(T) \tag{6.7-14}$$

气体开始液化时的亥姆霍兹自由能为 $F_\mathrm{G} = F(\omega_\mathrm{G})$，液体开始气化时的亥姆霍兹自由能为 $F_\mathrm{L} = F(\omega_\mathrm{L})$。

设在气-液共存直线段等温线上的任意一点处气、液部分体积分别为 V'_G、V'_L，总体积为 V，亥姆霍兹自由能为 F。使用杠杆法则式 (1.9-3) 和式 (1.9-4) 得

$$F = F_\mathrm{L}\frac{V'_\mathrm{L}}{V_\mathrm{L}} + F_\mathrm{G}\frac{V'_\mathrm{G}}{V_\mathrm{G}} = F(\omega_\mathrm{L})x_\mathrm{L} + F(\omega_\mathrm{G})x_\mathrm{G} \tag{6.7-15}$$

式中，

$$x_\mathrm{G} = \frac{V'_\mathrm{G}}{V_\mathrm{G}}, \quad x_\mathrm{L} = \frac{V'_\mathrm{L}}{V_\mathrm{L}}, \quad V'_\mathrm{G} + V'_\mathrm{L} = V, \quad x_\mathrm{G} + x_\mathrm{L} = 1 \tag{6.7-16}$$

考虑沿临界等体线 $V = V_c$。把式 (6.7-10) 代入式 (6.7-16) 得

$$x_G + x_L = \frac{V_G'}{V_c\left(1 + 2\sqrt{-t}\right)} + \frac{V_L'}{V_c\left(1 - 2\sqrt{-t}\right)} = 1, \quad V_G' + V_L' = V_c \qquad (6.7\text{-}17)$$

略去高次项，解为

$$V_G' = V_L' = V_c/2, \quad x_G = x_L = 1/2 \qquad (6.7\text{-}18)$$

把式 (6.7-18) 代入式 (6.7-15) 得

$$F\left(V = V_c\right) = \frac{1}{2}\left[F\left(\omega_L\right) + F\left(\omega_G\right)\right] = -6P_c V_c t^2 + W\left(T\right) \qquad (6.7\text{-}19)$$

$$\begin{aligned}
C_V\left(V = V_c, T \to T_c^-\right) &= -T\frac{\partial^2 F\left(V = V_c\right)}{\partial T^2} \\
&= \frac{9}{2}Nk_B\frac{T}{T_c} + C_{V0}\left(T\right), \quad \alpha = \alpha' = 0 \qquad (6.7\text{-}20)
\end{aligned}$$

5. 等温压缩率

使用式 (6.7-7) 计算等温压缩率得

$$\begin{aligned}
\kappa_T\left(V = V_c, T \to T_c^+\right) &= -\frac{1}{V}\left(\frac{\partial V}{\partial P}\right)_T\bigg|_{V=V_c} = -\frac{1}{P_c}\left(\frac{\partial \omega}{\partial \theta}\right)_t\bigg|_{\omega=0} \\
&= \frac{1}{6P_c}t^{-1}, \quad \gamma = 1 \qquad (6.7\text{-}21)
\end{aligned}$$

$$\begin{aligned}
\kappa_T\left(V = V_G, T \to T_c^-\right) &= -\frac{1}{V}\left(\frac{\partial V}{\partial P}\right)_T\bigg|_{V=V_G} = -\frac{1}{P_c}\left(\frac{\partial \omega}{\partial \theta}\right)_t\bigg|_{\omega=\omega_G} \\
&= \frac{1}{12P_c}\left(-t\right)^{-1}, \quad \gamma' = 1 \qquad (6.7\text{-}22)
\end{aligned}$$

6.8 朗道连续相变的平均场理论

统计物理的平均场理论的历史很悠久，最早可以追溯到范德瓦耳斯，他在修正理想气体状态方程时，受拉普拉斯液体表面张力理论的启发，引入了内压强，即使用以平均了的内场代替其他粒子对某个特定粒子的作用。1895 年，皮埃尔·居里把铁磁相变与气–液相变类比，认识到了两者的相似性。1907 年，外斯根据居里认识到的铁磁相变与气–液相变的相似性，受范德瓦耳斯的内压强的启发，提出

铁磁体内部存在强大的分子场，即使无外磁场，也能使内部自发地磁化。1934 年，布拉格和威廉斯在研究合金有序化时，也受到了气–液相变与铁磁相变的启发，使用了平均场近似。1937 年，朗道概括了平均场理论的主要精神，提出了很普遍的理论 [70]。后来的超导的金兹堡–朗道 (Ginzburg-Landau) 理论、超导的 BCS 理论、超流的格罗斯–皮塔耶夫斯基 (Gross-Pitaevskii) 理论、液晶的朗道–德让纳 (Landau-de Gennes) 理论等，实际上都是平均场理论。

6.8.1 序参量

在 1.9 节我们研究了相变的分类，把相变分为一级相变和连续相变。对于一级相变，在相变点摩尔熵和摩尔体积发生突变。对于连续相变，在相变点摩尔熵和摩尔体积均不发生突变，因而把这种相变称为连续相变。那么连续相变的背后有没有更深刻的机理呢？我们来考察几个例子 [2]。

1. 单轴铁磁体

对于单轴铁磁体，当温度高于某个临界温度时，物体的平均磁矩为零，上下是对称的。当温度低于某个临界温度时，物体的平均磁矩不为零，上下不再是对称的。在相变点附近物体的平均磁矩从零连续过渡到非零值，但在相变点对称的变化是跃变。

2. 无序–有序相变

完全有序的 CuZn 合金具有立方晶格，例如 Zn 原子占据立方元胞的顶点，Cu 原子占据体心，如图 6.8.1 所示。当温度升高时，Zn 原子和 Cu 原子改变位置，这时 Zn 原子和 Cu 原子占据各个格点的概率都不为零。当温度上升到高于某个临界温度时，Zn 原子和 Cu 原子占据各个格点的概率相等，这时所有的格点都变成等效的，CuZn 合金是完全无序的，晶格变成体心立方晶格。在相变点 Zn 原子和 Cu 原子占据各个格点的概率之差从非零值连续过渡到零，但在相变点对称的变化是跃变。

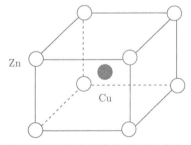

图 6.8.1 完全有序的 CuZn 合金

总之，在相变点附近物体的状态是以连续的方式变化的，在相变点对称的变化是跃变，即发生自发对称破缺，系统自发地由较高对称性的态变为较低对称性的态。通常情况下，低温相的对称性较低，有序度较高；高温相的对称性较高，有序度较低。但有一个例外，那就是气–液相变临界点，在临界点没有对称的跃变。

可以引进序参量来描述。序参量定义为有序度的参量。序参量的结构和含义随系统的不同而不同，可以为标量或矢量，实量或复量，等等。可以使用序参量对相变进行分类：在相变点序参量发生突变的相变为一级相变；在相变点序参量连续地从零变到非零值的相变为连续相变。

对于单轴铁磁体的顺磁–铁磁相变，其序参量为磁化强度。对于顺磁–反铁磁相变，宏观的磁化强度为零，序参量可以用次晶格上的平均磁矩来表示。对于 CuZn 合金，其序参量定义为 Zn 原子和 Cu 原子占据各个格点的概率之差，即

$$\eta = w_{\mathrm{Zn}} - w_{\mathrm{Cu}} \tag{6.8-1}$$

式中，w_{Cu} 和 w_{Cu} 分别为 Zn 原子和 Cu 原子占据任一给定格点的概率。

对于气–液相变，由于在临界点没有对称的跃变，其序参量定义为气体和液体的密度之差

$$\eta = \rho_{\mathrm{G}} - \rho_{\mathrm{L}} \tag{6.8-2}$$

超导体的序参量为宏观波函数

$$\eta = \Psi = \Delta \mathrm{e}^{\mathrm{i}\varphi} \tag{6.8-3}$$

式中，Δ 为能隙；φ 为相因子。

6.8.2 热力学势展开

朗道所作的基本假定为：① 热力学势和序参量在空间均匀分布；② 热力学势在相变点附近是序参量的解析函数。

为简单起见，假设序参量为实的。根据朗道的假定，在临界点附近由于 η 很小，可以把热力学势展开为 η 的幂级数

$$\Phi(P, T, \eta) = \Phi_0(P, T) + A_1 \eta + A_2 \eta^2 + A_3 \eta^3 + A_4 \eta^4 + \cdots \tag{6.8-4}$$

式中，展开系数 $A_n = A_n(T, P)$ 是 T 和 P 的解析函数。

朗道证明，自发对称破缺导致 $A_1 = 0$。对于普通的连续相变有 $A_3 = 0$。由于那些高于四次项的项与相变无关，可以略去，得

$$\Phi(P, T, \eta) = \Phi_0(P, T) + A_2 \eta^2 + A_4 \eta^4 \tag{6.8-5}$$

　　现在把热力学势与重力势能作类比。在力学平衡态，重力势能为极小。设在光滑曲面上有如图 6.8.2 所示的三个小球。这三个小球都满足力学平衡条件。显然，图 6.8.2(a) 中的小球是稳定的平衡；图 6.8.2(b) 中的小球是不稳定平衡；图 6.8.2(c) 中的小球是亚稳定平衡。因此力学稳定性条件要求重力势能的形状为碗形而不是拱形。

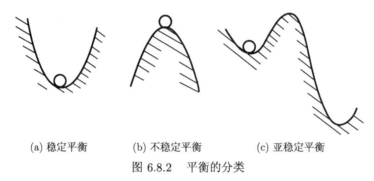

(a) 稳定平衡　　　　　(b) 不稳定平衡　　　　　(c) 亚稳定平衡

图 6.8.2　平衡的分类

　　在热力学平衡态，热力学势为极小。热力学稳定性条件要求热力学势的形状为碗形而不是拱形，如图 6.8.3 所示。

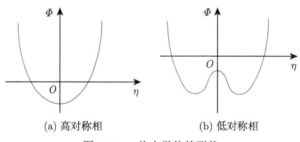

(a) 高对称相　　　　　　　(b) 低对称相

图 6.8.3　热力学势的形状

　　为了保证热力学势的形状为碗形而不是拱形，无论温度是多少，必须有 $A_4\,(T,P) > 0$。

　　η 值由热力学势为极小的条件确定，即 $\dfrac{\partial \Phi}{\partial \eta} = 0$，即

$$2A_2\,(T,P)\,\eta + 4A_4\,(T,P)\,\eta^3 = 0 \tag{6.8-6}$$

其解为

$$\eta = 0,\ \pm \left[-\frac{A_2\,(T,P)}{2A_4\,(T,P)} \right]^{1/2} \tag{6.8-7}$$

　　温度高时系统处于高对称相，η 为零；温度低时系统处于低对称相，η 不为零。因此在高对称相，为了保证 $\eta = 0$，必须有 $A_2\,(T,P) > 0$，以便排除其他两个解。

在低对称相，为了保证 $\eta \neq 0$，必须有 $A_2(T, P) < 0$。在临界点有 $A_2(T_c, P) = 0$。在临界点附近将 $A_2(T, P)$ 和 $A_4(T, P)$ 作泰勒展开，并保留最大项，得

$$A_2(T, P) = a_0 t, \quad A_2(T, P) = b_0 \tag{6.8-8}$$

式中，$a_0 > 0$ 和 $b_0 > 0$ 为常数，$t = \dfrac{T - T_c}{T_c}$。

把式 (6.8-8) 代入式 (6.8-7) 得

$$\eta(T) = \begin{cases} 0, & T > T_c \\ \left(-\dfrac{a_0 t}{2 b_0}\right)^{1/2}, & T \to T_c^- \end{cases} \tag{6.8-9}$$

熵为

$$S = -\frac{\partial \Phi}{\partial T} = -\frac{\mathrm{d}\Phi_0(T)}{\mathrm{d}T} - \frac{a_0}{T_c}\eta^2 = \begin{cases} S_0, & T > T_c \\ S_0 + \dfrac{a_0^2}{2 b_0 T_c} t, & T \to T_c^- \end{cases} \tag{6.8-10}$$

热容量为

$$C_P = T\left(\frac{\partial S}{\partial T}\right)_P = \begin{cases} C_{P0}, & T > T_c \\ C_{P0} + \dfrac{a_0^2}{2 b_0 T_c}, & T \to T_c^- \end{cases} \tag{6.8-11}$$

式中，$C_{P0} = -T\dfrac{\partial^2 \Phi_0(T)}{\partial T^2}$。

我们看到，在相变点热容量有突变。从高对称相转变到低对称相时，热容量增加 $\dfrac{a_0^2}{2 b_0 T_c}$。

习 题

1. 把朗道连续相变的平均场理论应用于单轴铁磁体，亥姆霍兹自由能为

$$F(T, M) = F_0(T) + a_0 t M^2 + b_0 M^4$$

证明：临界指数为 $\beta = 1/2$，$\delta = 3$，$\gamma = \gamma' = 1$，$\alpha = \alpha' = 0$。

6.9 序参量涨落的平均场理论

平均场理论假设，临界现象发生时，系统是均匀的，其自由能密度和序参量是均匀的。实际上在临界点附近，涨落极其巨大，其自由能密度和序参量不是均匀的。可以引进局域序参量和热力学势密度来描述 [2]。

在 13.1 节，我们将看到，热力学涨落概率密度公式为

$$p \propto \exp\left(\frac{T\Delta S - \Delta E}{k_{\mathrm{B}}T}\right) \tag{6.9-1}$$

序参量的涨落与温度的涨落是统计独立的，因此考虑序参量的涨落时，系统的温度可看成常数，从而有 $-T\Delta S + \Delta E = \Delta F$，代入式 (6.9-1) 得

$$p \propto \exp\left(-\frac{\Delta F}{k_{\mathrm{B}}T}\right) \tag{6.9-2}$$

考虑单轴铁磁体。由于涨落，系统不再是均匀的，需要引进自由能密度 $f(\boldsymbol{r})$ 来描述，即

$$\Delta F = \int \Delta f(\boldsymbol{r})\mathrm{d}^3 r = \int \left[f(\boldsymbol{r}) - \bar{f}\right]\mathrm{d}^3 r \tag{6.9-3}$$

式中，$\bar{f}$ 为 $f(\boldsymbol{r})$ 的平均值。

在临界点附近，将自由能按序参量展开，除了序参量的幂级数展开，还有由涨落引起的不均匀性的贡献，即序参量对空间坐标的各阶微分。由于系统是各向同性的，序参量对空间坐标的一阶微分只能以标量 $[\nabla M(\boldsymbol{r})]^2$ 的形式出现在展开式中，即

$$f(\boldsymbol{r}) = \bar{f} + a_0 t\left[M(\mathbf{r})\right]^2 + b_0\left[M(\boldsymbol{r})\right]^4 + c_0\left[\nabla M(\boldsymbol{r})\right]^2 + \cdots \tag{6.9-4}$$

保留最大项得

$$\Delta f = a_0 t\left[M(\boldsymbol{r})\right]^2 + c_0\left[\nabla M(\boldsymbol{r})\right]^2 \tag{6.9-5}$$

把式 (6.9-5) 代入式 (6.9-3) 得

$$\Delta F = \int \left\{a_0 t\left[M(\boldsymbol{r})\right]^2 + c_0\left[\nabla M(\boldsymbol{r})\right]^2\right\}\mathrm{d}^3 r \tag{6.9-6}$$

把 $M(\boldsymbol{r})$ 作傅里叶展开，注意到 $M(\boldsymbol{r})$ 是实数，有

$$M(\boldsymbol{r}) = \sum_{\boldsymbol{k}} M_{\boldsymbol{k}}\mathrm{e}^{\mathrm{i}\boldsymbol{k}\cdot\boldsymbol{r}}, \quad M_{-\boldsymbol{k}} = M_{\boldsymbol{k}}^* \tag{6.9-7}$$

把式 (6.9-7) 代入式 (6.9-6)，并使用 $\sum\limits_{\boldsymbol{k}} \to \dfrac{V}{(2\pi)^3}\int \mathrm{d}^3 k$，得

$$\Delta F = \int \sum_{\boldsymbol{k},\boldsymbol{k}'}(a_0 t - c_0\boldsymbol{k}\cdot\boldsymbol{k}')M_{\boldsymbol{k}}M_{\boldsymbol{k}'}\mathrm{e}^{\mathrm{i}(\boldsymbol{k}+\boldsymbol{k}')\cdot\boldsymbol{r}}\mathrm{d}^3 r = V\sum_{\boldsymbol{k}}(a_0 t + c_0 k^2)\left|M_{\boldsymbol{k}}\right|^2$$

$$\tag{6.9-8}$$

把式 (6.9-8) 代入式 (6.9-2), 得

$$p \propto \prod_{\boldsymbol{k}} \exp\left[-\frac{V\left(a_0 t + c_0 k^2\right)\left|M_{\boldsymbol{k}}\right|^2}{k_{\mathrm{B}} T}\right] \tag{6.9-9}$$

我们看到, 不同的 $M_{\boldsymbol{k}}$ 的涨落是统计独立的。由于存在 $\pm\boldsymbol{k}$, $\left|M_{\boldsymbol{k}}\right|^2$ 在和式中出现两次, 其涨落的概率分布为

$$p\left(\left|M_{\boldsymbol{k}}\right|^2\right) \propto \exp\left[-\frac{2V\left(a_0 t + c_0 k^2\right)\left|M_{\boldsymbol{k}}\right|^2}{k_{\mathrm{B}} T}\right] \tag{6.9-10}$$

得

$$\overline{\left|M_{\boldsymbol{k}}\right|^2} = \frac{\displaystyle\int_0^\infty \left|M_{\boldsymbol{k}}\right|^2 \exp\left[-\dfrac{2V\left(a_0 t + c_0 k^2\right)\left|M_{\boldsymbol{k}}\right|^2}{k_{\mathrm{B}} T}\right]\mathrm{d}\left|M_{\boldsymbol{k}}\right|^2}{\displaystyle\int_0^\infty \exp\left[-\dfrac{2V\left(a_0 t + c_0 k^2\right)\left|M_{\boldsymbol{k}}\right|^2}{k_{\mathrm{B}} T}\right]\mathrm{d}\left|M_{\boldsymbol{k}}\right|^2} = \frac{k_{\mathrm{B}} T}{2V}\frac{1}{a_0 t + c_0 k^2} \tag{6.9-11}$$

$$\overline{M_{\boldsymbol{k}} M_{\boldsymbol{k}'}} = \delta_{\boldsymbol{k},\boldsymbol{k}'}\frac{k_{\mathrm{B}} T}{2V}\frac{1}{a_0 t + c_0 k^2} \tag{6.9-12}$$

引进关联函数

$$g\left(\boldsymbol{r}_1 - \boldsymbol{r}_2\right) = \overline{\Delta M\left(\boldsymbol{r}_1\right)\Delta M\left(\boldsymbol{r}_2\right)} \tag{6.9-13}$$

考虑高温相, 有 $\bar{M} = 0$, $\Delta M = M - \bar{M} = M$, 代入式 (6.9-13) 得

$$\begin{aligned}
g\left(\boldsymbol{r}_1 - \boldsymbol{r}_2\right) &= \overline{M\left(\boldsymbol{r}_1\right) M\left(\boldsymbol{r}_2\right)} \\
&= \sum_{\boldsymbol{k},\boldsymbol{k}'} \overline{M_{\boldsymbol{k}} M_{\boldsymbol{k}'}} \mathrm{e}^{\mathrm{i}\boldsymbol{k}\cdot\boldsymbol{r}_1 + \mathrm{i}\boldsymbol{k}'\cdot\boldsymbol{r}_2} = \frac{k_{\mathrm{B}} T}{2V} \sum_{\boldsymbol{k}} \frac{1}{a_0 t + c_0 k^2} \mathrm{e}^{\mathrm{i}\boldsymbol{k}\cdot(\boldsymbol{r}_1 - \boldsymbol{r}_2)} \\
&= \frac{k_{\mathrm{B}} T}{2V}\frac{V}{(2\pi)^3}\int \mathrm{d}^3 k \frac{1}{a_0 t + c_0 k^2}\mathrm{e}^{\mathrm{i}\boldsymbol{k}\cdot(\boldsymbol{r}_1 - \boldsymbol{r}_2)} = \frac{k_{\mathrm{B}} T}{8\pi c_0}\frac{1}{r}\mathrm{e}^{-r/\xi}
\end{aligned} \tag{6.9-14}$$

式中,

$$\xi = \sqrt{\frac{c_0}{a_0 t}} \tag{6.9-15}$$

ξ 具有长度量纲, 称为关联长度。

式 (6.9-15) 告诉我们, 在临界点, 关联长度趋于无穷大, 因此可以定义 ξ 的临界指数 ν 和 ν' 如下:

$$\xi = \begin{cases} A_+ t^{-\nu}, & T \to T_c^+ \\ A_- (-t)^{-\nu'}, & T \to T_c^- \end{cases} \tag{6.9-16}$$

式中, A_+ 和 A_- 为常量。

把式 (6.9-15) 和式 (6.9-16) 比较得

$$\nu = \nu' = 1/2 \tag{6.9-17}$$

式 (6.9-14) 告诉我们, 沿着临界等温线, 有 $g(r \to 0)|_{T=T_c} \to \dfrac{1}{r}$, 因此还可以定义另一个临界指数如下:

$$g(r)|_{T=T_c} = \frac{B}{r^{d-2+\eta}} \tag{6.9-18}$$

式中, B 为常量。

把式 (6.9-18) 和式 (6.9-14) 比较得

$$\eta = 0, \quad d = 3 \tag{6.9-19}$$

平均场理论预言的临界指数为

$$\alpha = \alpha' = 0, \quad \beta = 1/2, \quad \gamma = \gamma' = 1, \quad \delta = 3, \quad \nu = \nu = 1/2, \quad \eta = 0 \tag{6.9-20}$$

实验结果为

$$\alpha = \alpha' \sim 0.1, \quad \beta \sim 1/3, \quad \gamma = \gamma' \sim 1.3, \quad \delta = 4 \sim 6 \tag{6.9-21}$$

综上所述, 平均场理论是一个过度普适的理论, 所预言的临界指数不依赖于空间维数、分子相互作用范围等。

6.10 超导的金兹堡–朗道理论

朗道连续相变的平均场理论的最辉煌的成就之一就是超导的金兹堡–朗道理论[71]。

6.10.1 不存在磁场时的金兹堡–朗道理论

超导实验证明, 超导相的熵比正常相的小, 超导相具有更高的有序度, 说明超导电子凝聚到某一低能态。由于所有超导电子占据同一量子态, 故可用宏观波

函数 ψ 描述 [72]。由于超导电子总是成对出现的，则超导电子对的数密度 $|\psi|^2$ 为超导电子数密度 n_s 的一半，即

$$n_s = 2\,|\psi|^2 \tag{6.10-1}$$

宏观波函数可以写成

$$\psi = \sqrt{\frac{n_s}{2}}\mathrm{e}^{\mathrm{i}\varphi} \tag{6.10-2}$$

式中，φ 为相因子。

1. 均匀的超导体

对于均匀的超导体，根据朗道连续相变的平均场理论，描述超导临界现象的序参量为宏观波函数 ψ，在正常相 ψ 为零，在临界点 ψ 为零，在超导相 ψ 不为零。在临界点附近，自由能可以按 $|\psi|$ 的幂次展开，展开式的系数是温度的解析函数，即

$$F_s = F_n + aV\,|\psi|^2 + \frac{1}{2}bV\,|\psi|^4 + \cdots \tag{6.10-3}$$

式中，F_n 为正常态时的自由能；$a = \alpha\,(T - T_c)$，$\alpha > 0$ 和 $b > 0$ 均为常量。

超导相的熵为

$$S_s = -\frac{\partial F_s}{\partial T} = S_n - \alpha V\,|\psi|^2 \tag{6.10-4}$$

$|\psi|^2$ 值由 F_s 为最小值的条件决定，即

$$\frac{\partial F_s}{\partial \psi} = 0, \quad \frac{\partial F_s}{\partial \psi^*} = 0 \tag{6.10-5}$$

把式 (6.10-3) 代入式 (6.10-5) 得

$$|\psi|^2 = -\frac{a}{b} = \frac{\alpha\,(T_c - T)}{b} \tag{6.10-6}$$

把式 (6.10-6) 代入式 (6.10-4) 得

$$S_s = S_n - \frac{\alpha^2 V}{b}\,(T_c - T) \tag{6.10-7}$$

超导相的热容量为

$$C_s = T\frac{\partial S_s}{\partial T} = C_n + \frac{\alpha^2 T}{b}V \tag{6.10-8}$$

我们看到，在临界点，热容量是不连续的。

2. 非均匀的超导体

对于非均匀的超导体，在临界点附近，将自由能密度按序参量展开，除了序参量的幂级数展开，还有由涨落引起的不均匀性的贡献，即序参量对空间坐标的各阶微分。如果宏观波函数 ψ 在空间变化足够缓慢，则不均匀性的贡献只需要保留梯度的绝对值的平方项，即

$$F_{\mathrm{s}} = F_{\mathrm{n}} + \int \mathrm{d}^3 r \left[a \left| \psi \right|^2 + \frac{1}{2} b \left| \psi \right|^4 + \kappa \left| \nabla \psi \right|^2 + \cdots \right] \tag{6.10-9}$$

式中，$a = \alpha (T - T_{\mathrm{c}})$，$\alpha > 0$ 和 $b > 0$ 均为常量；κ 为待定常量。

为了看出自由能密度展开中的 $\int \mathrm{d}^3 r \kappa \left| \nabla \psi \right|^2$ 的物理意义，考虑一个单粒子的薛定谔方程

$$\hat{H} \Phi = \left[-\frac{\hbar^2}{2m} \nabla^2 + V(\boldsymbol{r}) \right] \Phi = E \Phi \tag{6.10-10}$$

有

$$\begin{aligned} E = \langle \Phi | \, \hat{H} \, | \Phi \rangle &= -\frac{\hbar^2}{2m} \int \mathrm{d}^3 r \left[\nabla \cdot (\Phi^* \nabla \Phi) - \left| \nabla \Phi \right|^2 \right] + \langle V \rangle \\ &= -\frac{\hbar^2}{2m} \oint (\Phi^* \nabla \Phi) \cdot \mathrm{d} \boldsymbol{S} + \int \mathrm{d}^3 r \frac{\hbar^2}{2m} \left| \nabla \Phi \right|^2 + \langle V \rangle = \int \mathrm{d}^3 r \frac{\hbar^2}{2m} \left| \nabla \Phi \right|^2 + \langle V \rangle \end{aligned} \tag{6.10-11}$$

式中，我们已经使用在无穷远处波函数为零的边界条件。

我们看到，量子动能为 $\int \mathrm{d}^3 r \dfrac{\hbar^2}{2m} \left| \nabla \Phi \right|^2$。在超导的情形下，宏观波函数 ψ 是超导电子对的波函数，因此 $\int \mathrm{d}^3 r \kappa \left| \nabla \psi \right|^2$ 可以解释为量子动能，即

$$\int \mathrm{d}^3 r \kappa \left| \nabla \psi \right|^2 = \int \mathrm{d}^3 r \frac{\hbar^2}{2(2m)} \left| \nabla \psi \right|^2 \tag{6.10-12}$$

把式 (6.10-12) 代入式 (6.10-9) 得

$$F_{\mathrm{s}} = F_{\mathrm{n}} + \int \mathrm{d}^3 r \left[\frac{\hbar^2}{4m} \left| \nabla \psi \right|^2 + a \left| \psi \right|^2 + \frac{1}{2} b \left| \psi \right|^4 \right] \tag{6.10-13}$$

6.10.2 存在磁场时的金兹堡–朗道理论

存在磁场时需要满足规范不变性要求，∇ 应该用 $\nabla - \dfrac{\mathrm{i}2e}{\hbar c}\boldsymbol{A}$ 代替，得

$$F_{\mathrm{s}} = F_{\mathrm{n}0} + \int \mathrm{d}^3 r \left[\frac{\hbar^2}{4m}\left|\left(\nabla - \frac{\mathrm{i}2e}{\hbar c}\boldsymbol{A}\right)\psi\right|^2 + a\left|\psi\right|^2 + \frac{1}{2}b\left|\psi\right|^4 + \frac{\boldsymbol{B}^2}{8\pi}\right] \quad (6.10\text{-}14)$$

式中，$F_{\mathrm{n}0}$ 为无磁场时正常态的自由能；$\boldsymbol{B} = \nabla \times \boldsymbol{A}$。

自由能 F_{s} 作为三个独立的函数 ψ、ψ^* 和 $\boldsymbol{A}$ 的泛函为最小，即

$$\frac{\delta F_{\mathrm{s}}}{\delta \psi} = 0, \quad \frac{\delta F_{\mathrm{s}}}{\delta \psi^*} = 0, \quad \frac{\delta F_{\mathrm{s}}}{\delta \boldsymbol{A}} = 0 \quad (6.10\text{-}15)$$

把 F_{s} 对 ψ 作变分得

$$
\begin{aligned}
(\delta F_{\mathrm{s}})_{\psi^*,\boldsymbol{A}} &= \left[(\delta F_{\mathrm{s}})_{\psi,\boldsymbol{A}}\right]^* = 0 \\
&= \int \mathrm{d}^3 r \left[-\frac{\hbar^2}{4m}\left(\nabla - \frac{\mathrm{i}2e}{\hbar c}\boldsymbol{A}\right)^2\psi + a\psi + b\left|\psi\right|^2\psi\right]\delta\psi^* \\
&\quad + \frac{\hbar^2}{4m}\oint\left(\nabla\psi - \frac{\mathrm{i}2e}{\hbar c}\boldsymbol{A}\psi\right)\delta\psi^* \cdot \mathrm{d}\boldsymbol{S} \quad (6.10\text{-}16)
\end{aligned}
$$

给出

$$-\frac{\hbar^2}{4m}\left(\nabla - \frac{\mathrm{i}2e}{\hbar c}\boldsymbol{A}\right)^2\psi + a\psi + b\left|\psi\right|^2\psi = 0 \quad (6.10\text{-}17)$$

$$\left(\nabla\psi - \frac{\mathrm{i}2e}{\hbar c}\boldsymbol{A}\psi\right) \cdot \boldsymbol{n} = 0 \quad (6.10\text{-}18)$$

式中，$\boldsymbol{n}$ 为超导体表面的法线方向的单位矢量。

把 F_{s} 对 $\boldsymbol{A}$ 作变分得

$$
\begin{aligned}
(\delta F_{\mathrm{s}})_{\psi,\psi^*} &= \int \mathrm{d}^3 r \left\{\frac{1}{4\pi}\nabla\times\boldsymbol{B} + \frac{\hbar^2}{4m}\frac{\mathrm{i}2e}{\hbar c}\left[\psi^*\left(\nabla - \frac{\mathrm{i}2e}{\hbar c}\boldsymbol{A}\right)\psi\right.\right. \\
&\quad \left.\left. - \psi\left(\nabla + \frac{\mathrm{i}2e}{\hbar c}\boldsymbol{A}\right)\psi^*\right]\right\} \cdot \delta\boldsymbol{A} + \oint\frac{1}{4\pi}\left(\boldsymbol{B}\times\delta\boldsymbol{A}\right)\cdot\mathrm{d}\boldsymbol{S} = 0 \quad (6.10\text{-}19)
\end{aligned}
$$

给出

$$\nabla\times\boldsymbol{B} = \frac{4\pi}{c}\boldsymbol{j} \quad (6.10\text{-}20)$$

$$\boldsymbol{n} \times \boldsymbol{B} = 0 \tag{6.10-21}$$

式中,

$$\boldsymbol{j} = -\frac{\mathrm{i}e\hbar}{2m}\left(\psi^*\nabla\psi - \psi\nabla\psi^*\right) - \frac{2e^2}{mc}|\psi|^2\boldsymbol{A} \tag{6.10-22}$$

边界条件可以写成

$$\boldsymbol{n} \cdot \boldsymbol{j} = 0 \tag{6.10-23}$$

综上所述,超导体的金兹堡–朗道方程为

$$-\frac{\hbar^2}{4m}\left(\nabla - \frac{\mathrm{i}2e}{\hbar c}\boldsymbol{A}\right)^2\psi + a\psi + b|\psi|^2\psi = 0, \quad \nabla \times \boldsymbol{B} = \frac{4\pi}{c}\boldsymbol{j} \tag{6.10-24}$$

边界条件为

$$\boldsymbol{n} \cdot \boldsymbol{j} = 0, \quad \boldsymbol{n} \times \boldsymbol{B} = 0 \tag{6.10-25}$$

第 7 章　伊辛模型的严格解

第 6 章我们引进了伊辛模型及其平均场近似, 本章将获得伊辛模型的严格解。

7.1　一维伊辛模型的严格解

7.1.1　配分函数的计算

一维伊辛模型的配分函数为 [66,73]

$$Q_N(H,T) = \sum_{S_1}\sum_{S_2}\cdots\sum_{S_N}\exp\left[\beta J\sum_{l=1}^N S_l S_{l+1} + \beta H\sum_{l=1}^N S_l\right] \tag{7.1-1}$$

为简单起见, 使用周期性边界条件

$$S_{N+1} = S_1 \tag{7.1-2}$$

式 (7.1-1) 可以改写为

$$Q_N(H,T) = \sum_{S_1}\sum_{S_2}\cdots\sum_{S_N}\exp\left[\beta J\sum_{l=1}^N S_l S_{l+1} + \frac{1}{2}\beta H\sum_{l=1}^N (S_l + S_{l+1})\right]$$

$$= \sum_{S_1}\sum_{S_2}\cdots\sum_{S_N}\prod_{l=1}^N\exp\left[\beta J S_l S_{l+1} + \frac{1}{2}\beta H (S_l + S_{l+1})\right] \tag{7.1-3}$$

定义矩阵元

$$\langle S_l|\boldsymbol{V}|S_{l+1}\rangle = \exp\left[\beta J S_l S_{l+1} + \frac{1}{2}\beta H (S_l + S_{l+1})\right] \tag{7.1-4}$$

即

$$\langle 1|\boldsymbol{V}|1\rangle = \mathrm{e}^{\beta(J+H)}, \quad \langle -1|\boldsymbol{V}|-1\rangle = \mathrm{e}^{\beta(J-H)}, \quad \langle 1|\boldsymbol{V}|-1\rangle = \langle -1|\boldsymbol{V}|1\rangle = \mathrm{e}^{-\beta J}$$

$$\boldsymbol{V} = \begin{pmatrix} \mathrm{e}^{\beta(J+H)} & \mathrm{e}^{-\beta J} \\ \mathrm{e}^{-\beta J} & \mathrm{e}^{\beta(J-H)} \end{pmatrix} \tag{7.1-5}$$

使用矩阵元 (7.1-4)，式 (7.1-3) 可以表示为

$$Q_N(H,T) = \sum_{S_1}\sum_{S_2}\cdots\sum_{S_N}\prod_{l=1}^{N}\langle S_l|\boldsymbol{V}|S_{l+1}\rangle$$

$$= \sum_{S_1}\sum_{S_2}\cdots\sum_{S_N}\langle S_1|\boldsymbol{V}|S_2\rangle\langle S_2|\boldsymbol{V}|S_3\rangle\cdots\langle S_{N-1}|\boldsymbol{V}|S_N\rangle\langle S_N|\boldsymbol{V}|S_1\rangle$$

$$= \sum_{S_1}\langle S_1|\boldsymbol{V}^N|S_1\rangle = \mathrm{Tr}\left(\boldsymbol{V}^N\right) \tag{7.1-6}$$

假设存在一个矩阵 $\boldsymbol{T}$，使 $\boldsymbol{V}$ 对角化，即

$$\boldsymbol{T}\boldsymbol{V}\boldsymbol{T}^{-1} = \begin{pmatrix} \lambda_1 & 0 \\ 0 & \lambda_2 \end{pmatrix} \tag{7.1-7}$$

λ_1 和 λ_2 由下式确定：

$$\begin{vmatrix} \mathrm{e}^{\beta(J+H)}-\lambda & \mathrm{e}^{-\beta J} \\ \mathrm{e}^{-\beta J} & \mathrm{e}^{\beta(J-H)}-\lambda \end{vmatrix} = 0 \tag{7.1-8}$$

即

$$\lambda_{1,2} = \mathrm{e}^{\beta J}\left[\cosh\left(\beta H\right)\pm\sqrt{\sinh^2\left(\beta H\right)+\mathrm{e}^{-4\beta J}}\right] \tag{7.1-9}$$

把式 (7.1-7) 代入式 (7.1-6)，并利用迹的变量的循环置换的不变性，得

$$Q_N = \mathrm{Tr}\left(\boldsymbol{V}^N\right) = \mathrm{Tr}\left[\left(\boldsymbol{T}\boldsymbol{V}\boldsymbol{T}^{-1}\right)^N\right] = \lambda_1^N + \lambda_2^N \tag{7.1-10}$$

既然 $\lambda_1 > \lambda_2$，当 $N\to\infty$ 时式 (7.1-10) 化为

$$Q_N \xrightarrow{N\to\infty} \lambda_1^N \tag{7.1-11}$$

使用式 (7.1-11) 得单个格点的平均磁矩为

$$M(H,T) = \frac{1}{\beta N}\frac{\partial\ln Q_N}{\partial H} = \frac{\sinh\left(\beta H\right)}{\sqrt{\sinh^2\left(\beta H\right)+\mathrm{e}^{-4\beta J}}} \tag{7.1-12}$$

7.1.2　自旋–自旋关联函数

自旋–自旋关联函数定义为

$$g_{ij} = \langle\left(S_i-\langle S_i\rangle\right)\left(S_j-\langle S_j\rangle\right)\rangle = \langle S_iS_j\rangle - \langle S_j\rangle\langle S_j\rangle \tag{7.1-13}$$

式中,

$$\langle S_i S_j \rangle = \frac{1}{Q_N} \sum_{S_1} \sum_{S_2} \cdots \sum_{S_N} S_i S_j \exp \left[\beta J \sum_{l=1}^{N} S_l S_{l+1} + \beta H \sum_{l=1}^{N} S_l \right] \quad (7.1\text{-}14)$$

$$\langle S_i \rangle = \frac{1}{Q_N} \sum_{S_1} \sum_{S_2} \cdots \sum_{S_N} S_i \exp \left[\beta J \sum_{l=1}^{N} S_l S_{l+1} + \beta H \sum_{l=1}^{N} S_l \right] \quad (7.1\text{-}15)$$

使用矩阵元 (7.1-4),式 (7.1-14) 可以表示为

$$\begin{aligned}
\langle S_i S_j \rangle &= \frac{1}{Q_N} \sum_{\{S_i\}} S_i S_j \langle S_1|\boldsymbol{V}|S_2\rangle \langle S_2|\boldsymbol{V}|S_3\rangle \cdots \langle S_i|\boldsymbol{V}|S_{i+1}\rangle \cdots \langle S_j|\boldsymbol{V}|S_{j+1}\rangle \\
&\quad \times \cdots \times \langle S_{N-1}|\boldsymbol{V}|S_N\rangle \langle S_N|\boldsymbol{V}|S_1\rangle \\
&= \frac{1}{Q_N} \sum_{\{S_i\}S_i'S_j'} \langle S_1|\boldsymbol{V}|S_2\rangle \langle S_2|\boldsymbol{V}|S_3\rangle \cdots \langle S_{i-1}|\boldsymbol{V}|S_i'\rangle S_i \delta_{S_i'S_i} \langle S_i|\boldsymbol{V}|S_{i+1}\rangle \\
&\quad \times \cdots \times \langle S_{j-1}|\boldsymbol{V}|S_j'\rangle S_i \delta_{S_j'S_j} \langle S_j|\boldsymbol{V}|S_{j+1}\rangle \cdots \langle S_{N-1}|\boldsymbol{V}|S_N\rangle \langle S_N|\boldsymbol{V}|S_1\rangle
\end{aligned}$$

$$(7.1\text{-}16)$$

定义矩阵元

$$\langle S_i'|\boldsymbol{W}|S_i\rangle = S_i \delta_{S_i'S_i} \quad (7.1\text{-}17)$$

即

$$\boldsymbol{W} = \begin{pmatrix} 1 & 0 \\ 0 & -1 \end{pmatrix} \quad (7.1\text{-}18)$$

使用式 (7.1-18),并利用迹的变量的循环置换的不变性,式 (7.1-16) 可以表示为

$$\begin{aligned}
\langle S_i S_j \rangle &= \frac{1}{Q_N} \sum_{\{S_i\}S_j'S_j'} \langle S_1|\boldsymbol{V}|S_2\rangle \langle S_2|\boldsymbol{V}|S_3\rangle \cdots \langle S_{i-1}|\boldsymbol{V}|S_i'\rangle \langle S_i'|\boldsymbol{W}|S_i\rangle \langle S_i|\boldsymbol{V}|S_{i+1}\rangle \\
&\quad \times \cdots \times \langle S_{j-1}|\boldsymbol{V}|S_j'\rangle \langle S_j'|\boldsymbol{W}|S_j\rangle \langle S_j|\boldsymbol{V}|S_{j+1}\rangle \cdots \langle S_{N-1}|\boldsymbol{V}|S_N\rangle \langle S_N|\boldsymbol{V}|S_1\rangle \\
&= \frac{1}{Q_N} \operatorname{Tr} \left(\boldsymbol{V}^{i-1} \boldsymbol{W} \boldsymbol{V}^{j-1} \boldsymbol{W} \boldsymbol{V}^{N-j+1} \right) \\
&= \frac{1}{Q_N} \operatorname{Tr} \left[\left(\boldsymbol{T}\boldsymbol{W}\boldsymbol{T}^{-1}\right) \left(\boldsymbol{T}\boldsymbol{V}\boldsymbol{T}^{-1}\right)^{j-i} \left(\boldsymbol{T}\boldsymbol{W}\boldsymbol{T}^{-1}\right) \left(\boldsymbol{T}\boldsymbol{V}\boldsymbol{T}^{-1}\right)^{N-j+i} \right]
\end{aligned}$$

$$(7.1\text{-}19)$$

使用式 (7.1-7) 得

$$\boldsymbol{T} = \begin{pmatrix} \cos\phi & \sin\phi \\ -\sin\phi & \cos\phi \end{pmatrix}, \quad \cot 2\phi = \mathrm{e}^{2\beta J}\sinh\left(\beta H\right),$$

$$\boldsymbol{TWT}^{-1} = \begin{pmatrix} \cos 2\phi & -\sin 2\phi \\ -\sin 2\phi & -\cos 2\phi \end{pmatrix} \tag{7.1-20}$$

把式 (7.1-20) 代入式 (7.1-19) 得

$$\langle S_i S_j \rangle = \cos^2 2\phi + \left(\frac{\lambda_2}{\lambda_1}\right)^{j-i}\sin^2 2\phi \tag{7.1-21}$$

同理得

$$\langle S_i \rangle = \frac{1}{Q_N}\mathrm{Tr}\left(\boldsymbol{W}\boldsymbol{V}^N\right) = \cos 2\phi \tag{7.1-22}$$

把式 (7.1-21) 和式 (7.1-22) 代入式 (7.1-13) 得自旋–自旋关联函数

$$g_{ij} = \left(\frac{\lambda_2}{\lambda_1}\right)^{j-i}\sin^2 2\phi \tag{7.1-23}$$

习　　题

1. 使用一维伊辛模型的严格解，证明：一维格气模型的状态方程为

$$P = -k_{\mathrm{B}}T\ln 2 + k_{\mathrm{B}}T\ln\left[\left(z\mathrm{e}^{\beta\varepsilon_0}+1\right) + \sqrt{\left(z\mathrm{e}^{\beta\varepsilon_0}-1\right)^2 + 4z}\right]$$

$$\frac{1}{v} = \frac{1}{2} + \frac{z\mathrm{e}^{\beta\varepsilon_0}-1}{2\sqrt{\left(z\mathrm{e}^{\beta\varepsilon_0}-1\right)^2 + 4z}}$$

证明：稀薄极限 $(v \to \infty)$ 下状态方程化为理想气体的状态方程 $Pv = k_{\mathrm{B}}T$，密堆积极限 $(v \to 1+0)$ 下状态方程化为 $P = -k_{\mathrm{B}}T\ln\left(v-1\right)$。

2. 计算一维伊辛模型的熵。证明：对于一维铁磁伊辛模型 $(J > 0)$，绝对零度下的熵为零。对于一维反铁磁伊辛模型 $(J < 0)$，$H \neq -2J$ 时绝对零度下的熵为零，$H = -2J$ 时绝对零度下的熵不为零，$S = Nk_{\mathrm{B}}\ln\dfrac{1+\sqrt{5}}{2}$。原因是绝对零度下 $H = -2J$ 时反铁磁–顺磁相变发生 (见 8.5 节的图 8.5.1)。

3. 自旋为 $1(S = 0, \pm 1)$ 的伊辛模型的哈密顿量为

$$E\left(J, H, \{S_i\}\right) = -J \sum_{\langle ij \rangle} S_i S_j - H \sum_i S_i$$

使用周期性边界条件，证明转移矩阵为

$$\boldsymbol{V} = \begin{pmatrix} \mathrm{e}^{h+K} & \mathrm{e}^{h/2} & \mathrm{e}^{-K} \\ \mathrm{e}^{h/2} & 1 & \mathrm{e}^{-h/2} \\ \mathrm{e}^{-K} & \mathrm{e}^{-h/2} & \mathrm{e}^{-h+K} \end{pmatrix}$$

式中，$K = \beta J$，$h = \beta H$。

7.2 二维伊辛模型的对偶关系和星–三角形变换

7.2.1 正方格子上的伊辛模型的对偶关系

1941 年，克拉默斯和万尼尔 [63,73] 发现，在没有磁场的情况下，正方格子上的伊辛模型存在对偶关系 (duality relation)。据此他们获得了临界温度。

1. 高温图表象

在没有磁场的情况下，正方格子上的伊辛模型配分函数为

$$Q_N = \sum_{\{S_i\}} \exp\left[K \sum_{\langle ij \rangle} S_i S_j + L \sum_{\langle ik \rangle} S_i S_k \right] \tag{7.2-1}$$

式中，$K = J/k_{\mathrm{B}}T$ 和 $L = J'/k_{\mathrm{B}}T$，这里 J 和 J' 分别为水平方向和竖直方向的最近邻自旋之间的相互作用耦合强度；$\langle ij \rangle$ 和 $\langle ik \rangle$ 分别表示水平方向和竖直方向的最近邻对求和。

把正方格子水平方向和竖直方向的总最近邻对数 (总边数) 取为相等，用 M 表示。使用 $\exp\left(K S_i S_j\right) = \cosh K + S_i S_j \sinh K$，得

$$Q_N = (\cosh K \cosh L)^M \sum_{\{S_i\}} \prod_{\langle ij \rangle} (1 + S_i S_j \tanh K) \prod_{\langle ik \rangle} (1 + S_i S_k \tanh L) \tag{7.2-2}$$

式中，$\prod\limits_{\langle ij \rangle}$ 表示连乘积针对所有水平方向的最近邻对进行；$\prod\limits_{\langle ik \rangle}$ 表示连乘积针对所有竖直方向的最近邻对进行。

把乘积展开，共有 2^{2M} 项，其中每一项可以按以下规则用图表示。

　　规则：在格子上 $S_iS_j \tanh K$ 用格点 i 和 j 之间的连线来表示，$S_iS_k \tanh L$ 用格点 i 和 k 之间的连线来表示。如果是 1，则不画。

　　图 7.2.1 代表展开项

$$(\tanh K)^4(\tanh L)^5 S_{k-1,l}^2 S_{k-1,l-1}^2 S_{k-1,l-2}^2 S_{k,l}^2 S_{k,l-1}^2 S_{k,l-2}^2 S_{k,l+1}^2 S_{k+1,l+1}^2 S_{k+1,l}^2 S_{k+2,l}$$

因此展开的每一项都可以表示为

$$(\tanh K)^s (\tanh L)^r S_1^{n_1} S_2^{n_2} S_3^{n_3} \cdots S_i^{n_i} \cdots$$

式中，s 和 r 分别为水平方向和竖直方向的总线数；n_i 为格点 i 上的线数。

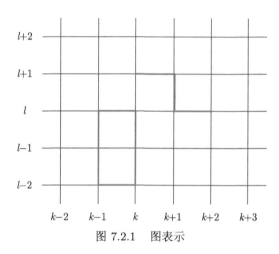

图 7.2.1　图表示

　　配分函数可以表示为

$$Q_N = (\cosh K \cosh L)^M \sum_{\{S_i\}} \sum_{\{\text{格子上的图}\}} (\tanh K)^s (\tanh L)^r S_1^{n_1} S_2^{n_2} S_3^{n_3} \cdots S_i^{n_i} \cdots \tag{7.2-3}$$

式中，求和针对格子上的所有图进行。

　　既然 $S_i = \pm 1$，如果 n_i 为奇数，则对应的项求和时抵消了。所以贡献不为零的项的 n_i 必须为偶数，即连接各格点的线数为偶数，从而展开式的每一项的线形成了一个闭合图组 (a group of closed diagrams)，如图 7.2.2 所示。得

$$Q_N = (\cosh K \cosh L)^M \sum_{\{S_i\}} \sum_{\{\text{格子上的闭合图组}\}} (\tanh K)^s (\tanh L)^r$$

$$= 2^N (\cosh K \cosh L)^M \sum_{\{\text{格子上的闭合图组}\}} (\tanh K)^s (\tanh L)^r \tag{7.2-4}$$

式中，求和针对格子上的所有闭合图组进行。

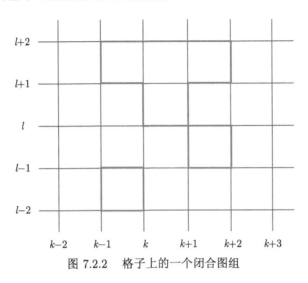

图 7.2.2 格子上的一个闭合图组

式 (7.2-4) 之所以称为高温图表象，是因为高温下对式 (7.2-4) 的贡献主要来自 r 和 s 小的那些项。

当格子尺寸趋近无穷大时，每个格点的约化自由能为

$$f(K, L) = -\lim_{N \to \infty} \frac{1}{N} \ln Q_N = -\ln(2 \cosh K \cosh L) - \Phi(\tanh L, \tanh K)$$

(7.2-5)

式中，

$$\Phi(x, y) = \lim_{N \to \infty} \frac{1}{N} \ln \sum_{\{\text{格子上的闭合图组}\}} x^r y^s$$

(7.2-6)

这里，我们已经利用 $\lim_{N \to \infty} \frac{M}{N} = 1$，这是因为无穷大正方格子的总最近邻对数为 $2M = \frac{1}{2} qN = 2N$。

定义

$$\tilde{K} = \frac{1}{2} \ln(\coth L), \quad \tilde{L} = \frac{1}{2} \ln(\coth K)$$

(7.2-7)

满足

$$K = \frac{1}{2} \ln\left(\coth \tilde{L}\right), \quad L = \frac{1}{2} \ln\left(\coth \tilde{K}\right),$$

$$\sinh 2\tilde{K} \sinh 2L = 1, \quad \sinh 2K \sinh 2\tilde{L} = 1$$

(7.2-8)

式 (7.2-5) 可以写成

$$f\left(\tilde{K},\tilde{L}\right)=-\ln\left(2\cosh\tilde{K}\cosh\tilde{L}\right)-\varPhi\left(\mathrm{e}^{-2K},\mathrm{e}^{-2L}\right) \tag{7.2-9}$$

2. 低温图表象

设一个自旋组态 $\{S_i\}$ 对应的水平方向和竖直方向的自旋不同的最近邻对数分别为 r' 和 s'。对应的能量为

$$\exp\left[K\left(M-2r'\right)+L\left(M-2s'\right)\right]$$

配分函数可以表示为

$$Q_N=\sum_{\{S_i\}}\exp\left[K\left(M-2r'\right)+L\left(M-2s'\right)\right] \tag{7.2-10}$$

现在引进对偶格子 (dual lattice)：以每个正方格子的中心为格点形成的新的正方格子，称为对偶格子，如图 7.2.3 所示。对偶格子上的每一个格点被四个自旋包围。

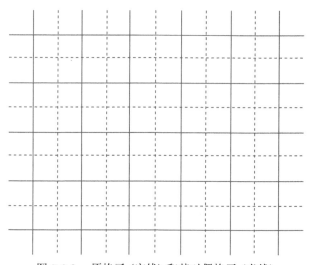

图 7.2.3　原格子 (实线) 和其对偶格子 (虚线)

引进规则：如果最近邻的自旋不相同，则把在对偶格子上的位于那两个自旋所在格点之间的边画上；如果最近邻的自旋相同，则不画。

由于一对不同的最近邻的自旋对应与之垂直的对偶格子上的一个边，那么该自旋组态 $\{S_i\}$ 在对偶格子上产生了 s' 个水平边和 r' 个竖直边，在对偶格子上的这些边形成了一个闭合图组，其闭合图把平面分成了自旋向上和向下的区域，如

图 7.2.4 所示。因此该自旋组态 $\{S_i\}$ 对应的在对偶格子上一个闭合图组的总水平边数为 s'，总竖直边数为 r'。

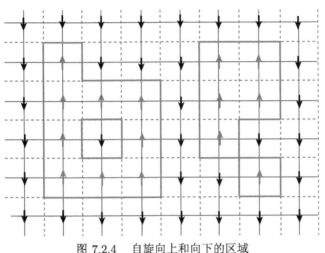

图 7.2.4　自旋向上和向下的区域

由于任何一个自旋组态在对偶格子上对应一个闭合图组，则配分函数对所有自旋组态求和可以换成对对偶格子上的所有闭合图组求和，即

$$Q_N = \sum_{\{S_i\}} \exp\left[L\left(M - 2s'\right) + K\left(M - 2r'\right)\right]$$

$$= 2\exp\left[M\left(K + L\right)\right] \sum_{\{\text{对偶格子上的闭合图组}\}} \left(\mathrm{e}^{-2K}\right)^{r'} \left(\mathrm{e}^{-2L}\right)^{s'} \qquad (7.2\text{-}11)$$

式中，出现因子 2 是因为自旋组态 $\{S_i\}$ 和 $\{-S_i\}$ 对应对偶格子上的同一个闭合图组。

式 (7.2-11) 之所以称为低温图表象，是因为低温下对式 (7.2-11) 的贡献主要来自 r' 和 s' 小的那些项。

有限的正方格子和其对偶格子上各自的闭合图组的集合不尽相同。但无穷大的正方格子和其对偶格子上各自的闭合图组的集合相同，因此求和针对对偶格子上的所有闭合图组进行，也可以换成针对原格子上的所有各种闭合图组进行，得

$$f\left(K, L\right) = -K - L - \lim_{N \to \infty} \frac{1}{N} \ln\left[\sum_{\{\text{对偶格子上的闭合图组}\}} \left(\mathrm{e}^{-2K}\right)^{r'} \left(\mathrm{e}^{-2L}\right)^{s'}\right.$$

$$= -K - L - \lim_{N \to \infty} \frac{1}{N} \ln \left[\sum_{\{\text{格子上的闭合图组}\}} \left(e^{-2K} \right)^r \left(e^{-2L} \right)^s \right]$$

$$= -K - L - \Phi \left(e^{-2K}, e^{-2L} \right) \tag{7.2-12}$$

3. 对偶关系

把式 (7.2-9) 减去式 (7.2-12)，得

$$f \left(\tilde{K}, \tilde{L} \right) = f (K, L) + \frac{1}{2} \ln \left(\sinh 2K \sinh 2L \right) \tag{7.2-13}$$

逆变换为

$$f (K, L) = f \left(\tilde{K}, \tilde{L} \right) + \frac{1}{2} \ln \left(\sinh 2\tilde{K} \sinh 2\tilde{L} \right) \tag{7.2-14}$$

如果 K 和 L 大，则 $\tilde{K}$ 和 $\tilde{L}$ 就小；反之亦然。式 (7.2-14) 的物理意义为，使用变换 $\left(\tilde{K}, \tilde{L} \right) \rightleftharpoons (K, L)$，高温下和低温下的每个格点的约化自由能可以相互变换。

在某个特定的温度下，变换 $\left(\tilde{K}, \tilde{L} \right) \rightleftharpoons (K, L)$ 存在不动点，$\tilde{K} = K = K_c = J/k_B T_c, \tilde{L} = L = L_c = J'/k_B T_c$，每个格点的约化自由能变换为自身，满足

$$\sinh \frac{2J}{k_B T_c} \sinh \frac{2J'}{k_B T_c} = 1 \tag{7.2-15}$$

不动点对应临界点。

7.2.2 星–三角形变换

为了简单起见，我们考虑蜂窝格子上的各向同性的伊辛模型。如图 7.2.5 所示，把蜂窝格子上的格点分为 ○ 和 ● 两种。由格点 ● 形成的新格子为三角格子，称为原蜂窝格子的对偶格子。反之，把三角格子上的每个三角形的中心取为格点，加上三角格子的格点形成的新格子为蜂窝格子，称为原三角格子的对偶格子[74]。

蜂窝格子上的伊辛模型的配分函数的求和针对所有格点 ○ 和 ● 上的自旋进行，现在只针对所有格点 ○ 上的自旋 S_{io} 完成部分求和，得

$$Q_N^{(H)} (K) = \sum_{\{S_{i\bullet}\}} \sum_{\{S_{io}\}} \prod_{\langle ij \rangle} \exp (K S_i S_j) = \sum_{\{S_{i\bullet}\}} \prod A \tag{7.2-16}$$

式中，

$$A = \sum_{S_{io} = \pm 1} \exp \left(K S_{i\bullet(1)} S_{io} + K S_{i\bullet(2)} S_{io} + K S_{i\bullet(3)} S_{io} \right)$$

$$= \exp\left(KS_{i\bullet(1)} + KS_{i\bullet(2)} + KS_{i\bullet(3)}\right) + \exp\left(-KS_{i\bullet(1)} - KS_{i\bullet(2)} - KS_{i\bullet(3)}\right)$$
$$(7.2\text{-}17)$$

$i\bullet(1)$、$i\bullet(2)$ 和 $i\bullet(3)$ 是格点 $i\circ$ 的三个最近邻的格点，这四个格点组成一个星，如图 7.2.6 所示。

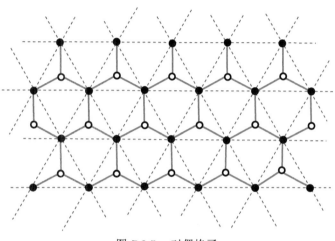

图 7.2.5　对偶格子

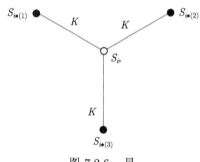

图 7.2.6　星

使用 $\exp(KS_i) = \cosh K + S_i \sinh K$，式 (7.2-17) 化为

$$A = 2\cosh^3 K + \left(2\cosh K \sinh^2 K\right)\left(S_{i\bullet(1)}S_{i\bullet(2)} + S_{i\bullet(2)}S_{i\bullet(3)} + S_{i\bullet(3)}S_{i\bullet(2)}\right)$$
$$(7.2\text{-}18)$$

使用 $\exp(KS_iS_j) = \cosh K + S_iS_j \sinh K$，式 (7.2-18) 可以写成

$$A = a \exp\left(\tilde{K}S_{i\bullet(1)}S_{i\bullet(2)} + \tilde{K}S_{i\bullet(2)}S_{i\bullet(3)} + \tilde{K}S_{i\bullet(3)}S_{i\bullet(2)}\right)$$

$$= a \left(\cosh^3 \tilde{K} + \sinh^3 \tilde{K} \right)$$

$$+ \frac{1}{2} a \left(e^{\tilde{K}} \sinh 2\tilde{K} \right) \left(S_{i\bullet(1)} S_{i\bullet(2)} + S_{i\bullet(2)} S_{i\bullet(3)} + S_{i\bullet(3)} S_{i\bullet(2)} \right) \qquad (7.2\text{-}19)$$

式中, a 和 $\tilde{K}$ 为待定常量, 满足

$$2\cosh^3 K = a \left(\cosh^3 \tilde{K} + \sinh^3 \tilde{K} \right), \quad 2\cosh K \sinh^2 K = a\frac{1}{2} e^{\tilde{K}} \sinh 2\tilde{K}$$
$$(7.2\text{-}20)$$

解得

$$2\tanh^2 K = \frac{e^{\tilde{K}} \sinh 2\tilde{K}}{\cosh^3 \tilde{K} + \sinh^3 \tilde{K}}, \quad a = \frac{2\cosh^3 K}{\cosh^3 \tilde{K} + \sinh^3 \tilde{K}} \qquad (7.2\text{-}21)$$

把式 (7.2-19) 代入式 (7.2-16) 得

$$Q_N^{(H)}(K) = \sum_{\{S_{i\bullet}\}} \prod \left[a \exp \left(\tilde{K} S_{i\bullet(1)} S_{i\bullet(2)} + \tilde{K} S_{i\bullet(2)} S_{i\bullet(3)} + \tilde{K} S_{i\bullet(3)} S_{i\bullet(2)} \right) \right]$$

$$= a^{N/2} \sum_{\{S_{i\bullet}\}} \exp \left(\sum_{\langle ij \rangle} \tilde{K} S_{i\bullet} S_{j\bullet} \right) \qquad (7.2\text{-}22)$$

式 (7.2-22) 的物理意义是: 去掉每一个星中心的格点 io, 剩余格点组成三角形晶格, 最近邻格点上的自旋之间的相互作用耦合强度为 $\tilde{K}$, 如图 7.2.7 所示。变换式 (7.2-22) 称为星–三角形变换。因此蜂窝格子上和三角格子上的伊辛模型的配分函数之间的关系为

$$Q_N^{(H)}(K) = a^{N/2} Q_{N/2}^{(T)}\left(\tilde{K} \right) \qquad (7.2\text{-}23)$$

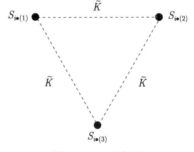

图 7.2.7   三角形

7.3 正方格子上的没有外磁场的伊辛模型的严格解：无规行走表象

正方格子上的没有外磁场的伊辛模型有很多种解法，其中特别有趣的一种是变换为无规行走问题[2]。

7.3.1 闭合圈表象

现在我们考虑正方格子上的没有外磁场的各向同性相互作用的伊辛模型，即 $J = J'$。从式 (7.2-4) 我们知道，配分函数的展开式的每一项的线形成了一个闭合图组，即

$$Q_N = 2^N \left(\cosh K\right)^{2N} \sum_{\{\text{闭合图组}\}} \left(\tanh K\right)^{r+s} \tag{7.3-1}$$

式中，求和针对格子上的所有闭合图组进行。

我们看到，展开式中的每一项对应总边数 $L = r + s$ 为偶数的一个闭合图组；反之不真，即总边数 L 为偶数的一个闭合图组对应展开式中的若干项，设项的数目为 g_L，即

$$Q_N = 2^N \left(\cosh K\right)^{2N} \sum_{\{\text{闭合图组}\}} g_L \left(\tanh K\right)^L \tag{7.3-2}$$

为了计算上述求和，需要把每一个闭合图组分解为闭合圈 (closed loop)。对于那些没有自相交的闭合图，这样的分解是明显的。对于那些自相交的闭合图，这样的分解不是唯一的。对于同一个自相交的闭合图，不同的分解方式导致不同数目的圈。如图 7.3.1 所示的自相交的闭合图，有三种分解方式，分解为两个没有自相交的圈和一个自相交的圈。

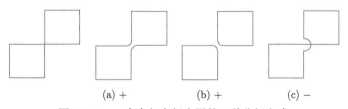

(a) +   (b) +   (c) −

图 7.3.1 一个自相交闭合图的三种分解方式

任何自相交的闭合图都可以按这三种分解方式进行分解。式 (7.3-2) 中的针对所有可能的闭合图组的求和可以转换为针对所有可能的圈的求和，只要计算 g_L 时，每一个圈赋予符号 $(-1)^n$，这样求和时多余的项就抵消了。这里 n 为一个闭

合图的自相交总数。例如图 7.3.1 的一个闭合图有三种分解方式分解为两个没有
自相交的圈和一个自相交的圈：(a) 和 (b) 有 $n = 0$，$(-1)^n = 1$，(c) 有 $n = 1$，
$(-1)^n = -1$，即三个圈分别带有符号 $+$、$+$、$-$，求和时它们中的两个相互抵消
了，只剩下一个。

式 (7.3-2) 中的求和也包括了带有重复边的图，最简单的例子如图 7.3.2 所示，
有两种分解方式，分解为一个没有自相交的圈和一个自相交的圈：(a) 有 $n = 0$，
$(-1)^n = 1$，(b) 有 $n = 1$，$(-1)^n = -1$，导致两个圈分别带有符号 $+$、$-$，求和时
它们相互抵消了。

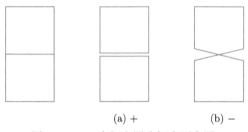

$$(a) +\qquad\qquad (b) -$$

图 7.3.2   一个闭合图分解为两个圈

因此配分函数 (7.3-2) 可以写成

$$Q_N = 2^N \left(\cosh K\right)^{2N} \sum_{\{\text{闭合图组的闭合圈}\}} (-1)^n \left(\tanh K\right)^L \qquad (7.3\text{-}3)$$

式中，求和针对格子上的所有闭合图组的闭合圈进行。

现在我们证明，闭合圈中的自相交数可以用圈的切线在绕该圈转动一圈后转
过的总角度来表示。闭合圈的切线在一格点处的旋转角为 $\varphi = 0, \pm\dfrac{\pi}{2}$，按通常的
约定，旋转角 φ 以逆时针转向为正，如图 7.3.3 所示。

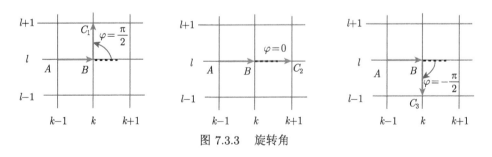

图 7.3.3   旋转角

如图 7.3.4(a)、(b) 和 (d) 所示，一个自相交数 ν 为偶数的闭合圈的切线在绕

该圈转动一圈后转过的总角度为

$$\sum \varphi = \pm 2\pi$$

如图 7.3.4(c) 所示，一个自相交数 ν 为奇数的闭合圈的切线在绕该圈转动一圈后转过的总角度为

$$\sum \varphi = 0$$

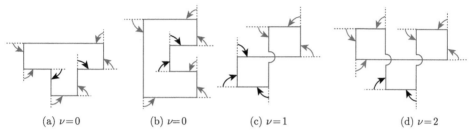

(a) $\nu=0$　　　　(b) $\nu=0$　　　　(c) $\nu=1$　　　　(d) $\nu=2$

图 7.3.4　一个闭合圈的切线在绕该圈转动一圈后转过的总角度

因此，如果赋予圈上的每一个格点一个因子 $\exp\left(\frac{1}{2}\mathrm{i}\varphi\right)$，这里 $\varphi = 0, \pm\frac{\pi}{2}$ 表示闭合圈的切线在该格点处的旋转角，那么该圈的切线在绕该圈转动一圈后这些因子的乘积为

$$\exp\left(\frac{1}{2}\mathrm{i}\sum \varphi\right) = (-1)^{1+\nu} \tag{7.3-4}$$

如果一个闭合图组有 s 个闭合圈，这些圈的切线在绕这些圈转动一圈后这些因子的乘积为

$$\exp\left(\frac{1}{2}\mathrm{i}\sum \varphi\right) = (-1)^{\sum(1+\nu)} = (-1)^{s+n} \tag{7.3-5}$$

式中，$n = \sum \nu$ 为总自相交数。

从式 (7.3-5) 解得

$$(-1)^n = (-1)^s \exp\left(\frac{1}{2}\mathrm{i}\sum \varphi\right) \tag{7.3-6}$$

设总边长为 $L = r_1 + r_2 + \cdots + r_s$ 的一个闭合图组由 s 个闭合圈组成，s 个闭合圈的总边长分别为 r_1, r_2, $\cdots$, r_s，以其长度命名，分别称为闭合圈 r_1、闭合圈 r_2、$\cdots$、闭合圈 r_s。该闭合图组的切线在绕该闭合图组转动一圈后转过的总角为

$$\sum \varphi = \sum_{j \in 闭合圈 r_1} \varphi_j + \sum_{j \in 闭合圈 r_2} \varphi_j + \cdots + \sum_{j \in 闭合圈 r_s} \varphi_j \tag{7.3-7}$$

把式 (7.3-7) 代入式 (7.3-6) 得

$$(-1)^n = (-1)^s \prod_{l=1}^{s} \exp\left(\frac{1}{2}\mathrm{i} \sum_{j\in闭合圈 r_l} \varphi_j\right) \tag{7.3-8}$$

把式 (7.3-8) 代入式 (7.3-3) 得

$$Q_N = 2^N (\cosh K)^{2N} \sum_{\{闭合图组的闭合圈\}} \frac{1}{s!}(-1)^s$$

$$\times (\tanh K)^{r_1+r_2+\cdots+r_s} \prod_{l=1}^{s} \exp\left(\frac{1}{2}\mathrm{i} \sum_{j\in闭合圈 r_l} \varphi_j\right) \tag{7.3-9}$$

式中，$\{闭合图组的闭合圈\}$ 表示求和针对所有闭合图组的所有闭合圈进行，引入因子 $s!$ 是因为把 s 个闭合圈相互交换所得闭合图组不变。

式 (7.3-9) 中针对所有闭合图组的闭合圈求和可以按分别针对所有闭合图组求和以及针对所有可能的闭合圈的求和完成，得

$$Q_N = 2^N (\cosh K)^{2N} \sum_{\{闭合图组\}} \sum_{\{闭合圈\}} \frac{1}{s!}(-1)^s$$

$$\times \prod_{l=1}^{s} \left[(\tanh K)^{r_l} \exp\left(\frac{1}{2}\mathrm{i} \sum_{j\in闭合圈 r_l} \varphi_j\right)\right] \tag{7.3-10}$$

针对所有可能的闭合圈的求和与连乘积可以交换，得

$$Q_N = 2^N (\cosh K)^{2N} \sum_{\{闭合图组\}} \frac{1}{s!}(-1)^s \sum_{r_1=1}^{\infty}\sum_{r_2=1}^{\infty}\cdots\sum_{r_s=1}^{\infty} \prod_{l=1}^{s}\left[(\tanh K)^{r_l} f_{r_l}\right]$$

$$= 2^N (\cosh K)^{2N} \sum_{\{闭合图组\}} \frac{1}{s!}(-1)^s \prod_{l=1}^{s}\left[\sum_{r_l=1}^{\infty} f_{r_l}(\tanh K)^{r_l}\right] \tag{7.3-11}$$

式中，

$$f_{r_l} = \sum_{\{闭合圈 r_l\}} \exp\left(\frac{1}{2}\mathrm{i} \sum_{j\in闭合圈 r_l} \varphi_j\right) \tag{7.3-12}$$

这里，$\{闭合圈 r_l\}$ 表示求和针对所有长度为 r_l 的单个闭合圈进行。

注意到, 求和 $\sum_{r_l=1}^{\infty} f_{r_l} (\tanh K)^{r_l} = \sum_{m=1}^{\infty} f_m (\tanh K)^m$ 与 l 无关, 则 (7.3-11) 化为

$$
\begin{aligned}
Q_N &= 2^N (\cosh K)^{2N} \sum_{s=0}^{\infty} \frac{1}{s!} \left[-\sum_{m=1}^{\infty} f_m (\tanh K)^m \right]^s \\
&= 2^N (\cosh K)^{2N} \exp \left[-\sum_{m=1}^{\infty} f_m (\tanh K)^m \right]
\end{aligned}
\tag{7.3-13}
$$

7.3.2 无规行走表象

为了计算 f_m, 我们注意到, 一个闭合圈的切线在绕该闭合圈转动时, 每一次转动的旋转角为 $\varphi = 0, \pm\dfrac{\pi}{2}$, 而正方格子上的行走者的步长为一个边长, 每步行走只能到达四个最近邻的格点之一, 因此每步行走的可能方向有四个, 每步行走的方向的旋转角也是 $\varphi = 0, \pm\dfrac{\pi}{2}$, 如图 7.3.3 所示, 因此一个闭合圈的切线绕该闭合圈转动等效于沿闭合圈行走。行走方向就是该闭合圈的切线方向, 切线的旋转角就是行走方向的旋转角。行走的四个可能方向可以通过赋予每个格点四个方向来表示, 如图 7.3.5 所示。圈的切线就是该处的格点的四个方向之一, 切线的旋转角就是格点的四个方向之一的旋转角。例如图 7.3.3 中有

$$
\overrightarrow{AB} = (k-1, l, 1), \quad \overrightarrow{BC_1} = (k, l, 2), \quad \overrightarrow{BC_2} = (k, l, 1), \quad \overrightarrow{BC_3} = (k, l, 4)
$$

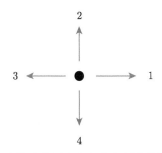

图 7.3.5 每个格点的四个方向代表行走的四个可能方向

现在定义 $W(k_0, l_0, \alpha_0 \to k, l, \alpha)_m$: 要求从初始格点 (k_0, l_0, α_0) 出发, 经过 m 步到达 (k, l, α), 所得路径记为 $(k_0, l_0, \alpha_0 \to k, l, \alpha)_m$, 规定对走过的每一个边赋予因子 $\exp\left(\dfrac{1}{2}\mathrm{i}\varphi\right)$, 这里 $\varphi = 0, \pm\dfrac{\pi}{2}$ 表示从该边旋转到下一个边的旋转角 (按通常的约定, 逆时针转向为正), 并且要求到达 (k, l, α) 的最后一步不能从箭头 α

所指的方向的那个格点出发 (否则，到达 (k, l, α) 的旋转角为 $\varphi = \pm\pi$，与规定不符合)，然后对所有可能的 m 步路径求和，得 $W(k_0, l_0, \alpha_0 \to k, l, \alpha)_m$，即

$$W(k_0, l_0, \alpha_0 \to k, l, \alpha)_m = \sum_{\{(k_0, l_0, \alpha_0 \to k, l, \alpha)_m\}} \exp\left[\frac{1}{2}\mathrm{i} \sum_{j \in (k_0, l_0, \alpha_0 \to k, l, \alpha)_m} \varphi_j\right]$$

(7.3-14)

式中，$\{(k_0, l_0, \alpha_0 \to k, l, \alpha)_m\}$ 表示求和针对从 (k_0, l_0, α_0) 出发，经过 m 步到达 (k, l, α) 的所有可能的路径进行。

由 m 个边组成的一个闭合圈，记为闭合圈 m，就是在正方格子上一个行走者从该圈上的某个格点出发，沿着该圈行走 m 步后回到初始格点形成的闭合路径。因此由 m 个边组成的一个闭合圈的集合，就是在方格子上一个行走者从初始格点出发，行走 m 步后回到初始格点形成的闭合路径的集合，即

$$\{(k_0, l_0, \alpha_0 \to k_0, l_0, \alpha_0)_m\} = \{\text{闭合圈} m\} \tag{7.3-15}$$

使用式 (7.3-14) 和式 (7.3-15) 得

$$W(k_0, l_0, \alpha_0 \to k_0, l_0, \alpha_0)_m = \sum_{\{\text{闭合圈} m\}} \exp\left(\frac{1}{2}\mathrm{i} \sum_{j \in \text{闭合圈} m} \varphi_j\right) \tag{7.3-16}$$

把式 (7.3-16) 针对所有 (k_0, l_0, α_0) 求和，

$$\sum_{k_0, l_0, \alpha_0} W(k_0, l_0, \alpha_0 \to k_0, l_0, \alpha_0)_m = 2m \sum_{\{\text{闭合圈} m\}} \exp\left(\frac{1}{2}\mathrm{i} \sum_{j \in \text{闭合圈} m} \varphi_j\right) \tag{7.3-17}$$

式中，出现 $2m$ 因子是因为方程右边的求和针对所有总边长为 m 的闭合圈进行，沿着每一圈计算一次，但方程左边的求和针对所有总边长为 m 的闭合圈上的格点求和，每个圈有 m 个格点，并且在每一个格点有两个行走方向，沿着每一圈计算 $2m$ 次。

把式 (7.3-17) 和式 (7.3-12) 比较，得

$$f_m = \frac{1}{2m} \sum_{k_0, l_0, \alpha_0} W(k_0, l_0, \alpha_0 \to k_0, l_0, \alpha_0)_m \tag{7.3-18}$$

为方便起见，把 $W(k_0, l_0, \alpha_0 \to k, l, \alpha)_m$ 简记为 $W_m(k, l, \alpha)$。图 7.3.6 所示为 $(k_0, l_0, \alpha_0 \to k, l, \alpha)_{m+1}$ 的最后一步。例如 $\alpha = 1$，最后一步取为从左面、从下

面或从上面到达，有

$$\varphi\left(k-1,l,1 \to k,l,1\right)=0, \quad \varphi\left(k,l-1,2 \to k,l,1\right)=-\frac{\pi}{2},$$

$$\varphi\left(k,l+1,4 \to k,l,1\right)=\frac{\pi}{2} \tag{7.3-19}$$

但不能从右面到达，这是因为 $\varphi\left(k+1,l,3 \to k,l,1\right)=\pi$。给出

$$W_{m+1}\left(k,l,1\right)=W_m\left(k-1,l,1\right)+\mathrm{e}^{-\frac{1}{4}\mathrm{i}\pi}W_m\left(k,l-1,2\right)+0+\mathrm{e}^{\frac{1}{4}\mathrm{i}\pi}W_m\left(k,l+1,4\right) \tag{7.3-20}$$

同理得

$$W_{m+1}\left(k,l,2\right)=\mathrm{e}^{\frac{1}{4}\mathrm{i}\pi}W_m\left(k-1,l,1\right)+W_m\left(k,l-1,2\right)+\mathrm{e}^{-\frac{1}{4}\mathrm{i}\pi}W_m\left(k+1,l,3\right)+0 \tag{7.3-21}$$

$$W_{m+1}\left(k,l,3\right)=0+\mathrm{e}^{\frac{1}{4}\mathrm{i}\pi}W_m\left(k,l-1,2\right)+W_m\left(k+1,l,3\right)+\mathrm{e}^{-\frac{1}{4}\mathrm{i}\pi}W_m\left(k,l+1,4\right) \tag{7.3-22}$$

$$W_{m+1}\left(k,l,4\right)=\mathrm{e}^{-\frac{1}{4}\mathrm{i}\pi}W_m\left(k-1,l,1\right)+0+\mathrm{e}^{\frac{1}{4}\mathrm{i}\pi}W_m\left(k+1,l,3\right)+W_m\left(k,l+1,4\right) \tag{7.3-23}$$

式 (7.3-20)$\sim$ 式 (7.3-23) 可以写成

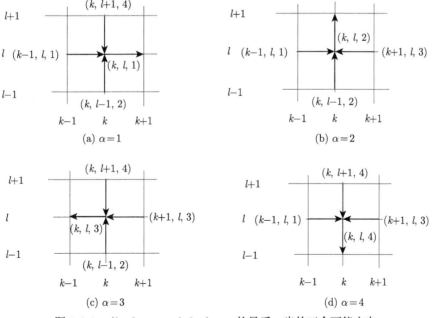

(a) $\alpha=1$　　　　(b) $\alpha=2$

(c) $\alpha=3$　　　　(d) $\alpha=4$

图 7.3.6　$\left(k_0,l_0,\alpha_0 \to k,l,\alpha\right)_{m+1}$ 的最后一步的三个可能方向

$$W_{m+1}(k,l,\alpha) = \sum_{k',l',\alpha'} \langle kl\alpha|\Lambda|k'l'\alpha'\rangle W_m(k',l',\alpha') \tag{7.3-24}$$

式中，$\langle kl\alpha|\Lambda|k'l'\alpha'\rangle$ 为一步转移矩阵。

对式 (7.3-24) 应用傅里叶变换得

$$\begin{aligned} W_{m+1}(p,q,\alpha) &= \sum_{k,l=0}^{L} \mathrm{e}^{-\mathrm{i}2\pi(pk+ql)/L} W_{m+1}(k,l,\alpha) \\ &= \sum_{p',q',\alpha'} \langle pq\alpha|\Lambda|p'q'\alpha'\rangle W_m(p',q',\alpha') \end{aligned} \tag{7.3-25}$$

式中，

$$\langle pq\alpha|\Lambda|pq\alpha'\rangle = \begin{pmatrix} \mathrm{e}^{-\mathrm{i}\frac{2\pi p}{L}} & \mathrm{e}^{-\frac{1}{4}\mathrm{i}\pi-\mathrm{i}\frac{2\pi q}{L}} & 0 & \mathrm{e}^{\frac{1}{4}\mathrm{i}\pi+\mathrm{i}\frac{2\pi q}{L}} \\ \mathrm{e}^{\frac{1}{4}\mathrm{i}\pi-\mathrm{i}\frac{2\pi p}{L}} & \mathrm{e}^{-\mathrm{i}\frac{2\pi q}{L}} & \mathrm{e}^{-\frac{1}{4}\mathrm{i}\pi+\mathrm{i}\frac{2\pi p}{L}} & 0 \\ 0 & \mathrm{e}^{\frac{1}{4}\mathrm{i}\pi-\mathrm{i}\frac{2\pi q}{L}} & \mathrm{e}^{\mathrm{i}\frac{2\pi p}{L}} & \mathrm{e}^{-\frac{1}{4}\mathrm{i}\pi+\mathrm{i}\frac{2\pi q}{L}} \\ \mathrm{e}^{-\frac{1}{4}\mathrm{i}\pi-\mathrm{i}\frac{2\pi p}{L}} & 0 & \mathrm{e}^{\frac{1}{4}\mathrm{i}\pi+\mathrm{i}\frac{2\pi p}{L}} & \mathrm{e}^{\mathrm{i}\frac{2\pi q}{L}} \end{pmatrix} \tag{7.3-26}$$

为动量空间的一步转移概率矩阵。

存在一个矩阵 Θ，使 $\langle pq\alpha|\Lambda|pq\alpha'\rangle$ 对角化，即

$$\langle pq\alpha|\Theta\Lambda\Theta^{-1}|pq\alpha'\rangle = \delta_{\alpha\alpha'} \begin{pmatrix} \lambda_{pq1} & 0 & 0 & 0 \\ 0 & \lambda_{pq2} & 0 & 0 \\ 0 & 0 & \lambda_{pq3} & 0 \\ 0 & 0 & 0 & \lambda_{pq4} \end{pmatrix} \tag{7.3-27}$$

利用迹的变量的循环置换的不变性，得

$$\begin{aligned} f_m &= \frac{1}{2m}\mathrm{Tr}(\Lambda^m) = \frac{1}{2m}\sum_{p,q,\alpha}\langle pq\alpha|\Lambda^m|pq\alpha\rangle \\ &= \frac{1}{2m}\sum_{p,q,\alpha}\langle pq\alpha|(\Theta\Lambda\Theta^{-1})\cdots(\Theta\Lambda\Theta^{-1})|pq\alpha\rangle = \frac{1}{2m}\sum_{p,q,\alpha}\lambda_{pq\alpha}^m \end{aligned} \tag{7.3-28}$$

把式 (7.3-28) 代入式 (7.3-13) 得

$$Q_N = 2^N(\cosh K)^{2N}\exp\left\{-\sum_{m=1}^{\infty}\frac{1}{2m}\sum_{p,q,\alpha}\lambda_{pq\alpha}^m(\tanh K)^m\right\}$$

$$= 2^N \left(\cosh K\right)^{2N} \exp\left\{ -\frac{1}{2} \sum_{p,q,\alpha} \sum_{m=1}^{\infty} \frac{1}{m} \left(\lambda_{pq\alpha} \tanh K\right)^m \right\}$$

$$= 2^N \left(\cosh K\right)^{2N} \tanh^2 K \prod_{p,q=0}^{L} \left[\prod_{\alpha=1}^{4} \left(\coth K - \lambda_{pq\alpha}\right) \right]^{1/2} \qquad (7.3\text{-}29)$$

现在我们证明，计算 Q_N 不需要计算出本征值，只需要写出动量空间的一步转移概率矩阵 $\langle pq\alpha |\varLambda| pq\alpha' \rangle$ 的本征值方程

$$G\left(\lambda\right) = -2\left(\cos\frac{2\pi p}{L} + \cos\frac{2\pi q}{L}\right)\left(\lambda^3 - \lambda\right) + \left(1 + \lambda^2\right)^2 = \prod_{\alpha=1}^{4}\left(\lambda - \lambda_{pq\alpha}\right) = 0$$
$$(7.3\text{-}30)$$

把式 (7.3-30) 与式 (7.3-29) 比较得

$$Q_N = 2^N \left(\cosh K\right)^{2N} \tanh^2 K \prod_{p,q=0}^{L} \left[G\left(\coth K\right)\right]^{1/2}$$

$$= 2^N \left(\cosh K\right)^{2N} \prod_{p,q=0}^{L} \left[-2\left(\cos\frac{2\pi p}{L} + \cos\frac{2\pi q}{L}\right) \right.$$

$$\left. \times \left(\tanh K - \tanh^3 K\right) + \left(1 + \tanh^2 K\right)^2 \right]^{1/2} \qquad (7.3\text{-}31)$$

7.3.3 热力学函数

在热力学极限下，亥姆霍兹自由能为

$$\frac{F}{Nk_{\rm B}T} = -\ln Q_N$$

$$= -\frac{1}{2}\ln\left(2\sinh 2K\right) - \frac{1}{2\pi^2} \int_0^{\pi} {\rm d}\omega_1 \int_0^{\pi} {\rm d}\omega_2 \ln\left(\frac{4}{\kappa} + 2\cos\omega_1 + 2\cos\omega_2\right)$$
$$(7.3\text{-}32)$$

式中，$\omega_1 = \dfrac{2\pi p}{L}$；$\omega_2 = \dfrac{2\pi q}{L}$；

$$\kappa = \frac{2}{\cosh 2K \coth 2K} = \frac{2\sinh 2K}{\cosh^2 2K} \qquad (7.3\text{-}33)$$

定义 $\omega_1 - \omega_2 = x$，$\dfrac{\omega_1 + \omega_2}{2} = y$，并把式 (7.3-32) 中的对 ω_1 和 ω_2 的积分转换为对 x 和 y 的积分，由于积分区域 $0 \leqslant \omega_1 \leqslant \pi$ 和 $0 \leqslant \omega_2 \leqslant \pi$ 的面积与积分区

域 $0 \leqslant x \leqslant \pi$，$0 \leqslant y \leqslant \pi$ 的面积相等，在这两个积分区域的积分相等，即 [4]

$$
\int_0^\pi \mathrm{d}\omega_1 \int_0^\pi \mathrm{d}\omega_2 \ln\left(\frac{4}{\kappa} + 2\cos\omega_1 + 2\cos\omega_2\right)
$$

$$
= 2\int_0^{\pi/2} \mathrm{d}x \int_0^\pi \mathrm{d}y \left[\ln(2\cos x) + \ln\left(\frac{2}{\kappa\cos x} + 2\cos y\right)\right] \tag{7.3-34}
$$

为了计算积分 (7.3-34)，我们定义函数

$$
f(x) = \frac{1}{2\pi}\int_0^{2\pi} \mathrm{d}y \ln(2\cosh x + 2\cos y) \tag{7.3-35}
$$

满足

$$
\frac{\mathrm{d}f(x)}{\mathrm{d}x} = \frac{1}{2\pi}\int_0^{2\pi} \mathrm{d}y \frac{\sinh x}{\cosh x + \cos y} = \mathrm{sgn}(x) \tag{7.3-36}
$$

积分得

$$
\frac{1}{\pi}\int_0^\pi \mathrm{d}y \ln(2\cosh x + 2\cos y) = |x| \tag{7.3-37}
$$

把式 (7.3-37) 应用于式 (7.3-35) 中的积分，并使用公式 $\mathrm{arcosh}\,\alpha = \ln\left[\alpha\left(1+\sqrt{1-\alpha^{-2}}\right)\right]$，得

$$
\int_0^\pi \mathrm{d}\omega_1 \int_0^\pi \mathrm{d}\omega_2 \ln\left(\frac{4}{\kappa} + 2\cos\omega_1 + 2\cos\omega_2\right)
$$

$$
= 2\pi \int_0^{\pi/2} \mathrm{d}x \left[\ln(2\cos x) + \mathrm{arcosh}\left(\frac{1}{\kappa\cos x}\right)\right]
$$

$$
= \pi^2 \ln\left(\frac{2}{\kappa}\right) + 2\pi\int_0^{\pi/2} \mathrm{d}x \ln\left[1 + \sqrt{1 - \kappa^2\sin^2 x}\right] \tag{7.3-38}
$$

把式 (7.3-38) 代入式 (7.3-32) 得

$$
\frac{F}{Nk_{\mathrm{B}}T} = -\ln(2\cosh 2K) - \frac{1}{\pi}\int_0^{\pi/2} \mathrm{d}\theta \ln\frac{1}{2}\left[1 + \sqrt{1 - \kappa^2\sin^2\theta}\right] \tag{7.3-39}
$$

单位格点的内能为

$$
\bar{E}/N = -\frac{1}{N}\frac{\partial\ln Q_N}{\partial\beta} = -J\coth 2K - \frac{2}{\pi}J(2\tanh 2K - \coth 2K)G_1(\kappa) \tag{7.3-40}
$$

式中，$G_1(\kappa)$ 为第一类全椭圆积分，定义为

$$G_1(\kappa) = \int_0^{\pi/2} \mathrm{d}\theta \frac{1}{\sqrt{1-\kappa^2\sin^2\theta}} = \int_0^1 \mathrm{d}x \frac{1}{\sqrt{(1-x^2)(1-\kappa^2x^2)}} \tag{7.3-41}$$

$G_1(\kappa)$ 对 κ 的导数为

$$\frac{\mathrm{d}G_1(\kappa)}{\mathrm{d}\kappa} = \frac{1}{\kappa}\int_0^1 \mathrm{d}x \frac{1}{(1-x^2)^{1/2}(1-\kappa^2x^2)^{3/2}} - \frac{G_1(\kappa)}{\kappa} \tag{7.3-42}$$

把等式

$$\frac{\mathrm{d}}{\mathrm{d}x}\left(\kappa^2 x\sqrt{\frac{1-x^2}{1-\kappa^2x^2}}\right) = \sqrt{\frac{1-\kappa^2x^2}{1-x^2}} - \frac{1-\kappa^2}{(1-x^2)^{1/2}(1-\kappa^2x^2)^{3/2}}$$

积分得第二类全椭圆积分

$$G_2(\kappa) = \int_0^{\pi/2}\mathrm{d}\theta\sqrt{1-\kappa^2\sin^2\theta} = \int_0^1\mathrm{d}x\sqrt{\frac{1-\kappa^2x^2}{1-x^2}}$$

$$= (1-\kappa^2)\int_0^1\mathrm{d}x\frac{1}{(1-x^2)^{1/2}(1-\kappa^2x^2)^{3/2}} \tag{7.3-43}$$

把式 (7.3-43) 代入式 (7.3-42) 得

$$\frac{\mathrm{d}G_1(\kappa)}{\mathrm{d}\kappa} = \frac{G_2(\kappa)}{\kappa(1-\kappa^2)} - \frac{G_1(\kappa)}{\kappa} \tag{7.3-44}$$

使用式 (7.3-44)，得单位格点的热容量

$$C/N = \frac{1}{N}\frac{\partial\bar{E}}{\partial T}$$

$$= \frac{2k_{\mathrm{B}}(K\coth 2K)^2}{\pi}\left[-\frac{\pi}{\cosh^2 2K}+2\frac{1-2\tanh^2 2K}{\cosh^2 2K}G_1(\kappa)+2G_1(\kappa)-2G_2(\kappa)\right] \tag{7.3-45}$$

7.3.4 奇点

由于 $G_1(\kappa=1)=\infty$，所以 $\kappa=1$ 是奇点，对应临界点，临界温度为

$$\sinh(2J/T_{\mathrm{c}}) = 1 \tag{7.3-46}$$

从式 (7.3-32) 我们看到, 奇点出现在 $\dfrac{4}{\kappa}+2\cos\omega_1+2\cos\omega_2=0$, 即 $\kappa\to 1$, $\omega_1\to\pi$, $\omega_2\to\pi$。自由能的奇异部分由 $\omega_1\to\pi$, $\omega_2\to\pi$ 的那部分积分确定。定义小量 $t=\dfrac{T-T_c}{T_c}$, $x=\pi-\omega_1$, $y=\pi-\omega_2$, 把 $\dfrac{4}{\kappa}+2\cos\omega_1+2\cos\omega_2$ 围绕 $\kappa=1$, $\omega_1=\pi$, $\omega_2=\pi$ 作泰勒展开并保留最大项, 然后代入式 (7.3-32) 并积分, 得自由能的奇异部分

$$
\begin{aligned}
\frac{F_s}{Nk_BT} &= -\frac{1}{8\pi^2}\int_{-x_0}^{x_0}\mathrm{d}x\int_{-y_0}^{y_0}\mathrm{d}y\ln\left(16K_c^2t^2+x^2+y^2\right)\\
&= -\frac{1}{8\pi^2}\int_0^{x_0^2+y_0^2}\mathrm{d}\left(r^2\right)\pi\ln\left(16K_c^2t^2+r^2\right)\\
&= -\frac{1}{8\pi}\left(x_0^2+y_0^2\right)\left[\ln\left(16K_c^2t^2+x_0^2+y_0^2\right)-1\right]\\
&\quad -\frac{1}{8\pi}16K_c^2t^2\left[\ln\left(16K_c^2t^2+x_0^2+y_0^2\right)-\ln\left(16K_c^2t^2\right)\right]\\
&\to \frac{4}{\pi}K_c^2t^2\ln\left(4K_c\left|t\right|\right)
\end{aligned}
\tag{7.3-47}
$$

式中, x_0 和 y_0 为小量。

内能的奇异部分为

$$
\bar{E}_s/N=-\frac{\partial}{\partial\beta}\left(-\frac{F_s}{Nk_BT}\right)\to-\frac{8}{\pi}JK_ct\ln\left|t\right|
\tag{7.3-48}
$$

在临界点附近, 单位格点的热容量为

$$
C/N=\frac{1}{N}\frac{\partial\bar{E}}{\partial T}\to-\frac{8k_B}{\pi}K_c^2\ln\left|t\right|
\tag{7.3-49}
$$

我们看到, 在临界点, 内能是连续的, 单位格点的热容量对数发散, 这跟平均场理论预言的完全不同。

7.4　正方格子上的没有外磁场的伊辛模型的严格解: 相互作用费米子表象

特别有趣的是, 正方格子上的没有外磁场的伊辛模型可以变换为相互作用费米子问题 [7,17,75]。

7.4.1 转移矩阵

我们首先考虑一维伊辛模型，然后推广到二维 [17]。现在使用泡利矩阵来表示配分函数，即

$$
Q_N(H,T) = \sum_{S_1,S_1',\cdots,S_N,S_N'} \left(\mathrm{e}^{\beta JS_1'S_2}\right)\left(\mathrm{e}^{\beta HS_2}\delta_{S_2S_2'}\right)\left(\mathrm{e}^{\beta JS_2'S_3}\right)\left(\mathrm{e}^{\beta HS_3}\delta_{S_3S_3'}\right)
$$

$$
\times\cdots\times\left(\mathrm{e}^{\beta JS_N'S_1}\right)\left(\mathrm{e}^{\beta HS_1}\delta_{S_1S_1'}\right)
$$

$$
= \sum_{S_1,S_1',\cdots,S_N,S_N'} \langle S_1'|\boldsymbol{V}|S_2\rangle\langle S_2|\boldsymbol{W}|S_2'\rangle\cdots\langle S_N'|\boldsymbol{V}|S_1\rangle\langle S_1|\boldsymbol{W}|S_1'\rangle
$$

$$
= \sum_{S_1'}\langle S_1'|(\boldsymbol{VW})^N|S_1'\rangle = \mathrm{Tr}(\boldsymbol{VW})^N = \mathrm{Tr}\left(\boldsymbol{V}^{1/2}\boldsymbol{W}\boldsymbol{V}^{1/2}\right)^N \tag{7.4-1}
$$

式中，矩阵 $\boldsymbol{V}$ 和 $\boldsymbol{W}$ 定义为

$$
\langle S_i|\boldsymbol{V}|S_j\rangle = \mathrm{e}^{\beta JS_iS_j} = \mathrm{e}^{KS_iS_j}, \quad \langle S_i|\boldsymbol{W}|S_j\rangle = \delta_{S_i,S_j}\mathrm{e}^{\beta HS_i},
$$

$$
\boldsymbol{V} = \begin{pmatrix} \mathrm{e}^K & \mathrm{e}^{-K} \\ \mathrm{e}^{-K} & \mathrm{e}^K \end{pmatrix} = \mathrm{e}^K\boldsymbol{1} + \mathrm{e}^{-K}\boldsymbol{\sigma}_x = (2\sinh 2K)^{1/2}\mathrm{e}^{\tilde{K}\sigma_x},
$$

$$
\boldsymbol{W} = \begin{pmatrix} \mathrm{e}^{\beta H} & 0 \\ 0 & \mathrm{e}^{-\beta H} \end{pmatrix} = \boldsymbol{1}\cosh\beta H + \boldsymbol{\sigma}_z\sinh\beta H = \mathrm{e}^{\beta H\sigma_z} \tag{7.4-2}
$$

这里，$\boldsymbol{1}$ 为单位矩阵；$\tanh\tilde{K} = \mathrm{e}^{-2K}$，满足 $\sinh 2K\sinh 2\tilde{K} = 1$。

一维情况下是对每个格点的两个自旋值求和，推广到二维情形就是对每列的 L 个格点的 2^L 个自旋组态求和。

首先我们把哈密顿量分解为两部分，一部分为同一列内的近邻自旋相互作用，另一部分是近邻列之间的自旋相互作用，即

$$
E\left(J,\{S_i\}\right) = \sum_c\left[-J\sum_r S_{r,c}S_{r+1,c} - J\sum_r S_{r,c}S_{r,c+1}\right] \tag{7.4-3}
$$

式中，$S_{r,c}$ 为位于第 r 行 (row)、第 c 列 (column) 的格点上的自旋，如图 7.4.1 所示。

那么配分函数可以表示为

$$
Q_N = \sum_{\{S_{r,c}\}}\prod_r\prod_c \mathrm{e}^{KS_{r,c}S_{r,c+1}}\mathrm{e}^{KS_{r,c}S_{r+1,c}}
$$

$$= \sum_{\{S'_{r,c}\}\{S_{r,c}\}} \prod_r \mathrm{e}^{KS'_{r,1}S_{r,2}} \left(\delta_{S_{r,2}S'_{r,2}} \mathrm{e}^{KS'_{r,2}S_{r+1,2}} \right) \mathrm{e}^{KS'_{r,2}S_{r,3}}$$

$$\times \left(\delta_{S_{r,3}S'_{r,3}} \mathrm{e}^{KS'_{r,3},S_{r+1,3}} \right) \cdots \mathrm{e}^{KS'_{r,L}S_{r,1}} \left(\delta_{S_{r,1}S'_{r,1}} \mathrm{e}^{KS'_{r,1}S_{r+1,1}} \right)$$

$$= \sum_{\{S'_{r,c}\}\{S_{r,c}\}} \prod_r \langle S'_{r,1} | \boldsymbol{V}_r | S_{r,2} \rangle \langle S_{r,2} | \boldsymbol{W}_r | S'_{r,2} \rangle$$

$$\times \cdots \times \langle S'_{r,L} | \boldsymbol{V}_r | S_{r,1} \rangle \langle S_{r,1} | \boldsymbol{W}_r | S'_{r,1} \rangle$$

$$= \sum_{\{S'_{r,c}\}\}\{S_{r,c}\}} \prod_r \prod_c \langle S'_{r,c} | \boldsymbol{V}_r | S_{r,c+1} \rangle \langle S_{r,c+1} | \boldsymbol{W}_r | S'_{r,c+1} \rangle \tag{7.4-4}$$

式中,

$$\langle S'_{r,c} | \boldsymbol{V}_r | S_{r,c+1} \rangle = \mathrm{e}^{KS'_{r,c}S_{r,c+1}}, \quad \langle S_{r,c} | \boldsymbol{W}_r | S'_{r,c} \rangle = \delta_{S_{r,c}S'_{r,c}} \mathrm{e}^{KS'_{r,c}S_{r+1,c}} \tag{7.4-5}$$

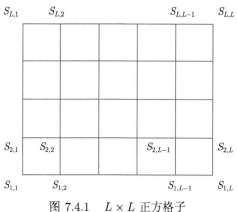

图 7.4.1 $L \times L$ 正方格子

使用式 (7.4-2),$\boldsymbol{V}_r$ 和 $\boldsymbol{W}_r$ 可以用泡利矩阵来表示,得

$$\boldsymbol{V}_r = (2\sinh 2K)^{1/2} \mathrm{e}^{\tilde{K}\boldsymbol{\sigma}_{r,x}}, \quad \boldsymbol{W}_r = \mathrm{e}^{K\boldsymbol{\sigma}_{r,z}\boldsymbol{\sigma}_{r+1,z}} \tag{7.4-6}$$

引入同一列内的自旋组态

$$|\Lambda_c\rangle = |S_{1,c}, S_{2,c}, \cdots, S_{r,c}, \cdots, S_{L,c}\rangle = |S_{1,c}\rangle |S_{2,c}\rangle \cdots |S_{r,c}\rangle \cdots |S_{L,c}\rangle \tag{7.4-7}$$

定义只作用在 $|\Lambda_c\rangle$ 中的 $|S_{r,c}\rangle$ 上的泡利矩阵 $\boldsymbol{\sigma}_{r,j}$,即

$$\boldsymbol{\sigma}_{r,j} |S_{1,c}, S_{2,c}, \cdots, S_{r,c}, \cdots, S_{L,c}\rangle$$

$$= |S_{1,c}\rangle\,|S_{2,c}\rangle\cdots(\boldsymbol{\sigma}_{r,j}\,|S_{r,c}\rangle)\cdots|S_{L,c}\rangle\,,\quad j=x,y,z \tag{7.4-8}$$

进一步有

$$\prod_r \langle S'_{r,c}\,|V_r|\,S_{r,c+1}\rangle = \langle\varLambda'_c|\boldsymbol{\mathcal{V}}|\varLambda_{c+1}\rangle\,,\qquad \prod_r \langle S_{r,c}\,|W_r|\,S'_{r,c}\rangle = \langle\varLambda_c|\boldsymbol{\mathcal{W}}|\varLambda'_c\rangle \tag{7.4-9}$$

式中，

$$\boldsymbol{\mathcal{V}} = \prod_{r=1}^{L} \boldsymbol{V}_r = (2\sinh 2K)^{L/2}\exp\left[\sum_{r=1}^{L}\tilde{K}\boldsymbol{\sigma}_{r,x}\right] \tag{7.4-10}$$

$$\boldsymbol{\mathcal{W}} = \prod_{r=1}^{L} \boldsymbol{W}_r = \exp\left[K\sum_{r=1}^{L}\boldsymbol{\sigma}_{r,z}\boldsymbol{\sigma}_{r+1,z}\right] \tag{7.4-11}$$

把式 (7.4-9) 代入式 (7.4-4) 得

$$Q_N = \sum_{\varLambda_1,\varLambda'_1,\cdots,\varLambda_L,\varLambda'_L} \langle\varLambda'_1|\boldsymbol{\mathcal{V}}|\varLambda_2\rangle\,\langle\varLambda_2|\boldsymbol{\mathcal{W}}|\varLambda'_2\rangle\cdots\langle\varLambda'_L|\boldsymbol{\mathcal{V}}|\varLambda_1\rangle\,\langle\varLambda_1|\boldsymbol{\mathcal{W}}|\varLambda'_1\rangle$$

$$= \sum_{\varLambda'_1} \langle\varLambda'_1\,|(\boldsymbol{\mathcal{V}}\boldsymbol{\mathcal{W}})^L|\,\varLambda'_1\rangle = \mathrm{Tr}(\boldsymbol{\mathcal{V}}\boldsymbol{\mathcal{W}})^L = \mathrm{Tr}\left(\boldsymbol{\mathcal{V}}^{1/2}\boldsymbol{\mathcal{W}}\boldsymbol{\mathcal{V}}^{1/2}\right)^L \tag{7.4-12}$$

式 (7.4-12) 中之所以把配分函数写成最后那种形式，是因为矩阵 $\boldsymbol{\mathcal{V}}^{1/2}\boldsymbol{\mathcal{W}}\boldsymbol{\mathcal{V}}^{1/2}$ 是厄米矩阵，而 $\boldsymbol{\mathcal{V}}\boldsymbol{\mathcal{W}}$ 不是，这样便于对角化。

7.4.2　若尔当–维格纳变换

引进上升和下降算符

$$\boldsymbol{\sigma}_r^+ = \frac{1}{2}\,(\boldsymbol{\sigma}_{r,x}+\mathrm{i}\boldsymbol{\sigma}_{r,y})\,,\quad \boldsymbol{\sigma}_r^- = \frac{1}{2}\,(\boldsymbol{\sigma}_{r,x}-\mathrm{i}\boldsymbol{\sigma}_{r,y}) \tag{7.4-13}$$

满足

$$\boldsymbol{\sigma}_{r,z} = 2\boldsymbol{\sigma}_r^+\boldsymbol{\sigma}_r^- - \mathbf{1}\,,\quad \left[\boldsymbol{\sigma}_r^\pm,\boldsymbol{\sigma}_{r'}^\pm\right]_- = 0\,,\quad r\neq r'$$

$$\left[\boldsymbol{\sigma}_r^+,\boldsymbol{\sigma}_r^-\right]_- = \boldsymbol{\sigma}_{r,z}\,,\quad \left[\boldsymbol{\sigma}_r^+,\boldsymbol{\sigma}_r^-\right]_+ = \mathbf{1}\,,\quad \left(\boldsymbol{\sigma}_r^+\right)^2 = \left(\boldsymbol{\sigma}_r^-\right)^2 = 0 \tag{7.4-14}$$

使用式 (7.4-13)，则式 (7.4-10) 和式 (7.4-11) 分别化为

$$\boldsymbol{\mathcal{V}} = (2\sinh 2K)^{L/2}\exp\left[\tilde{K}\sum_{r=1}^{L}\boldsymbol{\sigma}_{r,x}\right] = (2\sinh 2K)^{L/2}\exp\left[\tilde{K}\sum_{r=1}^{L}(\boldsymbol{\sigma}_r^+ + \boldsymbol{\sigma}_r^-)\right]$$

$$\tag{7.4-15}$$

$$\boldsymbol{\mathcal{W}} = \exp\left[K\sum_{r=1}^{L}\boldsymbol{\sigma}_{r,z}\boldsymbol{\sigma}_{r+1,z}\right] = \exp\left[K\sum_{r=1}^{L}\left(2\boldsymbol{\sigma}_r^+\boldsymbol{\sigma}_r^- - \mathbf{1}\right)\left(2\boldsymbol{\sigma}_{r+1}^+\boldsymbol{\sigma}_{r+1}^- - \mathbf{1}\right)\right]$$

$$(7.4\text{-}16)$$

由于 $\boldsymbol{\mathcal{W}}$ 的指数中含有 $\boldsymbol{\sigma}_r^+\boldsymbol{\sigma}_r^-\boldsymbol{\sigma}_{r+1}^+\boldsymbol{\sigma}_{r+1}^-$，这使对角化变得十分困难。为了逃过这个困难，我们注意到坐标轴旋转不影响 $\mathrm{Tr}\left(\boldsymbol{\mathcal{W}}^{1/2}\boldsymbol{\mathcal{V}}\boldsymbol{\mathcal{W}}^{1/2}\right)^L$ 的值，如果以 y 轴为旋转轴逆时针旋转 $90°$，让 z 轴变为 x 轴，x 轴变为负 z 轴，即作正则变换

$$\boldsymbol{\sigma}_{r,x} \to \boldsymbol{\sigma}_{r,z}, \quad \boldsymbol{\sigma}_{r,z} \to -\boldsymbol{\sigma}_{r,x} \tag{7.4-17}$$

则式 (7.4-15) 和式 (7.4-16) 分别化为

$$\boldsymbol{\mathcal{V}} = (2\sinh 2K)^{L/2}\exp\left[\tilde{K}\sum_{r=1}^{L}\boldsymbol{\sigma}_{r,z}\right] = (2\sinh 2K)^{L/2}\exp\left[\tilde{K}\sum_{r=1}^{L}\left(2\boldsymbol{\sigma}_r^+\boldsymbol{\sigma}_r^- - \mathbf{1}\right)\right]$$

$$(7.4\text{-}18)$$

$$\boldsymbol{\mathcal{W}} = \exp\left[K\sum_{r=1}^{L}\boldsymbol{\sigma}_{r,x}\boldsymbol{\sigma}_{r+1,x}\right] = \exp\left[K\sum_{r=1}^{L}\left(\boldsymbol{\sigma}_r^+ + \boldsymbol{\sigma}_r^-\right)\left(\boldsymbol{\sigma}_{r+1}^+ + \boldsymbol{\sigma}_{r+1}^-\right)\right] \tag{7.4-19}$$

此时 $\boldsymbol{\mathcal{W}}$ 的指数中只含有 $\left(\boldsymbol{\sigma}_r^+ + \boldsymbol{\sigma}_r^-\right)\left(\boldsymbol{\sigma}_{r+1}^+ + \boldsymbol{\sigma}_{r+1}^-\right)$，对角化就容易多了。

从式 (7.4-14) 我们看到，上升和下降算符既不是费米子算符，也不是玻色子算符，这使自旋问题的求解变得十分困难。幸好在上面的自旋问题中可以引进若尔当–维格纳变换 (Jordan-Wigner transformation) 来转换为费米子算符，即

$$\boldsymbol{\sigma}_r^+ = \exp\left(\mathrm{i}\pi\sum_{k=1}^{r-1}\hat{n}_k\right)c_r^\dagger, \quad \boldsymbol{\sigma}_r^- = \exp\left(\mathrm{i}\pi\sum_{k=1}^{r-1}\hat{n}_k\right)c_r \tag{7.4-20}$$

式中，$c_r^\dagger$ 和 c_r 为费米子算符，满足

$$\left[c_j^\dagger, c_k\right]_+ = \delta_{jk}, \quad \left[c_j^\dagger, c_k^\dagger\right]_+ = 0, \quad [c_j, c_k]_+ = 0, \quad \boldsymbol{\sigma}_r^+\boldsymbol{\sigma}_r^- = c_r^\dagger c_r,$$

$$\mathrm{e}^{\mathrm{i}\pi\hat{n}_j}c_j = c_j, \quad c_j\mathrm{e}^{\mathrm{i}\pi\hat{n}_j} = -c_j \tag{7.4-21}$$

$\hat{n}_k = c_k^\dagger c_k$ 为费米子粒子数算符，其本征值为 0 或 1。

逆变换为

$$c_r^\dagger = \exp\left(\mathrm{i}\pi\sum_{k=1}^{r-1}\boldsymbol{\sigma}_k^+\boldsymbol{\sigma}_k^-\right)\boldsymbol{\sigma}_r^+, \quad c_r = \exp\left(\mathrm{i}\pi\sum_{k=1}^{r-1}\boldsymbol{\sigma}_k^+\boldsymbol{\sigma}_k^-\right)\boldsymbol{\sigma}_r^- \tag{7.4-22}$$

现在我们可以用费米子算符来表示 $\boldsymbol{V}$ 和 $\boldsymbol{W}$ 了。考虑 $\boldsymbol{V}$，把式 (7.4-20) 代入式 (7.4-18) 得

$$\boldsymbol{V} = (2\sinh 2K)^{L/2} \exp\left[\tilde{K} \sum_{r=1}^{L} \left(2c_r^\dagger c_r - 1\right)\right] \tag{7.4-23}$$

考虑 $\boldsymbol{W}$，对于 $r \neq L$，把式 (7.4-20) 代入式 (7.4-19) 的指数上的项，得

$$\left(\boldsymbol{\sigma}_r^+ + \boldsymbol{\sigma}_r^-\right)\left(\boldsymbol{\sigma}_{r+1}^+ + \boldsymbol{\sigma}_{r+1}^-\right) = \left(c_r^\dagger - c_r\right)\left(c_{r+1}^\dagger + c_{r+1}\right) \tag{7.4-24}$$

对于 $r = L$，周期性边界条件 $\boldsymbol{\sigma}_{L+1}^+ = \boldsymbol{\sigma}_1^+, \boldsymbol{\sigma}_{L+1}^- = \boldsymbol{\sigma}_1^-$ 导致

$$\begin{aligned}
\left(\boldsymbol{\sigma}_L^+ + \boldsymbol{\sigma}_L^-\right)\left(\boldsymbol{\sigma}_{L+1}^+ + \boldsymbol{\sigma}_{L+1}^-\right) &= \left(\boldsymbol{\sigma}_L^+ + \boldsymbol{\sigma}_L^-\right)\left(\boldsymbol{\sigma}_1^+ + \boldsymbol{\sigma}_1^-\right) \\
&= e^{i\pi\hat{n}}\left(e^{-i\pi\hat{n}_L}c_L^\dagger + e^{-i\pi\hat{n}_L}c_L\right)\left(c_1^\dagger + c_1\right) \\
&= -e^{i\pi\hat{n}}\left(c_L^\dagger - c_L\right)\left(c_1^\dagger + c_1\right)
\end{aligned} \tag{7.4-25}$$

式中，$\hat{n} = \sum\limits_{k=1}^{L} \hat{n}_k$ 为总费米子数算符；$\hat{n}$ 的本征值 n 为奇数或者偶数。

我们看到，如果 n 为奇数，则式 (7.4-24) 在 $r = L$ 时仍然成立，这样 $\boldsymbol{W}$ 就满足平移不变性，可以转换到动量空间，L 个费米子算符可以减少到几个，处理起来就容易多了。如果 n 为偶数，式 (7.4-24) 在 $r = L$ 时不成立。众所周知，在热力学极限下，热力学系统的热力学量不依赖于边界条件。为了使式 (7.4-24) 在 $r = L$ 时成立，我们可以修改周期性边界条件，使用 $c_{L+1}^\dagger = -c_1^\dagger, c_{L+1} = -c_1$。因此有

$$c_{L+1}^\dagger = c_1^\dagger, \quad c_{L+1} = c_1, \quad n = \text{奇数}; \quad c_{L+1}^\dagger = -c_1^\dagger, \quad c_{L+1} = -c_1, \quad n = \text{偶数} \tag{7.4-26}$$

这样 $\boldsymbol{W}$ 就可以写成统一形式

$$\boldsymbol{W} = \exp\left[K \sum_{r=1}^{L} \left(c_r^\dagger - c_r\right)\left(c_{r+1}^\dagger + c_{r+1}\right)\right] \tag{7.4-27}$$

7.4.3 对角化

作傅里叶变换

$$c_r = \frac{1}{\sqrt{L}} \sum_q c_q e^{-iqr}, \quad c_r^\dagger = \frac{1}{\sqrt{L}} \sum_q c_q^\dagger e^{iqr} \tag{7.4-28}$$

逆变换为

$$c_q = \frac{1}{\sqrt{L}} \sum_{r=1}^{L} c_r \mathrm{e}^{\mathrm{i}qr}, \quad c_q^\dagger = \frac{1}{\sqrt{L}} \sum_{r=1}^{L} c_r^\dagger \mathrm{e}^{-\mathrm{i}qr} \tag{7.4-29}$$

容易证明, $c_q^\dagger$ 和 c_q 为费米子算符, 满足

$$\left[c_q^\dagger, c_p\right]_+ = c_q^\dagger c_p + c_p c_q^\dagger = \delta_{qp}, \quad \left[c_q^\dagger, c_p^\dagger\right]_+ = 0, \quad \left[c_q, c_p\right]_+ = 0 \tag{7.4-30}$$

对于 n 为奇数的情形, 使用边界条件 $c_{L+1}^\dagger = c_1^\dagger, c_{L+1} = c_1$ 得

$$q = \frac{2\pi}{L}l, \quad l = 0, \pm 1, \cdots, \pm L/2 \tag{7.4-31}$$

对于 n 为偶数的情形, 使用边界条件 $c_{L+1}^\dagger = -c_1^\dagger, c_{L+1} = -c_1$ 得

$$q = \frac{\pi}{L}(2l+1), \quad l = -L/2, \cdots, L/2 - 1 \tag{7.4-32}$$

这里我们已经假设 L 为偶数。

对于 n 为偶数的情形, 把式 (7.4-28) 代入式 (7.4-23) 和式 (7.4-27), 并使用 $\sum\limits_q \mathrm{e}^{\mathrm{i}q} = 0$, 得

$$\boldsymbol{V} = (2\sinh 2K)^{L/2} \prod_{q>0} \boldsymbol{V}_q \tag{7.4-33}$$

$$\boldsymbol{W} = \prod_{q>0} \boldsymbol{W}_q \tag{7.4-34}$$

式中,

$$\boldsymbol{V}_q = \exp\left[2\tilde{K}\left(c_q^\dagger c_q + c_{-q}^\dagger c_{-q} - 1\right)\right] \tag{7.4-35}$$

$$\boldsymbol{W}_q = \exp\left\{2K\left[\left(c_q^\dagger c_q + c_{-q}^\dagger c_{-q}\right)\cos q - \mathrm{i}\left(c_q^\dagger c_{-q}^\dagger + c_q c_{-q}\right)\sin q\right]\right\} \tag{7.4-36}$$

由于 $c_q^\dagger$ 是费米子算符, 则存在 4 个可能的状态: 真空态 $|0\rangle$, 单粒子态 $|1_q\rangle = c_q^\dagger|0\rangle$ 和 $|1_{-q}\rangle = c_{-q}^\dagger|0\rangle$, 两粒子态 $|2\rangle = c_q^\dagger c_{-q}^\dagger|0\rangle$, 它们构成了希尔伯特 (Hilbert) 空间的基。容易得到

$$\boldsymbol{V}_q|1_{\pm q}\rangle = 0, \quad \boldsymbol{W}_q|1_{\pm q}\rangle = \exp(2K\cos q)|1_{\pm q}\rangle \tag{7.4-37}$$

因此两个单粒子量子态对 $\boldsymbol{V}^{1/2}\boldsymbol{W}\boldsymbol{V}^{1/2}$ 的本征值没有贡献, 只需要考虑由 $|0\rangle$ 和 $|2\rangle = c_q^\dagger c_{-q}^\dagger|0\rangle$ 组成基的子空间。容易得到

$$\boldsymbol{V}_q|0\rangle = \exp\left(-2\tilde{K}\right)|0\rangle, \quad \boldsymbol{V}_q|2\rangle = \exp\left(2\tilde{K}\right)|2\rangle \tag{7.4-38}$$

另外，

$$\boldsymbol{\mathcal{W}}_q \left|0\right\rangle = A\left(K\right)\left|0\right\rangle + B\left(K\right)\left|2\right\rangle \tag{7.4-39}$$

式中，$A\left(K\right)$ 和 $B\left(K\right)$ 为待定函数。

把式 (7.4-39) 两边对 K 求导数，得

$$\frac{\mathrm{d}}{\mathrm{d}K}\boldsymbol{\mathcal{W}}_q \left|0\right\rangle = \frac{\mathrm{d}A}{\mathrm{d}K}\left|0\right\rangle + \frac{\mathrm{d}B}{\mathrm{d}K}\left|2\right\rangle = 2A\left(-\mathrm{i}\sin q\right)\left|2\right\rangle + 2B\left[\left(2\cos q\right)\left|2\right\rangle + \left(\mathrm{i}\sin q\right)\left|0\right\rangle\right] \tag{7.4-40}$$

给出

$$\frac{\mathrm{d}A}{\mathrm{d}K} = 2\mathrm{i}B\sin q, \quad \frac{\mathrm{d}B}{\mathrm{d}K} = -2\mathrm{i}A\sin q + 4B\cos q \tag{7.4-41}$$

消去 A 得

$$\frac{\mathrm{d}^2 B}{\mathrm{d}K^2} - 4\left(\cos q\right)\frac{\mathrm{d}B}{\mathrm{d}K} - 4\left(\sin^2 q\right)B = 0 \tag{7.4-42}$$

设特解为

$$B = \mathrm{e}^{bK} \tag{7.4-43}$$

式中，b 为待定常量。

把式 (7.4-43) 代入式 (7.4-42) 得

$$b = 2\cos q \pm 2 \tag{7.4-44}$$

因此解为

$$B = \mathrm{e}^{2K\cos q}\left(C\mathrm{e}^{2K} + D\mathrm{e}^{-2K}\right), \quad A = \frac{1}{\mathrm{i}\sin q}\left[B\cos q - \mathrm{e}^{2K\cos q}\left(C\mathrm{e}^{2K} - D\mathrm{e}^{-2K}\right)\right] \tag{7.4-45}$$

式中，$C\left(q\right)$ 和 $D\left(q\right)$ 为待定函数。

把初始条件 $A\left(0\right) = 1$ 和 $B\left(0\right) = 0$ 代入式 (7.4-45) 得

$$A\left(K\right) = \mathrm{e}^{2K\cos q}\left(\cosh 2K - \cos q\sinh 2K\right), \quad B\left(K\right) = -\mathrm{i}\mathrm{e}^{2K\cos q}\sin q\sinh 2K \tag{7.4-46}$$

同理可得

$$\boldsymbol{\mathcal{W}}_q \left|2\right\rangle = -B\left(K\right)\left|0\right\rangle + \mathrm{C}\left(K\right)\left|2\right\rangle \tag{7.4-47}$$

式中，

$$C\left(K\right) = \mathrm{e}^{2K\cos q}\left(\cos q\sinh 2K + \cosh 2K\right) \tag{7.4-48}$$

因此我们获得不为零的矩阵元

$$\left\langle 0\right|\boldsymbol{\mathcal{W}}_q \left|0\right\rangle = A, \quad \left\langle 2\right|\boldsymbol{\mathcal{W}}_q \left|0\right\rangle = -\left\langle 0\right|\boldsymbol{\mathcal{W}}_q \left|2\right\rangle = B, \quad \left\langle 2\right|\boldsymbol{\mathcal{W}}_q \left|2\right\rangle = C \tag{7.4-49}$$

$$\boldsymbol{\mathcal{V}}_q = \begin{pmatrix} e^{-2\tilde{K}} & 0 \\ 0 & e^{2\tilde{K}} \end{pmatrix}, \quad \boldsymbol{\mathcal{W}}_q = \begin{pmatrix} A & -B \\ B & C \end{pmatrix},$$

$$\boldsymbol{\mathcal{V}}_q^{1/2}\boldsymbol{\mathcal{W}}_q\boldsymbol{\mathcal{V}}_q^{1/2} = \begin{pmatrix} e^{-2\tilde{K}}A & -B \\ B & e^{2\tilde{K}}C \end{pmatrix} \tag{7.4-50}$$

从而得本征值方程

$$\begin{vmatrix} e^{-2\tilde{K}}A - \lambda_q & -B \\ B & e^{2\tilde{K}}C - \lambda_q \end{vmatrix} = \lambda_q^2 - \left(e^{-2\tilde{K}}A + e^{2\tilde{K}}C\right)\lambda_q + AC + B^2 = 0 \tag{7.4-51}$$

解为

$$\lambda_{q,\pm} = \exp\left[2K\cos q \pm g(q)\right] \tag{7.4-52}$$

式中,

$$\cosh g(q) = \frac{1}{2}e^{-2K\cos q}\left(e^{-2\tilde{K}}A + e^{2\tilde{K}}C\right) = \cosh 2K \coth 2K + \cos q \tag{7.4-53}$$

这里取 $g(q) > 0$。

在 $\hat{n}$ 的本征值 n 为偶数的子空间里, $\boldsymbol{\mathcal{V}}^{1/2}\boldsymbol{\mathcal{W}}\boldsymbol{\mathcal{V}}^{1/2}$ 的最大的本征值为

$$\lambda_{\text{even}} = \prod_{q>0}\lambda_{q,+} = \exp\left\{\sum_{q>0}[2K\cos q + g(q)]\right\} = \exp\left[\sum_{q>0}g(q)\right] \tag{7.4-54}$$

对于 n 为奇数的情形, 式 (7.4-33) 和式 (7.4-34) 对于 $q > 0$ 仍然成立, 但需要考虑 $q = 0$ 和 $q = \pi$ 的项, 但这两项只不过对 $\boldsymbol{\mathcal{V}}^{1/2}\boldsymbol{\mathcal{W}}\boldsymbol{\mathcal{V}}^{1/2}$ 的最大的本征值 λ_{odd} 贡献了一个数量级为 $O(1)$ 的因子。因此在 $\hat{n}$ 的本征值 n 分别为奇数和偶数的子空间里, $\boldsymbol{\mathcal{V}}^{1/2}\boldsymbol{\mathcal{W}}\boldsymbol{\mathcal{V}}^{1/2}$ 的各自的最大的本征值 λ_{odd} 与 λ_{even} 必然是同一数量级, 即

$$\frac{\lambda_{\text{odd}}}{\lambda_{\text{even}}} \xrightarrow{L\to\infty} O(1) \tag{7.4-55}$$

现在我们证明, 由于 λ_{odd} 与 λ_{even} 是同一数量级, 则计算系统热力学性质有 λ_{even} 足够了。使用式 (7.4-55) 得

$$Q_N \xrightarrow{L\to\infty} (2\sinh 2K)^{L^2/2}\left(\lambda_{\text{even}}^L + \lambda_{\text{odd}}^L\right) \to (2\sinh 2K)^{L^2/2}\lambda_{\text{even}}^L\left\{1 + [O(1)]^L\right\} \tag{7.4-56}$$

得

$$\frac{1}{N}\ln Q_N \xrightarrow{L\to\infty} \frac{1}{2}\ln\left(2\sinh 2K\right) + \frac{1}{L}\ln\lambda_{\text{even}} = \frac{1}{2}\ln\left(2\sinh 2K\right) + \frac{1}{L}\ln\lambda_{\text{odd}}$$

$$(7.4\text{-}57)$$

把式 (7.4-51) 代入式 (7.4-57) 得

$$\frac{1}{N}\ln Q_N = \frac{1}{2}\ln\left(2\sinh 2K\right) + \frac{1}{L}\sum_{q>0}g\left(q\right) = \frac{1}{2}\ln\left(2\sinh 2K\right) + \frac{1}{2\pi}\int_0^\pi g\left(q\right)\mathrm{d}q$$

$$(7.4\text{-}58)$$

使用式 (7.3-44) 和式 (7.4-53) 得

$$g\left(q\right) = \frac{1}{\pi}\int_0^\pi \mathrm{d}\varphi\ln\left[2\cosh g\left(q\right) + 2\cos\varphi\right]$$

$$= \frac{1}{\pi}\int_0^\pi \mathrm{d}\varphi\ln\left(2\cosh 2K\coth 2K + 2\cos q + 2\cos\varphi\right) \qquad (7.4\text{-}59)$$

把式 (7.4-59) 代入式 (7.4-58) 得

$$-\frac{F}{Nk_{\mathrm{B}}T} = \frac{1}{N}\ln Q_N = \frac{1}{2}\ln\left(2\sinh 2K\right)$$

$$+ \frac{1}{2\pi^2}\int_0^\pi \mathrm{d}q\int_0^\pi \mathrm{d}\varphi\ln\left(2\cosh 2K\coth 2K + 2\cos q + 2\cos\varphi\right)$$

$$(7.4\text{-}60)$$

式 (7.4-60) 与式 (7.3-49) 相同。

第 8 章　配分函数的奇点

历史上范德瓦耳斯第一次通过考虑分子间相互作用得到了能描述气–液相变的状态方程。统计物理建立后，人们希望用统计物理解释相变问题。众所周知，装气体的容器的体积都是有限的，气体的正则配分函数的被积函数是指数函数，因此正则配分函数是解析函数，没有奇点，不会出现相变，这与实验结果矛盾。1937年 11 月，在荷兰举行的纪念范德瓦耳斯诞辰 100 周年的国际学术讨论会上曾为此发生过激烈的争论。在 1944 年之前，人们还没有获得具有真实相互作用的统计模型的严格解，不知道如何解决这个佯谬。1944 年，昂萨格严格求解了在没有磁场的情况下方格子上的二维伊辛模型。这次求解是相变理论发展上的一个重要进展，它第一次清楚地证明了只有在热力学极限下，正则配分函数才能出现奇点。1952 年，杨振宁和李政道考虑了分子相互作用势能有硬核的气体，其巨配分函数是多项式，存在零点，他们证明在热力学极限下如果零点分布趋近于正实轴，则奇点出现，导致相变出现。

8.1　杨–李相变理论

8.1.1　有限的系统不存在相变

1. 正则系综

有限的体积 V 内的气体的正则配分函数为

$$Q_N(T,V) = \frac{1}{N!\lambda^3} \int \mathrm{d}^3 r_1 \mathrm{d}^3 r_2 \cdots \mathrm{d}^3 r_N \exp\left[-\beta U\left(\boldsymbol{r}_1, \boldsymbol{r}_2, \cdots, \boldsymbol{r}_N\right)\right] \qquad (8.1\text{-}1)$$

式中，$U\left(\boldsymbol{r}_1, \boldsymbol{r}_2, \cdots, \boldsymbol{r}_N\right)$ 为气体分子之间的总相互作用势能。

由于正则配分函数是对一个指数函数在一个有限的区域内积分，所以是一个 T 和 V 的解析函数，热力学函数不会有奇点，不会有相变出现。

2. 巨正则系综

实际气体的分子之间的相互作用势能具有强排斥核和弱吸引尾巴，温度不太高时强排斥核可以近似为硬核，因此在一个有限的体积 V 内，能容纳的分子数的最大数目 M 是有限的。M 为

$$M \sim \frac{V}{a^3} \qquad (8.1\text{-}2)$$

式中, a 为分子的特征大小 (分子直径)。

在一个有限的体积 V 内的气体的巨配分函数为

$$\Xi\left(T, V, \mu\right) = \sum_{N=0}^{M} z^N Q_N \tag{8.1-3}$$

我们看到, 巨配分函数是以逸度 $z = \exp\left(\beta\mu\right)$ 为变量的 M 阶多项式。

由于有限个解析函数之和仍是一个解析函数, 而有限体积内的气体的正则配分函数是一个 T 和 V 的解析函数, 所以巨配分函数是一个 μ、T 和 V 的解析函数, 热力学函数不会有奇点, 不会有相变出现。

8.1.2 巨配分函数的零点

根据代数基本定理, Ξ 有 M 个零点 $\mathcal{Z}_j$, 称为杨–李零点, 即

$$\Xi = \prod_{j=1}^{M}\left(1 - \frac{z}{\mathcal{Z}_j}\right) = Q_M \prod_{j=1}^{M}\left(z - \mathcal{Z}_j\right) \tag{8.1-4}$$

式中, $Q_M = \prod_{j=1}^{M}\left(-\mathcal{Z}_j\right)^{-1}$。

由于多项式的系数是实的, 所以其零点是复共轭的或负的, 即 $\mathcal{Z}_j = |\mathcal{Z}_j|\mathrm{e}^{\mathrm{i}\theta_j}$, 这里 θ_j 为 $\mathcal{Z}_j$ 的幅角, 有

$$\Xi = Q_M \prod_{j=1}^{M}\left(z - \mathcal{Z}_j\right) = Q_M \prod_{j=1}^{M}\sqrt{z^2 - 2z|\mathcal{Z}_j|\cos\theta_j + |\mathcal{Z}_j|^2} \tag{8.1-5}$$

把式 (8.1-5) 代入统计平均值公式 (3.7-8) 和式 (3.7-13), 得

$$\frac{PV}{k_{\mathrm{B}}T} = \ln\Xi = \ln Q_M + \sum_{j=1}^{M}\ln\left(z - \mathcal{Z}_j\right) \xrightarrow{N\to\infty} \frac{1}{2}\sum_{j=1}^{M}\ln\left(z^2 - 2z|\mathcal{Z}_j|\cos\theta_j + |\mathcal{Z}_j|^2\right) \tag{8.1-6}$$

$$\frac{N}{V} = z\frac{\partial}{\partial z}\frac{1}{V}\ln\Xi = z\frac{\partial}{\partial z}\frac{P}{k_{\mathrm{B}}T} = z\frac{1}{V}\sum_{j=1}^{M}\frac{z - |\mathcal{Z}_j|\cos\theta_j}{z^2 - 2z|\mathcal{Z}_j|\cos\theta_j + |\mathcal{Z}_j|^2} \tag{8.1-7}$$

式 (8.1-6) 中, $\ln Q_M$ 项在热力学极限下的贡献为零, 因此可以略去。

8.1.3 杨–李第二定理

杨振宁和李政道[24] 考虑了分子之间的势能具有硬核和短程吸引力的系统,他们证明了两个定理, 第一定理说热力学极限存在 (见 3.9 节), 第二定理说如果零点分布没有趋近正实轴, 那么没有相变发生, 具体如下所述。

杨–李第二定理 如果在复平面内有个包含一段正实轴的区域内没有零点, 那么当 $V \to \infty$ 时, 在此区域内所有的 $\frac{1}{V} \ln \Xi$ 和 $\left(\frac{\partial}{\partial \ln z}\right)^n \frac{1}{V} \ln \Xi, n = 1, 2, \cdots$ 都各自趋近于一个极限, 而且这些极限是 z 的解析函数。并且在该区域内有

$$\lim_{V \to \infty} \frac{\partial}{\partial \ln z} \frac{1}{V} \ln \Xi = \frac{\partial}{\partial \ln z} \lim_{V \to \infty} \frac{1}{V} \ln \Xi$$

杨–李第二定理的证明比较复杂, 这里略去。有兴趣的读者可以参考原始文献。

8.1.4 静电表象

前面我们用巨配分函数的零点来表示巨配分函数, 现在我们用电势来表示巨配分函数, 这样巨配分函数的奇点就可以用电势的奇点来表示。

考虑一个无限长的均匀带电直线, 电荷线密度为 λ。根据电场高斯定理, 使用高斯单位, 距离带电直线为 r 处的电场强度和电势分别为

$$\mathcal{E}(r) = \frac{2\lambda}{r}, \qquad \Phi(r) = -2\lambda \ln r \tag{8.1-8}$$

现在设想分别在复平面上各零点 $\mathcal{Z}_j$ 处垂直于复平面放置一个线密度为 $\lambda = -1/2V$ 的无限长的均匀带电直线, 那么在正实轴上点 z 处的总电势为

$$\Phi(z) = \frac{1}{V} \sum_{j=1}^{M} \ln (z - \mathcal{Z}_j) \tag{8.1-9}$$

把式 (8.1-9) 代入式 (8.1-6) 和式 (8.1-7), 得

$$\frac{P}{k_\text{B} T} = \frac{1}{V} \ln \Xi = \Phi(z) \tag{8.1-10}$$

$$\frac{N}{V} = z \frac{\mathrm{d}\Phi(z)}{\mathrm{d}z} = -z \mathcal{E}(z) \tag{8.1-11}$$

式中, $\mathcal{E}(z) = -\dfrac{\mathrm{d}\Phi(z)}{\mathrm{d}z}$ 为在正实轴上的电场强度。

我们看到, 在复平面上各零点 z_j 处垂直于复平面放置一个线密度为 $\lambda = -1/2V$ 的无限长的均匀带电直线, 这些均匀带电直线在正实轴上产生的总电势 $\Phi(z)$ 可以用来表示气体的巨配分函数, 这就是杨–李静电表象。因此巨配分函数的奇点就是 $\Phi(z)$ 的奇点。在正实轴上某一点 z_0, $\Phi(z_0)$ 连续, 如果 $\mathcal{E}(z_0)$ 及其高阶导数不连续, 则有相变出现。如果 $\mathcal{E}(z_0)$ 不连续, 则为一级相变。如果 $\mathcal{E}(z_0)$ 连续, 其高阶导数不连续, 则为高级相变。

对于有限的系统, 由于不存在正实零点, 零点分布不会接触正实轴, 所以在正实轴上没有电荷出现, 在正实轴上的总电势 $\Phi(z)$ 为解析函数, 巨配分函数不会有奇点, 不会有相变发生。

对于无限大的系统, 存在两种情况: ① $M \to \infty$ 时零点分布不趋近正实轴, 因此 $\Phi(z)$ 为解析函数, 热力学函数不会有奇点, 不会有相变发生; ② $M \to \infty$ 时零点分布趋近正实轴上的 z_0 点处, 因此 $\Phi(z)$ 在点 z_0 处存在奇点, 巨配分函数有奇点, 有相变发生。

例 1 已知 $\Xi = \dfrac{(1+z)^V (1-z^V)}{1-z}$, 这里 V 为整数。计算状态方程。

解 零点为

$$\mathcal{Z}_j = -1, \mathrm{e}^{\mathrm{i}2\pi j/V} \quad (j = 1, 2, \cdots, V-1)$$

$V \to \infty$ 时零点分布趋近正实轴于点 $z = 1$ 处, 因此 $\Phi(z)$ 在点 $z = 1$ 处存在奇点, 有相变出现。$\lim\limits_{V \to \infty} \dfrac{1}{V} \ln \Xi$ 在 $z > 1$ 和 $z < 1$ 时具有不同的极限, 有

$$\frac{P}{k_\mathrm{B}T} = \lim_{V \to \infty} \frac{1}{V} \ln \Xi = \begin{cases} \ln(1+z), & z < 1 \\ \ln(1+z) + \ln z, & z > 1 \end{cases}$$

$$\frac{1}{v} = z\frac{\partial}{\partial z}\left(\frac{P}{k_\mathrm{B}T}\right) = \begin{cases} \dfrac{1}{1+z}, & z < 1 \\ \dfrac{2z+1}{1+z}, & z > 1 \end{cases}$$

消去 z 得状态方程

$$\frac{P}{k_\mathrm{B}T} = \begin{cases} \ln\dfrac{v}{v-1}, & v > 2 \\ \ln 2, & \dfrac{2}{3} < v < 2 \\ \ln\dfrac{v(1-v)}{(2v-1)^2}, & \dfrac{1}{2} < v < \dfrac{2}{3} \end{cases}$$

8.1.5　解析延拓

上面我们考虑的是 z 的物理取值范围 $z > 0$，为了更好地使用复变函数理论，需要解析延拓。由于巨配分函数 Ξ 是 z 的 M 阶多项式，所以是 z 的解析函数，可以从 $z > 0$ 解析延拓到整个复平面 $\mathcal{Z} = x + \mathrm{i}y$，这里在正实轴上有 $\mathcal{Z} = x = z = \mathrm{e}^{\beta\mu} > 0$，因此有

$$z \to \mathcal{Z} = x + \mathrm{i}y, \quad \Phi(z) = \frac{1}{V}\sum_{j=1}^{M}\ln(z - z_j) \to \varphi(\mathcal{Z}) = \frac{1}{V}\sum_{j=1}^{M}\ln(\mathcal{Z} - z_j)$$

$$(8.1\text{-}12)$$

为了看出 $\varphi(\mathcal{Z})$ 的物理意义，我们注意到，在复平面上任意一点的实电势为

$$\Phi(x, y) = \frac{1}{V}\sum_{j=1}^{M}\ln|\mathcal{Z} - \mathcal{Z}_j| \tag{8.1-13}$$

实电场强度为

$$\boldsymbol{\mathcal{E}} = -\nabla\Phi, \quad \mathcal{E}_x = -\frac{\partial\Phi}{\partial x}, \quad \mathcal{E}_y = -\frac{\partial\Phi}{\partial y} \tag{8.1-14}$$

式 (8.1-13) 可以写成

$$\Phi(x, y) = \frac{1}{V}\mathrm{Re}\sum_{j=1}^{M}\ln(\mathcal{Z} - \mathcal{Z}_j) = \mathrm{Re}\,\varphi(\mathcal{Z}) \tag{8.1-15}$$

我们看到，实电势 $\Phi(x, y)$ 是 $\varphi(\mathcal{Z})$ 的实部，因此 $\varphi(\mathcal{Z})$ 可以解释为复电势，而且可以写成

$$\varphi(\mathcal{Z}) = \Phi + \mathrm{i}\Psi \tag{8.1-16}$$

式中，$\Psi(x, y)$ 为 $\varphi(\mathcal{Z})$ 的虚部。

使用柯西–黎曼条件得

$$\mathcal{E}_x = -\frac{\partial\Phi}{\partial x} = -\frac{\partial\Psi}{\partial y}, \quad \mathcal{E}_y = -\frac{\partial\Phi}{\partial y} = \frac{\partial\Psi}{\partial x}, \quad -\frac{\mathrm{d}\varphi(\mathcal{Z})}{\mathrm{d}\mathcal{Z}} = \mathcal{E}_x - \mathrm{i}\mathcal{E}_y \tag{8.1-17}$$

8.1.6　零点分布密度

为简单起见，假设 $M \to \infty$ 时零点分布在一条曲线 $\mathcal{L}$ 上，位于这些零点上的均匀带电直线形成了带电曲面，如图 8.1.1 所示。式 (8.1-13) 中的求和可以用

积分来代替，即

$$\varphi\left(\mathcal{Z}\right)=\frac{1}{V}\sum_{j=1}^{M}\ln\left(\mathcal{Z}-\mathcal{Z}_j\right)\xrightarrow{M\to\infty}\frac{1}{V}\int_1^M \mathrm{d}j\ln\left(\mathcal{Z}-\mathcal{Z}_j\right)=\int_{\mathcal{L}}\mathrm{d}lg\ln\left(\mathcal{Z}-\mathcal{Z}_j\right)$$

$$(8.1\text{-}18)$$

式中，$\mathrm{d}l$ 为曲线 $\mathcal{L}$ 上 $\mathcal{Z}_j$ 处的一微段的长度；$\dfrac{\mathrm{d}j}{\mathrm{d}l}$ 为曲线 $\mathcal{L}$ 上的单位长度上的零点数目，即零点线密度；

$$g=\frac{1}{V}\frac{\mathrm{d}j}{\mathrm{d}l}\tag{8.1-19}$$

称为约化零点线密度；$\lambda\dfrac{\mathrm{d}j}{\mathrm{d}l}=-\dfrac{1}{2V}\dfrac{\mathrm{d}j}{\mathrm{d}l}=-\dfrac{1}{2}g$ 为 $\mathcal{Z}_j$ 处的带电曲面的电荷面密度。

约化零点线密度的归一化条件为

$$\int_1^M \mathrm{d}j=V\int_{\mathcal{L}}g\mathrm{d}l=M\tag{8.1-20}$$

为了确定该曲线 $\mathcal{L}$ 上任意一点的 g，在该点以面元 $\mathrm{d}S$ 为底垂直于该曲线作一个无穷短且横跨该曲线的圆柱体元高斯面，如图 8.1.1 所示。在高斯面的两个底面上沿法线方向的电场强度分别为 $\mathcal{E}_n^+$ 和 $\mathcal{E}_n^-$（代数值），该处带电曲面的电荷面密度为 $-\dfrac{1}{2}g$。使用电场高斯定理，得

$$g=-\frac{1}{2\pi}\left(\mathcal{E}_n^+-\mathcal{E}_n^-\right)=\frac{1}{2\pi}\left(\left.\frac{\partial\Phi}{\partial n}\right|_+-\left.\frac{\partial\Phi}{\partial n}\right|_-\right)=\frac{1}{2\pi}\mathrm{Re}\left(\left.\frac{\partial\varphi}{\partial n}\right|_+-\left.\frac{\partial\varphi}{\partial n}\right|_-\right)$$

$$(8.1\text{-}21)$$

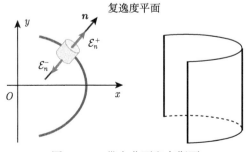

图 8.1.1　带电曲面和高斯面

例 2 已知一维经典硬棒气体的巨正则配分函数的零点分布在复逸度平面的负实轴上，求出零点分布密度 [76]。

解 负实轴上的约化零点线密度为

$$g(x) = \frac{1}{L}\frac{\mathrm{d}j}{\mathrm{d}x} = -\frac{1}{2\pi}\left[\mathcal{E}_y\left(y\to 0^+\right) - \mathcal{E}_y\left(y\to 0^-\right)\right]$$

$$= -\frac{1}{\pi}\mathcal{E}_y\left(y\to 0^+\right) = -\frac{1}{\pi}\frac{\partial\Psi}{\partial x}\bigg|_{y\to 0^+}$$

归一化条件为 $\displaystyle\int_{-\infty}^{0}\mathrm{d}x\,g(x) = \frac{1}{a}$。

使用 $\dfrac{P}{k_{\mathrm{B}}T} = \dfrac{1}{L}\ln\Xi = \Phi(z)$，$\dfrac{N}{L} = z\dfrac{\mathrm{d}\Phi(z)}{\mathrm{d}z}$，$P = \dfrac{Nk_{\mathrm{B}}T}{L-Na}$，得 $z\dfrac{\mathrm{d}\Phi}{\mathrm{d}z} = \dfrac{\Phi}{\Phi a + 1}$；使用气体稀薄极限条件 $\dfrac{P}{k_{\mathrm{B}}T}\xrightarrow{z\to 0}\dfrac{1}{\lambda}z$，得 $\Phi(z)\xrightarrow{z\to 0}\dfrac{1}{\lambda}z$，把微分方程积分得 $\Phi\mathrm{e}^{\frac{a}{L}\Phi} = \dfrac{1}{\lambda}z$，然后解析延拓到复平面，得

$$\varphi\mathrm{e}^{\frac{a}{L}\varphi} = \frac{1}{\lambda}\mathcal{Z} = (\Phi + \mathrm{i}\Psi)\,\mathrm{e}^{a(\Phi + \mathrm{i}\Psi)} = \frac{1}{\lambda}r\mathrm{e}^{\mathrm{i}\theta}$$

分离实部和虚部得

$$\Phi\cos a\Psi - \Psi\sin a\Psi = \frac{1}{\lambda}r\mathrm{e}^{-a\Phi}\cos\theta,\quad \Phi\sin a\Psi + \Psi\cos a\Psi = \frac{1}{\lambda}r\mathrm{e}^{-a\Psi}\sin\theta$$

解得 $\Phi = \Psi\cot(\theta - a\Psi)$，$\Psi = \dfrac{1}{\lambda}r\mathrm{e}^{-a\Psi\cot(\theta - a\Psi)}\sin(\theta - a\Psi)$，$\Psi(-\theta) = -\Psi(\theta)$。

从上半平面趋近负 x 轴，有 $\theta = \pi$，得

$$x = -\frac{\lambda}{a}\tilde{\Psi}\frac{\mathrm{e}^{-\tilde{\Psi}\cot\tilde{\Psi}}}{\sin\tilde{\Psi}},\quad 0\leqslant\tilde{\Psi}\leqslant\pi,\quad -\infty\leqslant x\leqslant -\mathrm{e}^{-1}\frac{\lambda}{a}$$

$$g(x) = -\frac{1}{\pi}\frac{\partial\Psi}{\partial x}\bigg|_{y\to 0^+} = \frac{1}{\pi\lambda}\mathrm{e}^{\tilde{\Psi}\cot\tilde{\Psi}}\frac{\sin^3\tilde{\Psi}}{\sin^2\tilde{\Psi} - \tilde{\Psi}\sin 2\tilde{\Psi} + \tilde{\Psi}^2},\quad -\infty\leqslant x\leqslant -\mathrm{e}^{-1}\frac{\lambda}{a}$$

式中，$\tilde{\Psi} = a\Psi$。

8.1.7 气–液相变

现在我们来确定 $\Phi(z)$ 的奇点。为简单起见，假设 $M\to\infty$ 时零点分布在一条曲线 $\mathcal{L}$ 上，与正实轴垂直相交于点 z_0，如图 8.1.2 所示。使用式 (8.1-21) 得

$$\mathcal{E}\left(z_0^+\right) - \mathcal{E}\left(z_0^-\right) = -2\pi g_0 \tag{8.1-22}$$

式中，g_0 为点 z_0 处的约化零点线密度。

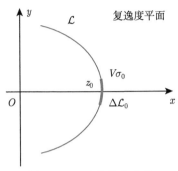

图 8.1.2 零点分布曲线

把式 (8.1-10) 代入式 (8.1-22) 得

$$\left(\frac{N}{V}\right)_{z=z_0^+} - \left(\frac{N}{V}\right)_{z=z_0^-} = 2\pi z_0 g_0 \tag{8.1-23}$$

由于电势连续，有

$$\Phi\left(z_0^+\right) = \Phi\left(z_0^-\right) \tag{8.1-24}$$

把式 (8.1-11) 代入式 (8.1-24) 得

$$\left(\frac{P}{k_{\mathrm{B}}T}\right)_{z=z_0^+} = \left(\frac{P}{k_{\mathrm{B}}T}\right)_{z=z_0^-} = \Phi\left(z_0\right) \tag{8.1-25}$$

式 (8.1-23) 和式 (8.1-25) 意味着气–液相变出现。如果 $g_0 \neq 0$，则式 (8.1-23) 表示沿共存曲线的液体和气体的数密度之差，式 (8.1-25) 表示沿共存曲线的液体和气体的压强不变，为一级相变。如果 $g_0 = 0$，则式 (8.1-23) 和式 (8.1-25) 分别表示在相变点液体和气体的数密度和压强连续，表示连续相变，即气–液相变的临界点。

现在我们来计算临界指数，式 (8.1-7) 可以写成

$$\frac{N}{V} = z \int_{\mathcal{L}} \mathrm{d}l g \frac{z - |\mathcal{Z}_j|\cos\theta_j}{z^2 - 2z |\mathcal{Z}_j|\cos\theta_j + |\mathcal{Z}_j|^2} \tag{8.1-26}$$

由于只有零点分布趋近于正实轴时奇点才会出现，积分奇异部分为靠近正实轴的零点分布的贡献，有 $\mathcal{Z}_j \cong z_0 \mathrm{e}^{i\theta_j}$，$-\theta_0 \leqslant \theta_j \leqslant \theta_0 \ll 1$，$\mathrm{d}l = z_0 \mathrm{d}\theta_j$，因此

$$g = \frac{1}{V}\frac{\mathrm{d}j}{\mathrm{d}l} = \frac{1}{Vz_0}\frac{\mathrm{d}j}{\mathrm{d}\theta} = g\left(\theta_j\right), \quad -\theta_0 \leqslant \theta_j \leqslant \theta_0 \tag{8.1-27}$$

进一步假设临界温度下靠近正实轴的零点分布具有如下性质：

$$g\left(\theta, T = T_{\mathrm{c}}\right) \xrightarrow{\theta \to 0} c\,|\theta|^{\zeta} \tag{8.1-28}$$

式中，c 为常量，$\zeta > 0$ 为指数。

把式 (8.1-28) 代入式 (8.1-26)，然后把被积函数围绕 $\theta = 0$ 作泰勒展开，并保留最大项，得

$$\left(\frac{N}{V}\right)_{z=z_0^+} - \left(\frac{N}{V}\right)_{z=z_0^-} = 2 \lim_{z \to z_0^+} z \int_0^{\theta_0} \mathrm{d}\theta z_0 c \theta^{\zeta} \frac{z - z_0}{\left(z - z_0\right)^2 + z z_0 \theta^2}$$

$$- 2 \lim_{z \to z_0^-} z \int_0^{\theta_0} \mathrm{d}\theta z_0 c \theta^{\zeta} \frac{z - z_0}{\left(z - z_0\right)^2 + z z_0 \theta^2}$$

$$\sim \lim_{z \to z_0^+} \left(z - z_0\right)^{\zeta} \tag{8.1-29}$$

使用式 (8.1-29) 和 $\dfrac{N}{V} = z \dfrac{\partial}{\partial z} \dfrac{P}{k_{\mathrm{B}} T}$ 得

$$(P)_{z=z_0^+} - (P)_{z=z_0^-} \sim \int \left[\left(\frac{N}{V}\right)_{z=z_0^+} - \left(\frac{N}{V}\right)_{z=z_0^-} \right] \mathrm{d}z \sim \lim_{z \to z_0^+} \left(z - z_0\right)^{1+\zeta} \tag{8.1-30}$$

使用式 (8.1-29) 和式 (8.1-30) 消去 $(z - z_0)$ 得

$$(P)_{z=z_0^+} - (P)_{z=z_0^-} \sim \left[\left(\frac{N}{V}\right)_{z=z_0^+} - \left(\frac{N}{V}\right)_{z=z_0^-} \right]^{\frac{1+\zeta}{\zeta}} \tag{8.1-31}$$

靠近临界点，沿临界等温线，有 $(P - P_{\mathrm{c}})_{T=T_{\mathrm{c}}} = A\,|\rho - \rho_{\mathrm{c}}|^{\delta}\,\mathrm{sgn}\,(\rho - \rho_{\mathrm{c}})$，因此临界指数为

$$\delta = \frac{1 + \zeta}{\zeta} \tag{8.1-32}$$

习　题

1. 证明范德瓦耳斯状态方程的实电势 $\varPhi(z)$ 由下面两式给出：

$$\ln z = \frac{b}{v - b} - \frac{2a}{v k_{\mathrm{B}} T} + \ln \frac{\lambda^3}{v - b}, \qquad \varPhi = \frac{1}{v - b} - \frac{a}{v^2 k_{\mathrm{B}} T}$$

2. 已知气体的状态方程的位力展开为

$$\frac{Pv}{k_{\mathrm{B}}T} = \sum_{l=1}^{\infty} a_l\,(T)\left(\frac{\lambda^3}{v}\right)^{l-1}$$

证明实电势 $\Phi(z)$ 由下面两式给出:

$$\Phi = \sum_{l=1}^{\infty} a_l\,(T)\,\frac{\lambda^{3(l-1)}}{v^l}, \quad \ln z = \ln\frac{\lambda^3}{v} + \sum_{l=2}^{\infty}\frac{l}{l-1}a_l\,(T)\left(\frac{\lambda^3}{v}\right)^{l-1}$$

8.2 伊辛模型的零点

8.2.1 正则配分函数的零点

具有最近邻作用的伊辛模型的正则配分函数由式 (6.4-18) 给出，即

$$Q_N\,(H,T) = \mathrm{e}^{\beta N(qJ/2-H)}\sum_{N_\uparrow=0}^{N} \mathrm{e}^{-2\beta(qJ-H)N_\uparrow}\sum_{N_{\uparrow\uparrow}}{}' g_N\,(N_\uparrow, N_{\uparrow\uparrow})\,\mathrm{e}^{4\beta J N_{\uparrow\uparrow}}$$

$$= \mathrm{e}^{N\beta H}\sum_{n=0}^{N} A_n\left(\mathrm{e}^{-2\beta H}\right)^n \tag{8.2-1}$$

式中，$Q_N\,(H,T) = Q_N\,(-H,T)$ 要求系数满足 $A_n = A_n\,(T,J) = A_{N-n}$。

我们看到，正则配分函数是以 $\mathrm{e}^{-2\beta H}$ 为变量的多项式，杨–李相变理论适用，可以引进零点 $\mathcal{Z}_j$。由于多项式的系数是实的，所以其零点是复共轭的或负的，即 $\mathcal{Z}_j = |\mathcal{Z}_j|\mathrm{e}^{\mathrm{i}\theta_j}$，这里 θ_j 为 $\mathcal{Z}_j$ 的幅角。由于 $\mathrm{e}^{-2\beta H} > 0$，正则配分函数可以表示为

$$Q_N = \mathrm{e}^{\beta H N}A_N\prod_{j=1}^{N}\left(\mathrm{e}^{-2\beta H} - \mathcal{Z}_j\right)$$

$$= \mathrm{e}^{\beta H N}A_N\prod_{j=1}^{N}\sqrt{\mathrm{e}^{-4\beta H} - 2\mathrm{e}^{-2\beta H}\,|\mathcal{Z}_j|\cos\theta_j + |\mathcal{Z}_j|^2} \tag{8.2-2}$$

得亥姆霍兹自由能

$$F = -k_{\mathrm{B}}T\ln Q_N$$

$$= -HN - k_{\mathrm{B}}T\ln A_N - \frac{1}{2}k_{\mathrm{B}}T\sum_{j=1}^{N}\ln\left(\mathrm{e}^{-4\beta H} - 2\mathrm{e}^{-2\beta H}\,|\mathcal{Z}_j|\cos\theta_j + |\mathcal{Z}_j|^2\right) \tag{8.2-3}$$

为简单起见，假设 $N \to \infty$ 时零点分布在一条曲线 $\mathcal{L}$ 上，有

$$F = -HN - k_\mathrm{B}T \ln A_N - \frac{1}{2}k_\mathrm{B}T \int_1^N \mathrm{d}j \ln\left(\mathrm{e}^{-4\beta H} - 2\mathrm{e}^{-2\beta H}|\mathcal{Z}_j|\cos\theta_j + |\mathcal{Z}_j|^2\right)$$

$$= -HN - k_\mathrm{B}T \ln A_N - \frac{1}{2}Nk_\mathrm{B}T \int_{\mathcal{L}} \mathrm{d}lg \ln\left(\mathrm{e}^{-4\beta H} - 2\mathrm{e}^{-2\beta H}|\mathcal{Z}_j|\cos\theta_j + |\mathcal{Z}_j|^2\right)$$

$$(8.2\text{-}4)$$

式中，

$$g = \frac{1}{N}\frac{\mathrm{d}j}{\mathrm{d}l} \tag{8.2-5}$$

为约化零点线密度；$\mathrm{d}l$ 为曲线 $\mathcal{L}$ 上的一微段的长度，根据杨–李静电表象，$\lambda\dfrac{\mathrm{d}j}{\mathrm{d}l} = -\dfrac{1}{2N}\dfrac{\mathrm{d}j}{\mathrm{d}l} = -\dfrac{1}{2}g$ 为该微段处带电曲面的电荷面密度。

约化零点线密度的归一化条件为

$$\frac{1}{N}\int_1^N \mathrm{d}j = \int_{\mathcal{L}} g\mathrm{d}l = 1 \tag{8.2-6}$$

正实轴上 $\mathrm{e}^{-2\beta H}$ 处的电势为

$$\Phi\left(\mathrm{e}^{-2\beta H}\right) = \frac{1}{N}\sum_{j=1}^N \ln\left(\mathrm{e}^{-2\beta H} - \mathcal{Z}_j\right)$$

$$= \int_{\mathcal{L}} \mathrm{d}lg \ln\sqrt{\mathrm{e}^{-4\beta H} - 2\mathrm{e}^{-2\beta H}|\mathcal{Z}_j|\cos\theta_j + |\mathcal{Z}_j|^2} \tag{8.2-7}$$

一个格点的平均磁矩为

$$M\left(\mathrm{e}^{-2\beta H}\right) = \frac{1}{\beta N}\frac{\partial \ln Q_N}{\partial H} = 1 + \frac{1}{\beta}\frac{\partial \Phi\left(\mathrm{e}^{-2\beta H}\right)}{\partial H} = 1 - 2\mathrm{e}^{-2\beta H}\frac{\partial \Phi\left(\mathrm{e}^{-2\beta H}\right)}{\partial \mathrm{e}^{-2\beta H}}$$

$$(8.2\text{-}8)$$

例 1   证明：对于一维铁磁伊辛模型，正则配分函数的零点分布在复 $\mathrm{e}^{-2\beta H}$ 平面上的单位圆周上；对于一维反铁磁伊辛模型，正则配分函数的零点分布在复 $\mathrm{e}^{-2\beta H}$ 平面上的负实轴上。

证明   一维伊辛模型的正则配分函数为

$$Q_N = \lambda_1^N + \lambda_2^N, \quad \lambda_{1,2} = \mathrm{e}^{\beta J}\left[\cosh\left(\beta H\right) \pm \sqrt{\cosh^2\left(\beta H\right) - 2\mathrm{e}^{-2\beta J}\sinh\left(2\beta J\right)}\right]$$

令 $Q_N = 0$ 得 $\dfrac{\lambda_1}{\lambda_2} = \mathrm{e}^{\mathrm{i}\pi(2j+1)/N}$，$j = 0, 1, 2, \cdots, N-1$。

从上式解得

$$
\cosh^2(\beta H) = \frac{1}{4}\left(\mathrm{e}^{-2\beta H} + \mathrm{e}^{2\beta H} + 2\right) = \frac{1}{4}\left(\mathcal{Z}_j + \mathcal{Z}_j^{-1} + 2\right)
$$

$$
= \left(1 - \mathrm{e}^{-4\beta J}\right)\cos^2\frac{\pi(2j+1)}{2N}
$$

对于铁磁伊辛模型，$J > 0$，要求 $\mathcal{Z}_j = \mathrm{e}^{\mathrm{i}\theta_j}$，$|\mathcal{Z}_j| = 1$，如图 8.2.1 所示，即正则配分函数的零点分布在复 $\mathrm{e}^{-2\beta H}$ 平面上的单位圆周上，由下式给出：

$$
\cos^2\left(\frac{\theta_j}{2}\right) = \left(1 - \mathrm{e}^{-4\beta J}\right)\cos^2\frac{\pi(2j+1)}{2N}, \quad \theta_0 \leqslant \theta_j \leqslant 2\pi - \theta_0
$$

式中，$\theta_0 = \arcsin \mathrm{e}^{-2\beta J}$。

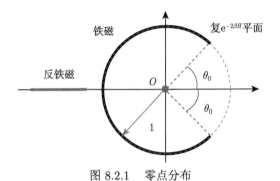

图 8.2.1 零点分布

对于反铁磁伊辛模型，$J < 0$，要求 $\mathcal{Z}_j < 0$，即正则配分函数的零点分布在复 $\mathrm{e}^{-2\beta H}$ 平面上的负实轴上，

$$
-\left[2\mathrm{e}^{-4\beta J}\left(1 + \sqrt{1 - \mathrm{e}^{4\beta J}}\right) - 1\right] \leqslant x \leqslant -\left[2\mathrm{e}^{-4\beta J}\left(1 - \sqrt{1 - \mathrm{e}^{4\beta J}}\right) - 1\right]
$$

8.2.2 复电势

现在把 $\mathrm{e}^{-2\beta H} > 0$ 解析延拓到整个复平面 $\mathcal{Z} = x + \mathrm{i}y$。这里在正实轴上有 $\mathcal{Z} = x = \mathrm{e}^{-2\beta H} > 0$。复电势为

$$
\varphi(\mathcal{Z}) = \frac{1}{N}\sum_{j=1}^{N}\ln(\mathcal{Z} - \mathcal{Z}_j) = \int_{\mathcal{L}}\mathrm{d}lg\ln(\mathcal{Z} - \mathcal{Z}_j) = \varPhi + \mathrm{i}\varPsi \tag{8.2-9}
$$

式 (8.2-8) 的解析延拓为

$$M\left(\mathcal{Z}\right) = 1 - 2\mathcal{Z}\frac{\mathrm{d}\varphi}{\mathrm{d}\mathcal{Z}} \qquad (8.2\text{-}10)$$

约化零点密度由式 (8.1-21) 给出。

例 2　已知一维反铁磁伊辛模型的零点分布在负实轴上, 计算零点密度。

解　使用 7.1 节的严格解, 得

$$M\left(\mathrm{e}^{-2\beta H}\right) = \frac{\sinh\left(\beta H\right)}{\sqrt{\sinh^2\left(\beta H\right) + \mathrm{e}^{-4\beta J}}} = \frac{1 - \mathrm{e}^{-2\beta H}}{\sqrt{\left(1 - \mathrm{e}^{-2\beta H}\right)^2 + 4\mathrm{e}^{-2\beta H}\mathrm{e}^{-4\beta J}}}$$

给出

$$M\left(\mathcal{Z}\right) = \frac{1 - \mathcal{Z}}{\sqrt{\left(1 - \mathcal{Z}\right)^2 + 4\mathcal{Z}\mathrm{e}^{-4\beta J}}}, \quad \frac{\mathrm{d}\varphi\left(\mathcal{Z}\right)}{\mathrm{d}\mathcal{Z}} = \frac{1}{\mathrm{i}}\frac{\partial\varphi\left(\mathcal{Z}\right)}{\partial y} = \frac{1}{2}\frac{1 - M\left(\mathcal{Z}\right)}{\mathcal{Z}},$$

$$g\left(x\right) = \frac{1}{\pi}\mathrm{Re}\left.\frac{\partial\varphi}{\partial y}\right|_{y=0^+} = \frac{1}{\pi}\mathrm{Re}\left[\mathrm{i}\frac{1}{2}\frac{1 - M\left(\mathcal{Z}\right)}{\mathcal{Z}}\right]_{y=0^+}$$

$$= -\frac{1}{2\pi x}\frac{1 - x}{\sqrt{-4x\mathrm{e}^{-4\beta J} - \left(1 - x\right)^2}}$$

习　　题

1. 使用一维铁磁伊辛模型情形的正则配分函数的零点密度 $g\left(\theta_j\right) = \frac{1}{N}\frac{\mathrm{d}j}{\mathrm{d}\theta_j}$,
使用例 1 给出的零点分布证明:

$$g\left(\theta\right) = \frac{1}{2\pi}\frac{\left|\sin\dfrac{\theta}{2}\right|}{\sqrt{\sin^2\dfrac{\theta}{2} - \mathrm{e}^{-4\beta J}}}, \quad \theta_0 \leqslant \theta \leqslant 2\pi - \theta_0$$

2. 使用一维反铁磁伊辛模型情形的正则配分函数的零点密度 $g\left(\mathcal{Z}_j\right) = \frac{\mathrm{d}j}{N\mathrm{d}\mathcal{Z}_j}$,
这里 $\mathcal{Z}_j = x_j$, 使用例 1 给出的零点分布证明:

$$g\left(x\right) = -\frac{1 - x}{2\pi x^2\sqrt{4\left(1 - \mathrm{e}^{-4\beta J}\right)x^{-1} - \left(1 + x^{-1}\right)^2}}$$

8.3 杨–李圆周定理

从 8.1 节我们看到，气体的巨配分函数的零点依赖于 $Q_1, Q_2, \cdots, Q_M$，因而一般情况下其分布是十分复杂的。不过，杨振宁和李政道发现，对于一些晶格模型，零点分布特别简单。

8.3.1 杨–李圆周定理的表述

杨振宁和李政道[77] 证明，对于具有二体吸引作用的格气模型和二体铁磁伊辛模型，圆周定理成立，具体如下所述。

(1) 如果一个格气系统的原子之间的相互作用为二体吸引势，即

$$\mathcal{U}(r) = \begin{cases} +\infty, & r = 0 \\ < 0, & \text{其他} \end{cases} \tag{8.3-1}$$

设格气模型的原子数为 N_a。其正则配分函数为

$$Q_{N_\text{a}} = \sum \exp\left[\beta \sum_{1 \leqslant i < j \leqslant N_\text{a}} \mathcal{U}(r_{ij})\right] \tag{8.3-2}$$

式中，求和是针对给定 N_a 时存在的所有可能的组态进行。

其巨配分函数为

$$\Xi = \sum_{N_\text{a}=0}^{N} z^{N_\text{a}} Q_{N_\text{a}} \tag{8.3-3}$$

式中，N 为晶格的格点总数。

巨配分函数是 z 的多项式，其零点分布在一圆周上，即 $|\mathcal{Z}_j| = z_0$，这里 $z_0 > 0$ 为常数。

(2) 如果伊辛模型只存在二体铁磁相互作用，即位于格点 i 和 j 上的两个自旋之间的相互作用能量为 $-J(r_{ij}) S_i S_j$，这里 $J(r_{ij}) > 0$，则其正则配分函数为

$$Q_N(H, T) = \sum_{\{S_i\}} \exp\left[\beta \sum_{i<j} J(r_{ij}) S_i S_j + \beta H \sum_i S_i\right] = \text{e}^{N\beta H} \sum_{n=0}^{N} A_n \left(\text{e}^{-2\beta H}\right)^n \tag{8.3-4}$$

式中，A_n 是 T 和二体铁磁相互作用耦合强度的函数。

正则配分函数是 $e^{-2\beta H}$ 的多项式, 其零点分布在单位圆周上, 即 $|\mathcal{Z}_j| = 1$。

杨–李圆周定理的证明比较复杂, 这里略去 [78–80]。有兴趣的读者可以参考原始文献。

8.3.2　具有二体吸引作用的格气模型的零点分布密度公式

由于零点分布在半径为 z_0 的圆周上, 有 $\mathcal{Z}_j = z_0 e^{i\theta_j}$, 参考式 (8.1-18), 得复平面上的任意点的复电势

$$\varphi(\mathcal{Z}) = \frac{1}{N}\sum_{j=1}^{N}\ln(\mathcal{Z} - \mathcal{Z}_j) \xrightarrow{N\to\infty} \frac{1}{N}\int_1^N dj \ln(\mathcal{Z} - z_0 e^{i\theta_j})$$

$$= z_0 \int d\theta g(\theta) \ln(\mathcal{Z} - z_0 e^{i\theta}) \tag{8.3-5}$$

式中,

$$g(\theta_j) = \frac{1}{Nz_0}\frac{dj}{d\theta_j} \tag{8.3-6}$$

使用式 (8.1-21) 得

$$g(\theta) = \frac{1}{2\pi}\left(\left.\frac{\partial\Phi}{\partial r}\right|_{r=z_0^+} - \left.\frac{\partial\Phi}{\partial r}\right|_{r=z_0^-}\right) = \frac{1}{2\pi}\mathrm{Re}\left(\left.\frac{\partial\varphi}{\partial r}\right|_{r=z_0^+} - \left.\frac{\partial\varphi}{\partial r}\right|_{r=z_0^-}\right)$$

$$= \frac{1}{\pi}\left.\frac{\partial\Phi}{\partial r}\right|_{r=z_0^+} = \frac{1}{\pi}\mathrm{Re}\left(\left.\frac{\partial\varphi}{\partial r}\right|_{r=z_0^+}\right) \tag{8.3-7}$$

8.3.3　铁磁伊辛模型的零点分布密度公式

铁磁伊辛模型的正则配分函数的零点分布在单位圆周上, 有 $\mathcal{Z}_j = e^{i\theta_j}$, 这里 θ_j 为幅角, 复平面上的任意点的复电势为

$$\varphi(\mathcal{Z}) = \frac{1}{N}\sum_{j=1}^{N}\ln(\mathcal{Z} - e^{i\theta_j}) = \int d\theta g(\theta)\ln(\mathcal{Z} - e^{i\theta}) \tag{8.3-8}$$

式中, 约化零点密度为

$$g(\theta_j) = \frac{dj}{Nd\theta_j} \tag{8.3-9}$$

满足归一化条件

$$\int_{-\pi}^{\pi} d\theta g(\theta) = 2\int_0^{\pi} d\theta g(\theta) = 1 \tag{8.3-10}$$

使用式 (8.1-21) 得

$$g\left(\theta\right) = \frac{1}{2\pi}\left(\left.\frac{\partial\varPhi}{\partial r}\right|_{r=1^+} - \left.\frac{\partial\varPhi}{\partial r}\right|_{r=1^-}\right) = \frac{1}{2\pi}\mathrm{Re}\left(\left.\frac{\partial\varphi}{\partial r}\right|_{r=1^+} - \left.\frac{\partial\varphi}{\partial r}\right|_{r=1^-}\right) \quad (8.3\text{-}11)$$

使用 $\mathcal{Z} = r\mathrm{e}^{\mathrm{i}\theta}$ 和式 (8.2-10)，得

$$\frac{\partial\varphi}{\partial r} = \frac{\mathrm{d}\varphi}{\mathrm{d}\mathcal{Z}}\frac{\partial\mathcal{Z}}{\partial r} = \frac{1 - M\left(\mathcal{Z}\right)}{2r} \quad (8.3\text{-}12)$$

把式 (8.3-12) 代入式 (8.3-11) 得铁磁伊辛模型的零点分布密度公式

$$g\left(\theta\right) = -\frac{1}{4\pi}\mathrm{Re}\left[\left.M\left(r\mathrm{e}^{\mathrm{i}\theta}\right)\right|_{r=1^+} - \left.M\left(r\mathrm{e}^{\mathrm{i}\theta}\right)\right|_{r=1^-}\right] = \frac{1}{2\pi}\left.M\left(r\mathrm{e}^{\mathrm{i}\theta}\right)\right|_{r=1^-} \quad (8.3\text{-}13)$$

例 1 计算一维铁磁伊辛模型的零点密度。

解 一个格点的平均磁矩为

$$M\left(\mathrm{e}^{-2\beta H}\right) = \frac{\sinh\left(\beta H\right)}{\sqrt{\sinh^2\left(\beta H\right) + \mathrm{e}^{-4\beta J}}} = \frac{1 - \mathrm{e}^{-2\beta H}}{\sqrt{\left(1 - \mathrm{e}^{-2\beta H}\right)^2 + 4\mathrm{e}^{-2\beta H}\mathrm{e}^{-4\beta J}}}$$

零点密度为

$$g\left(\theta\right) = \frac{1}{2\pi}\left.M\left(r\mathrm{e}^{\mathrm{i}\theta}\right)\right|_{r=1^-} = \frac{1}{2\pi}\mathrm{Re}\frac{\sinh\left(-\mathrm{i}\dfrac{\theta}{2}\right)}{\sqrt{\sinh^2\left(-\mathrm{i}\dfrac{\theta}{2}\right) + \mathrm{e}^{-4\beta J}}} = \frac{1}{2\pi}\frac{\left|\sin\dfrac{\theta}{2}\right|}{\sqrt{\sin^2\dfrac{\theta}{2} - \mathrm{e}^{-4\beta J}}}$$

8.3.4 铁磁伊辛模型的临界指数

如果 $g_0 = g\left(0\right) \neq 0$，使用式 (8.1-22)，得

$$\mathcal{E}\left(x = 1^+\right) - \mathcal{E}\left(x = 1^-\right) = \left.\frac{\mathrm{d}\varPhi\left(x\right)}{\mathrm{d}x}\right|_{x=1^-} - \left.\frac{\mathrm{d}\varPhi\left(x\right)}{\mathrm{d}x}\right|_{x=1^+} = -2\pi g\left(0\right) \quad (8.3\text{-}14)$$

把式 (8.2-8) 代入式 (8.3-14) 得

$$M\left(H = 0^+\right) - M\left(H = 0^-\right) = 2M\left(H = 0^+\right) = 4\pi g\left(0\right) \quad (8.3\text{-}15)$$

铁磁伊辛模型的相变的临界点对应 $g\left(0\right) = 0$，临界温度以下对应 $g\left(0\right) \neq 0$。

使用式 (8.2-8) 得

$$M\left(\mathrm{e}^{-2\beta H}\right) = \left(\mathrm{e}^{2\beta H} - \mathrm{e}^{-2\beta H}\right)\int_{-\pi}^{\pi}\mathrm{d}\theta g(\theta)\frac{1}{\mathrm{e}^{-2\beta H} - 2\cos\theta + \mathrm{e}^{2\beta H}} \quad (8.3\text{-}16)$$

假设沿临界等温线靠近正实轴的零点分布具有如下性质:

$$g\left(\theta, T=T_{\mathrm{c}}\right) \xrightarrow{\theta \to 0} c\left|\theta\right|^{\xi} \tag{8.3-17}$$

式中, c 为常数, $\xi > 0$ 为指数。

把式 (8.3-17) 代入式 (8.3-16), 只保留奇异部分, 得

$$M\left(T=T_{\mathrm{c}}, H \to 0^{+}\right) = \lim_{H \to 0^{+}} 4\beta_{\mathrm{c}} H \int_{-\theta_0}^{\theta_0} \mathrm{d}\theta c\left|\theta\right|^{\xi} \frac{1}{\left(2\beta_{\mathrm{c}}H\right)^2 + \theta^2}$$
$$\sim \lim_{H \to 0^{+}} \left(2\beta_{\mathrm{c}}H\right)^{\xi} \tag{8.3-18}$$

临界指数为

$$\delta = \frac{1}{\xi} \tag{8.3-19}$$

8.4　平均场近似下铁磁伊辛模型的零点密度

考虑布拉格-威廉斯近似。使用式 (6.5-14) 得

$$\frac{1+\bar{L}}{1-\bar{L}} \mathrm{e}^{-2\beta qJ\bar{L}} = \mathrm{e}^{2\beta H} \tag{8.4-1}$$

式中, $\bar{L}\left(\mathrm{e}^{-2\beta H}\right) = M$。

对式 (8.4-1) 作替换 $\mathrm{e}^{-2\beta H} \to \mathrm{e}^{\mathrm{i}\theta}$, 得

$$\frac{1+\bar{L}\left(\mathrm{e}^{\mathrm{i}\theta}\right)}{1-\bar{L}\left(\mathrm{e}^{\mathrm{i}\theta}\right)} \mathrm{e}^{-2\beta qJ\bar{L}\left(\mathrm{e}^{\mathrm{i}\theta}\right)} = \mathrm{e}^{-\mathrm{i}\theta} \tag{8.4-2}$$

使用式 (8.3-13) 得

$$2\pi g\left(\theta\right) = \mathrm{Re}\bar{L}\left(\mathrm{e}^{\mathrm{i}\theta}\right) \tag{8.4-3}$$

式 (8.4-3) 可以写成

$$\bar{L}\left(\mathrm{e}^{\mathrm{i}\theta}\right) = 2\pi g\left(1+\mathrm{i}\tan\psi\right) = \frac{2\pi g}{\cos\psi}\mathrm{e}^{\mathrm{i}\psi} \tag{8.4-4}$$

式中, ψ 为实的。

把式 (8.4-4) 代入式 (8.4-2) 得

$$\frac{1+2\pi g+\mathrm{i}2\pi g\tan\psi}{1-2\pi g-\mathrm{i}2\pi g\tan\psi}\mathrm{e}^{-4\pi\beta qJg}\mathrm{e}^{-\mathrm{i}4\pi\beta qJg\tan\psi} = \mathrm{e}^{-\mathrm{i}\theta} \tag{8.4-5}$$

把式 (8.4-5) 分离实部和虚部得

$$(1 + 2\pi g)\, e^{-4\pi\beta qJg} = (1 - 2\pi g)\cos\left(4\pi\beta qJg\tan\psi - \theta\right)$$
$$+ 2\pi g\tan\psi\sin\left(4\pi\beta qJg\tan\psi - \theta\right) \tag{8.4-6}$$

$$2\pi g e^{-4\pi\beta qJg}\tan\psi = (1 - 2\pi g)\sin\left(4\pi\beta qJg\tan\psi - \theta\right)$$
$$- 2\pi g\tan\psi\cos\left(4\pi\beta qJg\tan\psi - \theta\right) \tag{8.4-7}$$

从式 (8.4-6) 和式 (8.4-7) 消去 ψ 即可得 $g(\theta)$。现在我们讨论两个极限。

(1) 高温极限 ($\beta J \ll 1$)。

如果 $\beta J \to 0$，则式 (8.4-5) 的解为 $g \to \infty$，$\beta Jg \to 0$，$\theta \to \pi$，因此，如果 $\beta J \ll 1$，则可令 $\theta = \pi - \varepsilon$，这里 $\varepsilon \ll 1$，代入式 (8.4-5)，并作泰勒展开，保留最大项，得

$$\frac{\cos^2\psi}{\pi g} - 4\pi\beta qJg = 0, \quad -\frac{\sin\psi\cos\psi}{\pi g} - 4\pi\beta qJg\tan\psi = \varepsilon \tag{8.4-8}$$

解得

$$g = \begin{cases} \dfrac{1}{2\pi\sqrt{\beta qJ}}\sqrt{1 - \left(\dfrac{\pi - \theta}{4\sqrt{\beta qJ}}\right)^2}, & \pi - 4\sqrt{\beta qJ} \leqslant \theta \leqslant \pi + 4\sqrt{\beta qJ} \\ 0, & \text{其他} \end{cases} \tag{8.4-9}$$

满足归一化条件

$$\int_0^\pi d\theta\, g(\theta) = \int_0^{4\sqrt{\beta qJ}} \frac{1}{2\pi\sqrt{\beta qJ}}\sqrt{1 - \left(\frac{\pi - \theta}{4\sqrt{\beta qJ}}\right)^2}\, d(\pi - \theta) = \frac{1}{2} \tag{8.4-10}$$

(2) 低温极限 ($\beta J \gg 1$)。

从式 (8.4-6) 和式 (8.4-7) 可知，式 (8.4-5) 的解为 $\tan\psi = 0$，以及

$$g = \frac{1}{2\pi}, \quad 0 \leqslant \theta \leqslant 2\pi \tag{8.4-11}$$

8.5 杨–李边奇点的临界线和临界指数

8.5.1 杨–李边奇点的定义

杨–李圆周定理断言,伊辛铁磁模型的正则配分函数的零点分布在复 $e^{-2\beta H}$ 平面上的单位圆周上。温度高于零磁场下的临界温度时,零点分布不会趋近正实轴。

现在我们转换到复磁场 H 平面，显然零点分布在虚轴上，温度高于零磁场下的临界温度时，零点分布不会趋近原点，在虚轴上零点分布存在空隙 $-H_{\mathrm{I}0} \leqslant H_{\mathrm{I}} \leqslant H_{\mathrm{I}0}$，空隙的边缘为 $\pm H_{\mathrm{I}0}$，如图 8.5.1 所示。如果我们让磁场为虚的，那么在空隙边缘，自由能是奇异的[80−82]，即

$$F \sim (H \pm \mathrm{i}H_{\mathrm{I}0})^{\theta}, \quad T \geqslant T_{\mathrm{c}0} \tag{8.5-1}$$

式中，θ 为指数；$T_{\mathrm{c}0}$ 为零磁场下的临界温度。

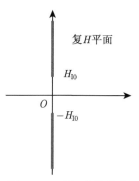

图 8.5.1　杨–李边奇点

对于任何铁磁伊辛模型，温度高于零磁场下的临界温度时在复磁场 H 平面的虚轴上的零点分布存在空隙，在空隙边缘 $\pm \mathrm{i}H_{\mathrm{I}0}$，自由能是奇异的，这一奇点称为杨–李边奇点 (Yang-Lee edge singularity)，类似于普通的临界现象。空隙的边缘 $\pm H_{\mathrm{I}0}$ 是温度的函数，称为杨–李边奇点的临界线：

$$H_{\mathrm{I}0} = H_{\mathrm{I}0}(T_{\mathrm{c}}), \quad T_{\mathrm{c}} \geqslant T_{\mathrm{c}0} \tag{8.5-2}$$

式中，$T_{\mathrm{c}0}$ 为零磁场下的临界温度。

既然杨–李边奇点类似于普通的临界现象，则可以仿照普通的铁磁相变的临界指数，定义杨–李边奇点的临界指数 α、β、δ、γ、η、ν：

$$M(H = \mathrm{i}H_{\mathrm{I}0}) \xrightarrow{T \to T_{\mathrm{c}}} (T - T_{\mathrm{c}})^{\beta}, \quad M(T = T_{\mathrm{c}}) \xrightarrow{H \to \mathrm{i}H_{\mathrm{I}0}} (H - \mathrm{i}H_{\mathrm{I}0})^{1/\delta}$$

$$C_H(H = \mathrm{i}H_{\mathrm{I}0}) \xrightarrow{T \to T_{\mathrm{c}}} (T - T_{\mathrm{c}})^{-\alpha},$$

$$\chi(H = \mathrm{i}H_{\mathrm{I}0}) = \left(\frac{\partial M}{\partial H}\right)_{H = \mathrm{i}H_{\mathrm{I}0}} \xrightarrow{T \to T_{\mathrm{c}}} (T - T_{\mathrm{c}})^{-\gamma}$$

$$g(r)|_{T=T_{\mathrm{c}}} = \frac{B}{r^{d-2+\eta}}, \quad \xi = \begin{cases} A_+ (-t)^{-\nu}, & T \to T_{\mathrm{c}}^- \\ A_- t^{-\nu'}, & T \to T_{\mathrm{c}}^+ \end{cases} \tag{8.5-3}$$

式中，$g(r)$ 为自旋–自旋关联函数；ξ 为关联长度。

8.5.2 一维铁磁伊辛模型

对于一维铁磁伊辛模型，当外磁场取物理值时，有限温度下没有相变出现，模型是平庸的 (trivial)。但如果当外磁场取虚值时，有限温度下杨–李边奇点出现，因而模型不再是平庸的。现在我们使用 7.1 节一维铁磁伊辛模型的严格解来获得杨–李边奇点的临界指数。

从 8.2 节例 1 我们看到，在复磁场 H 平面上，一维铁磁伊辛模型的零点 iH_I 由下式给出：

$$\cos^2(\beta H_I) = \left(1 - e^{-4\beta J}\right)\cos^2\frac{\pi(2j+1)}{2N}, \quad j = 0, 1, 2, \cdots, N-1 \qquad (8.5\text{-}4)$$

式中，H_I 为实的。

从式 (8.5-4) 我们获得

$$|\beta H_I| \geqslant \arcsin e^{-2\beta J} \qquad (8.5\text{-}5)$$

我们看到，在虚轴上零点分布存在空隙 $-\dfrac{1}{\beta}\arcsin e^{-2\beta J} \leqslant H_I \leqslant \dfrac{1}{\beta}\arcsin e^{-2\beta J}$，因此杨–李边奇点的临界线为

$$H_{I0}(T_c) = k_B T_c \arcsin e^{-2J/k_B T_c}, \quad T_c \geqslant T_{c0} = 0 \qquad (8.5\text{-}6)$$

式中，$T_{c0} = 0$ 为零磁场下的临界温度，这是因为有限温度下没有铁磁相变。

当外磁场取虚值时，自由能为

$$F = -N k_B T \ln \lambda_1 \sim [H \pm iH_{I0}(T)]^{1/2}, \quad \theta = \frac{1}{2} \qquad (8.5\text{-}7)$$

使用

$$M = \frac{\sinh(\beta H)}{\sqrt{\sinh^2(\beta H) + e^{-4\beta J}}}$$

和式 (8.5-6)，得

$$M(H = iH_{I0}(T_c)) = \frac{i\sin[\beta H_{I0}(T_c)]}{\sqrt{-e^{-4\beta_c J} + e^{-4\beta J}}} \xrightarrow{T \to T_c} (T - T_c)^{-1/2}, \quad \beta = -\frac{1}{2} \qquad (8.5\text{-}8)$$

$$M(T = T_c) = \frac{\sinh(\beta_c H)}{\sqrt{\sinh^2(\beta_c H) - \sinh^2[i\beta_c H_{I0}(T_c)]}}$$

$$\xrightarrow{H\to iH_{I0}} [H \pm iH_{I0}(T_c)]^{-1/2}, \quad \delta = -2 \tag{8.5-9}$$

C_H 为

$$C_H = \left(\frac{\partial \bar{E}}{\partial T}\right)_H = -\frac{N}{k_B T^2}\left(\frac{\partial^2 \ln \lambda_1}{\partial \beta^2}\right)_H \sim \left[\sinh^2(\beta H) + e^{-4\beta J}\right]^{-3/2} \tag{8.5-10}$$

得

$$C_H(H = iH_{I0}(T_c)) \sim \left\{\sinh^2[i\beta H_{I0}(T_c)] + e^{-4\beta J}\right\}^{-3/2}$$

$$\xrightarrow{T\to T_c} (T-T_c)^{-3/2}, \quad \alpha = \frac{3}{2} \tag{8.5-11}$$

χ 为

$$\chi = \frac{\partial M}{\partial H} \sim \left[\sinh^2(\beta H) + e^{-4\beta J}\right]^{-3/2} \tag{8.5-12}$$

得

$$\chi(H = iH_{I0}(T_c)) \sim \left\{\sinh^2[\beta H_{I0}(T_c)] + e^{-4\beta J}\right\}^{-3/2} \xrightarrow{T\to T_c^+} (T-T_c)^{-3/2}, \quad \gamma = \frac{3}{2} \tag{8.5-13}$$

　　使用式 (7.1-23)，自旋–自旋关联函数为

$$g(r) = \left(\frac{\lambda_2}{\lambda_1}\right)^{j-i} \sin^2 2\phi = \left(1 - M^2\right) e^{-r/\xi} \tag{8.5-14}$$

式中，$r = j - i$，关联长度为

$$\xi = \frac{1}{\ln \dfrac{\lambda_1}{\lambda_2}} \tag{8.5-15}$$

既然 $M(T=T_c) \to \infty$，有 $g(r)|_{T=T_c} \to \infty$，因此无法定义临界指数 η。
　　使用式 (8.5-15) 得

$$\xi(H = iH_{I0}(T_c)) \xrightarrow{T\to T_c^+} (T-T_c)^{-1/2}, \quad \nu = 1/2 \tag{8.5-16}$$

杨–李边奇点的临界指数为

$$\alpha = \frac{3}{2}, \quad \beta = -\frac{1}{2}, \quad \delta = -2, \quad \gamma = \frac{3}{2}, \quad \nu = 1/2 \tag{8.5-17}$$

8.6 复温度平面上的零点分布

8.6.1 正则配分函数在复温度平面上的零点

具有最近邻作用的伊辛模型的正则配分函数由式 (6.4-18) 给出, 即

$$Q_N\left(H,T\right)=\mathrm{e}^{\beta N(qJ/2-H)}\sum_{N_\uparrow=0}^{N}\mathrm{e}^{2\beta HN_\uparrow}\sum_{N_{\uparrow\uparrow}}{}'g_N\left(N_\uparrow,N_{\uparrow\uparrow}\right)\mathrm{e}^{-2\beta JN_{\uparrow\downarrow}} \tag{8.6-1}$$

使用 $qN_\uparrow=2N_{\uparrow\uparrow}+N_{\uparrow\downarrow}$, $qN_\downarrow=2N_{\downarrow\downarrow}+N_{\uparrow\downarrow}$, $N_\uparrow+N_\downarrow=N$ 可得

$$qN=2N_{\uparrow\uparrow}+2N_{\downarrow\downarrow}+2N_{\uparrow\downarrow} \tag{8.6-2}$$

给出

$$0\leqslant N_{\uparrow\downarrow}\leqslant qN/2 \tag{8.6-3}$$

使用式 (8.6-3), 则式 (8.6-1) 可以写成

$$Q_N\left(H,T\right)=\mathrm{e}^{\beta N(qJ/2-H)}\sum_{n=0}^{qN/2}A_n\left(\mathrm{e}^{-2\beta J}\right)^n=\mathrm{e}^{\beta N(qJ/2-H)}A_0\prod_{j=1}^{qN/2}\left(\mathrm{e}^{-2\beta J}-\mathcal{Z}_j\right) \tag{8.6-4}$$

式中, 系数 $A_n=A_n\left(T,H\right)$。

我们看到, Q_N 是以 $\mathrm{e}^{-2\beta J}$ 为变量的 $qN/2$ 阶多项式, 其零点位于复 $\mathrm{e}^{-2\beta J}$ 平面上。不同于在复磁场平面上的铁磁伊辛模型的零点分布有杨–李圆周定理约束, 在复温度平面上伊辛模型的零点分布没有普遍的定理约束, 取决于具体的晶格, 现在我们分别研究几种有严格解的情况。

8.6.2 一维伊辛模型

1. 零点分布密度

使用 8.2 节例 1 的结果, 令 $Q_N=\lambda_1^N+\lambda_2^N=0$, 得

$$\mathcal{Z}_j=\mathrm{e}^{-2\beta J}=\pm\mathrm{i}\left[\frac{\cosh^2\left(\beta H\right)}{\cos^2\dfrac{\pi\left(2j+1\right)}{2N}}-1\right]^{1/2},\quad j=0,1,2,\cdots,N-1 \tag{8.6-5}$$

我们看到，一维伊辛模型的配分函数的零点分布在复 $\mathrm{e}^{-2\beta J}$ 平面上的虚轴上，换句话说，零点分布在复 $\mathrm{e}^{-4\beta J}$ 平面上的负实轴上。因此有

$$F = -k_{\mathrm{B}}T \ln Q_N = -N\left(J-H\right) - k_{\mathrm{B}}T \sum_{j=1}^{N/2} \ln\left[\left(\mathrm{e}^{-2\beta J} - \mathcal{Z}_j\right)\left(\mathrm{e}^{-2\beta J} - \mathcal{Z}_j^*\right)\right]$$

$$= -N\left(J-H\right) - k_{\mathrm{B}}T \sum_{j=1}^{N/2} \ln\left(\mathrm{e}^{-4\beta J} - x_j\right)$$

$$= -N\left(J-H\right) - k_{\mathrm{B}}T \int_1^{N/2} \mathrm{d}j \ln\left(\mathrm{e}^{-4\beta J} - x_j\right)$$

$$= -N\left(J-H\right) - \frac{1}{2}Nk_{\mathrm{B}}T \int_{-\infty}^0 \mathrm{d}x g\left(x\right) \ln\left(\mathrm{e}^{-4\beta J} - x\right) \qquad (8.6\text{-}6)$$

式中，

$$x_j = -\left|\mathcal{Z}_j\right|^2 = 1 - \frac{\cosh^2\left(\beta H\right)}{\cos^2 \dfrac{\pi\left(2j+1\right)}{2N}} \qquad (8.6\text{-}7)$$

$g\left(x_j\right) = \dfrac{2\mathrm{d}j}{N\mathrm{d}x_j}$ 为负实轴上的零点分布密度，归一化条件为

$$\int_{-\infty}^0 \mathrm{d}x g\left(x\right) = 1 \qquad (8.6\text{-}8)$$

使用式 (8.6-7) 得

$$g\left(x\right) = \frac{\cosh\left(\beta H\right)}{\pi\left(1-x\right)\sqrt{-x-\sinh^2\left(\beta H\right)}}, \quad -\infty < x \leqslant -\sinh^2\left(\beta H\right) \qquad (8.6\text{-}9)$$

2. 杨–李静电表象

现在我们来作出杨–李静电表象。一维伊辛模型的配分函数的零点分布在复 $\mathrm{e}^{-4\beta J}$ 平面上的负实轴上。把 $\mathrm{e}^{-4\beta J} > 0$ 解析延拓到整个复平面 $\mathcal{Z} = x + \mathrm{i}y$，这里在正实轴上有 $\mathcal{Z} = x = \mathrm{e}^{-4\beta J} > 0$，复电势为

$$\varphi\left(\mathcal{Z}\right) = \frac{2}{N} \sum_{j=1}^{N/2} \ln\left(\mathcal{Z} - \mathcal{Z}_j\right) = \int_{-\infty}^0 \mathrm{d}x g \ln\left(\mathcal{Z} - x\right) \qquad (8.6\text{-}10)$$

$g(x)$ 为约化零点线密度；$\mathrm{d}l$ 为曲线 $\mathcal{L}$ 上的一微段的长度，$\lambda\dfrac{\mathrm{d}j}{\mathrm{d}l} = -\dfrac{1}{2N}\dfrac{\mathrm{d}j}{\mathrm{d}l} = -\dfrac{1}{4}g$ 为该微段处带电曲面的单位面积上的电荷 (电荷面密度)。

使用式 (8.1-21) 得约化零点密度

$$g = -\frac{1}{2\pi}\left(\mathcal{E}_n^+ - \mathcal{E}_n^-\right) = \frac{1}{2\pi}\left(\left.\frac{\partial\Phi}{\partial n}\right|_+ - \left.\frac{\partial\Phi}{\partial n}\right|_-\right) = \frac{1}{2\pi}\mathrm{Re}\left(\left.\frac{\partial\varphi}{\partial n}\right|_+ - \left.\frac{\partial\varphi}{\partial n}\right|_-\right) \tag{8.6-11}$$

使用式 (8.6-6) 和式 (8.6-10) 得

$$\varphi(\mathcal{Z}) = 2\beta NH + 2\ln\left[\cosh(\beta H) + \sqrt{\sinh^2(\beta H) + \mathcal{Z}}\right] \tag{8.6-12}$$

把式 (8.6-12) 代入式 (8.6-11) 得

$$\begin{aligned}
g &= \frac{1}{2\pi}\mathrm{Re}\left(\left.\frac{\partial\varphi}{\partial y}\right|_{y=0^+} - \left.\frac{\partial\varphi}{\partial y}\right|_{y=0^-}\right) = \frac{1}{\pi}\mathrm{Re}\left.\frac{\partial\varphi}{\partial y}\right|_{y=0^+} \\
&= \frac{\cosh(\beta H)}{\pi(1-x)\sqrt{-x-\sinh^2(\beta H)}}
\end{aligned} \tag{8.6-13}$$

8.6.3 正方格子

在 7.3 节我们已经获得了正方格子上的没有外磁场的各向同性伊辛模型的配分函数 (7.3-31)，现在我们把它改写为

$$Q_N = 2^N \prod_{p,q=0}^{L}\left[\left(\sinh 2K - \mathrm{e}^{\mathrm{i}\varphi}\right)\left(\sinh 2K - \mathrm{e}^{-\mathrm{i}\varphi}\right)\right]^{1/2} \tag{8.6-14}$$

式中，

$$\varphi = \arccos\left[-\frac{1}{2}\left(\cos\frac{2\pi p}{L} + \cos\frac{2\pi q}{L}\right)\right] \tag{8.6-15}$$

我们看到，在没有外磁场的情况下，正方格子上的伊辛模型的配分函数的零点分布在复 $\sinh 2K$ 平面上的一单位圆周上 [83]，即 $|\sinh 2K| = 1$，如图 8.6.1 所示。

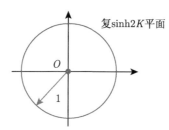

图 8.6.1 正方格子的零点分布

8.6.4 三角格子

配分函数可以写成 [84,85]

$$\frac{1}{N}\ln Q_N = 3K + \frac{1}{8\pi^2}\int_0^{2\pi}\mathrm{d}\omega_1\int_0^{2\pi}\mathrm{d}\omega_2\ln\left[1+3a^2-2a(1-a)\varPsi(\omega_1,\omega_2)\right]$$

$$(8.6\text{-}16)$$

式中,

$$a = \mathrm{e}^{-4K},\quad \varPsi(\omega_1,\omega_2) = \cos\omega_1 + \cos\omega_2 + \cos(\omega_1+\omega_2),\quad -3/2 \leqslant \varPsi \leqslant 3$$

$$(8.6\text{-}17)$$

配分函数的零点由下式给出:

$$1+3a^2-2a(1-a)\varPsi = 0 \tag{8.6-18}$$

得

$$a = \frac{1}{3+2\varPsi}\left[\varPsi \pm \sqrt{(\varPsi-3)(\varPsi+1)}\right] \tag{8.6-19}$$

给出

$$\begin{cases} a = -\dfrac{1}{3} + \dfrac{2}{3}\mathrm{e}^{\mathrm{i}\varphi}, & -1 \leqslant \varPsi \leqslant 3 \\[2mm] -\infty < a \leqslant -1, & -3/2 \leqslant \varPsi \leqslant -1 \end{cases} \tag{8.6-20}$$

式中,

$$\varphi = \arccos\frac{3+5\varPsi}{2(3+2\varPsi)} \tag{8.6-21}$$

我们看到, 部分零点分布在复 e^{-4K} 平面上的圆心位于 $\left(-\dfrac{1}{3}, 0\right)$、半径为 $\dfrac{2}{3}$ 的圆周上, 其余零点分布在负实轴上的区域 $(-\infty, -1)$, 如图 8.6.2 所示。

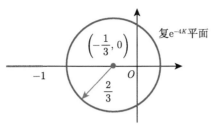

图 8.6.2 三角格子的零点分布

8.6.5 蜂窝格子

配分函数可以写成 [71,72]

$$\frac{1}{N} \ln Q_N = \frac{1}{4} \ln 2 + \frac{3}{4} \ln (2 \cosh K)$$
$$+ \frac{1}{16\pi^2} \int_0^{2\pi} \mathrm{d}\omega_1 \int_0^{2\pi} \mathrm{d}\omega_2 \ln \left[1 + 3w^4 - 2w^2(1 - w^2)\Psi(\omega_1, \omega_2) \right]$$

$$(8.6\text{-}22)$$

式中，$w = \tanh K$。

比较式 (8.6-22) 和式 (8.6-16)，我们发现，如果把上面三角格子的被积函数作替换，$a = \mathrm{e}^{-4K} \to w^2 = \tanh^2 K$，就得到蜂窝格子的被积函数，因此把上面三角格子的零点分布作替换，$a = \mathrm{e}^{-4K} \to w^2 = \tanh^2 K$，就得到蜂窝格子的一零点分布，即蜂窝格子的部分零点分布在复 $\tanh^2 K$ 平面上的圆心位于 $\left(-\frac{1}{3}, 0\right)$、半径为 $\frac{2}{3}$ 的圆周上，其余零点分布在负实轴上的区域 $(-\infty, -1)$，如图 8.6.3 所示。

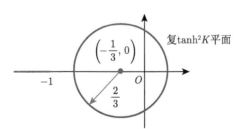

图 8.6.3 蜂窝格子的零点分布

8.7 正方和蜂窝格子上的反铁磁伊辛模型的临界线

本节的方法是本书作者的博士论文的一部分 [85,86]。主要依据是：无限大的正方和蜂窝格子上的反铁磁伊辛模型的配分函数，其奇点与正方和蜂窝格子的基本循环上的反铁磁伊辛模型的配分函数的零点存在关系。

8.7.1 反铁磁性

对于海森伯交换模型，如果交换积分为负，在足够低的温度下，为了降低能量，相邻原子的自旋磁矩就会反平行排列。1936 年，奈尔 (Néel) 发展了局域分子场理论，预言在足够低的温度下，应该存在反铁磁体，由两个子晶格组成，在同一子晶格中，自发磁化不为零。两个子晶格中自发磁化大小相等、方向相反，相互抵消了，因此反铁磁体不产生自发磁化磁矩，显现微弱的磁性。存在一临界温度，在该临界温度同一子晶格的自发磁化消失了。高于临界温度，磁体就表现为顺磁性。这个临界温度就称为奈尔温度。顺磁–反铁磁相变为二级相变。奈尔的猜想被后来的实验证实。

交换积分为负的伊辛模型存在顺磁–反铁磁相变，该模型称为反铁磁伊辛模型。举个简单例子，一维伊辛模型存在严格解，有限温度下没有相变。但在绝对零度下，反铁磁伊辛模型存在顺磁–反铁磁相。外磁场足够高时，为了使系统能量最低，所有自旋平行于外磁场方向排列 (图 8.7.1(a))，称为顺磁态，此时系统能量为

$$E\left(J, H, \{S_i\}\right) = -J \sum_{\langle ij \rangle} S_i S_j - H \sum_i S_i = -NJ - NH \tag{8.7-1}$$

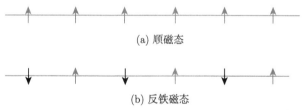

(a) 顺磁态

(b) 反铁磁态

图 8.7.1   顺磁–反铁磁相变

外磁场足够低时，顺磁态并不是能量最低的组态，能量最低的组态是近邻自旋反平行排列的组态 (图 8.7.1(b))，称为反铁磁态，此时系统能量为

$$E\left(J, H, \{S_i\}\right) = -J \sum_{\langle ij \rangle} S_i S_j - H \sum_i S_i = NJ \tag{8.7-2}$$

当磁场调节到两种组态的能量相等时，顺磁–反铁磁相变出现，即

$$-NJ - NH = 2NJ \tag{8.7-3}$$

得临界磁场

$$H = -2J \tag{8.7-4}$$

8.7.2 基本观察

在有限的外磁场下，二维伊辛模型没有严格解，为了确定反铁磁伊辛模型的临界线，需要使用近似方法。我们这里的方法始于如下观察。

各向异性的伊辛模型的配分函数为

$$Q_N(H, T) = \sum_{\{S_i\}} \exp\left[\beta \sum_{\langle ij \rangle} J_{ij} S_i S_j + \beta H \sum_i S_i\right] \tag{8.7-5}$$

如图 8.7.2 所示，三角、正方和蜂窝格子的基本循环 (elementary cycle) 分别定义为等边三角形、正方形和等边六角形，这些基本循环分别具有格点数 $N = 3, 4, 6$。没有外磁场时这些基本循环上的各向异性的伊辛模型的配分函数分别为

$$Q_t(H = 0) = 2\left[e^{\beta(J_1 + J_2 + J_3)} + e^{\beta(J_1 - J_2 - J_3)} + e^{\beta(-J_1 - J_2 + J_3)} + e^{\beta(-J_1 + J_2 - J_3)}\right] \tag{8.7-6}$$

$$Q_s(H = 0) = 4\cosh\left[2\beta(J_1 + J_2)\right] + 4\cosh\left[2\beta(J_1 - J_2)\right] + 8 \tag{8.7-7}$$

$$\begin{aligned}
Q_h(H = 0) =\ & 4\cosh\left[2\beta(J_1 + J_2 + J_3)\right] + 4\cosh\left[2\beta(-J_1 + J_2 + J_3)\right] \\
& + 4\cosh\left[2\beta(J_1 + J_2 - J_3)\right] + 4\cosh\left[2\beta(J_1 - J_2 + J_3)\right] \\
& + 16\cosh(2\beta J_1) + 16\cosh(2\beta J_2) + 16\cosh(2\beta J_3)
\end{aligned} \tag{8.7-8}$$

作变换 $e^{2\beta J_j} \to i e^{2\beta J_j}$，得 $Q(H = 0) \to Q'(H = 0)$，即

$$Q'_t(H = 0) = 2i^{3/2}(\zeta_1 \zeta_2 \zeta_3)^{-1/2}(1 - \zeta_1 \zeta_2 - \zeta_2 \zeta_3 - \zeta_3 \zeta_1) \tag{8.7-9}$$

$$Q'_s(H = 0) = (\zeta_1 \zeta_2)^{-1}(\zeta_1 + \zeta_2 + \zeta_1 \zeta_2 - 1)(\zeta_1 + \zeta_2 - \zeta_1 \zeta_2 + 1) \tag{8.7-10}$$

$$Q'_h(H = 0) = -2i(\zeta_1 \zeta_2 \zeta_3)^{-1}\left[(1 - \zeta_1 \zeta_2 - \zeta_2 \zeta_3 - \zeta_3 \zeta_1)^2 - (\zeta_1 + \zeta_2 + \zeta_3 - \zeta_1 \zeta_2 \zeta_3)^2\right] \tag{8.7-11}$$

式中，$\zeta_j = e^{-2\beta J_j}$。

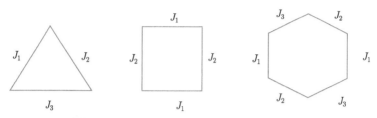

图 8.7.2　三角、正方和蜂窝格子的基本循环

令 $Q_t'(H = 0) = 0$，得

$$1 - \zeta_1\zeta_2 - \zeta_2\zeta_3 - \zeta_3\zeta_1 = 0 \tag{8.7-12}$$

令 $Q_s'(H = 0) = 0$，得

$$\zeta_1 + \zeta_2 + \zeta_1\zeta_2 - 1 = 0 \tag{8.7-13}$$

令 $Q_h'(H = 0) = 0$，得

$$1 - \zeta_1 - \zeta_2 - \zeta_3 - \zeta_1\zeta_2 - \zeta_2\zeta_3 - \zeta_3\zeta_1 + \zeta_1\zeta_2\zeta_3 = 0 \tag{8.7-14}$$

式 (8.7-12) ～ 式 (8.7-14) 分别是三角、正方和蜂窝格子上的铁磁伊辛模型的临界温度公式。我们得到以下观察。

观察 1　设三角、正方和蜂窝格子的基本循环上的没有外磁场时的伊辛配分函数为 $Q(H = 0)$，作变换 $e^{2\beta J_j} \to ie^{2\beta J_j}$，得 $Q(H = 0) \to Q'(H = 0)$。三角、正方和蜂窝格子上的铁磁伊辛模型的临界温度分别由各自的 $Q'(H = 0) = 0$ 给出。

正方和蜂窝格子上的没有外磁场时的伊辛模型的严格解表明，对于反铁磁的情形，只要定义 $\zeta_j = e^{-2\beta|J_j|}$，其临界温度仍然由式 (8.7-13) 和式 (8.7-14) 给出。另一方面，把部分或全部相互作用强度的符号改变，即作变换 $J_j \to -J_j$，正方和蜂窝格子的基本循环上的没有外磁场时的伊辛配分函数保持不变，即

$$Q_s(\pm J_1, \pm J_2, H = 0) = Q_s(J_1, J_2, H = 0) \tag{8.7-15}$$

$$Q_h(\pm J_1, \pm J_2, \pm J_3, H = 0) = Q_s(J_1, J_2, J_3, H = 0) \tag{8.7-16}$$

因此观察 1 可以推广为观察 2。

观察 2　设正方和蜂窝格子的基本循环上的没有外磁场时的反铁磁伊辛配分函数为 $Q(H = 0)$，作变换 $e^{2\beta|J_j|} \to ie^{2\beta|J_j|}$，得 $Q(H = 0) \to Q'(H = 0)$。正方和蜂窝格子上的反铁磁伊辛模型的临界温度分别由各自的 $Q'(H = 0) = 0$ 给出。

三角格子上的没有外磁场时的反铁磁伊辛模型的严格解表明, 没有相变出现。另一方面, 把部分或全部相互作用强度的符号改变, 即作变换 $J_j \to -J_j$, 其基本循环上的没有外磁场时的伊辛配分函数并不保持不变, 即

$$\mathcal{Q}_\mathrm{t}\left(\pm J_1, \pm J_2, \pm J_3, H = 0\right) \neq \mathcal{Q}_\mathrm{t}\left(J_1, J_2, J_3, H = 0\right) \tag{8.7-17}$$

我们得到以下观察。

观察 3 设三角格子的基本循环上的没有外磁场时的反铁磁伊辛配分函数为 $\mathcal{Q}\left(H = 0\right)$, 作变换 $\mathrm{e}^{2\beta|J_j|} \to \mathrm{i}\mathrm{e}^{2\beta|J_j|}$, 得 $\mathcal{Q}\left(H = 0\right) \to \mathcal{Q}'\left(H = 0\right)$。$\mathcal{Q}'\left(H = 0\right) = 0$ 没有解, 说明三角格子上的没有外磁场时的反铁磁伊辛模型没有相变出现。

8.7.3 三角、正方和蜂窝格子上的各向同性的铁磁伊辛模型的临界温度公式

作为观察 1 的应用, 我们来推导三角、正方和蜂窝格子上的各向同性的铁磁伊辛模型的临界温度的统一公式。

此时三角、正方和蜂窝格子的基本循环上的没有外磁场时的伊辛配分函数 $\mathcal{Q}(H = 0)$ 正好为周期性边界条件下的分别具有 3 个、4 个和 6 个格点的一维伊辛模型的配分函数, 使用式 (7.1-9) 和式 (7.1-10) 得

$$\mathcal{Q}\left(H = 0\right) = Q_\mathcal{N} = \lambda_1^\mathcal{N} + \lambda_2^\mathcal{N}, \quad \mathcal{N} = 3, 4, 6 \tag{8.7-18}$$

式中, $\lambda_{1,2} = \mathrm{e}^{\beta J} \pm \mathrm{e}^{-\beta J}$。

使用观察 1, 作变换 $\mathrm{e}^{2\beta J} \to \mathrm{i}\mathrm{e}^{2\beta J}$, 得 $\mathcal{Q}\left(H = 0\right) \to \mathcal{Q}'\left(H = 0\right)$。令 $\mathcal{Q}'\left(H = 0\right) = 0$, 得

$$\mathrm{e}^{-2\beta J} = \tan \frac{\pi\left(2j + 1\right)}{2\mathcal{N}}, \quad j = 0, 1, 2, \cdots, \mathcal{N} - 1 \tag{8.7-19}$$

临界温度对应 $j = 0$, 即

$$\mathrm{e}^{-2\beta J} = \tan \frac{\pi}{2\mathcal{N}}, \quad \mathcal{N} = 3, 4, 6 \tag{8.7-20}$$

此即三角、正方和蜂窝格子上的铁磁伊辛模型的临界温度公式。

巴克斯特 (R. J. Baxter)[66] 曾经得到过类似的公式

$$\mathrm{e}^{-2\beta J} = \tan \frac{\pi\left(q - 2\right)}{4q}, \quad q = 6, 4, 3 \tag{8.7-21}$$

式中, $q = 6, 4, 3$ 分别为三角、正方和蜂窝格子的最近邻数。

由于有

$$\mathcal{N} = \frac{2q}{q - 2}, \quad \mathcal{N} = 3, 4, 6 \Leftrightarrow q = 6, 4, 3 \tag{8.7-22}$$

我们看到，式 (8.7-20) 和式 (8.7-21) 等效。

正方和蜂窝格子上的无外磁场时的反铁磁伊辛模型的临界温度公式为

$$\mathrm{e}^{-2\beta|J|} = \tan\frac{\pi(q-2)}{4q}, \quad q = 4,3 \tag{8.7-23}$$

8.7.4　正方和蜂窝格子上的有外磁场的反铁磁伊辛模型的临界温度的猜想

正方格子上的没有外磁场的各向同性二维伊辛模型的配分函数 (8.6-14) 可以写成

$$Q_N = 2^N \prod_{j=1}^{M/2} \left(\sinh 2K - \mathrm{e}^{\mathrm{i}\varphi_j}\right)\left(\sinh 2K - \mathrm{e}^{-\mathrm{i}\varphi_j}\right) \tag{8.7-24}$$

式中，M 为零点总数。

配分函数的零点分布在复 $\sinh 2K$ 平面上的一单位圆周上，即 $|\sinh 2K| = 1$。在热力学极限下，零点分布趋近于正实轴上的 1 处，给出相变温度。

蜂窝格子上的没有外磁场的各向同性二维伊辛模型的配分函数由式 (8.6-22) 给出。正方和蜂窝格子上的没有外磁场的各向同性二维伊辛模型的配分函数可以统一写成

$$Q_N(H=0) = A(H=0) \prod_{j=1}^{M/2} \left\{[w(H=0) - \mathcal{Z}_j][w(H=0) - \mathcal{Z}_j^*]\right\} \tag{8.7-25}$$

式中，$\mathcal{Z}_j$ 为 $Q_N(H=0)$ 的零点。

设 $N \to \infty$ 时零点分布趋近于正实轴 $\mathcal{Z}_{\mathrm{c}}(H=0) > 0$ 处，临界条件为

$$w(H=0) - \mathcal{Z}_{\mathrm{c}}(H=0) = 0 \tag{8.7-26}$$

这里的临界条件 (8.7-26) 与观察 3 的临界条件 $\mathcal{Q}'(H=0) = 0$ 是等效的，有

$$\kappa(H=0)\mathcal{Q}'(H=0) = w(H=0) - \mathcal{Z}_{\mathrm{c}}(H=0) = 0 \tag{8.7-27}$$

式中，$\kappa = \kappa(T,H)$，在临界点 $\kappa(H=0) \neq 0$。

把式 (8.7-25) 推广到有外磁场的情况，得

$$Q_N(H) = A(H) \prod_{j=1}^{M/2} \left\{[w(H) - \mathcal{Z}_j][w(H) - \mathcal{Z}_j^*]\right\} \tag{8.7-28}$$

设 $N \to \infty$ 时零点分布趋近于正实轴 $\mathcal{Z}_{\mathrm{c}}(H) > 0$ 处，临界条件为

$$w(H) - \mathcal{Z}_{\mathrm{c}}(H) = 0 \tag{8.7-29}$$

把式 (8.7-27) 推广至有磁场的情形，得

$$\kappa\left(H\right)\mathcal{Q}'\left(H\right)=w\left(H\right)-\mathcal{Z}_{\mathrm{c}}\left(H\right)=0 \tag{8.7-30}$$

式中，$\mathcal{Q}'\left(H\right)$ 为 $\mathcal{Q}\left(H\right)$ 的变换式，具体表达式由以下猜想给出。

猜想 设正方和蜂窝格子上的基本循环上的有外磁场时的伊辛模型的配分函数为 $\mathcal{Q}\left(H\right)$，作变换 $\mathrm{e}^{2\beta\left|J_{j}\right|}\rightarrow\mathrm{i}\mathrm{e}^{2\beta\left|J_{j}\right|}$ 和 $\left|H\right|\rightarrow f\left(\left|H\right|\right)$，那么 $\mathcal{Q}\left(H\right)\rightarrow\mathcal{Q}'\left(H\right)$，正方和蜂窝格子上的反铁磁伊辛模型的临界线由 $\mathcal{Q}'\left(H\right)=0$ 给出。这里 $f\left(0\right)=0$，$f\left(\left|H\right|\right)$ 可以展开为 $\left|H\right|$ 的幂级数，即

$$f\left(\left|H\right|\right)=A_{1}\left|H\right|+A_{2}\left|H\right|^{2}+\cdots \tag{8.7-31}$$

式中，A_{1} 和 A_{2} 为常量。

8.7.5 应用

1. 各向同性的情形

此时正方和蜂窝格子的基本循环上的有外磁场时的伊辛配分函数 $\mathcal{Q}\left(H\right)$ 正好分别为周期性边界条件下的具有 4 个和 6 个格点的一维伊辛模型的配分函数，使用式 (7.1-9) 和式 (7.1-10) 得

$$\mathcal{Q}\left(H\right)=Q_{\mathcal{N}}=\lambda_{1}^{\mathcal{N}}+\lambda_{2}^{\mathcal{N}},\quad\mathcal{N}=4,6 \tag{8.7-32}$$

式中，

$$\lambda_{1,2}=\mathrm{e}^{\beta J}\left[\cosh\left(\beta H\right)\pm\sqrt{\sin^{2}\left(\beta H\right)+\mathrm{e}^{-4\beta J}}\right] \tag{8.7-33}$$

作变换 $\mathrm{e}^{2\beta\left|J_{j}\right|}\rightarrow\mathrm{i}\mathrm{e}^{2\beta\left|J_{j}\right|}$ 和 $\left|H\right|\rightarrow f\left(\left|H\right|\right)$，得 $\mathcal{Q}\left(H\right)\rightarrow\mathcal{Q}'\left(H\right)$。令 $\mathcal{Q}'\left(H\right)=0$ 得

$$\mathrm{e}^{4\beta\left|J\right|}=\tan^{2}\frac{\pi\left(2j+1\right)}{2\mathcal{N}}\cosh^{2}\left[\beta f\left(\left|H\right|\right)\right]+\sinh^{2}\left(\beta f\left(\left|H\right|\right)\right),\quad j=0,1,2,\cdots,\mathcal{N}-1 \tag{8.7-34}$$

$H=0$ 时式 (8.7-34) 化为式 (8.7-19)，临界温度对应 $j=0$，因此正方和蜂窝格子上的反铁磁伊辛模型的临界线为

$$\mathrm{e}^{4\beta\left|J\right|}=\tan^{2}\frac{\pi}{2\mathcal{N}}\cosh^{2}\left[\beta f\left(\left|H\right|\right)\right]+\sinh^{2}\left[\beta f\left(\left|H\right|\right)\right],\quad\mathcal{N}=4,6 \tag{8.7-35}$$

把式 (8.7-22) 代入式 (8.7-35) 得

$$\mathrm{e}^{4\beta\left|J\right|}=\tan^{2}\frac{\pi\left(q-2\right)}{4q}\cosh^{2}\left[\beta f\left(\left|H\right|\right)\right]+\sinh^{2}\left[\beta f\left(\left|H\right|\right)\right] \tag{8.7-36}$$

考虑一级近似 $f(|H|) = A_1|H|$，代入式 (8.7-36) 得

$$\mathrm{e}^{4\beta|J|} = \tan^2\frac{\pi(q-2)}{4q}\cosh^2(\beta A_1 H) + \sinh^2(\beta A_1 H) \tag{8.7-37}$$

这里的常量 A_1 由绝对零度时反铁磁–顺磁相变发生时的临界磁场决定。绝对零度时系统处于基态，当外磁场足够小时，能量最低的自旋组态为自旋的取向交替变化，为反铁磁态，如图 8.7.3 和图 8.7.4 所示，能量为

$$E(J,H,\{S_i\}) = |J|\sum_{\langle ij\rangle}S_iS_j - H\sum_i S_i = -\frac{1}{2}|J|qN \tag{8.7-38}$$

当外磁场足够大时，能量最低的自旋组态变为所有自旋的取向与外磁场的方向一致，为顺磁态，能量为

$$E(J,H,\{S_i\}) = \left(\frac{1}{2}|J|q - H\right)N \tag{8.7-39}$$

当两个状态的能量相等时，发生反铁磁–顺磁相变，即

$$E(J,H,\{S_i\}) = -\frac{1}{2}q|J|N = \left(\frac{1}{2}q|J| - H\right)N \tag{8.7-40}$$

得临界磁场

$$H = q|J| \tag{8.7-41}$$

把式 (8.7-41) 代入式 (8.7-37) 得 $A_1 = 2/q$，即临界线为

$$\mathrm{e}^{4\beta|J|} = \tan^2\frac{\pi(q-2)}{4q}\cosh^2\left(\frac{2\beta H}{q}\right) + \sinh^2\left(\frac{2\beta H}{q}\right) \tag{8.7-42}$$

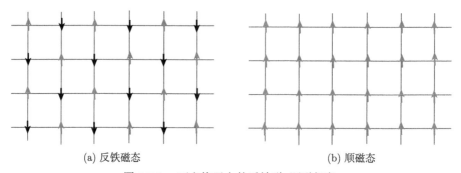

(a) 反铁磁态　　　　　　　　(b) 顺磁态

图 8.7.3　正方格子上的反铁磁–顺磁相变

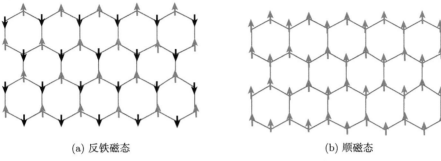

(a) 反铁磁态   (b) 顺磁态

图 8.7.4 蜂窝格子上的反铁磁–顺磁相变

使用高级近似，可以得到更好的结果，与数值计算结果符合，如图 8.7.5 所示。

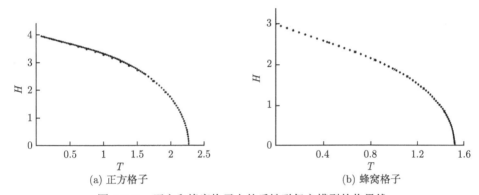

(a) 正方格子   (b) 蜂窝格子

图 8.7.5 正方和蜂窝格子上的反铁磁伊辛模型的临界线

2. 各向异性的情形

为简单起见，这里只考虑正方格子的 $J_1 < 0$ 和 $J_2 < 0$ 的情形。正方格子的基本循环上的有外磁场时的伊辛配分函数为

$$Q_s(H) = 2e^{-2\beta(|J_1|+|J_2|)}\cosh(4\beta|H|) + 8\cosh(2\beta|H|)$$
$$+ 4\cosh[2\beta(|J_1|-|J_2|)] + 2e^{2\beta(|J_1|+|J_2|)} \tag{8.7-43}$$

作变换 $e^{2\beta|J_j|} \to ie^{2\beta|J_j|}$ 和 $|H| \to f(|H|)$，得 $Q_s(H) \to Q_s'(H)$。令 $Q_s'(H) = 0$ 得

$$Q_s'(H) = -2e^{-2\beta(|J_1|+|J_2|)}\cosh[4\beta f(|H|)] + 8\cosh[2\beta f(|H|)]$$
$$+ 4\cosh[2\beta(|J_1|-|J_2|)] - 2e^{2\beta(|J_1|+|J_2|)} = 0 \tag{8.7-44}$$

考虑一级近似 $f(|H|) = A_1|H|$，代入式 (8.7-44) 得

$$-e^{-2\beta(|J_1|+|J_2|)}\cosh(4\beta A_1 H) + 4\cosh(4\beta A_1 H)$$

$$+ 2\cosh\left[2\beta\left(|J_1| - |J_2|\right)\right] - e^{2\beta(|J_1|+|J_2|)} = 0 \tag{8.7-45}$$

这里的常量 A_1 由绝对零度时反铁磁–顺磁相变发生时的临界磁场决定。对于正方格子，绝对零度时系统处于基态，当外磁场足够小时，能量最低的自旋组态为自旋的取向交替变化的反铁磁态，如图 8.7.3 所示，能量为

$$E\left(J, H, \{S_i\}\right) = |J_1| \sum_{\langle ij\rangle} S_i S_j + |J_2| \sum_{\langle ij\rangle} S_i S_j - H \sum_i S_i = -\left(|J_1| + |J_2|\right) N \tag{8.7-46}$$

当外磁场足够大时，能量最低的自旋组态变为所有自旋的取向与外磁场的方向一致的顺磁态，能量为

$$E\left(J, H, \{S_i\}\right) = \left(|J_1| + |J_2| - H\right) N \tag{8.7-47}$$

当两个状态的能量相等时，发生反铁磁–顺磁相变，临界磁场为

$$H = 2\left(|J_1| + |J_2|\right) \tag{8.7-48}$$

把式 (8.7-48) 代入式 (8.7-45) 得 $A_1 = 1/2$，因此临界线为

$$- e^{-2\beta(|J_1|+|J_2|)}\cosh\left(2\beta H\right) + 4\cosh\left(\beta H\right)$$
$$+ 2\cosh\left[2\beta\left(|J_1| - |J_2|\right)\right] - e^{2\beta(|J_1|+|J_2|)} = 0 \tag{8.7-49}$$

缪勒哈特曼 (Müller-Hartmann) 和齐塔茨 (Zittartz)[87] 获得了近似公式

$$\sinh\left(2\beta J_1\right)\sinh\left(2\beta J_2\right) = \cosh\left(\beta H\right) \tag{8.7-50}$$

使用式 (8.7-49) 和式 (8.7-50) 计算的临界温度列于表 8.7.1 中，我们发现两个公式符合得很好。

表 8.7.1　临界温度 (单位为 $|J_1|/k_B$)

$H/|J_1|$	$|J_2|/|J_1| = 0.75$		$|J_2|/|J_1| = 0.50$		$|J_2|/|J_1| = 0.25$	
	式 (8.7-49)	式 (8.7-50)	式 (8.7-49)	式 (8.7-50)	式 (8.7-49)	式 (8.7-50)
0.1	1.968992	1.968915	1.637868	1.637839	1.236821	1.236873
0.2	1.957565	1.957287	1.637868	1.628415	1.230119	1.230335
0.5	1.882829	1.881375	1.567310	1.566882	1.186308	1.187614
1.0	1.674690	1.669231	1.396968	1.394782	1.064477	1.067701
2.0	1.243351	1.231334	1.044556	1.038022	0.812737	0.815407
5.0	0.619114	0.613794	0.528839	0.524837	0.432318	0.431267
10	0.328576	0.327309	0.281609	0.280532	0.234255	0.233491
50	0.069083	0.069043	0.059214	0.059180	0.049345	0.049316

习 题

1. 考虑方形格子的 $J_1 > 0$ 和 $J_2 < 0$ 的情形。证明一级近似下的反铁磁临界线为

$$e^{2\beta(J_1-|J_2|)}\cosh\left(2\beta H\right) + 4\cosh\left(2\beta H\right) - 2\cosh\left[2\beta\left(J_1+|J_2|\right)\right] + e^{-2\beta(J_1-|J_2|)} = 0$$

8.8 气体的正则配分函数的奇点

本节的方法是本书作者提出的 [88,89]。

8.8.1 气体的正则配分函数的零点

从前面几节我们看到,杨–李相变理论应用到晶格系统时取得了辉煌成就,但应用到实际气体和液体时遇到了极大的困难,没有进展,这是因为为了保证巨配分函数是多项式,需要对分子相互作用势能作硬核假设。但实际的气体没有硬核存在,巨配分函数是否有零点存在,这是一个没有解决的问题。

为了绕过这些困难,现在考虑气相的正则配分函数,由式 (5.1-17) 给出。我们看到,Q_N 可以写成以 $V/N\lambda^3$ 为变量的 N 阶多项式,即

$$Q_N = \sum_{\{m_l\},\sum\limits_{l=1}^{N} lm_l=N} \prod_{l=1}^{N} \frac{1}{m_l!}\left(\frac{Vb_l}{\lambda^3}\right)^{m_l} = \sum_{n=0}^{N} A_n\left(N,V,T\right)\left(\frac{V}{N\lambda^3}\right)^n$$

$$= A_N\left(N,V,T\right)\prod_{j=1}^{N}\left[\frac{V}{N\lambda^3} - \mathcal{Z}_j\left(N,V,T\right)\right] \tag{8.8-1}$$

式中,$A_n\left(N,V,T\right)$ 为系数;$\mathcal{Z}_j\left(N,V,T\right) = x_j + \mathrm{i}y_j$ 为 Q_N 的零点;零点由 $b_2\left(V,T\right)$,$b_3\left(V,T\right)$,$\cdots$,$b_N\left(V,T\right)$ 确定。

这里出现了新情况,由于 $b_n\left(V,T\right)$ 可正可负,系数 $A_n\left(N,V,T\right)$ 也是可正可负,所以对于有限的 N,Q_N 的部分零点可能是正实的。这点不同于巨配分函数的零点,对于有限的体积,巨配分函数的零点不可能是正实的。由于 Q_N 总是正的,则对于有限的 N,Q_N 的正实零点不是真正的奇点。

在无穷大体积极限下,$b_n\left(V,T\right)$ 趋于一个与体积无关的量 $b_n\left(T\right)$,因此 Q_N 变为

$$Q_N \xrightarrow{V\to\infty} \sum_{\{m_l\},\sum\limits_{l=1}^{N} lm_l=N} \prod_{l=1}^{N} \frac{1}{m_l!}\left(\frac{Vb_l}{\lambda^3}\right)^{m_l}$$

$$= \sum_{n=0}^{N} A_n\left(N, T\right)\left(\frac{V}{N\lambda^3}\right)^n = A_N\left(N, T\right)\prod_{j=1}^{N}\left[\frac{V}{N\lambda^3} - \mathcal{Z}_j\left(N, T\right)\right] \quad (8.8\text{-}2)$$

我们看到，在无穷大体积极限下，Q_N 的零点与体积无关。

8.8.2 范德瓦耳斯气体的零点分布

随着 n 的增加，使用式 (5.1-7) 计算 b_n 变得越来越困难，因此目前只有若干个低阶 b_n 能够得到。为了弥补这一不足，我们使用范德瓦耳斯状态方程，作位力展开得到位力系数 a_n，然后使用 a_n 与 b_n 的转换方程 (5.1-23) 得到 b_n，代入正则配分函数的递推公式 (5.2-21)，把 Q_N 表示成变量 V/Nb 的多项式。这样获得的零点分布见图 8.8.1。我们看到：

(1) 高于临界温度时，虽然有正实零点存在，但这些正实零点不是物理奇点，随着粒子数的增加，其余的零点分布没有趋近正实轴，因此没有相变出现。随着温度趋近临界温度，这些正实零点和附近的零点逐渐消失。

(2) 在临界温度时，随着粒子数的逐渐增加，零点分布逐渐趋近正实轴于 V/Nb = 3 处，给出了临界体积的值。而且靠近正实轴处，零点分布在直线上。

(3) 低于临界温度时，随着粒子数的逐渐增加，零点分布逐渐垂直趋近正实轴。

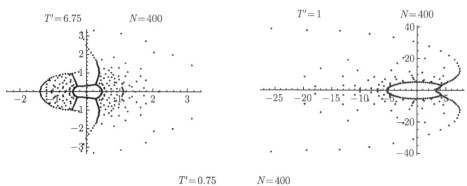

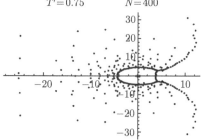

图 8.8.1　范德瓦耳斯气体的零点分布 ($T' = T/T_c$)

8.8.3 临界指数

考虑从气相趋近临界点。假设临界温度下的零点分布趋近于正实轴 $x = x_c > 0$ 处。进一步假设靠近正实轴 $x = x_c > 0$ 处的那部分零点分布在一条直线上，即

$$x_j \left(T = T_c\right) \xrightarrow{y_j \to 0} x_c + a_1 |y_j|, \quad \mathcal{Z}_j \left(T = T_c\right) = x_j + \mathrm{i} y_j \xrightarrow{y_j \to 0} x_c + a_1 |y_j| + \mathrm{i} y_j \tag{8.8-3}$$

式中，a_1 为常量。

自由能的奇异部分为

$$\begin{aligned} F_s \left(T = T_c\right) &= -k_B T_c \sum_{y_j \to 0} \ln \left(\frac{V}{N\lambda_c^3} - \mathcal{Z}_j\right) \\ &= -k_B T_c \sum_{y_j \to 0} \ln \left(\frac{V}{N\lambda_c^3} - x_c - a_1 |y_j| - \mathrm{i} y_j\right) \\ &= -k_B T_c \int_{-y_0}^{y_0} g \ln \left(\frac{V}{N\lambda_c^3} - x_c - a_1 |y| - \mathrm{i} y\right) \mathrm{d}y \end{aligned} \tag{8.8-4}$$

式中，$y_0 \ll 1$ 为很小的常量；$g = \dfrac{\mathrm{d}j}{\mathrm{d}y}$ 为靠近正实轴上的 $x = x_c > 0$ 处的那部分零点的密度。

进一步假设

$$g \left(T = T_c\right) \xrightarrow{y \to 0} a_3 |y|^\xi \tag{8.8-5}$$

式中，a_3 为常量，$\xi > 0$ 为指数。

把式 (8.8-5) 代入式 (8.8-4) 得

$$F_s \left(T = T_c\right) = -k_B T_c \int_{-y_0}^{y_0} a_2 |y|^\xi \ln \left(\frac{V}{N\lambda_c^3} - x_c - a_1 |y| - \mathrm{i} y\right) \mathrm{d}y \tag{8.8-6}$$

由于在无穷大体积极限下，Q_N 的零点与体积无关，则压强为

$$\begin{aligned} (P - P_c)_{T=T_c} &= -\left(\frac{\partial F_s}{\partial V}\right)_T = \frac{k_B T_c}{N\lambda_c^3} \int_{-y_0}^{y_0} a_2 |y|^\xi \frac{1}{\frac{V}{N\lambda_c^3} - x_c - a_1 |y| - \mathrm{i} y} \mathrm{d}y \\ &\sim \left|\frac{V}{N\lambda_c^3} - x_c\right|^\xi \sim |\rho - \rho_c|^\xi \end{aligned} \tag{8.8-7}$$

与 $(P - P_{\mathrm{c}})_{T=T_{\mathrm{c}}} = A\,|\rho - \rho_{\mathrm{c}}|^{\delta}\,\mathrm{sgn}\,(\rho - \rho_{\mathrm{c}})$ 比较，得临界指数

$$\delta = \xi \tag{8.8-8}$$

本方法无法求出定容热容量 C_V 的临界指数 α，这是因为 Q_N 的零点与温度有关。

如果从低温侧趋近临界点，则需要使用麦克斯韦等面积法则和杠杆法则，即 $F = x_{\mathrm{G}}F_{\mathrm{G}} + x_{\mathrm{L}}F_{\mathrm{L}}$，情况要复杂得多，这里我们不讨论了。

8.8.4   玻色–爱因斯坦凝聚的临界指数

考虑从气相趋近临界点。对于理想玻色气体，由于 b_n 与体积和温度无关，无穷大体积极限下的 Q_N 的零点与体积和温度无关。对于三维理想玻色气体，有 $b_n = n^{-5/2}$，代入正则配分函数的递推公式 (5.2-21)，把 Q_N 表示成变量 $V/N\lambda^3$ 的多项式。这样获得的零点分布见图 8.8.2。

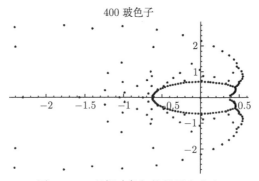

400 玻色子

图 8.8.2   理想玻色气体的零点分布

我们看到，随着粒子数的逐渐增加，零点分布逐渐趋近正实轴 $V/N\lambda^3 = 1/\zeta\,(3/2) = x_{\mathrm{c}}$ 处，给出了临界条件。而且靠近正实轴处，零点分布在直线。靠近正实轴 $x = z_{\mathrm{c}} > 0$ 处的那部分零点为

$$x_j \xrightarrow{y_j \to 0} x_{\mathrm{c}} + a_4\,|y_j|,\quad \mathcal{Z}_j = x_j + \mathrm{i}y_j \xrightarrow{y_j \to 0} x_{\mathrm{c}} + a_4\,|y_j| + \mathrm{i}y_j \tag{8.8-9}$$

式中，a_4 为常量。

设靠近正实轴 $x = x_{\mathrm{c}} > 0$ 处的那部分零点的密度满足

$$g = \frac{\mathrm{d}j}{\mathrm{d}y} \xrightarrow{y \to 0} a_5\,|y|^{\xi} \tag{8.8-10}$$

式中，a_5 为常量，$\xi > 0$ 为指数。

把式 (8.8-10) 代入式 (8.8-5) 得气相的亥姆霍兹自由能的奇异部分

$$F_s(T) = -k_B T \int_{-y_0}^{y_0} a_5 |y|^{\xi} \ln \left(\frac{V}{N\lambda_c^3} - x_c - a_4 |y| - iy \right) dy \tag{8.8-11}$$

式中，$y_0 \ll 1$ 为很小的常量。

使用式 (8.8-11) 得

$$P - P_c = -\left(\frac{\partial F_s}{\partial V} \right)_T = \frac{k_B T}{N\lambda^3} \int_{-y_0}^{y_0} a_5 |y|^{\xi} \frac{1}{\dfrac{V}{N\lambda^3} - x_c - a_4 |y| - iy} dy \sim \left| \frac{V}{N\lambda^3} - z_c \right|^{\xi} \tag{8.8-12}$$

沿等温线有

$$(P - P_c)_T \propto (V - V_c)^{\xi}, \quad \delta = \xi \tag{8.8-13}$$

沿临界等体线有

$$\kappa_T (V = V_c, T > T_c) = -\frac{1}{V} \left(\frac{\partial V}{\partial P} \right)_T \bigg|_{V = V_c} \propto t^{-\xi+1}, \quad \gamma = \xi - 1 \tag{8.8-14}$$

把式 (8.8-12) 代入热力学关系 $\left(\dfrac{\partial C_V}{\partial V} \right)_T = T \left(\dfrac{\partial^2 P}{\partial T^2} \right)_V$ 并积分得

$$C_V (V = V_c) \propto t^{\xi-1}, \quad \alpha = 1 - \xi \tag{8.8-15}$$

玻色–爱因斯坦凝聚的临界指数满足

$$\alpha = 1 - \delta = -\gamma \tag{8.8-16}$$

8.9 气–液相变出现的判据

统计物理建立以后，人们希望能够用统计物理解释气体的凝结。最早的理论是爱因斯坦针对理想玻色气体提出的玻色–爱因斯坦凝聚理论，但爱因斯坦考虑的是分子没有相互作用的玻色气体，跟实际气体相差甚远。1937 年，迈耶受玻色–爱因斯坦凝聚理论的启发，首先使用集团展开来解释凝结现象，她成功得到了气–液共存区域的直线段等温线。1952 年，杨振宁和李政道引入了一个完全不同的方法，考虑的是有硬核的气体，其巨配分函数是一个多项式，有零点存在。他们证明，在热力学极限下，如果零点分布趋近正实轴，有相变出现。但实际的气体没有硬核存在，巨配分函数是否有零点存在，仍是一个没有解决的问题。由于没有人获得过具有真实分子相互作用的气体模型的严格配分函数，所以没有人能严格证明凝结的存在。气体的凝结是统计物理中最重要的未解决问题之一。

分子之间的相互作用势能对相变的发生起着决定性的作用，其排斥部分是液-固相变发生的必要条件，而吸引部分则是气-液相变发生的必要条件。气体状态方程是由位力系数决定的，位力系数是由集团积分决定的，集团积分是由分子相互作用势能直接决定的，因此集团积分是决定气体状态方程的宏观物理量，集团积分与凝结之间应该存在联系。

本节气-液相变出现的判据是本书作者提出的[90]。该工作是 2004 年完成的，是猜出来的，论证不够严格，这是因为统计物理的严格处理十分困难。这些年来，作者一直在完善论证，这些改进的论证已经写入本节，主要改进是利用气-液相变出现前气体内出现分子束缚系统这一事实，提出了分子束缚系统的形成与集团积分的第一个零点之间的关系，这样的论证物理上更为合理和可信。

8.9.1　气-液相变出现的判据的论证

对于真实的流体，分子之间的相互作用势能具有强排斥核和弱吸引尾巴，主要是由二体作用所决定的，分子之间的相互作用势能 $\mathcal{U}(\boldsymbol{r}_{ij})$ 由正的部分 $\mathcal{U}_{+}(\boldsymbol{r}_{ij}) > 0$ 和负的部分 $\mathcal{U}_{-}(\boldsymbol{r}_{ij}) < 0$ 组成，$\mathcal{U}(\boldsymbol{r}_{ij})$ 在 $r_{ij} \approx r_1$ 处达到最小值，即

$$\mathcal{U}_{ij} = \mathcal{U}(\boldsymbol{r}_{ij}) = \mathcal{U}_{+}(\boldsymbol{r}_{ij})\,\Theta(r_0 - r_{ij}) + \mathcal{U}_{-}(\boldsymbol{r}_{ij})\,\Theta(r_{ij} - r_0),\quad \mathcal{U}_{\min} = \mathcal{U}(r_{ij} \approx r_1)$$

$$(8.9\text{-}1)$$

式中，对 $x > 0$，$\Theta(x) = 1$，对 $x < 0$，$\Theta(x) = 0$；r_0 是分子的特征尺寸，$r_0 < r_1$。

气体的正则配分函数由式 (5.1-17) 给出，集团积分 b_n 由式 (5.1-7) 给出，在无穷大体积极限下，$b_n(V,T)$ 趋于一个与体积无关的量 $b_n(T)$。迈耶函数可以写成

$$f_{ij} = \exp(-\beta \mathcal{U}_{ij}) - 1 = (f_{ij})_{+}\,\Theta(r_0 - r_{ij}) + (f_{ij})_{-}\,\Theta(r_{ij} - r_0),$$

$$(f_{ij})_{+} = \exp[-\beta \mathcal{U}_{+}(\boldsymbol{r}_{ij})] - 1 < 0, \quad (f_{ij})_{-} = \exp[-\beta \mathcal{U}_{-}(\boldsymbol{r}_{ij})] - 1 > 0 \quad (8.9\text{-}2)$$

格罗内维尔德 (J. Groeneveld)[91] 曾经证明，如果分子之间的相互作用势能都是正的，$b_n(T)$ 随 n 的变化而交替改变符号。由于 $f_{12} < 0$，有 $b_2 < 0$，格罗内维尔德的结果可以写成

$$b_n = (-1)^{n+1}|b_n|, \quad \mathcal{U}(\boldsymbol{r}_{ij}) > 0 \tag{8.9-3}$$

我们得到结论：如果分子之间的相互作用势能都是正的，则 $b_n(T)$ 没有零点。

现在我们回到分子相互作用势能 (8.9-1)。在足够高的温度下，有 $f_{ij} \cong -\beta \mathcal{U}_{ij}$。由于势能的强排斥核部分满足 $|\mathcal{U}_+(\boldsymbol{r}_{ij})| \gg |\mathcal{U}_-(\boldsymbol{r}_{ij})|$，有 $(f_{ij})_- \ll |(f_{ij})_+|$，我们看到，集团积分 b_n 主要由分子相互作用势能的强排斥核部分所确定。原因是：在足够高的温度下，分子有足够大的动能，能够相互接近到小于 r_0 的距离。根据式 (8.9-3)，b_n 随 n 的变化而交替改变符号，此时没有零点。

在足够低的温度下，有

$$(f_{ij})_+ \cong -1, \quad (f_{ij})_- \gg 1, \quad (f_{ij})_- \gg |(f_{ij})_+| \tag{8.9-4}$$

因此集团积分 b_n 主要由分子相互作用势能为负的部分所确定。原因是：在足够低的温度下，分子的动能足够小，以至于分子能够相互接近到距离小于 r_0 的概率远小于分子的距离大于 r_0 的概率。因此分子相互作用势能为负的概率远大于为正的概率，集团积分是正的，此时没有零点。

在中间温度下，有 $(f_{ij})_- \sim |(f_{ij})_+|$，因此分子相互作用势能为正和为负的两部分对集团积分的贡献相当。当温度升高到 $T = T_n$ 时，$b_n(T)$ 出现第一个零点，即

$$b_n(T = T_n) = 0, \quad b_n(T < T_n) > 0 \tag{8.9-5}$$

随着温度的进一步升高，$b_n(T)$ 还会穿过零点若干次。

在气体内部，根据正则分布，找到分子处于一个组态 $\{\boldsymbol{r}_{ij}\}$ 的概率密度正比于 $\exp(-\beta U_N)$，这里 $U_N = \sum\limits_{1 \leqslant i < j \leqslant N} \mathcal{U}_{ij}$ 为系统的分子之间的总相互作用势能。当所有相邻分子之间的距离为 $r_{ij} \approx r_1$ 时，U_N 达到最小值 $U_{\min} = A\mathcal{U}_{\min}N$，这里 $A \sim 1$。在这种情况下，概率密度达到峰值 $\sim \exp(-\beta AN\mathcal{U}_{\min})$。这个峰值随温度的下降而增加。在足够高的温度 $T \gg -\mathcal{U}_{\min}/k_B$ 下，概率密度曲线几乎是平的，峰值不明显，此时找到一个分子的概率几乎与位置无关，分子在空间几乎是均匀分布的。在足够低的温度 $T \sim -\mathcal{U}_{\min}/k_B$ 下，概率密度曲线有一个极其陡的峰值，导致分子聚集在一起的概率大增。因此在足够低的温度下，两个分子聚集在一起，形成一个准孤立的 2 分子束缚系统。进一步降低温度，在足够低的温度下，一个 2 分子束缚系统与周围的一个自由分子聚集在一起，形成一个准孤立的 3 分子束缚系统。以此类推，进一步降低温度，在足够低的温度下，一个 $n-1$ 分子束缚系统与周围的一个自由分子聚集在一起，形成一个准孤立的 n 分子束缚系统。按照这种方式，当温度调节得越来越低时，就会形成越来越大的束缚系统。正如费曼[92] 所说：As the temperature falls, the atoms fall together, clump in lumps, and reduces to liquids, and solids, and molecules. (随着温度下降，原子落在一起，结块，变成液体、固体和分子。)

一个 n 分子束缚系统作为准孤立系统的位形积分为

$$Z_n = \int \mathrm{d}^3r_1 \cdots \mathrm{d}^3r_n \exp\left(-\beta U_n\right) = \int \mathrm{d}^3r_1 \cdots \mathrm{d}^3r_n \exp\left[-\beta\left(U_{n-1} + \sum_{j=1}^{n-1}\mathcal{U}_{jn}\right)\right]$$
(8.9-6)

式中, 由于束缚系统的机械能为负, 系统的分子之间的总相互作用势能为负, 即 $U_n = \sum_{1 \leqslant i < j \leqslant n} \mathcal{U}_{ij} < 0$。由于分子的平动能不大, 系统的分子能够相互接近到距离小于 r_0 的概率明显小于分子的距离大于 r_0 的概率, 所以分子相互作用势能为负的概率明显大于为正的概率。

现在渐进地升高温度, 一个 n 分子束缚系统的一个分子将渐进地离开系统, 该分子与其余分子之间的相互作用将渐进地消失, 该 n 分子束缚系统将分裂为一个 $n-1$ 分子束缚系统和一个自由分子。由于该分子 (设为第 n 个分子) 与其余分子的间距较大, 它们之间的相互作用为吸引, 有 $\sum_{j=1}^{n-1}\mathcal{U}_{jn} \to 0^-$, 得

$$Z_n \to \int \mathrm{d}^3r_1 \cdots \mathrm{d}^3r_n \exp\left[-\beta\left(U_{n-1} + 0^-\right)\right]$$
$$= \left[\int \mathrm{d}^3r_1 \cdots \mathrm{d}^3r_{n-1} \exp\left(-\beta U_{n-1}\right)\right]\left[\int \mathrm{d}^3r_n\right] + 0^+ = Z_{n-1}Z_1 + 0^+ \quad (8.9\text{-}7)$$

我们看到, n 分子束缚系统的位形积分满足

$$Z_n > Z_{n-1}Z_1 \tag{8.9-8}$$

现在我们使用数学归纳法 (mathematical induction) 证明: n 分子束缚系统的形成需要满足的温度条件为 $T \leqslant T_n < T_{n-1} < T_{n-2} < \cdots < T_2$。

第一步: 证明 2 分子束缚系统的形成需要满足的温度条件 $T \leqslant T_2$ 成立。

证明 在足够低的温度下, 两个分子之间的相互吸引力使它们结合形成一个束缚系统, $Z_2 > Z_1^2$ 成立。使用 $Z_2 = Z_1^2 + 2b_2\lambda^3 V$, 我们看到, 为了保证 $Z_2 > Z_1^2$ 对于任意的分子势能 $\mathcal{U}(r_{ij})$ 成立, 充分条件为 $b_2 \geqslant 0$, 即 $T \leqslant T_2$。证毕。

第二步: 证明 3 分子束缚系统的形成需要满足的温度条件 $T \leqslant T_3 < T_2$ 成立。

证明 进一步降低温度 $(T < T_2)$, 有 $b_2 > 0$。当温度足够低时, 一个 2 分子束缚系统和周围的一个自由分子的相互吸引力使它们结合形成一个 3 分子束缚系统, $Z_3 > Z_2Z_1$ 成立。使用

$$Z_3 = Z_2Z_1 + \frac{V}{\lambda^3}4b_2\lambda^6 Z_1 + \frac{V}{\lambda^3}6b_3\lambda^9 \tag{8.9-9}$$

我们看到, 为了保证 $Z_3 > Z_2 Z_1$ 对于任意的分子势能 $\mathcal{U}(r_{ij})$ 成立, 充分条件为 $b_3 \geqslant 0$, 即 $T \leqslant T_3$。相比 2 分子束缚系统, 3 分子束缚系统在更低的温度下形成, 有 $T \leqslant T_3 < T_2$。证毕。

第三步: 假设 $n-1$ 分子束缚系统的形成需要满足的温度条件 $T \leqslant T_{n-1} < T_{n-2} < \cdots < T_2$ 成立, 证明 n 分子束缚系统的形成需要满足的温度条件 $T \leqslant T_n < T_{n-1} < T_{n-2} < \cdots < T_2$ 也成立。

证明 假设 $n-1$ 分子束缚系统的形成需要满足的温度条件 $T \leqslant T_{n-1} < T_{n-2} < \cdots < T_2$ 成立, 有 $b_2 > 0$, $b_3 > 0$, $\cdots$, $b_{n-1} > 0$。此时 $n-1$ 分子束缚系统形成。随着温度的进一步降低, 当温度足够低时, 一个 $n-1$ 分子束缚系统和周围的一个自由分子的相互吸引力使它们结合形成一个 n 分子束缚系统, $Z_n > Z_{n-1} Z_1$ 成立。使用递推公式 (5.2-21), 即

$$
\begin{aligned}
Z_n &= \frac{Vn!}{n\lambda^3} \sum_{j=1}^{n} j b_j \frac{1}{(n-j)!} \lambda^{3j} Z_{n-j} \\
&= Z_{n-1} Z_1 + 2 b_2 (n-1) V \lambda^3 Z_{n-2} + \cdots \\
&\quad + \frac{Vn!}{n\lambda^3} (n-1) b_{n-1} \lambda^{3(n-1)} Z_1 + \frac{Vn!}{n\lambda^3} n b_n \lambda^{3n}
\end{aligned}
\tag{8.9-10}
$$

我们看到, 为了保证 $Z_n > Z_{n-1} Z_1$ 对于任意的分子势能 $\mathcal{U}(r_{ij})$ 成立, 充分条件为 $b_n \geqslant 0$, 即 $T \leqslant T_n$。相比 $n-1$ 分子束缚系统, n 分子束缚系统在更低的温度下形成, 有 $T \leqslant T_n < T_{n-1} < T_{n-2} < \cdots < T_2$。证毕。

我们看到, 集团积分 $b_n(T)$ 的第一个零点 T_n 构成了一个单调减小的序列, 即

$$
T_2 > T_3 > \cdots > T_n > T_{n+1} > \cdots
\tag{8.9-11}
$$

在 $T \leqslant T_\infty$ 下, 一个无穷大的束缚系统形成, 意味着整个气体成为一个束缚系统, 气-液相变出现了。因此临界温度为

$$
T_c = T_\infty
\tag{8.9-12}
$$

综上所述, 在气体内部, 分子聚集在一起的概率随温度的降低而增加。如果 $T \leqslant T_2$, 则两个分子之间的相互吸引力使它们结合形成一个 2 分子束缚系统。当进一步降低温度时, 如果 $T \leqslant T_3$, 则一个 2 分子束缚系统和周围的一个自由分子之间的相互吸引力使它们结合形成一个 3 分子束缚系统。以此类推, 当进一步降低温度时, 如果 $T \leqslant T_n$, 则一个 $n-1$ 分子束缚系统和周围的一个自由分子之间的相互吸引力使它们结合形成一个 n 分子束缚系统。在 $T \leqslant T_\infty$ 下, 一个无穷大的束缚系统形成, 气-液相变出现了, 临界温度就是 T_∞。我们得到气-液相变出现的判据: 集团积分的第一个零点构成一个单调减小的序列, 临界温度由序列的极限给出。

8.9.2　气–液相变出现的判据的验证

现在我们来验证上面提出的判据[90]。

1. 伦纳德–琼斯势

伦纳德–琼斯势 (Lennard-Jones potential) 的集团积分与温度的函数关系，如图 8.9.1 所示。集团积分 $b_n(T)$ 的第一个零点 T_n 见表 8.9.1。

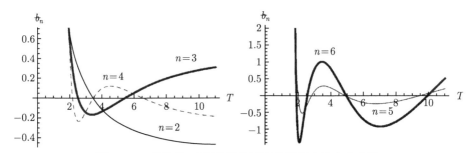

图 8.9.1　伦纳德–琼斯势的集团积分随温度的变化曲线

表 8.9.1　集团积分 $b_n(T)$ 的第一个零点 $T_n = t_n T_c$

T_c	t_2	t_3	t_4	t_5	t_6
1.309	2.62699	1.91663	1.66134	1.52989	1.44955

2. 吸引方势阱模型

图 8.9.2 所示的是 $g = 2$ 时吸引方势阱 (square-well potential) 模型的集团积分与温度的关系，这里 g 为方势阱宽度与硬核直径的比值。获得的集团积分 $b_n(T)$ 的第一个零点 T_n 见表 8.9.2。

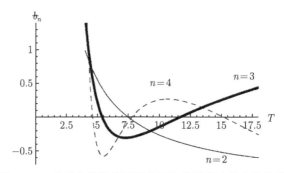

图 8.9.2　吸引方势阱模型的集团积分随温度的变化曲线

表 8.9.2 集团积分 $b_n(T)$ 的第一个零点 $T_n = t_n T_c$

g	T_c	t_2	t_3	t_4
1.250	0.764(4)	1.82441	1.52874	
1.375	0.974(10)	2.11427	1.70177	
1.500	1.219(8)	2.33452	1.81724	
1.750	1.811(13)	2.67376	1.98033	
2	2.764(23)	2.70944	1.9511	1.67188

3. 若干气体的状态方程

随着 n 的增加，使用式 (5.1-7) 计算 b_n 变得越来越困难，因此目前只有前面若干个低级 b_n 能够得到。为了弥补这一不足，我们使用范德瓦耳斯状态方程 (VDW)、Redlich-Kwong 方程 (RK)、Benedict-Webb-Rubin 方程 (BWR)、Martin-Hou 方程 (MH)[9]。把状态方程作位力展开，得到位力系数 a_n，然后使用位力系数 a_n 与 b_n 的转换方程 (5.1-23) 得到 b_n，这样获得的集团积分 $b_n(T)$ 的第一个零点 T_n 见表 8.9.3 和式 (8.9-13)。

表 8.9.3 集团积分 $b_n(T)$ 的第一个零点 $T_n = t_n T_c$

	VDW	RK	MH C_6H_6	BWR C_6H_6	BWR CH_4	BWR C_2H_6
t_2	3.375	2.8982	2.1510	32456	28842	27938
t_3	2.25	1.9280	1.6959	1.7409	1.9240	1.8562
t_4	1.8746	1.6398	1.5120	1.5329	1.6603	1.6172
t_5	1.6844	1.4980	1.4112	1.4355	1.5253	1.4974
t_6	1.5684	1.4125	1.3470	1.3743	1.4435	1.4215
t_7	1.4896	1.3549	1.3023	1.3307	1.3846	1.3678
t_8	1.4354	1.3132	1.2692	1.2975	1.3406	1.3274
t_9	1.3888	1.2814	1.2435	1.2711	1.3064	1.2958
t_{10}	1.3544	1.2563	1.2234	1.2497	1.2782	1.2703
t_{11}	1.3264	1.2360	1.2065	1.2319	1.2566	1.2494
t_{12}	1.3031	1.2191	1.1925	1.2169	1.2378	1.2317
t_{13}	1.2835	1.2048	1.1806	1.2039	1.2218	1.2167
t_{14}	1.2666	1.1926	1.1704	1.1926	1.2081	1.2037
t_{15}	1.2520	1.1820	1.1614	1.1827	1.1962	1.1923

VDW：$t_{409} = 1.0231,\quad t_{505} = 1.0200,\quad t_{701} = 1.0160,\quad t_{1345} = 1.0103$

RK：$t_{309} = 1.0200,\quad t_{484} = 1.0147,\quad t_{567} = 1.0132,\quad t_{852} = 1.0100$

MH(C_6H_6)：$t_{264} = 1.0200,\quad t_{697} = 1.0100,\quad t_{795} = 1.0091,\quad t_{987} = 1.0078$

BWR(C_6H_6)：$t_{277} = 1.0200,\quad t_{405} = 1.0150,\quad t_{540} = 1.010,\quad t_{924} = 1.0080$

BWR (CH_4)：$t_{287} = 1.0200,\quad t_{787} = 1.0100,\quad t_{876} = 1.0093,\quad t_{1074} = 1.0081$

BWR (C_2H_6)：$t_{261}=1.0200$， $t_{417}=1.0141$， $t_{667}=1.0100$， $t_{1102}=1.0070$

$$(8.9\text{-}13)$$

我们看到，以上各种模型计算出来的集团积分 $b_n(T)$ 的第一个零点 T_n 的确构成一个单调减小的序列，临界温度由序列的极限给出。

8.10   理想玻色气体的巨配分函数的奇点

本节的方法是本书作者的博士论文的一部分 [93]。

在 8.1 节，我们考虑了由分子相互作用势能有硬核的分子组成的气体，发现其巨配分函数为多项式，即

$$\Xi = Q_M \prod_{j=1}^{M} (z - z_j) \tag{8.10-1}$$

巨配分函数存在零点，在热力学极限下，如果零点分布在一条曲线上，而且零点分布垂直趋近于正实轴，临界温度下靠近正实轴的零点分布具有如下性质：

$$g(\theta, T=T_c) \xrightarrow{\theta \to 0} c|\theta|^{\zeta} \tag{8.10-2}$$

那么靠近临界点，沿临界等温线，有

$$(P-P_c)_{T=T_c} = A|\rho - \rho_c|^{\delta} \,\text{sgn}(\rho - \rho_c), \quad \delta = \frac{1+\zeta}{\zeta} \tag{8.10-3}$$

我们看到，气–液相变的临界指数由靠近正实轴的零点分布确定。

实际气体的分子没有硬核，其巨配分函数不是多项式，是否存在零点是一个没有解决的十分困难的问题。理想玻色气体当然没有硬核，其巨配分函数不是多项式，不存在零点。但是由式 (4.3-1) 可知，理想玻色气体的巨配分函数的倒数为

$$\Xi^{-1} = \prod_{\boldsymbol{p}} \left[1 - z\mathrm{e}^{-\beta\varepsilon(\boldsymbol{p})}\right] \tag{8.10-4}$$

我们看到，理想玻色气体的巨配分函数的倒数存在零点，即

$$\mathcal{Z}_{\boldsymbol{p}} = \mathrm{e}^{\beta\varepsilon(\boldsymbol{p})} \tag{8.10-5}$$

巨配分函数的倒数用零点表示为

$$\Xi^{-1} = \prod_{\boldsymbol{p}} \left(1 - \frac{z}{\mathcal{Z}_{\boldsymbol{p}}}\right) \tag{8.10-6}$$

有

$$\ln \Xi = -\sum_{\boldsymbol{p}} \ln \left(1 - \frac{z}{\mathcal{Z}_{\boldsymbol{p}}}\right) \tag{8.10-7}$$

我们看到，零点位于复 $\mathcal{Z}$ 平面的正实轴上，由于 $\mathcal{Z}_{\boldsymbol{p}} = \mathrm{e}^{\beta\varepsilon(\boldsymbol{p})} \geqslant 1$，$\mathcal{Z}_{\boldsymbol{p}} = \mathrm{e}^{\beta\varepsilon(\boldsymbol{p})} \xrightarrow{\boldsymbol{p}\to 0} 1$，所以零点分布趋近于正实轴上的点 $\mathcal{Z}_0 = 1$。如果 $z < 1$，则零点分布没有趋近于正实轴上的点 z，因此巨配分函数不存在奇点，玻色–爱因斯坦凝聚不会出现。如果 $z = 1$，则零点分布趋近于正实轴上的点 z，因此巨配分函数存在奇点，玻色–爱因斯坦凝聚可能出现。对于硬核气体，气–液相变的临界指数由靠近正实轴的零点分布确定。由于硬核气体的巨配分函数 (8.10-1) 类似于理想玻色气体的巨配分函数的倒数 (8.10-4)，根据类比我们期望，玻色–爱因斯坦凝聚一旦出现，其临界指数也由 $\mathcal{Z}_0 = 1$ 附近的零点分布确定。事实的确如此，结果总结在以下定理中。

定理 理想玻色气体的巨配分函数的倒数的零点分布函数定义为

$$g\left(\varepsilon\right) = \frac{4\pi V}{h^3} p^2 \frac{\mathrm{d}p}{\mathrm{d}\varepsilon} = \frac{4\pi V}{h^3} p^2 \beta \mathcal{Z}_{\boldsymbol{p}} \frac{\mathrm{d}p}{\mathrm{d}\mathcal{Z}_{\boldsymbol{p}}} \tag{8.10-8}$$

如果靠近单粒子基态时 $g(\varepsilon)$ 具有性质 $g(\varepsilon) \xrightarrow{\varepsilon\to 0} A\varepsilon^{\xi}$，这里 A 为正常量，ξ 为指数，那么理想玻色气体将在一个有限温度经历玻色–爱因斯坦凝聚，其临界性质由 ξ 决定。

(1) 如果 $\xi > 1$，则在临界点 C_V 有一个有限的跳跃，属于二级相变。

(2) 如果 $\frac{1}{2} < \xi \leqslant 1$，则在临界点 C_V 连续，$\frac{\partial C_V}{\partial T}$ 有一个无限的跳跃，属于二级相变。

(3) 如果 $\xi = \frac{1}{2}$，则在临界点 C_V 连续，$\frac{\partial C_V}{\partial T}$ 有一个有限的跳跃，属于三级相变。

(4) 如果 $0 < \xi < \frac{1}{2}$，① 如果 $\xi = \frac{1}{n+1}$，$n = 2, 3, \cdots$，则在临界点 $\frac{\partial^{n-1} C_V}{\partial T^{n-1}}$ 连续，$\frac{\partial^n C_V}{\partial T^n}$ 有一个有限的跳跃，属于 $n+2$ 级相变；② 如果 $\frac{1}{n+2} < \xi < \frac{1}{n+1}$，$n = 1, 2, 3, \cdots$，则在临界点 $\frac{\partial^n C_V}{\partial T^n}$ 连续，则 $\frac{\partial^{n+1} C_V}{\partial T^{n+1}}$ 有一个无限的跳跃，属于 $n+2$ 级相变。

证明 在 4.4 节我们研究了能谱为 $\varepsilon = p^2/2m$ 的实际理想玻色气体的玻色–爱因斯坦凝聚，现在我们研究具有任意能谱 $\varepsilon(\boldsymbol{p})$ 的一般理想玻色气体的玻色–爱因斯坦凝聚。在临界点上方，化学势不为零，单粒子基态上的粒子占据数可以忽略不计，玻色–爱因斯坦凝聚没有出现；在临界点下方，化学势为零，有宏观数量的粒子占据单粒子基态，玻色–爱因斯坦凝聚出现。有

$$N = \int_0^\infty \frac{1}{e^{\beta(\varepsilon-\mu)} - 1} g\left(\varepsilon\right) d\varepsilon, \quad T \geqslant T_c \tag{8.10-9}$$

$$E = \int_0^\infty \frac{\varepsilon}{e^{\beta(\varepsilon-\mu)} - 1} g\left(\varepsilon\right) d\varepsilon \tag{8.10-10}$$

定义函数

$$\tilde{N}\left(T\right) = \int_0^\infty \frac{1}{e^{\beta\varepsilon} - 1} g\left(\varepsilon\right) d\varepsilon, \quad \tilde{E}\left(T\right) = \int_0^\infty \frac{\varepsilon}{e^{\beta\varepsilon} - 1} g\left(\varepsilon\right) d\varepsilon \tag{8.10-11}$$

有

$$\tilde{E}\left(T \leqslant T_c\right) = E\left(T \leqslant T_c\right), \quad C_V\left(T \leqslant T_c\right) = \left(\frac{\partial \tilde{E}}{\partial T}\right)_V \tag{8.10-12}$$

$$\begin{aligned}
\tilde{N} - N\left(T > T_c\right) &= \left(e^{-\beta\mu} - 1\right) I\left(\mu, T\right) = \tilde{N} - N\left(T = T_c\right) \\
&= \int_0^\infty \frac{e^{\varepsilon/k_B T_c} - e^{\varepsilon/k_B T}}{\left(e^{\varepsilon/k_B T} - 1\right)\left(e^{\varepsilon/k_B T_c} - 1\right)} g\left(\varepsilon\right) d\varepsilon \\
&\xrightarrow{\mu\to 0^-, T\to T_c^+} -\beta\mu I\left(\mu \to 0^-, T \to T_c^+\right) = Bt
\end{aligned} \tag{8.10-13}$$

$$E - \tilde{E} = \left(1 - e^{-\beta\mu}\right) D\left(\mu, T\right) \xrightarrow{\mu\to 0^-, T\to T_c^+} \frac{\mu}{k_B T_c} D\left(0, T_c\right) \tag{8.10-14}$$

式中，

$$I\left(\mu, T\right) = \int_0^\infty \frac{e^{\beta\varepsilon}}{\left[e^{\beta(\varepsilon-\mu)} - 1\right]\left(e^{\beta\varepsilon} - 1\right)} g\left(\varepsilon\right) d\varepsilon \tag{8.10-15}$$

$$D\left(\mu, T\right) = \int_0^\infty \frac{e^{\beta\varepsilon}}{\left[e^{\beta(\varepsilon-\mu)} - 1\right]\left(e^{\beta\varepsilon} - 1\right)} \varepsilon g\left(\varepsilon\right) d\varepsilon \tag{8.10-16}$$

$$B = \frac{1}{k_B T_c} \int_0^\infty \frac{\varepsilon e^{\varepsilon/k_B T_c}}{\left(e^{\varepsilon/k_B T_c} - 1\right)^2} g\left(\varepsilon\right) d\varepsilon \tag{8.10-17}$$

积分 $I(\mu, T)$ 可以划分为非奇异部分和奇异部分，其中奇异部分 $I_s(\mu, T)$ 对应积分区域 $\varepsilon \to 0$ 和 $\mu \to 0^-$。为确定 $I_s(\mu, T)$，我们选取 ε_0 和 μ 以保证在区域 $-\mu \ll \varepsilon_0 \ll k_B T$，$g(\varepsilon < \varepsilon_0) = A\varepsilon^\xi$ 成立，对于 $0 < \xi < 1$，得

$$I_s\left(\mu \to 0^-, T\right) \cong (k_B T)^2 A \int_0^{\varepsilon_0} \frac{1}{(\varepsilon - \mu)\varepsilon} \varepsilon^\xi d\varepsilon = (k_B T)^2 A (-\mu)^{\xi-1} \int_0^{-\varepsilon_0/\mu} \frac{x^{\xi-1}}{1+x} dx$$

$$\cong (k_B T)^2 A (-\mu)^{\xi-1} \int_0^\infty \frac{x^{\xi-1}}{1+x} dx = (k_B T)^2 A (-\mu)^{\xi-1} \frac{\pi}{\sin(\pi\xi)}$$

$$(8.10\text{-}18)$$

式中，$x = \varepsilon/\mu$，由于积分收敛很快，我们已经把积分上限 $-\varepsilon_0/\mu$ 取为无穷大。

对于 $\xi = 1$，有

$$I_s\left(\mu \to 0^-, T\right) \cong (k_B T)^2 A \int_0^{\varepsilon_0} \frac{1}{\varepsilon - \mu} d\varepsilon \cong (k_B T)^2 A \ln\frac{\varepsilon_0}{-\mu} \qquad (8.10\text{-}19)$$

我们看到，对于 $\xi > 1$，$I(0, T)$ 是有限的；对于 $0 < \xi \leqslant 1$，$I(0, T)$ 发散。联合式 (8.10-12)、式 (8.10-13)、式 (8.10-18) 和式 (8.10-19) 得

$$E - \tilde{E} \xrightarrow{\mu \to 0^-, T \to T_c^+} \frac{D(0, T_c)}{k_B T_c} \mu = \begin{cases} -\dfrac{D(0, T_c) B}{I(0, T_c)} t, & \xi > 1 \\[3mm] -\dfrac{D(0, T_c) B}{A(k_B T_c)^2} \dfrac{t}{\ln\dfrac{\varepsilon_0}{-\mu}}, & \xi = 1 \\[5mm] -\dfrac{D(0, T_c)}{k_B T_c} \left[\dfrac{B\sin(\pi\xi)}{\pi A k_B T_c}\right]^{1/\xi} t^{1/\xi}, & 0 < \xi < 1 \end{cases}$$

$$(8.10\text{-}20)$$

$$C_V\left(T = T_c^+\right) - C_V\left(T = T_c^-\right) = \begin{cases} -\dfrac{B D(0, T_c)}{T_c I(0, T_c)}, & \xi > 1 \\[3mm] -\dfrac{B D(0, T_c)}{A(k_B T_c)^2 T_c} \dfrac{1}{\ln\dfrac{\varepsilon_0}{-\mu}}, & \xi = 1 \\[5mm] -\dfrac{D(0, T_c)}{\xi k_B T_c^2} \left[\dfrac{B\sin(\pi\xi)}{\pi A k_B T_c}\right]^{1/\xi} t^{-1+1/\xi}, & 0 < \xi < 1 \end{cases}$$

$$(8.10\text{-}21)$$

证毕。

把式 (8.10-21) 与式 (6.7-3) 比较，得临界指数

$$
\alpha = \begin{cases} 0, & \xi \geqslant 1 \\ 1 - 1/\xi, & 0 < \xi < 1 \end{cases} \tag{8.10-22}
$$

对于 d 维空间中的能谱为 $\varepsilon = p^2/2m$ 的实际理想玻色气体，巨配分函数的倒数的零点分布函数为

$$
g(\varepsilon) = \frac{\pi^{d/2}d}{h^d \Gamma(1+d/2)} p^{d-1} \frac{\mathrm{d}p}{\mathrm{d}\varepsilon} = \frac{\pi^{d/2}d}{2h^d \Gamma(1+d/2)} \varepsilon^{d/2-1} \tag{8.10-23}
$$

得临界指数

$$
\alpha = \begin{cases} -1, & d = 3 \\ 0, & d \geqslant 4 \end{cases} \tag{8.10-24}
$$

习　题

1. 已知 d 维空间中的理想玻色气体的能谱为 $\varepsilon = Ap^\kappa$，这里 A 和 κ 为正常数。计算其玻色–爱因斯坦凝聚的临界指数 α。

第 9 章　临界现象的重正化群理论

9.1　标 度 理 论

在 6.9 节，我们把朗道连续相变的平均场理论推广至有涨落的情况，发现系统接近临界点时，涨落的关联长度趋于无穷大，因此有限大晶格的一切效应均被抹掉，任何自然尺度都不存在，关联长度是唯一的特征长度。关联长度的奇异性决定了所有热力学量的奇异性。在临界点邻域，改变到临界点的距离将不改变吉布斯自由能的函数形式，只改变其标度，即系统应具有某种尺度变换下的不变性，形象地说，就是用不同放大倍率所观察到的系统，看到的图像都是一样的，这就是标度理论 (scaling theory)，该理论是在总结、分析和归纳实验结果的基础上，提出的一种研究临界现象的唯象理论。它不能确定临界指数的值，但可以建立临界指数之间的关系——标度律。

9.1.1　临界指数满足的不等式

20 世纪 60 年代初，在标度理论提出之前，拉什布鲁克 (G. S. Rushbrooke)[94] 和格里菲斯 (R. B. Griffiths)[95] 发现临界指数满足若干不等式。

1. 拉什布鲁克不等式

对于各向同性磁介质，热力学基本方程为 $T\mathrm{d}S = \mathrm{d}E' - VH\mathrm{d}M$，热力学稳定性条件为

$$C_M > 0, \quad \left(\frac{\partial H}{\partial M}\right)_T = \frac{1}{\chi_T} > 0 \tag{9.1-1}$$

给出

$$C_H = C_M + TV\frac{\left[\left(\frac{\partial M}{\partial T}\right)_H\right]^2}{\chi_T} \geqslant TV\frac{\left[\left(\frac{\partial M}{\partial T}\right)_H\right]^2}{\chi_T} \geqslant 0 \tag{9.1-2}$$

令 $H \to 0$, $T \to T_c^-$，式 (9.1-2) 化为

$$C_H\left(H=0, T \to T_c^-\right) \geqslant T_c V\frac{\left[\left(\frac{\partial M}{\partial T}\right)_{H=0, T \to T_c^-}\right]^2}{\chi_T\left(H=0, T \to T_c^-\right)} \geqslant 0 \tag{9.1-3}$$

把 $M\left(H=0, T \to T_{\mathrm{c}}^{-}\right)=a\left(-t\right)^{\beta}$, $C_{H}\left(H=0, T \to T_{\mathrm{c}}^{-}\right)=B'\left(-t\right)^{-\alpha'}$, $\chi_{T}(H=0, T \to T_{\mathrm{c}}^{-})=D'\left(-t\right)^{-\gamma'}$ 代入式 (9.1-3) 得

$$(-t)^{2-\left(\alpha'+2\beta+\gamma'\right)} \geqslant T_{\mathrm{c}} V \frac{\left(\dfrac{1}{T_{\mathrm{c}}}\beta a\right)^2}{B'D'} > 0 \tag{9.1-4}$$

给出

$$\alpha' + 2\beta + \gamma' \geqslant 2 \tag{9.1-5}$$

式 (9.1-5) 称为拉什布鲁克不等式。

2. 格里菲斯不等式

使用热力学方程 $\mathrm{d}F = -S\mathrm{d}T + VH\mathrm{d}M$ 和式 (9.1-1) 得

$$\left(\frac{\partial F}{\partial T}\right)_{M} = -S, \quad \left(\frac{\partial F}{\partial M}\right)_{T} = VH, \quad \left(\frac{\partial^2 F}{\partial T^2}\right)_{M} = -\left(\frac{\partial S}{\partial T}\right)_{M} = -\frac{C_M}{T} \leqslant 0,$$

$$\left(\frac{\partial^2 F}{\partial M^2}\right)_{T} = V\left(\frac{\partial H}{\partial M}\right)_{T} \geqslant 0 \tag{9.1-6}$$

我们看到，函数 $F(M, T)$ 对于变量 T 来讲是凹函数，对于变量 M 来讲是凸函数。这里凸 (凹) 函数是这样定义的，对 x 的定义域内的任意 x_1 和 x_2，连接 $f(x_1)$ 和 $f(x_2)$ 两个点的弦在间隔 $x_1 < x < x_2$ 上位于函数曲线上 (下) 方，如图 9.1.1 所示。等效的判别方法是，如果其二阶导数在区间上大 (小) 于等于零，就称为凸 (凹) 函数。

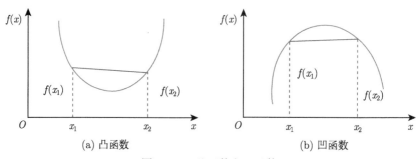

图 9.1.1　凸函数和凹函数

考虑一个 $H = 0$ 且温度为 T_1 的铁磁系统 $(T_1 \leqslant T_c)$, 由于 $\left(\dfrac{\partial F}{\partial M}\right)_T = 0$, 有

$$F(M, T_1) = F(0, T_1), \quad S(M, T_1) = -\left(\dfrac{\partial F(M, T_1)}{\partial T_1}\right)_M = -\dfrac{\mathrm{d}F(0, T_1)}{\mathrm{d}T_1} = S(0, T_1),$$

$$T_1 \leqslant T_c, \quad -M_1 \leqslant M \leqslant M_1 \tag{9.1-7}$$

式中, M_1 为系统的温度为 T_1 时的自发磁化.

定义两个新函数

$$\tilde{F}(M, T) = F(M, T) - F(0, T_c) + (T - T_c) S(0, T_c),$$

$$\tilde{S}(M, T) = S(M, T) - S(0, T_c) \tag{9.1-8}$$

使用式 (9.1-7) 和式 (9.1-8) 得

$$\tilde{F}(M_1, T_1) = \tilde{F}(0, T_1), \quad \tilde{S}(M_1, T_1) = \tilde{S}(0, T_1), \quad T_1 \leqslant T_c \tag{9.1-9}$$

$$\tilde{F}(M_1, T_c) = \tilde{F}(0, T_c) = 0, \quad \tilde{S}(M_1, T_c) = 0 \tag{9.1-10}$$

使用式 (9.1-6) 和式 (9.1-8) 得

$$\left(\dfrac{\partial \tilde{F}}{\partial T}\right)_M = -\tilde{S}, \quad \left(\dfrac{\partial \tilde{F}}{\partial M}\right)_T = VH, \quad \left(\dfrac{\partial^2 \tilde{F}}{\partial T^2}\right)_M = -\left(\dfrac{\partial \tilde{S}}{\partial T}\right)_M = -\dfrac{C_M}{T} \leqslant 0 \tag{9.1-11}$$

我们看到, 函数 $\tilde{F}(M, T)$ 对于变量 T 来讲也是凹函数, 因此其斜率随着 T 的增加而减小, 使用式 (9.1-9) 和式 (9.1-10), 得

$$\left(\dfrac{\partial \tilde{F}}{\partial T}\right)_{M_1, T_1} = -\tilde{S}(M_1, T_1) = -\tilde{S}(0, T_1) = \dfrac{\partial \tilde{F}(0, T_1)}{\partial T_1} \geqslant \left(\dfrac{\partial \tilde{F}}{\partial T}\right)_{M_1, T_c}$$

$$= -\tilde{S}(M_1, T_c) = 0, \quad T_1 \leqslant T_c \tag{9.1-12}$$

我们看到, $\tilde{F}(0, T_1)$ 随 T_1 的增加而增加, 有

$$\tilde{F}(0, T_1) \leqslant \tilde{F}(0, T_c) = 0, \quad T_1 \leqslant T_c \tag{9.1-13}$$

由于函数 $\tilde{F}(M,T)$ 是变量 T 的凹函数，函数 $\tilde{F}(M,T)$ 对于变量 T 的曲线在区域 $T_1 \leqslant T \leqslant T_c$ 内位于在 T_1 处的切线的下方，有

$$\tilde{F}(M_1,T_c) \leqslant \tilde{F}(M_1,T_1) - \tilde{S}(M_1,T_1)(T_c - T_1)$$
$$= \tilde{F}(0,T_1) - \tilde{S}(0,T_1)(T_c - T_1), \quad T_1 \leqslant T_c \tag{9.1-14}$$

使用式 (9.1-13)，则式 (9.1-14) 化为

$$\tilde{F}(M_1,T_c) \leqslant -\tilde{S}(0,T_1)(T_c - T_1), \quad T_1 \leqslant T_c \tag{9.1-15}$$

把 $\left(\dfrac{\partial \tilde{F}}{\partial M}\right)_{T=T_c} = VH(T=T_c) = VA|M|^\delta$ 积分得

$$\tilde{F}(M,T_c) = \frac{1}{\delta+1}VA|M|^{\delta+1} \tag{9.1-16}$$

使用式 (9.1-15) 和式 (9.1-16) 得

$$\tilde{F}(M_1,T_c) = \frac{1}{\delta+1}VAM_1^{\delta+1} \leqslant -\tilde{S}\left(0,T_1 \to T_c^-\right)(T_c - T_1) \tag{9.1-17}$$

把 $C_H\left(H=0,T \to T_c^-\right) = B'(-t)^{-\alpha'}$ 积分得

$$S\left(H=0,T \to T_c^-\right) - S\left(H=0,T_c\right)$$
$$= T_c \int C_H\left(H=0,T \to T_c^-\right) \mathrm{d}t = -\frac{B'T_c}{1-\alpha'}(-t)^{1-\alpha'} \tag{9.1-18}$$

在式 (9.1-18) 中取 $T=T_1$，得

$$\tilde{S}\left(0,T_1 \to T_c^-\right) = \tilde{S}\left(M_1,T_1 \to T_c^-\right) = S\left(H=0,T_1 \to T_c^-\right) - S\left(H=0,T_c\right)$$
$$= -\frac{B'T_c}{1-\alpha'}\left(\frac{T_c - T_1}{T_c}\right)^{1-\alpha'} \tag{9.1-19}$$

把 $M_1 = aT_c^{-\beta}(T_c - T_1)^\beta$ 和式 (9.1-19) 代入式 (9.1-17) 得

$$(T_c - T_1)^{2-\alpha'-\beta(\delta+1)} \geqslant \frac{1-\alpha'}{(\delta+1)B'}VAa^{\delta+1}T_c^{-\alpha'-\beta(\delta+1)} > 0 \tag{9.1-20}$$

给出

$$2 - \alpha' - \beta(\delta+1) \leqslant 0 \tag{9.1-21}$$

式 (9.1-21) 称为格里菲斯不等式。

我们看到，拉什布鲁克不等式和格里菲斯不等式是使用热力学稳定性条件推导出来的，因此这两个不等式是严格的。格里菲斯还使用了一些似乎是可信的假定，得到了另外一些不等式。

9.1.2 维多姆标度理论

上面我们使用热力学稳定性条件推导了临界指数满足的不等式，但是实验结果和统计模型的严格解以及数值计算结果告诉我们，这些临界指数之间的关系在自然界中实际是以等式的形式存在的，而且六个临界指数之间存在着四个等式关系，因此六个临界指数不是独立的，只有两个是独立的。临界指数满足的等式如下所述。

拉什布鲁克关系：

$$\alpha + 2\beta + \gamma = 2 \tag{9.1-22}$$

维多姆关系：

$$\gamma = \beta\,(\delta - 1) \tag{9.1-23}$$

费希尔 (Fisher) 关系：

$$\gamma = (2 - \eta)\,\nu \tag{9.1-24}$$

约瑟夫森 (Josephson) 关系：

$$\nu d = 2 - \alpha \tag{9.1-25}$$

我们在 8.5 节计算过的一维铁磁伊辛模型的杨–李边奇点的临界指数

$$\alpha = \frac{3}{2}, \quad \beta = -\frac{1}{2}, \quad \delta = -2, \quad \gamma = \frac{3}{2}, \quad \nu = 1/2$$

满足拉什布鲁克、维多姆和约瑟夫森关系。

为了表述标度假设，需要使用广义齐次函数，定义为

$$f\left(\lambda^{a_1} y_1, \lambda^{a_2} y_2, \cdots, \lambda^{a_m} y_m\right) = \lambda^a f\left(y_1, y_2, \cdots, y_m\right) \tag{9.1-26}$$

式中，λ 为任意正实参量；$a, a_1, a_2, \cdots, a_m$ 为指数。

1965 年，维多姆 (B. Widom)[96] 提出了标度假设，他认为，在临界点附近，可以把吉布斯自由能划分为奇异和非奇异部分，即 $G\,(t, H) = G_{\mathrm{s}}\,(t, H) + G_{\mathrm{n}}\,(t, H)$，其中奇异部分是一个广义齐次函数，即

$$G_{\mathrm{s}}\left(\lambda^a t, \lambda^b H\right) = \lambda G_{\mathrm{s}}\,(t, H) \tag{9.1-27}$$

现在我们使用标度假设来推导标度律。

(1) 自发磁化。

利用热力学方程 $\mathrm{d}G = -S\mathrm{d}T - VM\mathrm{d}H$，把式 (9.1-27) 两边对 H 求偏导数得

$$\lambda^b M\left(\lambda^a t, \lambda^b H\right) = \lambda M\left(t, H\right) \tag{9.1-28}$$

取 $H = 0$，$\lambda^a t = -1$ 得

$$M\left(t, 0\right) = (-t)^{\frac{1-b}{a}} M\left(-1, 0\right), \quad \beta = \frac{1-b}{a} \tag{9.1-29}$$

(2) 沿临界等温线磁场和磁化强度之间的关系。

在式 (9.1-28) 中取 $t = 0$ 和 $\lambda^b H = 1$，得

$$M\left(0, H\right) = H^{\frac{1-b}{b}} M\left(0, 1\right), \quad \delta = \frac{b}{1-b} \tag{9.1-30}$$

(3) 等温磁化率。

把式 (9.1-28) 两边对 H 求偏导数，用等温磁化率来表示，得

$$\lambda^{2b} \chi\left(\lambda^a t, \lambda^b H\right) = \lambda \chi\left(t, H\right) \tag{9.1-31}$$

取 $H = 0$ 和

$$\lambda^a t = \begin{cases} 1, & T \to T_c^+ \\ -1, & T \to T_c^- \end{cases}$$

得

$$\chi\left(t, 0\right) = \begin{cases} t^{\frac{1-2b}{a}} \chi\left(1, 0\right), & T \to T_c^+ \\ (-t)^{\frac{1-2b}{a}} \chi\left(-1, 0\right), & T \to T_c^- \end{cases} \tag{9.1-32}$$

$$\gamma = \gamma' = \frac{2b-1}{a} \tag{9.1-33}$$

(4) 热容量。

把式 (9.1-27) 两边对 T 求两次偏导数，用热容量来表示，得

$$\lambda^{2a} C_H\left(\lambda^a t, \lambda^b H\right) = \lambda C_H\left(t, H\right) \tag{9.1-34}$$

取 $H = 0$ 和

$$\lambda^a t = \begin{cases} 1, & T \to T_{\mathrm{c}}^+ \\ -1, & T \to T_{\mathrm{c}}^- \end{cases}$$

得

$$C_H(t, 0) = \begin{cases} t^{\frac{1-2a}{a}} C_H(1, 0), & T \to T_{\mathrm{c}}^+ \\ (-t)^{\frac{1-2a}{a}} C_H(-1, 0), & T \to T_{\mathrm{c}}^- \end{cases} \qquad (9.1\text{-}35)$$

$$\alpha = \alpha' = \frac{2a - 1}{a} \qquad (9.1\text{-}36)$$

9.1.3 卡达诺夫标度变换理论

维多姆提出的标度假设是唯象假设,其物理含义并不清楚,需要进行微观论证。卡达诺夫 (L. P. Kadanoff)[97] 进行了微观论证,进一步发展了标度理论,弄清楚了标度假设的物理含义。

考虑 d 维具有最近邻作用的伊辛模型,晶格有 N 个格点,晶格常数为 a,其哈密顿量为

$$E(J, H, \{S_i\}) = -J \sum_{\langle ij \rangle} S_i S_j - H \sum_i S_i \qquad (9.1\text{-}37)$$

将晶格分成边长为 La 的元胞 $(L > 1)$,如图 9.1.2 所示。每个元胞包含了 L^d 个格点,元胞数为 $n = N/L^d$。元胞的自旋为 $\tilde{S}_I(\tilde{S}_I = \pm 1)$。由元胞组成的系统的哈密顿量为

$$E\left(\tilde{J}, \tilde{H}, \left\{\tilde{S}_I\right\}\right) = -\tilde{J} \sum_{\langle IJ \rangle} \tilde{S}_I \tilde{S}_J - \tilde{H} \sum_I \tilde{S}_I \qquad (9.1\text{-}38)$$

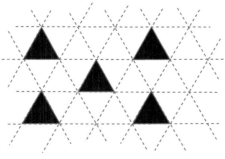

图 9.1.2　元胞

经过变换，系统的吉布斯自由能不变。设由 n 个元胞组成的系统的吉布斯自由能为 $G\left(\tilde{t},\tilde{H}\right)$，由 n 个原始格点组成的系统的吉布斯自由能为 $G\left(t,H\right)$，那么由 N 个原始格点组成的系统的吉布斯自由能 $L^d G\left(t,H\right)$ 应等于由 n 个元胞组成的系统的吉布斯自由能 $G\left(\tilde{t},\tilde{H}\right)$，即

$$G\left(\tilde{t},\tilde{H}\right) = L^d G\left(t,H\right) \tag{9.1-39}$$

假设变换前后外磁场和温度存在关系

$$\tilde{H} = \left(L^d\right)^b H, \quad \tilde{t} = \left(L^d\right)^a t \tag{9.1-40}$$

式中，a 和 b 为指数。把式 (9.1-40) 代入式 (9.1-39) 得

$$G\left(\left(L^d\right)^a t, \left(L^d\right)^b H\right) = L^d G\left(t,H\right) \tag{9.1-41}$$

式 (9.1-41) 给出了标度假设的物理含义。

考虑原始格点组成的系统的关联函数

$$C\left(r,t\right) = \left\langle \left(S_i - \left\langle S_i \right\rangle\right)\left(S_j - \left\langle S_j \right\rangle\right) \right\rangle = \left\langle S_i S_j \right\rangle - \left\langle S_j \right\rangle \left\langle S_j \right\rangle \tag{9.1-42}$$

以及元胞组成的系统的关联函数

$$C\left(\tilde{r},\tilde{t}\right) = \left\langle \left(\tilde{S}_I - \left\langle \tilde{S}_I \right\rangle\right)\left(\tilde{S}_J - \left\langle \tilde{S}_J \right\rangle\right) \right\rangle = \left\langle \tilde{S}_I \tilde{S}_J \right\rangle - \left\langle \tilde{S}_I \right\rangle \left\langle \tilde{S}_J \right\rangle \tag{9.1-43}$$

式中，$r = |\boldsymbol{r}_i - \boldsymbol{r}_j|$，$\tilde{r} = |\tilde{\boldsymbol{r}}_I - \tilde{\boldsymbol{r}}_J|$。

定义第 I 个元胞自旋为

$$\tilde{S}_I = \frac{1}{\kappa L^d} \sum_{i \in I} S_i \tag{9.1-44}$$

式中，κ 为待定常数。把式 (9.1-44) 代入式 (9.1-43)，并与式 (9.1-42) 比较，得

$$C\left(\tilde{r},\tilde{t}\right) = \frac{1}{\kappa^2 L^{2d}} \sum_{i \in I} \sum_{j \in J} \left(\left\langle S_i S_j \right\rangle - \left\langle S_j \right\rangle \left\langle S_j \right\rangle\right) \approx \frac{1}{\kappa^2} C\left(r,t\right) \tag{9.1-45}$$

因为 $\tilde{r} = r/L$，代入式 (9.1-45) 得

$$C\left(r/L, \left(L^d\right)^a t\right) = \frac{1}{\kappa^2} C\left(r,t\right) \tag{9.1-46}$$

为了确定 κ，我们注意到，经过变换，系统在外磁场中的能量不变，即

$$H \sum_i S_i = \tilde{H} \sum_I \tilde{S}_I \tag{9.1-47}$$

把式 (9.1-39) 和式 (9.1-44) 代入式 (9.1-47) 得

$$\kappa = \frac{\tilde{H}}{HL^d} = \frac{\left(L^d\right)^b H}{HL^d} = \left(L^d\right)^{b-1} \tag{9.1-48}$$

把式 (9.1-48) 代入式 (9.1-46) 得

$$C\left(r,t\right) = \left(L^d\right)^{2(b-1)} C\left(r/L, \left(L^d\right)^a t\right) \tag{9.1-49}$$

取 $t = 0$ 和 $r/L = 1$ 得

$$C\left(r,0\right) = r^{2d(b-1)} C\left(1,0\right), \quad d-2+\eta = -2d\left(b-1\right) \tag{9.1-50}$$

经过变换，关联长度缩小为原来的 $1/L$，即

$$\xi\left(t\right) = L\tilde{\xi}\left(\tilde{t}\right) = L\tilde{\xi}\left(L^{da}t\right) \tag{9.1-51}$$

取

$$L^{da}t = \begin{cases} 1, & T \to T_c^+ \\ -1, & T \to T_c^- \end{cases}$$

得

$$\xi\left(t\right) = \begin{cases} t^{-\frac{1}{da}}\tilde{\xi}\left(1\right), & T \to T_c^+ \\ \left(-t\right)^{-\frac{1}{da}}\tilde{\xi}\left(-1\right), & T \to T_c^- \end{cases} \tag{9.1-52}$$

$$\nu = \nu' = \frac{1}{da} \tag{9.1-53}$$

卡达诺夫标度理论的优点是很直观和具有启发性，物理意义清楚。最后结果虽然是正确的，但中间的论证并非无懈可击，一些假设明显存在问题，而且以后的研究也不支持这些假设。虽然如此，历史上卡达诺夫标度理论对于临界现象的正确理论的建立起了巨大的推动作用。

9.1.4　普适性

在 1.9 节，我们使用范德瓦耳斯状态方程和临界点条件，发现得到的用对比量表示的状态方程是普适的，与具体物质无关，我们得到对应态定律：一切物质在相同的对比压强和对比温度下，就有相同的对比体积，即采用对比变量，各种气 (液) 体的物态方程是完全相同的。

在 5.8 节，我们使用统计物理研究了球对称分子之间的相互作用为二体势 $\mathcal{U}(r) = \varepsilon f(r/\sigma)$ 的情况，在经典的情况下发现用无量纲的量表示的状态方程是普适的，与具体物质无关，范德瓦耳斯对应态定律是其特殊情形。这当然只是个近似，实际的物质没有这么高的普适性 (universality)。

在 6.8 节我们讨论了朗道连续相变的平均场理论，在 6.9 节还讨论了有涨落时的推广，发现朗道的连续相变理论得到的临界指数与具体物质无关，与空间维数无关。实际的物质也没有这么高的普适性。

虽然实际的物质没有这么高的普适性，但二维伊辛模型的严格解、数值计算和实验发现热力学系统可以划分为若干个普适类，属于同一普适类的不同系统具有相同的临界指数，划分普适类的依据是空间维数 d、序参量维数 n 和分子之间的相互作用力的性质 (短程还是长程)。由于实际物质的分子之间的相互作用势能具有强排斥核和弱吸引尾巴，分子之间的相互作用是短程的，所以划分普适类的主要依据是空间维数 d 和序参量维数 n，具有相同的空间维数和序参量维数的体系属于同一个普适类，它们有相同的临界指数。按照这个分类，气–液临界点与单轴各向异性的铁磁体，液氦超流相变与平面铁磁体分别具有相同的临界指数，气–液相变和铁磁体属于 $n = 1$ 的普适类，而超导和超流属于 $n = 2$ 的普适类。

9.1.5　玻色–爱因斯坦凝聚的临界指数

考虑三维理想玻色气体。沿等体线热容量在临界点连续，但其斜率有一个有限的跳跃，由此我们获得

$$\alpha = -1 \tag{9.1-54}$$

沿等温线在临界点附近上方的状态方程由式 (4.3-41) 给出，即

$$(P - P_\mathrm{c})_T \xrightarrow{V \to V_\mathrm{c}^+} (V - V_\mathrm{c})^2, \quad \delta = 2 \tag{9.1-55}$$

使用式 (4.3-29)，得沿等体线在临界点附近上方的等温压缩率

$$\kappa_T = -\frac{1}{V}\left(\frac{\partial V}{\partial P}\right)_T \xrightarrow{T \to T_\mathrm{c}^+} (T - T_\mathrm{c})^{-1}, \quad \gamma = 1 \tag{9.1-56}$$

使用拉什布鲁克关系 $\alpha + 2\beta + \gamma = 2$ 和维多姆关系 $\gamma = \beta(\delta - 1)$ 得

$$\alpha + \frac{\delta + 1}{\delta - 1}\gamma = 2 \tag{9.1-57}$$

我们看到, 这里我们获得的玻色–爱因斯坦凝聚的临界指数 $\alpha = -1$, $\delta = 2$, $\gamma = 1$ 与式 (9.1-57) 以及在 8.6 节我们获得的玻色–爱因斯坦凝聚的临界指数满足的关系 $\alpha = 1 - \delta = -\gamma$ 一致。

9.2 重正化群理论

20 世纪 60 年代, 维多姆提出的临界现象的标度理论认为, 在临界点附近, 改变到临界点的距离将不改变吉布斯自由能的函数形式, 而只改变其标度。标度理论建立了临界指数之间的一些关系——标度律, 卡达诺夫进一步发展了标度理论, 弄清楚了标度假设的物理含义, 所有的临界指数都由指数 a 和 b 给出, 但标度理论是唯象理论, 不能计算指数 a 和 b。20 世纪 70 年代初, 威尔逊 (K. G. Wilson)[98] 在标度理论的基础上, 使用统计物理基础论证了标度假设, 提供了从微观上计算临界指数的系统方法, 建立了重正化群理论。其基本思想是: 在临界点, 关联长度趋于无穷大, 因此, 体系应具有尺度变换下的不变性, 由此, 不去直接计算配分函数, 而是寻找尺度变换下的不变性, 从而确定临界点并计算临界指数。

重正化群理论可分为 "动量空间重正化群" 和 "实空间重正化群" 两大类。现在以伊辛模型为例, 阐述实空间重正化群理论[19,20]。动量空间重正化群见 9.5 节。

第一步: 作卡达诺夫变换, 进行粗粒平均, 缩小分辨率。

哈密顿量为

$$E = J_0 + J_1 \sum_i S_i + J_2 \sum_{\langle ij \rangle} S_i S_j + J_3 \sum_{ij} S_i S_j + \cdots \tag{9.2-1}$$

式中, 第一项表示哈密顿量的恒定部分; 第二项表示自旋在外磁场中的能量; 第三项表示最近邻自旋之间的相互作用; 第四项表示次近邻自旋之间的相互作用; 以后的项表示更远的自旋之间的相互作用以及多自旋之间的相互作用; J_j 表示耦合强度。

正则配分函数为

$$Q_N(\boldsymbol{K}) = \sum_{\{S_i\}} \mathrm{e}^{-\mathcal{H}(\boldsymbol{K}, \{S_i\}, N)} \tag{9.2-2}$$

式中，$\mathcal{H} = E/k_{\mathrm{B}}T$ 为约化哈密顿量：

$$\mathcal{H}\left(\boldsymbol{K}, \{S_i\}, N\right) = K_0 + K_1 \sum_i S_i + K_2 \sum_{\langle ij \rangle} S_i S_j + K_3 \sum_{ij} S_i S_j + \cdots \quad (9.2\text{-}3)$$

这里，$K_j = J_j/k_{\mathrm{B}}T$ 表示耦合参数；$\boldsymbol{K} = (K_0, K_1, K_2, \cdots)$ 表示由耦合参数组成的无穷维矢量。

原始晶格有 N 个格点，晶格常数为 a。将自旋系统划分成边长为 La 的元胞，使用一些方法例如多数原则 (见 9.4 节) 求得元胞的自旋，元胞的中心组成新的晶格，晶格常数为 La。

第二步：把尺寸和自旋重新标度，使其与原来的模型一致，获得重正化群变换。

重新标度后，格点数为 N/L^d，晶格常数为 a，自旋与原来的一致，约化的哈密顿量成为

$$\mathcal{H}'\left(\boldsymbol{K}_L, \{S_{i'}\}, NL^{-d}\right) = K_{L0} + K_{L1} \sum_{i'} S_{i'} + K_{L2} \sum_{\langle i'j' \rangle} S_{i'} S_{j'} + \cdots,$$

$$\boldsymbol{K}_L = (K_{L0}, K_{L1}, K_{L2}, \cdots) \quad\quad\quad\quad\quad (9.2\text{-}4)$$

经过这两步变换后，新的哈密顿量 $\mathcal{H}'$ 与原来的哈密顿量 $\mathcal{H}$ 具有相同的形式，并且新的晶格结构和晶格常数亦与原来的相同，唯一的差别是耦合参数矢量空间中的矢量发生了变化，因此重正化群变换就是耦合参数矢量空间中的矢量变换，即

$$\boldsymbol{K}_L = R_L \boldsymbol{K} \quad\quad\quad\quad\quad (9.2\text{-}5)$$

变换 R_L 的序列称为重正化群，具有如下性质。

(1) 封闭性：

$$R_L, R_{L'} \in RG \Rightarrow R_L R_{L'} \in RG \quad\quad\quad\quad\quad (9.2\text{-}6)$$

(2) 结合律：

$$(R_L R_{L'}) R_{L''} = R_L (R_{L'} R_{L''}) \quad\quad\quad\quad\quad (9.2\text{-}7)$$

(3) 交换律：

$$R_L R_{L'} = R_{L'} R_L \quad\quad\quad\quad\quad (9.2\text{-}8)$$

(4) 有单位元素：

$$I = R_{L=1} \quad\quad\quad\quad\quad (9.2\text{-}9)$$

(5) 不存在逆元素。

这是因为重正化群变换只能粗粒化,必须有 $L > 1$,所以重正化群只是半群。

第三步:计算不动点。

如果系统不处于临界点,则关联长度 ξ 为一有限值。作一次重正化群变换 R_L,关联长度将减少为 $\xi_L = \xi/L$,这相当于从临界点移开。但当系统处于临界点时,关联长度为无穷大。作重正化群变换,关联长度仍为无穷大,因此临界点为重正化群变换的不动点,即

$$\boldsymbol{K}^* = R_L \boldsymbol{K}^* \tag{9.2-10}$$

第四步:计算临界指数。

临界指数由重正化群变换不动点附近的性质所决定。

令 $\boldsymbol{K} = \boldsymbol{K}^* + \delta \boldsymbol{K}$,$\delta \boldsymbol{K} \ll \boldsymbol{K}^*$,把重正化群变换 R_L 围绕不动点作泰勒展开,保留到线性项,得

$$\boldsymbol{K}_L = R_L \boldsymbol{K} = R_L \left(\boldsymbol{K}^* + \delta \boldsymbol{K} \right) \cong \boldsymbol{K}^* + \tilde{R}_L \delta \boldsymbol{K} = \boldsymbol{K}^* + \delta \boldsymbol{K}_L \tag{9.2-11}$$

式中,$\delta \boldsymbol{K}_L = \tilde{R}_L \delta \boldsymbol{K}$;$\tilde{R}_L$ 为线性算符,可以表示为矩阵形式,即

$$\delta K_{L\alpha} = \sum_{\beta} \left(\frac{\partial K_{L\alpha}}{\partial K_\beta} \right)_{\boldsymbol{K} = \boldsymbol{K}^*} \delta K_\beta, \quad \left(\tilde{R}_L \right)_{\alpha\beta} = \sum_{\beta} \left(\frac{\partial K_{L\alpha}}{\partial K_\beta} \right)_{\boldsymbol{K} = \boldsymbol{K}^*} \tag{9.2-12}$$

设该矩阵的本征值为 $\lambda_1 (L) \geqslant \lambda_2 (L) \geqslant \lambda_3 (L) \geqslant \cdots$,本征矢为 $\boldsymbol{e}_1, \boldsymbol{e}_2, \boldsymbol{e}_3, \cdots$。根据群性质的要求,有

$$\lambda_i (L) \lambda_i (L') = \lambda_i (LL') \tag{9.2-13}$$

其解为

$$\lambda_i (L) = L^{y_i}, \quad y_1 \geqslant y_2 \geqslant y_3 \geqslant \cdots \tag{9.2-14}$$

式中,指数 $y_1, y_2, y_3, \cdots$ 不依赖于 L。

把不动点附近的状态按本征矢展开得

$$\delta \boldsymbol{K} = \sum_i t_i \boldsymbol{e}_i, \quad \delta \boldsymbol{K}_L = \tilde{R}_L \delta \boldsymbol{K} = \sum_i t_i \tilde{R}_L \boldsymbol{e}_i = \sum_i t_i L^{y_i} \boldsymbol{e}_i \tag{9.2-15}$$

我们看到,在重复的重正化群变换下,如果 $y_i > 0$,δK_{Li} 会越来越大,因此会越来越远离 K_{Li}^*。众所周知,如果系统处于临界点附近,关联长度 ξ 为一有限值。在重复的重正化群变换下,关联长度会越来越小,相当于离开临界点越来越

远。因此 $y_i > 0$ 的 K_{Li}^* 对应临界点，$y_i > 0$ 为临界指数。在重复的重正化群变换下，如果 $y_i < 0$，δK_{Li} 会越来越小，因此会越来越趋近 K_{Li}^*，$y_i < 0$ 的 K_{Li}^* 不对应临界点。因此只有本征值的指数 y_i 为正的那些分量起作用，称为相关参数。y_i 为负的那些分量称为无关参数。y_i 为零的那些分量称为边缘 (marginal) 参数。

对于通常的临界点，只有两个本征值为正。最大的本征值的 y_h 对应磁场，其次的 y_K 对应温度，即

$$(K_L, h_L) = R_L(K, h), \quad (K^*, h^*) = R_L(K^*, h^*) \tag{9.2-16}$$

重正化群变换的不动点的解为 $T = T_c$，$h^* = 0$，在不动点附近有

$$\delta(K, h) = (K - K^*, h - h^*) = (t, h) \tag{9.2-17}$$

把 $\tilde{R}_L$ 作用在 $\delta(K, h)$ 上得

$$\tilde{R}_L \delta(K, h) = \tilde{R}_L(t, h) = (L^{y_K} t, L^{y_h} h) = (t_L, h_L) = \left(\tilde{t}, \tilde{h} \right) \tag{9.2-18}$$

我们看到，重正化群变换得到的关系 (9.2-18) 与卡达诺夫假设的变换前后外磁场和温度存在的关系 $\tilde{H} = \left(L^d \right)^b H$ 和 $\tilde{t} = \left(L^d \right)^a t$ 一致，令两个关系的各自的指数相等，得

$$a = \frac{y_K}{d} = \frac{1}{d} \frac{\ln \lambda_K}{\ln L}, \quad b = \frac{y_h}{d} = \frac{1}{d} \frac{\ln \lambda_h}{\ln L} \tag{9.2-19}$$

9.3　一维伊辛模型的严格重正化群变换

统计模型的重正化群变换很难找到严格的结果，卡达诺夫幸运地找到了一维伊辛模型的严格重正化群变换。

设格点数 N 为偶数，使用周期性边界条件，从式 (7.1-3) ~ 式 (7.1-6) 可知，一维伊辛模型的配分函数可以写成

$$Q_N = \sum_{S_1} \sum_{S_2} \cdots \sum_{S_N} \exp\left[K \sum_{l=1}^{N} S_l S_{l+1} + \frac{1}{2} h \sum_{l=1}^{N} (S_l + S_{l+1}) \right] \tag{9.3-1}$$

式中，$K = J/k_B T$，$h = H/k_B T$。

我们看到，约化哈密顿量可以写成

$$\mathcal{H} = -K \sum_{l=1}^{N} S_l S_{l+1} - \frac{1}{2} h \sum_{l=1}^{N} (S_l + S_{l+1}) \tag{9.3-2}$$

配分函数可以写成

$$Q_N = \sum_{S_1} \sum_{S_2} \cdots \sum_{S_N} \langle S_N | V | S_1 \rangle \langle S_1 | V | S_2 \rangle \langle S_2 | V | S_3 \rangle \cdots \langle S_{N-1} | V | S_N \rangle$$

$$= \sum_{S_2} \sum_{S_4} \cdots \sum_{S_N} \left\{ e^{h(S_N+S_2)/2} \left[\sum_{S_1=\pm 1} e^{KS_1(S_N+S_2)+hS_1} \right] \right\}$$

$$\times \left\{ e^{h(S_2+S_4)/2} \left[\sum_{S_3=\pm 1} e^{KS_3(S_2+S_4)+hS_3} \right] \right\}$$

$$\times \cdots \times \left\{ e^{h(S_{N-2}+S_N)/2} \left[\sum_{S_{N-1}=\pm 1} e^{KS_{N-1}(S_{N-2}+S_N)+hS_{N-1}} \right] \right\} \tag{9.3-3}$$

式中，

$$\langle S_l | \boldsymbol{V} | S_{l+1} \rangle = \exp \left[KS_lS_{l+1} + \frac{1}{2} h \left(S_l + S_{l+1} \right) \right] \tag{9.3-4}$$

重正化群变换的本质就是粗粒化，减少自由度。如果我们把配分函数中的位于奇数格点上的自旋的求和完成，则剩下的只有偶数格点上的自旋，这样就实现了重正化群变换。定义新的矩阵元

$$e^{h(S_N+S_2)/2} \left[\sum_{S_1=\pm 1} e^{KS_1(S_N+S_2)+hS_1} \right] = e^{h(S_N+S_2)/2} 2\cosh\left[K \left(S_N + S_2 \right) + h \right]$$

$$= \langle S_N | V' | S_2 \rangle \tag{9.3-5}$$

现在把新的矩阵元 $\langle S_N | \boldsymbol{V}' | S_2 \rangle$ 写成跟矩阵元 $\langle S_l | \boldsymbol{V} | S_{l+1} \rangle$ 相同的形式：

$$\langle S_N | V' | S_2 \rangle = e^{h(S_N+S_2)/2} 2\cosh\left[K \left(S_N + S_2 \right) + h \right]$$

$$= \exp \left[2g + K'S_NS_2 + \frac{1}{2} h' \left(S_N + S_2 \right) \right] \tag{9.3-6}$$

式中，g、K' 和 h' 为待定常数。

把式 (9.3-6) 代入式 (9.3-3) 得

$$Q_N = \sum_{S_2} \sum_{S_4} \cdots \sum_{S_N} \langle S_N | V' | S_2 \rangle \langle S_2 | V' | S_4 \rangle \cdots \langle S_{N-2} | V' | S_N \rangle$$

$$= \sum_{S_2} \sum_{S_4} \cdots \sum_{S_N} e^{-\mathcal{H}'} \tag{9.3-7}$$

式中，

$$\mathcal{H}' = -Ng - K' \sum_{l=1}^{N/2} S_{2l} S_{2l+2} - \frac{1}{2} h' \sum_{l=1}^{N/2} (S_{2l} + S_{2l+2}) \qquad (9.3\text{-}8)$$

式 (9.3-7) 化为

$$Q_N(K, h) = e^{Ng(K,h)} Q_{N/2}(K', h') \qquad (9.3\text{-}9)$$

我们看到，新的哈密顿量 $\mathcal{H}'$ 与原来的哈密顿量 $\mathcal{H}$ 具有相同的形式。

在式 (9.3-7) 中分别取 $S_N = S_2 = 1$，$S_N = S_2 = -1$，$S_N = -S_2 = \pm 1$，得

$$e^h 2 \cosh(2K + h) = \exp(2g + K' + h')$$

$$e^{-h} 2 \cosh(-2K + h) = \exp(2g + K' - h'), \quad 2\cosh(h) = \exp(2g - K')$$
$$(9.3\text{-}10)$$

式 (9.3-10) 共三个方程，正好三个未知数，有解。解为

$$g = \frac{1}{8} \ln\left[16 \cosh(2K + h)\cosh(2K - h)\cosh^2 h\right] \qquad (9.3\text{-}11)$$

$$K' = \frac{1}{4} \ln \frac{\cosh(2K + h)\cosh(2K - h)}{\cosh^2 h}, \quad h' = h + \frac{1}{2} \ln \frac{\cosh(2K + h)}{\cosh(2K - h)}$$

9.4　伊辛模型的重正化群变换

9.3 节我们找到了一维伊辛模型的严格重正化群变换，但由于一维伊辛模型在有限温度下没有相变，这个重正化群变换不是特别有趣，所以我们需要寻找有限温度下有相变的统计模型的重正化群变换。

9.4.1　伊辛模型的重正化群变换步骤

配分函数为

$$Q_N(K, h) = \sum_{\{S_i\}} e^{-\mathcal{H}(K, h, \{S_i\})} \qquad (9.4\text{-}1)$$

式中，$\mathcal{H}$ 为约化的哈密顿量：

$$\mathcal{H}(K, h, \{S_i\}) = -K \sum_{\langle ij \rangle} S_i S_j - h \sum_i S_i, \quad K = J/k_B T, \quad h = H/k_B T \qquad (9.4\text{-}2)$$

实空间重正化群变换的步骤如下所述。

第一步：元胞的自旋可以根据多数原则定义。如果元胞的格点的自旋多数向上，则规定元胞的自旋向上；如果元胞的格点的自旋多数向下，则规定元胞的自旋向下，即

$$S_I = \text{sgn}\left(\sum_i S_i^I\right) \tag{9.4-3}$$

为了实现元胞的自旋的定义，元胞的格点数必须是奇数。设元胞的格点数为 n，那么元胞的所有格点的自旋组态为 2^n 个，元胞的自旋 $S_I = \pm 1$ 分别对应元胞的所有格点的自旋组态 2^{n-1} 个，把 $S_I = 1$ 对应的一组自旋组态的所有自旋反方向后得到 $S_I = -1$ 对应的一组自旋组态，反之亦然。记元胞的自旋 $S_I = 1$ 对应元胞的所有格点的自旋组态为 $\alpha_I = 1, 2, \cdots, 2^{n-1}$，元胞的自旋 $S_I = -1$ 对应元胞的所有格点的自旋组态为 $\alpha_I = 2^{n-1} + 1, 2^{n-1} + 2, \cdots, 2^n$。因此格点的自旋组态 $\{S_i\}$ 与元胞的自旋组态 $\{S_I, \alpha_I\}$ 等效，即配分函数可以写成

$$Q_N(K, h) = \sum_{\{S_i\}} \text{e}^{-\mathcal{H}(K, h, \{S_i\})} = \sum_{\{S_I, \alpha_I\}} \text{e}^{-\mathcal{H}(K, h, \{S_I, \alpha_I\})} = \sum_{\{S_I\}} \text{e}^{-\mathcal{H}(K_L, h_L, \{S_I\})}$$

$$\tag{9.4-4}$$

式中，元胞的哈密顿量 $\mathcal{H}(K_L, h_L, \{S_I\})$ 由下式确定：

$$\text{e}^{-\mathcal{H}(K_L, h_L, \{S_I\})} = \sum_{\{\alpha_I\}} \text{e}^{-\mathcal{H}(K, h, \{S_I, \alpha_I\})} \tag{9.4-5}$$

第二步：把哈密顿量划分为包含元胞内部的自旋的贡献 $\mathcal{H}_0$ 和包含元胞与元胞之间的自旋的相互作用及外场的贡献 V，即

$$\mathcal{H}(K, h, \{S_I, \alpha_I\}) = \mathcal{H}_0(K, \{S_I, \alpha_I\}) + V(K, h, \{S_I, \alpha_I\}) \tag{9.4-6}$$

式中，

$$\mathcal{H}_0(K, \{S_I, \alpha_I\}) = -K \sum_I \sum_{\langle ij \rangle \in I} S_i^I S_j^I \tag{9.4-7}$$

$$V(K, h, \{S_I, \alpha_I\}) = \sum_{I \neq J} V_{IJ} - h \sum_I \sum_{i \in I} S_i^I \tag{9.4-8}$$

这里，

$$V_{IJ} = -K \sum_{\langle ij \rangle, i \in I, j \in J} S_i^I S_j^J \tag{9.4-9}$$

表示元胞 I 和 J 之间的相互作用。

使用玻尔兹曼因子 $\mathrm{e}^{-\mathcal{H}_0}$ 定义统计平均值：

$$\langle A\{S_I,\alpha_I\}\rangle = \frac{\displaystyle\sum_{\{\alpha_I\}} \mathrm{e}^{-\mathcal{H}_0(K,h,\{S_I,\alpha_I\})} A\{S_I,\alpha_I\}}{\displaystyle\sum_{\{\alpha_I\}} \mathrm{e}^{-\mathcal{H}_0(K,h,\{S_I,\alpha_I\})}} \tag{9.4-10}$$

元胞组成的新格子的哈密顿量可以用以上统计平均值公式来表示：

$$\mathrm{e}^{-\mathcal{H}(K_L,h_L,\{S_I\})} = \sum_{\{\alpha_I\}} \mathrm{e}^{-\mathcal{H}_0(K,h,\{S_I,\alpha_I\})-V} = \langle \mathrm{e}^{-V}\rangle \sum_{\{\alpha_I\}} \mathrm{e}^{-\mathcal{H}_0(K,h,\{S_I,\alpha_I\})}$$

$$\tag{9.4-11}$$

把 e^{-V} 作泰勒展开得

$$\begin{aligned}
\mathrm{e}^{-\mathcal{H}(K_L,h_L,\{S_I\})} &= \left\langle 1 - V + \frac{V^2}{2!} + \cdots \right\rangle \sum_{\{\alpha_I\}} \mathrm{e}^{-\mathcal{H}_0} \\
&= \left(1 - \langle V\rangle + \frac{\langle V^2\rangle}{2!} + \cdots\right) \sum_{\{\alpha_I\}} \mathrm{e}^{-\mathcal{H}_0}
\end{aligned} \tag{9.4-12}$$

得

$$\begin{aligned}
-\mathcal{H}(K_L,h_L,\{S_I\}) &= \ln\left(1 - \langle V\rangle + \frac{\langle V^2\rangle}{2!} + \cdots\right) + \ln\sum_{\{\alpha_I\}} \mathrm{e}^{-\mathcal{H}_0} \\
&= \left(\ln\sum_{\{\alpha_I\}} \mathrm{e}^{-\mathcal{H}_0}\right) + \left(-\langle V\rangle + \frac{\langle V^2\rangle - \langle V\rangle^2}{2} + \cdots\right)
\end{aligned} \tag{9.4-13}$$

第三步：保留最低项。

$$\mathcal{H}(K_L,h_L,\{S_I\}) = -\left(\ln\sum_{\{\alpha_I\}} \mathrm{e}^{-\mathcal{H}_0}\right) + \langle V\rangle \tag{9.4-14}$$

把式 (9.4-8) 代入式 (9.4-14) 得

$$\mathcal{H}(K_L,h_L,\{S_I\}) = -\left(\ln\sum_{\{\alpha_I\}} \mathrm{e}^{-\mathcal{H}_0}\right) + \sum_{I\neq J} \langle V_{IJ}\rangle - h\sum_I \sum_{i\in I} \langle S_i^I\rangle$$

$$= -\left(\ln \sum_{\{\alpha_I\}} \mathrm{e}^{-\mathcal{H}_0}\right) - K\sum_{I \neq J}\sum_{\langle ij\rangle, i\in I, j\in J}\langle S_i^I\rangle\langle S_j^J\rangle - h\sum_I\sum_{i\in I}\langle S_i^I\rangle \tag{9.4-15}$$

通过计算 $\langle S_i^I\rangle$ 和 $\langle S_j^J\rangle$，把 $\mathcal{H}(K_L, h_L, \{S_I\})$ 写成如下形式：

$$\mathcal{H}(K_L, h_L, \{S_I\}) = \mathrm{const} - \sum_{\langle IJ\rangle} K_L S_I S_J - h_L \sum_I S_I \tag{9.4-16}$$

从而得到

$$K = K_L(K), \quad h_L = h_L(K, h) \tag{9.4-17}$$

第四步：计算不动点 (K^*, h^*)。

$$K^* = K_L(K^*), \quad h^* = h_L(K^*, h^*) \tag{9.4-18}$$

重正化群变换的不动点解为

$$T = T_{\mathrm{c}}, \quad h^* = 0 \tag{9.4-19}$$

第五步：在不动点附近线性化，即

$$\begin{pmatrix} \delta K_L \\ \delta h_L \end{pmatrix} = \begin{pmatrix} \dfrac{\partial K_L}{\partial K} & \dfrac{\partial K_L}{\partial h} \\ \dfrac{\partial h_L}{\partial K} & \dfrac{\partial h_L}{\partial h} \end{pmatrix}_{h=h^*, K=K^*} \begin{pmatrix} \delta K \\ \delta h \end{pmatrix} \tag{9.4-20}$$

得 λ_K 和 λ_h，从而得临界指数。

9.4.2 三角格子–小元胞

用三个格点组成一个元胞进行粗粒平均 (图 9.4.1)[99]，得

$$L = \sqrt{3} \tag{9.4-21}$$

元胞的自旋定义为

$$S_I = \mathrm{sgn}\left(S_1^I + S_2^I + S_3^I\right) \tag{9.4-22}$$

$S_I = 1$ 对应的自旋组态如图 9.4.2 所示，把 $S_I = 1$ 对应的自旋组态的自旋反向即可得到 $S_I = -1$ 对应的自旋组态。

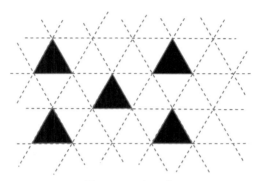

图 9.4.1　小元胞

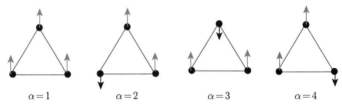

图 9.4.2　$S_I = 1$ 对应的自旋组态

元胞的数目为

$$M = \frac{N}{\left(\sqrt{3}\right)^2} \tag{9.4-23}$$

有

$$\sum_{\{\alpha_I\}} \mathrm{e}^{-\mathcal{H}_0} = Z_0^M \tag{9.4-24}$$

按图 9.4.2 中的自旋组态依次求和，得

$$Z_0 = \sum_{\{\alpha_I\}} \mathrm{e}^{K\left(S_1^I S_2^I + S_2^I S_3^I + S_3^I S_1^I\right)} = \mathrm{e}^{3K} + 3\mathrm{e}^{-K} \tag{9.4-25}$$

如图 9.4.3 所示，相邻元胞之间的自旋的相互作用为

$$V_{IJ} = V_{IJ} = -K \sum_{\langle ij \rangle, i \in I, j \in J} S_i^I S_j^J = -K S_3^J \left(S_1^I + S_2^I\right) \tag{9.4-26}$$

其统计平均值为

$$\langle V_{IJ} \rangle = -K \langle S_3^J \rangle \left(\langle S_1^I \rangle + \langle S_2^I \rangle \right) \tag{9.4-27}$$

按图 9.4.2 中的自旋组态依次求和，得

$$\langle S_1^I \rangle = \langle S_2^I \rangle = \langle S_3^I \rangle = Z_0^{-1} \sum_{\{\alpha_I\}} S_1^I e^{K\left(S_1^I S_2^I + S_2^I S_3^I + S_3^I S_1^I\right)} = Z_0^{-1} S_I \left(e^{3K} + e^{-K} \right) \tag{9.4-28}$$

把式 (9.4-28) 代入式 (9.4-27) 得

$$\langle V_{IJ} \rangle = -2K \left(\frac{e^{3K} + e^{-K}}{e^{3K} + 3e^{-K}} \right)^2 S_I S_J \tag{9.4-29}$$

把式 (9.4-28) 和式 (9.4-29) 代入式 (9.4-15) 得

$$\mathcal{H}\left(K_L, h_L, \{S_I\}\right) = -\frac{N}{3} \ln \left(e^{3K} + 3e^{-K} \right)$$
$$- \sum_{\langle IJ \rangle} 2K \left(\frac{e^{3K} + e^{-K}}{e^{3K} + 3e^{-K}} \right)^2 S_I S_J - h \sum_I 3 \left(\frac{e^{3K} + e^{-K}}{e^{3K} + 3e^{-K}} \right) S_I \tag{9.4-30}$$

得

$$K_L = 2K \left(\frac{e^{3K} + e^{-K}}{e^{3K} + 3e^{-K}} \right)^2, \quad h_L = 3h \left(\frac{e^{3K} + e^{-K}}{e^{3K} + 3e^{-K}} \right) \tag{9.4-31}$$

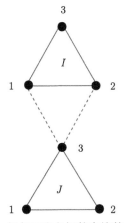

图 9.4.3 相邻元胞之间的自旋的相互作用

接下来，计算不动点。

使用式 (9.4-31) 得

$$K^* = 2K^* \left(\frac{e^{3K^*} + e^{-K^*}}{e^{3K^*} + 3e^{-K^*}} \right)^2, \quad h^* = 3h^* \left(\frac{e^{3K^*} + e^{-K^*}}{e^{3K^*} + 3e^{-K^*}} \right) \tag{9.4-32}$$

其解为 $(h^* = 0, K^* = 0)$，$(h^* = 0, K^* = 0.34)$。

第一个不动点 $(h^* = 0, K^* = 0)$ 对应临界点 $T_c = \infty$，没有物理意义。第二个不动点 $(h^* = 0, K^* = 0.34)$ 对应铁磁相变的临界点。

在第二个不动点附近线性化得

$$\begin{pmatrix} \delta K_L \\ \delta K_L \end{pmatrix} = \begin{pmatrix} \dfrac{\partial K_L}{\partial K} & \dfrac{\partial K_L}{\partial h} \\ \dfrac{\partial h_L}{\partial K} & \dfrac{\partial h_L}{\partial h} \end{pmatrix}_{h=h^*, K=K^*} \begin{pmatrix} \delta K \\ \delta h \end{pmatrix} = \begin{pmatrix} 1.62 & 0 \\ 0 & \dfrac{3}{\sqrt{2}} \end{pmatrix} \begin{pmatrix} \delta K \\ \delta h \end{pmatrix}$$

$$\tag{9.4-33}$$

得

$$\lambda_K = 1.62 \quad \lambda_h = \frac{3}{\sqrt{2}}, \quad a = \frac{\ln \lambda_K}{d \ln L} = 0.44, \quad b = \frac{\ln \lambda_h}{d \ln L} = 0.68,$$

$$\alpha = \frac{2a - 1}{a} = -0.27, \quad \delta = \frac{b}{1 - b} = 2.1 \tag{9.4-34}$$

严格解为

$$\lambda_K = 1.73, \quad \lambda_h = 2.80 \tag{9.4-35}$$

9.4.3   三角格子–大元胞

如图 9.4.4 所示，用七个格点组成一个元胞进行粗粒平均，得

$$L = \sqrt{\left(\frac{3\sqrt{3}}{2} \right)^2 + \left(\frac{1}{2} \right)^2} = \sqrt{7} \tag{9.4-36}$$

元胞的自旋定义为

$$S_I = \text{sgn} \left(S_1^I + S_2^I + S_3^I + S_4^I + S_5^I + S_6^I + S_7^I \right) \tag{9.4-37}$$

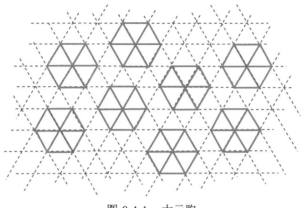

图 9.4.4 大元胞

如图 9.4.5 所示，元胞的自旋 $S_I = 1$ 对应的元胞的所有格点的自旋组态为 $\alpha_I = 1, 2, \cdots, 64$。元胞的自旋 $S_I = -1$ 对应的元胞的所有格点的自旋组态为 $\alpha_I = 65, 66, \cdots, 128$，把 $S_I = 1$ 对应的自旋组态的自旋反向即可得到。

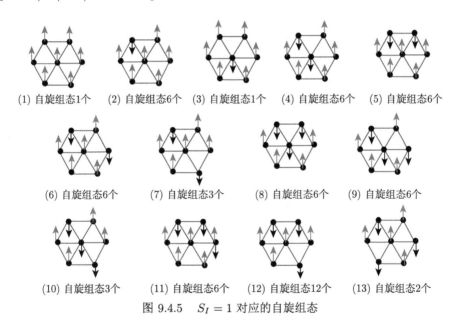

(1) 自旋组态1个　(2) 自旋组态6个　(3) 自旋组态1个　(4) 自旋组态6个　(5) 自旋组态6个

(6) 自旋组态6个　(7) 自旋组态3个　(8) 自旋组态6个　(9) 自旋组态6个

(10) 自旋组态3个　(11) 自旋组态6个　(12) 自旋组态12个　(13) 自旋组态2个

图 9.4.5 $S_I = 1$ 对应的自旋组态

按图 9.4.5 中的自旋组态依次求和，得

$$Z_0 = \sum_{\{\alpha_I\}} \exp\left(K \sum_{\langle ij \rangle} S_i^I S_j^I \right)$$

$$= \mathrm{e}^{12K} + 6\mathrm{e}^{6K} + 6\mathrm{e}^{4K} + 6\mathrm{e}^{2K} + 16 + 18\mathrm{e}^{-2K} + 9\mathrm{e}^{-4K} + 2\mathrm{e}^{-6K} \qquad (9.4\text{-}38)$$

如图 9.4.6 所示，相邻元胞之间的自旋的相互作用为

$$V_{IJ} = -K \sum_{\langle ij \rangle, i \in I, j \in J} S_i^I S_j^J = -K S_3^I \left(S_5^J + S_6^J \right) - K S_2^I S_6^J \tag{9.4-39}$$

其统计平均值为

$$\langle V_{IJ} \rangle = -K \langle S_3^I \rangle \left(\langle S_5^J \rangle + \langle S_6^J \rangle \right) - K \langle S_2^I \rangle \langle S_6^J \rangle \tag{9.4-40}$$

按图 9.4.5 中的自旋组态依次求和，得

$$\langle S_1^I \rangle = \langle S_2^I \rangle = \langle S_3^I \rangle = \langle S_4^I \rangle = \langle S_5^I \rangle = \langle S_6^I \rangle = Z_0^{-1} \sum_{\{\alpha_I\}} S_1^I \exp \left(K \sum_{\langle ij \rangle} S_i^I S_j^I \right)$$

$$= Z_0^{-1} S_I \left(e^{12K} + 4e^{6K} + 2e^{4K} + 6 + 4e^{-2K} + 3e^{-4K} \right) \tag{9.4-41}$$

$$\langle S_7^I \rangle = Z_0^{-1} \sum_{\{\alpha_I\}} S_7^I \exp \left(K \sum_{\langle ij \rangle} S_i^I S_j^I \right)$$

$$= Z_0^{-1} S_I \left(e^{12K} + 6e^{6K} + 6e^{4K} + 6e^{2K} + 2 + 6e^{-2K} - 9e^{-4K} + 2e^{-6K} \right) \tag{9.4-42}$$

把式 (9.4-41) 和式 (9.4-42) 代入式 (9.4-40) 得

$$\langle V_{IJ} \rangle = -3K \left(\frac{e^{12K} + 4e^{6K} + 2e^{4K} + 6 + 4e^{-2K} + 3e^{-4K}}{e^{12K} + 6e^{6K} + 6e^{4K} + 6e^{2K} + 16 + 18e^{-2K} + 9e^{-4K} + 2e^{-6K}} \right)^2 S_I S_J \tag{9.4-43}$$

使用式 (9.4-15) 得

$$\mathcal{H}(K_L, h_L, \{S_I\}) = -\left(\ln \sum_{\{\alpha_I\}} e^{-\mathcal{H}_0} \right) - K \sum_{\langle IJ \rangle} \langle V_{IJ} \rangle - h \sum_I \left(6 \langle S_1^I \rangle + \langle S_7^I \rangle \right) \tag{9.4-44}$$

把式 (9.4-41) ~ 式 (9.4-43) 代入式 (9.4-44) 得

$$\begin{cases} K_L = 3K \left(\dfrac{e^{12K} + 4e^{6K} + 2e^{4K} + 6 + 4e^{-2K} + 3e^{-4K}}{e^{12K} + 6e^{6K} + 6e^{4K} + 6e^{2K} + 16 + 18e^{-2K} + 9e^{-4K} + 2e^{-6K}} \right)^2 \\[4mm] h_L = h \dfrac{7e^{12K} + 30e^{6K} + 18e^{4K} + 6e^{2K} + 38 + 30e^{-2K} - 9e^{-4K} + 2e^{-6K}}{e^{12K} + 6e^{6K} + 6e^{4K} + 6e^{2K} + 16 + 18e^{-2K} + 9e^{-4K} + 2e^{-6K}} \end{cases} \tag{9.4-45}$$

不动点为 $(h^* = 0, K^* = 0)$，$(h^* = 0, K^* = 0.30033)$。

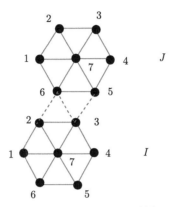

图 9.4.6　相邻元胞之间的自旋的相互作用

第一个不动点 $(h^* = 0, K^* = 0)$ 对应临界点 $T_c = \infty$，没有物理意义。第二个不动点 $(h^* = 0, K^* = 0.30033)$ 对应铁磁相变的临界点。

在第二个不动点附近线性化得

$$
\begin{pmatrix} \delta K_L \\ \delta K_L \end{pmatrix} = \begin{pmatrix} \dfrac{\partial K_L}{\partial K} & \dfrac{\partial K_L}{\partial h} \\ \dfrac{\partial h_L}{\partial K} & \dfrac{\partial h_L}{\partial h} \end{pmatrix}_{h=h^*,K=K^*} \begin{pmatrix} \delta K \\ \delta h \end{pmatrix} = \begin{pmatrix} 2.445 & 0 \\ 0 & 4.228 \end{pmatrix} \begin{pmatrix} \delta K \\ \delta h \end{pmatrix}
$$

$$(9.4\text{-}46)$$

得

$$
\lambda_K = 2.445, \quad \lambda_h = 4.228, \quad a = \frac{\ln \lambda_K}{d \ln L} = 0.459, \quad b = \frac{\ln \lambda_h}{d \ln L} = 0.741,
$$

$$
\alpha = \frac{2a-1}{a} = -0.177, \quad \delta = \frac{b}{1-b} = 2.859 \tag{9.4-47}
$$

与小元胞的结果相比，大元胞的结果有了显著的改进。

9.4.4　方格子

如图 9.4.7 所示，用五个格点组成一个元胞进行粗粒平均。得

$$
L = \sqrt{5} \tag{9.4-48}
$$

元胞的自旋定义为

$$S_I = \text{sgn}\left(S_1^I + S_2^I + S_3^I + S_4^I + S_5^I\right) \tag{9.4-49}$$

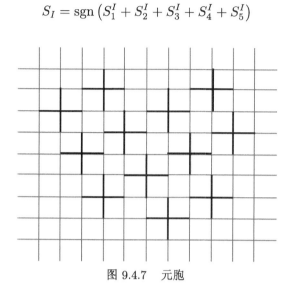

图 9.4.7　元胞

如图 9.4.8 所示，元胞的自旋 $S_I = 1$ 对应的元胞的所有格点的自旋组态为 $\alpha_I = 1, 2, \cdots, 16$。把 $S_I = 1$ 对应的自旋组态的自旋反向即可得到。

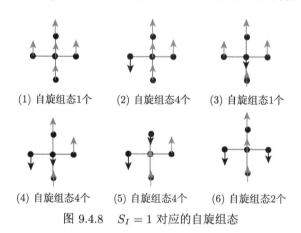

图 9.4.8　$S_I = 1$ 对应的自旋组态

按图 9.4.8 中的自旋组态依次求和，得

$$Z_0 = \sum_{\{\alpha_I\}} \exp\left(K \sum_{\langle ij \rangle} S_i^I S_j^I\right) = \mathrm{e}^{4K} + 4\mathrm{e}^{2K} + 6 + 4\mathrm{e}^{-2K} + \mathrm{e}^{-4K} \tag{9.4-50}$$

如图 9.4.9 所示，相邻元胞之间的自旋的相互作用为

$$V_{IJ} = -K \sum_{\langle ij \rangle, i \in I, j \in J} S_i^I S_j^J = -K S_4^I \left(S_1^J + S_2^J\right) - K S_2^J S_3^I \tag{9.4-51}$$

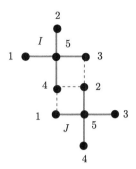

图 9.4.9　相邻元胞之间的自旋的相互作用

其统计平均值为

$$\langle V_{IJ} \rangle = -K \left\langle S_4^I \right\rangle \left(\left\langle S_1^J \right\rangle + \left\langle S_2^J \right\rangle \right) - K \left\langle S_2^J \right\rangle \left\langle S_3^I \right\rangle \tag{9.4-52}$$

按图 9.4.8 中的自旋组态依次求和，得

$$\left\langle S_1^I \right\rangle = \left\langle S_2^I \right\rangle = \left\langle S_3^I \right\rangle = \left\langle S_4^I \right\rangle = Z_0^{-1} \sum_{\{\alpha_I\}} S_1^I \exp\left(K \sum_{\langle ij \rangle} S_i^I S_j^I \right)$$

$$= Z_0^{-1} S_I \left(\mathrm{e}^{4K} + 2\mathrm{e}^{2K} + 2\mathrm{e}^{-2K} + \mathrm{e}^{-4K} \right) \tag{9.4-53}$$

$$\left\langle S_5^I \right\rangle = Z_0^{-1} \sum_{\{\alpha_I\}} S_5^I \exp\left(K \sum_{\langle ij \rangle} S_i^I S_j^I \right) = Z_0^{-1} S_I \left(\mathrm{e}^{4K} + 4\mathrm{e}^{2K} + 6 - 4\mathrm{e}^{-2K} - \mathrm{e}^{-4K} \right)$$

$$\tag{9.4-54}$$

把式 (9.4-53) 和式 (9.4-54) 代入式 (9.4-52) 得

$$\langle V_{IJ} \rangle = -3K \left(\frac{\mathrm{e}^{4K} + 2\mathrm{e}^{2K} + 2\mathrm{e}^{-2K} + \mathrm{e}^{-4K}}{\mathrm{e}^{4K} + 4\mathrm{e}^{2K} + 6 + 4\mathrm{e}^{-2K} + \mathrm{e}^{-4K}} \right)^2 S_I S_J \tag{9.4-55}$$

把式 (9.4-53) ～ 式 (9.4-55) 代入式 (9.4-15) 得

$$\mathcal{H}\left(K_L, h_L, \{S_I\} \right) = -\left(\ln \sum_{\{\alpha_I\}} \mathrm{e}^{-\mathcal{H}_0} \right) - K \sum_{\langle IJ \rangle} \langle V_{IJ} \rangle - h \sum_I \left(4\left\langle S_1^I \right\rangle + \left\langle S_5^I \right\rangle \right)$$

$$\tag{9.4-56}$$

从而得

$$
\begin{cases}
K_L = 3K \left(\dfrac{\mathrm{e}^{4K} + 2\mathrm{e}^{2K} + 2\mathrm{e}^{-2K} + \mathrm{e}^{-4K}}{\mathrm{e}^{4K} + 4\mathrm{e}^{2K} + 6 + 4\mathrm{e}^{-2K} + \mathrm{e}^{-4K}} \right)^2 \\[3mm]
h_L = h \dfrac{5\mathrm{e}^{4K} + 12\mathrm{e}^{2K} + 6 + 4\mathrm{e}^{-2K} + 3\mathrm{e}^{-4K}}{\mathrm{e}^{4K} + 4\mathrm{e}^{2K} + 6 + 4\mathrm{e}^{-2K} + \mathrm{e}^{-4K}}
\end{cases}
\tag{9.4-57}
$$

不动点为 $(h^* = 0, K^* = 0)$, $(h^* = 0, K^* = 0.593)$。

第一个不动点 $(h^* = 0, K^* = 0)$ 对应临界点 $T_c = \infty$, 没有物理意义。第二个不动点 $(h^* = 0, K^* = 0.593)$ 对应铁磁相变的临界点。

在第二个不动点附近线性化得

$$
\begin{pmatrix} \delta K_L \\ \delta K_L \end{pmatrix} =
\begin{pmatrix} \dfrac{\partial K_L}{\partial K} & \dfrac{\partial K_L}{\partial h} \\[3mm] \dfrac{\partial h_L}{\partial K} & \dfrac{\partial h_L}{\partial h} \end{pmatrix}_{h=h^*, K=K^*}
\begin{pmatrix} \delta K \\ \delta h \end{pmatrix} =
\begin{pmatrix} 2.065 & 0 \\ 0 & 3.225 \end{pmatrix}
\begin{pmatrix} \delta K \\ \delta h \end{pmatrix}
\tag{9.4-58}
$$

得

$$
\lambda_K = 2.065, \quad \lambda_h = 3.225, \quad a = \frac{\ln \lambda_K}{d \ln L} = 0.450, \quad b = \frac{\ln \lambda_h}{d \ln L} = 0.728,
$$

$$
\alpha = \frac{2a - 1}{a} = -0.220, \quad \delta = \frac{b}{1 - b} = 2.670
\tag{9.4-59}
$$

习　题

1. 如图 9.4.10 所示,对于一维伊辛模型,取相邻三个格点组成元胞,计算重正化群变换。

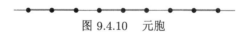

图 9.4.10　元胞

2. 如图 9.4.11 所示,把三根一维伊辛链横着连起来,取竖直方向的三个格点组成元胞,计算重正化群变换。

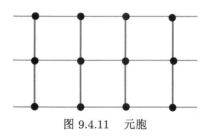

图 9.4.11　元胞

9.5 朗道有效哈密顿量

9.5.1 朗道有效哈密顿量的推导

现在我们使用伊辛模型推导朗道有效哈密顿量 [17,100]。把伊辛模型推广到一般情况

$$E = -\sum_{ij} S_i J_{ij} S_j - \sum_i H_i S_i \tag{9.5-1}$$

式中，$J_{ij} = J(\boldsymbol{r}_i - \boldsymbol{r}_j)$ 表示在位置 $\boldsymbol{r}_i$ 处的自旋 S_i 和在位置 $\boldsymbol{r}_j$ 处的自旋 S_j 之间的相互作用耦合强度；H_i 为在位置 $\boldsymbol{r}_i$ 处的外磁场。

配分函数可以写成

$$Q_N = \sum_{\{S_i\}} \exp\left[\sum_{ij} S_i K_{ij} S_j + \sum_i h_i S_i\right] \tag{9.5-2}$$

式中，$K_{ij} = \beta J_{ij}$；$h_i = \beta H_i$。

为了使式 (9.5-2) 中的分立求和化为连续积分，需要使用高斯积分

$$\int_{-\infty}^{\infty} \mathrm{d}x_1 \cdots \mathrm{d}x_N \exp\left[-\frac{1}{4}\sum_{ij} x_i \left(V^{-1}\right)_{ij} x_j + \sum_i s_i x_i\right] = A \exp\left(\sum_{ij} s_i V_{ij} s_j\right) \tag{9.5-3}$$

式中，V 为正定的对称矩阵；V^{-1} 为其逆矩阵；A 为实常数。

由于 $K_{ij} = K(\boldsymbol{r}_i - \boldsymbol{r}_j) = K(\boldsymbol{r}_j - \boldsymbol{r}_i) = K_{ji} > 0$，可以把式 (9.5-3) 用于式 (9.5-2)，得

$$Q_N = \sum_{\{S_i\}} \int_{-\infty}^{\infty} \cdots \int_{-\infty}^{\infty} \mathrm{d}\varphi_1 \cdots \mathrm{d}\varphi_N \exp\left[-\frac{1}{4}\sum_{ij} \varphi_i \left(K^{-1}\right)_{ij} \varphi_j + \sum_i (h_i + \varphi_i) S_i\right] \tag{9.5-4}$$

式中，常数因子因为无关紧要已经省略，接下来也如此。

作变换 $\varphi_i \to \varphi_i - h_i$，得

$$Q_N = \int_{-\infty}^{\infty} \cdots \int_{-\infty}^{\infty} \mathrm{d}\varphi_1 \cdots \mathrm{d}\varphi_N \exp\left[-\frac{1}{4}\sum_{ij} (\varphi_i - h_i) \left(K^{-1}\right)_{ij} (\varphi_j - h_j)\right]$$

$$\times \sum_{\{S_i\}} \exp \left(\sum_i \varphi_i S_i \right) \tag{9.5-5}$$

式 (9.5-5) 中针对自旋组态的求和可以完成，即

$$\sum_{\{S_i\}} \exp \left(\sum_i \varphi_i S_i \right) = \sum_{\{S_i\}} \prod_i \exp \left(\varphi_i S_i \right) = \prod_i \sum_{S_i} \exp \left(\varphi_i S_i \right) = \prod_i \left(2 \cosh \varphi_i \right)$$

$$= 2^N \exp \left[\sum_i \ln \left(\cosh \varphi_i \right) \right] \tag{9.5-6}$$

把式 (9.5-6) 代入式 (9.5-5) 得

$$Q_N = \int_{-\infty}^{\infty} \cdots \int_{-\infty}^{\infty} \mathrm{d}\varphi_1 \cdots \mathrm{d}\varphi_N$$

$$\times \exp \left[-\frac{1}{4} \sum_{ij} \left(\varphi_i - h_i \right) \left(K^{-1} \right)_{ij} \left(\varphi_j - h_j \right) + \sum_i \ln \left(\cosh \varphi_i \right) \right] \tag{9.5-7}$$

作变换

$$\varphi_i = 2 \sum_j K_{ij} \psi_j \tag{9.5-8}$$

式 (9.5-7) 化为

$$Q_N = \int \mathrm{d}\psi_1 \cdots \mathrm{d}\psi_N \exp \left[-\sum_{ij} \psi_i K_{ij} \psi_j + \sum_i \psi_i h_i + \sum_i \ln \left(\cosh \sum_j 2 K_{ij} \psi_j \right) \right]$$

$$= \int \mathrm{d}\psi_1 \cdots \mathrm{d}\psi_N \exp \left\{ -\sum_{ij} \psi_i K_{ij} \psi_j + \sum_i \psi_i h_i \right.$$

$$\left. + \sum_i \left[\frac{1}{2} \left(\sum_j 2 K_{ij} \psi_j \right)^2 - \frac{1}{12} \left(\sum_j 2 K_{ij} \psi_j \right)^4 + \cdots \right] \right\} \tag{9.5-9}$$

式中，我们已经使用泰勒展开

$$\ln \cosh x = \frac{1}{2} x^2 - \frac{1}{12} x^4 + \cdots$$

逆变换为

$$\psi_i = \frac{1}{2} \sum_j \left(K^{-1} \right)_{ij} \varphi_j \tag{9.5-10}$$

为简单起见，设晶格为 d 维超立方晶格 (hypercubic lattice)，每一维线度均为 L，晶格常数为 a，体积为 $V = L^d = Na^d$，N 为元胞数，a^d 为元胞体积，把 $f_i = \varphi(\boldsymbol{r}_i), h(\boldsymbol{r}_i), K(\boldsymbol{r}_i - \boldsymbol{r}_j)$ 作晶格傅里叶变换：

$$f_i = f(\boldsymbol{r}_i) = \frac{1}{N} \sum_{\boldsymbol{k}} f(\boldsymbol{k}) \exp(-\mathrm{i}\boldsymbol{k} \cdot \boldsymbol{r}_i) = \frac{a^d}{V} \sum_{\boldsymbol{k}} f(\boldsymbol{k}) \exp(-\mathrm{i}\boldsymbol{k} \cdot \boldsymbol{r}_i) \quad (9.5\text{-}11)$$

式中，$\boldsymbol{k}$ 为位于第一布里渊区域中的倒格子矢量，即

$$\boldsymbol{k} = \frac{2\pi}{L}\boldsymbol{n} = \frac{2\pi}{L}(n_1, n_2, \cdots, n_d), \quad n_j = -\frac{L}{2a}, \cdots, \frac{L}{2a}, \quad -\frac{\pi}{a} \leqslant k_j \leqslant \frac{\pi}{a} \quad (9.5\text{-}12)$$

逆变换为

$$f(\boldsymbol{k}) = \sum_{i=1}^{N} f(\boldsymbol{r}_i) \exp(\mathrm{i}\boldsymbol{k} \cdot \boldsymbol{r}_i) \quad (9.5\text{-}13)$$

由于 f_i 为实的，有

$$f^*(\boldsymbol{k}) = f(-\boldsymbol{k}) \quad (9.5\text{-}14)$$

由于 $K(\boldsymbol{r}_i - \boldsymbol{r}_j) = K(\boldsymbol{r}_j - \boldsymbol{r}_i)$，有

$$K(\boldsymbol{k}) = K(-\boldsymbol{k}) = K^*(-\boldsymbol{k}) \quad (9.5\text{-}15)$$

因此 $K(\boldsymbol{k})$ 为 $\boldsymbol{k}$ 的实的偶函数。

既然临界点附近的扰动是长波扰动，那么导致自由能奇异部分出现的是 $\boldsymbol{k} \to 0$ 的部分，我们可以把 $K(\boldsymbol{k})$ 围绕 $\boldsymbol{k} = 0$ 作泰勒展开并保留到 k^2 项，得

$$K(\boldsymbol{k}) = K_0 - c^2 k^2 \quad (9.5\text{-}16)$$

式中，$K_0 = K(\boldsymbol{k}=0) = \sum_i K(\boldsymbol{r}_i)$；$c > 0$ 为实常量。

作晶格傅里叶变换，并使用式 (9.5-16)，则式 (9.5-9) 化为

$$Q_N = \int \mathscr{D}\psi(\boldsymbol{k}) \exp\{-\mathcal{H}[\psi(\boldsymbol{k})]\} \quad (9.5\text{-}17)$$

式中，我们已经使用

$$\int \mathrm{d}\psi_1 \cdots \mathrm{d}\psi_N = \int \mathscr{D}\psi(\boldsymbol{k}) \quad (9.5\text{-}18)$$

$\mathcal{H}\left[\psi\left(\boldsymbol{k}\right)\right]$ 为

$$-\mathcal{H}[\psi(\boldsymbol{k})] = -\sum_{ij} \psi_i K_{ij} \psi_j + \sum_i \psi_i h_i$$

$$+ \sum_i \left[\frac{1}{2}\left(\sum_j 2K_{ij}\psi_j\right)^2 - \frac{1}{12}\left(\sum_j 2K_{ij}\psi_j\right)^4 + \cdots\right]$$

$$= \frac{1}{N}\sum_{\boldsymbol{k}}[2K(\boldsymbol{k})K(-\boldsymbol{k}) - K(\boldsymbol{k})]\psi(\boldsymbol{k})\psi(-\boldsymbol{k}) + \frac{1}{N}\sum_{\boldsymbol{k}} h(\boldsymbol{k})\psi(-\boldsymbol{k})$$

$$- \frac{4}{3N^3}\sum_{\boldsymbol{k}} K(\boldsymbol{k})K(\boldsymbol{k}_1)K(\boldsymbol{k}_2)K(\boldsymbol{k}-\boldsymbol{k}_1-\boldsymbol{k}_2)\psi(\boldsymbol{k})$$

$$\times \psi(\boldsymbol{k}_1)\psi(\boldsymbol{k}_2)\psi(\boldsymbol{k}-\boldsymbol{k}_1-\boldsymbol{k}_2) + \cdots$$

$$\cong -\frac{1}{N}\sum_{\boldsymbol{k}}\left[K_0(1-2K_0) + c^2(4K_0-1)k^2\right]\psi(\boldsymbol{k})\psi(-\boldsymbol{k})$$

$$+ \frac{1}{N}\sum_{\boldsymbol{k}} h(\boldsymbol{k})\psi(-\boldsymbol{k}) - \frac{4}{3N^3}K_0^4 \sum_{\boldsymbol{k},\boldsymbol{k}_1,\boldsymbol{k}_2} \psi(\boldsymbol{k})\psi(\boldsymbol{k}_1)\psi(\boldsymbol{k}_2)$$

$$\times \psi(\boldsymbol{k}-\boldsymbol{k}_1-\boldsymbol{k}_2) + \cdots \tag{9.5-19}$$

由于 $K_0 \propto 1/T$, 则 $1-2K_0 > 0$ 对应高温相, $1-2K_0 < 0$ 对应低温相, $1-2K_0 = 0$ 对应临界点。在临界点附近, 有

$$1 - 2K_0 \cong \frac{T-T_{\rm c}}{T_{\rm c}} = t \tag{9.5-20}$$

把式 (9.5-20) 代入式 (9.5-19), 并忽略 $\mathcal{H}\left[\psi\left(\boldsymbol{k}\right)\right]$ 的高次项, 得

$$\mathcal{H}[\psi(\boldsymbol{k})] \cong \frac{1}{2N}\sum_{\boldsymbol{k}}\left(t + 2c^2 k^2\right)\psi(\boldsymbol{k})\psi(-\boldsymbol{k}) - \frac{1}{N}\sum_{\boldsymbol{k}} h(\boldsymbol{k})\psi(-\boldsymbol{k})$$

$$+ \frac{1}{12N^3}\sum_{\boldsymbol{k},\boldsymbol{k}_1,\boldsymbol{k}_2} \psi(\boldsymbol{k})\psi(\boldsymbol{k}_1)\psi(\boldsymbol{k}_2)\psi(\boldsymbol{k}-\boldsymbol{k}_1-\boldsymbol{k}_2) \tag{9.5-21}$$

考虑连续极限

$$\frac{1}{N}\sum_{\boldsymbol{k}} \to \frac{1}{N}\int {\rm d}n_1\cdots{\rm d}n_d = \left(\frac{a}{2\pi}\right)^d \int {\rm d}^d k \tag{9.5-22}$$

并重新标度 $\psi(\boldsymbol{k}) \to \dfrac{1}{c}\left(\dfrac{2\pi}{a}\right)^{d/2}\psi(\boldsymbol{k})$, $h(\boldsymbol{k}) \to c\left(\dfrac{2\pi}{a}\right)^{d/2} h(\boldsymbol{k})$, 使 $\mathcal{H}\left[\psi\left(\boldsymbol{k}\right)\right]$ 中

的 k^2 前面的系数为 1, 磁场项前面的系数为 -1, 式 (9.5-21) 化为

$$
\begin{aligned}
\mathcal{H}\left[\psi\left(\boldsymbol{k}\right)\right] = &\int \mathrm{d}^d k \left(\tau_0 + k^2\right) \psi\left(\boldsymbol{k}\right) \psi\left(-\boldsymbol{k}\right) - \int \mathrm{d}^d k h\left(\boldsymbol{k}\right) \psi\left(-\boldsymbol{k}\right) \\
&+ U_0 \int \mathrm{d}^d k_1 \mathrm{d}^d k_2 \mathrm{d}^d k_3 \mathrm{d}^d k_4 \psi\left(\boldsymbol{k}_1\right) \psi\left(\boldsymbol{k}_2\right) \psi\left(\boldsymbol{k}_3\right) \psi\left(\boldsymbol{k}_4\right) \\
&\times \delta\left(\boldsymbol{k}_1 + \boldsymbol{k}_2 + \boldsymbol{k}_3 + \boldsymbol{k}_4\right)
\end{aligned} \tag{9.5-23}
$$

式中,

$$
\tau_0 = \frac{1}{2c^2}t = \alpha_0 t, \quad U_0 = \frac{1}{12c^4}\left(\frac{a}{2\pi}\right)^d
$$

式 (9.5-17) 化为

$$
Q_N = \int_{0<|\boldsymbol{k}|<\Lambda} \mathscr{D}\psi\left(\boldsymbol{k}\right) \exp\left(-\mathcal{H}\left[\psi\left(\boldsymbol{k}\right)\right]\right) \tag{9.5-24}
$$

式中, Λ 表示动量截断。

由于 $\psi\left(\boldsymbol{r}\right)$ 为实的, $\psi\left(\boldsymbol{k}\right)$ 为复的, 满足 $\psi\left(\boldsymbol{k}\right) = \psi^*\left(-\boldsymbol{k}\right)$, 有

$$
\mathscr{D}\psi\left(\boldsymbol{k}\right) = \prod_{\boldsymbol{k}} \mathrm{d}\psi\left(\boldsymbol{k}\right) \mathrm{d}\psi^*\left(\boldsymbol{k}\right) \tag{9.5-25}
$$

把式 (9.5-25) 代入式 (9.5-24) 得

$$
Q_N = \int_{0<|\boldsymbol{k}|<\Lambda} \prod_{\boldsymbol{k}} \mathrm{d}\psi\left(\boldsymbol{k}\right) \mathrm{d}\psi^*\left(\boldsymbol{k}\right) \exp\left(-\mathcal{H}\left[\psi\left(\boldsymbol{k}\right)\right]\right) \tag{9.5-26}
$$

我们也可以把配分函数写成实空间中的泛函积分

$$
Q_N = \int \mathscr{D}\psi \exp\left(-\mathcal{H}\left[\psi\right]\right) \tag{9.5-27}
$$

重新标度 $\psi \to \frac{a^{d/2}}{c}\psi$, $h \to ch$, 使 $\mathcal{H}\left[\psi\right]$ 中的 $\left(\nabla\psi\right)^2$ 前面的系数为 1, 磁场项前面的系数为 -1, 得

$$
\mathcal{H}\left[\psi\right] = \int \mathrm{d}^d r \left[\left(\nabla\psi\right)^2 + \tau_0 \psi^2 + U_0 \psi^4 - h\psi\right] \tag{9.5-28}
$$

式中,

$$
\tau_0 = \frac{1}{2c^2}t = \alpha_0 t, \quad U_0 = \frac{1}{12c^4}a^d \tag{9.5-29}
$$

9.5.2　平均场近似

为了看出 ψ 的物理意义, 我们把式 (9.5-27) 应用于平均场近似。离开临界点足够远处, 序参量的涨落足够小, 此时平均场近似成立, 计算配分函数时可以使用最速下降法, 即

$$Q_N = \int \mathscr{D}\psi \exp\left(-\mathcal{H}\left[\psi\right]\right) \cong A \exp\left(-\mathcal{H}\left[\psi\right]_{\min}\right) \tag{9.5-30}$$

式中, A 为常量。

$\mathcal{H}\left[\psi\right]_{\min}$ 要求

$$\delta\mathcal{H}\left[\psi\right] = \int \mathrm{d}^d x \left[-2\left(\nabla^2\psi\right) + 2\alpha_0 t\psi + 4U_0\psi^3 - h\right]\delta\psi = 0 \tag{9.5-31}$$

得

$$-2\left(\nabla^2\psi\right) + 2\alpha_0 t\psi + 4U_0\psi^3 - h = 0 \tag{9.5-32}$$

使用式 (9.5-30) 得

$$-k_{\mathrm{B}}T\ln Q_N = -k_{\mathrm{B}}T\ln A + k_{\mathrm{B}}T\mathcal{H}\left[\psi\right]_{\min} \tag{9.5-33}$$

在 6.4 节我们看到伊辛模型的亥姆霍兹自由能为 $-k_{\mathrm{B}}T\ln Q_N$, 但是现在的朗道有效哈密顿量是把伊辛模型粗粒化描述后得到的, 适用于临界点附近描述实际单轴铁磁体, 已经不同于原来的伊辛模型, 因此式 (9.5-33) 不能解释成亥姆霍兹自由能, 只能解释成吉布斯自由能[4], 得约化吉布斯自由能密度为

$$g = f_0 + \left(\nabla\psi\right)^2 + \alpha_0 t\psi^2 + U_0\psi^4 - h\psi \tag{9.5-34}$$

约化亥姆霍兹自由能密度为

$$f = g + h\psi = f_0 + \left(\nabla\psi\right)^2 + \alpha_0 t\psi^2 + U_0\psi^4 \tag{9.5-35}$$

式中, $f_0 = f\left(\psi = 0\right)$。因此 ψ 就是序参量。

考虑均匀的情形, 式 (9.5-32) 和式 (9.5-35) 分别化为

$$h = 2\alpha_0 t\psi + 4U_0\psi^3 \tag{9.5-36}$$

$$f = f_0 + \alpha_0 t\psi^2 + U_0\psi^4 \tag{9.5-37}$$

使用式 (9.5-36) 得

$$h\left(T=T_{c}\right)=4U_{0}\psi^{3}, \quad \delta=3 \tag{9.5-38}$$

考虑没有外磁场的情形，式 (9.5-36) 的解为

$$\psi=\begin{cases}0, & T>T_{c}\\ \pm\left(-\dfrac{\alpha_{0}t}{2U_{0}}\right)^{1/2}, & T\to T_{c}^{-}\end{cases} \tag{9.5-39}$$

$$\beta=1/2 \tag{9.5-40}$$

使用式 (9.5-36) 和式 (9.5-40) 得

$$\chi_{T}\left(h=0\right)=\left(\frac{\partial\psi}{\partial h}\right)_{T}\bigg|_{h=0}=\frac{1}{2\alpha_{0}t+12U_{0}\psi^{2}}=\begin{cases}\dfrac{1}{2\alpha_{0}}t^{-1}, & T>T_{c}\\ \dfrac{1}{4\alpha_{0}}\left(-t\right)^{-1}, & T\to T_{c}^{-}\end{cases} \tag{9.5-41}$$

$$\gamma=\gamma'=1 \tag{9.5-42}$$

使用式 (9.5-37) 和式 (9.5-39) 得熵

$$s\left(h=0\right)=-\left(\frac{\partial f}{\partial T}\right)_{\psi}=-\frac{\mathrm{d}f_{0}\left(T\right)}{\mathrm{d}T}-\frac{\alpha_{0}}{T_{c}}\psi^{2}=\begin{cases}-\dfrac{\mathrm{d}f_{0}\left(T\right)}{\mathrm{d}T}, & T>T_{c}\\ -\dfrac{\mathrm{d}f_{0}\left(T\right)}{\mathrm{d}T}+\dfrac{\alpha_{0}^{2}}{2U_{0}T_{c}}t, & T\to T_{c}^{-}\end{cases} \tag{9.5-43}$$

热容量为

$$c\left(h=0\right)=T\left(\frac{\partial s}{\partial T}\right)_{h=0}=\begin{cases}-T\dfrac{\mathrm{d}^{2}f_{0}\left(T\right)}{\mathrm{d}T^{2}}, & T>T_{c}\\ -T\dfrac{\mathrm{d}^{2}f_{0}\left(T\right)}{\mathrm{d}T^{2}}+\dfrac{\alpha_{0}^{2}}{2U_{0}T_{c}^{2}}T, & T\to T_{c}^{-}\end{cases} \tag{9.5-44}$$

$$\Delta c\left(h=0\right)|_{T=T_{c}}=\frac{\alpha_{0}^{2}}{2U_{0}T_{c}}, \quad \alpha=\alpha'=0 \tag{9.5-45}$$

我们看到，这里所得的结果与朗道连续相变的平均场理论所得的结果一样。

9.6　动量空间中的重正化群变换

动量空间中的重正化群变换步骤如下所述 [6,7,17,19,20]。

第一步：把约化哈密顿量中的与短波波矢量 $\frac{\Lambda}{s} < |\boldsymbol{k}| < \Lambda$ 相关的那部分积分掉 (参数 $s > 1$)，得到与长波波矢量 $0 < |\boldsymbol{k}| < \frac{\Lambda}{s}$ 相关的那部分，即

$$Q = \int \prod_{0<|\boldsymbol{k}|<\Lambda/s} \mathrm{d}\psi(\boldsymbol{k})\,\mathrm{d}\psi^*(\boldsymbol{k}) \int \prod_{\Lambda/s<|\boldsymbol{k}|<\Lambda} \mathrm{d}\psi(\boldsymbol{k})\,\mathrm{d}\psi^*(\boldsymbol{k}) \mathrm{e}^{-\mathcal{H}[\psi(\boldsymbol{k})]}$$

$$= \int \prod_{0<|\boldsymbol{k}|<\Lambda/s} \mathrm{d}\psi(\boldsymbol{k})\mathrm{d}\psi^*(\boldsymbol{k})\,\mathrm{e}^{-\mathcal{H}'[\psi(\boldsymbol{k})]} \tag{9.6-1}$$

式中，

$$\mathrm{e}^{-H'[\psi(\boldsymbol{k})]} = \int \prod_{\Lambda/s<|\boldsymbol{k}|<\Lambda} \mathrm{d}\psi(\boldsymbol{k})\,\mathrm{d}\psi^*(\boldsymbol{k})\mathrm{e}^{-\mathcal{H}[\psi(\boldsymbol{k})]} \tag{9.6-2}$$

第二步：作变换

$$\boldsymbol{k} = \boldsymbol{k}'/s, \quad \mathcal{H}'[\psi(\boldsymbol{k})] \to \mathcal{H}'[\psi(\boldsymbol{k}'/s)] \tag{9.6-3}$$

得

$$Q = \int \prod_{0<|\boldsymbol{k}'|<\Lambda} \mathrm{d}\psi(\boldsymbol{k}'/s)\mathrm{d}\psi^*(\boldsymbol{k}'/s)\,\mathrm{e}^{-\mathcal{H}'[\psi(\boldsymbol{k}'/s)]} \tag{9.6-4}$$

第三步：重新标度 $\psi(\boldsymbol{k}'/s) = s^y \psi(\boldsymbol{k}')$，把 $H'[\psi(\boldsymbol{k}')]$ 写成与 $\mathcal{H}[\psi(\boldsymbol{k})]$ 相同的形式，从而得到变换前后相互作用耦合强度之间的关系。

第四步和第五步分别是计算不动点和临界指数。

具体实现如下所述。

第一步：定义慢模 (slow modes)

$$\psi_< = \psi(0 < |\boldsymbol{k}| < \Lambda/s) \tag{9.6-5}$$

和快模 (fast modes)

$$\psi_> = \psi(\Lambda/s < |\boldsymbol{k}| < \Lambda) \tag{9.6-6}$$

约化哈密顿量可以写成

$$\mathcal{H}\left[\psi\left(\boldsymbol{k}\right)\right] = \mathcal{H}_0\left[\psi_<\right] + \mathcal{H}_0\left[\psi_>\right] + \mathcal{H}_{\mathrm{I}}\left[\psi_<, \psi_>\right] \tag{9.6-7}$$

第二步：把约化哈密顿量中的快模积分掉，即

$$Q = \int \prod_{0<|\boldsymbol{k}|<\Lambda/s} \mathrm{d}\psi_< \mathrm{d}\psi_<^* \int \prod_{\Lambda/s<|\boldsymbol{k}|<\Lambda} \mathrm{d}\psi_> \mathrm{d}\psi_>^* \mathrm{e}^{-\mathcal{H}_0[\psi_<]-\mathcal{H}_0[\psi_>]-\mathcal{H}_{\mathrm{I}}[\psi_<,\psi_>]}$$

$$= \int \prod_{0<|\boldsymbol{k}|<\Lambda/s} \mathrm{d}\psi_< \mathrm{d}\psi_<^* \mathrm{e}^{-\mathcal{H}'[\psi_<]} \tag{9.6-8}$$

式中，

$$\mathrm{e}^{-\mathcal{H}'[\psi_<]} = Q_0 \mathrm{e}^{-\mathcal{H}_0[\psi_<]} \left\langle \mathrm{e}^{-\mathcal{H}_{\mathrm{I}}[\psi_<,\psi_>]} \right\rangle_0 \tag{9.6-9}$$

$$\left\langle \mathrm{e}^{-\mathcal{H}_{\mathrm{I}}[\psi_<,\psi_>]} \right\rangle_0 = \frac{1}{Q_0} \int \prod_{\Lambda/s<|\boldsymbol{k}|<\Lambda} \mathrm{d}\psi_> \mathrm{d}\psi_>^* \mathrm{e}^{-\mathcal{H}_0[\psi_>]} \mathrm{e}^{-\mathcal{H}_{\mathrm{I}}[\psi_<,\psi_>]} \tag{9.6-10}$$

$$Q_0 = \int \prod_{\Lambda/s<|\boldsymbol{k}|<\Lambda} \mathrm{d}\psi_> \mathrm{d}\psi_>^* \mathrm{e}^{-\mathcal{H}_0[\psi_>]} \tag{9.6-11}$$

得

$$\begin{aligned} \mathcal{H}'\left[\psi_<\right] &= -\ln Q_0 + \mathcal{H}_0\left[\psi_<\right] - \ln \left\langle \mathrm{e}^{-\mathcal{H}_{\mathrm{I}}[\psi_<,\psi_>]} \right\rangle_0 \\ &= -\ln Q_0 + \mathcal{H}_0\left[\psi_<\right] - \ln \left\langle 1 - \mathcal{H}_{\mathrm{I}}\left[\psi_<, \psi_>\right] + \frac{1}{2}\left(\mathcal{H}_{\mathrm{I}}\left[\psi_<, \psi_>\right]\right)^2 + \cdots \right\rangle_0 \\ &= -\ln Q_0 + \mathcal{H}_0\left[\psi_<\right] + \left\langle \mathcal{H}_{\mathrm{I}}\left[\psi_<, \psi_>\right] \right\rangle_0 \\ &\quad - \frac{1}{2}\left\{ \left\langle \left(\mathcal{H}_{\mathrm{I}}\left[\psi_<, \psi_>\right]\right)^2 \right\rangle_0 - \left(\left\langle \mathcal{H}_{\mathrm{I}}\left[\psi_<, \psi_>\right]\right\rangle_0\right)^2 \right\} + \cdots \end{aligned} \tag{9.6-12}$$

第三步：作变换 $\boldsymbol{k} = \boldsymbol{k}'/s$，$\mathcal{H}'\left[\psi_<\left(\boldsymbol{k}\right)\right] \to \mathcal{H}'\left[\psi_<\left(\boldsymbol{k}'/s\right)\right]$，得

$$Q = \int \prod_{0<|\boldsymbol{k}'|<\Lambda} \mathrm{d}\psi_<\left(\boldsymbol{k}'/s\right) \mathrm{d}\psi_<^*\left(\boldsymbol{k}'/s\right) \mathrm{e}^{-\mathcal{H}'[\psi_<(\boldsymbol{k}'/s)]} \tag{9.6-13}$$

第四步：重新标度 $\psi_<\left(\boldsymbol{k}'/s\right) = s^y \psi\left(\boldsymbol{k}'\right)$，把 $H'\left[\psi\left(\boldsymbol{k}'\right)\right]$ 写成与 $\mathcal{H}\left[\psi\left(\boldsymbol{k}\right)\right]$ 相同的形式，从而得到变换前后相互作用耦合强度之间的关系。

第五步和第六步分别是计算不动点和临界指数。

9.7   高斯模型的严格重正化群变换

把 ψ^4 模型的相互作用项去掉, 就是高斯模型 [6,7,17,19,20]:

$$\mathcal{H}\left[\psi\left(\boldsymbol{k}\right)\right] = \int \mathrm{d}^d k \left(\tau_0 + k^2\right) \psi\left(\boldsymbol{k}\right) \psi\left(-\boldsymbol{k}\right) - \int \mathrm{d}^d k h\left(\boldsymbol{k}\right) \psi\left(-\boldsymbol{k}\right) \tag{9.7-1}$$

考虑恒定磁场, 式 (9.7-1) 化为

$$\mathcal{H}\left[\psi\left(\boldsymbol{k}\right)\right] = \int \mathrm{d}^d k \left(\tau_0 + k^2\right) \psi\left(\boldsymbol{k}\right) \psi\left(-\boldsymbol{k}\right) - h\psi\left(0\right) \tag{9.7-2}$$

第一步: 确定 $\mathcal{H}_0\left[\psi_<\left(\boldsymbol{k}\right)\right]$、$\mathcal{H}_0\left[\psi_>\left(\boldsymbol{k}\right)\right]$ 和 $\mathcal{H}_{\mathrm{I}}\left[\psi_<, \psi_>\right]$, 得

$$\mathcal{H}_0\left[\psi_<\left(\boldsymbol{k}\right)\right] = \int_{0<|\boldsymbol{k}|<\Lambda/s} \mathrm{d}^d k \left(\tau_0 + k^2\right) \psi_<\left(\boldsymbol{k}\right) \psi_<\left(-\boldsymbol{k}\right) - h\psi_<\left(0\right) \tag{9.7-3}$$

$$\mathcal{H}_0\left[\psi_>\left(\boldsymbol{k}\right)\right] = \int_{\Lambda/s<|\boldsymbol{k}|<\Lambda} \mathrm{d}^d k \left(\tau_0 + k^2\right) \psi_>\left(\boldsymbol{k}\right) \psi_>\left(-\boldsymbol{k}\right) \tag{9.7-4}$$

$$\mathcal{H}_{\mathrm{I}}\left[\psi_<, \psi_>\right] = 0 \tag{9.7-5}$$

我们看到, 慢模和快模没有耦合。

第二步: 计算 $\mathcal{H}'\left[\psi_<\left(\boldsymbol{k}\right)\right]$。

由于慢模和快模没有耦合, 所以计算特别简单, 得

$$\begin{aligned} \mathcal{H}'\left[\psi_<\left(\boldsymbol{k}\right)\right] &= -\ln Q_0 + \mathcal{H}_0\left[\psi_<\right] \\ &= -\ln Q_0 + \int_{0<|\boldsymbol{k}|<\Lambda/s} \mathrm{d}^d k \left(\tau_0 + k^2\right) \psi_<\left(\boldsymbol{k}\right) \psi_<\left(-\boldsymbol{k}\right) - h\psi_<\left(0\right) \end{aligned} \tag{9.7-6}$$

第三步: 定义 $\boldsymbol{k} = \boldsymbol{k}'/s$, 得

$$\begin{aligned} \mathcal{H}'\left[\psi_<\left(\boldsymbol{k}'/s\right)\right] &= -\ln Q_0 + \int_{0<|\boldsymbol{k}'|<\Lambda} \mathrm{d}^d k' s^{-d} \\ &\quad \times \left(\tau_0 + s^{-2}k^2\right) \psi_<\left(\boldsymbol{k}'/s\right) \psi_<\left(-\boldsymbol{k}'/s\right) - h\psi_<\left(0\right) \end{aligned} \tag{9.7-7}$$

第四步: 重新标度。

令 $\psi_< \left(\boldsymbol{k}'/s \right) = s^{1+d/2} \psi \left(\boldsymbol{k}' \right)$, 得

$$\mathcal{H}' \left[\psi \left(\boldsymbol{k}' \right) \right] = -\ln Q_0 + \int_{0<|\boldsymbol{k}|<\Lambda} \mathrm{d}^d k \cdot \left(\tau_0' + k^2 \right) \psi \left(\boldsymbol{k} \right) \psi \left(-\boldsymbol{k} \right) - h' \psi \left(0 \right) \quad (9.7\text{-}8)$$

式中,

$$\tau_0' = s^2 \tau_0, \quad h' = s^{1+d/2} h \quad\quad\quad (9.7\text{-}9)$$

第五步:计算不动点,得

$$\tau_0^* = s^2 \tau_0^*, \quad h^* = s^{1+d/2} h^* \quad\quad\quad (9.7\text{-}10)$$

不动点为

$$\tau_0^* = 0, \quad h^* = 0 \quad\quad\quad (9.7\text{-}11)$$

第六步:计算临界指数。

把式 (9.7-9) 与变换前后外磁场和温度的关系 $\tilde{H} = \left(L^d \right)^b H$, $\tilde{t} = \left(L^d \right)^a t$ 比较得

$$a = \frac{2}{d}, \quad b = \frac{1+d/2}{d} \quad\quad\quad (9.7\text{-}12)$$

从而得临界指数

$$\alpha = \alpha' = \frac{2a-1}{a} = 2 - \frac{d}{2}, \quad \beta = \frac{1-b}{a} = \frac{d}{4} - \frac{1}{2},$$
$$\gamma = \gamma' = \frac{2b-1}{a} = 1, \quad \delta = \frac{b}{1-b} = \frac{d+2}{d-2} \quad\quad\quad (9.7\text{-}13)$$

我们看到,高斯模型有严格重正化群变换,原因是慢模和快模没有耦合。

9.8 ψ^4 模型的近似重正化群变换

ψ^4 模型的有效哈密顿量为式 (9.5-23),考虑没有外磁场的情形,有 [6,7,17,19,20]

$$\mathcal{H} \left[\psi \left(\boldsymbol{k} \right) \right] = \int \mathrm{d}^d k \left(\tau_0 + k^2 \right) \psi \left(\boldsymbol{k} \right) \psi \left(-\boldsymbol{k} \right)$$
$$+ U_0 \int \mathrm{d}^d k_1 \mathrm{d}^d k_2 \mathrm{d}^d k_3 \mathrm{d}^d k_4 \psi \left(\boldsymbol{k}_1 \right) \psi \left(\boldsymbol{k}_2 \right) \psi \left(\boldsymbol{k}_3 \right) \psi \left(\boldsymbol{k}_4 \right)$$
$$\times \delta \left(\boldsymbol{k}_1 + \boldsymbol{k}_2 + \boldsymbol{k}_3 + \boldsymbol{k}_4 \right) \quad\quad\quad (9.8\text{-}1)$$

第一步：确定 $\mathcal{H}_0\left[\psi_<\left(\boldsymbol{k}\right)\right]$，$\mathcal{H}_0\left[\psi_>\left(\boldsymbol{k}\right)\right]$ 和 $\mathcal{H}_{\mathrm{I}}\left[\psi_<, \psi_>\right]$。

使用式 (9.8-1) 得

$$\mathcal{H}_0\left[\psi_<\left(\boldsymbol{k}\right)\right] = \int_{0<|\boldsymbol{k}|<\Lambda/s} \mathrm{d}^d k \left(\tau_0 + k^2\right)\left|\psi_<\left(\boldsymbol{k}\right)\right|^2 \tag{9.8-2}$$

$$\mathcal{H}_0\left[\psi_>\left(\boldsymbol{k}\right)\right] = \int_{\Lambda/s<|\boldsymbol{k}|<\Lambda} \mathrm{d}^d k \left(\tau_0 + k^2\right)\left|\psi_>\left(\boldsymbol{k}\right)\right|^2 \tag{9.8-3}$$

$$\begin{aligned}
\mathcal{H}_{\mathrm{I}}\left[\psi\left(\boldsymbol{k}\right)\right] &= U_0 \int \mathrm{d}^d k_1 \mathrm{d}^d k_2 \mathrm{d}^d k_3 \mathrm{d}^d k_4 \left[\psi_<\left(\boldsymbol{k}_1\right) + \psi_>\left(\boldsymbol{k}_1\right)\right]\left[\psi_<\left(\boldsymbol{k}_2\right) + \psi_>\left(\boldsymbol{k}_2\right)\right] \\
&\quad \times \left[\psi_<\left(\boldsymbol{k}_3\right) + \psi_>\left(\boldsymbol{k}_3\right)\right]\left[\psi_<\left(\boldsymbol{k}_4\right) + \psi_>\left(\boldsymbol{k}_4\right)\right]\delta\left(\boldsymbol{k}_1 + \boldsymbol{k}_2 + \boldsymbol{k}_3 + \boldsymbol{k}_4\right) \\
&= U_0 \int \mathrm{d}^d k_1 \mathrm{d}^d k_2 \mathrm{d}^d k_3 \mathrm{d}^d k_4 \left[\psi_<\left(\boldsymbol{k}_1\right)\psi_<\left(\boldsymbol{k}_2\right)\psi_<\left(\boldsymbol{k}_3\right)\psi_<\left(\boldsymbol{k}_4\right) + \psi_>\left(\boldsymbol{k}_1\right)\right. \\
&\quad \times \psi_>\left(\boldsymbol{k}_2\right)\psi_>\left(\boldsymbol{k}_3\right)\psi_>\left(\boldsymbol{k}_4\right) + 6\psi_<\left(\boldsymbol{k}_1\right)\psi_<\left(\boldsymbol{k}_2\right)\psi_>\left(\boldsymbol{k}_3\right)\psi_>\left(\boldsymbol{k}_4\right) + \cdots\left.\right] \\
&\quad \times \delta\left(\boldsymbol{k}_1 + \boldsymbol{k}_2 + \boldsymbol{k}_3 + \boldsymbol{k}_4\right)
\end{aligned} \tag{9.8-4}$$

式中出现的因子 6 来自 $C_4^2 = 6$，那些省略的项含有奇数个快模，作统计平均后，由于动量守恒，为零。

第二步：计算 $\mathcal{H}'\left[\psi_<\left(\boldsymbol{k}\right)\right]$。

最常用的一个平均值为

$$\left\langle\left|\psi_>\left(\boldsymbol{k}\right)\right|^2\right\rangle_0 = \frac{\int_0^\infty \mathrm{d}\left|\psi_>\left(\boldsymbol{k}\right)\right|^2 \mathrm{e}^{-\left(\tau_0+k^2\right)\left|\psi_>\left(\boldsymbol{k}\right)\right|^2}\left|\psi_>\left(\boldsymbol{k}\right)\right|^2}{\int_0^\infty \mathrm{d}\left|\psi_>\left(\boldsymbol{k}\right)\right|^2 \mathrm{e}^{-\left(\tau_0+k^2\right)\left|\psi_>\left(\boldsymbol{k}\right)\right|^2}} = \frac{1}{\left|\boldsymbol{k}\right|^2 + \tau_0} \tag{9.8-5}$$

进一步有

$$\left\langle\psi_>\left(\boldsymbol{k}\right)\psi_>\left(\boldsymbol{k}'\right)\right\rangle_0 = \left\langle\left|\psi_>\left(\boldsymbol{k}\right)\right|^2\right\rangle_0 \delta\left(\boldsymbol{k} + \boldsymbol{k}'\right) \tag{9.8-6}$$

使用威克定理得展开的一阶项

$$\begin{aligned}
\left\langle\mathcal{H}_{\mathrm{I}}\left[\psi_<, \psi_>\right]\right\rangle_0 &= \frac{1}{Q_0} \int \prod_{\Lambda/s<|\boldsymbol{k}|<\Lambda} \mathrm{d}\psi_> \mathrm{d}\psi_>^* \mathrm{e}^{-\mathcal{H}_0\left[\psi_>\right]}\mathcal{H}_{\mathrm{I}}\left[\psi\left(\boldsymbol{k}\right)\right] \\
&= U_0 \int \mathrm{d}^d k_1 \mathrm{d}^d k_2 \mathrm{d}^d k_3 \mathrm{d}^d k_4 \psi_<\left(\boldsymbol{k}_1\right)\psi_<\left(\boldsymbol{k}_2\right)\psi_<\left(\boldsymbol{k}_3\right)\psi_<\left(\boldsymbol{k}_4\right)
\end{aligned}$$

$$\times \delta (\boldsymbol{k}_1 + \boldsymbol{k}_2 + \boldsymbol{k}_3 + \boldsymbol{k}_4) + 6U_0 B \int \mathrm{d}^d k \psi_< (\boldsymbol{k}) \, \psi_< (-\boldsymbol{k}) + C_2 \tag{9.8-7}$$

式中，C_2 为常量，

$$B = \int_{\Lambda/s < |\boldsymbol{k}| < \Lambda} \mathrm{d}^d k \frac{1}{|\boldsymbol{k}|^2 + \tau_0} \tag{9.8-8}$$

展开的二阶项为

$$\frac{1}{2} \left\{ \left\langle (\mathcal{H}_I [\psi_<, \psi_>])^2 \right\rangle_0 - (\langle \mathcal{H}_I [\psi_<, \psi_>] \rangle_0)^2 \right\}$$

$$\cong 18 U_0^2 \int \mathrm{d}^d k_1 \cdots \mathrm{d}^d k_8 \psi_< (\boldsymbol{k}_1) \, \psi_< (\boldsymbol{k}_2) \, \psi_< (\boldsymbol{k}_7) \, \psi_< (\boldsymbol{k}_8) \, \delta (\boldsymbol{k}_1 + \boldsymbol{k}_2 + \boldsymbol{k}_3 + \boldsymbol{k}_4)$$

$$\times \delta (\boldsymbol{k}_5 + \boldsymbol{k}_6 + \boldsymbol{k}_7 + \boldsymbol{k}_8) \left\{ \langle \psi_> (\boldsymbol{k}_3) \, \psi_> (\boldsymbol{k}_5) \rangle_0 \, \langle \psi_> (\boldsymbol{k}_4) \, \psi_> (\boldsymbol{k}_6) \rangle_0 \right.$$

$$+ \left. \langle \psi_> (\boldsymbol{k}_3) \, \psi_> (\boldsymbol{k}_6) \rangle_0 \, \langle \psi_> (\boldsymbol{k}_4) \, \psi_> (\boldsymbol{k}_5) \rangle_0 \right\}$$

$$= 36 U_0^2 \int \mathrm{d}^d k_1 \cdots \mathrm{d}^d k_4 D (\boldsymbol{k}_3, \boldsymbol{k}_4) \psi_< (\boldsymbol{k}_1) \, \psi_< (\boldsymbol{k}_2) \, \psi_< (\boldsymbol{k}_3) \, \psi_< (\boldsymbol{k}_4) \, \delta (\boldsymbol{k}_1 + \boldsymbol{k}_2 + \boldsymbol{k}_3 + \boldsymbol{k}_4)$$

$$\cong 36 U_0^2 D (0,0) \int \mathrm{d}^d k_1 \cdots \mathrm{d}^d k_4 \psi_< (\boldsymbol{k}_1) \, \psi_< (\boldsymbol{k}_2) \, \psi_< (\boldsymbol{k}_3) \, \psi_< (\boldsymbol{k}_4) \, \delta (\boldsymbol{k}_1 + \boldsymbol{k}_2 + \boldsymbol{k}_3 + \boldsymbol{k}_4) \tag{9.8-9}$$

式中出现的因子 36 来自式 (9.8-4) 中的因子 6，

$$D (\boldsymbol{k}_3, \boldsymbol{k}_4) = \int_{\Lambda/s < |\boldsymbol{k}| < \Lambda} \mathrm{d}^d k \frac{1}{\left(|\boldsymbol{k}|^2 + \tau_0 \right) \left(|\boldsymbol{k}_3 + \boldsymbol{k}_4 - \boldsymbol{k}|^2 + \tau_0 \right)} \tag{9.8-10}$$

把一阶项 (9.8-7) 和二阶项 (9.8-9) 代入式 (9.6-12) 得

$$\mathcal{H}' [\psi_< (\boldsymbol{k})] = - \ln Q_0 + C_2 + \int_{0 < |\boldsymbol{k}| < \Lambda/s} \mathrm{d}^d k \left(\tau_0 + 12 U_0 B + k^2 \right) |\psi_< (\boldsymbol{k})|^2$$

$$+ \left\{ U_0 - 36 U_0^2 D (0,0) \right\} \int \mathrm{d}^d k_1 \cdots \mathrm{d}^d k_4 \psi_< (\boldsymbol{k}_1) \, \psi_< (\boldsymbol{k}_2)$$

$$\times \psi_< (\boldsymbol{k}_3) \, \psi_< (\boldsymbol{k}_4) \, \delta (\boldsymbol{k}_1 + \boldsymbol{k}_2 + \boldsymbol{k}_3 + \boldsymbol{k}_4) \tag{9.8-11}$$

第三步：作变换 $\boldsymbol{k} = \boldsymbol{k}'/s$，式 (9.8-11) 化为

$$\mathcal{H}' [\psi_< (\boldsymbol{k}'/s)] = - \ln Q_0 + C_2 + \int_{0 < |\boldsymbol{k}'| < \Lambda} \mathrm{d}^d k' s^{-d} \left(\tau_0 + 12 U_0 B + s^{-2} k'^2 \right)$$

$$\times \left| \psi_< \left(\boldsymbol{k}'/s \right) \right|^2 + \left\{ U_0 - 36U_0^2 D\left(0,0\right) \right\} s^{-3d}$$

$$\times \int \mathrm{d}^d k_1' \cdots \mathrm{d}^d k_4' \psi_< \left(\boldsymbol{k}_1'/s \right) \psi_< \left(\boldsymbol{k}_2'/s \right)$$

$$\times \psi_< \left(\boldsymbol{k}_3'/s \right) \psi_< \left(\boldsymbol{k}_4'/s \right) \delta \left(\boldsymbol{k}_1' + \boldsymbol{k}_2' + \boldsymbol{k}_3' + \boldsymbol{k}_4' \right) \qquad (9.8\text{-}12)$$

第四步：选择 $\psi_< \left(\boldsymbol{k}'/s \right) = s^{1+d/2} \psi \left(\boldsymbol{k}' \right)$，式 (9.8-12) 化为

$$\mathcal{H}' \left[\psi \left(\boldsymbol{k}' \right) \right] = -\ln Q_0 + C_2 + \int_{0 < |\boldsymbol{k}| < \Lambda} \mathrm{d}^d k \left(\tau_0' + k^2 \right) \left| \psi \left(\boldsymbol{k} \right) \right|^2$$

$$+ U_0' \int \mathrm{d}^d k_1 \cdots \mathrm{d}^d k_4 \psi \left(\boldsymbol{k}_1 \right) \psi \left(\boldsymbol{k}_2 \right) \psi \left(\boldsymbol{k}_3 \right) \psi \left(\boldsymbol{k}_4 \right) \delta \left(\boldsymbol{k}_1 + \boldsymbol{k}_2 + \boldsymbol{k}_3 + \boldsymbol{k}_4 \right)$$

$$(9.8\text{-}13)$$

式中，

$$\tau_0' = s^2 \left(\tau_0 + 12 U_0 B \right), \quad U_0' = \left\{ U_0 - 36U_0^2 D\left(0,0\right) \right\} s^{4-d} \qquad (9.8\text{-}14)$$

第五步：计算不动点。

(1) $d \geqslant 4$。

由于 $s^{4-d} \leqslant 1$，有 $U_0' < U_0$。在反复的重正化群变换下，U_0 变得越来越小，最终变为零。这导致式 (9.8-14) 成为

$$\tau_0' = s^2 \tau_0, \quad U_0' \to 0 \qquad (9.8\text{-}15)$$

其不动点为 $\tau_0^* = 0$。式 (9.8-15) 正是高斯模型的重正化群变换。因此，如果 $d \geqslant 4$，则模型与高斯模型是同一普适类，具有相同的临界性质。

(2) $d < 4$。

我们考虑 $d \to 4^-$ 的情形。

考虑 $s \to 1^+$ 的情形，使用 d 维球的体积公式得

$$B = \int_{\Lambda/s < |\boldsymbol{k}| < \Lambda} \mathrm{d}^d k \frac{1}{|\boldsymbol{k}|^2 + \tau_0} \cong \frac{1}{\Lambda^2 + \tau_0} \int_{\Lambda/s < |\boldsymbol{k}| < \Lambda} \mathrm{d}^d k \cong \frac{1}{12} \frac{C \Lambda^2}{1 + \tau_0 \Lambda^{-2}} \qquad (9.8\text{-}16)$$

式中，

$$C = \frac{12 \pi^{d/2} d}{\Gamma \left(1 + d/2 \right)} \Lambda^{d-4} \left(s - 1 \right) \qquad (9.8\text{-}17)$$

同理得

$$D\left(0,0\right)=\int_{\Lambda/s<|\boldsymbol{k}|<\Lambda}\mathrm{d}^d k\frac{1}{\left(|\boldsymbol{k}|^2+\tau_0\right)^2}\cong\frac{1}{\left(\Lambda^2+\tau_0\right)^2}\int_{\Lambda/s<|\boldsymbol{k}|<\Lambda}\mathrm{d}^d k\cong\frac{C}{12\left(1+\tau_0\Lambda^{-2}\right)^2}$$

$$(9.8\text{-}18)$$

把式 (9.8-17) 和式 (9.8-18) 代入式 (9.8-14) 得

$$\tau_0'\Lambda^{-2}=s^2\left(\tau_0\Lambda^{-2}+U_0\frac{C}{1+\tau_0\Lambda^{-2}}\right),\quad U_0'=s^{4-d}\left\{U_0-3U_0^2\frac{C}{\left(1+\tau_0\Lambda^{-2}\right)^2}\right\}$$

$$(9.8\text{-}19)$$

重新标度 $\tau_0'\Lambda^{-2}\to\tau_0'$, $\tau_0\Lambda^{-2}\to\tau_0$, 式 (9.8-19) 化为

$$\tau_0'=s^2\left(\tau_0+C\frac{U_0}{1+\tau_0}\right),\quad U_0'=s^{4-d}\left\{U_0-3CU_0^2\frac{1}{\left(1+\tau_0\right)^2}\right\}\qquad(9.8\text{-}20)$$

其不动点为

$$\tau_0^*=s^2\left(\tau_0^*+C\frac{U_0^*}{1+\tau_0^*}\right),\quad U_0^*=s^{4-d}\left\{U_0^*-3CU_0^{*2}\frac{1}{\left(1+\tau_0^*\right)^2}\right\}\qquad(9.8\text{-}21)$$

第一组不动点为 $\tau_0^*=0$, $U_0^*=0$, 为高斯模型的不动点。第二组不动点为

$$\tau_0^*\cong\frac{-\varepsilon\ln s}{3\left(1-s^{-2}\right)},\quad U_0^*=\frac{\ln s}{3C}\varepsilon\qquad(9.8\text{-}22)$$

式中, $\varepsilon=4-d$。

第六步: 计算临界指数。

使用式 (9.2-12) 计算线性矩阵得

$$\begin{pmatrix}\dfrac{\partial\tau_0'}{\partial\tau_0}&\dfrac{\partial\tau_0'}{\partial U_0}\\[3mm]\dfrac{\partial U_0'}{\partial\tau_0}&\dfrac{\partial U_0'}{\partial U_0}\end{pmatrix}_{\tau_0=\tau_0^*,U_0=U_0^*}=\begin{pmatrix}s^2\left(1-\dfrac{\ln s}{3}\varepsilon\right)&Cs^2\\[3mm]0&1-\varepsilon\ln s\end{pmatrix}\qquad(9.8\text{-}23)$$

本征值为

$$\lambda_K=s^2\left(1-\frac{\ln s}{3}\varepsilon\right),\quad\lambda_{U_0}=1-\varepsilon\ln s\qquad(9.8\text{-}24)$$

由于 $\lambda_K > 1$，$\lambda_{U_0} < 1$，所以 λ_K 是相关本征值，λ_{U_0} 是不相关本征值。得

$$a = \frac{\ln \lambda_K}{d \ln s} \cong \frac{2 - \dfrac{1}{3}\varepsilon}{d} + O\left(\varepsilon^2\right), \quad \nu = \frac{1}{ad} = \frac{1}{2 - \dfrac{1}{3}\varepsilon} = \frac{1}{2} + \frac{1}{12}\varepsilon + O\left(\varepsilon^2\right)$$

$$\alpha = 2 - \frac{1}{a} = 2 - \frac{4 - \varepsilon}{2 - \dfrac{1}{3}\varepsilon} \approx \frac{1}{6}\varepsilon + O\left(\varepsilon^2\right) \tag{9.8-25}$$

第 10 章　量　子　流　体

10.1　超流的二流体模型

10.1.1　实验结果

自然界中的氦有两种稳定的同位素：^{3}He 和 ^{4}He。一个 ^{4}He 原子有 2 个质子、2 个中子和 2 个电子，^{4}He 原子是玻色子；^{3}He 原子有 2 个质子、1 个中子和 2 个电子，^{3}He 原子是费米子。

氦原子间相互作用很弱，原子的质量很小，从而零点振动能很大，这使得在常压下直到接近绝对零度氦仍可保持液态。在很低的温度下，量子效应起主导作用，因此液氦是典型的量子液体。在绝对零度时压强需要高于 25 个大气压 (atm, 1atm=101325Pa) 才能固化。^{4}He 的相图上没有三相点，即固、液、气三相不能共存。

普通的液体只有一个液相，但液 ^{4}He 却有两个液相 (He I 和 He II)，He I 跟普通液体一样有黏性，是正常液相，而 He II 没有黏性，是超流液相。气 ^{4}He 的气–液相变 (从气 ^{4}He 到液 He I 的相变) 的临界温度为 $T_c = 5.19$K，临界压强为 $P_c = 2.264$atm。沿饱和蒸气压曲线继续降温，在温度 $T_\lambda = 2.172$K 和单位原子体积 $v_\lambda = 46.2\text{Å}^3/\text{atm}$ 处发生从 He I 到 He II 的相变。该相变无潜热和体积变化，表明这是连续相变。比热曲线形状很像希腊字母 λ，因此该相变又称为 λ 相变。靠近绝对零度，比热以 T^3 规律趋于零，如图 10.1.1 所示。

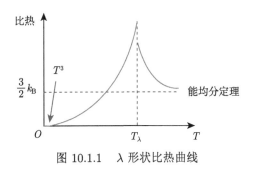

图 10.1.1　λ 形状比热曲线

液 He II 能沿极细的毛细管流动而不呈现任何黏滞性，这称为超流性。而且存在一个临界速度，在这个速度以上，超流性被破坏。当毛细管直径减小时，临界速度增加。

液 ^{3}He 在低得多的温度 2.7×10^{-3}K 下发生超流相变。

10.1.2　伦敦对超流的解释

1938 年实验上发现液 ^{4}He 的超流后不久, 伦敦 [28] 尝试用玻色–爱因斯坦凝聚来解释这一现象。伦敦假设液 ^{4}He 是理想玻色气体, 使用玻色–爱因斯坦凝聚的临界温度公式计算临界温度, 得到

$$T_{\rm c} = \frac{h^2}{2\pi m k_{\rm B}} \left[\frac{N}{\zeta\left(3/2\right)V} \right]^{2/3} = 3.13{\rm K}$$

伦敦注意到, 这一临界温度与液 ^{4}He 的超流相变温度 $T_\lambda = 2.18$K 很接近, 而且比热曲线 (图 10.1.1) 与理想玻色–爱因斯坦凝聚的比热曲线 (图 4.3.2) 相似。这一发现启发了伦敦, 他认为液 ^{4}He 的超流相变是一种玻色–爱因斯坦凝聚。跟理想玻色–爱因斯坦凝聚比较, 相同点都是动量空间中的凝聚, 而气–液相变是实空间中的凝聚。不同点就是原子之间的相互作用改变了玻色–爱因斯坦凝聚的临界性质。后来费曼 [101] 从第一原理出发, 证实了伦敦的观点是正确的。

10.1.3　二流体模型

伦敦对液 ^{4}He 的超流转变的玻色–爱因斯坦凝聚解释启发蒂萨 (Tisza) 提出了二流体模型。不久朗道 [102] 也提出了二流体模型。其基本假定可以归结为如下三个。

(1) 液 He II 由正常流体和超流体两种成分组成, 两者相互渗透, 不可从空间上分开。液 He II 的密度是这两种液体密度之和, 即

$$\rho = \rho_{\rm s} + \rho_{\rm n}$$

式中, $\rho_{\rm s}$ 和 $\rho_{\rm n}$ 表示超流体和正常流体的质量密度。在 λ 点, 有 $\rho_{\rm s} = 0$, $\rho = \rho_{\rm n}$; 在绝对零度, 有 $\rho_{\rm n} = 0$, $\rho = \rho_{\rm s}$。

(2) 两部分液体的流动是相互独立的, 即两者之间没有内摩擦。用 $v_{\rm s}$ 和 $v_{\rm n}$ 分别表示超流体和正常流体的速度, 则总质量流为

$$\boldsymbol{j} = \rho v = \boldsymbol{j}_{\rm s} + \boldsymbol{j}_{\rm n} = \rho_{\rm s} \boldsymbol{v}_{\rm s} + \rho_{\rm n} \boldsymbol{v}_{\rm n}$$

(3) 正常流体具有黏滞性和熵, 超流体没有黏性, 熵也为零, 超流体的流动是无旋流动, 满足

$$\nabla \times \boldsymbol{v}_{\rm s} = 0$$

朗道还进一步发展了超流体的流体力学方程。

使用二流体模型, 容易解释 He II 的特性。

10.2 朗道超流理论

同蒂萨提出的二流体模型相比，朗道[102] 提出的二流体模型建立在量子力学和统计物理上，具有更深刻的物理基础，特别是提出的元激发或准粒子概念，对后来凝聚态物理的发展产生了深远的影响。后来费曼使用液 ^{4}He 系统的薛定谔方程从微观上成功解释了朗道的唯象理论 (见 10.3 节)。本节将详细讨论朗道理论[72]。后来朗道进一步把元激发或准粒子概念推广到费米液体，建立了费米液体理论，我们将在 10.6 节讨论。

10.2.1 声子和旋子

在 4.8 节我们研究了固体的热容量。固体中的原子可以近似看成在平衡位置附近做谐振动。N 个原子组成的固体共有 $3N$ 个简正振动模，固体的 $3N$ 个简正振动模可以看成化学势为零的理想玻色气体，称为声子气体，这是下面要研究的更一般的相互作用玻色系统的元激发的特殊情形。

相互作用玻色系统的正则配分函数为

$$Q = \sum_r \mathrm{e}^{-\frac{E_r}{k_{\mathrm{B}}T}} \tag{10.2-1}$$

从式 (10.2-1) 可知，在绝对零度时系统处在基态上。靠近绝对零度时，只有少数基态附近的低激发态才对热力学量有贡献。这些低激发态称为元激发，朗道认为，元激发的行为就像实际物体内部的真实粒子运动那样，具有一定的能量和动量，因而称为准粒子。朗道的二流体模型的物理含义是，系统处于基态上的那部分代表超流部分，由元激发或准粒子组成的气体代表正常液体成分。这些低激发态数目比较少，可以把元激发看作无相互作用的理想气体。因此系统总能量和动量为

$$E = E_0 + \sum_{\boldsymbol{p}} \varepsilon n \tag{10.2-2}$$

$$\boldsymbol{P} = \sum_{\boldsymbol{p}} \boldsymbol{p} n \tag{10.2-3}$$

式中，ε 为准粒子的能量；$\boldsymbol{p}$ 为准粒子的动量；n 为准粒子的分布函数；E_0 为系统基态能。

由于准粒子遵守玻色统计，根据式 (4.1-8)，熵为

$$S = k_{\mathrm{B}} \sum_{\boldsymbol{p}} \left[-n \ln n + (1+n) \ln (1+n) \right] \tag{10.2-4}$$

使用热力学关系 $T\mathrm{d}S = \mathrm{d}E + P\mathrm{d}V - \mu\mathrm{d}N$，并注意到准粒子的数目不恒定，得

$$T\delta S = \delta E \tag{10.2-5}$$

把式 (10.2-2) 和式 (10.2-4) 代入式 (10.2-5)，得

$$n(\boldsymbol{p}) = \frac{1}{\mathrm{e}^{\varepsilon/k_\mathrm{B}T} - 1} \tag{10.2-6}$$

朗道认为元激发的能量随动量的变化规律 (元激发的能谱) 如下：当元激发的动量很小时，这些元激发就是液体中的声波，其能量 ε 随动量 p 线性增加。随着动量 p 的增加，能量继续增加，但偏离线性关系，达到极大值后下降，在动量 p_0 处达到极小值 $\varDelta$，然后继续上升，如图 10.2.1 所示。

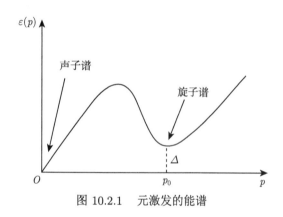

图 10.2.1　元激发的能谱

从式 (10.2-5) 可知，靠近绝对零度时，只有那些能量处于极小值附近的元激发的平均数最多，出现的概率最大，其余元激发的平均数很小，出现的概率可以忽略不计。能量处于极小值零附近的元激发称为声子，能量处于极小值 $\varDelta$ 附近的元激发称为旋子。

声子的能谱为

$$\varepsilon_\mathrm{ph} = C_\mathrm{L}p \tag{10.2-7}$$

式中，C_L 为液体中的声音速度。

在极小值 $\varDelta$ 附近，可以把能量展开成 $p - p_0$ 的幂级数。由于在极小值 $\varDelta$ 附近展开，一次项为零，所以二次项是最大项。保留最大项得旋子的能谱

$$\varepsilon_\mathrm{ro} = \varDelta + \frac{(p - p_0)^2}{2m'} \tag{10.2-8}$$

式中, m' 为常量.

实验数据给出了以下参量:

$$C_{\mathrm{L}} = 240\mathrm{m/s}, \quad m' = 0.16m\ (^4\mathrm{He}), \quad \Delta/k_{\mathrm{B}} = 8.7\mathrm{K}, \quad p_0/\hbar = 1.9 \times 10^{10}\mathrm{m}^{-1}$$

$$(10.2\text{-}9)$$

声子的平均数为

$$N_{\mathrm{ph}} = \int \frac{1}{\mathrm{e}^{C_{\mathrm{L}}p/k_{\mathrm{B}}T} - 1} \frac{\mathrm{d}p_x \mathrm{d}p_y \mathrm{d}p_z}{h^3} = \int_0^\infty \frac{1}{\mathrm{e}^{C_{\mathrm{L}}p/k_{\mathrm{B}}T} - 1} \frac{4\pi V p^2 \mathrm{d}p}{h^3}$$

$$= \frac{8\pi V \left(k_{\mathrm{B}}T\right)^3}{\left(h C_{\mathrm{L}}\right)^3} \zeta\left(3\right) \tag{10.2-10}$$

声子的内能的平均值

$$E_{\mathrm{ph}} = \int_0^\infty \frac{C_{\mathrm{L}}p}{\mathrm{e}^{C_{\mathrm{L}}p/k_{\mathrm{B}}T} - 1} \frac{4\pi V p^2 \mathrm{d}p}{h^3} = \frac{\pi^2 \left(k_{\mathrm{B}}T\right)^4 V}{30\hbar^3 C_{\mathrm{L}}^3} \tag{10.2-11}$$

由于 $\mathrm{e}^{\varepsilon_{\mathrm{ro}}/k_{\mathrm{B}}T} \gg 1$, 则旋子的分布函数实际上化为玻尔兹曼分布函数, 即

$$n\left(\varepsilon_{\mathrm{ro}}\right) \cong \mathrm{e}^{-\varepsilon_{\mathrm{ro}}/k_{\mathrm{B}}T} \tag{10.2-12}$$

因此旋子的平均数为

$$N_{\mathrm{ro}} = \int_0^\infty \frac{1}{\mathrm{e}^{\varepsilon_{\mathrm{ro}}/k_{\mathrm{B}}T} - 1} \frac{\mathrm{d}p_x \mathrm{d}p_y \mathrm{d}p_z}{h^3} \cong \int \mathrm{e}^{-\varepsilon_{\mathrm{ro}}/k_{\mathrm{B}}T} \frac{4\pi V p^2 \mathrm{d}p}{h^3}$$

$$\cong \int_{-\infty}^\infty \mathrm{e}^{-\Delta/k_{\mathrm{B}}T - (p-p_0)^2/2m'k_{\mathrm{B}}T} \frac{4\pi V p_0^2}{h^3} \mathrm{d}\left(p - p_0\right) = \mathrm{e}^{-\Delta/k_{\mathrm{B}}T} \frac{4\pi V p_0^2}{h^3} \sqrt{2\pi m' k_{\mathrm{B}}T}$$

$$(10.2\text{-}13)$$

式中, 由于积分的贡献主要在 p_0 附近, 被积函数中的因子 p^2 可以用 p_0^2 代替, 并且由于积分收敛很快, 已经把积分上、下限分别取为 $\pm\infty$.

旋子的内能的平均值为

$$E_{\mathrm{ro}} \cong V \int \varepsilon_{\mathrm{ro}} \mathrm{e}^{-\varepsilon_{\mathrm{ro}}/k_{\mathrm{B}}T} \frac{\mathrm{d}p_x \mathrm{d}p_y \mathrm{d}p_z}{h^3} = -\frac{\partial N_{\mathrm{ro}}}{\partial \beta} = N_{\mathrm{ro}}\Delta + \frac{1}{2} N_{\mathrm{ro}} k_{\mathrm{B}}T \tag{10.2-14}$$

热容量为

$$C_{V,\mathrm{ro}} = \frac{\partial E_{\mathrm{ro}}}{\partial T} = N_{\mathrm{ro}} k_{\mathrm{B}} \left[\left(\frac{\Delta}{k_{\mathrm{B}}T}\right)^2 + \frac{\Delta}{k_{\mathrm{B}}T} + \frac{3}{4} \right] \tag{10.2-15}$$

10.2.2　超流判据

考虑绝对零度下在毛细管中以恒定速度 $\boldsymbol{u}$ 运动的液 He Ⅱ，把毛细管参考系称为 S' 参考系，把液 He Ⅱ 参考系称为 S 参考系。此时液体处于基态，不含有元激发。S' 参考系相对于 S 参考系以恒定速度 $-\boldsymbol{u}$ 运动。在两个惯性参考系里系统的总能量分别为

$$E = \sum_{i=1}^{N} \frac{1}{2} m \boldsymbol{v}_i^2 + \sum_{1 \leqslant i < j \leqslant N} \mathcal{U}\left(\boldsymbol{r}_{ij}\right), \quad E' = \sum_{i=1}^{N} \frac{1}{2} m \boldsymbol{v}_i'^{\,2} + \sum_{1 \leqslant i < j \leqslant N} \mathcal{U}\left(\boldsymbol{r}'_{ij}\right)$$

$$(10.2\text{-}16)$$

式中，m 为一个 ${}^4\text{He}$ 原子的质量；$\mathcal{U}\left(\boldsymbol{r}_{ij}\right)$ 为原子之间的相互作用势能。

伽利略变换为

$$\boldsymbol{r}'_i = \boldsymbol{r}_i + \boldsymbol{u}t, \quad \boldsymbol{v}'_i = \boldsymbol{v}_i + \boldsymbol{u} \tag{10.2-17}$$

把伽利略变换式 (10.2-17) 代入式 (10.2-16)，得系统的总能量和总动量在两个惯性参考系里的变换关系

$$E' = \frac{1}{2} M u^2 + \boldsymbol{P} \cdot \boldsymbol{u} + E, \quad \boldsymbol{P}' = \sum_{i=1}^{N} m \boldsymbol{v}'_i = \sum_{i=1}^{N} m \boldsymbol{v}_i + M \boldsymbol{u} = \boldsymbol{P} + M \boldsymbol{u}$$

$$(10.2\text{-}18)$$

式中，$M = Nm$ 为系统的总质量；$\boldsymbol{P}$ 和 $\boldsymbol{P}'$ 分别为在两个惯性参考系里系统的动量。

现在假设在 S 参考系里静止的液 He Ⅱ 中出现一个动量为 $\boldsymbol{p}$、能量为 $\varepsilon\left(\boldsymbol{p}\right)$ 的元激发。这一过程导致在 S 参考系里液 He Ⅱ 的动量增加 $\boldsymbol{p}$，能量增加 $\varepsilon\left(\boldsymbol{p}\right)$，即

$$\Delta \boldsymbol{P} = \boldsymbol{p}, \quad \Delta E = \varepsilon\left(\boldsymbol{p}\right) \tag{10.2-19}$$

使用式 (10.2-18) 我们发现，在 S' 系里系统的动量和能量增量分别为

$$\Delta \boldsymbol{P}' = \boldsymbol{p}, \quad \Delta E' = \Delta E + \Delta \boldsymbol{P} \cdot \boldsymbol{u} = \varepsilon\left(\boldsymbol{p}\right) + \boldsymbol{p} \cdot \boldsymbol{u} \tag{10.2-20}$$

根据热力学第二定律，任何宏观过程都是不可逆过程，都有能量损耗，而液 He Ⅱ 里出现一个元激发是所有原子参与的集合行为，因此是宏观过程，必然导致在 S' 系里系统能量减少，即

$$\Delta E' = \varepsilon\left(\boldsymbol{p}\right) + \boldsymbol{p} \cdot \boldsymbol{u} < 0 \tag{10.2-21}$$

$\Delta E'$ 的最小值出现在 $\boldsymbol{p}$ 和 $\boldsymbol{u}$ 反平行时，即

$$(\Delta E')_{\min} = \varepsilon(\boldsymbol{p}) - pu < 0 \tag{10.2-22}$$

给出

$$u > \frac{\varepsilon}{p} \tag{10.2-23}$$

得

$$u > \left(\frac{\varepsilon}{p}\right)_{\min} \tag{10.2-24}$$

对于朗道假设的元激发的能谱，有

$$u > \frac{\Delta}{p_0} = 60 \mathrm{m/s} \tag{10.2-25}$$

实验值大约为 $1 \mathrm{cm/s}$，相差三个数量级，费曼[11] 认为，这是由液 He II 里出现的涡丝引起的。

10.2.3　正常液体密度

现在我们来考虑绝对零度附近的液 He II，此时液体并不处于基态，包含元激发。系统处于基态上的那部分代表超流部分，由元激发或准粒子组成的气体代表正常液体成分。设元激发气体 (正常部分液体) 相对于超流部分液体以均匀速度 $\boldsymbol{u}$ 整体做平动，现在求其分布函数。静止的元激发气体的分布函数为式 (10.2-6) 给出。现在假设在超流部分液体参考系中出现一个动量为 $\boldsymbol{p}$、能量为 $\varepsilon(\boldsymbol{p})$ 的元激发，使用式 (10.2-16) ~ 式 (10.2-21) 可知，在元激发气体以均匀速度 $\boldsymbol{u}$ 整体做平动的参考系里，这一过程导致能量增量 $\varepsilon - \boldsymbol{p} \cdot \boldsymbol{u}$，因此把静止的元激发气体的分布函数 $n(\varepsilon)$ 的自变量作替换 $\varepsilon \to \varepsilon - \boldsymbol{p} \cdot \boldsymbol{u}$，就得到以均匀速度 $\boldsymbol{u}$ 整体做平动的元激发的分布函数，即

$$n(\varepsilon - \boldsymbol{p} \cdot \boldsymbol{u}) = \frac{1}{\mathrm{e}^{(\varepsilon - \boldsymbol{p} \cdot \boldsymbol{u})/k_{\mathrm{B}}T} - 1} \tag{10.2-26}$$

现在我们来计算静止元激发气体的密度。单位体积内的以均匀速度 $\boldsymbol{u}$ 整体做平动的元激发气体的总动量，等于静止元激发气体的密度与元激发气体的整体速度的乘积，即

$$\boldsymbol{P} = \rho_{\mathrm{n}} \boldsymbol{u} = \frac{1}{V} \sum_{\boldsymbol{p}} \boldsymbol{p} \, n(\varepsilon - \boldsymbol{p} \cdot \boldsymbol{u}) = \int \boldsymbol{p} \, n(\varepsilon - \boldsymbol{p} \cdot \boldsymbol{u}) \frac{\mathrm{d}p_x \mathrm{d}p_y \mathrm{d}p_z}{h^3} \tag{10.2-27}$$

令 $\boldsymbol{u} \to 0$，把 $n\left(\varepsilon - \boldsymbol{p} \cdot \boldsymbol{u}\right)$ 展开成 $\boldsymbol{p} \cdot \boldsymbol{u}$ 的幂级数，保留到一次项，并注意到零次项积分为零，取 $\boldsymbol{u}$ 的方向沿 p_z 轴方向把一次项积分，得

$$\boldsymbol{P} = \rho_{\mathrm{n}}\boldsymbol{u} = -\int \boldsymbol{p}\frac{\mathrm{d}n\left(\varepsilon\right)}{\mathrm{d}\varepsilon}\boldsymbol{p} \cdot \boldsymbol{u}\frac{\mathrm{d}p_x\mathrm{d}p_y\mathrm{d}p_z}{h^3} = -\boldsymbol{u}\frac{4\pi}{3h^3}\int_0^\infty \mathrm{d}pp^4\frac{\mathrm{d}n\left(\varepsilon\right)}{\mathrm{d}\varepsilon} \tag{10.2-28}$$

给出

$$\rho_{\mathrm{n}} = -\frac{4\pi}{3h^3}\int_0^\infty \mathrm{d}pp^4\frac{\mathrm{d}n\left(\varepsilon\right)}{\mathrm{d}\varepsilon} \tag{10.2-29}$$

对于声子气体，有 $\varepsilon = C_{\mathrm{L}}p$，得

$$\rho_{\mathrm{n,ph}} = \frac{16\pi}{3C_{\mathrm{L}}h^3}\int_0^\infty p^3 n\mathrm{d}p = \frac{4}{3C_{\mathrm{L}}^2}\int_0^\infty \varepsilon n\frac{\mathrm{d}p_x\mathrm{d}p_y\mathrm{d}p_z}{h^3} = \frac{4}{3C_{\mathrm{L}}^2}\frac{E_{\mathrm{ph}}}{V} \tag{10.2-30}$$

使用旋子的分布函数 (10.2-14)，得

$$\rho_{\mathrm{n,ro}} \cong \frac{2\pi}{3h^3 k_{\mathrm{B}}T}\int_{-\infty}^\infty \mathrm{d}\left(p - p_0\right) \cdot p_0^4 \mathrm{e}^{-\Delta/k_{\mathrm{B}}T - (p-p_0)^2/2m'k_{\mathrm{B}}T}$$

$$= \mathrm{e}^{-\Delta/k_{\mathrm{B}}T}\frac{2\pi}{3h^3 k_{\mathrm{B}}T}p_0^4\sqrt{2\pi m'k_{\mathrm{B}}T} \tag{10.2-31}$$

10.3 费曼超流微观理论

朗道的超流理论是唯象理论，尤其是假设的元激发的能谱，需要微观论证。费曼 (Feynman) 从量子力学基本原理出发，提出了超流微观理论，比较好地解释了元激发的能谱。

10.3.1 声子的波函数

液 $^4\mathrm{He}$ 遵守玻色–爱因斯坦统计，其波函数 $\psi\left(\boldsymbol{r}_1, \boldsymbol{r}_2, \cdots, \boldsymbol{r}_N\right)$ 是对称的，遵守薛定谔方程

$$\hat{H}\psi\left(\boldsymbol{r}_1, \boldsymbol{r}_2, \cdots, \boldsymbol{r}_N\right) = E\psi\left(\boldsymbol{r}_1, \boldsymbol{r}_2, \cdots, \boldsymbol{r}_N\right) \tag{10.3-1}$$

式中，E 为能量；$\hat{H}$ 为哈密顿算符。

费曼[103] 提出的激发态的波函数为

$$\psi = \left[\sum_{i=1}^N f\left(\boldsymbol{r}_i\right)\right]\psi_0\left(\boldsymbol{r}_1, \boldsymbol{r}_2, \cdots, \boldsymbol{r}_N\right) = A\psi_0\left(\boldsymbol{r}_1, \boldsymbol{r}_2, \cdots, \boldsymbol{r}_N\right) \tag{10.3-2}$$

式中, $A = \sum\limits_{i=1}^{N} f(\boldsymbol{r}_i)$; $\psi_0(\boldsymbol{r}_1, \boldsymbol{r}_2, \cdots, \boldsymbol{r}_N)$ 为基态的波函数, 是实的, 满足

$$\hat{H}\psi_0(\boldsymbol{r}_1, \boldsymbol{r}_2, \cdots, \boldsymbol{r}_N) = E_0\psi_0(\boldsymbol{r}_1, \boldsymbol{r}_2, \cdots, \boldsymbol{r}_N) \qquad (10.3\text{-}3)$$

其中, E_0 为基态能。

根据量子力学的变分原理, 薛定谔方程 $\hat{H}\psi = E\psi$ 可以从以下变分方程获得:

$$\delta \int \psi^* \left(\hat{H} - E\right) \psi \mathrm{d}^3 r_1 \cdots \mathrm{d}^3 r_N = 0 \qquad (10.3\text{-}4)$$

现在我们选择合适的函数 $f(\boldsymbol{r})$, 使能量最小。

使用式 (10.3-2) 和式 (10.3-3) 得

$$\int \psi^* \hat{H}\psi \mathrm{d}^3 r_1 \cdots \mathrm{d}^3 r_N$$

$$= \int A^* \psi_0 \left[\sum_{j=1}^{N} \left(-\frac{\hbar^2}{2m}\nabla_j^2\right) + U(\boldsymbol{r}_1, \boldsymbol{r}_2, \cdots, \boldsymbol{r}_N)\right] (A\psi_0) \mathrm{d}^3 r_1 \cdots \mathrm{d}^3 r_N$$

$$= \frac{\hbar^2}{2m}\sum_{j=1}^{N} \int \psi_0^2 |\nabla_j A|^2 \mathrm{d}^3 r_1 \cdots \mathrm{d}^3 r_N + E_0 \int |A|^2 \psi_0^2 \mathrm{d}^3 r_1 \cdots \mathrm{d}^3 r_N \qquad (10.3\text{-}5)$$

给出

$$\int \psi^* \left(\hat{H} - E\right) \psi \mathrm{d}^3 r_1 \cdots \mathrm{d}^3 r_N = \frac{\hbar^2}{2m}\sum_{j=1}^{N} \int \psi_0^2 |\nabla_j A|^2 \mathrm{d}^3 r_1 \cdots \mathrm{d}^3 r_N$$

$$+ (E_0 - E) \int |A|^2 \psi_0^2 \mathrm{d}^3 r_1 \cdots \mathrm{d}^3 r_N \qquad (10.3\text{-}6)$$

式 (10.3-6) 右边的第一项可以写成

$$\frac{\hbar^2}{2m}\sum_{j=1}^{N} \int \psi_0^2 |\nabla_j A|^2 \mathrm{d}^3 r_1 \cdots \mathrm{d}^3 r_N = \frac{\hbar^2}{2m}\sum_{j=1}^{N} \int \psi_0^2 |\nabla_j f(\boldsymbol{r}_j)|^2 \mathrm{d}^3 r_1 \cdots \mathrm{d}^3 r_N$$

$$= \frac{\hbar^2}{2m} \int |\nabla f(\boldsymbol{r})|^2 \rho_1(\boldsymbol{r}) \mathrm{d}^3 r \qquad (10.3\text{-}7)$$

式中,

$$\rho_1(\boldsymbol{r}) = \sum_{j=1}^{N} \int \delta(\boldsymbol{r}_j - \boldsymbol{r}) \psi_0^2(\boldsymbol{r}_1, \boldsymbol{r}_2, \cdots, \boldsymbol{r}_N) \mathrm{d}^3 r_1 \cdots \mathrm{d}^3 r_N \qquad (10.3\text{-}8)$$

为了看出 $\rho_1(\boldsymbol{r})$ 的物理意义，我们注意到

$$\int \rho_1(\boldsymbol{r})\,\mathrm{d}^3r = N\int \psi_0^2(\boldsymbol{r}_1, \boldsymbol{r}_2, \cdots, \boldsymbol{r}_N)\,\mathrm{d}^3r_1 \cdots \mathrm{d}^3r_N = N \qquad (10.3\text{-}9)$$

因此 $\rho_1(\boldsymbol{r})$ 的物理意义是，找到一个原子位于 $\boldsymbol{r}$ 的体积元 d^3r 内的概率为 $\rho_1(\boldsymbol{r})\,\mathrm{d}^3r$，$\rho_1(\boldsymbol{r})$ 与位置无关，数密度为 $\rho_0 = N/V$。式 (10.3-7) 可以写成

$$\frac{\hbar^2}{2m}\sum_{j=1}^{N}\int \psi_0^2 |\nabla_j A|^2 \,\mathrm{d}^3r_1 \cdots \mathrm{d}^3r_N = -\frac{\hbar^2}{2m}\rho_0 \int f^*(\boldsymbol{r})\,\nabla^2 f(\boldsymbol{r})\,\mathrm{d}^3r \qquad (10.3\text{-}10)$$

式 (10.3-6) 右边的第二项为

$$\int |A|^2\,\psi_0^2\,\mathrm{d}^3r_1 \cdots \mathrm{d}^3r_N = \int f^*(\boldsymbol{r}_1')\,f(\boldsymbol{r}_2')\,\rho_2(\boldsymbol{r}_1', \boldsymbol{r}_2')\,\mathrm{d}^3r_1'\mathrm{d}^3r_2' \qquad (10.3\text{-}11)$$

式中，

$$\rho_2(\boldsymbol{r}_1', \boldsymbol{r}_2') = \sum_{i=1}^{N}\sum_{j=1}^{N}\int \delta(\boldsymbol{r}_i - \boldsymbol{r}_1')\,\delta(\boldsymbol{r}_j - \boldsymbol{r}_2')\,\psi_0^2(\boldsymbol{r}_1, \boldsymbol{r}_2, \cdots, \boldsymbol{r}_N)\,\mathrm{d}^3r_1 \cdots \mathrm{d}^3r_N$$

$$(10.3\text{-}12)$$

归一化条件为

$$\int \rho_2(\boldsymbol{r}_1', \boldsymbol{r}_2')\,\mathrm{d}^3r_1'\mathrm{d}^3r_2' = N^2 \int \psi_0^2(\boldsymbol{r}_1, \boldsymbol{r}_2, \cdots, \boldsymbol{r}_N)\,\mathrm{d}^3r_1 \cdots \mathrm{d}^3r_N = N^2 \quad (10.3\text{-}13)$$

$\rho_2(\boldsymbol{r}_1', \boldsymbol{r}_2')$ 的物理意义为，找到一个原子位于 $\boldsymbol{r}_1'$ 的体积元 d^3r_1' 内以及一个原子位于 $\boldsymbol{r}_2'$ 的体积元 d^3r_2' 内的概率为 $N^{-2}\rho_2(\boldsymbol{r}_1', \boldsymbol{r}_2')\,\mathrm{d}^3r_1'\mathrm{d}^3r_2'$。

除了液体表面附近，在液体内部 $\rho_2(\boldsymbol{r}_1', \boldsymbol{r}_2')$ 只是 $\boldsymbol{r}_2' - \boldsymbol{r}_1'$ 的函数，即

$$\rho_2(\boldsymbol{r}_1', \boldsymbol{r}_2') = \rho_2(\boldsymbol{r}_2' - \boldsymbol{r}_1') = \rho_0 g(\boldsymbol{r}_2' - \boldsymbol{r}_1') \qquad (10.3\text{-}14)$$

式中，两个原子的相关函数 $g(\boldsymbol{r}_2' - \boldsymbol{r}_1')$ 的归一化条件为

$$\int \mathrm{d}^3r\,g(\boldsymbol{r}) = N \qquad (10.3\text{-}15)$$

$g(\boldsymbol{r}_2' - \boldsymbol{r}_1')$ 的物理意义为，已知一个原子位于 $\boldsymbol{r}_1'$，找到一个原子位于 $\boldsymbol{r}_2'$ 的体积元 d^3r_2' 内的概率为 $N^{-1}g(\boldsymbol{r}_2' - \boldsymbol{r}_1')\,\mathrm{d}^3r_2'$。

把式 (10.3-10) 和式 (10.3-11) 代入式 (10.3-6) 得

$$\int \psi^* \left(\hat{H} - E \right) \psi \mathrm{d}^3 r_1 \cdots \mathrm{d}^3 r_N$$

$$= \rho_0 \int f^* \left(\boldsymbol{r} \right) \left[-\frac{\hbar^2}{2m} \nabla^2 f \left(\boldsymbol{r} \right) + (E_0 - E) \int f \left(\boldsymbol{r}' \right) g \left(\boldsymbol{r}' - \boldsymbol{r} \right) \mathrm{d}^3 r' \right] \mathrm{d}^3 r \quad (10.3\text{-}16)$$

对 $f^* \left(\boldsymbol{r} \right)$ 作变分得

$$-\frac{\hbar^2}{2m} \nabla^2 f \left(\boldsymbol{r} \right) + (E_0 - E) \int f \left(\boldsymbol{r}' \right) g \left(\boldsymbol{r}' - \boldsymbol{r} \right) \mathrm{d}^3 r' = 0 \qquad (10.3\text{-}17)$$

对 $f \left(\boldsymbol{r} \right)$ 作变分得到相同的结果。

式 (10.3-17) 的解为

$$f \left(\boldsymbol{r} \right) = \mathrm{e}^{\mathrm{i} \boldsymbol{k} \cdot \boldsymbol{r}}, \quad E - E_0 = \frac{\hbar^2}{2mS \left(\boldsymbol{k} \right)} \qquad (10.3\text{-}18)$$

式中,

$$S \left(\boldsymbol{k} \right) = \int \mathrm{e}^{\mathrm{i} \boldsymbol{k} \cdot \boldsymbol{r}'} g \left(\boldsymbol{r}' \right) \mathrm{d}^3 r' \qquad (10.3\text{-}19)$$

液体的动量算符为

$$\hat{\boldsymbol{P}} = -\mathrm{i}\hbar \sum_{j=1}^{N} \nabla_j \qquad (10.3\text{-}20)$$

力学量完全集为 $\left(\hat{H}, \hat{\boldsymbol{P}} \right)$,动量算符的本征值方程为

$$\hat{\boldsymbol{P}} \psi = -\mathrm{i}\hbar \sum_{j=1}^{N} \nabla_j \psi = -\mathrm{i}\hbar \sum_{j=1}^{N} \nabla_j \left(\sum_{i=1}^{N} \mathrm{e}^{\mathrm{i} \boldsymbol{k} \cdot \boldsymbol{r}_i} \right) \psi_0 \left(\boldsymbol{r}_1, \boldsymbol{r}_2, \cdots, \boldsymbol{r}_N \right) = \hbar \boldsymbol{k} \psi$$

$$(10.3\text{-}21)$$

式中,我们已经使用 $\hat{\boldsymbol{P}} \psi_0 = 0$,这是因为在基态时液体的总动量为零。我们看到,液体激发态的动量为 $\hbar \boldsymbol{k}$。

费曼的计算表明,上面的波函数给出的元激发的能谱与声子的能谱符合很好,但与旋子的能谱定性上符合,定量上则不符,原因是该波函数过于简单。

10.3.2　旋子的波函数

费曼和科恩 (M. Cohen)[104] 提出了一个改进的波函数

$$\psi = \left\{ \sum_{i=1}^{N} \exp\left[\mathrm{i}\boldsymbol{k} \cdot \boldsymbol{r}_i + \sum_{j(\neq i)} f\left(\boldsymbol{r}_i - \boldsymbol{r}_j\right) \right] \right\} \psi_0\left(\boldsymbol{r}_1, \boldsymbol{r}_2, \cdots, \boldsymbol{r}_N\right) \qquad (10.3\text{-}22)$$

式中，$f\left(\boldsymbol{r}_i - \boldsymbol{r}_j\right)$ 由变分原理给出，即

$$\psi = \left\{ \sum_{i=1}^{N} \exp\left[\mathrm{i}\boldsymbol{k} \cdot \boldsymbol{r}_i + A \sum_{j(\neq i)} \frac{\boldsymbol{k} \cdot \left(\boldsymbol{r}_i - \boldsymbol{r}_j\right)}{\left|\boldsymbol{r}_i - \boldsymbol{r}_j\right|^3} \right] \right\} \psi_0\left(\boldsymbol{r}_1, \boldsymbol{r}_2, \cdots, \boldsymbol{r}_N\right) \qquad (10.3\text{-}23)$$

其中，A 为常量。

由于计算太复杂，我们这里不给出具体计算。他们得到的元激发的能谱与旋子的能谱很接近，但有明显的差别，说明波函数还需要改进。

分析上面的波函数，他们得到了旋子的物理意义：由于原子几乎处于密堆积状态，为了交换位置，它们只能做循环运动，原子通过循环运动形成了局域波包，局域波包整体不运动，具有动量，这样的具有动量但整体不运动的局域波包就是旋子，像吸烟者吐出的烟圈，但二者有差别，因为烟圈整体会运动，旋子整体不运动，如图 10.3.1 所示 [11]。

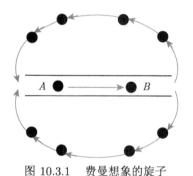

图 10.3.1　费曼想象的旋子

10.3.3　无旋流动与速度环量的量子化

当液 He Ⅱ 以速度 $\boldsymbol{u}$ 做整体平动时，其总动量为 $\boldsymbol{P} = Nm\boldsymbol{u}$。假设液 He Ⅱ 的波函数为声子的波函数，即

$$\psi = \exp\left(\sum_{i=1}^{N} \mathrm{i}\boldsymbol{k} \cdot \boldsymbol{r}_i \right) \psi_0\left(\boldsymbol{r}_1, \boldsymbol{r}_2, \cdots, \boldsymbol{r}_N\right) \qquad (10.3\text{-}24)$$

由动量算符的本征值方程 (10.3-21) 可知，动量算符的本征值为 $\hbar\boldsymbol{k}$，得

$$\boldsymbol{P} = Nm\boldsymbol{u} = \hbar\boldsymbol{k} \tag{10.3-25}$$

把式 (10.3-25) 代入式 (10.3-24) 得

$$\psi = \exp\left(\mathrm{i}\frac{m}{\hbar}\boldsymbol{u}\cdot\boldsymbol{r}_{\mathrm{c}}\right)\psi_0\left(\boldsymbol{r}_1, \boldsymbol{r}_2, \cdots, \boldsymbol{r}_N\right) \tag{10.3-26}$$

式中，$\boldsymbol{r}_{\mathrm{c}} = \dfrac{1}{N}\sum\limits_{i=1}^{N}\boldsymbol{r}_i$ 为系统的质心的位置矢量。

现在把式 (10.3-26) 推广到液 He II 不是做整体平动的情形。我们回忆一下流体力学里流体速度的定义：把流体分解为很多个微元，每一个微元在宏观上足够小、在微观上足够大，仍是宏观系统，流体的速度定义为微元的质心速度，是其中各个分子的速度的平均值。现在把液 He II 分解为很多个微元，考虑其中的一个粒子数为 ΔN_J 的微元 J，其质心为 $\boldsymbol{R}_J = \dfrac{1}{\Delta N_J}\sum\limits_{i=1}^{\Delta N_J}\boldsymbol{r}_i$，质心速度为 $\boldsymbol{u}_J = \dfrac{1}{\Delta N_J}\sum\limits_{i=1}^{\Delta N_J}\boldsymbol{v}_i$，这里 $\boldsymbol{r}_i$ 和 $\boldsymbol{v}_i$ 分别是微元 J 里的第 i 个分子的位置矢量和速度，该微元贡献的因子为 $\exp\left(\mathrm{i}\dfrac{m}{\hbar}\boldsymbol{u}_J\cdot\boldsymbol{R}_J\right)$，因此所有微元贡献的因子为 $\exp\left(\sum\limits_{J}\mathrm{i}\dfrac{m}{\hbar}\boldsymbol{u}_J\cdot\boldsymbol{R}_J\right)$，整个系统的波函数为

$$\begin{aligned}\psi &= \exp\left(\sum_{J}\mathrm{i}\frac{m}{\hbar}\boldsymbol{u}_J\cdot\boldsymbol{R}_J\right)\psi_0\left(\boldsymbol{r}_1, \boldsymbol{r}_2, \cdots, \boldsymbol{r}_N\right) \\ &= \exp\left[\sum_{J}\mathrm{i}\frac{m}{\hbar}\theta\left(\boldsymbol{R}_J\right)\right]\psi_0\left(\boldsymbol{r}_1, \boldsymbol{r}_2, \cdots, \boldsymbol{r}_N\right)\end{aligned} \tag{10.3-27}$$

式中，求和针对所有的微元进行，$\theta\left(\boldsymbol{R}_J\right)$ 定义为

$$\boldsymbol{u}_J\cdot\boldsymbol{R}_J = \theta\left(\boldsymbol{R}_J\right) \tag{10.3-28}$$

微元 J 里的各个分子的位置矢量 $\boldsymbol{r}_i$ 相差不大，即 $\boldsymbol{r}_i \approx \boldsymbol{R}_J$，但各个分子的速度 $\boldsymbol{v}_i$ 相差极大，这就导致质心速度 $\boldsymbol{u}_J = \dfrac{1}{\Delta N_J}\sum\limits_{i=1}^{\Delta N_J}\boldsymbol{v}_i$ 与各个分子的速度 $\boldsymbol{v}_i$ 相差极大。设想微元发生了无穷小的位移 $\mathrm{d}\boldsymbol{R}_J$，各个分子的位置矢量的增量大约为 $\mathrm{d}\boldsymbol{r}_i \approx \mathrm{d}\boldsymbol{R}_J$，各个分子的速度增量的大小 $|\mathrm{d}\boldsymbol{v}_i|$ 与无穷小的位移的大小 $|\mathrm{d}\boldsymbol{R}_J|$ 为同一阶无限小，即 $|\mathrm{d}\boldsymbol{v}_i| \sim |\mathrm{d}\boldsymbol{R}_J|$，但各个分子的速度增量 $\mathrm{d}\boldsymbol{v}_i$ 的方向相差极大，

导致质心速度的增量 $\mathrm{d}\boldsymbol{u}_J = \frac{1}{\Delta N_J} \sum_{i=1}^{\Delta N_J} \mathrm{d}\boldsymbol{v}_i$ 的大小远小于 $\mathrm{d}\boldsymbol{R}_J$ 的大小，即

$$\left|\mathrm{d}\boldsymbol{u}_J\right| = \left|\frac{1}{\Delta N_J} \sum_{i=1}^{\Delta N_J} \mathrm{d}\boldsymbol{v}_i\right| \ll \left|\mathrm{d}\boldsymbol{R}_J\right| \tag{10.3-29}$$

因此 $\theta\left(\boldsymbol{R}_J\right)$ 的变化为

$$\mathrm{d}\theta\left(\boldsymbol{R}_J\right) = \boldsymbol{u}_J \cdot \mathrm{d}\boldsymbol{R}_J + \boldsymbol{R}_J \cdot \mathrm{d}\boldsymbol{u}_J \cong \boldsymbol{u}_J \cdot \mathrm{d}\boldsymbol{R}_J \tag{10.3-30}$$

从而得流体的速度

$$\boldsymbol{u} = \nabla_{\boldsymbol{R}} \theta \tag{10.3-31}$$

满足无旋流动条件

$$\nabla_{\boldsymbol{R}} \times \boldsymbol{u} = 0 \tag{10.3-32}$$

我们看到，液 He II 的流动是无旋的，此即朗道假设。θ 称为速度势。

在液 He II 中，虽然满足无旋流动条件 $\nabla_{\boldsymbol{R}} \times \boldsymbol{u} = 0$，但可能存在速度奇点，那里无旋流动条件 $\nabla_{\boldsymbol{R}} \times \boldsymbol{u} = 0$ 不再成立。因此液 He II 中，并不是处处满足无旋流动条件 $\nabla_{\boldsymbol{R}} \times \boldsymbol{u} = 0$。

如果区域内任意两点都可用区域内一条连续曲线连接，则这样的区域称为连通区域。如果在连通区域中的任意一条封闭曲线能连续地收缩成一点而且不出区域边界，这样的连通区域就称为单连通区域。如果在连通区域中存在速度奇点，任意一条封闭曲线就不能连续地收缩成一点而且不出区域边界，这样的连通区域就称为多连通区域。液 He II 中的速度奇点导致单连通区域变为多连通区域。

取封闭积分路径在一个平面上，坐标系原点在其内部，α 为半径 $\boldsymbol{R}$ 与初始时刻的半径 $\boldsymbol{R}_0$ 的夹角，那么 $\theta = \theta\left(\alpha\right)$。如果封闭积分路径不包围速度奇点，就是单连通区域，根据斯托克斯定理，无旋流动的速度环量为零，即

$$\oint \boldsymbol{u} \cdot \mathrm{d}\boldsymbol{R} = \oint \mathrm{d}\theta = \theta\left(\alpha = 2\pi\right) - \theta\left(\alpha = 0\right) = 0 \tag{10.3-33}$$

因此速度势 $\theta = \theta\left(\alpha\right)$ 是 α 的单值函数，即

$$\theta\left(R, \alpha = 2\pi\right) = \theta\left(R, \alpha = 0\right) \tag{10.3-34}$$

如果封闭积分路径包围奇点，就是双连通区域，那么沿该封闭积分路径的速度环量不为零，即

$$\oint \boldsymbol{u} \cdot \mathrm{d}\boldsymbol{R} = \theta\left(\alpha = 2\pi\right) - \theta\left(\alpha = 0\right) \neq 0 \tag{10.3-35}$$

因此速度势 $\theta = \theta\left(\alpha\right)$ 是 α 的多值函数，即

$$\theta\left(R, \alpha = 2\pi\right) \neq \theta\left(R, \alpha = 0\right) \tag{10.3-36}$$

由于波函数必须是单值的，有

$$\exp\left[\mathrm{i}\frac{m}{\hbar}\theta\left(\alpha = 2\pi\right)\right] = \exp\left[\mathrm{i}\frac{m}{\hbar}\theta\left(\alpha = 0\right)\right] \tag{10.3-37}$$

给出

$$\theta\left(\alpha\right) = \frac{\hbar}{m}\alpha j, \quad j = 1, 2, \cdots \tag{10.3-38}$$

把式 (10.3-38) 代入式 (10.3-35) 得

$$\oint \boldsymbol{u} \cdot \mathrm{d}\boldsymbol{R} = \theta\left(\alpha = 2\pi\right) - \theta\left(\alpha = 0\right) = 2\pi\frac{\hbar}{m}j, \quad j = 1, 2, \cdots \tag{10.3-39}$$

我们看到，如果封闭积分路径包围速度奇点，那么沿该封闭积分路径的速度环量是量子化的。

10.3.4　旋转的液 He Ⅱ 中的涡丝

在 11.3 节的例 1，我们将研究牛顿旋转水桶实验，发现水面为旋转抛物面。液 He Ⅱ 的正常部分跟随容器一道旋转，压强为

$$P_{\mathrm{n}} = \frac{1}{2}\rho_{\mathrm{n}}\omega^2\left(x^2 + y^2\right) - \rho_{\mathrm{n}}gz + C_1 \tag{10.3-40}$$

式中，C_1 为常量。

由于超流部分的流动是无旋的，如果假设速度奇点不存在，那么超流部分不随容器一道旋转，处于静止状态，压强为

$$P_{\mathrm{s}} = -\rho_{\mathrm{s}}gz + C_2 \tag{10.3-41}$$

式中，C_2 为常量。

因此液 He Ⅱ 的总压强为

$$P = P_{\mathrm{s}} + P_{\mathrm{n}} = \frac{1}{2}\rho_{\mathrm{n}}\omega^2\left(x^2 + y^2\right) - \left(\rho_{\mathrm{n}} + \rho_{\mathrm{s}}\right)gz + C_3 \tag{10.3-42}$$

式中，C_3 为常量。

在液 He Ⅱ 的自由面上压强为大气压，为常数，有

$$z = \frac{\rho_{\mathrm{n}}}{2\left(\rho_{\mathrm{n}} + \rho_{\mathrm{s}}\right)g}\omega^2\left(x^2 + y^2\right) + C_4 \tag{10.3-43}$$

式中，C_4 为常量。

我们看到，自由面形状依赖于 $\rho_\mathrm{s}/\rho_\mathrm{n}$，即依赖于温度，绝对零度时自由面为平的，在 λ 点自由面为正常液体的形状。但实验证明，自由面形状与温度无关，为正常液体的形状。

如何解释这一佯谬呢? 问题出在前面假设超流部分的速度场不存在奇点。如果存在奇点，假设容器足够长，就可以假设奇点为无限长直线涡丝 (平面点涡)，进一步假设涡丝强度 Γ 相同，平面点涡在旋转平面内均匀分布，在旋转平面内单位面积的无限长直线涡丝的数目为 σ，如图 10.3.2 所示。使用速度环量公式 $\oint_C \boldsymbol{v} \cdot \mathrm{d}\boldsymbol{l} = \int_A \boldsymbol{\Omega} \cdot \mathrm{d}\boldsymbol{S}$，取积分路径为旋转平面上的圆周，得

$$\oint_C \boldsymbol{v} \cdot \mathrm{d}\boldsymbol{l} = 2\pi r v = \sigma \Gamma \pi r^2 \tag{10.3-44}$$

即

$$v = \frac{\sigma \Gamma}{2} r = \omega r \tag{10.3-45}$$

得

$$\sigma \Gamma = 2\omega \tag{10.3-46}$$

我们看到，整个液体随容器一道旋转，这就解释了佯谬。

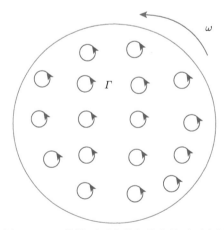

图 10.3.2　旋转平面内均匀分布的平面点涡

10.4　稀薄玻色气体的博戈留波夫理论

10.4.1　赝势

现在我们来推导低温稀薄气体的赝势，目的是用赝势来计算气体的能量，当温度足够低时，气体的能量小，所得结果与用分子之间的势能计算所得结果相同。

我们在 5.6 节指出，对于两个粒子组成的系统的薛定谔方程, 质心运动与相对运动没有耦合，波函数可以写成质心运动的波函数与相对运动的波函数之积，质心运动的波函数为自由运动的波函数，参考式 (5.6-3) ～ 式 (5.6-8)。

相对运动的波动方程为

$$\left[-\frac{\hbar^2}{2\,(m/2)}\frac{\partial^2}{\partial \boldsymbol{r}^2}+\mathcal{U}\,(r)\right]\psi\,(\boldsymbol{r})=\varepsilon\psi\,(\boldsymbol{r}) \tag{10.4-1}$$

显然两个粒子的间距足够大时其相互作用势能趋于零，即

$$\mathcal{U}\,(r)\xrightarrow{r\to\infty}0,\quad \psi\,(\boldsymbol{r})\xrightarrow{r\to\infty}\psi_\infty\,(\boldsymbol{r}) \tag{10.4-2}$$

这里考虑的是稀薄气体，绝大多数时候两个粒子的间距足够大，因此相对运动的波动方程可以使用两个粒子的间距趋于无穷大时的方程

$$\left(\frac{\partial^2}{\partial \boldsymbol{r}^2}+k^2\right)\psi_\infty\,(\boldsymbol{r})=0 \tag{10.4-3}$$

式中，$k=\sqrt{\dfrac{m\varepsilon}{\hbar^2}}$。

式 (10.4-3) 的解为

$$\psi_\infty\,(\boldsymbol{r})=\sum_{l=0}^{\infty}\sum_{m=-l}^{l}A_{lm}\mathrm{Y}_{lm}\,(\theta,\varphi)\,[\mathrm{j}_l\,(kr)-\mathrm{n}_l\,(kr)\tan\eta_l] \tag{10.4-4}$$

式中，$\mathrm{j}_l\,(kr)$ 和 $\mathrm{n}_l\,(kr)$ 分别是通常的球贝塞尔 (Bessel) 函数和球诺伊曼 (Neumann) 函数；$\eta_l=\eta_l\,(k)$ 是 l 分波散射相移。

在足够低的温度下，散射能量足够低，$k\to 0$，只有 s 分波 ($l=0$) 散射是重要的，相对运动的波函数是球对称的。式 (10.4-4) 化为

$$\psi_\infty\,(r)=A_{00}\,[\mathrm{j}_0\,(kr)-\mathrm{n}_0\,(kr)\tan\eta_0]\xrightarrow{k\to 0}A_{00}\left(1-\frac{a}{r}\right) \tag{10.4-5}$$

式中，a 为散射长度

$$a = \lim_{k \to 0} -\frac{\tan \eta_0}{k} \tag{10.4-6}$$

对于硬球势，从 5.6 节例 1 可知，散射长度 a 为硬球直径。但是，对于没有束缚态的任意二体势，a 可以为正，也可以为负。如果二体势以排斥为主，a 为正；反之为负。

气体的稀薄条件可以用散射长度来表示，即要求粒子之间的散射长度 a 远小于粒子的平均间距 $\left(\frac{N}{V}\right)^{1/3}$，即 $a \ll \left(\frac{N}{V}\right)^{1/3}$。

因此，对于足够稀薄的气体，在足够低的温度下，散射能量足够低，绝大多数时候两个粒子的间距足够大，可以用式 (10.4-5) 来代替实际的波函数，即

$$\psi(r) \cong A_{00} \left(1 - \frac{a}{r}\right), \quad 0 \leqslant r < \infty \tag{10.4-7}$$

现在我们来寻找波函数 (10.4-7) 满足的波动方程。有

$$-\frac{\hbar^2}{2(m/2)} \frac{\partial^2}{\partial \boldsymbol{r}^2} \psi(r) = -\frac{\hbar^2}{m} \frac{\partial^2}{\partial \boldsymbol{r}^2} A_{00} \left(1 - \frac{a}{r}\right) = -\frac{\hbar^2}{m} 4\pi A_{00} a \delta(\boldsymbol{r})$$

$$= -\frac{4\pi a \hbar^2}{m} \delta(\boldsymbol{r}) \frac{\partial}{\partial r}(r\psi) \tag{10.4-8}$$

我们得到波函数 (10.4-7) 满足的波动方程

$$\left[-\frac{\hbar^2}{2(m/2)} \frac{\partial^2}{\partial \boldsymbol{r}^2} + \frac{4\pi a \hbar^2}{m} \delta(\boldsymbol{r}) \frac{\partial}{\partial r} r\right] \psi(\boldsymbol{r}) = \varepsilon \psi(\boldsymbol{r}), \quad 0 \leqslant r \leqslant \infty \tag{10.4-9}$$

二体波动方程为

$$\left[-\frac{\hbar^2}{2m}(\nabla_1^2 + \nabla_2^2) + \frac{4\pi a \hbar^2}{m} \delta(\boldsymbol{r}_{12}) \frac{\partial}{\partial r_{12}} r_{12}\right] \Psi(\boldsymbol{r}_1, \boldsymbol{r}_2) = E\Psi(\boldsymbol{r}_1, \boldsymbol{r}_2), \quad 0 \leqslant r_{12} \leqslant \infty \tag{10.4-10}$$

这里，$\frac{4\pi a \hbar^2}{m} \delta(\boldsymbol{r}_{12}) \frac{\partial}{\partial r_{12}} r_{12}$ 称为二体 s 分波赝势 [105,106]。

应该指出，上面的二体 s 分波赝势只适用于散射能量足够低的情形。随着散射能量的升高，需要逐级考虑 p 分波 ($l = 1$) 赝势、d 分波 ($l = 2$) 赝势等。

10.4.2 哈密顿算符

对于足够稀薄的气体，在足够低的温度下，散射能量足够低，粒子相互紧密接触的概率很小，绝大多数时候粒子的间距足够大，因此气体的能量对二体相互作用势能的细节不敏感，二体相互作用势能可以用二体 s 分波赝势来代替，系统的哈密顿算符可以近似为

$$\hat{H} = -\frac{\hbar^2}{2m} \sum_{j=1}^{N} \nabla_j^2 + \frac{1}{2} \mathcal{U}_0 \sum_{i,j=1}^{N} \delta(\boldsymbol{r}_{ij}) \frac{\partial}{\partial r_{ij}} r_{ij} \tag{10.4-11}$$

式中，

$$\mathcal{U}_0 = \frac{4\pi a \hbar^2}{m} \tag{10.4-12}$$

算符 $\frac{\partial}{\partial r} r$ 的性质如下所述 [4]。

考虑 $\frac{\partial}{\partial r}[rf(r)]_{r=0}$，由于系统的能量不会发散，$\frac{\partial}{\partial r}[rf(r)]_{r=0}$ 为有限，所以 $f(r)$ 只存在以下两种情形：

(1) 如果 $f(r)$ 在 $r=0$ 没有奇异，即 $f(r) \xrightarrow{r \to 0} f(0) + \sum_{n=1}^{\infty} a_n r^n$，这里 a_n 是常数，有

$$\frac{\partial}{\partial r}[rf(r)]_{r=0} = f(0) \tag{10.4-13}$$

(2) 如果 $f(r)$ 在 $r=0$ 具有奇异性质 $f \xrightarrow{r \to 0} \frac{1}{r}$，有

$$\frac{\partial}{\partial r}[rf(r)]_{r=0} = 0 \tag{10.4-14}$$

我们可以把二体 s 分波赝势导致的哈密顿算符 (10.4-11) 中的 $\frac{\partial}{\partial r_{ij}} r_{ij}$ 取成 1，得到简化的哈密顿算符

$$\hat{H} = -\frac{\hbar^2}{2m} \sum_{j=1}^{N} \nabla_j^2 + \frac{1}{2} \mathcal{U}_0 \sum_{i,j=1}^{N} \delta(\boldsymbol{r}_{ij}) \tag{10.4-15}$$

这样做可能导致热力学量的表达式存在发散的项，这些发散的项可以使用式 (10.4-14) 来消除。

10.4.3　博戈留波夫理论

设气体处于一个边长为 $L = V^{1/3}$ 的正方体箱子中。系统的简化的哈密顿算符 (10.4-15) 的二次量子化形式为 [12]

$$
\hat{H} = -\frac{\hbar^2}{2m} \int \hat{\psi}^\dagger(\boldsymbol{r}) \nabla^2 \hat{\psi}(\boldsymbol{r}) \mathrm{d}^3 r
$$
$$
+ \frac{1}{2} \iint \hat{\psi}^\dagger(\boldsymbol{r}_1) \hat{\psi}^\dagger(\boldsymbol{r}_2) \mathcal{U}_0 \delta(\boldsymbol{r}_{12}) \hat{\psi}(\boldsymbol{r}_1) \hat{\psi}(\boldsymbol{r}_2) \mathrm{d}^3 r_1 \, \mathrm{d}^3 r_2 \qquad (10.4\text{-}16)
$$

式中,

$$
\hat{\psi}(\boldsymbol{r}) = \sum_{\boldsymbol{p}} \hat{A}_{\boldsymbol{p}} \frac{1}{\sqrt{V}} \exp\left(\mathrm{i}\frac{\boldsymbol{p}\cdot\boldsymbol{r}}{\hbar}\right), \quad \hat{\psi}^\dagger(\boldsymbol{r}) = \sum_{\boldsymbol{p}} \hat{A}_{\boldsymbol{p}}^\dagger \frac{1}{\sqrt{V}} \exp\left(-\mathrm{i}\frac{\boldsymbol{p}\cdot\boldsymbol{r}}{\hbar}\right),
$$

$$
\boldsymbol{p} = \hbar\boldsymbol{k} = \hbar(k_x, k_y, k_z) = \frac{2\pi\hbar}{L}(n_x, n_y, n_z) = 2\pi\hbar V^{-1/3}\boldsymbol{n},
$$
$$
n_x, n_y, n_z = 0, \pm 1, \pm 2, \cdots \qquad (10.4\text{-}17)
$$

把式 (10.4-17) 代入式 (10.4-16) 得

$$
\hat{H} = \sum_{\boldsymbol{p}} \frac{p^2}{2m} \hat{A}_{\boldsymbol{p}}^\dagger \hat{A}_{\boldsymbol{p}} + \frac{1}{2V} \mathcal{U}_0 \sum_{\boldsymbol{p}_1, \boldsymbol{p}_2, \boldsymbol{p}_1', \boldsymbol{p}_2'} \hat{A}_{\boldsymbol{p}_1'}^\dagger \hat{A}_{\boldsymbol{p}_2'}^\dagger \hat{A}_{\boldsymbol{p}_2} \hat{A}_{\boldsymbol{p}_1} \qquad (10.4\text{-}18)
$$

式中, 二体散射满足动量守恒 $\boldsymbol{p}_1' + \boldsymbol{p}_2' = \boldsymbol{p}_1 + \boldsymbol{p}_2$。

对于理想玻色气体, 当温度高于玻色–爱因斯坦凝聚温度时, 在各个能级上的粒子占据数为 $N_{\boldsymbol{p}} \sim 1$; 当温度低于玻色–爱因斯坦凝聚温度时, 在基态上的粒子占据数远大于在激发态上的粒子占据数: $N_0 \sim N$, $N_{\boldsymbol{p}} \sim 1$。在绝对零度下, 所有的粒子都处于基态: $N_0 = N$, $N_{\boldsymbol{p}} = 0$。因此, 我们指望, 对于弱相互作用玻色气体, 靠近绝对零度时, 在基态上的粒子占据数远大于在激发态上的粒子占据数: $N_0 \sim N$, $N_{\boldsymbol{p}} \sim 1$, $\hat{A}_0^\dagger \sim \hat{A}_0 \sim \sqrt{N}$, $\hat{A}_{\boldsymbol{p}}^\dagger \sim \hat{A}_{\boldsymbol{p}} \sim 1$。从 $\hat{A}_0\hat{A}_0^\dagger - \hat{A}_0^\dagger\hat{A}_0 = 1$ 以及 $\hat{A}_0\hat{A}_0^\dagger \sim N$, $\hat{A}_0^\dagger\hat{A}_0 \sim N$, 我们获得 [107]

$$
\hat{A}_0\hat{A}_0^\dagger - \hat{A}_0^\dagger\hat{A}_0 \cong 0 \qquad (10.4\text{-}19)
$$

因此 $\hat{A}_0^\dagger$ 和 $\hat{A}_0$ 可以近似看成对易, 即看成通常的数

$$
\hat{A}_0^\dagger = \hat{A}_0 = \sqrt{N_0} \qquad (10.4\text{-}20)
$$

现在我们展开式 (10.4-18) 中的四重求和, 显然, 最大项为 $\boldsymbol{p}_1' = \boldsymbol{p}_2' = \boldsymbol{p}_2 = \boldsymbol{p}_1 = 0$ 对应的项, 即

$$\sum_{\boldsymbol{p}_1' = \boldsymbol{p}_2' = \boldsymbol{p}_2 = \boldsymbol{p}_1 = 0} \hat{A}_{\boldsymbol{p}_1'}^\dagger \hat{A}_{\boldsymbol{p}_2'}^\dagger \hat{A}_{\boldsymbol{p}_2} \hat{A}_{\boldsymbol{p}_1} = \hat{A}_0^\dagger \hat{A}_0^\dagger \hat{A}_0 \hat{A}_0 = N_0^2 \tag{10.4-21}$$

次大项为包含两个 $\hat{A}_{\boldsymbol{p}}^\dagger$ 或 $\hat{A}_{\boldsymbol{p}}$ 的项, 需要满足动量守恒 $\boldsymbol{p}_1 + \boldsymbol{p}_2 = \boldsymbol{p}_1' + \boldsymbol{p}_2'$, 包括 $\boldsymbol{p}_2 = \boldsymbol{p}_1 = 0, \boldsymbol{p}_1' = \boldsymbol{p}_2' = 0, \boldsymbol{p}_1' = \boldsymbol{p}_1 = 0, \boldsymbol{p}_1' = \boldsymbol{p}_2 = 0, \boldsymbol{p}_2' = \boldsymbol{p}_1 = 0, \boldsymbol{p}_2' = \boldsymbol{p}_2 = 0$, 共 6 项, 即

$$\sum \hat{A}_{\boldsymbol{p}_1'}^\dagger \hat{A}_{\boldsymbol{p}_2'}^\dagger \hat{A}_{\boldsymbol{p}_2} \hat{A}_{\boldsymbol{p}_1} = \sum_{\boldsymbol{p} \neq 0} \left(\hat{A}_{\boldsymbol{p}}^\dagger \hat{A}_{-\boldsymbol{p}}^\dagger \hat{A}_0 \hat{A}_0 + \hat{A}_0^\dagger \hat{A}_0^\dagger \hat{A}_{\boldsymbol{p}} \hat{A}_{-\boldsymbol{p}} + 4\hat{A}_0^\dagger \hat{A}_0 \hat{A}_{\boldsymbol{p}}^\dagger \hat{A}_{\boldsymbol{p}} \right)$$

$$= N_0 \sum_{\boldsymbol{p} \neq 0} \left(\hat{A}_{\boldsymbol{p}}^\dagger \hat{A}_{-\boldsymbol{p}}^\dagger + \hat{A}_{\boldsymbol{p}} \hat{A}_{-\boldsymbol{p}} + 4\hat{A}_{\boldsymbol{p}}^\dagger \hat{A}_{\boldsymbol{p}} \right) \tag{10.4-22}$$

把式 (10.4-21) 和式 (10.4-22) 代入式 (10.4-18) 得

$$\hat{H} = \sum_{\boldsymbol{p}} \frac{p^2}{2m} \hat{A}_{\boldsymbol{p}}^\dagger \hat{A}_{\boldsymbol{p}} + \frac{1}{2V} \mathcal{U}_0 N_0^2 + \frac{1}{2V} \mathcal{U}_0 N_0 \sum_{\boldsymbol{p} \neq 0} \left(\hat{A}_{\boldsymbol{p}}^\dagger \hat{A}_{-\boldsymbol{p}}^\dagger + \hat{A}_{\boldsymbol{p}} \hat{A}_{-\boldsymbol{p}} + 4\hat{A}_{\boldsymbol{p}}^\dagger \hat{A}_{\boldsymbol{p}} \right) \tag{10.4-23}$$

系统的总粒子数为

$$N_0 + \sum_{\boldsymbol{p} \neq 0} \hat{A}_{\boldsymbol{p}}^\dagger \hat{A}_{\boldsymbol{p}} = N \tag{10.4-24}$$

把式 (10.4-24) 代入式 (10.4-23), 并略去包含两个以上 $\hat{A}_{\boldsymbol{p}}^\dagger$ 或 $\hat{A}_{\boldsymbol{p}}$ 的项, 得

$$\hat{H} = \frac{N^2}{2V} \mathcal{U}_0 + \sum_{\boldsymbol{p}} \frac{p^2}{2m} \hat{A}_{\boldsymbol{p}}^\dagger \hat{A}_{\boldsymbol{p}} + \frac{N}{2V} \mathcal{U}_0 \sum_{\boldsymbol{p} \neq 0} \left(\hat{A}_{\boldsymbol{p}}^\dagger \hat{A}_{-\boldsymbol{p}}^\dagger + \hat{A}_{\boldsymbol{p}} \hat{A}_{-\boldsymbol{p}} + 2\hat{A}_{\boldsymbol{p}}^\dagger \hat{A}_{\boldsymbol{p}} \right) \tag{10.4-25}$$

为了对角化, 引进线性变换

$$\hat{A}_{\boldsymbol{p}}^\dagger = \frac{\hat{B}_{\boldsymbol{p}}^\dagger + \lambda \hat{B}_{-\boldsymbol{p}}}{\sqrt{1 - \lambda^2}}, \quad \hat{A}_{\boldsymbol{p}} = \frac{\hat{B}_{\boldsymbol{p}} + \lambda \hat{B}_{-\boldsymbol{p}}^\dagger}{\sqrt{1 - \lambda^2}} \tag{10.4-26}$$

式中, $\lambda = \lambda(p)$ 为待定函数; $\hat{B}_{\boldsymbol{p}}^\dagger$ 为玻色算符, 满足

$$\hat{B}_{\boldsymbol{p}} \hat{B}_{\boldsymbol{p}'}^\dagger - \hat{B}_{\boldsymbol{p}'}^\dagger \hat{B}_{\boldsymbol{p}} = \delta_{\boldsymbol{p}\boldsymbol{p}'}, \quad \hat{B}_{\boldsymbol{p}} \hat{B}_{\boldsymbol{p}'} - \hat{B}_{\boldsymbol{p}'} \hat{B}_{\boldsymbol{p}} = 0 \tag{10.4-27}$$

把式 (10.4-26) 代入式 (10.4-25) 得

$$\hat{H} = \frac{N^2}{2V}u_0 + \sum_{\boldsymbol{p}} \frac{1}{1-\lambda^2}\left[\frac{p^2}{2m}\lambda^2 + \frac{N}{2V}\mathcal{U}_0\left(2\lambda + 2\lambda^2\right)\right]$$

$$+ \sum_{\boldsymbol{p}} \frac{1}{1-\lambda^2}\left[\frac{p^2}{2m} + \frac{N}{2V}\mathcal{U}_0\left(2 + 2\lambda\right)\right]\hat{B}_{\boldsymbol{p}}^\dagger\hat{B}_{\boldsymbol{p}}$$

$$+ \sum_{\boldsymbol{p}} \frac{1}{1-\lambda^2}\left[\frac{p^2}{2m}\lambda^2 + \frac{N}{2V}\mathcal{U}_0\left(2\lambda + 2\lambda^2\right)\right]\hat{B}_{-\boldsymbol{p}}^\dagger\hat{B}_{-\boldsymbol{p}}$$

$$+ \sum_{\boldsymbol{p}\neq 0} \frac{1}{1-\lambda^2}\left[\frac{p^2}{2m}\lambda + \frac{N}{2V}\mathcal{U}_0\left(1+\lambda\right)^2\right]\left(\hat{B}_{\boldsymbol{p}}^\dagger\hat{B}_{-\boldsymbol{p}}^\dagger + \hat{B}_{\boldsymbol{p}}\hat{B}_{-\boldsymbol{p}}\right) \quad (10.4\text{-}28)$$

为了使哈密顿算符对角化，需要选择式 (10.4-28) 中的 $\left(\hat{B}_{\boldsymbol{p}}^\dagger\hat{B}_{-\boldsymbol{p}}^\dagger + \hat{B}_{\boldsymbol{p}}\hat{B}_{-\boldsymbol{p}}\right)$ 前面的系数为零，得

$$\lambda = -1 + \frac{V}{\mathcal{U}_0 N}\left(\varepsilon - \frac{p^2}{2m}\right) \quad (10.4\text{-}29)$$

$$\hat{H} = \frac{\mathcal{U}_0 N^2}{2V} + \frac{1}{2}\sum_{\boldsymbol{p}\neq 0}\left(\varepsilon - \frac{p^2}{2m} - \frac{\mathcal{U}_0 N}{V}\right) + \sum_{\boldsymbol{p}\neq 0}\varepsilon\hat{B}_{\boldsymbol{p}}^\dagger\hat{B}_{\boldsymbol{p}} \quad (10.4\text{-}30)$$

式中，

$$\varepsilon = \sqrt{\frac{2\mathcal{U}_0 N}{V}\frac{p^2}{2m} + \left(\frac{p^2}{2m}\right)^2} \xrightarrow{p\to 0} \sqrt{\frac{\mathcal{U}_0 N}{mV}}\,p \quad (10.4\text{-}31)$$

元激发的分布函数由式 (10.2-6) 给出，即

$$n\left(\boldsymbol{p}\right) = \overline{\hat{B}_{\boldsymbol{p}}^\dagger\hat{B}_{\boldsymbol{p}}} = \frac{1}{e^{\varepsilon/k_{\mathrm{B}}T} - 1} \quad (10.4\text{-}32)$$

我们看到，博戈留波夫理论给出的元激发能谱包含了声子能谱，这是博戈留波夫理论的重大成就，但是由于博戈留波夫理论考虑的是弱相互作用玻色气体，给出的元激发能谱没有包含旋子能谱。

由于

$$\varepsilon \xrightarrow{p\to\infty} \frac{p^2}{2m} + \frac{\mathcal{U}_0 N}{V} - \left(\frac{\mathcal{U}_0 N}{V}\right)^2 mp^{-2} + O\left(p^{-4}\right) \quad (10.4\text{-}33)$$

式 (10.4-30) 中的第二项的求和当 $p \to \infty$ 时发散。发散项是由使用简化的哈密顿算符 (10.4-15) 引起的，需要使用式 (10.4-14) 来消除发散，因此我们需要在式 (10.4-30) 中加上以下一项：

$$\frac{1}{2} \sum_{\boldsymbol{p}} \left(\frac{\mathcal{U}_0 N}{V} \right)^2 m p^{-2}$$

得

$$\hat{H} = \frac{\mathcal{U}_0 N^2}{2V} + \frac{1}{2} \sum_{\boldsymbol{p} \neq 0} \left[\varepsilon - \frac{p^2}{2m} - \frac{\mathcal{U}_0 N}{V} + \left(\frac{\mathcal{U}_0 N}{V} \right)^2 m p^{-2} \right] + \sum_{\boldsymbol{p}} \varepsilon \hat{B}_{\boldsymbol{p}}^\dagger \hat{B}_{\boldsymbol{p}} \tag{10.4-34}$$

因此基态能为 [108]

$$
\begin{aligned}
E_0 &= \frac{2\pi a \hbar^2 N^2}{mV} + \frac{1}{2} \int_0^\infty \left[\varepsilon - \frac{p^2}{2m} - \frac{4\pi a \hbar^2 N}{mV} + \left(\frac{4\pi a \hbar^2 N}{mV} \right)^2 m p^{-2} \right] \frac{V 4\pi p^2}{h^3} \mathrm{d}p \\
&= \frac{2\pi a \hbar^2 N^2}{mV} \left[1 + 8 \sqrt{\frac{2N a^3}{\pi V}} \int_0^\infty \left(x\sqrt{x^2 + 2} - x^2 - 1 + \frac{1}{2} x^{-2} \right) x^2 \mathrm{d}x \right] \\
&= \frac{2\pi a \hbar^2 N^2}{mV} \left[1 + \frac{128}{15} \sqrt{\frac{N a^3}{\pi V}} \right]
\end{aligned} \tag{10.4-35}
$$

式中，$p = \sqrt{\dfrac{2m \mathcal{U}_0 N}{V}} x$。

$\boldsymbol{p} \neq 0$ 时的气体粒子的分布函数为

$$N_{\boldsymbol{p}} = \overline{\hat{A}_{\boldsymbol{p}}^\dagger \hat{A}_{\boldsymbol{p}}} = \frac{1}{1 - \lambda^2} \overline{\left(\hat{B}_{\boldsymbol{p}}^\dagger + \lambda \hat{B}_{-\boldsymbol{p}} \right) \left(\hat{B}_{\boldsymbol{p}} + \lambda \hat{B}_{-\boldsymbol{p}}^\dagger \right)} = \frac{(1 + \lambda^2) n(\boldsymbol{p}) + \lambda^2}{1 - \lambda^2} \tag{10.4-36}$$

我们看到，不同于理想玻色气体，在绝对零度，即使是弱相互作用玻色气体，也有少数粒子分布在激发态上。

10.5 格罗斯–皮塔耶夫斯基方程

10.5.1 格罗斯–皮塔耶夫斯基方程的推导

超流相变意味着有宏观数量的粒子处于动量为零的基态，形成玻色–爱因斯坦凝聚体。对于理想玻色气体，在绝对零度下，所有的粒子都处于基态，因而都在凝聚体中。对于弱相互作用玻色气体，在绝对零度附近，在基态上的粒子占据数远大于在激发态上的粒子占据数，也就是说，绝大部分粒子都在凝聚体中。对于强相互作用玻色气体，在绝对零度附近，只有部分粒子 (比例明显偏离 100%) 在凝聚体中 [109]。

10.4 节我们考虑的是没有外场时的弱相互作用玻色气体，密度均匀。现在考虑在绝对零度附近的处于外场 $V_{\text{ex}}(\boldsymbol{r})$ 中的弱相互作用玻色气体，密度不均匀。由于几乎所有粒子占据同一量子态，故可用宏观波函数 $\Phi(\boldsymbol{r}, t)$ 描述，这里 $\Phi(\boldsymbol{r}, t)$ 为玻色凝聚体的波函数。

二次量子化的系统的哈密顿算符为

$$
\begin{aligned}
\hat{H} = \int \hat{\psi}^{\dagger}(\boldsymbol{r}, t) \left[-\frac{\hbar^2}{2m} \nabla^2 + V_{\text{ex}}(\boldsymbol{r}) \right] \hat{\psi}(\boldsymbol{r}, t) \mathrm{d}^3 r \\
+ \frac{1}{2} \iint \hat{\psi}^{\dagger}(\boldsymbol{r}, t) \hat{\psi}^{\dagger}(\boldsymbol{r}', t) \mathcal{U}(\boldsymbol{r} - \boldsymbol{r}') \hat{\psi}(\boldsymbol{r}, t) \hat{\psi}(\boldsymbol{r}', t) \mathrm{d}^3 r \, \mathrm{d}^3 r'
\end{aligned} \tag{10.5-1}
$$

$\hat{\psi}(\boldsymbol{r}, t)$ 满足海森伯运动方程

$$
\begin{aligned}
\mathrm{i}\hbar \frac{\partial \hat{\psi}(\boldsymbol{r}, t)}{\partial t} &= [\hat{\psi}(\boldsymbol{r}, t), \hat{H}]_{-} \\
&= \left[-\frac{\hbar^2}{2m} \nabla^2 + V_{\text{ex}}(\boldsymbol{r}) + \int \mathrm{d}^3 r' \hat{\psi}^{\dagger}(\boldsymbol{r}', t) \mathcal{U}(\boldsymbol{r} - \boldsymbol{r}') \hat{\psi}(\boldsymbol{r}', t) \right] \hat{\psi}(\boldsymbol{r}, t)
\end{aligned}
$$

$$\tag{10.5-2}$$

对于弱相互作用玻色气体，靠近绝对零度时，在基态上的粒子占据数远大于在激发态上的粒子占据数，可以使用博戈留波夫近似

$$
\hat{\psi}(\boldsymbol{r}, t) = \Phi(\boldsymbol{r}, t) + \hat{\psi}'(\boldsymbol{r}, t) \tag{10.5-3}
$$

式中，$\Phi(\boldsymbol{r}, t) \gg \hat{\psi}'(\boldsymbol{r}, t)$，满足归一化条件

$$
\int \mathrm{d}^3 r \left| \Phi(\boldsymbol{r}, t) \right|^2 = N \tag{10.5-4}
$$

我们看到粒子数密度为

$$
n(\boldsymbol{r}, t) = \left| \Phi(\boldsymbol{r}, t) \right|^2 \tag{10.5-5}
$$

由于 $\Phi(\boldsymbol{r}, t) \gg \hat{\psi}'(\boldsymbol{r}, t)$，式 (10.5-2) 中的 $\hat{\psi}(\boldsymbol{r}, t)$ 用 $\Phi(\boldsymbol{r}, t)$ 代替，得

$$
\mathrm{i}\hbar \frac{\partial \Phi(\boldsymbol{r}, t)}{\partial t} = \left[-\frac{\hbar^2}{2m} \nabla^2 + V_{\text{ex}}(\boldsymbol{r}) + \int \mathrm{d}^3 r' \Phi^*(\boldsymbol{r}', t) \mathcal{U}(\boldsymbol{r} - \boldsymbol{r}') \Phi(\boldsymbol{r}', t) \right] \Phi(\boldsymbol{r}, t)
$$

$$\tag{10.5-6}$$

使用二体 s 分波赝势，得

$$\int \mathrm{d}^3 r' \Phi^*(\boldsymbol{r}', t) \mathcal{U}(\boldsymbol{r} - \boldsymbol{r}') \Phi(\boldsymbol{r}', t)$$

$$= \int \mathrm{d}^3 r' \Phi^*(\boldsymbol{r}', t) \frac{4\pi a \hbar^2}{m} \delta(\boldsymbol{r} - \boldsymbol{r}') \frac{\partial \left[|\boldsymbol{r} - \boldsymbol{r}'| \Phi(\boldsymbol{r}', t) \right]}{\partial |\boldsymbol{r} - \boldsymbol{r}'|} \tag{10.5-7}$$

由于 $\Phi(\boldsymbol{r}, t)$ 不是奇异的，使用式 (10.4-13) 得

$$\int \mathrm{d}^3 r' \Phi^*(\boldsymbol{r}', t) \mathcal{U}(\boldsymbol{r} - \boldsymbol{r}') \Phi(\boldsymbol{r}', t) = \frac{4\pi a \hbar^2}{m} |\Phi(\boldsymbol{r}, t)|^2 \tag{10.5-8}$$

把式 (10.5-8) 代入式 (10.5-6) 得

$$\mathrm{i}\hbar \frac{\partial \Phi(\boldsymbol{r}, t)}{\partial t} = \left[-\frac{\hbar^2}{2m} \nabla^2 + V_{\mathrm{ex}}(\boldsymbol{r}) + \frac{4\pi a \hbar^2}{m} |\Phi(\boldsymbol{r}, t)|^2 \right] \Phi(\boldsymbol{r}, t) \tag{10.5-9}$$

式 (10.5-9) 就是格罗斯–皮塔耶夫斯基方程 (Gross-Pitaevskii equation)[110,111]。

格罗斯–皮塔耶夫斯基方程可以使用以下变分原理推导出来：

$$\mathrm{i}\hbar \frac{\partial \Phi}{\partial t} = \frac{\delta E[\Phi]}{\delta \Phi^*} \tag{10.5-10}$$

式中，能量泛函

$$E[\Phi] = \int \mathrm{d}^3 r \left[\frac{\hbar^2}{2m} |\nabla \Phi(\boldsymbol{r}, t)|^2 + V_{\mathrm{ex}}(\boldsymbol{r}) |\Phi(\boldsymbol{r}, t)|^2 + \frac{2\pi a \hbar^2}{m} |\Phi(\boldsymbol{r}, t)|^4 \right] \tag{10.5-11}$$

能量泛函的第一项表示量子动能，第二项表示在外场中的能量，第三项表示粒子相互作用势能。

10.5.2 流体力学方程

使用式 (10.5-5) 得

$$\Phi(\boldsymbol{r}, t) = \sqrt{n(\boldsymbol{r}, t)} \mathrm{e}^{\mathrm{i}S(\boldsymbol{r}, t)} \tag{10.5-12}$$

式中，$S(\boldsymbol{r}, t)$ 为相因子。

概率流密度矢量为

$$\boldsymbol{j} = \frac{\mathrm{i}\hbar}{2mN} (\Phi \nabla \Phi^* - \Phi^* \nabla \Phi) = \frac{\hbar}{mN} n \nabla S \tag{10.5-13}$$

超流体的质量流为

$$\boldsymbol{j}_{\mathrm{s}} = \rho_{\mathrm{s}} \boldsymbol{v}_{\mathrm{s}} = n m \boldsymbol{v}_{\mathrm{s}} = N m \boldsymbol{j} \tag{10.5-14}$$

把式 (10.5-13) 代入式 (10.5-14) 得凝聚体的速度

$$\boldsymbol{v}_{\mathrm{s}} = \frac{\hbar}{m}\nabla S \tag{10.5-15}$$

我们看到，凝聚体的流动是无旋流动，满足

$$\nabla \times \boldsymbol{v}_{\mathrm{s}} = 0 \tag{10.5-16}$$

把式 (10.5-12) 代入式 (10.5-9)，格罗斯–皮塔耶夫斯基方程化为流体力学方程

$$\frac{\partial n}{\partial t} + \nabla \cdot (n\boldsymbol{v}_{\mathrm{s}}) = 0 \tag{10.5-17}$$

$$m\frac{\partial \boldsymbol{v}_{\mathrm{s}}}{\partial t} + \nabla\left(\frac{1}{2}mv_{\mathrm{s}}^2 + V_{\mathrm{ex}} + \frac{4\pi a\hbar^2}{m}n - \frac{\hbar^2}{2m\sqrt{n}}\nabla^2\sqrt{n}\right) = 0 \tag{10.5-18}$$

式 (10.5-17) 为连续性方程。

10.5.3　稳态

对于稳态，$|\Phi(\boldsymbol{r},t)|^2$ 与时间无关，仿照薛定谔方程的定态问题的处理，把 $\Phi(\boldsymbol{r},t)$ 写成 $\Phi(\boldsymbol{r},t) = \varphi(\boldsymbol{r})T(t)$，代入式 (10.5-9) 得稳态格罗斯–皮塔耶夫斯基方程

$$\left[-\frac{\hbar^2}{2m}\nabla^2 + V_{\mathrm{ex}}(\boldsymbol{r}) + \frac{4\pi a\hbar^2}{m}(\varphi(\boldsymbol{r}))^2\right]\varphi(\boldsymbol{r}) = \mu\varphi(\boldsymbol{r}) \tag{10.5-19}$$

式中，μ 为常数，

$$\varphi(\boldsymbol{r}) = \sqrt{n(\boldsymbol{r})}, \quad T(t) = \mathrm{e}^{-\mathrm{i}\mu t/\hbar} \tag{10.5-20}$$

稳态格罗斯–皮塔耶夫斯基方程可以使用以下变分原理推导出来：

$$\delta\left\{E[\varphi] - \mu\int \mathrm{d}^3 r\varphi^2\right\} = 0 \tag{10.5-21}$$

式中，

$$E[\varphi] = \int \mathrm{d}^3 r\left[\frac{\hbar^2}{2m}(\nabla\varphi)^2 + V_{\mathrm{ex}}(\boldsymbol{r})\varphi^2 + \frac{2\pi a\hbar^2}{m}\varphi^4\right] \tag{10.5-22}$$

稳态格罗斯–皮塔耶夫斯基方程也可以写成

$$\left[-\frac{\hbar^2}{2m}\nabla^2 + V_{\mathrm{ex}}(\boldsymbol{r}) + \frac{4\pi a\hbar^2}{m}n(\boldsymbol{r})\right]\sqrt{n(\boldsymbol{r})} = \mu\sqrt{n(\boldsymbol{r})} \tag{10.5-23}$$

稳态格罗斯–皮塔耶夫斯基方程 (10.5-23) 可以使用以下变分原理推导出来：

$$\delta\left\{E\left[n\right]-\mu\int \mathrm{d}^3rn\right\}=0 \tag{10.5-24}$$

式中，

$$E\left[n\right]=\int \mathrm{d}^3r\left[\frac{\hbar^2}{2m}\left(\nabla\sqrt{n}\right)^2+V_{\mathrm{ex}}(\boldsymbol{r})n+\frac{2\pi a\hbar^2}{m}n^2\right] \tag{10.5-25}$$

从式 (10.5-24) 我们看到，μ 为化学势。

我们讨论一下以下几种情形。

(1) 排斥的情形。

对于足够多的粒子数，式 (10.5-25) 中的量子动能项可以忽略不计，稳态格罗斯–皮塔耶夫斯基方程 (10.5-23) 化为

$$n(\boldsymbol{r})=\frac{m}{4\pi a\hbar^2}\left[\mu-V_{\mathrm{ex}}(\boldsymbol{r})\right] \tag{10.5-26}$$

式 (10.5-26) 称为托马斯–费米 (Thomas-Fermi) 近似。

(2) 吸引的情形。

如果 $a<0$，粒子数少时，系统是稳定的；粒子数足够多时，系统是不稳定的，会发生坍缩 (见习题 1)。

(3) 涡丝。

考虑一个位于 z 轴上的无穷长的直线涡丝，感生的速度为

$$\boldsymbol{v}_{\mathrm{s}}\left(\boldsymbol{r}\right)=\frac{\hbar}{m}\nabla S=\frac{\hbar}{m}\frac{1}{R}\frac{\partial S}{\partial\theta}\boldsymbol{e}_\theta=\frac{\Gamma}{2\pi R}\boldsymbol{e}_\theta \tag{10.5-27}$$

式中，Γ 为涡丝强度；$\boldsymbol{e}_\theta$ 为 xy 平面的极坐标系 (R,θ) 的单位矢量。其解为

$$S=\frac{m\Gamma}{2\pi\hbar}\theta \tag{10.5-28}$$

把式 (10.5-28) 代入式 (10.5-12) 得

$$\Phi(\theta)=\sqrt{n}\mathrm{e}^{\mathrm{i}S(\theta)}=\sqrt{n}\mathrm{e}^{\mathrm{i}\frac{m\Gamma}{2\pi\hbar}\theta} \tag{10.5-29}$$

由于波函数必须是单值的，有

$$\Phi(\theta)=\Phi(\theta+2\pi) \tag{10.5-30}$$

把式 (10.5-29) 代入式 (10.5-30) 得

$$\Gamma = \frac{2\pi\hbar}{m}j, \quad j = 1, 2, \cdots \tag{10.5-31}$$

我们看到, 涡丝强度是量子化的。

使用式 (10.5-27) 和式 (10.5-31) 得速度环量

$$\oint \boldsymbol{v}_{\mathrm{s}} \cdot \mathrm{d}\boldsymbol{r} = \Gamma = 2\pi\frac{\hbar}{m}j, \quad j = 1, 2, \cdots \tag{10.5-32}$$

式中, 积分路径包围涡丝。

我们看到, 速度环量是量子化的。

习   题

1. 吸引的弱相互作用玻色气体被约束在各向同性的谐振势 $\frac{1}{2}m\omega^2(x^2 + y^2 + z^2)$ 里, 取尝试波函数为

$$\varphi(\boldsymbol{r}) = \left(\frac{N}{\pi^{3/2}\alpha^3 b^3} \right)^{1/2} \exp\left(-\frac{r^2}{2\alpha^2 b^2} \right)$$

式中, α 为无量纲的变分参数, $b = \sqrt{\dfrac{\hbar}{m\omega}}$。

证明:

$$\frac{E(\alpha)}{N\hbar\omega} = \frac{3}{4}\left(\alpha^{-2} + \alpha^2 \right) - (2\pi)^{-1/2}\frac{N|a|}{b}\alpha^{-3}$$

$E(\alpha)$ 的局域最小值消失 (拐点) 出现在 $\dfrac{\mathrm{d}E(\alpha)}{\mathrm{d}\alpha} = 0, \dfrac{\mathrm{d}^2 E(\alpha)}{\mathrm{d}\alpha^2} = 0$, 解为 $\alpha = 5^{-1/4}$,

最大粒子数为 $N_{\max} = 0.671\dfrac{b}{|a|}$。

10.6   朗道正常费米液体理论

不管金属内部的电子之间的强相互作用, 处于正常状态的金属的性质可以很好地用独立粒子模型来描述, 为了解释这一令人吃惊的事实, 朗道[112] 提出了正常费米液体理论。

10.6.1   基本假设

热力学系统的正则配分函数为

$$Q = \sum_r \mathrm{e}^{-\beta E_r}$$

式中, E_r 为系统处于量子态 $|\psi_r\rangle$ 时的能量。

我们看到, 靠近绝对零度时, 只有少数靠近基态的激发态对系统热力学性质有贡献。由于这些靠近基态的激发态的数目少, 它们可以看作是一些具有弱相互作用的元激发或准粒子的集合[72]。

从 4.5 节我们知道理想费米气体具有如下性质。

(1) 由于费米子遵守泡利不相容原理, 不可能有多于一个的粒子占据同一单粒子量子态, 绝对零度下为了使气体的能量达到最小值, 粒子占据了从单粒子能级的最小值到某个最大值之间的所有单粒子量子态, 即粒子占满了动量空间中半径为费米动量的费米球, 费米球外没有粒子占据。

(2) 低温下理想费米气体处于低激发态时, 有少量粒子跃迁到费米球之外的单粒子量子态, 而在费米球中留下空穴。

(3) 费米动量的大小由气体的数密度决定:

$$p_{\mathrm{F}} = \left(\frac{3h^3 N}{4\pi g V}\right)^{1/3} \tag{10.6-1}$$

朗道假定粒子间的相互作用是渐进地 (绝热地) 加入系统中, 如果粒子之间只有排斥相互作用, 粒子不能形成束缚对, 则此时系统的能级类型不发生改变, 这类费米液体称为正常费米液体。因此从理想费米气体逐渐加入排斥相互作用过渡到正常费米液体时, 理想费米气体的粒子过渡到费米液体的准粒子, 理想费米气体过渡到准粒子气体, 准粒子遵守费米统计。跟理想费米气体类比, 正常费米液体应该具有如下性质。

(1) 正常费米液体的低激发态可以按理想费米气体同样的原则构成, 两者之间存在着一一对应的关系。液体中的准粒子数和原来气体的实际粒子数相同。

(2) 元激发或准粒子具有确定的动量 $\boldsymbol{p}$, $n(\boldsymbol{p})$ 是准粒子动量分布函数。

(3) 准粒子的能量定义为加进去一个动量为 $\boldsymbol{p}$ 的准粒子而引起的液体的能量的改变。

不同于理想费米气体, 由于准粒子之间存在相互作用, 液体的总能量 E 并不等于各准粒子能量之和。对于每一个给定的动量分布函数 $n(\boldsymbol{p})$, 有一个确定的总能量 E 与之对应, 因此 E 是 $n(\boldsymbol{p})$ 的泛函, 即

$$E = E\left[n\left(\boldsymbol{p}\right)\right] \tag{10.6-2}$$

设分布函数发生了一个无限小的改变 $\delta n(\boldsymbol{p})$, E 的改变为 δE, 定义

$$\varepsilon\left(\boldsymbol{p}\right) = \frac{1}{V}\frac{\delta E}{\delta n} \tag{10.6-3}$$

式 (10.6-3) 表示加进去一个动量为 $\boldsymbol{p}$ 的准粒子而引起的液体的能量的改变, 因此 $\varepsilon(\boldsymbol{p})$ 可以解释为准粒子的能量。

(4) 准粒子的自旋为 $1/2$。

准粒子的能量是其自旋算符 $\hat{\boldsymbol{s}}$ 的函数。在热平衡状态下, 液体是均匀的和各向同性的, $\hat{\boldsymbol{s}}$ 只能以 $\hat{\boldsymbol{s}}^2$ 或 $(\hat{\boldsymbol{s}} \cdot \boldsymbol{p})^2$ 形式出现在准粒子的能量里, 即

$$\varepsilon(\boldsymbol{p}, \hat{\boldsymbol{s}}) = \varepsilon\left(\boldsymbol{p}, \hat{\boldsymbol{s}}^2, (\hat{\boldsymbol{s}} \cdot \boldsymbol{p})^2\right)$$

对于自旋 $1/2$, 有

$$\hat{\boldsymbol{s}}^2 = \frac{3}{4}, \quad (\hat{\boldsymbol{s}} \cdot \boldsymbol{p})^2 = \boldsymbol{p}^2, \quad \varepsilon(\boldsymbol{p}, \hat{\boldsymbol{s}}) = \varepsilon(\boldsymbol{p})$$

我们看到, 准粒子能量和自旋算符无关, 且准粒子的能级都是二重简并的。

(5) 动量分布函数的归一化条件为

$$N = V \int n \frac{2\mathrm{d}^3 p}{h^3} \tag{10.6-4}$$

式中, 2 为准粒子的自旋简并因子。

为简单起见, 本节假设所有物理量不依赖于自旋。当出现物理量依赖于自旋的情况时, 除了对相空间积分外, 还需要取矩阵函数的迹。

对于分布函数的一个无限小的改变 $\delta n(\boldsymbol{p})$ 而言, $E = E[n(\boldsymbol{p})]$ 的一级变分为

$$\delta E^{(1)} = \mathrm{V} \int \varepsilon \delta n \frac{2\mathrm{d}^3 p}{h^3} \tag{10.6-5}$$

(6) 由于准粒子遵守费米统计, 不可能有多于一个的准粒子占据同一准粒子量子态, 绝对零度下准粒子占据从准粒子基态 $\boldsymbol{p} = 0$ 到准粒子量子态 $\boldsymbol{p} = \boldsymbol{p}(p = p_{\mathrm{F}}) = \boldsymbol{p}_{\mathrm{F}}$ 上, 即占据在半径为 p_{F} 的费米球内的所有准粒子量子态上, 因此绝对零度下在动量空间准粒子的分布函数为

$$n = \begin{cases} 1, & 0 \leqslant p \leqslant p_{\mathrm{F}} \\ 0, & p > p_{\mathrm{F}} \end{cases} \tag{10.6-6}$$

费米球的表面称为费米面, 费米动量 p_{F} 由下式给出:

$$N = \frac{8\pi V}{h^3} \int_0^{p_{\mathrm{F}}} p^2 \mathrm{d}p = \frac{8\pi V}{3h^3} p_{\mathrm{F}}^3 \tag{10.6-7}$$

我们看到, 费米液体的费米动量和粒子数密度的关系 (10.6-7) 与自旋为 $1/2$ 的理想费米气体情形的公式 (10.6-1) 相同。

(7) 费米液体处于低激发态时, 有少量准粒子跃迁到费米球外的准粒子量子态, 而在费米球中留下空穴。

10.6.2 准粒子的分布函数

由于准粒子遵守费米统计，费米液体的熵可由类似理想费米气体的熵的公式 (4.1-4) 来表达，即

$$S = -k_{\rm B} V \int \left[n \ln n + (1-n) \ln(1-n) \right] \frac{2{\rm d}^3 p}{h^3} \tag{10.6-8}$$

使用热力学关系 $T{\rm d}S = {\rm d}E + P{\rm d}V - \mu {\rm d}N$ 得

$$T\delta S = \delta E - \mu \delta N \tag{10.6-9}$$

把式 (10.6-4)、式 (10.6-5) 和式 (10.6-8) 代入式 (10.6-9) 得

$$n = \frac{1}{{\rm e}^{(\varepsilon-\mu)/k_{\rm B}T} + 1} \tag{10.6-10}$$

我们看到，式 (10.6-10) 与通常的理想费米气体的费米分布在形式上相同，但是这里 ε 本身就是 n 的泛函，即 $\varepsilon(\boldsymbol{p}) = \varepsilon[n(\boldsymbol{p})]$，因此两者不会完全相同。

在绝对零度，准粒子的分布函数 (10.6-10) 化为

$$n = \begin{cases} 1, & 0 \leqslant \varepsilon \leqslant \mu \\ 0, & \varepsilon > \mu \end{cases} \tag{10.6-11}$$

10.6.3 准粒子的有效质量

由于 ε 本身就是 n 的泛函，则使用唯象方法无法计算 ε，朗道利用以下观察绕过了这个困难。

朗道注意到，对于理想费米气体，如果温度远低于费米温度，当一些粒子从这个费米球内的单粒子量子态跃迁到外面的单粒子量子态以后，就形成了理想费米气体的激发态。理想费米气体的分布函数仅在费米面附近的狭窄范围内才显著偏离绝对零度时的阶跃函数，因此对热力学量的主要贡献在费米面附近。类似地，对于费米液体，当温度远低于费米温度时，一些准粒子从其费米球内的准粒子量子态跃迁到外面的准粒子量子态以后，就形成了费米液体的激发态，描述激发态的分布函数与阶跃函数仅在费米面附近的狭窄范围内有显著的区别。在零级近似下，可以把式 (10.6-10) 中的泛函 ε 用由阶跃函数计算出来的相应的值代替，这样 ε 就变成动量 $\boldsymbol{p}$ 的一个确定函数，粒子数分布函数就变为通常的费米分布。

因此函数 $\varepsilon(\boldsymbol{p})$ 只在费米面附近才有物理意义，可以围绕费米面 $p = p_{\rm F}$ 作泰勒展开，只需要保留到一次项，得

$$\varepsilon - \mu \cong v_{\rm F}(p - p_{\rm F}) \tag{10.6-12}$$

式中,

$$v_{\mathrm{F}} = \left(\frac{\partial \varepsilon}{\partial p} \right)_{p=p_{\mathrm{F}}} \tag{10.6-13}$$

为准粒子在费米面的速度。对于理想气体,有 $\varepsilon = p^2/2m$,得 $v_{\mathrm{F}} = p_{\mathrm{F}}/m$。类比此式,可以定义准粒子的有效质量

$$m^* = \frac{p_{\mathrm{F}}}{v_{\mathrm{F}}} = \frac{p_{\mathrm{F}}}{\left(\dfrac{\partial \varepsilon}{\partial p} \right)_{p=p_{\mathrm{F}}}} \tag{10.6-14}$$

把式 (10.6-14) 代入式 (10.6-12) 得

$$\varepsilon - \mu \cong v_{\mathrm{F}} (p - p_{\mathrm{F}}) = \frac{p_{\mathrm{F}} (p - p_{\mathrm{F}})}{m^*} \tag{10.6-15}$$

定义无量纲的变量

$$x = \frac{p_{\mathrm{F}} (p - p_{\mathrm{F}})}{m^* k_{\mathrm{B}} T} \tag{10.6-16}$$

使用式 (10.6-15) 和式 (10.6-16),费米面附近的分布函数简化为

$$\tilde{n} = \frac{1}{\mathrm{e}^x + 1} \tag{10.6-17}$$

由于式 (10.6-8) 中的积分的主要贡献在费米面附近,则其中的分布函数可以用费米面附近的分布函数 (10.6-17) 代替,得

$$
\begin{aligned}
S &\cong -k_{\mathrm{B}} V \int_{-p_{\mathrm{F}}}^{\infty} [\tilde{n} \ln \tilde{n} + (1 - \tilde{n}) \ln (1 - \tilde{n})] \frac{8\pi p_{\mathrm{F}}^2 \mathrm{d} (p - p_{\mathrm{F}})}{h^3} \\
&\cong -k_{\mathrm{B}} V \frac{8\pi p_{\mathrm{F}}}{h^3} m^* k_{\mathrm{B}} T \int_{-\infty}^{\infty} \left[\frac{1}{\mathrm{e}^x + 1} \ln \frac{1}{\mathrm{e}^x + 1} + \frac{1}{\mathrm{e}^{-x} + 1} \ln \frac{1}{\mathrm{e}^{-x} + 1} \right] \mathrm{d}x \\
&= \frac{k_{\mathrm{B}}^2 m^* p_{\mathrm{F}} V}{3\hbar^3} T
\end{aligned} \tag{10.6-18}
$$

式中,由于积分快速收敛,积分下限已经取为 $-\infty$。

低温下费米液体的热容量为

$$C_V = T \left(\frac{\partial S}{\partial T} \right)_V = \frac{k_{\mathrm{B}}^2 m^* p_{\mathrm{F}} V}{3\hbar^3} T \tag{10.6-19}$$

我们看到,低温下费米液体的热容量和温度的关系 (10.6-19) 与自旋为 1/2 的理想费米气体情形的公式 (4.5-18) 相同。

10.6.4 准粒子相互作用函数

分布函数的一个无限小的改变 $\delta n(\boldsymbol{p})$ 引起的系统总能量的二级变分为

$$\delta E^{(2)} = V \int \delta\varepsilon\delta n \frac{2\mathrm{d}^3 p}{h^3} = \frac{1}{2} V \int f(\boldsymbol{p}, \boldsymbol{p}')\delta n(\boldsymbol{p})\delta n(\boldsymbol{p}') \frac{2\mathrm{d}^3 p}{h^3} \frac{2\mathrm{d}^3 p'}{h^3} \quad (10.6\text{-}20)$$

式中，$f(\boldsymbol{p}, \boldsymbol{p}')$ 是准粒子相互作用函数，是 E 的二阶泛函微商，即

$$f(\boldsymbol{p}, \boldsymbol{p}') = \frac{1}{V} \frac{\delta^2 E}{\delta n(\boldsymbol{p})\delta n(\boldsymbol{p}')} = \frac{1}{V} \frac{\delta^2 E}{\delta n(\boldsymbol{p}')\delta n(\boldsymbol{p})} = f(\boldsymbol{p}', \boldsymbol{p}) \quad (10.6\text{-}21)$$

准粒子能量的一级变分为

$$\delta\varepsilon(\boldsymbol{p}) = \int f(\boldsymbol{p}, \boldsymbol{p}')\delta n(\boldsymbol{p}') \frac{2\mathrm{d}^3 p'}{h^3} \quad (10.6\text{-}22)$$

10.6.5 有效质量和准粒子相互作用函数之间的关系

现在我们讨论有效质量和准粒子相互作用函数的关系。

1. 第一种推导

伽利略相对性原理告诉我们，如果没有外场存在，液体单位体积的动量 (单位体积内准粒子动量之和) $\int \boldsymbol{p} n(\boldsymbol{p}) \dfrac{2\mathrm{d}^3 p}{h^3}$ 等于准粒子的质量输运密度矢量 (flux-density vector)。由于准粒子的速度为 $\dfrac{\partial\varepsilon(\boldsymbol{p})}{\partial\boldsymbol{p}}$，所以准粒子的数输运密度矢量为 $\int \dfrac{\partial\varepsilon(\boldsymbol{p})}{\partial\boldsymbol{p}} n(\boldsymbol{p}) \dfrac{2\mathrm{d}^3 p}{h^3}$。由于液体中准粒子数等于实际粒子数，所以准粒子的质量输运密度矢量等于实际粒子质量 m 乘以准粒子的数输运密度矢量，即

$$\int \boldsymbol{p} n(\boldsymbol{p}) \frac{2\mathrm{d}^3 p}{h^3} = \int m \frac{\partial\varepsilon(\boldsymbol{p})}{\partial\boldsymbol{p}} n(\boldsymbol{p}) \frac{2\mathrm{d}^3 p}{h^3} \quad (10.6\text{-}23)$$

把式 (10.6-23) 两边求变分，然后使用式 (10.6-22)，得

$$\begin{aligned}
\int \boldsymbol{p}\delta n(\boldsymbol{p}) \frac{2\mathrm{d}^3 p}{h^3} &= m \int \frac{\partial\varepsilon(\boldsymbol{p})}{\partial\boldsymbol{p}}\delta n(\boldsymbol{p}) \frac{2\mathrm{d}^3 p}{h^3} + m \int \frac{\partial\delta\varepsilon(\boldsymbol{p})}{\partial\boldsymbol{p}} n(\boldsymbol{p}) \frac{2\mathrm{d}^3 p}{h^3} \\
&= m \int \frac{\partial\varepsilon(\boldsymbol{p})}{\partial\boldsymbol{p}}\delta n(\boldsymbol{p}) \frac{2\mathrm{d}^3 p}{h^3} + m \int \frac{\partial f(\boldsymbol{p}, \boldsymbol{p}')}{\partial\boldsymbol{p}} n(\boldsymbol{p})\delta n(\boldsymbol{p}') \frac{2\mathrm{d}^3 p'}{h^3} \frac{2\mathrm{d}^3 p}{h^3}
\end{aligned}$$

$$(10.6\text{-}24)$$

在式 (10.6-24) 右边的第二个积分中交换 $\boldsymbol{p}$ 和 $\boldsymbol{p}'$，并利用 $f(\boldsymbol{p},\boldsymbol{p}') = f(\boldsymbol{p}',\boldsymbol{p})$，得

$$\int \boldsymbol{p}\,\delta n(\boldsymbol{p})\frac{2\mathrm{d}^3 p}{h^3} = m\int \frac{\partial \varepsilon(\boldsymbol{p})}{\partial \boldsymbol{p}}\delta n(\boldsymbol{p})\frac{2\mathrm{d}^3 p}{h^3} + m\int \frac{\partial f(\boldsymbol{p},\boldsymbol{p}')}{\partial \boldsymbol{p}'}n(\boldsymbol{p}')\,\delta n(\boldsymbol{p})\frac{2\mathrm{d}^3 p'}{h^3}\frac{2\mathrm{d}^3 p}{h^3}$$

$$(10.6\text{-}25)$$

对 $\boldsymbol{p}'$ 作分部积分，得

$$\int \delta n(\boldsymbol{p})\left[-\frac{\boldsymbol{p}}{m} + \frac{\partial \varepsilon(\boldsymbol{p})}{\partial \boldsymbol{p}} - \int f(\boldsymbol{p},\boldsymbol{p}')\frac{\partial n(\boldsymbol{p}')}{\partial \boldsymbol{p}'}\frac{2\mathrm{d}^3 p'}{h^3}\right]\frac{2\mathrm{d}^3 p}{h^3} = 0 \qquad (10.6\text{-}26)$$

由于 $\delta n(\boldsymbol{p})$ 是任意的，得

$$\frac{\boldsymbol{p}}{m} = \frac{\partial \varepsilon}{\partial \boldsymbol{p}} - \int f(\boldsymbol{p},\boldsymbol{p}')\frac{\partial n(\boldsymbol{p}')}{\partial \boldsymbol{p}'}\frac{2\mathrm{d}^3 p'}{h^3} \qquad (10.6\text{-}27)$$

由于式 (10.6-27) 只是在费米面附近成立，作为零级近似，可以把分布函数取为阶跃函数，有

$$\frac{\partial n(\boldsymbol{p}')}{\partial \boldsymbol{p}'} = -\frac{\boldsymbol{p}'}{p'}\delta(p' - p_{\mathrm{F}}) \qquad (10.6\text{-}28)$$

把式 (10.6-28) 代入式 (10.6-27) 得

$$\frac{\boldsymbol{p}_{\mathrm{F}}}{m} - \left(\frac{\partial \varepsilon}{\partial \boldsymbol{p}}\right)_{p=p_{\mathrm{F}}} = \left(\frac{1}{m} - \frac{1}{m^*}\right)\boldsymbol{p}_{\mathrm{F}} = \int f(\boldsymbol{p}_{\mathrm{F}},\boldsymbol{p}')\frac{\boldsymbol{p}'}{p'}\delta(p' - p_{\mathrm{F}})\frac{2{p'}^2\mathrm{d}p'\mathrm{d}o'}{h^3}$$

$$(10.6\text{-}29)$$

把式 (10.6-29) 两边点乘以 $\boldsymbol{p}_{\mathrm{F}}$ 得

$$\frac{1}{m} - \frac{1}{m^*} = \frac{2}{h^3 p_{\mathrm{F}}}\int f(\boldsymbol{p}_{\mathrm{F}},\boldsymbol{p}'_{\mathrm{F}})\,\boldsymbol{p}'_{\mathrm{F}}\cdot\boldsymbol{p}_{\mathrm{F}}\frac{2\mathrm{d}o'}{h^3} = \frac{2p_{\mathrm{F}}}{h^3}\int f(\boldsymbol{p}_{\mathrm{F}},\boldsymbol{p}'_{\mathrm{F}})\cos\theta\,\mathrm{d}o'$$

$$(10.6\text{-}30)$$

式中，θ 为 $\boldsymbol{p}_{\mathrm{F}}$ 和 $\boldsymbol{p}'_{\mathrm{F}}$ 之间的夹角；$\mathrm{d}o' = \sin\theta\mathrm{d}\theta\mathrm{d}\varphi$ 为立体角。

2. 第二种推导

现在我们考虑第二种推导，其想法是，费米液体增加一个准粒子，在两个以很小的相对速度运动的惯性参考系里，该准粒子的能量不一样，有一个小的变化，由伽利略变换给出，另一方面，准粒子的能量变化由准粒子相互作用函数给出，从而得到有效质量和准粒子相互作用函数的关系。

我们考虑两个惯性参考系，使用式 (10.2-20) ∼ 式 (10.2-22) 可知，在费米液体处于静止的参考系 (S 系) 里系统增加一个动量为 $\boldsymbol{p}$、能量为 $\varepsilon(\boldsymbol{p})$ 的准粒子，导致系统的质量增加 m，动量增加 $\boldsymbol{p}$，能量增加 $\varepsilon(\boldsymbol{p})$，那么在费米液体以很小的恒定速度 $\boldsymbol{u}$ 运动的参考系 (S' 系) 里，系统的动量增加 $\boldsymbol{p}' = \boldsymbol{p} - m\boldsymbol{u}$，能量增加 $\varepsilon'(\boldsymbol{p}') = \varepsilon(\boldsymbol{p}) - \boldsymbol{p} \cdot \boldsymbol{u}$。因此在 S' 系里准粒子的动量为 $\boldsymbol{p}' = \boldsymbol{p} - m\boldsymbol{u}$，能量为

$$\varepsilon'(\boldsymbol{p}') = \varepsilon'(\boldsymbol{p} - m\boldsymbol{u}) = \varepsilon(\boldsymbol{p}) - \boldsymbol{p} \cdot \boldsymbol{u} \tag{10.6-31}$$

在式 (10.6-31) 中作代替，$\boldsymbol{p} \to \boldsymbol{p} + m\boldsymbol{u}$，得在 S' 系里准粒子的动量为 $\boldsymbol{p}$ 时的能量

$$\varepsilon'(\boldsymbol{p}) = \varepsilon(\boldsymbol{p} + m\boldsymbol{u}) - \boldsymbol{p} \cdot \boldsymbol{u} - mu^2 \tag{10.6-32}$$

既然 $\boldsymbol{u}$ 很小，可以把 $\varepsilon(\boldsymbol{p} + m\boldsymbol{u})$ 作泰勒展开，并保留一次项，得

$$\varepsilon'(\boldsymbol{p}) = \varepsilon(\boldsymbol{p}) - \boldsymbol{p} \cdot \boldsymbol{u} + m\boldsymbol{u} \cdot \frac{\partial \varepsilon(\boldsymbol{p})}{\partial \boldsymbol{p}} + O(u^2) \tag{10.6-33}$$

把在费米液体处于静止的参考系里的准粒子的分布函数 $n(\boldsymbol{p})$ 的自变量作替换，$\boldsymbol{p} \to \boldsymbol{p} + m\boldsymbol{u}$，就得到在费米液体以很小的恒定速度 $\boldsymbol{u}$ 运动的参考系里的准粒子的分布函数，即

$$n'(\boldsymbol{p}) = n(\boldsymbol{p} + m\boldsymbol{u}) = n(\boldsymbol{p}) + m\boldsymbol{u} \cdot \frac{\partial n(\boldsymbol{p})}{\partial \boldsymbol{p}} + O(u^2) \tag{10.6-34}$$

另外，有 $\varepsilon(\boldsymbol{p}) = \varepsilon[n(\boldsymbol{p})]$，得

$$\varepsilon'(\boldsymbol{p}) = \varepsilon[n'(\boldsymbol{p})] \tag{10.6-35}$$

把式 (10.6-34) 代入式 (10.6-35)，并使用式 (10.6-22)，得

$$\begin{aligned}
\varepsilon'(\boldsymbol{p}) &= \varepsilon[n'(\boldsymbol{p})] = \varepsilon\left[n(\boldsymbol{p}) + m\boldsymbol{u} \cdot \frac{\partial n(\boldsymbol{p})}{\partial \boldsymbol{p}}\right] \\
&= \varepsilon(\boldsymbol{p}) + \int f(\boldsymbol{p}, \boldsymbol{p}') m\boldsymbol{u} \cdot \frac{\partial n(\boldsymbol{p}')}{\partial \boldsymbol{p}'} \frac{2\mathrm{d}^3 p'}{h^3}
\end{aligned} \tag{10.6-36}$$

把式 (10.6-36) 和式 (10.6-33) 比较得

$$-\boldsymbol{p} \cdot \boldsymbol{u} + m\boldsymbol{u} \cdot \frac{\partial \varepsilon(\boldsymbol{p})}{\partial \boldsymbol{p}} = \int f(\boldsymbol{p}, \boldsymbol{p}') m\boldsymbol{u} \cdot \frac{\partial n(\boldsymbol{p}')}{\partial \boldsymbol{p}'} \frac{2\mathrm{d}^3 p'}{h^3} \tag{10.6-37}$$

式 (10.6-37) 对任意的 $\boldsymbol{u}$ 都成立，我们得到式 (10.6-31)。

我们看到，在第二种推导里，伽利略变换的作用特别明显。

习　题

1. 证明绝对零度下的声音速度 c 为

$$c^2 = \frac{p_{\mathrm{F}}^2}{3m^2} + \frac{2p_{\mathrm{F}}^3}{3mh^3} \int f\left(\boldsymbol{p}_{\mathrm{F}}, \boldsymbol{p}_{\mathrm{F}}'\right)(1 - \cos\theta)\mathrm{d}o'$$

10.7　具有排斥势的简并近理想费米气体

10.7.1　哈密顿算符

我们考虑 N 个自旋为 1/2 的全同费米子组成的系统，粒子间相互作用为排斥势，且与自旋无关[65]。气体足够稀薄，粒子之间的散射长度 a 远小于粒子之间的平均间距 $\left(\dfrac{N}{V}\right)^{1/3}$，即

$$a \ll \left(\frac{N}{V}\right)^{1/3} \tag{10.7-1}$$

设气体处于一个边长为 $L = V^{1/3}$ 的正方体箱子中。系统的简化的哈密顿算符 (10.4-23) 的二次量子化形式为[12]

$$\hat{H} = -\frac{\hbar^2}{2m}\int \hat{\psi}^\dagger(\boldsymbol{r})\nabla^2\hat{\psi}(\boldsymbol{r})\mathrm{d}^3r + \frac{1}{2}\mathcal{U}_0\iint \hat{\psi}^\dagger(\boldsymbol{r}_1)\hat{\psi}^\dagger(\boldsymbol{r}_2)\delta(\boldsymbol{r}_{12})\hat{\psi}(\boldsymbol{r}_1)\hat{\psi}(\boldsymbol{r}_2)\,\mathrm{d}^3r_1\mathrm{d}^3r_2 \tag{10.7-2}$$

式中，

$$\hat{\psi}(\boldsymbol{r}) = \sum_{\boldsymbol{p}\sigma}\hat{A}_{\boldsymbol{p}\sigma}\frac{1}{\sqrt{V}}\mathrm{e}^{\mathrm{i}\frac{\boldsymbol{p}\cdot\boldsymbol{r}}{\hbar}}\eta_\sigma, \quad \hat{\psi}^\dagger(\boldsymbol{r}) = \sum_{\boldsymbol{p}}\hat{A}_{\boldsymbol{p}\sigma}^\dagger\frac{1}{\sqrt{V}}\mathrm{e}^{-\mathrm{i}\frac{\boldsymbol{p}\cdot\boldsymbol{r}}{\hbar}}(\eta_\sigma)^\dagger,$$

$$\eta_\uparrow = \begin{pmatrix}1\\0\end{pmatrix}, \quad \eta_\downarrow = \begin{pmatrix}0\\-1\end{pmatrix},$$

$$\boldsymbol{p} = \hbar\boldsymbol{k} = \hbar(k_x, k_y, k_z) = \frac{2\pi\hbar}{L}(n_x, n_y, n_z) = 2\pi\hbar V^{-1/3}\boldsymbol{n},$$

$$n_x, n_y, n_z = 0, \pm 1, \pm 2, \cdots \tag{10.7-3}$$

这里，$\eta_\uparrow$、$\eta_\downarrow$ 为自旋 z 分量分别为 $\pm 1/2$ 时的自旋波函数；$\hat{A}_{\boldsymbol{p}\sigma}^\dagger$ 和 $\hat{A}_{\boldsymbol{p}\sigma}$ 分别为一个动量为 $\boldsymbol{p}$、自旋为 1/2 的自由粒子的产生和湮灭算符。

把式 (10.7-3) 代入式 (10.7-2)，得

$$\hat{H} = \sum_{\boldsymbol{p}\sigma} \frac{p^2}{2m} \hat{A}_{\boldsymbol{p}\sigma}^\dagger \hat{A}_{\boldsymbol{p}\sigma} + \frac{\mathcal{U}_0}{2V} \sum_{\boldsymbol{p}_1,\boldsymbol{p}_2,\boldsymbol{p}_1',\boldsymbol{p}_2',\sigma_1,\sigma_2} \hat{A}_{\boldsymbol{p}_1'\sigma_1}^\dagger \hat{A}_{\boldsymbol{p}_2'\sigma_2}^\dagger \hat{A}_{\boldsymbol{p}_2\sigma_2} \hat{A}_{\boldsymbol{p}_1\sigma_1} \tag{10.7-4}$$

式中，二体散射满足动量守恒 $\boldsymbol{p}_1' + \boldsymbol{p}_2' = \boldsymbol{p}_1 + \boldsymbol{p}_2$。

由于费米算符 $\hat{A}_{\boldsymbol{p}_1\sigma_1}$ 和 $\hat{A}_{\boldsymbol{p}_2\sigma_2}$ 的反对易性，其乘积 $\hat{A}_{\boldsymbol{p}_2\sigma_2}\hat{A}_{\boldsymbol{p}_1\sigma_1}$ 相对于其自旋分量指标的置换是反对称的，$\hat{A}_{\boldsymbol{p}_1'\sigma_1}^\dagger \hat{A}_{\boldsymbol{p}_2'\sigma_2}^\dagger$ 同样如此。因此哈密顿算符中的相互作用部分对于 $\sigma_1 = \sigma_2$ 的项抵消了，求和只剩下贡献相同的两项，即

$$\frac{\mathcal{U}_0}{2V} \sum_{\boldsymbol{p}_1,\boldsymbol{p}_2,\boldsymbol{p}_1',\boldsymbol{p}_2',\sigma_1,\sigma_2} \hat{A}_{\boldsymbol{p}_1'\sigma_1}^\dagger \hat{A}_{\boldsymbol{p}_2'\sigma_2}^\dagger \hat{A}_{\boldsymbol{p}_2\sigma_2} \hat{A}_{\boldsymbol{p}_1\sigma_1}$$

$$\cong \frac{\mathcal{U}_0}{2V} \sum_{\boldsymbol{p}_1,\boldsymbol{p}_2,\boldsymbol{p}_1',\boldsymbol{p}_2'} \left(\hat{A}_{\boldsymbol{p}_1'\uparrow}^\dagger \hat{A}_{\boldsymbol{p}_2'\downarrow}^\dagger \hat{A}_{\boldsymbol{p}_2\downarrow} \hat{A}_{\boldsymbol{p}_1\uparrow} + \hat{A}_{\boldsymbol{p}_1'\downarrow}^\dagger \hat{A}_{\boldsymbol{p}_2'\uparrow}^\dagger \hat{A}_{\boldsymbol{p}_2\uparrow} \hat{A}_{\boldsymbol{p}_1\downarrow} \right)$$

$$= \frac{\mathcal{U}_0}{V} \sum_{\boldsymbol{p}_1,\boldsymbol{p}_2,\boldsymbol{p}_1',\boldsymbol{p}_2'} \hat{A}_{\boldsymbol{p}_1'\uparrow}^\dagger \hat{A}_{\boldsymbol{p}_2'\downarrow}^\dagger \hat{A}_{\boldsymbol{p}_2\downarrow} \hat{A}_{\boldsymbol{p}_1\uparrow} \tag{10.7-5}$$

式 (10.7-5) 表示在慢碰撞的情况下，只有自旋相反的粒子才发生相互作用。

把式 (10.7-5) 代入式 (10.7-4) 得

$$\hat{H} = \sum_{\boldsymbol{p}\sigma} \frac{p^2}{2m} \hat{A}_{\boldsymbol{p}\sigma}^\dagger \hat{A}_{\boldsymbol{p}\sigma} + \frac{\mathcal{U}_0}{V} \sum_{\boldsymbol{p}_1,\boldsymbol{p}_2,\boldsymbol{p}_1',\boldsymbol{p}_2'} \hat{A}_{\boldsymbol{p}_1'\uparrow}^\dagger \hat{A}_{\boldsymbol{p}_2'\downarrow}^\dagger \hat{A}_{\boldsymbol{p}_2\downarrow} \hat{A}_{\boldsymbol{p}_1\uparrow} = \hat{H}_0 + \hat{H}_1 \tag{10.7-6}$$

由于 $\hat{H}_1$ 相对于 $\hat{H}_0$ 小很多，我们可以用量子力学的微扰方法计算 $\hat{H}$ 的本征值。

10.7.2 前两级能量展开

设 $\hat{H}_0$ 的本征矢为

$$|n\rangle = |n_{\boldsymbol{p}_1\sigma_1}, n_{\boldsymbol{p}_2\sigma_2}, \cdots\rangle \tag{10.7-7}$$

式中，$n_{\boldsymbol{p}\sigma}$ 是单粒子态 $(\boldsymbol{p}, \sigma)$ 上的占据数。

零级结果为

$$E^{(0)} = \sum_{\boldsymbol{p}\sigma} \frac{p^2}{2m} n_{\boldsymbol{p}\sigma} \tag{10.7-8}$$

使用反对易关系得一级微扰

$$E_n^{(1)} = \langle n| \hat{H}_1 |n\rangle = \frac{\mathcal{U}_0}{V} \sum_{\boldsymbol{p}_1,\boldsymbol{p}_2,\boldsymbol{p}_1',\boldsymbol{p}_2'} \langle n| \hat{A}_{\boldsymbol{p}_1'\uparrow}^\dagger \hat{A}_{\boldsymbol{p}_2'\downarrow}^\dagger \hat{A}_{\boldsymbol{p}_2\downarrow} \hat{A}_{\boldsymbol{p}_1\uparrow} |n\rangle = \frac{\mathcal{U}_0}{V} \sum_{\boldsymbol{p}_1\boldsymbol{p}_2} n_{\boldsymbol{p}_1\uparrow} n_{\boldsymbol{p}_2\downarrow}$$

$$= \frac{\mathcal{U}_0}{V} \left(\sum_{\boldsymbol{p}_1} n_{\boldsymbol{p}_1 \uparrow} \right) \left(\sum_{\boldsymbol{p}_2} n_{\boldsymbol{p}_2 \downarrow} \right) = \frac{\mathcal{U}_0}{V} N_\uparrow N_\downarrow = \frac{\mathcal{U}_0}{V} \left(\frac{N}{2} \right)^2 = \frac{\pi \hbar^2 a N^2}{mV}$$

$$(10.7\text{-}9)$$

二级微扰为

$$E_n^{(2)} = \sum_m \frac{\left| \langle m | \hat{H}_1 | n \rangle \right|^2}{E_n^{(0)} - E_m^{(0)}} \tag{10.7-10}$$

费米算符满足 [12]

$$\hat{A}_{\boldsymbol{p}\sigma}^\dagger \left| n_{\boldsymbol{p}_1 \sigma_1}, n_{\boldsymbol{p}_2 \sigma_2}, \cdots, n_{\boldsymbol{p}\sigma}, \cdots \right\rangle = (-1)^{\lambda_{\boldsymbol{p}\sigma}} \sqrt{1 + n_{\boldsymbol{p}\sigma}} \left| n_{\boldsymbol{p}_1 \sigma_1}, n_{\boldsymbol{p}_2 \sigma_2}, \cdots, n_{\boldsymbol{p}\sigma} + 1, \cdots \right\rangle$$

$$(10.7\text{-}11)$$

$$\hat{A}_{\boldsymbol{p}\sigma} \left| n_{\boldsymbol{p}_1 \sigma_1}, n_{\boldsymbol{p}_2 \sigma_2}, \cdots, n_{\boldsymbol{p}\sigma}, \cdots \right\rangle = (-1)^{\lambda_{\boldsymbol{p}\sigma}} \sqrt{n_{\boldsymbol{p}\sigma}} \left| n_{\boldsymbol{p}_1 \sigma_1}, n_{\boldsymbol{p}_2 \sigma_2}, \cdots, n_{\boldsymbol{p}\sigma} - 1, \cdots \right\rangle$$

$$(10.7\text{-}12)$$

$$\hat{A}_{\boldsymbol{p}\sigma}^\dagger \hat{A}_{\boldsymbol{p}\sigma} \left| n_{\boldsymbol{p}_1 \sigma_1}, n_{\boldsymbol{p}_2 \sigma_2}, \cdots, n_{\boldsymbol{p}\sigma}, \cdots \right\rangle = n_{\boldsymbol{p}\sigma} \left| n_{\boldsymbol{p}_1 \sigma_1}, n_{\boldsymbol{p}_2 \sigma_2}, \cdots, n_{\boldsymbol{p}\sigma}, \cdots \right\rangle \tag{10.7-13}$$

式中，$\lambda_{\boldsymbol{p}\sigma} = (n_{\boldsymbol{p}_1 \sigma_1} + n_{\boldsymbol{p}_2 \sigma_2} + \cdots + n_{\boldsymbol{p}\sigma}) - n_{\boldsymbol{p}\sigma}$。

由于方程 $\sqrt{n_{\boldsymbol{p}\sigma} (2 - n_{\boldsymbol{p}\sigma})} = n_{\boldsymbol{p}\sigma}$ 的解为 $n_{\boldsymbol{p}\sigma} = 0, 1$，使用式 (10.7-12)，则式 (10.7-13) 可以改写成

$$\hat{A}_{\boldsymbol{p}\sigma}^\dagger \hat{A}_{\boldsymbol{p}\sigma} \left| n_{\boldsymbol{p}_1 \sigma_1}, n_{\boldsymbol{p}_2 \sigma_2}, \cdots, n_{\boldsymbol{p}\sigma}, \cdots \right\rangle$$

$$= (-1)^{\lambda_{\boldsymbol{p}\sigma}} \sqrt{n_{\boldsymbol{p}\sigma}} \hat{A}_{\boldsymbol{p}\sigma}^\dagger \left| n_{\boldsymbol{p}_1 \sigma_1}, n_{\boldsymbol{p}_2 \sigma_2}, \cdots, n_{\boldsymbol{p}\sigma} - 1, \cdots \right\rangle$$

$$= \sqrt{n_{\boldsymbol{p}\sigma} (2 - n_{\boldsymbol{p}\sigma})} \left| n_{\boldsymbol{p}_1 \sigma_1}, n_{\boldsymbol{p}_2 \sigma_2}, \cdots, n_{\boldsymbol{p}\sigma}, \cdots \right\rangle$$

化为

$$\hat{A}_{\boldsymbol{p}\sigma}^\dagger \left| n_{\boldsymbol{p}_1 \sigma_1}, n_{\boldsymbol{p}_2 \sigma_2}, \cdots, n_{\boldsymbol{p}\sigma}, \cdots \right\rangle = (-1)^{\lambda_{\boldsymbol{p}\sigma}} \sqrt{1 - n_{\boldsymbol{p}\sigma}} \left| n_{\boldsymbol{p}_1 \sigma_1}, n_{\boldsymbol{p}_2 \sigma_2}, \cdots, n_{\boldsymbol{p}\sigma} + 1, \cdots \right\rangle$$

$$(10.7\text{-}14)$$

使用式 (10.7-11) 和式 (10.7-14) 得

$$\left\langle m \left| \hat{H}_1 \right| n \right\rangle = \frac{\mathcal{U}_0}{V} \sum_{\boldsymbol{p}_1, \boldsymbol{p}_2, \boldsymbol{p}_1', \boldsymbol{p}_2'} (-1)^\theta \sqrt{n_{\boldsymbol{p}_1 \uparrow} n_{\boldsymbol{p}_2 \downarrow} \left(1 - n_{\boldsymbol{p}_2' \downarrow} \right) \left(1 - n_{\boldsymbol{p}_1' \uparrow} \right)}$$

$$\times \left\langle m \mid n_{\boldsymbol{p}_1\uparrow} - 1, n_{\boldsymbol{p}_2\downarrow} - 1, n_{\boldsymbol{p}_2'\downarrow} + 1, n_{\boldsymbol{p}_1'\uparrow} + 1, \cdots \right\rangle \qquad (10.7\text{-}15)$$

式中，$\theta = \lambda_{\boldsymbol{p}_1\uparrow} + \lambda_{\boldsymbol{p}_2\downarrow} + \lambda_{\boldsymbol{p}_1'\uparrow} + \lambda_{\boldsymbol{p}_2'\downarrow}$。

把式 (10.7-15) 代入式 (10.7-10) 得

$$E_n^{(2)} = \frac{2m\mathcal{U}_0^2}{V^2} \sum_{\boldsymbol{p}_1,\boldsymbol{p}_2,\boldsymbol{p}_1',\boldsymbol{p}_2'} \frac{n_{\boldsymbol{p}_1\uparrow} n_{\boldsymbol{p}_2\downarrow} \left(1 - n_{\boldsymbol{p}_1'\uparrow}\right)\left(1 - n_{\boldsymbol{p}_2'\downarrow}\right)}{p_1^2 + p_2^2 - {p_1'}^2 - {p_2'}^2} \delta_{\boldsymbol{p}_1+\boldsymbol{p}_2,\boldsymbol{p}_1'+\boldsymbol{p}_2'} \qquad (10.7\text{-}16)$$

式 (10.7-16) 的展开式中四个 $n_{\boldsymbol{p}\sigma}$ 相乘的那一项因为分子和分母对 $(\boldsymbol{p}_1, \boldsymbol{p}_2)$ 和 $(\boldsymbol{p}_1', \boldsymbol{p}_2')$ 的同时交换分别为对称和反对称的，故求和后为零，得

$$E_n^{(2)} = \frac{2m\mathcal{U}_0^2}{V^2} \sum_{\boldsymbol{p}_1,\boldsymbol{p}_2,\boldsymbol{p}_1',\boldsymbol{p}_2'} \frac{n_{\boldsymbol{p}_1\uparrow} n_{\boldsymbol{p}_2\downarrow} \left(1 - n_{\boldsymbol{p}_1'\uparrow} - n_{\boldsymbol{p}_2'\downarrow}\right)}{p_1^2 + p_2^2 - {p_1'}^2 - {p_2'}^2} \delta_{\boldsymbol{p}_1+\boldsymbol{p}_2,\boldsymbol{p}_1'+\boldsymbol{p}_2'} \qquad (10.7\text{-}17)$$

式 (10.7-17) 中存在发散项

$$\frac{2m\mathcal{U}_0^2}{V^2} \sum_{\boldsymbol{p}_1,\boldsymbol{p}_2,\boldsymbol{p}_1',\boldsymbol{p}_2'} \frac{n_{\boldsymbol{p}_1\uparrow} n_{\boldsymbol{p}_2\downarrow}}{p_1^2 + p_2^2 - {p_1'}^2 - {p_2'}^2} \delta_{\boldsymbol{p}_1+\boldsymbol{p}_2,\boldsymbol{p}_1'+\boldsymbol{p}_2'}$$

发散项是由于使用简化的哈密顿算符 (10.4-15) 引起的，需要使用式 (10.4-14) 来消除发散，得

$$E_n^{(2)} = \frac{2m\mathcal{U}_0^2}{V^2} \sum_{\boldsymbol{p}_1,\boldsymbol{p}_2,\boldsymbol{p}_1',\boldsymbol{p}_2'} \frac{n_{\boldsymbol{p}_1\uparrow} n_{\boldsymbol{p}_2\downarrow} \left(-n_{\boldsymbol{p}_1'\uparrow} - n_{\boldsymbol{p}_2'\downarrow}\right)}{p_1^2 + p_2^2 - p_1'^2 - p_2'^2} \delta_{\boldsymbol{p}_1+\boldsymbol{p}_2,\boldsymbol{p}_1'+\boldsymbol{p}_2'} \qquad (10.7\text{-}18)$$

使用式 (10.7-8)、式 (10.7-9) 和式 (10.7-18) 得

$$E_n = E_n^{(0)} + E_n^{(1)} + E_n^{(2)}$$

$$= \sum_{\boldsymbol{p},\sigma} \frac{p^2}{2m} n_{\boldsymbol{p},\sigma} + \frac{4\pi\hbar^2 a}{mV} \sum_{\boldsymbol{p}_1,\boldsymbol{p}_2} n_{\boldsymbol{p}_1\uparrow} n_{\boldsymbol{p}_2\downarrow}$$

$$- 2m\left(\frac{4\pi\hbar^2 a}{mV}\right)^2 \sum_{\boldsymbol{p}_1,\boldsymbol{p}_2,\boldsymbol{p}_1',\boldsymbol{p}_2'} \frac{n_{\boldsymbol{p}_1\uparrow} n_{\boldsymbol{p}_2\downarrow} \left(n_{\boldsymbol{p}_2'\uparrow} + n_{\boldsymbol{p}_1'\downarrow}\right)}{p_1^2 + p_2^2 - {p_1'}^2 - {p_2'}^2} \delta_{\boldsymbol{p}_1+\boldsymbol{p}_2,\boldsymbol{p}_1'+\boldsymbol{p}_2'}$$

$$= \frac{V}{h^3} \int \mathrm{d}^3 p \left(n_{\boldsymbol{p}\uparrow} + n_{\boldsymbol{p}\downarrow}\right) + \frac{4\pi\hbar^2 a}{mV} \frac{V^2}{h^6} \int \mathrm{d}^3 p \mathrm{d}^3 p' n_{\boldsymbol{p}\uparrow} n_{\boldsymbol{p}'\downarrow}$$

$$- 4m\left(\frac{4\pi\hbar^2 a}{mV}\right)^2 \frac{V^3}{h^9} \int \mathrm{d}^3 p_1 \mathrm{d}^3 p_2 \mathrm{d}^3 p_1' \mathrm{d}^3 p_2'$$

$$\times\ \frac{n_{\boldsymbol{p}_1\uparrow}n_{\boldsymbol{p}_2\downarrow}\left(n_{\boldsymbol{p}'_2\uparrow}+n_{\boldsymbol{p}'_1\downarrow}\right)\delta\left(\boldsymbol{p}_1+\boldsymbol{p}_2-\boldsymbol{p}'_1-\boldsymbol{p}'_2\right)}{p_1^2+p_2^2-{p'_1}^2-{p'_2}^2} \tag{10.7-19}$$

10.7.3　基态能

把绝对零度下理想费米气体的分布函数代入式 (10.7-19),完成积分后得基态能

$$E_n = E_n^{(0)} + E_n^{(1)} + E_n^{(2)} = \frac{3}{10}\left(3\pi^2\right)^{2/3}\frac{\hbar^2}{m}\left(\frac{N}{V}\right)^{2/3}N$$

$$+ \frac{\pi\hbar^2 a}{m}\frac{N}{V}N\left[1+\frac{6}{35}\left(\frac{\pi}{3}\right)^{1/3}\left(\frac{Na^3}{V}\right)^{1/3}(11-2\ln 2)\right] \tag{10.7-20}$$

10.7.4　准粒子相互作用函数的计算

E 的二阶泛函微分为

$$\delta E = \int \varepsilon\left(\boldsymbol{p},\sigma\right)\delta n_{\boldsymbol{p}\sigma}\frac{V\mathrm{d}^3 p}{h^3} + \frac{1}{2V}\int f\left(\boldsymbol{p},\sigma;\boldsymbol{p}',\sigma'\right)\delta n_{\boldsymbol{p}\sigma}\delta n_{\boldsymbol{p}'\sigma'}\frac{V\mathrm{d}^3 p}{h^3}\frac{V\mathrm{d}^3 p'}{h^3} \tag{10.7-21}$$

把式 (10.7-19) 代入式 (10.7-21) 得

$$f\left(\boldsymbol{p}_{\mathrm{F}},\sigma;\boldsymbol{p}'_{\mathrm{F}},\sigma'\right) = \frac{2\pi\hbar^2 a}{m}\left[1+2\left(\frac{3}{\pi}\right)^{1/3}\left(\frac{Na^3}{V}\right)^{1/3}\left(2+\frac{\cos\theta}{2\sin\frac{\theta}{2}}\ln\frac{1+\sin\frac{\theta}{2}}{1-\sin\frac{\theta}{2}}\right)\right]$$

$$-\frac{8\pi a}{m}\hat{\boldsymbol{s}}\cdot\hat{\boldsymbol{s}}'\left[1+2\left(\frac{3}{\pi}\right)^{1/3}\left(\frac{Na^3}{V}\right)^{1/3}\left(1-\frac{\sin\frac{\theta}{2}}{2}\ln\frac{1+\sin\frac{\theta}{2}}{1-\sin\frac{\theta}{2}}\right)\right] \tag{10.7-22}$$

式中, θ 为 $\boldsymbol{p}_{\mathrm{F}}$ 和 $\boldsymbol{p}'_{\mathrm{F}}$ 之间的夹角, 即 $\boldsymbol{p}_{\mathrm{F}}\cdot\boldsymbol{p}'_{\mathrm{F}} = p_{\mathrm{F}}^2\cos\theta$; $\hat{\boldsymbol{s}}$ 为自旋为 $1/2$ 的粒子的自旋算符。

使用式 (10.7-22) 计算有效质量, 得

$$m^* = m\left[1+\frac{8}{15}\left(\frac{3}{\pi}\right)^{2/3}(7\ln 2 - 1)\left(\frac{Na^3}{V}\right)^{2/3}\right] \tag{10.7-23}$$

10.8　具有吸引势的简并近理想费米气体

二流体模型、伦敦方程以及金兹堡–朗道理论作为唯象理论在解释超导电性的宏观性质方面取得了很大成功，然而这些理论无法给出超导的微观图像。20 世纪 50 年代初，同位素效应、超导能隙等关键性的实验发现为揭开超导之谜奠定了基础。

1950 年，麦克斯韦 (E. Maxwell)[113] 从实验上发现了 Hg 的同位素的临界温度 T_c 与其同位素质量 M 的平方根之积为常数，即 $T_c\sqrt{M} = \text{const}$，这就是同位素效应。随后的大量实验表明，还有其他许多元素也满足这一关系式。由于原子质量 M 反映了晶格的性质，临界温度 T_c 反映了电子气体的性质，从而同位素效应把晶格与电子气体联系起来了。在固体理论中，描述晶格振动的能量子称为声子，同位素效应明确告诉我们，电子–声子的相互作用与超导电性有密切关系。1950 年，弗洛里希 (H. Fröhlich)[114] 指出，电子–声子相互作用会导致电子间的相互吸引。

在 20 世纪 50 年代，通过远红外吸收实验发现，当金属处于超导态时，在费米面附近存在能隙。并且推断超导能隙是由电子之间相互吸引作用引起的，进入超导态后，超导电子凝聚到一个能隙以下，导致超导体能量降低。通过磁通量子化实验和利特尔–帕克斯 (Little-Parks) 实验明确揭示了超导电性来自两个电子，再结合能隙的发现，表明超导是两个电子相互吸引的结果。

1956 年，库珀 (L. N. Cooper)[34] 进一步分析了弗洛里希的电子–声子相互作用模型，发现当电子间存在这种净的吸引作用时，不论这种吸引相互作用有多弱，总会在费米面附近形成一个动量大小相等而方向相反，且自旋相反的双电子束缚态，它的能量比两个独立的电子的总能量低，这种束缚态电子对称为库珀对 (Cooper pair)。库珀对是现代超导理论的基础。超导的微观理论是巴丁 (J. Bardeen)、库珀和施瑞弗 (J. R. Schreifer)[35] 于 1957 年提出的，称为 BCS 理论。BCS 理论以朗道正常费米液体理论为基础，认为电子通过交换声子产生相互作用吸引力，费米面附近两个动量大小相等、方向相反，且自旋相反的电子将形成一个束缚对。在外电场作用下，库珀对作为一个整体向同一方向运动，它将不受晶格的散射作用，从而形成了超导电流。

由于 BCS 理论涉及比较多的固体物理方面的专门知识，本节讲述更简单的接近于统计物理的博戈留波夫 (Bogoliubov) 的方法 [115]。

10.8.1　能隙方程

初看起来，10.7 节基态能的计算似乎对散射长度为负 (吸引势) 的近理想费米气体也成立。但是，这里出现了新情况。粒子之间的吸引作用导致这样的基态不稳定，在费米面附近形成了动量大小相等、方向相反和自旋反平行的束缚对 (库珀对)，从而降低了能量 [72]。

因此 10.7 节的哈密顿算符 (10.7-6) 可以进一步简化，在相互作用项中我们仅保留 $\boldsymbol{p}_1 = -\boldsymbol{p}_2 = \boldsymbol{p}$, $\boldsymbol{p}_1' = -\boldsymbol{p}_2' = \boldsymbol{p}'$ 的那些项，得

$$\hat{H} = \sum_{\boldsymbol{p}\sigma} \frac{p^2}{2m} \hat{A}_{\boldsymbol{p}\sigma}^\dagger \hat{A}_{\boldsymbol{p}\sigma} - \frac{g}{V} \sum_{\boldsymbol{p},\boldsymbol{p}'} \hat{A}_{\boldsymbol{p}'\uparrow}^\dagger \hat{A}_{-\boldsymbol{p}'\downarrow}^\dagger \hat{A}_{-\boldsymbol{p}\downarrow} \hat{A}_{\boldsymbol{p}\uparrow} \tag{10.8-1}$$

式中，$g = \dfrac{4\pi |a| \hbar^2}{m}$。

引进准粒子算符

$$\hat{b}_{\boldsymbol{p}\uparrow} = u_p \hat{A}_{\boldsymbol{p}\uparrow} - v_p \hat{A}_{-\boldsymbol{p}\downarrow}^\dagger, \quad \hat{b}_{\boldsymbol{p}\downarrow} = u_p \hat{A}_{\boldsymbol{p}\downarrow} + v_p \hat{A}_{-\boldsymbol{p}\uparrow}^\dagger \tag{10.8-2}$$

式中，u_p 和 v_p 是待定系数，只是动量 $\boldsymbol{p}$ 的绝对值的函数。

准粒子为费米子，其算符满足

$$\left[\hat{b}_{\boldsymbol{p}\sigma}, \hat{b}_{\boldsymbol{p}'\sigma'}^\dagger\right]_+ = \hat{b}_{\boldsymbol{p}\sigma}\hat{b}_{\boldsymbol{p}'\sigma'}^\dagger + \hat{b}_{\boldsymbol{p}'\sigma'}^\dagger \hat{b}_{\boldsymbol{p}\sigma} = \delta_{\boldsymbol{p}\boldsymbol{p}'}\delta_{\sigma\sigma'} \tag{10.8-3}$$

把式 (10.8-2) 代入式 (10.8-3)，得

$$u_p^2 + v_p^2 = 1 \tag{10.8-4}$$

式 (10.8-2) 的逆变换为

$$\hat{A}_{\boldsymbol{p}\uparrow} = u_p \hat{b}_{\boldsymbol{p}\uparrow} + v_p \hat{b}_{-\boldsymbol{p}\downarrow}^\dagger, \quad \hat{A}_{\boldsymbol{p}\downarrow} = u_p \hat{b}_{\boldsymbol{p}\downarrow} - v_p \hat{b}_{-\boldsymbol{p}\uparrow}^\dagger \tag{10.8-5}$$

把式 (10.8-5) 代入哈密顿算符 (10.8-1) 得

$$\hat{H}' = \hat{H} - \mu\hat{N} = 2\sum_{\boldsymbol{p}} \eta_p v_p^2 + \sum_{\boldsymbol{p}} \eta_p \left(u_p^2 - v_p^2\right)\left(\hat{b}_{\boldsymbol{p}\uparrow}^\dagger \hat{b}_{\boldsymbol{p}\uparrow} + \hat{b}_{\boldsymbol{p}\downarrow}^\dagger \hat{b}_{\boldsymbol{p}\downarrow}\right)$$
$$+ 2\sum_{\boldsymbol{p}} \eta_p u_p v_p \left(\hat{b}_{\boldsymbol{p}\uparrow}^\dagger \hat{b}_{-\boldsymbol{p}\downarrow}^\dagger + \hat{b}_{-\boldsymbol{p}\downarrow}\hat{b}_{\boldsymbol{p}\uparrow}\right) - \frac{g}{V}\sum_{\boldsymbol{p}\boldsymbol{p}'} \hat{B}_{\boldsymbol{p}'}^\dagger B_{\boldsymbol{p}} \tag{10.8-6}$$

式中，$\sum_{\boldsymbol{p}\alpha} \hat{A}_{\boldsymbol{p}\alpha}^\dagger \hat{A}_{\boldsymbol{p}\alpha} = \hat{N}$，

$$\hat{B}_{\boldsymbol{p}} = u_p^2 \hat{b}_{-\boldsymbol{p}\downarrow}\hat{b}_{\boldsymbol{p}\uparrow} - v_p^2 \hat{b}_{\boldsymbol{p}\uparrow}^\dagger \hat{b}_{-\boldsymbol{p}\downarrow}^\dagger + u_p v_p \left(\hat{b}_{-\boldsymbol{p}\downarrow}\hat{b}_{-\boldsymbol{p}\downarrow}^\dagger - \hat{b}_{\boldsymbol{p}\uparrow}^\dagger \hat{b}_{\boldsymbol{p}\uparrow}\right) \tag{10.8-7}$$

μ 为化学势，由于是近理想费米气体，μ 可以取为理想费米气体的化学势，即 $\mu \cong p_{\mathrm{F}}^2/2m$。

式 (10.8-6) 的对角矩阵元只有含有 $\hat{b}_{\boldsymbol{p}\sigma}^{\dagger}\hat{b}_{\boldsymbol{p}\sigma} = n_{\boldsymbol{p}\sigma}$ 和 $\hat{b}_{\boldsymbol{p}\sigma}\hat{b}_{\boldsymbol{p}\sigma}^{\dagger} = 1 - n_{\boldsymbol{p}\sigma}$ 的那些项才不为零, 因此有

$$E' = E - \mu N = 2\sum_{\boldsymbol{p}} \eta_p v_p^2 + \sum_{\boldsymbol{p}} \eta_p \left(u_p^2 - v_p^2\right)\left(n_{\boldsymbol{p}\uparrow} + n_{\boldsymbol{p}\downarrow}\right)$$

$$- \frac{g}{V}\left[\sum_{\boldsymbol{p}} u_p v_p \left(1 - n_{\boldsymbol{p}\uparrow} - n_{\boldsymbol{p}\downarrow}\right)\right]^2$$

$$= E'\left[n_{\boldsymbol{p}\sigma}, u_p\right] \tag{10.8-8}$$

式中, $\eta_p = p^2/2m - \mu$。

E' 是 $n_{\boldsymbol{p}\sigma}$ 和 u_p 的泛函, 准粒子能量定义为

$$\left(\delta E'\left[n_{\boldsymbol{p}\sigma}, u_p\right]\right)_{u_p} = \sum_{\boldsymbol{p}\sigma} \varepsilon \delta n_{\boldsymbol{p}\sigma} \tag{10.8-9}$$

使用式 (10.8-8) 得准粒子能量

$$\varepsilon = \left(\frac{\delta E'\left[n_{\boldsymbol{p}\sigma}, u_p\right]}{\delta n_{\boldsymbol{p}\sigma}}\right)_{u_p} = \eta_p \left(u_p^2 - v_p^2\right) + \left(u_p^2 - v_p^2\right)\Delta \tag{10.8-10}$$

式中,

$$\Delta = \frac{g}{V}\sum_{\boldsymbol{p}} u_p v_p \left(1 - n_{\boldsymbol{p}\uparrow} - n_{\boldsymbol{p}\downarrow}\right) \tag{10.8-11}$$

由于准粒子为费米子, 则熵为

$$S = -k_{\mathrm{B}}\sum_{\boldsymbol{p}\sigma}\left[n_{\boldsymbol{p}\sigma}\ln n_{\boldsymbol{p}\sigma} + \left(1 - n_{\boldsymbol{p}\sigma}\right)\ln\left(1 - n_{\boldsymbol{p}\sigma}\right)\right] = S\left[n_{\boldsymbol{p}\sigma}\right] \tag{10.8-12}$$

根据热力学基本方程 $T\mathrm{d}S = \mathrm{d}E + P\mathrm{d}V - \mu\mathrm{d}N$, 有

$$T\delta S\left[n_{\boldsymbol{p}\sigma}\right] = \delta E - \mu\delta N = \delta\left(E - \mu N\right) = \delta E'\left[n_{\boldsymbol{p}\sigma}, u_p\right]$$

$$= \left(\delta E'\left[n_{\boldsymbol{p}\sigma}, u_p\right]\right)_{u_p} + \left(\delta E'\left[n_{\boldsymbol{p}\sigma}, u_p\right]\right)_{n_{\boldsymbol{p}\sigma}} \tag{10.8-13}$$

式 (10.8-13) 化为两个独立的方程

$$\left(\delta E'\left[n_{\boldsymbol{p}\sigma}, u_p\right]\right)_{n_{\boldsymbol{p}\sigma}} = 0 \tag{10.8-14}$$

$$T\delta S\left[n_{\boldsymbol{p}\sigma}\right] = \left(\delta E'\left[n_{\boldsymbol{p}\sigma}, u_p\right]\right)_{u_p} \tag{10.8-15}$$

把式 (10.8-9) 代入式 (10.8-15) 得准粒子分布函数

$$n_{p\uparrow} = n_{p\downarrow} = n_p = \frac{1}{e^{\varepsilon/k_B T} + 1} \tag{10.8-16}$$

把式 (10.8-9) 代入式 (10.8-14) 得

$$\left(\frac{\delta E' \left[n_{p\sigma}, u_p \right]}{\delta u_p} \right)_{n_{p\sigma}} = 0 = -\frac{2}{v_p} \left(1 - n_{p\uparrow} - n_{p\downarrow} \right) \left[2\eta_p u_p v_p - \left(u_p^2 - v_p^2 \right) \Delta \right] \tag{10.8-17}$$

化简得

$$2\eta_p u_p v_p = \left(u_p^2 - v_p^2 \right) \Delta \tag{10.8-18}$$

把式 (10.8-18) 两边平方, 解得

$$u_p^2, v_p^2 = \frac{1}{2} \left(1 \pm \frac{\eta_p}{\sqrt{\Delta^2 + \eta_p^2}} \right) \tag{10.8-19}$$

把式 (10.8-19) 代入 (10.8-10) 得准粒子能量

$$\varepsilon = \sqrt{\Delta^2 + \eta_p^2} \tag{10.8-20}$$

把式 (10.8-19) 代入式 (10.8-11) 得确定 Δ 的方程

$$\frac{g}{2V} \sum_p \frac{1 - n_{p\uparrow} - n_{p\downarrow}}{\sqrt{\Delta^2 + \eta_p^2}} = \frac{g}{2V} \sum_p \frac{1 - 2n_p}{\sqrt{\Delta^2 + \eta_p^2}} = \frac{g}{2} \int \frac{1 - 2n_p}{\sqrt{\Delta^2 + \eta_p^2}} \frac{4\pi p^2 \mathrm{d}p}{h^3} = 1 \tag{10.8-21}$$

我们看到, 由于 $\varepsilon = \sqrt{\Delta^2 + \eta_p^2} \geqslant \Delta$, 准粒子能量不能小于 Δ, 也就是说, Δ 是系统激发态的能量与基态能之间隔开的能隙, 如图 10.8.1 所示。

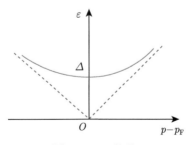

图 10.8.1　能隙

10.8.2 绝对零度下的能隙

在绝对零度下，没有准粒子，$n_p = 0$，代入式 (10.8-21) 得

$$\frac{g}{2} \int_0^\infty \frac{1}{\sqrt{\Delta_0^2 + \eta_p^2}} \frac{4\pi p^2 \mathrm{d}p}{h^3} = 1 \tag{10.8-22}$$

式 (10.8-22) 中的积分在 $p \to \infty$ 时发散，发散项是由使用简化的哈密顿算符 (10.4-15) 引起的，发散项可以使用式 (10.4-14) 来消除。我们注意到，对于绝对零度下的理想费米气体，粒子动量受费米球限制，粒子最大动量在费米面，有 $0 \leqslant p \leqslant p_\mathrm{F}$。而对于绝对零度下的近理想费米气体，粒子动量也受费米球限制，粒子最大动量在费米面附近，有 $0 \leqslant p \leqslant p_{\max}$，$p_{\max} \sim p_\mathrm{F}$，得

$$\frac{g}{2} \int_0^{p_{\max}} \frac{1}{\sqrt{\Delta_0^2 + \eta_p^2}} \frac{4\pi p^2 \mathrm{d}p}{h^3} = 1 \tag{10.8-23}$$

由于 Δ_0 很小，则式 (10.8-23) 中的积分的主要贡献在费米面附近，此时有

$$\eta_p = \frac{p^2}{2m} - \mu \cong \frac{p_\mathrm{F}(p - p_\mathrm{F})}{m}, \quad \frac{4\pi p^2 \mathrm{d}p}{h^3} \cong \frac{4\pi p_\mathrm{F}^2 \mathrm{d}(p - p_\mathrm{F})}{h^3},$$

$$\varepsilon \cong \sqrt{\Delta^2 + \left[\frac{p_\mathrm{F}(p - p_\mathrm{F})}{m}\right]^2} \tag{10.8-24}$$

代入式 (10.8-23) 得

$$\frac{g}{2} \int_{-(p_{\max} - p_\mathrm{F})}^{p_{\max} - p_\mathrm{F}} \frac{1}{\sqrt{\Delta_0^2 + \left[\frac{p_\mathrm{F}(p - p_\mathrm{F})}{m}\right]^2}} \frac{4\pi p_\mathrm{F}^2 \mathrm{d}(p - p_\mathrm{F})}{h^3}$$

$$= 1 = \frac{2\pi g m p_\mathrm{F}}{h^3} \int_{-\theta_0}^{\theta_0} \frac{\mathrm{d}\theta}{\cos\theta} = \frac{2\pi g m p_\mathrm{F}}{h^3} \ln\frac{1 + \sin\theta_0}{1 - \sin\theta_0} \cong \frac{4\pi g m p_\mathrm{F}}{h^3} \ln\frac{2p_\mathrm{F}(p_{\max} - p_\mathrm{F})}{m\Delta_0} \tag{10.8-25}$$

式中，$p - p_\mathrm{F} = \dfrac{m\Delta_0}{p_\mathrm{F}} \tan\theta$，$p_{\max} - p_\mathrm{F} = \dfrac{m\Delta_0}{p_\mathrm{F}} \tan\theta_0$，$p_{\max} - p_\mathrm{F} \gg \dfrac{m\Delta_0}{p_\mathrm{F}}$，$\theta_0 \cong \dfrac{\pi}{2}$。解得

$$\Delta_0 = \frac{2p_\mathrm{F}(p_{\max} - p_\mathrm{F})}{m} \exp\left(-\frac{h}{4p_\mathrm{F}|a|}\right) \tag{10.8-26}$$

我们看到，由于 $\dfrac{h}{4p_\mathrm{F}|a|} \gg 1$，有 $\Delta_0 \ll \mu$，而且 Δ_0 不是 g 的解析函数。

10.8.3　能隙随温度的变化规律

使用式 (10.8-21) 得

$$\frac{g}{2}\int\left[\frac{1}{\varepsilon}-\frac{1}{\varepsilon\left(T=0\right)}\right]\frac{4\pi p^2\mathrm{d}p}{h^3}-g\int\frac{1}{\varepsilon\left(\mathrm{e}^{\varepsilon/k_\mathrm{B}T}+1\right)}\frac{4\pi p^2\mathrm{d}p}{h^3}=0 \qquad (10.8\text{-}27)$$

对于 $T\ll T_\mathrm{F}$，式 (10.8-27) 中的积分的主要贡献在费米面附近，可以使用式 (10.8-24) 和式 (10.8-25)，定义 $x=\dfrac{p_\mathrm{F}\left(p-p_\mathrm{F}\right)}{mk_\mathrm{B}T}$，$b=\dfrac{\Delta}{k_\mathrm{B}T}$，得

$$\int_{-\left(p_{\max}-p_\mathrm{F}\right)}^{p_{\max}-p_\mathrm{F}}\left[\frac{1}{\varepsilon}-\frac{1}{\varepsilon\left(T=0\right)}\right]p_\mathrm{F}^2\mathrm{d}\left(p-p_\mathrm{F}\right)-2\int_{-\left(p_{\max}-p_\mathrm{F}\right)}^{p_{\max}-p_\mathrm{F}}\frac{1}{\varepsilon\left(\mathrm{e}^{\varepsilon/k_\mathrm{B}T}+1\right)}p_\mathrm{F}^2\mathrm{d}\left(p-p_\mathrm{F}\right)$$

$$=0=2p_\mathrm{F}\left[\ln\frac{\Delta}{\Delta_0}-2\left(I_1+I_2\right)\right]=2p_\mathrm{F}\left[\ln\frac{\gamma\Delta_0}{\pi k_\mathrm{B}T}-\left(\frac{\Delta}{k_\mathrm{B}T}\right)^2\frac{7\zeta\left(3\right)}{8\pi^2}+O\left(\Delta^4\right)\right]$$

$$(10.8\text{-}28)$$

式中，

$$I_1=\frac{1}{2}\int_0^\infty\left(\frac{1}{\sqrt{b^2+x^2}}-\frac{1}{x}\tanh\frac{1}{2}x\right)\mathrm{d}x$$

$$=\frac{1}{2}\left(\ln\frac{\sqrt{b^2+x^2}+x}{b}-\ln x\cdot\tanh\frac{1}{2}x\right)\Bigg|_0^\infty+\frac{1}{4}\int_0^\infty\frac{\ln x}{\cosh^2\frac{1}{2}x}\mathrm{d}x=\frac{1}{2}\ln\frac{\pi}{\gamma b}$$

$$I_2=\frac{1}{2}\int_0^\infty\left(\frac{1}{x}\tanh\frac{1}{2}x-\frac{1}{\sqrt{b^2+x^2}}\tanh\frac{1}{2}\sqrt{b^2+x^2}\right)\mathrm{d}x$$

$$=2\int_0^\infty\sum_{n=0}^\infty\left[\frac{1}{\pi^2\left(2n+1\right)^2+x^2}-\frac{1}{\pi^2\left(2n+1\right)^2+b^2+x^2}\right]\mathrm{d}x$$

$$=\sum_{n=0}^\infty\left[\frac{1}{2n+1}-\frac{\pi}{\sqrt{\pi^2\left(2n+1\right)^2+b^2}}\right]$$

$$=\frac{b^2}{2\pi^2}\sum_{n=0}^\infty\frac{1}{\left(2n+1\right)^3}+O\left(b^4\right)=b^2\frac{7\zeta\left(3\right)}{16\pi^2}+O\left(b^4\right)$$

这里，由于积分快速收敛，其积分上下限可分别取为 $\pm\infty$；$\ln\gamma=C=0.5772\cdots$ 为欧拉常数，已经使用等式

$$\tanh\frac{1}{2}x=4x\sum_{n=0}^\infty\frac{1}{\pi^2\left(2n+1\right)^2+x^2}$$

能隙的消失意味着气体从超流状态转变为正常状态，因此 $\Delta = 0$ 对应临界点，代入式 (10.8-28) 得临界温度

$$T_{\mathrm{c}} = \frac{\gamma \Delta_0}{\pi k_{\mathrm{B}}} \tag{10.8-29}$$

把式 (10.8-28) 在相变点附近展开，并保留最大项，得

$$\Delta = k_{\mathrm{B}} T_{\mathrm{c}} \left[\frac{8\pi^2}{7\zeta(3)} \right]^{1/2} \left(\frac{T_{\mathrm{c}} - T}{T_{\mathrm{c}}} \right)^{1/2} \tag{10.8-30}$$

10.8.4 热容量

使用式 (10.8-12) 和式 (10.8-16)，得热容量

$$
\begin{aligned}
C_V &= T \left(\frac{\partial S}{\partial T} \right)_V = -k_{\mathrm{B}} T \sum_{\boldsymbol{p}\sigma} \frac{\partial n_{\boldsymbol{p}\sigma}}{\partial T} \ln \frac{n_{\boldsymbol{p}\sigma}}{1 - n_{\boldsymbol{p}\sigma}} \\
&= 2k_{\mathrm{B}} \sum_{\boldsymbol{p}} \left[\left(\frac{\sqrt{\Delta^2 + \eta_p^2}}{k_{\mathrm{B}} T} \right)^2 - T \frac{1}{2(k_{\mathrm{B}} T)^2} \left(\frac{\partial \Delta^2}{\partial T} - 2\eta_p \frac{\partial \mu}{\partial T} \right) \right] \\
&\quad \times \mathrm{e}^{\sqrt{\Delta^2 + \eta_p^2}/k_{\mathrm{B}} T} \left(\frac{1}{\mathrm{e}^{\sqrt{\Delta^2 + \eta_p^2}/k_{\mathrm{B}} T} + 1} \right)^2
\end{aligned}
\tag{10.8-31}
$$

上式中的求和可以转换为积分，对于 $T \ll T_{\mathrm{F}}$，积分的主要贡献在费米面附近，所以 η_p 可以使用近似式 (10.8-24)。由于积分快速收敛，其积分上下限可分别取为 $\pm\infty$，因此有

$$\sum_{\boldsymbol{p}} \eta_p \mathrm{e}^{|\eta_p|/k_{\mathrm{B}} T} \left(\frac{1}{\mathrm{e}^{|\eta_p|/k_{\mathrm{B}} T} + 1} \right)^2 = V \frac{4\pi m p_{\mathrm{F}} (k_{\mathrm{B}} T)^2}{h^3} \int_{-\infty}^{\infty} x \mathrm{e}^{|x|} \left(\frac{1}{\mathrm{e}^{|x|} + 1} \right)^2 \mathrm{d}x = 0 \tag{10.8-32}$$

$$
\begin{aligned}
C_V &= 2k_{\mathrm{B}} \sum_{\boldsymbol{p}} \left[\left(\frac{\sqrt{\Delta^2 + \eta_p^2}}{k_{\mathrm{B}} T} \right)^2 - T \frac{1}{2(k_{\mathrm{B}} T)^2} \frac{\partial \Delta^2}{\partial T} \right] \\
&\quad \times \mathrm{e}^{\sqrt{\Delta^2 + \eta_p^2}/k_{\mathrm{B}} T} \left(\frac{1}{\mathrm{e}^{\sqrt{\Delta^2 + \eta_p^2}/k_{\mathrm{B}} T} + 1} \right)^2
\end{aligned}
\tag{10.8-33}
$$

对于 $T_c < T \ll T_F$, 有 $\Delta = 0$, 式 (10.8-33) 化为

$$C_V \left(T_c < T \ll T_F \right) = 2k_B \sum_{\boldsymbol{p}} \left(\frac{\eta_p}{k_B T} \right)^2 \mathrm{e}^{|\eta_p|/k_B T} \left(\frac{1}{\mathrm{e}^{|\eta_p|/k_B T} + 1} \right)^2$$

$$= 2k_B V \frac{4\pi p_F m k_B T}{h^3} \int_{-\infty}^{\infty} x^2 \mathrm{e}^{|x|} \left(\frac{1}{\mathrm{e}^{|x|} + 1} \right)^2 \mathrm{d}x$$

$$= k_B V \frac{2\pi^2}{3} \frac{4\pi p_F m k_B T}{h^3} \tag{10.8-34}$$

我们看到, 高于临界温度时的费米气体的热容量 (10.8-34) 与理想费米气体的热容量 (4.5-17) 相同, 当然这应该如此.

使用式 (10.8-33), 得

$$C_V \left(T \to T_c^- \right) - C_V \left(T \to T_c^+ \right)$$

$$= -\frac{1}{k_B T_c} \left(\frac{\partial \Delta^2}{\partial T} \right)_{T = T_c} \sum_{\boldsymbol{p}} \mathrm{e}^{|\eta_p|/k_B T_c} \left(\frac{1}{\mathrm{e}^{|\eta_p|/k_B T_c} + 1} \right)^2$$

$$= 2k_B V \frac{8\pi^2}{7\zeta(3)} \frac{4\pi p_F m k_B T_c}{h^3} \int_0^{\infty} \mathrm{e}^x \left(\frac{1}{\mathrm{e}^x + 1} \right)^2 \mathrm{d}x$$

$$= k_B V \frac{8\pi^2}{7\zeta(3)} \frac{4\pi p_F m k_B T_c}{h^3} \tag{10.8-35}$$

在临界点热容量有有限的跳跃, 即

$$\frac{C_V \left(T \to T_c^- \right)}{C_V \left(T \to T_c^+ \right)} = 1 + \frac{12}{7\zeta(3)} = 2.43 \tag{10.8-36}$$

习   题

1. 证明在绝对零度附近有

$$\Delta \cong \Delta_0 \left(1 - \sqrt{\frac{2\pi k_B T}{\Delta_0}} \mathrm{e}^{-\frac{\Delta_0}{k_B T}} \right), \quad C_V = \frac{8\sqrt{2}\pi^{3/2} m p_F \Delta_0^{5/2} V}{k_B^{3/2} h^3} T^{-3/2} \mathrm{e}^{-\frac{\Delta_0}{k_B T}}$$

第 11 章　流体的纳维–斯托克斯方程

对宏观流体的描述有两种方法，一种是宏观描述方法，一种是微观描述方法。宏观描述和微观描述各有其优缺点，常常结合起来弥补其各自的局限性，相辅相成。本章讲述宏观描述方法 [116,117]。

11.1　流体的宏观描述

11.1.1　连续介质近似

在流体力学中所研究的流体和固体通常都是宏观尺度的，远大于流体分子之间的平均间距，因此可以忽略流体的分立结构，把流体当成连续介质处理。为了对流体作宏观描述，需要把流体分解为数目极大的微元，每一个微元要求宏观上足够小，微观上足够大到包含极多的分子，但仍然是宏观物体。把微元看成质点，然后把牛顿第二定律应用于流体微元。

设微元的体积和质量分别为 ΔV 和 Δm，流体的密度定义为

$$\rho = \frac{\Delta m}{\Delta V} \tag{11.1-1}$$

为了保证这样定义的密度不依赖于微元的体积，我们要求微元的大小为 $10^{-6} \sim 10^{-4}\text{m}$。

11.1.2　拉格朗日描写与欧拉描写

1. 拉格朗日描写

考虑一个流体质点的运动。要求一个观察者随流体质点一道运动，观察者随时记录下各个时刻流体质点的位置矢量，这样就得到该流体质点的位置矢量 $\boldsymbol{r}$ 随时间 t 的变化规律

$$\boldsymbol{r} = \boldsymbol{r}(\boldsymbol{r}_0, t) \tag{11.1-2}$$

式中，$\boldsymbol{r}_0 = \boldsymbol{r}(t = t_0)$。

$\boldsymbol{r}_0$ 和 t 称为拉格朗日 (Lagrange) 变量。如果固定 $\boldsymbol{r}_0$ 而让 t 变化，则得某一流体质点的位置 $\boldsymbol{r}$ 随时间 t 的变化规律。如果固定 t 而让 $\boldsymbol{r}_0$ 变化，则得同一时刻不同流体质点的位置分布。

流体质点的速度和加速度为

$$\boldsymbol{v} = \frac{\partial}{\partial t} \boldsymbol{r}(\boldsymbol{r}_0, t), \quad \boldsymbol{a} = \frac{\partial^2}{\partial t^2} \boldsymbol{r}(\boldsymbol{r}_0, t) \tag{11.1-3}$$

2. 欧拉描写

在空间中的每一点安排一个观察者，要求观察者记录下各个时刻经过该点的流体质点的速度，这样就得到流体速度随时间 t 的变化规律

$$\boldsymbol{v} = \boldsymbol{v}(\boldsymbol{r}, t) \tag{11.1-4}$$

这里，$\boldsymbol{r}$ 和 t 称为欧拉 (Euler) 变量。描写的是经过各个空间固定点的各个流体质点的速度。

3. 随体导数

我们现在使用欧拉描写来写出流体质点的加速度。考虑一个流体质点，在时刻 t，流体质点位于 $\boldsymbol{r}$ 处，该处的观察者记录下的速度为 $\boldsymbol{v}(\boldsymbol{r}, t)$。在下一时刻 $t + \mathrm{d}t$，流体质点运动到 $\boldsymbol{r} + \mathrm{d}\boldsymbol{r}$ 处，该处的观察者记录下的速度为 $\boldsymbol{v}(\boldsymbol{r} + \mathrm{d}\boldsymbol{r}, t + \mathrm{d}t)$。该流体质点的加速度为

$$\begin{aligned} \boldsymbol{a} = \frac{\mathrm{d}\boldsymbol{v}}{\mathrm{d}t} &= \frac{\boldsymbol{v}(\boldsymbol{r} + \mathrm{d}\boldsymbol{r}, t + \mathrm{d}t) - \boldsymbol{v}(\boldsymbol{r}, t)}{\mathrm{d}t} \\ &= \frac{\partial \boldsymbol{v}(\boldsymbol{r}, t)}{\partial t} + \frac{\partial \boldsymbol{v}(\boldsymbol{r}, t)}{\partial x}\frac{\mathrm{d}x}{\mathrm{d}t} + \frac{\partial \boldsymbol{v}(\boldsymbol{r}, t)}{\partial y}\frac{\mathrm{d}y}{\mathrm{d}t} + \frac{\partial \boldsymbol{v}(\boldsymbol{r}, t)}{\partial z}\frac{\mathrm{d}z}{\mathrm{d}t} \\ &= \left(\frac{\partial}{\partial t} + \boldsymbol{v} \cdot \nabla\right) \boldsymbol{v}(\boldsymbol{r}, t) \end{aligned} \tag{11.1-5}$$

式中，$\dfrac{\mathrm{d}}{\mathrm{d}t} = \dfrac{\partial}{\partial t} + \boldsymbol{v} \cdot \nabla$ 称为随体导数。

同样，考虑该流体质点的任意物理量 $f(\boldsymbol{r}, t)$，如果一个观察者跟随该质点一块运动，那么观察者看到的该物理量随时间的变化率为

$$\frac{\mathrm{d}f(\boldsymbol{r}, t)}{\mathrm{d}t} = \left(\frac{\partial}{\partial t} + \boldsymbol{v} \cdot \nabla\right) f(\boldsymbol{r}, t) \tag{11.1-6}$$

4. 流线与流管

如果在一条曲线上的所有流体质点在同一瞬时的速度与此线相切，该曲线称为流线。在同一时刻，过任一条非流线的闭合曲线上各点作一系列的流线，所构成的管状表面称为流管。

11.1.3 连续性方程

考虑一个固定不动的体积元 $\mathrm{d}x\mathrm{d}y\mathrm{d}z$，沿 y 轴方向，$\mathrm{d}t$ 时间内流进去的流体净质量为

$$\frac{\mathrm{d}x\mathrm{d}y\mathrm{d}z}{\mathrm{d}y}\mathrm{d}t\left[(\rho v_y)|_y - (\rho v_y)|_{y+\mathrm{d}y}\right] = -\mathrm{d}x\mathrm{d}y\mathrm{d}z\mathrm{d}t\frac{\partial(\rho v_y)}{\partial y}$$

所以 $\mathrm{d}t$ 时间内流进体积元的流体总净质量为

$$-\mathrm{d}x\mathrm{d}y\mathrm{d}z\mathrm{d}t\left[\frac{\partial(\rho v_x)}{\partial x} + \frac{\partial(\rho v_y)}{\partial y} + \frac{\partial(\rho v_z)}{\partial z}\right] = \mathrm{d}x\mathrm{d}y\mathrm{d}z(\rho|_{t+\mathrm{d}t} - \rho|_t) = \mathrm{d}x\mathrm{d}y\mathrm{d}z\mathrm{d}t\frac{\partial\rho}{\partial t}$$

化简得

$$\frac{\partial\rho}{\partial t} = -\left[\frac{\partial(\rho v_x)}{\partial x} + \frac{\partial(\rho v_y)}{\partial y} + \frac{\partial(\rho v_z)}{\partial z}\right] = -\nabla\cdot(\rho\boldsymbol{v}) \tag{11.1-7}$$

对于普通的液体流动问题，液体速度比较小，由于液体本身很难压缩，液体的密度变化很小，所以可以把液体近似看成不可压缩的均质流体，密度处处是常数，连续性方程化为

$$\nabla\cdot\boldsymbol{v} = 0 \tag{11.1-8}$$

11.1.4 流函数

1. 二维流动

如果流体的速度方向总是平行于一个固定平面，而且速度分布只依赖于该固定平面内的两个坐标，这样的流动称为二维流动或平面流动。不失一般性，可以把该固定平面取为 xy 平面，两个坐标取为 x 和 y，即

$$\boldsymbol{v} = v_x(x,y)\boldsymbol{e}_x + v_y(x,y)\boldsymbol{e}_y \tag{11.1-9}$$

连续性方程为

$$\frac{\partial v_x}{\partial x} + \frac{\partial v_y}{\partial y} = 0 \tag{11.1-10}$$

我们看到，速度分量可以用流函数 $\psi = \psi(x,y)$ 表示为

$$v_x = \frac{\partial\psi}{\partial y}, \quad v_y = -\frac{\partial\psi}{\partial x} \tag{11.1-11}$$

考虑一条流线上的一微段 $\mathrm{d}\boldsymbol{r}$，与位于该处的流体质点的速度平行，所以有

$$\mathrm{d}\boldsymbol{r}\times\boldsymbol{v} = 0 \tag{11.1-12}$$

化为

$$-v_y \mathrm{d}x + v_x \mathrm{d}y = 0 \qquad (11.1\text{-}13)$$

把式 (11.1-11) 代入式 (11.1-13) 得

$$-v_y \mathrm{d}x + v_x \mathrm{d}y = \frac{\partial \psi}{\partial x}\mathrm{d}x + \frac{\partial \psi}{\partial y}\mathrm{d}y = \mathrm{d}\psi = 0 \qquad (11.1\text{-}14)$$

我们看到, 沿任何一条流线 ψ 为常数。

2. 轴对称流动

在球坐标系里如果流体速度为

$$\boldsymbol{v} = v_r(r,\theta)\boldsymbol{e}_r + v_\theta(r,\theta)\boldsymbol{e}_\theta \qquad (11.1\text{-}15)$$

这样的流动称为轴对称流动。

连续性方程 $\nabla \cdot \boldsymbol{v} = 0$ 给出

$$\frac{\partial \left(r^2 v_r \sin\theta\right)}{\partial r} + \frac{\partial \left(r v_\theta \sin\theta\right)}{\partial \theta} = 0 \qquad (11.1\text{-}16)$$

我们看到, 速度分量可以用斯托克斯 (Stokes) 流函数 $\psi = \psi(r,\theta)$ 表示为

$$v_r = \frac{1}{r^2 \sin\theta}\frac{\partial \psi}{\partial \theta}, \quad v_\theta = -\frac{1}{r \sin\theta}\frac{\partial \psi}{\partial r} \qquad (11.1\text{-}17)$$

容易证明, 沿任何一条流线 ψ 为常数。

11.1.5　涡量

现在我们来寻找描述流体的涡旋运动的物理量, 为此先回忆一下刚体的运动。一个自由刚体的任一点 P 的速度 $\boldsymbol{v}$ 可以分解为刚体的任一参考点 K 的平动速度 $\boldsymbol{v}_K$ 加上绕该点的转动速度 $\boldsymbol{\omega} \times \boldsymbol{r}$, 即

$$\boldsymbol{v} = \boldsymbol{v}_K + \boldsymbol{\omega} \times \boldsymbol{r} = \boldsymbol{v}_K + \frac{1}{2}(\nabla \times \boldsymbol{v}) \times \boldsymbol{r} \qquad (11.1\text{-}18)$$

式中, $\boldsymbol{\omega} = \nabla \times \boldsymbol{v}$ 为刚体绕参考点 K 转动的瞬时角速度, $\boldsymbol{\omega}$ 与参考点 K 无关; $\boldsymbol{r}$ 为 P 点相对于参考点 K 的位置矢量。

考虑流体的一个微元, 其上的任一参考点 K 的位置矢量为 $\boldsymbol{r}$, 速度为 $\boldsymbol{v}(\boldsymbol{r},t)$, 微元上的任一点 P 相对于 K 点的位置矢量为 $\delta\boldsymbol{r}$, 速度为 $\boldsymbol{v}(\boldsymbol{r}+\delta\boldsymbol{r},t)$。由于 $\delta\boldsymbol{r}$ 是小量, 把 $v_x(\boldsymbol{r}+\delta\boldsymbol{r},t)$ 作泰勒展开, 并忽略高次项, 得

$$v_x(\boldsymbol{r}+\delta\boldsymbol{r},t) = v_x(\boldsymbol{r},t) + \frac{\partial v_x}{\partial \boldsymbol{r}}\cdot\delta\boldsymbol{r} = v_x(\boldsymbol{r},t) + \frac{1}{2}\left[(\nabla \times \boldsymbol{v}) \times \delta\boldsymbol{r}\right]_x + \frac{1}{2}\left(\frac{\partial \boldsymbol{v}}{\partial x} + \nabla v_x\right)\cdot\delta\boldsymbol{r}$$

$$(11.1\text{-}19)$$

从刚体的运动速度 (11.1-18) 我们看到，式 (11.1-19) 中 $\frac{1}{2}(\nabla \times \boldsymbol{v}) \times \delta \boldsymbol{r}$ 可以解释为绕参考点的转动速度，$\frac{1}{2}\nabla \times \boldsymbol{v}$ 可以解释为微元自转的瞬时角速度。因此描述流体的涡旋运动的物理量就是速度的旋度 $\nabla \times \boldsymbol{v}$，称为涡量，即

$$\boldsymbol{\Omega} = \nabla \times \boldsymbol{v} \tag{11.1-20}$$

不同于刚体，微元在运动过程中会变形，式 (11.1-19) 中的 $\frac{1}{2}\left(\dfrac{\partial \boldsymbol{v}}{\partial x} + \nabla v_x\right) \cdot \delta \boldsymbol{r}$ 可以解释为变形速度。因此式 (11.1-19) 的物理意义是，任一点的速度可以分解为参考点的平动速度 $\boldsymbol{v}(\boldsymbol{r}, t)$、绕参考点的转动速度 $\delta_r \boldsymbol{v} = \dfrac{1}{2}(\nabla \times \boldsymbol{v}) \times \delta \boldsymbol{r}$，以及变形速度 $\delta_d \boldsymbol{v}$，即

$$\boldsymbol{v}(\boldsymbol{r} + \delta \boldsymbol{r}, t) = \boldsymbol{v}(\boldsymbol{r}, t) + \delta_r \boldsymbol{v} + \delta_d \boldsymbol{v} \tag{11.1-21}$$

如果在一条曲线上所有流体质点在同一瞬时的涡量与此线相切，该曲线称为涡线。在同一时刻，过任一条非涡线的闭合曲线上各点作一系列的涡线，所有涡线形成一管状涡面，称为涡管。

11.1.6 涡旋感生的速度

1. 类比

磁学里的稳恒电流产生磁感应强度，其满足的基本微分方程为

$$\nabla \cdot \boldsymbol{B} = 0, \quad \nabla \cdot \boldsymbol{j} = 0, \quad \nabla \times \boldsymbol{B} = \mu_0 \boldsymbol{j} \tag{11.1-22}$$

为方便起见，本节我们使用国际单位。

积分方程为

$$\oint_A \boldsymbol{B} \cdot \mathrm{d}\boldsymbol{S} = 0, \quad \oint_A \boldsymbol{j} \cdot \mathrm{d}\boldsymbol{S} = 0, \quad \oint_C \boldsymbol{B} \cdot \mathrm{d}\boldsymbol{l} = \mu_0 \int_A \boldsymbol{j} \cdot \mathrm{d}\boldsymbol{S} \tag{11.1-23}$$

式中的三个方程分别称为磁场高斯定理、稳恒电流守恒方程和安培环路定理。

不可压缩流体的速度满足的基本微分方程为

$$\nabla \cdot \boldsymbol{v} = 0, \quad \nabla \cdot \boldsymbol{\Omega} = 0, \quad \nabla \times \boldsymbol{v} = \boldsymbol{\Omega} \tag{11.1-24}$$

积分方程为

$$\oint_A \boldsymbol{v} \cdot \mathrm{d}\boldsymbol{S} = 0, \quad \oint_A \boldsymbol{\Omega} \cdot \mathrm{d}\boldsymbol{S} = 0, \quad \oint_C \boldsymbol{v} \cdot \mathrm{d}\boldsymbol{l} = \int_A \boldsymbol{\Omega} \cdot \mathrm{d}\boldsymbol{S} \tag{11.1-25}$$

很明显，不可压缩流体的速度和由稳恒电流产生的磁感应强度存在以下类比：

$$\boldsymbol{v} \Leftrightarrow \boldsymbol{B}, \quad \boldsymbol{\Omega} \Leftrightarrow \mu_0 \boldsymbol{j} \tag{11.1-26}$$

稳恒电流产生的磁感应强度由下式给出：

$$\boldsymbol{B} = -\frac{\mu_0}{4\pi} \int_V \mathrm{d}^3 r' \frac{\boldsymbol{j}\left(\boldsymbol{r}'\right) \times \left(\boldsymbol{r}' - \boldsymbol{r}\right)}{\left|\boldsymbol{r}' - \boldsymbol{r}\right|^3} \tag{11.1-27}$$

使用类比 (11.1-26)，则涡旋感生的速度为

$$\boldsymbol{v} = -\frac{1}{4\pi} \int_T \mathrm{d}^3 r' \frac{\boldsymbol{\Omega}\left(\boldsymbol{r}'\right) \times \left(\boldsymbol{r}' - \boldsymbol{r}\right)}{\left|\boldsymbol{r}' - \boldsymbol{r}\right|^3} \tag{11.1-28}$$

式中，区域 T 内有涡量存在。

2. 毕奥–萨伐尔定律

考虑一根很细的导线上的电流 I，取一微段 $\mathrm{d}l$，微段的体积为 $\mathrm{d}V = A\mathrm{d}l$，这里 A 为微段的横截面的面积，横截面上的电流密度矢量可以视为恒定矢量 $\boldsymbol{j}$。取矢量 $\mathrm{d}\boldsymbol{l}$ 的方向与 $\boldsymbol{j}$ 的方向一致，则有

$$\boldsymbol{j}\mathrm{d}V = \boldsymbol{j}A\mathrm{d}l = I\mathrm{d}\boldsymbol{l} \tag{11.1-29}$$

式中，

$$I = \lim_{A \to 0, j \to \infty} \int_A j\mathrm{d}S = \lim_{A \to 0, j \to \infty} jA = \mathrm{const} \tag{11.1-30}$$

磁感应强度为

$$\boldsymbol{B}\left(\boldsymbol{r}\right) = -\frac{\mu_0}{4\pi} \int_V \mathrm{d}^3 r' \frac{\boldsymbol{j}\left(\boldsymbol{r}'\right) \times \left(\boldsymbol{r}' - \boldsymbol{r}\right)}{\left|\boldsymbol{r}' - \boldsymbol{r}\right|^3} = -\frac{\mu_0}{4\pi} I \int \mathrm{d}\boldsymbol{l} \times \frac{\left(\boldsymbol{r}' - \boldsymbol{r}\right)}{\left|\boldsymbol{r}' - \boldsymbol{r}\right|^3} \tag{11.1-31}$$

式 (11.1-31) 称为毕奥–萨伐尔 (Biot-Savart) 定律。

在自然界广泛的涡旋现象中，有时会碰到涡旋集中在一根极细的涡管上的现象，以至于可以把涡管看成几何上的一条线，我们把这样的理想化的涡旋模型称为涡丝。

在该极细涡管上取一微段 $\mathrm{d}l$，微段的体积为 $\mathrm{d}V = A\mathrm{d}l$，这里 A 为微段的横截面的面积，横截面上的涡量可以视为恒定矢量 $\boldsymbol{\Omega}$。取矢量 $\mathrm{d}\boldsymbol{l}$ 的方向与 $\boldsymbol{\Omega}$ 的方向一致，则

$$\boldsymbol{\Omega}\mathrm{d}V = \boldsymbol{\Omega}A\mathrm{d}l = \Gamma\mathrm{d}\boldsymbol{l} \tag{11.1-32}$$

式中,

$$\Gamma = \lim_{A\to 0,\Omega\to\infty} \int_A \boldsymbol{\Omega}\cdot \mathrm{d}\boldsymbol{S} = \lim_{A\to 0,\Omega\to\infty} \Omega A = \mathrm{const} \tag{11.1-33}$$

Γ 称为涡丝强度。

把式 (11.1-32) 代入式 (11.1-28) 得涡丝感生的速度

$$\boldsymbol{v}(\boldsymbol{r}) = -\frac{1}{4\pi}\int_T \mathrm{d}^3 r' \frac{\boldsymbol{\Omega}(\boldsymbol{r}')\times(\boldsymbol{r}'-\boldsymbol{r})}{|\boldsymbol{r}'-\boldsymbol{r}|^3} = -\frac{1}{4\pi}\lim_{A\to 0,\Omega\to\infty}\int \mathrm{d}l\frac{A\boldsymbol{\Omega}(\boldsymbol{r}')\times(\boldsymbol{r}'-\boldsymbol{r})}{|\boldsymbol{r}'-\boldsymbol{r}|^3}$$

$$= \frac{1}{4\pi}\Gamma\int \mathrm{d}\boldsymbol{l}\times\frac{\boldsymbol{r}'-\boldsymbol{r}}{|\boldsymbol{r}'-\boldsymbol{r}|^3}$$

$$\tag{11.1-34}$$

很明显,涡丝感生的速度和稳恒细电流产生的磁场存在以下类比:

$$\boldsymbol{v}\Leftrightarrow\boldsymbol{B}, \quad 涡丝 \Leftrightarrow 细电流, \quad \Gamma \Leftrightarrow \mu_0 I \tag{11.1-35}$$

为方便计算,式 (11.1-34) 可以改写为

$$\boldsymbol{v} = \frac{\Gamma}{4\pi}\int\frac{\mathrm{d}\boldsymbol{l}\times\boldsymbol{r}}{r^3} \tag{11.1-36}$$

式中,$\boldsymbol{r}$ 为场点相对于 $\mathrm{d}\boldsymbol{l}$ 的位置矢量。

例 1 已知一涡丝的一部分为直线,计算该直线涡丝部分感生的速度。

解 如图 11.1.1 所示,把直线涡丝取作 z 轴上,场点 P 在直线涡丝上的垂

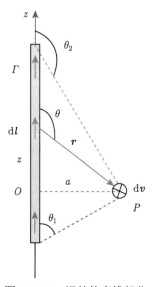

图 11.1.1 涡丝的直线部分

点取为原点，涡丝元为 $\mathrm{d}l = \mathrm{d}z$，场点 P 的位置矢量 $\boldsymbol{r}$ 与直线涡丝之间的夹角为 θ。场点 P 的位置到直线涡丝的垂直距离为 a，P 与直线涡丝两端之间的连线同直线涡丝的夹角分别为 θ_1 和 θ_2。

每个涡丝元感生的速度方向相同，垂直于纸面向里，大小为 $\mathrm{d}v = \dfrac{\Gamma}{4\pi}\dfrac{\mathrm{d}z}{r^2}\sin\theta$，代入 $\sin\theta = \dfrac{a}{r}, z = -a\cot\theta$ 得 $\mathrm{d}v = \dfrac{\Gamma}{4\pi a}\sin\theta\mathrm{d}\theta$。

积分得 $v = \dfrac{\Gamma}{4\pi a}\displaystyle\int_{\theta_1}^{\theta_2}\sin\theta\,\mathrm{d}\theta = \dfrac{\Gamma}{4\pi a}(\cos\theta_1 - \cos\theta_2)$。

流线为垂直于涡丝的平面内的以涡丝为圆心的同心圆。

对于半无穷长的直线涡丝，有 $\theta_1 = 0$，得 $v = \dfrac{\Gamma}{4\pi a}(1 - \cos\theta_2)$；

对于无穷长的直线涡丝，有 $\theta_1 = 0$，$\theta_2 = \pi$，得 $v = \dfrac{\Gamma}{2\pi a}$。

例 2　计算无穷长直线涡丝感生的速度。

解　对于无穷长的直线涡丝，有更简单的方法计算感生的速度。由对称性可知，流线为位于垂直于涡丝的平面内的以涡丝为圆心的一系列同心圆，如图 11.1.2 所示。选取积分回路为流线。由速度环量公式 $\displaystyle\oint_C \boldsymbol{v} \cdot \mathrm{d}\boldsymbol{l} = \Gamma$ 得 $\displaystyle\oint_C \boldsymbol{v} \cdot \mathrm{d}\boldsymbol{l} = 2\pi r v = \Gamma$，得 $v = \dfrac{\Gamma}{2\pi r}$。

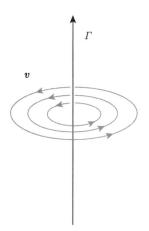

图 11.1.2　无穷长直线涡丝

一个无穷长的直线涡丝可以看成一个平面点涡。原因是，一个无穷长的直线涡丝感生的速度为 $\boldsymbol{v}(\boldsymbol{r}) = \dfrac{\Gamma}{2\pi}\dfrac{\boldsymbol{e}_\theta}{r}$，取 xy 平面垂直于涡丝，有 $v_x = v_x(x, y)$，$v_y = v_y(x, y)$，$v_z = 0$，因此是二维流动，即一无穷长的直线涡丝感生的速度场等

效于一平面点涡感生的速度场。

例 3 计算一圆形涡丝在对称轴上感生的速度。

解 如图 11.1.3 所示，由于 $\mathrm{d}\boldsymbol{l} \perp \boldsymbol{r}$，有 $\mathrm{d}v = \dfrac{\Gamma}{4\pi}\dfrac{\mathrm{d}l}{r^2}$。

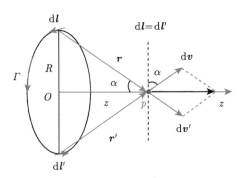

图 11.1.3 两个涡丝元 $\mathrm{d}\boldsymbol{l}$ 和 $\mathrm{d}\boldsymbol{l}'$ 感生的速度

考虑到对称性，取位于同一直径两端的长度相同的两个涡丝元 $\mathrm{d}\boldsymbol{l}$ 和 $\mathrm{d}\boldsymbol{l}'$。它们感生的速度大小相等，沿对称轴方向的分量大小相等、方向相同，而垂直于对称轴方向的分量大小相等、方向相反。叠加后的速度沿对称轴方向。所以只需要考虑沿对称轴方向的分量

$$\mathrm{d}v_z = \mathrm{d}v \cdot \sin\alpha = \frac{\Gamma}{4\pi}\sin\alpha\frac{\mathrm{d}l}{r^2} = \frac{\Gamma R}{4\pi}\cdot\frac{\mathrm{d}l}{r^3}$$

积分得

$$v = \oint \mathrm{d}v_z = \frac{\Gamma R}{4\pi r^3}\oint \mathrm{d}l = \frac{\Gamma R^2}{2(R^2+z^2)^{3/2}}$$

流线形状如图 11.1.4 所示。

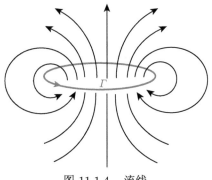

图 11.1.4 流线

习　题

1. 计算图 11.1.5 中的涡丝在圆心上感生的速度。

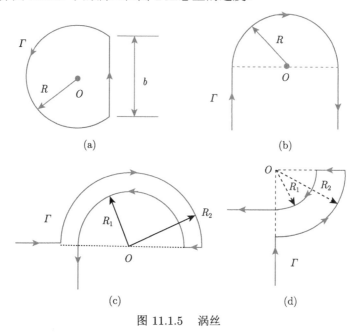

(a)　　　　　　　　　　　(b)

(c)　　　　　　　　　　　(d)

图 11.1.5　涡丝

2. 恒定涡量 $\boldsymbol{\Omega}$ 均匀分布在一个无限长圆柱内, $\boldsymbol{\Omega}$ 的方向沿对称轴方向, 这就是兰金 (Rankine) 组合涡。兰金组合涡在气象学中常被用作台风中心的物理模型。证明其感生的速度分布等效于无限长均匀圆柱电流感生的磁感应强度分布, 为

$$
v = \begin{cases} \dfrac{\pi r^2 \Omega}{2\pi r}, & r \leqslant R \\[3mm] \dfrac{\pi R^2 \Omega}{2\pi r}, & r > R \end{cases}
$$

式中, R 为圆柱半径。

3. 恒定涡量 $\boldsymbol{\Omega}$ 均匀分布在半径为 a 的一个无限长圆柱内, $\boldsymbol{\Omega}$ 的方向为沿圆柱横截面内以对称轴为圆心的圆周的切线方向, 求感生的速度。

提示: 等效于无限长均匀带电圆柱绕对称轴旋转而产生的磁感应强度。

11.2　广义牛顿黏性定律

11.2.1　黏性应力张量

流体分子之间的相互作用是极为短程的, 大约只有几埃, 从微观角度看, 流体内部的任意两个相邻的部分之间的相互作用, 只是出现在其分界面两侧附近厚度

为几埃的分子层内的分子之间。因此从宏观角度看，流体内部的任意两个相邻的部分之间的相互作用可以近似为表面力作用。

对于黏性流体，在流体内部选取一微元，作用在微元表面上的力除了压力，还有黏性力，方向既可以垂直表面，又可以位于表面的切面上。作用在单位面积流体表面上的力称为应力。取微元的一个面元的法线方向平行于直角坐标系的一个坐标轴方向，把作用在该面元上的应力沿三个坐标轴方向分解，所得应力分量称为应力张量 σ_{ji}。应力张量 σ_{ji} 的第一个下标表示面元的法线方向；第二个下标表示应力作用的方向。应力张量的正方向规定为，如果面元的法线方向与坐标轴正方向一致，则其上指向坐标轴正方向的应力张量为正，反之为负；如果面元的法线方向与坐标轴负方向一致，则其上指向坐标轴负方向的应力张量为正，反之为负，如图 11.2.1 所示。把应力张量扣除压强的贡献定义为黏性应力张量 σ'_{ji}，即

$$\sigma_{ji} = -P\delta_{ij} + \sigma'_{ji} \tag{11.2-1}$$

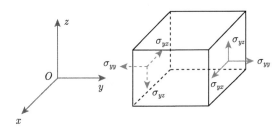

图 11.2.1　应力张量的正方向约定

面元 $\mathrm{d}S$ 的外法线单位矢量可以分解为 $\boldsymbol{n} = n_i \boldsymbol{e}_i$，那么可以把面元 $\mathrm{d}S$ 分别向三个直角平面投影，垂直于 x_j 轴方向的投影面积为 $n_j \mathrm{d}S$，施于面元 $\mathrm{d}S$ 上的沿 x_i 轴方向的力为 $\sigma_{ji} n_j \mathrm{d}S$，因此施于一外法线单位矢量为 $\boldsymbol{n}$ 的面元 $\mathrm{d}S$ 上的合力为

$$\boldsymbol{f}\mathrm{d}S = n_j \sigma_{ji} \boldsymbol{e}_i \mathrm{d}S \tag{11.2-2}$$

应力矢量为

$$\boldsymbol{f} = n_j \sigma_{ji} \boldsymbol{e}_i \tag{11.2-3}$$

11.2.2　应力张量的对称性

现在我们证明应力张量具有如下对称性：

$$\sigma_{ji} = \sigma_{ij} \tag{11.2-4}$$

证明　不失一般性，证明 $\sigma_{yx} = \sigma_{xy}$ 即可。考虑一个位于体积元 $\mathrm{d}x\mathrm{d}y\mathrm{d}z$ 内的流体微元，在 y 和 $y + \mathrm{d}y$ 处的两个面元 $\mathrm{d}x\mathrm{d}z$ 所受的沿 x 轴方向的力分别为

$-\sigma_{yx}|_y \mathrm{d}x\mathrm{d}z\boldsymbol{e}_x$ 和 $\sigma_{yx}|_{y+\mathrm{d}y}\mathrm{d}x\mathrm{d}z\boldsymbol{e}_x$，如图 11.2.2 所示。忽略高阶无穷小，两个力大小相等，方向相反，距离为 $\mathrm{d}y$，组成一对力偶，力矩为 $-\sigma_{yx}\mathrm{d}x\mathrm{d}y\mathrm{d}z\boldsymbol{e}_z$。

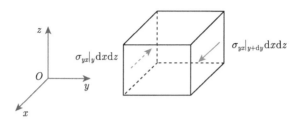

图 11.2.2　作用在两个面元 $\mathrm{d}x\mathrm{d}z$ 上的力

流体微元在 x 和 $x+\mathrm{d}x$ 处的两个面元 $\mathrm{d}y\mathrm{d}z$ 所受的沿 y 轴方向的力分别为 $-\sigma_{xy}|_x \mathrm{d}y\mathrm{d}z\boldsymbol{e}_y$ 和 $\sigma_{xy}|_{x+\mathrm{d}x} \mathrm{d}y\mathrm{d}z\boldsymbol{e}_y$，如图 11.2.3 所示。忽略高阶无穷小，两个力大小相等，方向相反，距离为 $\mathrm{d}x$，组成一对力偶，力矩为 $\sigma_{xy}\mathrm{d}x\mathrm{d}y\mathrm{d}z\boldsymbol{e}_z$。因此流体微元受到的沿 z 轴方向的合力矩为 $(\sigma_{xy}-\sigma_{yx})\mathrm{d}x\mathrm{d}y\mathrm{d}z\boldsymbol{e}_z$。

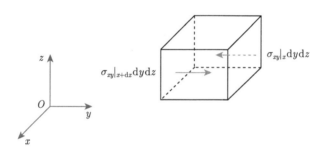

图 11.2.3　作用在两个面元 $\mathrm{d}y\mathrm{d}z$ 上的力

在随流体微元一道运动的参考系 (非惯性系) 里，流体微元静止，合力为 0，合力矩为 0。流体微元除受到表面力作用以外，还受到体积力 (外力和惯性力) 作用，体积力作用点位于质心处，取质心为力矩参考点，则体积力产生的力矩为 0。所以表面力产生的合力矩为 0。因此流体微元受到的沿 z 轴方向的合力矩为 0，即 $(\sigma_{xy}-\sigma_{yx})\mathrm{d}x\mathrm{d}y\mathrm{d}z\boldsymbol{e}_z$，得 $\sigma_{yx}=\sigma_{xy}$。证毕。

11.2.3　广义牛顿黏性定律的推导

牛顿平板实验表明，黏性应力张量正比于流体速度的梯度。现在把牛顿平板实验结果推广到一般情况。需要满足如下要求。

(1) 黏性应力张量应正比于流体速度分量的空间变化率，即

$$\sigma'_{ij} \propto \frac{\partial v_i}{\partial x_j}, \frac{\partial v_j}{\partial x_i}$$

(2) 黏性应力张量满足对称性 $\sigma'_{ij} = \sigma'_{ji}$。

满足这两个要求的黏性应力张量为

$$\sigma'_{ij} \propto \left(\frac{\partial v_i}{\partial x_j} + \frac{\partial v_j}{\partial x_i} \right), \quad \sigma'_{ij} \propto \delta_{ij} \nabla \cdot \boldsymbol{v}$$

即

$$\sigma'_{ij} = \eta \left(\frac{\partial v_i}{\partial x_j} + \frac{\partial v_j}{\partial x_i} - \frac{2}{3} \delta_{ij} \nabla \cdot \boldsymbol{v} \right) + \delta_{ij} \eta' \nabla \cdot \boldsymbol{v} \tag{11.2-5}$$

式中，η 称为剪切黏性系数；η' 称为体积黏性系数。在第 12 章我们会看到，对于稀薄气体，玻尔兹曼积分微分方程的解给出 $\eta' = 0$。一般情况下，体积黏性系数很小，可视为零，即 $\eta' = 0$，此即斯托克斯假设，要求

$$\sigma'_{xx} + \sigma'_{yy} + \sigma'_{zz} = 0 \tag{11.2-6}$$

式 (11.2-5) 化为

$$\sigma'_{ij} = \eta \left(\frac{\partial v_i}{\partial x_j} + \frac{\partial v_j}{\partial x_i} \right) - \delta_{ij} \frac{2}{3} \eta \nabla \cdot \boldsymbol{v} \tag{11.2-7}$$

11.3 纳维–斯托克斯方程

11.3.1 纳维–斯托克斯方程的推导

牛顿第二定律具有如下性质：仅在惯性参考系成立，仅适用于质点，具有瞬时性，即质点的加速度与其所受的力同时出现，同时消失。因此牛顿第二定律不能直接应用于流体这样的由连续介质组成的广延物体，需要把它分解为极大数目的微元，每一个微元在宏观上足够小、在微观上足够大，仍是宏观系统。每一个微元都可以看成质点，这样就可以把牛顿第二定律应用于流体微元。

现在我们根据牛顿第二定律的瞬时性，来考虑一个 t 时刻位于 $\boldsymbol{r}$ 处的固定不动的体积元内的瞬时微元所受的瞬时力，如图 11.3.1 所示。该瞬时微元的体积为 $\mathrm{d}x\mathrm{d}y\mathrm{d}z$，流体质量为 $\rho \mathrm{d}x\mathrm{d}y\mathrm{d}z$。使用欧拉描写，该微元的速度为 $\boldsymbol{v}$，加速度为 $\dfrac{\mathrm{d}\boldsymbol{v}}{\mathrm{d}t}$。该微元在其表面受到其余流体所施的压力和黏性力，还受到外力 $\rho \boldsymbol{f}_{\mathrm{ex}} \mathrm{d}x\mathrm{d}y\mathrm{d}z$ 作用。这里 $\boldsymbol{f}_{\mathrm{ex}}$ 为单位质量流体受到的外力。在惯性参考系，沿 y 轴方向，把牛顿第二定律应用于该瞬时微元得

$$\begin{aligned} \rho \mathrm{d}x\mathrm{d}y\mathrm{d}z \frac{\mathrm{d}v_y}{\mathrm{d}t} =& \mathrm{d}x\mathrm{d}z \left(\sigma_{yy}|_{y+\mathrm{d}y} - \sigma_{yy}|_y \right) + \mathrm{d}y\mathrm{d}z \left(\sigma_{xy}|_{x+\mathrm{d}x} - \sigma_{xy}|_x \right) \\ &+ \mathrm{d}x\mathrm{d}y \left(\sigma_{zy}|_{z+\mathrm{d}z} - \sigma_{zy}|_z \right) + \rho f_{\mathrm{ex},y} \mathrm{d}x\mathrm{d}y\mathrm{d}z \end{aligned}$$

$$=\mathrm{d}x\mathrm{d}y\mathrm{d}z\left(\frac{\partial \sigma_{yy}}{\partial y}+\frac{\partial \sigma_{xy}}{\partial x}+\frac{\partial \sigma_{zy}}{\partial z}\right)+\rho f_{\mathrm{ex},y}\mathrm{d}x\mathrm{d}y\mathrm{d}z$$

化简得

$$\rho\frac{\mathrm{d}v_y}{\mathrm{d}t}=\rho\frac{\partial v_y}{\partial t}+\rho\left(\boldsymbol{v}\cdot\nabla\right)v_y=\frac{\partial \sigma_{yy}}{\partial y}+\frac{\partial \sigma_{xy}}{\partial x}+\frac{\partial \sigma_{zy}}{\partial z}+\rho f_{\mathrm{ex},y} \qquad (11.3\text{-}1)$$

把式 (11.2-7) 代入式 (11.3-1) 得

$$\rho\frac{\mathrm{d}v_y}{\mathrm{d}t}=\rho\frac{\partial v_y}{\partial t}+\rho\left(\boldsymbol{v}\cdot\nabla\right)v_y=-\frac{\partial P}{\partial y}+\frac{\partial}{\partial y}\left[2\eta\frac{\partial v_y}{\partial y}-\frac{2}{3}\eta\nabla\cdot\boldsymbol{v}\right]$$
$$+\frac{\partial}{\partial x}\left[\eta\left(\frac{\partial v_x}{\partial y}+\frac{\partial v_y}{\partial x}\right)\right]+\frac{\partial}{\partial z}\left[\eta\left(\frac{\partial v_z}{\partial y}+\frac{\partial v_y}{\partial z}\right)\right]+\rho f_{\mathrm{ex},y} \qquad (11.3\text{-}2)$$

一般情况下 η 可看成常数，式 (11.3-2) 化为

$$\rho\frac{\mathrm{d}v_y}{\mathrm{d}t}=\rho\frac{\partial v_y}{\partial t}+\rho\left(\boldsymbol{v}\cdot\nabla\right)v_y=-\frac{\partial P}{\partial y}+\eta\nabla^2 v_y+\frac{1}{3}\eta\frac{\partial}{\partial y}\left(\nabla\cdot\boldsymbol{v}\right)+\rho f_{\mathrm{ex},y} \qquad (11.3\text{-}3)$$

把式 (11.3-3) 写成矢量形式:

$$\rho\frac{\mathrm{d}\boldsymbol{v}}{\mathrm{d}t}=\rho\frac{\partial \boldsymbol{v}}{\partial t}+\rho\left(\boldsymbol{v}\cdot\nabla\right)\boldsymbol{v}=-\nabla P+\eta\nabla^2\boldsymbol{v}+\frac{1}{3}\eta\nabla\left(\nabla\cdot\boldsymbol{v}\right)+\rho\boldsymbol{f}_{\mathrm{ex}} \qquad (11.3\text{-}4)$$

式 (11.3-4) 即为纳维–斯托克斯 (Navier-Stokes) 方程。

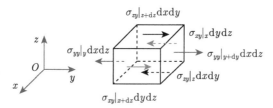

图 11.3.1　流体微元的受力分析

对于不可压缩流体，有 $\nabla\cdot\boldsymbol{v}=0$，代入式 (11.3-4) 得

$$\rho\frac{\mathrm{d}\boldsymbol{v}}{\mathrm{d}t}=\rho\frac{\partial \boldsymbol{v}}{\partial t}+\rho\left(\boldsymbol{v}\cdot\nabla\right)\boldsymbol{v}=-\nabla P+\eta\nabla^2\boldsymbol{v}+\rho\boldsymbol{f}_{\mathrm{ex}} \qquad (11.3\text{-}5)$$

一般情况下，外力都是保守力，可以写成

$$\boldsymbol{f}_{\mathrm{ex}}=-\nabla\varXi \qquad (11.3\text{-}6)$$

式中，$\varXi$ 为外力势。

11.3.2 边界条件

固体表面的分子对附近的黏性流体的分子总是存在吸引力，这导致固体表面附近的流体层被紧紧吸附在固体表面，相对于固体表面完全静止不动，因此固体表面处的流体速度 $\boldsymbol{v}_{\text{fluid}}|_S$ 等于固体表面的速度 $\boldsymbol{v}_{\text{solid}}|_S$，即

$$\boldsymbol{v}_{\text{fluid}}|_S = \boldsymbol{v}_{\text{solid}}|_S \tag{11.3-7}$$

上式的法向和切向分量方程分别为

$$v_{\text{n,fluid}}|_S = v_{\text{n,solid}}|_S, \quad v_{\text{t,fluid}}|_S = v_{\text{t,solid}}|_S \tag{11.3-8}$$

例 1 牛顿旋转水桶实验：一盛有不可压缩的水的圆柱形容器 (半径为 a) 竖直放置在重力场中，以恒定的角速度 ω 绕自身的轴旋转。证明达到稳恒状态后，水桶里的水像刚体一样旋转，并确定水的自由面的形状。

解 如图 11.3.2 所示，把 z 轴取在圆柱形容器的轴上，由于柱对称性，需要使用柱坐标系 (R, φ, z)，有 $v_R = 0$, $v_\varphi = v(R)$, $P = P(R)$。

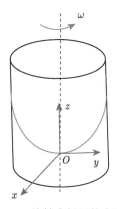

图 11.3.2 旋转水桶里的水面形状

由于是定常轴对称流动，纳维–斯托克斯方程 (11.3-5) 化为

$$\frac{\partial P}{\partial R} = \rho \frac{v_\varphi^2}{R} \quad (1); \qquad \frac{\partial P}{\partial z} = -\rho g \quad (2); \qquad \nabla^2 v_\varphi - \frac{v_\varphi}{R^2} = \frac{\mathrm{d}^2 v_\varphi}{\mathrm{d}R^2} + \frac{1}{R}\frac{\mathrm{d}v_\varphi}{\mathrm{d}R} - \frac{v_\varphi}{R^2} = 0 \quad (3)$$

很显然式 (3) 有特解 $v_\varphi \propto R^n$，代入得 $n = \pm 1$，故通解为 $v_\varphi = AR + B\dfrac{1}{R}$，式中 A 和 B 为待定常量。

使用 $v_\varphi(R = 0) = 0$ 及边界条件 $v_\varphi(R = a) = \omega a$，得 $v_\varphi = \omega R$，并积分式 (1) 和式 (2)，得

$$P = C - \rho g z + \frac{1}{2}\rho \omega^2 R^2 = C - \rho g z + \frac{1}{2}\rho \omega^2 \left(x^2 + y^2\right)$$

式中，C 为积分常量。

在水面上压强为大气压，为常量，即 $z = \dfrac{1}{2g}\omega^2\left(x^2 + y^2\right) + C_1$，式中 C_1 为常量。故水面为旋转抛物面。

11.3.3　欧拉方程

所有流体都具有黏性，因此所有流体的流动都存在能量耗散，但是根据普朗特 (Prandtl) 的边界层理论，能量耗散主要发生在固体表面附近的流体边界层之内。而在边界层之外，那里的能量耗散很小，作为零级近似可以忽略不计。我们把忽略能量耗散的流体称为理想流体，即忽略流体中的黏性、热传导，因此边界层之外的流体可看成理想流体。此时纳维–斯托克斯方程化为欧拉方程，即

$$\rho\frac{\mathrm{d}\boldsymbol{v}}{\mathrm{d}t} = \rho\frac{\partial\boldsymbol{v}}{\partial t} + \rho\left(\boldsymbol{v}\cdot\nabla\right)\boldsymbol{v} = -\nabla P + \rho\boldsymbol{f}_{\mathrm{ex}} \tag{11.3-9}$$

很明显，理想流体是理想物理模型。

对于黏性流体，纳维–斯托克斯方程是二阶微分方程，其解能够满足固体表面上的两个流体速度分量条件。对于理想流体，欧拉方程是一阶微分方程，其解只能满足一个边界条件，因此不同于黏性流体，理想流体的边界条件为：在运动的固体表面上的流体速度的法向分量 $v_{\mathrm{n,fluid}}|_S$ 必须等于固体表面的速度的法向分量 $v_{\mathrm{solid,n}}|_S$，即

$$v_{\mathrm{n,fluid}}|_S = v_{\mathrm{n,solid}}|_S \tag{11.3-10}$$

11.3.4　理想流体的无旋运动

如果涡量在整个流体区域内为零，那么流体的运动称为无旋运动，即

$$\boldsymbol{\Omega} = \nabla \times \boldsymbol{v} = \boldsymbol{0} \tag{11.3-11}$$

满足

$$\boldsymbol{v} = \nabla\varPhi \tag{11.3-12}$$

式中，$\varPhi$ 为速度势。

不可压缩理想流体的无旋流动同时满足

$$\nabla\cdot\boldsymbol{v} = 0, \quad \boldsymbol{v} = \nabla\varPhi \tag{11.3-13}$$

因此速度势满足拉普拉斯方程

$$\nabla^2\varPhi = 0 \tag{11.3-14}$$

在运动的固体表面 S 上的流体速度的法向分量 $v_{\text{n,fluid}}|_S$ 必须等于固体表面的速度的法向分量 $v_{\text{solid,n}}|_S$，即

$$v_{\text{n,fluid}}|_S = \frac{\partial \Phi}{\partial n}\bigg|_S = v_{\text{solid,n}}|_S \tag{11.3-15}$$

例 2 一个半径为 a 的固体球在不可压缩理想流体中以速度 $\boldsymbol{U}$ 运动，球周围的流体做无旋流动，无穷远处的流体静止不动。计算流体速度分布。

解 为方便起见，把直角坐标系 (x,y,z) 的原点取在球心的瞬时位置上，z 轴沿球的速度方向，球的速度为 $\boldsymbol{U} = \boldsymbol{e}_r U \cos \theta - \boldsymbol{e}_\theta U \sin \theta$，如图 11.3.3 所示。由于是轴对称流动，拉普拉斯方程 $\nabla^2 \Phi = 0$ 需要使用球坐标系 (r, θ, φ) 求解，得

$$\Phi(r, \theta) = \sum_{l=0}^{\infty} \left(A_l r^l + B_l r^{-l-1} \right) \mathrm{P}_l (\cos \theta)$$

式中，A_l 和 B_l 为常量；$\mathrm{P}_l(\cos\theta)$ 为勒让德函数。

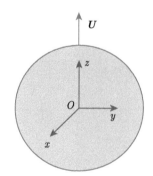

图 11.3.3 在流体中运动的固体球

边界条件为 $v_r(r = a) = U \cos \theta$，$\lim\limits_{r \to \infty} v_r = 0$。因为

$$v_r = \frac{\partial \Phi}{\partial r} = \sum_{l=0}^{\infty} \left[l A_l r^{l-1} - (l+1) B_l r^{-l-2} \right] \mathrm{P}_l (\cos \theta), \quad \mathrm{P}_1(\cos\theta) = \cos\theta$$

所以由边界条件 $v_r(r = a) = U \cos \theta = U\mathrm{P}_1(\cos\theta)$ 可知，v_r 只与 $\mathrm{P}_1(\cos\theta) = \cos\theta$ 有关，即

$$v_r = \left(A_1 - 2B_1 r^{-3} \right) \mathrm{P}_1(\cos\theta), \quad A_1 - 2B_1 a^{-3} = U$$

由另一边界条件 $\lim\limits_{r \to \infty} v_r = 0$ 得

$$\Phi = -\frac{a^3 U}{2r^2} \cos \theta = -\frac{a^3}{2r^3} \boldsymbol{U} \cdot \boldsymbol{r}$$

所以
$$\boldsymbol{v} = \nabla \Phi = \boldsymbol{e}_r \frac{\partial \Phi}{\partial r} + \boldsymbol{e}_\theta \frac{1}{r} \frac{\partial \Phi}{\partial \theta} = \boldsymbol{e}_r U \frac{a^3}{r^3} \cos\theta + \boldsymbol{e}_\theta \frac{a^3}{2r^3} U \sin\theta = \frac{a^3}{2r^3} \left[\frac{3}{r^2} \boldsymbol{r} \left(\boldsymbol{U} \cdot \boldsymbol{r} \right) - \boldsymbol{U} \right]$$

例 3　一个不可压缩理想流体绕一个静止不动的半径为 a 的固体球做无旋流动，无穷远处的流体以均匀速度 $\boldsymbol{U}$ 流动。计算流体速度分布。

解　如图 11.3.4 所示，把直角坐标系 (x, y, z) 的原点取在球心上，z 轴方向沿无穷远处的流速方向，有 $\boldsymbol{U} = \boldsymbol{e}_r U \cos\theta - \boldsymbol{e}_\theta U \sin\theta$。由于是轴对称流动，拉普拉斯方程 $\nabla^2 \Phi = 0$ 需要使用球坐标系 (r, θ, φ) 求解，得

$$\Phi(r, \theta) = \sum_{l=0}^{\infty} \left(A_l r^l + B_l r^{-l-1} \right) \mathrm{P}_l \left(\cos\theta \right)$$

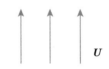

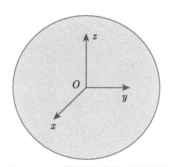

图 11.3.4　绕固体球的无旋流动

边界条件为 $v_r (r = a) = 0$，$\lim\limits_{r \to \infty} v_r = U \cos\theta$，因为

$$v_r = \frac{\partial \Phi}{\partial r} = \sum_{l=0}^{\infty} \left[l A_l r^{l-1} - (l+1) B_l r^{-l-2} \right] \mathrm{P}_l \left(\cos\theta \right), \quad \mathrm{P}_1 \left(\cos\theta \right) = \cos\theta$$

所以由边界条件 $\lim\limits_{r \to \infty} v_r = U \cos\theta = U \mathrm{P}_1 \left(\cos\theta \right)$ 可知，v_r 只与 $\mathrm{P}_1 \left(\cos\theta \right) = \cos\theta$ 有关，即

$$v_r = \frac{\partial \Phi}{\partial r} = \left(U - 2 B_1 r^{-3} \right) \cos\theta$$

由边界条件 $v_r (r = a) = 0$ 给出

$$\Phi = U r \left(1 + \frac{a^3}{2r^3} \right) \cos\theta$$

所以

$$\boldsymbol{v} = \nabla \Phi = \boldsymbol{e}_r \frac{\partial \Phi}{\partial r} + \boldsymbol{e}_\theta \frac{1}{r} \frac{\partial \Phi}{\partial \theta} = \boldsymbol{e}_r U \left(1 - \frac{a^3}{r^3}\right) \cos \theta - \boldsymbol{e}_\theta U \left(1 + \frac{a^3}{2r^3}\right) \sin \theta$$

习 题

1. 一个半径为 a 的无限长固体圆柱在不可压缩理想流体中以垂直于自身轴的速度 $\boldsymbol{U}$ 运动,圆柱周围的流体做二维无旋流动,无穷远处的流体静止不动。证明:

$$\Phi(r, \theta) = -\frac{a^2}{r^2} \boldsymbol{U} \cdot \boldsymbol{r}$$

2. 一个不可压缩理想流体绕一个静止不动的半径为 a 的无限长固体圆柱做二维无旋流动,无穷远处的流体以垂直于圆柱自身轴的均匀速度 $\boldsymbol{U}$ 流动。证明:

$$\Phi(r, \theta) = \left(r + \frac{a^2}{r}\right) \boldsymbol{U} \cdot \boldsymbol{e}_r$$

11.4 纳维–斯托克斯方程的严格解

11.4.1 牛顿平板实验

1678 年,牛顿完成了著名的平板实验。如图 11.4.1 所示,两个水平放置的很大的平板间充满了流体,两板间距为 h,在地面参考系里下平板静止,上平板以恒定的水平速度 $\boldsymbol{u}$ 运动,带动流体流动。实验发现:①流体速度分布是线性的,下平板上的流体质点静止,上平板上的流体质点的速度与平板速度相同;②给上平板施加的水平拉力正比于 u 和上平板面积,反比于 h,比例系数与流体有关。

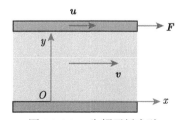

图 11.4.1 牛顿平板实验

现在我们用纳维–斯托克斯方程 (11.3-5) 和黏性流体的边界条件 (11.3-8) 来解释实验结果。选取 xz 平面为下平板平面,x 轴方向沿 $\boldsymbol{u}$ 的方向。不考虑边缘效应,相关量只依赖于 y,流体的速度沿 x 轴方向,即 $\boldsymbol{v} = v(y)\boldsymbol{e}_x$。我们看到,连续性方程自动满足,有 $(\boldsymbol{v} \cdot \nabla) \boldsymbol{v} = 0$。

由于是定常流动, 纳维–斯托克斯方程 (11.3-5) 化为

$$-\nabla P + \eta \nabla^2 \boldsymbol{v} + \rho \boldsymbol{g} = 0 \tag{11.4-1}$$

写成直角分量得

$$\frac{\mathrm{d}P}{\mathrm{d}y} = -\rho g, \quad \frac{\mathrm{d}^2 v}{\mathrm{d}y^2} = 0 \tag{11.4-2}$$

积分得

$$P = -\rho g y + c, \quad v = ay + b \tag{11.4-3}$$

式中，c, a 和 b 为积分常量。

边界条件为

$$v(y = 0) = 0, \quad v(y = h) = u \tag{11.4-4}$$

把式 (11.4-3) 代入式 (11.4-4) 得

$$v = u\frac{y}{h} \tag{11.4-5}$$

我们看到，流体的速度分布是线性的。在平面 $y = 0$ 上的切向摩擦力为

$$\sigma'_{yx}|_{y=0} = \eta \left.\frac{\mathrm{d}v}{\mathrm{d}y}\right|_{y=0} = \frac{\eta u}{h} \tag{11.4-6}$$

在平面 $y = h$ 上的切向摩擦力取负值。

需要给上平板施加的水平拉力为

$$F = S \cdot \sigma'_{yx}|_{y=0} = \frac{\eta u S}{h} \tag{11.4-7}$$

式中，S 为上平板的面积。

理论结果与实验结果完美符合，不但表明纳维–斯托克斯方程是正确的，而且表明黏性流体的边界条件也是正确的。

11.4.2　重力驱动的平行于平面的流动

考虑上边界为自由面、厚度均为 h 的无限大的流体层，在自身重力作用下沿着静止的倾角为 α 的无限大平板向下做定常流动。

如图 11.4.2 所示，取 x 轴沿流体的流动方向，xy 平面为平板平面，z 轴垂直于 xy 平面向上。由于是厚度均匀的无限大的流体层的定常流动，相关的物理量只与 z 有关，即压强为 $P = P(z)$，流体的速度为 $\boldsymbol{v} = v(z)\boldsymbol{e}_x$，此时连续性方程自动满足，而且有 $(\boldsymbol{v} \cdot \nabla)\boldsymbol{v} = v\frac{\partial}{\partial x}v(z)\boldsymbol{e}_x = 0$，纳维–斯托克斯方程 (11.3-5) 化为

$$-\nabla P + \eta\nabla^2\boldsymbol{v} + \rho\boldsymbol{g} = 0 \tag{11.4-8}$$

式 (11.4-8) 的直角分量方程分别为

$$\eta\frac{\partial^2 v}{\partial z^2} + \rho g\sin\alpha = 0, \quad -\frac{\partial P}{\partial z} - \rho g\cos\alpha = 0 \tag{11.4-9}$$

积分得

$$v = a + bz - \frac{\rho g\sin\alpha}{2\eta}z^2, \quad P = c - z\rho g\cos\alpha \tag{11.4-10}$$

式中，a，b 和 c 为积分常量。

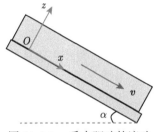

图 11.4.2　重力驱动的流动

流体层上边界为自由面，那里平行于自由面的黏性应力为零，只有垂直于自由面的压强，等于大气压 P_0。流体层下边界与静止斜面接触，那里速度为零。所以边界条件为

$$v(z=0) = 0, \quad P(z=h) = P_0, \quad \sigma_{xz}(z=h) = \eta\left.\frac{\partial v}{\partial z}\right|_{z=h} = 0 \tag{11.4-11}$$

把式 (11.4-10) 代入式 (11.4-11) 得

$$v = \frac{\rho g\sin\alpha}{2\eta}z\,(2h-z)\,, \quad P = P_0 - (z-h)\rho g\cos\alpha \tag{11.4-12}$$

单位时间内通过流体层横截面的流量为

$$Q(\Delta y = 1) = \rho\int_0^h v\mathrm{d}z = \frac{\rho^2 g h^3\sin\alpha}{3\eta} \tag{11.4-13}$$

11.4.3　压强梯度驱动的平行于平面的流动

如图 11.4.3 所示，两个静止的无限大平行平板间充满了流体，流体的定常流动由压强梯度驱动，不考虑重力。

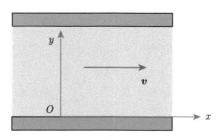

图 11.4.3　压强梯度驱动的流体流动

选取 x 轴沿流体的流动方向，xz 平面为其中的一个平板平面，则 $P = P(x)$，$\boldsymbol{v} = v(y)\boldsymbol{e}_x$。显然，连续性方程自动满足。纳维–斯托克斯方程 (11.3-5) 化为

$$\frac{\mathrm{d}P}{\mathrm{d}x} = \eta \frac{\mathrm{d}^2 v}{\mathrm{d}y^2} \tag{11.4-14}$$

由于式 (11.4-14) 的左边是 x 的函数，右边是 y 的函数，则为了保证方程的成立，压强梯度必须为常量，即 $\dfrac{\mathrm{d}P}{\mathrm{d}x} = \mathrm{const}$。积分得

$$v = \frac{1}{2\eta} \frac{\mathrm{d}P}{\mathrm{d}x} y^2 + ay + b \tag{11.4-15}$$

式中，a 和 b 为积分常量。

边界条件为

$$v(y = 0) = v(y = h) = 0 \tag{11.4-16}$$

把式 (11.4-15) 代入式 (11.4-16) 得

$$v = \frac{1}{2\eta} \frac{\mathrm{d}P}{\mathrm{d}x} y(y - h) \tag{11.4-17}$$

我们看到，流体速度沿流体层按抛物线规律变化，在流体层中心达到最大值。施于平面上的摩擦力为

$$\sigma'_{yx}\big|_{y=0} = \eta \frac{\mathrm{d}v}{\mathrm{d}y}\bigg|_{y=0} = -\frac{h}{2}\frac{\mathrm{d}P}{\mathrm{d}x} \tag{11.4-18}$$

11.4.4　圆管

考虑圆管中的流体的定常流动，如图 11.4.4 所示。不考虑重力。选取 z 轴为管轴，xy 平面为管的横截面，则流体的流动方向沿 z 轴，流体的速度只依赖于 x 和 y，即 $\boldsymbol{v} = \boldsymbol{e}_z v(x, y)$，连续性方程自动满足。纳维–斯托克斯方程 (11.3-5) 化为

$$\frac{\partial P}{\partial x} = \frac{\partial P}{\partial y} = 0 \tag{11.4-19}$$

$$\frac{\partial^2 v}{\partial x^2} + \frac{\partial^2 v}{\partial y^2} = \frac{1}{\eta}\frac{\partial P}{\partial z} \tag{11.4-20}$$

式 (11.4-19) 给出 $P = P(z)$。由于式 (11.4-20) 的左边是 x 和 y 的函数，右边是 z 的函数，则为了保证方程的成立，沿管的纵向压强梯度必须保持不变，即 $\dfrac{\mathrm{d}P}{\mathrm{d}z} = \mathrm{const}$。式 (11.4-20) 化为

$$\frac{\partial^2 v}{\partial x^2} + \frac{\partial^2 v}{\partial y^2} = \frac{1}{\eta}\frac{\mathrm{d}P}{\mathrm{d}z} = \mathrm{const} \tag{11.4-21}$$

边界条件：在管的横截面的周线 C 上流体速度为零，即

$$v|_C = 0 \tag{11.4-22}$$

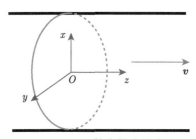

图 11.4.4　圆管中的流体流动

把式 (11.4-21) 用平面极坐标系表示，得

$$\frac{1}{r}\frac{\mathrm{d}}{\mathrm{d}r}\left(r\frac{\mathrm{d}v}{\mathrm{d}r}\right) = \frac{1}{\eta}\frac{\mathrm{d}P}{\mathrm{d}z} \tag{11.4-23}$$

积分得

$$v = \frac{1}{4\eta}\frac{\mathrm{d}P}{\mathrm{d}z}r^2 + A\ln r + B \tag{11.4-24}$$

式中，A 和 B 为积分常量。

在管心的速度为有限值，所以有 $A=0$，另外，在管壁的速度为 $v(r=a)=0$，得

$$v = -\frac{1}{4\eta}\frac{\mathrm{d}P}{\mathrm{d}z}\left(a^2 - r^2\right) \tag{11.4-25}$$

我们看到，沿管的横截面的速度分布是抛物线规律。

单位时间内通过管的横截面流出的流体质量为

$$Q = \int_0^a \rho 2\pi r v \mathrm{d}r = -\frac{\pi \rho}{8\eta} \frac{\mathrm{d}P}{\mathrm{d}z} a^4 \tag{11.4-26}$$

式 (11.4-26) 表明，流体的质量流量正比于圆管半径的四次方 (泊肃叶 (Poise-uille) 公式)。流体的质量流量的理论公式与实验结果 (泊肃叶公式) 完美符合，这对纳维–斯托克斯方程和黏性流体的边界条件是有力的支持。

11.4.5　转动圆柱面间的流体的二维圆周运动

考虑两个共轴的无限长固体圆柱面，其半径分别为 R_1 和 R_2，且 $R_2 > R_1$，分别以恒定角速度 ω_1 和 ω_2 绕共同中心轴转动。圆柱面之间充满流体，转动圆柱面带动流体转动，由于圆柱面无限长，则流体流动为二维圆周运动。在转动平面上选取平面极坐标系 (r, θ)，原点选在柱面的中心轴上。由于对称性，有

$$v_r = 0, \quad v_\theta = v(r), \quad P = P(r) \tag{11.4-27}$$

由于是定常轴对称流动，则纳维–斯托克斯方程 (11.3-5) 化为

$$\frac{\mathrm{d}P}{\mathrm{d}r} = \rho \frac{v^2}{r} \tag{11.4-28}$$

$$\nabla^2 v_\theta - \frac{v_\theta}{r^2} = \frac{\mathrm{d}^2 v}{\mathrm{d}r^2} + \frac{1}{r}\frac{\mathrm{d}v}{\mathrm{d}r} - \frac{v}{r^2} = 0 \tag{11.4-29}$$

很显然，式 (11.4-29) 有特解 $v \propto r^n$，代入得 $n = \pm 1$，故通解为

$$v = ar + b\frac{1}{r} \tag{11.4-30}$$

式中，a 和 b 为待定常量。

边界条件：在内外柱面上的流体速度分别等于两柱面旋转的速度，即

$$v(r = R_1) = \omega_1 R_1, v(r = R_2) = \omega_2 R_2 \tag{11.4-31}$$

把式 (11.4-30) 代入式 (11.4-31) 得

$$v = \frac{\omega_2 R_2^2 - \omega_1 R_1^2}{R_2^2 - R_1^2} r + \frac{(\omega_1 - \omega_2) R_2^2 R_1^2}{R_2^2 - R_1^2} \frac{1}{r} \tag{11.4-32}$$

习　题

1. 如图 11.4.5 所示，两个静止的无限大平行平板的倾角均为 α，间距为 h，中间充满了流体，在自身重力作用下做定常流动。计算流体的速度分布。

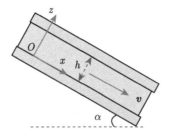

图 11.4.5　平行平板间的流体的流动

2. 已知圆管的内外半径分别为 R_1 和 R_2，证明：

$$v = \frac{1}{4\eta}\frac{\mathrm{d}P}{\mathrm{d}z}\left(R^2 - R_1^2\right) - \frac{1}{4\eta}\frac{\mathrm{d}P}{\mathrm{d}z}\left(R_2^2 - R_1^2\right)\frac{\ln\left(R/R_1\right)}{\ln\left(R_2/R_1\right)}$$

计算流体的质量流量 Q。

11.5　斯托克斯阻力公式

　　纳维–斯托克斯方程是一个高度复杂的非线性方程，只有在少数情况下有解析解，流体力学的绝大多数问题没有解析解，哪怕是近似的解析解也只有在某些特殊条件下才能得到。流体力学的最重要问题之一就是计算一个固体球在流体中运动时所受的阻力，这个问题没有解析解，只有当球在无穷大的不可压缩流体中做缓慢的运动时才有近似的解析解，这就是著名的斯托克斯问题。

11.5.1　斯托克斯方程

　　设球的速度为均匀速度 U，球的半径为 a，在无穷远处的流体是静止的。流体做定常流动。不考虑重力。取球坐标 (r, θ, φ)，坐标系的原点取为球心的瞬时位置，z 轴沿 U 方向，即

$$\boldsymbol{U} = U\boldsymbol{e}_z = U\left(\boldsymbol{e}_r\cos\theta - \boldsymbol{e}_\theta\sin\theta\right) \tag{11.5-1}$$

式中，$\boldsymbol{e}_z$，$\boldsymbol{e}_r$ 和 $\boldsymbol{e}_\theta$ 是单位矢量。

　　对于不可压缩流体的定常流动，纳维–斯托克斯方程为

$$\rho\left(\boldsymbol{v}\cdot\nabla\right)\boldsymbol{v} = -\nabla P + \eta\nabla^2\boldsymbol{v} \tag{11.5-2}$$

式中，ρ 为流体密度，为常量；η 为剪切黏性系数。

　　不可压缩流体的连续性方程为

$$\nabla\cdot\boldsymbol{v} = 0 \tag{11.5-3}$$

在球缓慢运动的情况下，可以略去纳维–斯托克斯方程 (11.5-2) 中的惯性项，方程化为线性方程，即

$$\nabla P = \eta \nabla^2 \boldsymbol{v} \tag{11.5-4}$$

式 (11.5-4) 称为斯托克斯方程。

可以把斯托克斯方程转化为其他形式的方程。取式 (11.5-4) 的散度和旋度，我们发现压强和涡量 $\boldsymbol{\Omega} = \nabla \times \boldsymbol{v}$ 均满足拉普拉斯方程，即

$$\nabla^2 P = 0, \quad \nabla^2 \boldsymbol{\Omega} = 0 \tag{11.5-5}$$

边界条件为

$$v_r (r = a) = U \cos\theta, \quad v_\theta (r = a) = -U \sin\theta, \quad \boldsymbol{v} (r = \infty) = 0, \quad P (r = \infty) = P_0 \tag{11.5-6}$$

式中，P_0 为常量。

11.5.2　线性叠加解

以下解法是由本书作者提出的 [118]。

1. 斯托克斯方程的解的性质

由于流体流动是轴对称流动，流体速度由式 (11.1-17) 给出，使用式 (11.5-6) 中的球表面的速度边界条件得

$$\left.\frac{\partial \psi}{\partial \theta}\right|_{r=a} = U a^2 \sin\theta \cos\theta, \quad \left.\frac{\partial \psi}{\partial r}\right|_{r=a} = U a \sin^2\theta \tag{11.5-7}$$

式 (11.5-7) 建议了斯托克斯流函数的可能的形式：

$$\psi = f(r) \sin^2\theta \tag{11.5-8}$$

式中，$f(r)$ 为待定函数。

现在我们使用线性齐次微分方程所满足的叠加原理来求解斯托克斯问题。n 阶齐次线性常微分方程定义为

$$y^{(n)} + p_1(x) y^{(n-1)} + \cdots + p_{n-1}(x) y^{(1)} + p_n(x) y = 0 \tag{11.5-9}$$

式中，$y^{(i)} \equiv \dfrac{\mathrm{d}^i y}{\mathrm{d} x^i}$。初始条件为 $y(x_0), y^{(1)}(x_0), \cdots, y^{(n-1)}(x_0)$。

任何线性齐次微分方程都满足叠加原理，即任何线性齐次微分方程的任意数目的解的任意线性组合都是方程的解。可以证明，n 个初始条件导致解的存在与

唯一性定理, 以及 n 阶线性齐次常微分方程有 n 个线性独立的和完备的解, 它们构成方程的基本解组, 它们的任意线性组合都是方程的通解。满足 n 个初始条件的通解是唯一的。

现在回到斯托克斯问题。既然 n 个初始条件导致 n 阶线性齐次常微分方程有 n 个线性独立的和完备的解, 而斯托克斯方程是一个二阶线性偏微分方程, 在球表面的边界条件为 $v_r\,(r=a) = U\cos\theta$ 和 $v_\theta\,(r=a) = -U\sin\theta$, 那么, 根据球表面的这两个速度分量条件, 我们期望斯托克斯方程应该有两个线性独立的和完备的解, 这两个解应该构成方程的基本解组, 它们的线性组合应该就是方程的通解并且应该满足球表面的两个速度分量条件。

现在我们来寻找斯托克斯方程的两个线性独立的和完备的解。当然, 这两个解需要满足无限远处的速度条件和压力条件, 但不满足球表面的两个速度分量条件。

2. 第一个解: 无旋流动解

很容易看到, 无旋流动 $\boldsymbol{\Omega} = \nabla \times \boldsymbol{v} = 0$ 是拉普拉斯方程 $\nabla^2 \boldsymbol{\Omega} = 0$ 的一个解, 有

$$\boldsymbol{v} = \nabla\Phi, \quad \nabla^2\Phi = 0 \tag{11.5-10}$$

把 $\boldsymbol{v} = \nabla\Phi$ 代入式 (11.5-4), 并使用式 (11.5-10), 得 $\nabla P = 0$, 解为 $P = \text{const}$。我们看到, 无旋流动解对流体压强只不过贡献了一个常量。

拉普拉斯方程 $\nabla^2\Phi = 0$ 的解为

$$\Phi\,(r,\theta) = \sum_{l=0}^{\infty} \left(C_l r^l + D_l r^{-l-1}\right) \mathrm{P}_l\,(\cos\theta) \tag{11.5-11}$$

式中, $\mathrm{P}_l\,(\cos\theta)$ 为勒让德多项式, 有 $\mathrm{P}_0\,(\cos\theta) = 1$ 和 $\mathrm{P}_1\,(\cos\theta) = \cos\theta$; C_l 和 D_l 为常量。

由球表面的边界条件 $v_r\,(r=a) = U\mathrm{P}_1\,(\cos\theta)$ 可知, 速度势 Φ 只与 $\mathrm{P}_1\,(\cos\theta) = \cos\theta$ 有关, 得第一个解

$$\Phi = C_0 + D_1 r^{-2}\cos\theta, \quad \boldsymbol{v} = \nabla\Phi = \nabla\left(D_1 r^{-2}\cos\theta\right), \quad \psi = -D_1 r^{-1}\sin^2\theta \tag{11.5-12}$$

3. 第二个解: 有旋流动解

现在我们来寻找第二个解。拉普拉斯方程 $\nabla^2 P = 0$ 的解为

$$P\,(r,\theta) = \sum_{l=0}^{\infty} \left(A_l r^l + B_l r^{-l-1}\right) \mathrm{P}_l\,(\cos\theta) \tag{11.5-13}$$

式中, A_l 和 B_l 为常量。

由球表面的边界条件 $v_r\,(r=a)=U\mathrm{P}_1\,(\cos\theta)$ 可知，压强 P 只与 $\mathrm{P}_1\,(\cos\theta)=\cos\theta$ 有关，式 (11.5-13) 化为

$$P=A_0+B_1r^{-2}\cos\theta \qquad (11.5\text{-}14)$$

把式 (11.5-14) 代入式 (11.5-4) 得

$$\nabla\left(B_1r^{-2}\cos\theta\right)=\eta\nabla^2\boldsymbol{v} \qquad (11.5\text{-}15)$$

现在我们使用量纲分析来获得一个解。我们注意到，r 是一个有量纲的变量，而 θ 是一个无量纲的变量，所以我们取 r 为基本量，而把其他物理量取为导出量。令 $\boldsymbol{v}$ 的量纲 $[\boldsymbol{v}]=r^\beta$ 和 ψ 的量纲 $[\psi]=r^\alpha$。这里 β 和 α 为待定常数。使用 $[\nabla]=r^{-1}$，我们获得

$$\left[\nabla\left(B_1r^{-2}\cos\theta\right)\right]=\left[\eta\nabla^2\boldsymbol{v}\right]=r^{-3}=r^{-2+\beta},\quad \beta=-1 \qquad (11.5\text{-}16)$$

使用式 (11.1-17) 式 (11.5-8) 得

$$[\boldsymbol{v}]=r^\beta=r^{\alpha-2},\quad \alpha=2+\beta=1,\quad [f\,(r)]=[\psi]=r^\alpha=r \qquad (11.5\text{-}17)$$

因此第二个解为

$$\psi=Er\sin^2\theta,\quad v_r=\frac{2E}{r}\cos\theta,\quad v_\theta=-\frac{E}{r}\sin\theta \qquad (11.5\text{-}18)$$

式中，E 为待定常量。

现在我们证明，式 (11.5-18) 的确是式 (11.5-15) 的解。把式 (11.5-18) 代入式 (11.5-15) 的径向分量方程

$$\frac{1}{\eta}\frac{\partial\left(B_1r^{-2}\cos\theta\right)}{\partial r}=\nabla^2v_r-\frac{2}{r^2\sin\theta}\frac{\partial\left(v_\theta\sin\theta\right)}{\partial\theta}-\frac{2v_r}{r^2} \qquad (11.5\text{-}19)$$

得

$$B_1=2E\eta \qquad (11.5\text{-}20)$$

4. 两个解的线性组合

上面我们得到的斯托克斯方程的两个解是线性独立的，其线性组合就是斯托克斯方程的通解，即

$$\psi=\left(Er-\frac{D_1}{r}\right)\sin^2\theta,\quad v_r=\left(\frac{E}{r}-\frac{D_1}{r^3}\right)2\cos\theta,\quad v_\theta=\left(-\frac{E}{r}-\frac{D_1}{r^3}\right)\sin\theta$$

$$(11.5\text{-}21)$$

式中，E 和 D_1 为待定常量。

把式 (11.5-21) 代入边界条件 (11.5-6) 得

$$v_r = \left(\frac{3a}{2r} - \frac{a^3}{2r^3}\right) U\cos\theta, \quad v_\theta = \left(-\frac{3a}{4r} - \frac{a^3}{4r^3}\right) U\sin\theta, \quad P = P_0 + \frac{3aU\eta}{2r^2}\cos\theta \tag{11.5-22}$$

应力张量为

$$\sigma_{rr} = 2\eta\frac{\partial v_r}{\partial r} - P = -P_0 + \left(-\frac{9a}{2r^2} + \frac{3a^3}{r^4}\right) U\eta\cos\theta$$

$$\sigma_{rr}(r=a) = -P(r=a) = -P_0 - \frac{3U\eta}{2a}\cos\theta$$

$$\sigma_{r\theta} = \eta\left(\frac{1}{r}\frac{\partial v_r}{\partial\theta} + \frac{\partial v_\theta}{\partial r} - \frac{v_\theta}{r}\right) = \frac{3a^3 U\eta}{2r^4}\sin\theta, \quad \sigma_{r\theta}(r=a) = \frac{3\eta U}{2a}\sin\theta \tag{11.5-23}$$

把球表面上的所有面元所受到的力加起来就得到阻力, 即

$$\boldsymbol{F} = \oint_S (\boldsymbol{e}_r\sigma_{rr} + \boldsymbol{e}_\theta\sigma_{r\theta})_{r=a}\, \mathrm{d}S$$

$$= 2\pi a^2 \boldsymbol{e}_z \int_0^\pi \mathrm{d}\theta\, (\sigma_{rr}\cos\theta - \sigma_{r\theta}\sin\theta)_{r=a}\sin\theta = -\boldsymbol{e}_z 6\pi a\eta U \tag{11.5-24}$$

习　　题

1. 一个固体球在无限大的不可压缩流体中绕自身直径缓慢匀速旋转, 无穷远处的流体静止, 求流体的速度分布及作用在球上的总摩擦力矩。

第 12 章　玻尔兹曼积分微分方程

对宏观流体的描述有两种方法：一种是宏观描述方法；另一种是微观描述方法。本章讲述微观描述方法。

12.1　刘维尔方程

假设系统由 N 个相同的分子组成，处于保守外力场中。系统的哈密顿量为 [119]

$$H_N = \sum_{i=1}^{N} \left[\frac{\boldsymbol{p}_i^2}{2m} + V_{\mathrm{ex}}(\boldsymbol{r}_i) \right] + \sum_{1 \leqslant i < j \leqslant N} \mathcal{U}(\boldsymbol{r}_i - \boldsymbol{r}_j) \tag{12.1-1}$$

式中，m 为分子的质量；$\boldsymbol{p}_i$ 为第 i 个分子的动量；$\mathcal{U}(\boldsymbol{r}_i - \boldsymbol{r}_j)$ 为第 i 个分子和第 j 个分子之间的相互作用势能；$V_{\mathrm{ex}}(\boldsymbol{r}_i)$ 为第 i 个分子在外场中的势能。

系统的哈密顿运动方程为

$$\dot{\boldsymbol{r}}_i = \frac{\partial H_N}{\partial \boldsymbol{p}_i}, \quad \dot{\boldsymbol{p}}_i = -\frac{\partial H_N}{\partial \boldsymbol{r}_i} \tag{12.1-2}$$

系统的所有分子的坐标，构成了 $6N$ 维相空间 $\Gamma_{6N} = (\boldsymbol{r}_1, \boldsymbol{p}_1, \cdots, \boldsymbol{r}_N, \boldsymbol{p}_N)$。任一时刻的系统状态在相空间用一个点来表示，称为相点。随着时间的推移，相点在相空间中运动，描绘出一条曲线，称为相轨道。由于组成宏观系统的分子的数量极其巨大，相点在相空间中的运动极其复杂紊乱，根本无法确定相轨道方程，从而只能确定相点出现在相空间中的概率密度 $w_N(\boldsymbol{r}_1, \boldsymbol{p}_1, \cdots, \boldsymbol{r}_N, \boldsymbol{p}_N, t)$。

$w_N(\boldsymbol{r}_1, \boldsymbol{p}_1, \cdots, \boldsymbol{r}_N, \boldsymbol{p}_N, t)$ 定义如下：设想我们在时间间隔 T 内观察相点的运动，发现相点出现在体积元 $\mathrm{d}\Gamma_{6N} = \mathrm{d}^3 r_1 \mathrm{d}^3 p_1 \cdots \mathrm{d}^3 r_N \mathrm{d}^3 p_N$ 内的时间为 $\mathrm{d}t$。如果我们让时间间隔 T 足够长，则下列极限存在，即 [2]

$$\lim_{T \to \infty} \frac{\mathrm{d}t}{T} = \mathrm{d}W = w_N(\boldsymbol{r}_1, \boldsymbol{p}_1, \cdots, \boldsymbol{r}_N, \boldsymbol{p}_N, t) \mathrm{d}\Gamma_{6N} \tag{12.1-3}$$

我们把 $\mathrm{d}W$ 解释为相点出现在体积元 $\mathrm{d}\Gamma_{6N}$ 内的概率。归一化条件为

$$\int \mathrm{d}W = \int w_N(\boldsymbol{r}_1, \boldsymbol{p}_1, \cdots, \boldsymbol{r}_N, \boldsymbol{p}_N, t) \mathrm{d}\Gamma_{6N} = 1 \tag{12.1-4}$$

作为一种等效的描述方式, 我们可以设想把宏观系统复制 M 个 $(M \gg 1)$, 每个复制品都具有相同的哈密顿量和宏观条件, 各自独立, 但处于不同的微观状态, 每个复制品的相点在相空间中的位置各不相同, 我们把这些复制品的集合称为系综. 设出现在体积元 $\mathrm{d}\Gamma_{6N}$ 内的复制品的数目为 $\mathrm{d}M$, 那么复制品出现在体积元 $\mathrm{d}\Gamma_{6N}$ 内的概率为

$$\lim_{M \to \infty} \frac{\mathrm{d}M}{M} = \mathrm{d}W = w_N(r_1, p_1, \cdots, r_N, p_N, t)\mathrm{d}\Gamma_{6N} \tag{12.1-5}$$

因此我们可以把 $w_N(\boldsymbol{r}_1, \boldsymbol{p}_1, \cdots, \boldsymbol{r}_N, \boldsymbol{p}_N, t)$ 解释成系综概率密度.

使用系综描述, 考虑这 M 个相点在 $6N$ 维相空间 $(\boldsymbol{r}_1, \boldsymbol{p}_1, \cdots, \boldsymbol{r}_N, \boldsymbol{p}_N)$ 的运动, 相点运动速度为 $(\dot{\boldsymbol{r}}_1, \dot{\boldsymbol{p}}_1, \cdots, \dot{\boldsymbol{r}}_N, \dot{\boldsymbol{p}}_N)$. 由于相点既不能产生, 亦不能消灭, 其只能从一个区域运动到另一个区域. 在相点运动过程中, 相点总数不变. 这类似于流体在三维空间 (x, y, z) 中运动的情形, 此时分子总数不变. 既然流体运动遵守连续性方程 (质量守恒方程), 那么相点运动也要遵守类似的连续性方程.

考虑相空间中的一个固定不动的体积元 $\mathrm{d}\Gamma_{6N}$, 仿照 11.1.4 节那里的流体连续性方程的推导, 沿 α 坐标轴方向, $\mathrm{d}t$ 时间内流进去的净相点数为

$$\frac{\mathrm{d}\Gamma_{6N}}{\mathrm{d}\alpha}\mathrm{d}t\left[(Mw_N\dot{\alpha})|_\alpha - (Mw_N\dot{\alpha})|_{\alpha+\mathrm{d}\alpha}\right] = -\mathrm{d}\Gamma_{6N}\mathrm{d}t\frac{\partial(Mw_N\dot{\alpha})}{\partial\alpha}$$

因此沿所有 $6N$ 个坐标轴方向, $\mathrm{d}t$ 时间内流进体积元 $\mathrm{d}\Gamma_{6N}$ 的净相点数为

$$-\mathrm{d}\Gamma_{6N}\ \mathrm{d}t\sum_{i=1}^{N}\left[\frac{\partial}{\partial\boldsymbol{r}_i}\cdot(Mw_N\dot{\boldsymbol{r}}_i) + \frac{\partial}{\partial\boldsymbol{p}_i}\cdot(Mw_N\dot{\boldsymbol{p}}_i)\right]$$

$$= \mathrm{d}\Gamma_{6N}\left[(Mw_N)|_{t+\mathrm{d}t} - (Mw_N)|_t\right] = \mathrm{d}\Gamma_{6N}\ \mathrm{d}t\frac{\partial(Mw_N)}{\partial t} \tag{12.1-6}$$

由于总相点数 M 是常数, 则式 (12.1-6) 化为

$$\frac{\partial w_N}{\partial t} + \sum_{i=1}^{N}\left[\frac{\partial}{\partial\boldsymbol{r}_i}\cdot(w_N\dot{\boldsymbol{r}}_i) + \frac{\partial}{\partial\boldsymbol{p}_i}\cdot(w_N\dot{\boldsymbol{p}}_i)\right] = 0 \tag{12.1-7}$$

把哈密顿运动方程 (12.1-2) 代入式 (12.1-7) 得

$$\frac{\partial w_N}{\partial t} + \sum_{i=1}^{N}\left[\frac{\partial w_N}{\partial\boldsymbol{r}_i}\cdot\dot{\boldsymbol{r}}_i + \frac{\partial w_N}{\partial\boldsymbol{p}_i}\cdot\dot{\boldsymbol{p}}_i\right] = 0 \tag{12.1-8}$$

由于 $w_N = w_N(\boldsymbol{r}_1, \boldsymbol{p}_1, \cdots, \boldsymbol{r}_N, \boldsymbol{p}_N, t)$, 得

$$\frac{\mathrm{d}w_N}{\mathrm{d}t} = \frac{\partial w_N}{\partial t} + \sum_{i=1}^{N}\left[\dot{\boldsymbol{r}}_i\cdot\frac{\partial w_N}{\partial\boldsymbol{r}_i} + \dot{\boldsymbol{p}}_i\cdot\frac{\partial w_N}{\partial\boldsymbol{p}_i}\right] \tag{12.1-9}$$

式中，

$$\frac{\mathrm{d}}{\mathrm{d}t} = \frac{\partial}{\partial t} + \sum_{i=1}^{N}\left[\dot{\boldsymbol{r}}_i \cdot \frac{\partial}{\partial \boldsymbol{r}_i} + \dot{\boldsymbol{p}}_i \cdot \frac{\partial}{\partial \boldsymbol{p}_i}\right] \tag{12.1-10}$$

可以看成流体力学的随体导数 $\frac{\mathrm{d}}{\mathrm{d}t} = \frac{\partial}{\partial t} + \boldsymbol{v}\cdot\nabla$ 的推广。

把式 (12.1-8) 代入式 (12.1-9) 得刘维尔方程 (Liouville equation)

$$\frac{\mathrm{d}w_N}{\mathrm{d}t} = 0 \tag{12.1-11}$$

刘维尔方程的物理意义为，如果一个观察者跟随相点运动，那么观察者看到的相点概率密度保持恒定。

把哈密顿运动方程 (12.1-2) 代入式 (12.1-9)，刘维尔方程可以写成

$$\frac{\partial w_N}{\partial t} = \{H_N, w_N\} \tag{12.1-12}$$

式中，

$$\{H_N, w_N\} = \sum_{i=1}^{N}\left(\frac{\partial H_N}{\partial \boldsymbol{r}_i}\cdot\frac{\partial w_N}{\partial \boldsymbol{p}_i} - \frac{\partial H_N}{\partial \boldsymbol{p}_i}\cdot\frac{\partial w_N}{\partial \boldsymbol{r}_i}\right) \tag{12.1-13}$$

我们可以定义 l 体概率密度

$$w_l(\boldsymbol{r}_1,\boldsymbol{p}_1,\cdots,\boldsymbol{r}_l,\boldsymbol{p}_l,t) = \int \mathrm{d}^3 r_{l+1}\mathrm{d}^3 p_{l+1}\cdots \mathrm{d}^3 r_N \mathrm{d}^3 p_N w_N(\boldsymbol{r}_1,\boldsymbol{p}_1,\cdots,\boldsymbol{r}_N,\boldsymbol{p}_N,t) \tag{12.1-14}$$

其中特别重要的是一体概率密度和二体概率密度

$$w_1(\boldsymbol{r}_1,\boldsymbol{p}_1,t) = \int \mathrm{d}^3 r_2 \mathrm{d}^3 p_2 \cdots \mathrm{d}^3 r_N \mathrm{d}^3 p_N w_N(\boldsymbol{r}_1,\boldsymbol{p}_1,\cdots,\boldsymbol{r}_N,\boldsymbol{p}_N,t) \tag{12.1-15}$$

$$w_2(\boldsymbol{r}_1,\boldsymbol{p}_1,\boldsymbol{r}_2,\boldsymbol{p}_2,t) = \int \mathrm{d}^3 r_3 \mathrm{d}^3 p_3 \cdots \mathrm{d}^3 r_N \mathrm{d}^3 p_N w_N(\boldsymbol{r}_1,\boldsymbol{p}_1,\cdots,\boldsymbol{r}_N,\boldsymbol{p}_N,t) \tag{12.1-16}$$

12.2 BBGKY 方程链

使用式 (12.1-1) 得

$$\frac{\partial H_N}{\partial \boldsymbol{p}_i} = \boldsymbol{v}_i, \quad \frac{\partial H_N}{\partial \boldsymbol{r}_i} = \frac{\partial V_{\mathrm{ex}}(\boldsymbol{r}_i)}{\partial \boldsymbol{r}_i} + \sum_{j(\neq i)}\frac{\partial \mathcal{U}(\boldsymbol{r}_i - \boldsymbol{r}_j)}{\partial \boldsymbol{r}_i} = -\boldsymbol{F}_i \tag{12.2-1}$$

式中，$\boldsymbol{F}_i$ 为第 i 个分子所受到的合力。

把式 (12.2-1) 代入式 (12.1-12) 得

$$\frac{\partial w_N}{\partial t} - \sum_{i=1}^{N} \left(\boldsymbol{v}_i \cdot \frac{\partial w_N}{\partial \boldsymbol{r}_i} + \frac{\partial w_N}{\partial \boldsymbol{p}_i} \cdot \boldsymbol{F}_i \right) = 0 \qquad (12.2\text{-}2)$$

把式 (12.2-2) 积分得

$$\int \mathrm{d}^3 r_{l+1} \mathrm{d}^3 p_{l+1} \cdots \mathrm{d}^3 r_N \mathrm{d}^3 p_N \left[\frac{\partial w_N}{\partial t} - \sum_{i=1}^{N} \left(\boldsymbol{v}_i \cdot \frac{\partial w_N}{\partial \boldsymbol{r}_i} + \frac{\partial w_N}{\partial \boldsymbol{p}_i} \cdot \boldsymbol{F}_i \right) \right] = 0$$
$$(12.2\text{-}3)$$

作分部积分得

$$\frac{\partial w_l}{\partial t} - \int \mathrm{d}^3 r_{l+1} \mathrm{d}^3 p_{l+1} \cdots \mathrm{d}^3 r_N \mathrm{d}^3 p_N \sum_{i=1}^{l} \left(\boldsymbol{v}_i \cdot \frac{\partial w_N}{\partial \boldsymbol{r}_i} + \frac{\partial w_N}{\partial \boldsymbol{p}_i} \cdot \boldsymbol{F}_i \right) = 0 \quad (12.2\text{-}4)$$

式中作分部积分时，我们已经利用以下事实：①由于分子不可能跑到无穷远处去，所以无穷远处的 N 体概率密度为零，即 $w_N (x_i = \pm\infty) = 0$；②由于分子速度不可能成为无穷大，所以当分子速度趋于无穷大时，N 体概率密度为零，即 $w_N (p_{ix} = \pm\infty) = 0$。

对于 $1 \leqslant i \leqslant l$，$\boldsymbol{F}_i$ 可以写成

$$\boldsymbol{F}_i = -\frac{\partial H_l}{\partial \boldsymbol{r}_i} - \sum_{j=l+1}^{N} \frac{\partial \mathcal{U}(\boldsymbol{r}_i - \boldsymbol{r}_j)}{\partial \boldsymbol{r}_i}, \quad 1 \leqslant i \leqslant l \qquad (12.2\text{-}5)$$

式中，

$$H_l = \sum_{i=1}^{l} \left[\frac{\boldsymbol{p}_i^2}{2m} + V_{\mathrm{ex}}(\boldsymbol{r}_i) \right] + \sum_{1 \leqslant i < j \leqslant l} \mathcal{U}(\boldsymbol{r}_i - \boldsymbol{r}_j) \qquad (12.2\text{-}6)$$

把式 (12.2-5) 代入式 (12.2-4)，得

$$\frac{\partial w_l}{\partial t} = \{H_l, w_l\} + (N - l) \int \mathrm{d}^3 r_{l+1} \mathrm{d}^3 p_{l+1} \sum_{i=1}^{l} \frac{\partial \mathcal{U}(\boldsymbol{r}_i - \boldsymbol{r}_{l+1})}{\partial \boldsymbol{r}_i} \cdot \frac{\partial w_{l+1}}{\partial \boldsymbol{p}_i} \quad (12.2\text{-}7)$$

式中，

$$\{H_l, w_l\} = \sum_{i=1}^{l} \left(\frac{\partial H_l}{\partial \boldsymbol{r}_i} \cdot \frac{\partial w_l}{\partial \boldsymbol{p}_i} - \frac{\partial H_l}{\partial \boldsymbol{p}_i} \cdot \frac{\partial w_l}{\partial \boldsymbol{r}_i} \right) \qquad (12.2\text{-}8)$$

式 (12.2-7) 是一组耦合方程组, 称为 BBGKY(Born-Bogoliubov-Green-Kirk-wood-Yvon) 方程链 [119], 严格等效于刘维尔方程。其中最重要的就是一体概率密度满足的方程

$$\frac{\partial w_1}{\partial t} + \frac{\boldsymbol{p}}{m} \cdot \frac{\partial w_1}{\partial \boldsymbol{r}} - \frac{\partial V_{\text{ex}}(\boldsymbol{r})}{\partial \boldsymbol{r}} \cdot \frac{\partial w_1}{\partial \boldsymbol{p}}$$

$$= (N-1) \int \mathrm{d}^3 r' \mathrm{d}^3 p' \frac{\partial \mathcal{U}(\boldsymbol{r} - \boldsymbol{r}')}{\partial \boldsymbol{r}} \cdot \frac{\partial w_2(\boldsymbol{r}, \boldsymbol{p}, \boldsymbol{r}', \boldsymbol{p}', t)}{\partial \boldsymbol{p}} \qquad (12.2\text{-}9)$$

定义 N-粒子分布函数 $f_N(\boldsymbol{r}_1, \boldsymbol{p}_1, \cdots, \boldsymbol{r}_N, \boldsymbol{p}_N, t)$ 为

$$f_N(\boldsymbol{r}_1, \boldsymbol{p}_1, \cdots, \boldsymbol{r}_N, \boldsymbol{p}_N, t) = V^N w_N(\boldsymbol{r}_1, \boldsymbol{p}_1, \cdots, \boldsymbol{r}_N, \boldsymbol{p}_N, t) \qquad (12.2\text{-}10)$$

l-粒子分布函数为

$$f_l(\boldsymbol{r}_1, \boldsymbol{p}_1, \cdots, \boldsymbol{r}_l, \boldsymbol{p}_l, t)$$

$$= V^{(l-N)} \int f_N(\boldsymbol{r}_1, \boldsymbol{p}_1, \cdots, \boldsymbol{r}_N, \boldsymbol{p}_N, t) \mathrm{d}^3 r_{l+1} \mathrm{d}^3 p_{l+1} \cdots \mathrm{d}^3 r_N \mathrm{d}^3 p_N$$

$$= V^l w_l(\boldsymbol{r}_1, \boldsymbol{p}_1, \cdots, \boldsymbol{r}_l, \boldsymbol{p}_l, t) \qquad (12.2\text{-}11)$$

BBGKY 方程链可以写成

$$\frac{\partial f_l}{\partial t} = \{H_l, f_l\} + \frac{N-l}{V} \int \mathrm{d}^3 r_{l+1} \mathrm{d}^3 p_{l+1} \sum_{i=1}^{l} \frac{\partial \mathcal{U}(\boldsymbol{r}_i - \boldsymbol{r}_{l+1})}{\partial \boldsymbol{r}_i} \cdot \frac{\partial f_{l+1}}{\partial \boldsymbol{p}_i} \qquad (12.2\text{-}12)$$

其中最重要的就是 1-粒子和 2-粒子分布函数满足的方程

$$\frac{\partial f_1}{\partial t} + \frac{\boldsymbol{p}}{m} \cdot \frac{\partial f_1}{\partial \boldsymbol{r}} - \frac{\partial V_{\text{ex}}(\boldsymbol{r})}{\partial \boldsymbol{r}} \cdot \frac{\partial f_1}{\partial \boldsymbol{p}}$$

$$= \frac{N-1}{V} \int \mathrm{d}^3 r' \mathrm{d}^3 p' \frac{\partial \mathcal{U}(\boldsymbol{r} - \boldsymbol{r}')}{\partial \boldsymbol{r}} \cdot \frac{\partial f_2(\boldsymbol{r}, \boldsymbol{p}, \boldsymbol{r}', \boldsymbol{p}', t)}{\partial \boldsymbol{p}} \qquad (12.2\text{-}13)$$

12.3　弗拉索夫方程

在前面我们推导出了在 $6N$ 维相空间中的系综概率密度满足的刘维尔方程, 从刘维尔方程我们得到 BBGKY 方程链, 由于方程链不封闭, 所以不能严格解出来。因此需要作近似, 把方程链截断, 得到 1-粒子分布函数满足的封闭方程。

一体概率密度满足的方程由式 (12.2-9) 给出, 由于 w_2 是未知的, 则为了求解方程, 必须要作近似, 最简单的近似就是

$$w_2(\boldsymbol{r}_1, \boldsymbol{p}_1, \boldsymbol{r}_2, \boldsymbol{p}_2, t) = w_1(\boldsymbol{r}_1, \boldsymbol{p}_1, t) w_1(\boldsymbol{r}_2, \boldsymbol{p}_2, t) \qquad (12.3\text{-}1)$$

把式 (12.3-1) 代入式 (12.2-7) 得

$$\left\{\frac{\partial}{\partial t}+\frac{\boldsymbol{p}_1}{m}\cdot\frac{\partial}{\partial \boldsymbol{r}_1}+\bar{\boldsymbol{F}}\left(\boldsymbol{r}_1,t\right)\cdot\frac{\partial}{\partial \boldsymbol{p}_1}\right\}w_1(\boldsymbol{r}_1,\boldsymbol{p}_1,t)=0 \tag{12.3-2}$$

式中,

$$\bar{\boldsymbol{F}}\left(\boldsymbol{r}_1,t\right)=-\frac{\partial V_{\text{ex}}(\boldsymbol{r}_1)}{\partial \boldsymbol{r}_1}-\int \mathrm{d}^3 r_2\mathrm{d}^3 p_2\frac{\partial \mathcal{U}(\boldsymbol{r}_1-\boldsymbol{r}_2)}{\partial \boldsymbol{r}_1}w_1(\boldsymbol{r}_2,\boldsymbol{p}_2,t) \tag{12.3-3}$$

$\bar{\boldsymbol{F}}\left(\boldsymbol{r}_1,t\right)$ 表示作用在分子 1 上的合力的平均值。式 (12.3-1) 就是平均场近似。

对于中性气体,分子之间的相互作用势能具有强排斥核和弱吸引尾巴。由于分子之间的短程相互作用,两个分子碰撞时分子之间的相互作用势能非常大,随时间的变化非常复杂,$\bar{\boldsymbol{F}}\left(\boldsymbol{r}_1,t\right)$ 不是一个确定的量,所以平均场近似不是好近似。

对于处于等离子态的气体,由于粒子带电,粒子之间的相互作用力以长程库仑力为主,$\bar{\boldsymbol{F}}\left(\boldsymbol{r}_1,t\right)$ 是一个确定的量,所以平均场近似是好近似。

等离子气体有若干种粒子存在,对于第 i 种粒子,式 (12.3-2) 可以推广为

$$\left[\frac{\partial}{\partial t}+\frac{\boldsymbol{p}}{m_i}\cdot\frac{\partial}{\partial \boldsymbol{r}}+\bar{\boldsymbol{F}}_i\left(\boldsymbol{r},t\right)\cdot\frac{\partial}{\partial \boldsymbol{p}}\right]w_{1i}(\boldsymbol{r},\boldsymbol{p},t)=0 \tag{12.3-4}$$

式中, $w_{1i}(\boldsymbol{r},\boldsymbol{p},t)$ 为第 i 种粒子的一体概率密度。

设电场强度和磁感应强度的平均值分别为 $\bar{\boldsymbol{\mathcal{E}}}\left(\boldsymbol{r},t\right)$ 和 $\bar{\boldsymbol{B}}\left(\boldsymbol{r},t\right)$,有

$$\bar{\boldsymbol{F}}_i\left(\boldsymbol{r},t\right)=q_i\bar{\boldsymbol{\mathcal{E}}}\left(\boldsymbol{r},t\right)+\frac{1}{c}q_i\boldsymbol{v}\times\bar{\boldsymbol{B}}\left(\boldsymbol{r},t\right) \tag{12.3-5}$$

式中, q_i 为第 i 种粒子的带电量。

把式 (12.3-5) 代入式 (12.3-4) 得

$$\left[\frac{\partial}{\partial t}+\boldsymbol{v}\cdot\frac{\partial}{\partial \boldsymbol{r}}+\frac{q_i}{m_i}\left(\bar{\boldsymbol{\mathcal{E}}}+\frac{1}{c}\boldsymbol{v}\times\bar{\boldsymbol{B}}\right)\cdot\frac{\partial}{\partial \boldsymbol{v}}\right]f_i(\boldsymbol{r},\boldsymbol{v},t)=0 \tag{12.3-6}$$

式中,

$$f_i(\boldsymbol{r},\boldsymbol{v},t)=Nm_i^3w_{1i}(\boldsymbol{r},\boldsymbol{p},t) \tag{12.3-7}$$

为第 i 种粒子的分布函数,其归一化条件为

$$\frac{1}{N_i}\int f_i(\boldsymbol{r},\boldsymbol{v},t)\mathrm{d}^3 r\mathrm{d}^3 v=1 \tag{12.3-8}$$

这里, m_i 和 N_i 分别为第 i 种粒子的质量和数目。

使用麦克斯韦方程组得到补充条件

$$\nabla \cdot \bar{\mathcal{E}} = \sum_i 4\pi q_i \int f_i(\boldsymbol{r}, \boldsymbol{v}, t) \mathrm{d}^3 v, \quad \nabla \cdot \bar{\boldsymbol{B}} = 0$$

$$\nabla \times \bar{\mathcal{E}} = -\frac{1}{c}\frac{\partial \bar{\boldsymbol{B}}}{\partial t}, \quad \nabla \times \bar{\boldsymbol{B}} = \frac{1}{c}\frac{\partial \bar{\mathcal{E}}}{\partial t} + \frac{1}{c}\sum_i 4\pi q_i \int \boldsymbol{v} f_i(\boldsymbol{r}, \boldsymbol{v}, t) \mathrm{d}^3 v \quad (12.3\text{-}9)$$

式 (12.3-6) 和式 (12.3-9) 组成了弗拉索夫 (Vlasov) 方程 [119]。

12.4　玻尔兹曼积分微分方程的推导

在 12.3 节我们针对稀薄等离子气体使用平均场近似推导出了 1-粒子分布函数满足的方程，同时我们指出，对于中性气体，由于分子之间的相互作用势能具有强排斥核和弱吸引尾巴，从而平均场近似不是一个好近似，需要更精确的近似。事实上，远在 BBGKY 方程链提出之前，玻尔兹曼已经针对经典稀薄气体使用分子混沌性假设，得到了 1-粒子分布函数满足的方程 [15,119−121]。

代表中性气体分子之间的短程相互作用的最简单的模型就是刚球模型，分子简化为具有弹性的光滑刚球。更精确的模型是力心点 (point-center of force) 模型，即两个分子之间的相互作用势能只依赖于它们的间距。下面我们分别讨论这两种模型。

12.4.1　刚球模型的玻尔兹曼积分微分方程

分子的分布函数 $f(\boldsymbol{r}, \boldsymbol{v}, t)$ 与一体概率密度 $w_1(\boldsymbol{r}, \boldsymbol{p}, t)$ 的关系为

$$f(\boldsymbol{r}, \boldsymbol{v}, t) = N m^3 w_1(\boldsymbol{r}, \boldsymbol{p}, t) \quad (12.4\text{-}1)$$

在时间间隔 $t \sim t + \mathrm{d}t$ 之内，体积元 $\mathrm{d}^3 r \mathrm{d}^3 v$ 内的分子数的增量为

$$\mathrm{d}N = [f(\boldsymbol{r}, \boldsymbol{v}, t + \mathrm{d}t) - f(\boldsymbol{r}, \boldsymbol{v}, t)] \mathrm{d}^3 r \mathrm{d}^3 v = \frac{\partial f(\boldsymbol{r}, \boldsymbol{v}, t)}{\partial t} \mathrm{d}t \mathrm{d}^3 r \mathrm{d}^3 v \quad (12.4\text{-}2)$$

分子数的增加来自两个贡献: 一是分子的运动的贡献 $\left(\dfrac{\partial f}{\partial t}\right)_{\mathrm{m}}$，二是分子之间的碰撞的贡献 $\left(\dfrac{\partial f}{\partial t}\right)_{\mathrm{c}}$，即

$$\frac{\partial f}{\partial t} = \left(\frac{\partial f}{\partial t}\right)_{\mathrm{m}} + \left(\frac{\partial f}{\partial t}\right)_{\mathrm{c}} \quad (12.4\text{-}3)$$

首先考虑分子的运动。考虑六维空间 $(\boldsymbol{r}, \boldsymbol{v})$ 中的一个固定不动的体积元 $\mathrm{d}^3 r \mathrm{d}^3 v$，$\mathrm{d}t$ 时间内流进体积元的净分子数为

$$-\mathrm{d}^3 v \mathrm{d}^3 r \mathrm{d}t \left[\frac{\partial}{\partial \boldsymbol{r}} \cdot (f\dot{\boldsymbol{r}}) + \frac{\partial}{\partial \boldsymbol{v}} \cdot (f\dot{\boldsymbol{v}}) \right] = \left(\frac{\partial f}{\partial t} \right)_{\mathrm{m}} \mathrm{d}t \mathrm{d}^3 r \mathrm{d}^3 v$$

化简得

$$\left(\frac{\partial f}{\partial t} \right)_{\mathrm{m}} = -\frac{\partial}{\partial \boldsymbol{r}} \cdot (f\dot{\boldsymbol{r}}) - \frac{\partial}{\partial \boldsymbol{v}} \cdot (f\dot{\boldsymbol{v}}) \tag{12.4-4}$$

设一个分子的质量为 m，所受的合力为 $m\boldsymbol{F}$，根据牛顿第二定律有 $\dot{\boldsymbol{v}} = \boldsymbol{F}$，代入式 (12.4-4) 得由分子的运动引起的贡献

$$\left(\frac{\partial f}{\partial t} \right)_{\mathrm{m}} = -\frac{\partial}{\partial \boldsymbol{r}} \cdot (f\boldsymbol{v}) - \frac{\partial}{\partial \boldsymbol{v}} \cdot (f\boldsymbol{F}) \tag{12.4-5}$$

接下来考虑由分子的碰撞引起的贡献。由于是稀薄气体，仅需要考虑成对碰撞。由于分子简化为具有弹性的光滑刚球，则两个分子之间的碰撞为弹性碰撞，碰撞前后系统的动量和动能守恒，即

$$m_1 \boldsymbol{v}_1 + m_2 \boldsymbol{v}_2 = m_1 \boldsymbol{v}_1' + m_2 \boldsymbol{v}_2', \quad \frac{1}{2} m_1 v_1^2 + \frac{1}{2} m_2 v_2^2 = \frac{1}{2} m_1 v_1'^2 + \frac{1}{2} m_2 v_2'^2 \tag{12.4-6}$$

上述守恒方程为 4 个标量方程，未知数为碰撞后的分子速度，有 6 个分量。需要补充两个方程才能有解。设 $\boldsymbol{n}$ 为碰撞时从刚球 1 的球心到刚球 2 的球心的连线的单位矢量。由于 $\boldsymbol{n}^2 = 1$，则给定 $\boldsymbol{n}$，相当于补充两个条件，加上 4 个守恒方程，这样就可以获得碰撞后的分子速度。碰撞时碰撞力沿两个刚球的球心连线的方向，根据动量定理有

$$m_1 (\boldsymbol{v}_1' - \boldsymbol{v}_1) = -m_2 (\boldsymbol{v}_2' - \boldsymbol{v}_2) = \int_0^\tau \boldsymbol{F}_{\mathrm{c}} \mathrm{d}t = \alpha \boldsymbol{n} \tag{12.4-7}$$

式中，$\boldsymbol{F}_{\mathrm{c}}$ 为刚球 1 受到的碰撞力；τ 为碰撞时间；α 为待定常量。联合式 (12.4-6) 和式 (12.4-7) 得

$$\boldsymbol{v}_1' = \boldsymbol{v}_1 - \frac{2m_2}{m_1 + m_2} \left[(\boldsymbol{v}_1 - \boldsymbol{v}_2) \cdot \boldsymbol{n} \right] \boldsymbol{n}, \quad \boldsymbol{v}_2' = \boldsymbol{v}_2 + \frac{2m_1}{m_1 + m_2} \left[(\boldsymbol{v}_1 - \boldsymbol{v}_2) \cdot \boldsymbol{n} \right] \boldsymbol{n}$$

$$\tag{12.4-8}$$

如图 12.4.1 所示，以第一个分子的球心为球心，以两个分子的直径 d_1 和 d_2 的平均值 $d_{12} = (d_1 + d_2)/2$ 为半径作一个球面，在球面上取一面元 $\mathrm{d}S = d_{12}^2 \mathrm{d}\Omega$，这里 $\mathrm{d}\Omega$ 为该面元相对于球心的立体角。以该面元为底，以 $|\boldsymbol{v}_2 - \boldsymbol{v}_1| \mathrm{d}t = v_{12} \mathrm{d}t$

为斜高，作一个斜柱体元。该斜柱体元的正高为 $v_{12}\cos\theta\mathrm{d}t$，所以其体积等于底面积乘以正高，即 $v_{12}\cos\theta\mathrm{d}t\cdot\mathrm{d}S=v_{12}\cos\theta\mathrm{d}t\cdot d_{12}^2\mathrm{d}\Omega$。这里，$\theta$ 为 $\boldsymbol{v}_2-\boldsymbol{v}_1$ 与 $\boldsymbol{n}$ 之间的夹角。显然，在该斜柱体元的分子将在 $\mathrm{d}t$ 时间内与第一个分子发生碰撞。

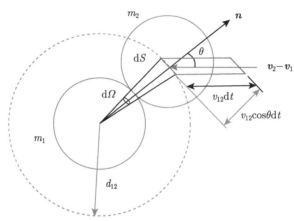

图 12.4.1　两个刚球之间的弹性碰撞

在时间间隔 $t\sim t+\mathrm{d}t$ 内，在 $\mathrm{d}^3r\mathrm{d}^3v_1$ 内的分子与位于 d^3v_2 内的分子在立体角元 $\mathrm{d}\Omega$ 内的碰撞数为

$$f_1(\boldsymbol{r},\boldsymbol{v}_1,t)\mathrm{d}^3r\mathrm{d}^3v_1\cdot f_2(\boldsymbol{r},\boldsymbol{v}_2,t)\mathrm{d}^3v_2 d_{12}^2\mathrm{d}\Omega\cdot v_{12}\cos\theta\mathrm{d}t \tag{12.4-9}$$

经过碰撞，$(\boldsymbol{v}_1,\boldsymbol{v}_2)\to(\boldsymbol{v}_1',\boldsymbol{v}_2')$，原来位于 $\mathrm{d}^3r\mathrm{d}^3v_1$ 内的分子跑出去了。每碰撞一次，跑出去一个分子。

在时间间隔 $t\sim t+\mathrm{d}t$ 内，在 $\mathrm{d}^3r\mathrm{d}^3v_1'$ 内的分子与位于 d^3v_2' 内的分子在立体角元 $\mathrm{d}\Omega$ 内的碰撞数为

$$f_1(\boldsymbol{r},\boldsymbol{v}_1',t)\mathrm{d}^3r\mathrm{d}^3v_1'\cdot f_2(\boldsymbol{r},\boldsymbol{v}_2',t)\mathrm{d}^3v_2'\cdot d_{12}^2\mathrm{d}\Omega\cdot v_{12}'\cos\theta\mathrm{d}t \tag{12.4-10}$$

经过碰撞，$(\boldsymbol{v}_1',\boldsymbol{v}_2')\to(\boldsymbol{v}_1,\boldsymbol{v}_2)$，原来位于 $\mathrm{d}^3r\mathrm{d}^3v_1'$ 内的分子跑进 $\mathrm{d}^3r\mathrm{d}^3v_1$ 了。每碰撞一次，跑进去一个分子。

在得出碰撞数式 (12.4-9) 和式 (12.4-10) 时，我们已经使用分子混沌性假设：两个分子的速度分布是相互独立的，也就是说，第一个分子处在 $\mathrm{d}^3r_1\mathrm{d}^3v_1$，同时第二个分子处在 $\mathrm{d}^3r_2\mathrm{d}^3p_2$ 的概率 $w_2(\boldsymbol{r}_1,\boldsymbol{p}_1,\boldsymbol{r}_2,\boldsymbol{p}_2,t)\mathrm{d}^3r_1\mathrm{d}^3p_1\mathrm{d}^3r_2\mathrm{d}^3p_2$，等于第一个分子处在 $\mathrm{d}^3r_1\mathrm{d}^3p_1$ 的概率 $w_1(\boldsymbol{r}_1,\boldsymbol{p}_1,t)\mathrm{d}^3r_1\mathrm{d}^3p_1$ 与第二个分子处在 $\mathrm{d}^3r_2\mathrm{d}^3p_2$ 的概率 $w_1(\boldsymbol{r}_2,\boldsymbol{p}_2,t)\mathrm{d}^3r_2\mathrm{d}^3p_2$ 的乘积，即

$$w_2(\boldsymbol{r}_1,\boldsymbol{p}_1,\boldsymbol{r}_2,\boldsymbol{p}_2,t)\mathrm{d}^3r_1\mathrm{d}^3p_1\mathrm{d}^3r_2\mathrm{d}^3p_2=w_1(\boldsymbol{r}_1,\boldsymbol{p}_1,t)\mathrm{d}^3r_1\mathrm{d}^3p_1\cdot w_1(\boldsymbol{r}_2,\boldsymbol{p}_2,t)\mathrm{d}^3r_2\mathrm{d}^3p_2 \tag{12.4-11}$$

初看起来，式 (12.4-11) 与导致弗拉索夫方程的近似 (12.3-1) 相同，但这两个方程是有区别的，这是因为式 (12.3-1) 中的两个分子的速度 $\boldsymbol{v}_1$ 和 $\boldsymbol{v}_2$ 指的是任意时刻、任意位置的速度，而式 (12.4-11) 中的两个分子的速度 $\boldsymbol{v}_1$ 和 $\boldsymbol{v}_2$ 指的是两个分子碰撞前相距无穷远时的速度。使用式 (12.4-9) 和式 (12.4-10)，得在时间间隔 $t \sim t + \mathrm{d}t$ 内跑进 $\mathrm{d}^3 r \mathrm{d}^3 v_1$ 的净分子数

$$
\begin{aligned}
\left(\frac{\partial f_1}{\partial t}\right)_{\mathrm{c}} \mathrm{d}t \mathrm{d}^3 r \mathrm{d}^3 v_1 = \int &\left[f_1(\boldsymbol{r}, \boldsymbol{v}_1', t) \mathrm{d}^3 r \mathrm{d}^3 v_1' \cdot f_2(\boldsymbol{r}, \boldsymbol{v}_2', t) \mathrm{d}^3 v_2' \cdot d_{12}^2 \mathrm{d}\Omega \cdot v_{12}' \cos\theta \mathrm{d}t \right. \\
&\left. - f_1(\boldsymbol{r}, \boldsymbol{v}_1, t) \mathrm{d}^3 r \mathrm{d}^3 v_1 \cdot f_2(\boldsymbol{r}, \boldsymbol{v}_2, t) \mathrm{d}^3 v_2 \cdot d_{12}^2 \mathrm{d}\Omega \cdot v_{12} \cos\theta \mathrm{d}t \right]
\end{aligned}
$$

$$(12.4\text{-}12)$$

由于分子碰撞的微观可逆性，正碰撞和逆碰撞是互为可逆的，有 $\mathrm{d}^3 v_1' \mathrm{d}^3 v_2' = \mathrm{d}^3 v_1 \mathrm{d}^3 v_2$，$v_{12}' = |\boldsymbol{v}_1' - \boldsymbol{v}_2'| = v_{12} = |\boldsymbol{v}_1 - \boldsymbol{v}_2|$，代入式 (12.4-12) 得

$$
\left(\frac{\partial f_1}{\partial t}\right)_{\mathrm{c}} = \int (f_1' f_2' - f_1 f_2) \, \mathrm{d}^3 v_2 \Lambda \mathrm{d}\Omega \tag{12.4-13}
$$

式中，$\Lambda = d_{12}^2 v_{12} \cos\theta$，$f_1' = f_1(\boldsymbol{r}, \boldsymbol{v}_1', t)$，$f_2' = f_2(\boldsymbol{r}, \boldsymbol{v}_2', t)$。

把式 (12.4-13) 和式 (12.4-5) 代入式 (12.4-3) 得玻尔兹曼积分微分方程

$$
\frac{\partial f}{\partial t} = -\frac{\partial}{\partial \boldsymbol{r}} \cdot (f\boldsymbol{v}) - \frac{\partial}{\partial \boldsymbol{v}} \cdot (f\boldsymbol{F}) + \int (f' f_1' - f f_1) \, \mathrm{d}^3 v_1 \Lambda \mathrm{d}\Omega \tag{12.4-14}
$$

式中，$\Lambda = d_{12}^2 |\boldsymbol{v} - \boldsymbol{v}_1| \cos\theta$，$f' = f(\boldsymbol{r}, \boldsymbol{v}', t)$，$f_1' = f_1(\boldsymbol{r}, \boldsymbol{v}_1', t)$，

$$
\boldsymbol{v}' = \boldsymbol{v} - 2\left[(\boldsymbol{v} - \boldsymbol{v}_1) \cdot \boldsymbol{n}\right]\boldsymbol{n}, \quad \boldsymbol{v}_1' = \boldsymbol{v}_1 + 2\left[(\boldsymbol{v} - \boldsymbol{v}_1) \cdot \boldsymbol{n}\right]\boldsymbol{n} \tag{12.4-15}
$$

积分范围为 $\displaystyle\int \mathrm{d}^3 v_1 = \int_{-\infty}^{\infty} \mathrm{d}v_{1x} \int_{-\infty}^{\infty} \mathrm{d}v_{1y} \int_{-\infty}^{\infty} \mathrm{d}v_{1z}$，$\displaystyle\int \mathrm{d}\Omega = \int_0^{2\pi} \mathrm{d}\varphi \int_0^{\pi/2} \sin\theta \mathrm{d}\theta$。

以上考虑的是由一种分子组成的气体，很容易推广到由多种分子组成的混合气体，见 12.8 节。

12.4.2 力心点模型的玻尔兹曼积分微分方程

设两个分子碰撞前和碰撞后相距无穷远时的速度分别为 $\boldsymbol{v}_1$、$\boldsymbol{v}_2$ 和 $\boldsymbol{v}_1'$、$\boldsymbol{v}_2'$。设 O 为第一个分子的中心，DED' 为第二个分子的中心相对于第一个分子的运动轨迹，DG 和 GD' 为轨迹 DED' 的渐近线，E 为第二个分子的中心相对于第一个分子中心的最近位置，OGE 为一条直线，O 到 DG 的垂直距离为 b，OG 与 DG 之间的夹角为 θ，如图 12.4.2 所示。

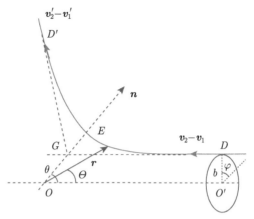

图 12.4.2   力心点模型

在第二个分子入射处 D 取平面极坐标系与入射方向垂直，原点取在 O'，OO' 平行于入射方向，极坐标为 (b,φ)。在 $\mathrm{d}t$ 时间内，通过该平面上的面元 $b\mathrm{d}b\mathrm{d}\varphi$，以速度 $\boldsymbol{v}_2$ 运动，并且与第一个分子碰撞的分子，一定位于以面元 $b\mathrm{d}b\mathrm{d}\varphi$ 为底、以 $(\boldsymbol{v}_2-\boldsymbol{v}_1)\mathrm{d}t$ 为高的柱体元内。柱体元的体积为 $|\boldsymbol{v}_2-\boldsymbol{v}_1|\,b\mathrm{d}b\mathrm{d}\varphi\mathrm{d}t$。因此速度在 $\boldsymbol{v}_2\sim\boldsymbol{v}_2+\mathrm{d}\boldsymbol{v}_2$ 间隔内的分子在 $\mathrm{d}t$ 时间内与第一个分子的碰撞数为 $f_2|\boldsymbol{v}_2-\boldsymbol{v}_1|\,b\mathrm{d}b\cdot\mathrm{d}\varphi\mathrm{d}t\mathrm{d}^3v_2$，而刚球模型的结果为 $f_2|\boldsymbol{v}_2-\boldsymbol{v}_1|\,d_{12}^2\cos\theta\mathrm{d}\varOmega\mathrm{d}t\mathrm{d}^3v_2$。把两个模型的结果比较一下，我们发现，作以下代替：

$$d_{12}^2\cos\theta\mathrm{d}\varOmega\to b\mathrm{d}b\mathrm{d}\varphi \tag{12.4-16}$$

刚球模型的结果就可以置换为力心点模型的结果。

考虑两个分子的碰撞，根据牛顿第二定律得两个分子的动力学方程

$$\frac{\mathrm{d}^2\boldsymbol{r}_1}{\mathrm{d}t^2}=\frac{1}{m_1}\frac{\boldsymbol{r}_2-\boldsymbol{r}_1}{|\boldsymbol{r}_2-\boldsymbol{r}_1|}\frac{\mathrm{d}\mathcal{U}(|\boldsymbol{r}_2-\boldsymbol{r}_1|)}{\mathrm{d}|\boldsymbol{r}_2-\boldsymbol{r}_1|},\quad \frac{\mathrm{d}^2\boldsymbol{r}_2}{\mathrm{d}t^2}=-\frac{1}{m_2}\frac{\boldsymbol{r}_2-\boldsymbol{r}_1}{|\boldsymbol{r}_2-\boldsymbol{r}_1|}\frac{\mathrm{d}\mathcal{U}(|\boldsymbol{r}_2-\boldsymbol{r}_1|)}{\mathrm{d}|\boldsymbol{r}_2-\boldsymbol{r}_1|}$$

式中，$\mathcal{U}(r)$ 为两个分子之间的相互作用势能。

把两个分子的动力学方程相减得

$$\mu\frac{\mathrm{d}^2\boldsymbol{r}}{\mathrm{d}t^2}=\mu\frac{\mathrm{d}\boldsymbol{v}}{\mathrm{d}t}=-\frac{\boldsymbol{r}}{r}\frac{\mathrm{d}\mathcal{U}(r)}{\mathrm{d}r} \tag{12.4-17}$$

式中，$\mu=\dfrac{m_1m_2}{m_1+m_2}$ 为约化质量；$\boldsymbol{r}=\boldsymbol{r}_2-\boldsymbol{r}_1$。

把式 (12.4-17) 两边点乘以 $\mathrm{d}\boldsymbol{r}$，并积分，得机械能守恒方程

$$\frac{1}{2}\mu v^2+\mathcal{U}(r)=\text{const} \tag{12.4-18}$$

使用平面极坐标 (r, Θ)，式 (12.4-18) 化为

$$\frac{1}{2}\mu\left(\dot{r}^2 + r^2\dot{\Theta}^2\right) + \mathcal{U}(r) = \frac{1}{2}\mu\left|\boldsymbol{v}_2 - \boldsymbol{v}_1\right|^2 \tag{12.4-19}$$

使用式 (12.4-17) 得角动量守恒方程

$$\boldsymbol{r} \times \mu\boldsymbol{v} = \text{恒定矢量} \tag{12.4-20}$$

化为

$$r^2\dot{\Theta} = b\left|\boldsymbol{v}_2 - \boldsymbol{v}_1\right| \tag{12.4-21}$$

联合式 (12.4-19) 和式 (12.4-21) 得

$$\left(\frac{\mathrm{d}\zeta}{\mathrm{d}\Theta}\right)^2 = 1 - \eta - \zeta^2 \tag{12.4-22}$$

式中，

$$\zeta = \frac{b}{r}, \quad \eta = \frac{\mathcal{U}(r)}{\frac{1}{2}\mu\left|\boldsymbol{v}_2 - \boldsymbol{v}_1\right|^2} \tag{12.4-23}$$

使用初始条件 $\Theta(\zeta = 0) = 0$ 积分，得

$$\Theta = \int_0^\zeta \frac{\mathrm{d}\zeta}{\sqrt{1 - \eta - \zeta^2}} \tag{12.4-24}$$

从而得

$$\theta = \Theta(r = r_{\min}) = \int_0^{\zeta_0} \frac{\mathrm{d}\zeta}{\sqrt{1 - \eta - \zeta^2}} \tag{12.4-25}$$

式中，

$$\zeta_0 = \frac{b}{r_{\min}}, \quad \left(\frac{\mathrm{d}\zeta}{\mathrm{d}\Theta}\right)_{\Theta=\theta} = 0, \quad 1 - \eta_0 - \zeta_0^2 = 0 \tag{12.4-26}$$

例如 $\mathcal{U}(r) = Kr^{-s}$，这里 $K > 0$ 和 $s > 0$ 为常数，有

$$\eta = \frac{2K}{\mu\left|\boldsymbol{v}_2 - \boldsymbol{v}_1\right|^2 r^s} = \left(\frac{\zeta}{\alpha}\right)^s, \quad \theta = \int_0^{\zeta_0} \frac{\mathrm{d}\zeta}{\sqrt{1 - \left(\frac{\zeta}{\alpha}\right)^s - \zeta^2}} = \theta(\alpha) \tag{12.4-27}$$

式中，

$$\alpha = b\left(\frac{\mu\left|\boldsymbol{v}_2 - \boldsymbol{v}_1\right|^2}{2K}\right)^{1/s}, \quad 1 - \left(\frac{\zeta_0}{\alpha}\right)^s - \zeta_0^2 = 0 \tag{12.4-28}$$

得

$$|\boldsymbol{v}_2 - \boldsymbol{v}_1| b\mathrm{d}b\mathrm{d}\varphi = \left(\frac{4K}{m}\right)^{2/s} |\boldsymbol{v}_2 - \boldsymbol{v}_1|^{1-4/s} \alpha\mathrm{d}\alpha\mathrm{d}\varphi \tag{12.4-29}$$

式 (12.4-16) 化为

$$|\boldsymbol{v}_2 - \boldsymbol{v}_1| d_{12}^2 \cos\theta\mathrm{d}\Omega = \Lambda\mathrm{d}\Omega \to \left(\frac{4K}{m}\right)^{2/s} |\boldsymbol{v}_2 - \boldsymbol{v}_1|^{1-4/s} \alpha\mathrm{d}\alpha\mathrm{d}\varphi \tag{12.4-30}$$

把式 (12.4-30) 代入式 (12.4-14)，得玻尔兹曼积分微分方程

$$\frac{\partial f}{\partial t} = -\frac{\partial}{\partial \boldsymbol{r}} \cdot (f\boldsymbol{v}) - \frac{\partial}{\partial \boldsymbol{v}} \cdot (f\boldsymbol{F}) + \left(\frac{4K}{m}\right)^{2/s} \int (f'f_1' - ff_1)\,\mathrm{d}^3v_1 |\boldsymbol{v} - \boldsymbol{v}_1|^{1-4/s} \alpha\mathrm{d}\alpha\mathrm{d}\varphi$$

$$\tag{12.4-31}$$

对于麦克斯韦气体，有 $s = 4$，式 (12.4-31) 化为

$$\frac{\partial f}{\partial t} = -\frac{\partial}{\partial \boldsymbol{r}} \cdot (f\boldsymbol{v}) - \frac{\partial}{\partial \boldsymbol{v}} \cdot (f\boldsymbol{F}) + \left(\frac{4K}{m}\right)^{1/2} \int (f'f_1' - ff_1)\,\mathrm{d}^3v_1\alpha\mathrm{d}\alpha\mathrm{d}\varphi \tag{12.4-32}$$

习　　题

1. 考虑力心点模型 $s = 2$，证明：

$$\theta = \int_0^{\zeta_0} \frac{\mathrm{d}\zeta}{\sqrt{1 - \left(\dfrac{\zeta}{\alpha}\right)^2 - \xi^2}} = \zeta_0 \int_0^1 \frac{\mathrm{d}x}{\sqrt{1 - x^2}} = \frac{\pi}{2}\zeta_0 = \frac{\pi}{2}\sqrt{\frac{\alpha^2}{1+\alpha^2}}$$

式中，$\zeta_0 = \sqrt{\dfrac{\alpha^2}{1+\alpha^2}}$，$x = \dfrac{\zeta}{\zeta_0}$。

12.5　H　定　理

　　热力学的熵增加原理告诉我们，当一个热力学系统经绝热过程由一态到达另一态时，其熵永不减少。如果系统经历的是可逆绝热过程，其熵不变；如果系统经历的是不可逆绝热过程，其熵增加。熵增加原理也可以表述为：一个孤立系统的熵永不减少。

　　1872 年，玻尔兹曼试图从微观角度证明熵增加原理[15,119−121]。他引进了 H 函数

$$H(t) = \int f(\boldsymbol{r}, \boldsymbol{v}, t) \ln f(\boldsymbol{r}, \boldsymbol{v}, t)\mathrm{d}^3r\mathrm{d}^3v \tag{12.5-1}$$

其对时间的变化率为

$$\frac{\mathrm{d}H}{\mathrm{d}t} = \int (1 + \ln f)\,\frac{\partial f}{\partial t}\mathrm{d}^3 v \mathrm{d}^3 r \tag{12.5-2}$$

把玻尔兹曼积分微分方程 (12.4-14) 代入式 (12.5-2) 得

$$\frac{\mathrm{d}H}{\mathrm{d}t} = \int \left[-\frac{\partial}{\partial \boldsymbol{r}} \cdot (f\boldsymbol{v}) - \frac{\partial}{\partial \boldsymbol{v}} \cdot (f\boldsymbol{F}) \right] \mathrm{d}^3 r \mathrm{d}^3 v$$
$$+ \int (1 + \ln f)\,(f'f_1' - ff_1)\,\mathrm{d}^3 r \mathrm{d}^3 v \mathrm{d}^3 v_1 \varLambda \mathrm{d}\varOmega \tag{12.5-3}$$

把式 (12.5-3) 的右边的第一项作分部积分,注意到在气体容器壁上分子不能穿出,分布函数为零,而且当分子速度趋于无穷大时,分布函数趋于零,得

$$\frac{\mathrm{d}H}{\mathrm{d}t} = \int (1 + \ln f)\,(f'f_1' - ff_1)\,\mathrm{d}^3 r \mathrm{d}^3 v \mathrm{d}^3 v_1 \varLambda \mathrm{d}\varOmega \tag{12.5-4}$$

交换 $\boldsymbol{v}$ 与 $\boldsymbol{v}_1$ 得

$$\frac{\mathrm{d}H}{\mathrm{d}t} = \int (1 + \ln f_1)\,(f'f_1' - ff_1)\,\mathrm{d}^3 r \mathrm{d}^3 v \mathrm{d}^3 v_1 \varLambda \mathrm{d}\varOmega \tag{12.5-5}$$

把式 (12.5-4) 与式 (12.5-5) 相加并除 2 得

$$\frac{\mathrm{d}H}{\mathrm{d}t} = \frac{1}{2}\int [2 + \ln(ff_1)]\,(f'f_1' - ff_1)\,\mathrm{d}^3 r \mathrm{d}^3 v \mathrm{d}^3 v_1 \varLambda \mathrm{d}\varOmega \tag{12.5-6}$$

作交换 $\boldsymbol{v} \to \boldsymbol{v}',\boldsymbol{v}_1 \to \boldsymbol{v}_1'$,并使用对称性 $\mathrm{d}^3 v_1' \mathrm{d}^3 v_2' = \mathrm{d}^3 v_1 \mathrm{d}^3 v_2$,$\varLambda = \varLambda'$,得

$$\frac{\mathrm{d}H}{\mathrm{d}t} = \frac{1}{2}\int [2 + \ln(f'f_1')]\,(ff_1 - f'f_1')\,\mathrm{d}^3 r \mathrm{d}^3 v' \mathrm{d}^3 v_1' \varLambda' \mathrm{d}\varOmega$$
$$= \frac{1}{2}\int [2 + \ln(f'f_1')]\,(ff_1 - f'f_1')\,\mathrm{d}^3 r \mathrm{d}^3 v \mathrm{d}^3 v_1 \varLambda \mathrm{d}\varOmega \tag{12.5-7}$$

将式 (12.5-6) 与式 (12.5-7) 相加并除 2 得

$$\frac{\mathrm{d}H}{\mathrm{d}t} = -\frac{1}{4}\int [\ln(ff_1) - \ln(f'f_1')]\,(ff_1 - f'f_1')\,\mathrm{d}^3 r \mathrm{d}^3 v \mathrm{d}^3 v_1 \varLambda \mathrm{d}\varOmega \tag{12.5-8}$$

考虑实函数 $F(x,y) = (x-y)\,(\mathrm{e}^x - \mathrm{e}^y)$,如果 $x > y$,那么 $\mathrm{e}^x > \mathrm{e}^y$;如果 $x < y$,那么 $\mathrm{e}^x < \mathrm{e}^y$。无论哪种情况都有 $F(x,y) \geqslant 0$。令 $x = ff_1$,$y = f'f_1'$,则

$$\frac{\mathrm{d}H}{\mathrm{d}t} \leqslant 0 \tag{12.5-9}$$

式 (12.5-9) 中的等号仅当 $ff_1 = f'f_1'$ 时成立。

$f_1 f_2 = f_1' f_2'$ 意味着正碰撞与逆碰撞相互抵消，称为细致平衡。所谓细致平衡指的是某一元过程与其相应的逆过程相互抵消。现在我们来考察达到细致平衡需要满足的条件。正碰撞与逆碰撞满足动量和动能守恒

$$m_1 \boldsymbol{v}_1 + m_2 \boldsymbol{v}_2 = m_1 \boldsymbol{v}_1' + m_2 \boldsymbol{v}_2', \quad \frac{1}{2}m_1 v_1^2 + \frac{1}{2}m_2 v_2^2 = \frac{1}{2}m_1 v_1'^2 + \frac{1}{2}m_2 v_2'^2$$

达到细致平衡 $f_1 f_2 = f_1' f_2'$ 时有

$$\ln f_1 + \ln f_2 = \ln f_1' + \ln f_2'$$

显然 $\ln f$ 有 5 个特解

$$\ln f = 1, mv_x, mv_y, mv_z, \frac{1}{2}mv^2 \tag{12.5-10}$$

$\ln f$ 的通解为这 5 个特解的线性组合，即

$$\ln f = \alpha_0 + \alpha_1 mv_x + \alpha_2 mv_y + \alpha_3 mv_z + \alpha_4 \frac{1}{2}mv^2 \tag{12.5-11}$$

式中，α_0、α_1、α_2、α_3 和 α_4 为待定常量。

假设流体的速度为 $\boldsymbol{u}(\boldsymbol{r},t)$，热力学温度为 $T(\boldsymbol{r},t)$，数密度为 $n(\boldsymbol{r},t)$，有

$$n(\boldsymbol{r},t) = \int f(\boldsymbol{r},\boldsymbol{v},t)\mathrm{d}^3 v \tag{12.5-12}$$

$$\boldsymbol{u}(\boldsymbol{r},t) = \bar{\boldsymbol{v}} = \frac{\displaystyle\int \boldsymbol{v} f(\boldsymbol{r},\boldsymbol{v},t)\mathrm{d}^3 v}{\displaystyle\int f(\boldsymbol{r},\boldsymbol{v},t)\mathrm{d}^3 v} = \frac{1}{n(\boldsymbol{r},t)}\int \boldsymbol{v} f(\boldsymbol{r},\boldsymbol{v},t)\mathrm{d}^3 v \tag{12.5-13}$$

一个分子做热运动的平均平动能为

$$\overline{\frac{1}{2}m\boldsymbol{\xi}^2} = \frac{1}{n(\boldsymbol{r},t)}\int \frac{1}{2}m\boldsymbol{\xi}^2 f(\boldsymbol{r},\boldsymbol{v},t)\mathrm{d}^3 v = \frac{3}{2}k_{\mathrm{B}}T(\boldsymbol{r},t) \tag{12.5-14}$$

式中，$\boldsymbol{\xi} = \boldsymbol{v} - \boldsymbol{u}(\boldsymbol{r},t)$。

把式 (12.5-11) 代入式 (12.5-12)∼ 式 (12.5-14) 得

$$f(\boldsymbol{r},\boldsymbol{v},t) = n(\boldsymbol{r},t)\left[\frac{m}{2\pi k_{\mathrm{B}}T(\boldsymbol{r},t)}\right]^{3/2}\exp\left[-\frac{m}{2k_{\mathrm{B}}T(\boldsymbol{r},t)}\boldsymbol{\xi}^2\right] \tag{12.5-15}$$

对于处于热平衡态的气体，温度和数密度均为常量，式 (12.5-15) 化为通常的麦克斯韦速度分布函数。因此我们称式 (12.5-15) 为局域麦克斯韦速度分布函数。

综合上述，我们得到 H 定理：H 总是趋向减少的，当减少到它的极小值时，平衡态才达到。玻尔兹曼使用稀薄气体模型从微观角度证明了宏观趋向平衡的不可逆性。

12.6 使用玻尔兹曼积分微分方程推导流体力学方程

本节我们将使用玻尔兹曼积分微分方程推导流体力学方程[15,119-121]。

1. 统计平均值

考虑一个量 $\Psi(v)$，其统计平均值为

$$\bar{\Psi} = \frac{\int \Psi(v) f(r, v, t) \mathrm{d}^3 v}{\int f(r, v, t) \mathrm{d}^3 v} = \frac{1}{n(r, t)} \int \Psi(v) f(r, v, t) \mathrm{d}^3 v \tag{12.6-1}$$

假设 F 不依赖于 v。把玻尔兹曼积分微分方程 (12.4-14) 两边乘以 $\Psi \mathrm{d}^3 v$ 并积分得

$$\frac{\partial(n\bar{\Psi})}{\partial t} + \frac{\partial}{\partial r} \cdot (n\overline{\Psi v}) - nF \cdot \overline{\frac{\partial \Psi}{\partial v}} = \hat{A}\Psi \tag{12.6-2}$$

式中，

$$\hat{A}\Psi = \int \Psi(f' f_1' - f f_1) \mathrm{d}^3 v \mathrm{d}^3 v_1 \Lambda \mathrm{d}\Omega \tag{12.6-3}$$

把式 (12.6-3) 中的第一项作交换 $v \to v'$，$v_1 \to v_1'$，使用对称性 $\mathrm{d}^3 v_1' \mathrm{d}^3 v_2' = \mathrm{d}^3 v_1 \mathrm{d}^3 v_2$，$\Lambda = \Lambda'$，得

$$\int \Psi f' f_1' \mathrm{d}^3 v \mathrm{d}^3 v_1 \Lambda \mathrm{d}\Omega = \int \Psi' f f_1 \mathrm{d}^3 v' \mathrm{d}^3 v_1' \Lambda' \mathrm{d}\Omega = \int \Psi' f f_1 \mathrm{d}^3 v \mathrm{d}^3 v_1 \Lambda \mathrm{d}\Omega \tag{12.6-4}$$

式中，$\Psi' = \Psi(v')$。

把式 (12.6-4) 代入式 (12.6-3) 得

$$\hat{A}\Psi = \int (\Psi' - \Psi) f f_1 \mathrm{d}^3 v \mathrm{d}^3 v_1 \Lambda \mathrm{d}\Omega \tag{12.6-5}$$

交换 v 与 v_1 得

$$\hat{A}\Psi = \int (\Psi_1' - \Psi_1) f f_1 \mathrm{d}^3 v \mathrm{d}^3 v_1 \Lambda \mathrm{d}\Omega \tag{12.6-6}$$

式中，$\Psi_1 = \Psi(v_1)$，$\Psi_1' = \Psi(v_1')$。

把式 (12.6-5) 与式 (12.6-6) 相加并除 2 得

$$\hat{A}\Psi = \frac{1}{2}\int \left(\Psi' + \Psi_1' - \Psi - \Psi_1\right) f f_1 \mathrm{d}^3 v \mathrm{d}^3 v_1 \Lambda \mathrm{d}\Omega \tag{12.6-7}$$

作交换 $\boldsymbol{v} \to \boldsymbol{v}', \boldsymbol{v}_1 \to \boldsymbol{v}_1'$，得

$$\hat{A}\Psi = \frac{1}{2}\int \left(\Psi + \Psi_1 - \Psi' - \Psi_1'\right) f' f_1' \mathrm{d}^3 v \mathrm{d}^3 v_1 \Lambda \mathrm{d}\Omega \tag{12.6-8}$$

把式 (12.6-7) 与式 (12.6-8) 相加并除 2 得

$$\hat{A}\Psi = -\frac{1}{4}\int \left(\Psi' + \Psi_1' - \Psi - \Psi_1\right)\left(f' f_1' - f f_1\right) \mathrm{d}^3 v \mathrm{d}^3 v_1 \Lambda \mathrm{d}\Omega \tag{12.6-9}$$

　　两个刚球分子之间的碰撞为弹性碰撞，碰撞前后系统的动量和动能守恒，因此如果把 Ψ 取为任意常数或者一个刚球分子的动量和动能，即

$$\Psi = 1, mv_x, mv_y, mv_z, \frac{1}{2}mv^2 \tag{12.6-10}$$

那么 Ψ 满足 $\Psi_1' + \Psi_2' = \Psi_1 + \Psi_2$，为碰撞守恒量。式 (12.6-2) 成为

$$\frac{\partial\left(n\bar{\Psi}\right)}{\partial t} + \frac{\partial}{\partial \boldsymbol{r}} \cdot \left(n\overline{\Psi\boldsymbol{v}}\right) - n\boldsymbol{F}\cdot\overline{\frac{\partial\Psi}{\partial\boldsymbol{v}}} = \hat{A}\Psi = 0 \tag{12.6-11}$$

2. 连续性方程

取 $\Psi = 1$，式 (12.6-11) 化为连续性方程

$$\frac{\partial\rho}{\partial t} + \frac{\partial}{\partial\boldsymbol{r}}\cdot(\rho\boldsymbol{u}) = 0 \tag{12.6-12}$$

可以改写为

$$\frac{\mathrm{d}\rho}{\mathrm{d}t} = \left[\frac{\partial}{\partial t} + (\boldsymbol{u}\cdot\nabla)\right]\rho = -\rho\nabla\cdot\boldsymbol{u} \tag{12.6-13}$$

3. 动量平衡方程

取 $\Psi = mv_i$，式 (12.6-11) 化为

$$\frac{\partial\left(\rho\overline{v_i}\right)}{\partial t} + \frac{\partial\left(\rho\overline{v_i v_j}\right)}{\partial x_j} - \rho F_i = 0 \tag{12.6-14}$$

令 $v_i = u_i + \xi_i$，这里 $\boldsymbol{\xi}$ 为分子的随机速度。由于 $\overline{\xi_i} = 0$，有 $\overline{v_i v_j} = u_i u_j + \overline{\xi_i\xi_j}$。定义应力张量 $\sigma_{ij} = -\rho\overline{\xi_i\xi_j}$，并使用连续性方程 (12.6-12)，式 (12.6-14) 化为

$$\frac{\mathrm{d}u_i}{\mathrm{d}t} = F_i + \frac{1}{\rho}\frac{\partial\sigma_{ji}}{\partial x_j} \tag{12.6-15}$$

这就是流体力学的动量平衡方程。

4. 能量平衡方程

取 $\Psi = \dfrac{1}{2}mv^2 = \dfrac{1}{2}mv_iv_i$，代入式 (12.6-11) 得

$$\frac{\partial\left(\rho\overline{v_iv_i}\right)}{\partial t} + \frac{\partial\left(\rho\overline{v_jv_iv_i}\right)}{\partial x_j} = 2\rho F_iu_i \tag{12.6-16}$$

定义热流密度矢量 $\boldsymbol{q} = \dfrac{1}{2}\rho\overline{\boldsymbol{\xi}\xi^2}$，有 $q_i = \dfrac{1}{2}\rho\overline{\xi_i\xi_j\xi_j}$。容易证明

$$\overline{v_jv_iv_i} = u_ju_iu_i + u_j\overline{\xi_i\xi_i} + 2u_i\overline{\xi_j\xi_i} + \overline{\xi_j\xi_i\xi_i} \tag{12.6-17}$$

把式 (12.6-12)、式 (12.6-15) 和式 (12.6-17) 代入式 (12.6-16)，并使用 $\sigma_{ij} = \sigma_{ji}$，得流体力学的能量平衡方程

$$\rho\frac{\mathrm{d}}{\mathrm{d}t}\overline{\xi^2} + 2\nabla\cdot\boldsymbol{q} = \sigma_{ij}\left(\frac{\partial u_i}{\partial x_j} + \frac{\partial u_j}{\partial x_i}\right) \tag{12.6-18}$$

5. 达到局域麦克斯韦速度分布函数时的流体力学方程

现在推导达到局域麦克斯韦速度分布函数时满足的流体力学方程。使用局域麦克斯韦速度分布函数 (12.5-15) 得

$$\begin{aligned}
\frac{\mathrm{d}\ln f^{(0)}}{\mathrm{d}t} + \xi_j\frac{\partial\ln f^{(0)}}{\partial x_j} + F_j\frac{\partial\ln f^{(0)}}{\partial v_j} = &\frac{\mathrm{d}}{\mathrm{d}t}\ln\left(nT^{-3/2}\right) + \frac{m}{2k_{\mathrm{B}}T^2}\frac{\mathrm{d}T}{\mathrm{d}t}\xi^2 \\
&+ \frac{m}{k_{\mathrm{B}}T}\boldsymbol{\xi}\cdot\left(\frac{\mathrm{d}\boldsymbol{u}}{\mathrm{d}t} - \boldsymbol{F}\right) + \xi_j\left[\frac{\partial}{\partial x_j}\ln\left(nT^{-3/2}\right)\right. \\
&\left.+ \frac{m}{2k_{\mathrm{B}}T^2}\frac{\partial T}{\partial x_j}\xi^2 + \frac{m}{k_{\mathrm{B}}T}\boldsymbol{\xi}\cdot\frac{\partial\boldsymbol{u}}{\partial x_j}\right]
\end{aligned}$$

$$\tag{12.6-19}$$

$$\sigma_{ij} = -\rho\overline{\xi_i\xi_j} = -\rho\delta_{ij}\overline{\xi_1^2} = -\rho\delta_{ij}\frac{k_{\mathrm{B}}T}{m} = -P\delta_{ij}, \quad \boldsymbol{q} = \frac{1}{2}\rho\overline{\boldsymbol{\xi}\xi^2} = 0 \tag{12.6-20}$$

式中，$P = \rho\dfrac{k_{\mathrm{B}}T}{m}$ 为理想气体的局域压强公式。式 (12.6-20) 表明，达到局域麦克斯韦速度分布函数时气体没有黏性和传热性，因此为无黏性的理想流体。

把式 (12.6-20) 代入式 (12.6-15) 得流体力学的动量平衡方程

$$\frac{\mathrm{d}\boldsymbol{u}}{\mathrm{d}t} = -\frac{1}{\rho}\nabla P + \boldsymbol{F} \tag{12.6-21}$$

式 (12.6-21) 为理想流体的欧拉方程。

把式 (12.6-20) 代入式 (12.6-18) 得流体力学的能量平衡方程

$$\frac{\mathrm{d}T}{\mathrm{d}t} = -\frac{2}{3}T\nabla \cdot \boldsymbol{u} \tag{12.6-22}$$

代入连续性方程 (12.6-13) 得

$$\frac{\mathrm{d}}{\mathrm{d}t}\left(\rho T^{-3/2}\right) = 0 \tag{12.6-23}$$

把式 (12.6-13) 以及式 (12.6-21)~式 (12.6-23) 代入式 (12.6-19) 得

$$\frac{\mathrm{d}\ln f^{(0)}}{\mathrm{d}t} + \xi_j\frac{\partial \ln f^{(0)}}{\partial x_j} + F_j\frac{\partial \ln f^{(0)}}{\partial v_j}$$
$$= \left(\frac{m\xi^2}{2k_{\mathrm{B}}T} - \frac{5}{2}\right)\xi_j\frac{\partial}{\partial x_j}\ln T + \frac{m}{k_{\mathrm{B}}T}\left(\xi_i\xi_j - \frac{\xi^2}{3}\delta_{ij}\right)\frac{\partial u_i}{\partial x_j} \tag{12.6-24}$$

12.7　玻尔兹曼积分微分方程的近似解

虽然玻尔兹曼积分微分方程没有解析解存在，但可以用逐级近似法求解，从而原则上可以获得宏观输运系数 [15,121]。

12.7.1　玻尔兹曼积分微分方程的线性化

为了求解玻尔兹曼积分微分方程，我们使用逐级近似法。为简单起见，考虑一级近似

$$f = f^{(0)} + f^{(1)} = f^{(0)}\left(1 + \varPhi\right) \tag{12.7-1}$$

式中，$\varPhi = \varPhi\left(\boldsymbol{v}\right) \ll 1$ 为待定函数。

要求

$$n = \int f\mathrm{d}^3v = \int f^{(0)}\mathrm{d}^3v, \quad \boldsymbol{u} = \frac{\int \boldsymbol{v}f\mathrm{d}^3v}{\int f\mathrm{d}^3v} = \frac{1}{n}\int \boldsymbol{v}f\mathrm{d}^3v = \frac{1}{n}\int \boldsymbol{v}f^{(0)}\mathrm{d}^3v,$$

$$\frac{1}{n}\int \frac{m\xi^2}{2}f\mathrm{d}^3v = \frac{1}{n}\int \frac{m\xi^2}{2}f^{(0)}\mathrm{d}^3v = \frac{3}{2}k_{\mathrm{B}}T \tag{12.7-2}$$

把式 (12.7-1) 代入式 (12.7-2) 得

$$\int f^{(0)}\varPhi\mathrm{d}^3v = 0, \quad \int \boldsymbol{v}f^{(0)}\varPhi\mathrm{d}^3v = 0, \quad \int \xi^2 f^{(0)}\varPhi\mathrm{d}^3v = 0 \tag{12.7-3}$$

用式 (12.7-1) 计算应力张量和热流密度矢量，得

$$\sigma_{ij} = -P\delta_{ij} - m\int \xi_i\xi_j f^{(0)}\varPhi \mathrm{d}^3 v, \quad q_i = \frac{m}{2}\int \xi_i\xi^2 f^{(0)}\varPhi \mathrm{d}^3 v \qquad (12.7\text{-}4)$$

把式 (12.7-1) 代入玻尔兹曼积分微分方程 (12.4-14)，保留到线性项，并代入式 (12.6-24)，使用 $f'^{(0)}f_1'^{(0)} = f^{(0)}f_1^{(0)}$，得

$$\begin{aligned}
&\frac{\mathrm{d}f^{(0)}}{\mathrm{d}t} + \xi_j\frac{\partial f^{(0)}}{\partial x_j} + F_j\frac{\partial f^{(0)}}{\partial v_j} \\
&= -\int f^{(0)}f_1^{(0)}\,[\![\varPhi]\!]\,\mathrm{d}^3 v_1 \varLambda \mathrm{d}\varOmega \\
&= f^{(0)}\left[\left(\frac{m\xi^2}{2k_{\mathrm{B}}T} - \frac{5}{2}\right)\xi_j\frac{\partial}{\partial x_j}\ln T + \frac{m}{k_{\mathrm{B}}T}\left(\xi_i\xi_j - \frac{\xi^2}{3}\delta_{ij}\right)\frac{\partial u_i}{\partial x_j}\right]
\end{aligned} \qquad (12.7\text{-}5)$$

式中，$[\![\varPhi]\!]$ 定义为

$$[\![\varPhi]\!] \equiv \varPhi + \varPhi_1 - \varPhi' - \varPhi_1' \qquad (12.7\text{-}6)$$

这里，$\varPhi = \varPhi(\boldsymbol{v})$，$\varPhi' = \varPhi(\boldsymbol{v}')$，$\varPhi_1 = \varPhi(\boldsymbol{v}_1)$，$\varPhi_1' = \varPhi(\boldsymbol{v}_1')$。

12.7.2　线性方程的形式解

方程 (12.7-5) 是一个非齐次的线性方程，其通解为其特解的线性组合，加上齐次方程的解。

1. 齐次方程的解

齐次方程为

$$\int f^{(0)}f_1^{(0)}\,[\![\varPhi]\!]\,\mathrm{d}^3 v_1 \varLambda \mathrm{d}\varOmega = 0 \qquad (12.7\text{-}7)$$

用 $\varPhi\mathrm{d}^3 v$ 乘以式 (12.7-7) 的两边，并积分，得

$$\int f^{(0)}f_1^{(0)}\,[\![\varPhi]\!]\,\varPhi\mathrm{d}^3 v\mathrm{d}^3 v_1 \varLambda \mathrm{d}\varOmega = 0 \qquad (12.7\text{-}8)$$

参考式 (12.6-9) 的证明，可以得到一个等式

$$\int f^{(0)}f_1^{(0)}\,[\![\varPhi]\!]\,\varPsi\mathrm{d}^3 v\mathrm{d}^3 v_1 \varLambda \mathrm{d}\varOmega = \frac{1}{4}\int f^{(0)}f_1^{(0)}\,[\![\varPhi]\!]\,[\![\varPsi]\!]\,\mathrm{d}^3 v\mathrm{d}^3 v_1 \varLambda \mathrm{d}\varOmega \qquad (12.7\text{-}9)$$

使用式 (12.7-9)，则式 (12.7-8) 化为

$$\int f^{(0)}f_1^{(0)}\,[\![\varPhi]\!]^2\,\mathrm{d}^3 v\mathrm{d}^3 v_1 \varLambda \mathrm{d}\varOmega = 0 \qquad (12.7\text{-}10)$$

式 (12.7-10) 中的被积函数为非负的，为了保证积分为零，被积函数必须为零，即

$$\Phi' + \Phi_1' - \Phi - \Phi_1 = 0 \tag{12.7-11}$$

两个分子的碰撞满足动量和动能守恒，因此 Φ 的解为任意常数或者一个刚球分子的动量和动能，即

$$\Phi = 1, mv_x, mv_y, mv_z, \frac{1}{2}mv^2 \tag{12.7-12}$$

2. 非齐次方程的特解

由非齐次方程 (12.7-5) 的右边，我们期望其特解与其右边的形式类似，即

$$\Phi = -\frac{1}{n} A\left(\xi^2\right) \xi_j \frac{\partial}{\partial x_j} \ln T - \frac{1}{n} B\left(\xi^2\right) \frac{m}{2k_B T} \left(\xi_i \xi_j - \frac{\xi^2}{3} \delta_{ij}\right) \frac{\partial u_i}{\partial x_j} \tag{12.7-13}$$

式中，$A\left(\xi^2\right)$ 和 $B\left(\xi^2\right)$ 为待定函数。

把式 (12.7-13) 代入式 (12.7-5)，并令方程两边 $\dfrac{\partial}{\partial x_j} \ln T$ 和 $\dfrac{\partial u_i}{\partial x_j}$ 的各自的系数相等，得

$$f^{(0)} \left(\frac{m\xi^2}{2k_B T} - \frac{5}{2}\right) \xi_j = \frac{1}{n} \int f^{(0)} f_1^{(0)} [\![A\xi_j]\!] \, \mathrm{d}^3 v_1 \Lambda \mathrm{d}\Omega \tag{12.7-14}$$

$$2f^{(0)} \left(\xi_i \xi_j - \frac{\xi^2}{3} \delta_{ij}\right) = \frac{1}{n} \int f^{(0)} f_1^{(0)} \left[\!\!\left[B \left(\xi_i \xi_j - \frac{\xi^2}{3} \delta_{ij}\right) \right]\!\!\right] \mathrm{d}^3 v_1 \Lambda \mathrm{d}\Omega \tag{12.7-15}$$

3. 非齐次方程的通解

非齐次方程的通解为其特解 (12.7-12) 的线性组合，加上齐次方程的解 (12.7-13)，即

$$\begin{aligned}
\Phi = {} & c_0 + c_1 mv_x + c_2 mv_y + c_3 mv_z + c_4 \frac{1}{2} mv^2 \\
& -\frac{1}{n} A\left(\xi^2\right) \xi_j \frac{\partial}{\partial x_j} \ln T - \frac{1}{n} B\left(\xi^2\right) \frac{m}{2k_B T} \left(\xi_i \xi_j - \frac{\xi^2}{3} \delta_{ij}\right) \frac{\partial u_i}{\partial x_j}
\end{aligned} \tag{12.7-16}$$

式中，c_0、c_1、c_2、c_3 和 c_4 为待定常量。

把式 (12.7-16) 代入约束条件 (12.7-3) 得

$$c_0 = c_1 = c_2 = c_3 = c_4 = 0 \tag{12.7-17}$$

$$\int f^{(0)} A\xi^2 \mathrm{d}^3 v = 0 \tag{12.7-18}$$

我们看到，非齐次方程的通解即为其特解 (12.7-13)。

4. 黏性系数

使用式 (12.7-4) 和式 (12.7-13) 得黏性应力张量

$$
\begin{aligned}
\sigma'_{ij} = \sigma_{ij} + P\delta_{ij} &= -m \int \xi_i \xi_j f^{(0)} \Phi \mathrm{d}^3 v \\
&= \frac{m^2}{2nk_{\mathrm{B}}T} \int f^{(0)} \xi_i \xi_j B \left(\xi_l \xi_k - \frac{\xi^2}{3}\delta_{lk} \right) \frac{\partial u_l}{\partial x_k} \mathrm{d}^3 v
\end{aligned}
\tag{12.7-19}
$$

对称性给出

$$
\int f^{(0)} \xi_i \xi_j B \xi^2 \mathrm{d}^3 v = \frac{1}{3}\delta_{ij} \int f^{(0)} B \xi^4 \mathrm{d}^3 v
\tag{12.7-20}
$$

$$
\int f^{(0)} B \xi_i \xi_j \xi_l \xi_k \mathrm{d}^3 v = \frac{1}{15} \left(\delta_{ij}\delta_{lk} + \delta_{il}\delta_{jk} + \delta_{ik}\delta_{jl} \right) \int f^{(0)} B \xi^4 \mathrm{d}^3 v
\tag{12.7-21}
$$

把式 (12.7-20) 和式 (12.7-21) 代入式 (12.7-19) 得

$$
\sigma'_{ij} = \left(\frac{m^2}{30nk_{\mathrm{B}}T} \int f^{(0)} B \xi^4 \mathrm{d}^3 v \right) \left(\frac{\partial u_i}{\partial x_j} + \frac{\partial u_j}{\partial x_i} - \frac{2}{3}\delta_{ij}\nabla \cdot \boldsymbol{u} \right)
\tag{12.7-22}
$$

把式 (12.7-22) 与广义牛顿黏性定律 (11.2-5) 比较，得剪切黏性系数

$$
\eta = \frac{m^2}{30nk_{\mathrm{B}}T} \int f^{(0)} B \xi^4 \mathrm{d}^3 v
\tag{12.7-23}
$$

以及体积黏性系数为 $\eta' = 0$，与斯托克斯假设一致。

5. 热导率

使用式 (12.7-4) 和式 (12.7-13) 得热流密度矢量

$$
q_i = -\left(\frac{m}{6nT} \int \xi^4 f^{(0)} A \mathrm{d}^3 v \right) \frac{\partial T}{\partial x_i}
\tag{12.7-24}
$$

热导率为

$$
\kappa = \frac{m}{6nT} \int \xi^4 f^{(0)} A \mathrm{d}^3 v = \frac{k_{\mathrm{B}}}{3n} \int \xi^2 f^{(0)} A \left(\frac{m}{2k_{\mathrm{B}}T}\xi^2 - \frac{5}{2} \right) \mathrm{d}^3 v
\tag{12.7-25}
$$

式中已经使用式 (12.7-18)。

12.7.3　函数 A 和 B 的确定

函数 A 和 B 可以由索宁 (Sonine) 多项式 $S_\tau^\lambda(x)$ 求解。$S_\tau^\lambda(x)$ 定义为以下泰勒级数的系数:

$$(1-y)^{-\lambda-1}\exp\left(-\frac{xy}{1-y}\right)=\sum_{\tau=0}^\infty S_\tau^\lambda(x)y^\tau \qquad (12.7\text{-}26)$$

式中,

$$S_\tau^\lambda(x)=\sum_{i=0}^\tau\frac{(\lambda+\tau)(\lambda+\tau-1)\cdots(\lambda+i+1)}{i!\,(\tau-i)!}(-x)^i=\frac{1}{\tau!}\mathrm{e}^x x^{-\lambda}\frac{\mathrm{d}^\tau}{\mathrm{d}x^\tau}\left(\mathrm{e}^{-x}x^{\tau+\lambda}\right)$$

$$(12.7\text{-}27)$$

当 $i=\tau$ 时,系数 $(\lambda+\tau)(\lambda+\tau-1)\cdots(\lambda+i+1)$ 用 1 代替。这里 λ 是任意的数,τ 是零或正整数。例如,

$$S_0^\lambda(x)=1,\quad S_1^{3/2}(x)=\frac{5}{2}-x \qquad (12.7\text{-}28)$$

把式 (12.7-26) 中的变量 y 换为 z,把所得方程的两边与式 (12.7-26) 的两边相乘,然后把所得方程的两边乘以 $\mathrm{e}^{-x}x^\lambda\mathrm{d}x$,并积分,使用 gamma 函数的定义,得

$$(1-y)^{-\lambda-1}(1-z)^{-\lambda-1}\int_0^\infty x^\lambda\mathrm{e}^{-x\left(1+\frac{y}{1-y}+\frac{z}{1-z}\right)}\mathrm{d}x$$

$$=\sum_{\tau=0}^\infty\sum_{\tau'=0}^\infty y^\tau z^{\tau'}\int_0^\infty\mathrm{e}^{-x}x^\lambda S_\tau^\lambda(x)S_{\tau'}^\lambda(x)\mathrm{d}x \qquad (12.7\text{-}29)$$

$$=(1-yz)^{-\lambda-1}\Gamma(\lambda+1)=\sum_{\tau=0}^\infty\frac{\Gamma(\tau+\lambda+1)}{\tau!}(yz)^\tau$$

给出

$$\int_0^\infty\mathrm{e}^{-x}x^\lambda S_\tau^\lambda(x)S_{\tau'}^\lambda(x)\mathrm{d}x=\frac{\Gamma(\tau+\lambda+1)}{\tau!}\delta_{\tau\tau'} \qquad (12.7\text{-}30)$$

我们看到,索宁多项式是正交归一的完全集,因此可以用索宁多项式来展开函数 A 和 B,即

$$A=\sum_{\tau=0}^\infty A_\tau S_\tau^\lambda(x) \qquad (12.7\text{-}31)$$

$$B=\sum_{\tau=1}^\infty B_\tau S_{\tau-1}^c(x) \qquad (12.7\text{-}32)$$

式中，λ 和 c 为待定常数；x 为待定变量；A_τ 和 B_τ 为待定系数。

为了确定 x，我们注意到，只有局域麦克斯韦速度分布函数 $f^{(0)}$ 含有指数函数 $\mathrm{e}^{-\frac{m}{2k_\mathrm{B}T}\xi^2}$，得 $x = \dfrac{m}{2k_\mathrm{B}T}\xi^2$ 以及

$$f^{(0)}\mathrm{d}^3v = n\left(\frac{m}{2\pi k_\mathrm{B}T}\right)^{3/2}\mathrm{e}^{-\frac{m}{2k_\mathrm{B}T}\xi^2}4\pi\xi^2\mathrm{d}\xi = \frac{2n}{\sqrt{\pi}}\mathrm{e}^{-x}x^{1/2}S_0^{\lambda'}(x)\mathrm{d}x \qquad (12.7\text{-}33)$$

式中，常数 λ' 可以根据具体问题的需要选取。

把式 (12.7-31) 和式 (12.7-33) 代入式 (12.7-14)，使用正交关系 (12.7-30)，得

$$\frac{4nk_\mathrm{B}T}{\sqrt{\pi}m}\sum_{\tau=0}^{\infty}A_\tau\int_0^{\infty}\mathrm{e}^{-x}x^{3/2}S_\tau^{\lambda}(x)S_0^{\lambda'}(x)\mathrm{d}x = \frac{4nk_\mathrm{B}T}{\sqrt{\pi}m}\sum_{\tau=0}^{\infty}A_\tau\frac{\Gamma(\tau+\lambda+1)}{\tau!}\delta_{\tau,0} = 0$$

$$(12.7\text{-}34)$$

给出 $\tau=0$，$\lambda=\lambda'=3/2$，$A_0=0$，代入式 (12.7-31) 得

$$A = \sum_{r=1}^{\infty}A_rS_r^{3/2}(x) \qquad (12.7\text{-}35)$$

把式 (12.7-35) 代入式 (12.7-25)，得热导率

$$\kappa = -\frac{4k_\mathrm{B}^2T}{3\sqrt{\pi}m}\sum_{r=1}^{\infty}A_r\int_0^{\infty}\mathrm{e}^{-x}x^{3/2}S_r^{3/2}(x)S_1^{3/2}(x)\mathrm{d}x = -\frac{5k_\mathrm{B}^2T}{2m}A_1 \qquad (12.7\text{-}36)$$

把式 (12.7-35) 代入式 (12.7-14)，两边乘以 $\dfrac{m}{6k_\mathrm{B}Tn}\xi_jS_l^{3/2}(x)\mathrm{d}^3v$，对 j 求和，然后积分，得

$$\sum_{\tau=1}^{\infty}a_{l\tau}A_\tau = -\frac{2}{3\sqrt{\pi}}\int_0^{\infty}\mathrm{e}^{-x}x^{3/2}S_1^{3/2}(x)S_l^{3/2}(x)\mathrm{d}x = -\frac{5}{4}\delta_{l,1} \qquad (12.7\text{-}37)$$

式中，

$$\begin{aligned}
a_{l\tau} &= \frac{m}{6k_\mathrm{B}Tn^2}\int f^{(0)}f_1^{(0)}\left[\!\left[S_\tau^{3/2}(x)\boldsymbol{\xi}\right]\!\right]\cdot\boldsymbol{\xi}S_l^{3/2}(x)\mathrm{d}^3v\mathrm{d}^3v_1\Lambda\mathrm{d}\Omega \\
&= \frac{m}{24k_\mathrm{B}Tn^2}\int f^{(0)}f_1^{(0)}\left[\!\left[S_\tau^{3/2}(x)\boldsymbol{\xi}\right]\!\right]\cdot\left[\!\left[S_l^{3/2}(x)\boldsymbol{\xi}\right]\!\right]\mathrm{d}^3v\mathrm{d}^3v_1\Lambda\mathrm{d}\Omega = a_{\tau l}
\end{aligned} \qquad (12.7\text{-}38)$$

把式 (12.7-32) 代入式 (12.7-23)，得

$$\eta = \frac{4}{15\sqrt{\pi}}k_\mathrm{B}T\sum_{\tau=1}^{\infty}B_\tau\int_0^{\infty}\mathrm{e}^{-x}x^{5/2}S_{\tau-1}^c(x)S_0^{c'}(x)\mathrm{d}x = \frac{1}{2}k_\mathrm{B}TB_1 \qquad (12.7\text{-}39)$$

给出 $\tau = 1$，$c = c' = 5/2$，式 (12.7-32) 化为

$$B = \sum_{\tau=1}^{\infty} B_\tau S_{\tau-1}^{5/2}(x) \tag{12.7-40}$$

把式 (12.7-40) 代入式 (12.7-15)，两边乘以 $\dfrac{m^2}{3\,(2k_BT)^2\,n}\xi_i\xi_j S_{l-1}^{5/2}(x)\mathrm{d}^3v$，对 i 和 j 求和，然后积分，得

$$\sum_{\tau=1}^{\infty} b_{l\tau} B_\tau = \frac{8}{9\sqrt{\pi}} \int x^{5/2} S_{l-1}^{5/2}(x) S_0^{5/2}(x)\mathrm{d}x = \frac{5}{3}\delta_{l,1} \tag{12.7-41}$$

式中，

$$\begin{aligned}
b_{l\tau} &= \frac{m^2}{3\,(2k_BTn)^2} \int f^{(0)} f_1^{(0)} \left[\!\!\left[S_{\tau-1}^{5/2}(x)\left(\xi_i\xi_j - \frac{\xi^2}{3}\delta_{ij}\right) \right]\!\!\right] \\
&\quad \times S_{l-1}^{5/2}(x)\left(\xi_i\xi_j - \frac{\xi^2}{3}\delta_{ij}\right) \mathrm{d}^3v\mathrm{d}^3v_1 \Lambda\mathrm{d}\Omega \\
&= \frac{m^2}{12\,(2k_BTn)^2} \int f^{(0)} f_1^{(0)} \left[\!\!\left[S_{\tau-1}^{5/2}(x)\left(\xi_i\xi_j - \frac{\xi^2}{3}\delta_{ij}\right) \right]\!\!\right] \\
&\quad \times \left[\!\!\left[S_{l-1}^{5/2}(x)\left(\xi_i\xi_j - \frac{\xi^2}{3}\delta_{ij}\right) \right]\!\!\right] \mathrm{d}^3v\mathrm{d}^3v_1 \Lambda\mathrm{d}\Omega \\
&= b_{l\tau} \tag{12.7-42}
\end{aligned}$$

12.7.4 黏性系数的计算

1. 一级近似

考虑一级近似，除 b_{11} 外其余 b_{rl} 取为零，代入式 (12.7-41)，并使用式 (12.7-39)，得

$$\eta = \frac{1}{2}k_BTB_1 = \frac{5}{6b_{11}}k_BT \tag{12.7-43}$$

使用式 (12.7-42) 得

$$b_{11} = \frac{m^2}{12\,(2k_BTn)^2} \int f^{(0)} f_1^{(0)} \left[\!\!\left[\xi_i\xi_j \right]\!\!\right]^2 \mathrm{d}^3\xi\mathrm{d}^3\xi_1 \Lambda\mathrm{d}\Omega \tag{12.7-44}$$

定义两个分子碰撞前后的质心速度和相对速度 [122]

$$\boldsymbol{\xi}_c = \frac{\boldsymbol{\xi}+\boldsymbol{\xi}_1}{2} = \boldsymbol{\xi}_c' = \frac{\boldsymbol{\xi}'+\boldsymbol{\xi}_1'}{2}, \quad \boldsymbol{\xi}_r = \boldsymbol{\xi}-\boldsymbol{\xi}_1 = \boldsymbol{v}-\boldsymbol{v}_1, \quad \boldsymbol{\xi}_r' = \boldsymbol{\xi}'-\boldsymbol{\xi}_1' = \boldsymbol{v}'-\boldsymbol{v}_1' \tag{12.7-45}$$

使用两个分子碰撞前后的速度变换公式 (12.4-15) 得

$$\boldsymbol{\xi}_{\mathrm{r}}' = \boldsymbol{\xi}_{\mathrm{r}} - 2\left(\boldsymbol{\xi}_{\mathrm{r}} \cdot \boldsymbol{n}\right)\boldsymbol{n}, \quad \xi_{\mathrm{r}} = \xi_{\mathrm{r}}', \quad \boldsymbol{\xi}_{\mathrm{r}} \cdot \boldsymbol{\xi}_{\mathrm{r}}' = \xi_{\mathrm{r}}^2 - 2\left(\boldsymbol{\xi}_{\mathrm{r}} \cdot \boldsymbol{n}\right)^2 = \xi_{\mathrm{r}}^2 \cos\left(\pi - 2\theta\right),$$

$$\xi^2 + \xi_1^2 = 2\xi_{\mathrm{c}}^2 + \frac{1}{2}\xi_{\mathrm{r}}^2 = \xi'^2 + \xi_1'^2 = 2\xi_{\mathrm{c}}'^2 + \frac{1}{2}\xi_{\mathrm{r}}'^2, \quad \mathrm{d}^3\xi\mathrm{d}^3\xi_1 = \mathrm{d}^3\xi_{\mathrm{c}}\mathrm{d}^3\xi_{\mathrm{r}},$$

$$[\![\xi_i\xi_j]\!] = \frac{1}{2}\left(\xi_{\mathrm{r},i}\xi_{\mathrm{r},j} - \xi_{\mathrm{r},i}'\xi_{\mathrm{r},j}'\right),$$

$$[\![\xi_i\xi_j]\!]^2 = \frac{1}{4}\left[\xi_{\mathrm{r}}^4 - 2\left(\boldsymbol{\xi}_{\mathrm{r}} \cdot \boldsymbol{\xi}_{\mathrm{r}}'\right)^2 + \xi_{\mathrm{r}}'^4\right] = 2\xi_{\mathrm{r}}^4 \sin^2\theta \cos^2\theta,$$

$$\left[\!\!\left[S_1^{3/2}(x)\boldsymbol{\xi}\right]\!\!\right] = -\frac{m}{2k_{\mathrm{B}}T}\left[\left(\boldsymbol{\xi}_{\mathrm{c}} \cdot \boldsymbol{\xi}_{\mathrm{r}}\right)\boldsymbol{\xi}_{\mathrm{r}} - \left(\boldsymbol{\xi}_{\mathrm{c}} \cdot \boldsymbol{\xi}_{\mathrm{r}}'\right)\boldsymbol{\xi}_{\mathrm{r}}'\right],$$

$$\left[\!\!\left[S_1^{3/2}(x)\boldsymbol{\xi}\right]\!\!\right]^2 = \left(\frac{m}{2k_{\mathrm{B}}T}\right)^2\left[\left(\boldsymbol{\xi}_{\mathrm{c}} \cdot \boldsymbol{\xi}_{\mathrm{r}}\right)^2\xi_{\mathrm{r}}^2 + \left(\boldsymbol{\xi}_{\mathrm{c}} \cdot \boldsymbol{\xi}_{\mathrm{r}}'\right)^2\xi_{\mathrm{r}}^2 - 2\left(\boldsymbol{\xi}_{\mathrm{c}} \cdot \boldsymbol{\xi}_{\mathrm{r}}\right)\left(\boldsymbol{\xi}_{\mathrm{c}} \cdot \boldsymbol{\xi}_{\mathrm{r}}'\right)\left(\boldsymbol{\xi}_{\mathrm{r}} \cdot \boldsymbol{\xi}_{\mathrm{r}}'\right)\right],$$

$$f^{(0)}f_1^{(0)} = n^2\left(\frac{m}{2\pi k_{\mathrm{B}}T}\right)^3\exp\left[-\frac{m}{2k_{\mathrm{B}}T}\left(2\xi_{\mathrm{c}}^2 + \frac{1}{2}\xi_{\mathrm{r}}^2\right)\right] \tag{12.7-46}$$

把式 (12.7-46) 代入式 (12.7-44) 得

$$b_{11} = \frac{m^2}{12\left(2k_{\mathrm{B}}Tn\right)^2}\int f^{(0)}f_1^{(0)}[\![\xi_i\xi_j]\!]^2\,\mathrm{d}^3\xi_{\mathrm{c}}\mathrm{d}^3\xi_{\mathrm{r}}\Lambda\mathrm{d}\Omega$$

$$= \frac{m^2}{12\left(2k_{\mathrm{B}}Tn\right)^2}n^2\left(\frac{m}{2\pi k_{\mathrm{B}}T}\right)^3\int_0^\infty \mathrm{d}\xi_{\mathrm{c}}4\pi\xi_{\mathrm{c}}^2\int_0^\infty \mathrm{d}\xi_{\mathrm{r}}4\pi\xi_{\mathrm{r}}^2\int_0^{2\pi}\mathrm{d}\varphi\int_0^{\pi/2}\sin\theta\mathrm{d}\theta$$

$$\times\, \mathrm{e}^{-\frac{m}{2k_{\mathrm{B}}T}\left(2\xi_{\mathrm{c}}^2 + \frac{1}{2}\xi_{\mathrm{r}}^2\right)}2\xi_{\mathrm{r}}^4\sin^2\theta\cos^2\theta \cdot d_{12}^2\xi_{\mathrm{r}}\cos\theta$$

$$= \frac{8}{3}\sqrt{\frac{\pi k_{\mathrm{B}}T}{m}}d_{12}^2 = \frac{8}{3}\sqrt{\frac{\pi k_{\mathrm{B}}T}{m}}d^2 \tag{12.7-47}$$

$$\eta = \frac{5}{6b_{11}}k_{\mathrm{B}}T = \frac{5}{16d^2}\sqrt{\frac{mk_{\mathrm{B}}T}{\pi}} \tag{12.7-48}$$

式中, $d_{12} = (d_1 + d_2)/2 = d$, d 为分子的直径。

2. 二级近似

使用上面的计算方法, 得

$$b_{12} = -\frac{1}{4}b_{11}, \quad b_{22} = \frac{205}{48}b_{11} \tag{12.7-49}$$

考虑二级近似, 除头两项外取其余 $b_{rs}=0$, 代入式 (12.7-41), 得

$$\eta = \frac{1}{2}k_{\mathrm{B}}T\frac{1}{b_{11}}\frac{5}{3}\left(1+\frac{3}{202}\right) = \frac{5}{16d^2}\sqrt{\frac{mk_{\mathrm{B}}T}{\pi}}\left(1+\frac{3}{202}\right) \tag{12.7-50}$$

更高级近似给出

$$\eta = \frac{5}{16d^2}\sqrt{\frac{mk_{\mathrm{B}}T}{\pi}}\left(1+\frac{3}{202}+\frac{347^2}{808\times145043}+\cdots\right)$$

$$= \frac{5}{16d^2}\sqrt{\frac{mk_{\mathrm{B}}T}{\pi}}(1+0.015+0.001+\cdots) \tag{12.7-51}$$

可见高次项的贡献很小。

12.7.5 热导率的计算

1. 一级近似

考虑一级近似，除 a_{11} 外其余 a_{rs} 取为零，代入式 (12.7-37) 得

$$\kappa = -\frac{5k_{\mathrm{B}}^2T}{2m}A_1 = \frac{25k_{\mathrm{B}}^2T}{8ma_{11}} \tag{12.7-52}$$

使用式 (12.7-38) 和式 (12.7-46) 得

$$a_{11} = \frac{m}{24k_{\mathrm{B}}Tn^2}\int f^{(0)}f_1^{(0)}\left[\!\left[S_1^{3/2}(x)\boldsymbol{\xi}\right]\!\right]^2\mathrm{d}^3\xi_{\mathrm{c}}\mathrm{d}^3\xi_{\mathrm{r}}\varLambda\mathrm{d}\varOmega$$

$$= \frac{m}{24k_{\mathrm{B}}Tn^2}n^2\left(\frac{m}{2\pi k_{\mathrm{B}}T}\right)^3\left(\frac{m}{2k_{\mathrm{B}}T}\right)^2\int_{-\infty}^{\infty}\mathrm{d}\xi_{\mathrm{c},x}\mathrm{d}\xi_{\mathrm{c},y}\mathrm{d}\xi_{\mathrm{c},z}$$

$$\times\int_0^{\infty}\mathrm{d}\xi_{\mathrm{r}}4\pi\xi_{\mathrm{r}}^2\int_0^{2\pi}\mathrm{d}\varphi\int_0^{\pi/2}\mathrm{d}\theta\sin\theta \tag{12.7-53}$$

$$\times\mathrm{e}^{-\frac{m}{2k_{\mathrm{B}}T}\left(2\xi_{\mathrm{c}}^2+\frac{1}{2}\xi_{\mathrm{r}}^2\right)}\frac{2}{3}\xi_{\mathrm{c}}^2\left[\xi_{\mathrm{r}}^2-(\boldsymbol{\xi}_{\mathrm{r}}\cdot\boldsymbol{\xi}_{\mathrm{r}}')^2\right]\cdot d_{12}^2\xi_{\mathrm{r}}\cos\theta$$

$$= b_{11}$$

$$\kappa = \frac{25k_{\mathrm{B}}^2T}{8ma_{11}} = \frac{75k_{\mathrm{B}}}{64d^2}\sqrt{\frac{k_{\mathrm{B}}T}{\pi m}} \tag{12.7-54}$$

2. 二级近似

使用上面的计算方法，得

$$a_{12} = -\frac{1}{4}a_{11}, \quad a_{22} = \frac{45}{16}a_{11} \tag{12.7-55}$$

考虑二级近似, 除头两项外取其余 $a_{rs}=0$, 代入式 (12.7-37) 得

$$\kappa = \frac{25k_{\mathrm{B}}^2 T}{8ma_{11}}\left(1+\frac{1}{44}\right) = \frac{75k}{64d^2}\sqrt{\frac{k_{\mathrm{B}}T}{\pi m}}\left(1+\frac{1}{44}\right) \tag{12.7-56}$$

更高级近似给出

$$\kappa = \frac{75k_{\mathrm{B}}}{64d^2}\sqrt{\frac{k_{\mathrm{B}}T}{\pi m}}\left(1+\frac{1}{44}+\frac{1369}{88\times 7439}+\cdots\right)$$

$$= \frac{75k_{\mathrm{B}}}{64d^2}\sqrt{\frac{k_{\mathrm{B}}T}{\pi m}}\,(1+0.023+0.002+\cdots) \tag{12.7-57}$$

可见高次项的贡献很小。

比较式 (12.7-51) 和式 (12.7-57) 得

$$\kappa = \frac{5}{2}\eta c_V\,(1+0.008+0.001+\cdots) \tag{12.7-58}$$

式中, $c_V = \dfrac{3}{2m}k_{\mathrm{B}}$。

12.7.6 力心点模型

对于力心点模型, 使用替换式 (12.4-30)、式 (12.7-38) 和式 (12.7-42), 得

$$b_{11} = \frac{m^2}{12\,(2k_{\mathrm{B}}Tn)^2}\left(\frac{4K}{m}\right)^{2/s}\int f^{(0)}f_1^{(0)}\left[\!\left[\left(\xi_i\xi_j-\frac{\xi^2}{3}\delta_{ij}\right)\right]\!\right]^2\xi_{\mathrm{r}}^{1-4/s}\mathrm{d}^3\xi_{\mathrm{c}}\mathrm{d}^3\xi_{\mathrm{r}}\alpha\mathrm{d}\alpha\mathrm{d}\varphi$$

$$= \frac{m^2}{12\,(2k_{\mathrm{B}}Tn)^2}\left(\frac{4K}{m}\right)^{2/s}n^2\left(\frac{m}{2\pi k_{\mathrm{B}}T}\right)^3\int_0^\infty \mathrm{d}\xi_{\mathrm{c}}4\pi\xi_{\mathrm{c}}^2\int_0^\infty \mathrm{d}\xi_{\mathrm{r}}4\pi\xi_{\mathrm{r}}^2$$

$$\times \int_0^{2\pi}\mathrm{d}\psi\int_0^\infty \alpha\mathrm{d}\alpha\times\mathrm{e}^{-\frac{m}{2k_{\mathrm{B}}T}\left(2\xi_{\mathrm{c}}^2+\frac{1}{2}\xi_{\mathrm{r}}^2\right)}2\xi_{\mathrm{r}}^{5-4/s}\cos^2\theta\sin^2\theta$$

$$= \left[\left(\frac{K}{k_{\mathrm{B}}T}\right)^{2/s-1/2}\frac{16}{15\sqrt{\pi}}\int_0^\infty \mathrm{d}x\,x^{7-4/s}\mathrm{e}^{-x^2}\right]\frac{5\pi}{2}\sqrt{\frac{K}{m}}\int_0^\infty \sin^2 2\theta\cdot\alpha\mathrm{d}\alpha \tag{12.7-59}$$

$$a_{11} = \frac{m}{24k_{\mathrm{B}}Tn^2}\left(\frac{4K}{m}\right)^{2/s}\int f^{(0)}f_1^{(0)}\left[\!\left[S_1^{3/2}(x)\boldsymbol{\xi}\right]\!\right]^2\xi_{\mathrm{r}}^{1-4/s}\mathrm{d}^3\xi_{\mathrm{c}}\mathrm{d}^3\xi_{\mathrm{r}}\alpha\mathrm{d}\alpha\mathrm{d}\varphi$$

$$= \frac{m}{24k_{\mathrm{B}}Tn^2}\left(\frac{4K}{m}\right)^{2/s}n^2\left(\frac{m}{2\pi k_{\mathrm{B}}T}\right)^3\left(\frac{m}{2k_{\mathrm{B}}T}\right)^2\int_0^\infty \mathrm{d}\xi_{\mathrm{c}}4\pi\xi_{\mathrm{c}}^2\int_0^\infty \mathrm{d}\xi_{\mathrm{r}}4\pi\xi_{\mathrm{r}}^2$$

$$\times \int_0^{2\pi} \mathrm{d}\varphi \int_0^\infty \alpha\mathrm{d}\alpha \mathrm{e}^{-\frac{m}{2k_\mathrm{B}T}\left(2\xi_\mathrm{c}^2+\frac{1}{2}\xi_\mathrm{r}^2\right)} \frac{8}{3}\xi_\mathrm{c}^2\xi_\mathrm{r}^4\cos^2\theta\sin^2\theta$$

$$=b_{11} \tag{12.7-60}$$

式中，$\theta = \theta(\alpha)$ 由式 (12.4-27) 和式 (12.4-28) 给出。

把式 (12.7-59) 代入式 (12.7-43) 得黏性系数，把式 (12.7-60) 代入式 (12.7-52) 得热导率。我们看到，对于力心点模型，在一级近似下，由于有 $a_{11}=b_{11}$，$\kappa=\dfrac{5}{2}\eta c_V$ 仍然成立。

12.7.7　麦克斯韦气体的严格解

麦克斯韦气体有严格解。首先证明以下方程：

$$-\pi f^{(0)}\left(\frac{m\xi^2}{2k_\mathrm{B}T}-\frac{5}{2}\right)\boldsymbol{\xi}\int_0^\infty \sin^2 2\theta\cdot\alpha\mathrm{d}\alpha = \frac{1}{n}\int f^{(0)}f_1^{(0)}\left[\!\left[S_1^{3/2}(x)\boldsymbol{\xi}\right]\!\right]\mathrm{d}^3v_1\alpha\mathrm{d}\alpha\mathrm{d}\varphi \tag{12.7-61}$$

$$\frac{3\pi}{2}f^{(0)}\left(\xi_i\xi_j-\frac{1}{3}\xi^2\delta_{ij}\right)\int_0^\infty \sin^2 2\theta\cdot\alpha\mathrm{d}\alpha$$

$$=\frac{1}{n}\int f^{(0)}f_1^{(0)}\left[\!\left[\left(\xi_i\xi_j-\frac{\xi^2}{3}\delta_{ij}\right)\right]\!\right]\mathrm{d}^3v_1\alpha\mathrm{d}\alpha\mathrm{d}\varphi \tag{12.7-62}$$

证明　如图 12.7.1 所示，引进直角坐标系 $(\zeta,\chi,\xi_\mathrm{r})$，有

$$\boldsymbol{\xi}_\mathrm{r}=\xi_\mathrm{r}\boldsymbol{e}_3,\quad \boldsymbol{\xi}_\mathrm{r}'=\boldsymbol{e}_1\xi_\mathrm{r}\sin(\pi-2\theta)\cos\varphi+\boldsymbol{e}_2\xi_\mathrm{r}\sin(\pi-2\theta)\sin\varphi+\boldsymbol{e}_3\xi_\mathrm{r}\cos(\pi-2\theta),$$

$$\boldsymbol{\xi}_\mathrm{c}=\boldsymbol{e}_1\xi_{\mathrm{c},1}+\boldsymbol{e}_2\xi_{\mathrm{c},2}+\boldsymbol{e}_3\xi_{\mathrm{c},3}$$

$$\tag{12.7-63}$$

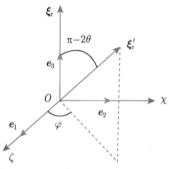

图 12.7.1　直角坐标系 $(\zeta,\chi,\xi_\mathrm{r})$

使用式 (12.7-46)，得

$$\frac{1}{n} \int f^{(0)} f_1^{(0)} \left[\!\left[\left(\xi_i \xi_j - \frac{\xi^2}{3} \delta_{ij} \right) \right]\!\right] \mathrm{d}^3 v_1 \alpha \mathrm{d}\alpha \mathrm{d}\varphi$$

$$= \frac{1}{n} \int f^{(0)} f_1^{(0)} [\![\xi_i \xi_j]\!] \, \mathrm{d}^3 \xi_1 \alpha \mathrm{d}\alpha \mathrm{d}\varphi$$

$$= \frac{1}{n} \int f^{(0)} f_1^{(0)} \frac{1}{2} \left(\xi_{\mathrm{r},i} \xi_{\mathrm{r},j} - \xi'_{\mathrm{r},i} \xi'_{\mathrm{r},j} \right) \mathrm{d}^3 \xi_1 \alpha \mathrm{d}\alpha \mathrm{d}\varphi \tag{12.7-64}$$

在直角坐标系 $(\zeta, \chi, \xi_{\mathrm{r}})$ 里，矩阵 $\left(\xi_{\mathrm{r},i} \xi_{\mathrm{r},j} - \xi'_{\mathrm{r},i} \xi'_{\mathrm{r},j} \right)$ 的每一个非对角矩阵元均含有因子 $\cos\varphi$、$\sin\varphi$ 和 $\cos\varphi\sin\varphi$ 之一，因此对 φ 积分后均为零，得

$$\int_0^{2\pi} \left(\xi_{\mathrm{r},i} \xi_{\mathrm{r},j} - \xi'_{\mathrm{r},i} \xi'_{\mathrm{r},j} \right) \mathrm{d}\varphi = 3\pi \xi_{\mathrm{r}}^2 \sin^2 2\theta \cdot \begin{pmatrix} -1/3 & 0 & 0 \\ 0 & -1/3 & 0 \\ 0 & 0 & 2/3 \end{pmatrix} \tag{12.7-65}$$

现在把式 (12.7-65) 写成不依赖于具体直角坐标系的形式。定义两个矢量 $\boldsymbol{A}$ 和 $\boldsymbol{B}$ 的并矢 (dyadic) 为

$$(\boldsymbol{AB}) = \begin{pmatrix} A_1 B_1 & A_1 B_2 & A_1 B_3 \\ A_2 B_1 & A_2 B_2 & A_2 B_3 \\ A_3 B_1 & A_3 B_2 & A_3 B_3 \end{pmatrix} \tag{12.7-66}$$

对于张量 w_{ij}，还可以定义另一个张量 $\overset{\circ}{w}$ 为

$$\left(\overset{\circ}{w} \right)_{ij} = w_{ij} - \frac{1}{3} \left(w_{11} + w_{22} + w_{33} \right) \delta_{ij} \tag{12.7-67}$$

在直角坐标系 $(\zeta, \chi, \xi_{\mathrm{r}})$ 里，有

$$(\overset{\circ}{\boldsymbol{\xi}_{\mathrm{r}}} \boldsymbol{\xi}_{\mathrm{r}}) = \xi_{\mathrm{r}}^2 (\overset{\circ}{\boldsymbol{e}_3} \boldsymbol{e}_3) = \xi_{\mathrm{r}}^2 \begin{pmatrix} -1/3 & 0 & 0 \\ 0 & -1/3 & 0 \\ 0 & 0 & 2/3 \end{pmatrix} \tag{12.7-68}$$

把式 (12.7-68) 代入式 (12.7-65) 得

$$\int_0^{2\pi} \left(\xi_{\mathrm{r},i} \xi_{\mathrm{r},j} - \xi'_{\mathrm{r},i} \xi'_{\mathrm{r},j} \right) \mathrm{d}\varphi = 3\pi \left[1 - \left(\frac{\boldsymbol{\xi}_{\mathrm{r}} \cdot \boldsymbol{\xi}'_{\mathrm{r}}}{\xi_{\mathrm{r}}^2} \right)^2 \right] (\overset{\circ}{\boldsymbol{\xi}_{\mathrm{r}}} \boldsymbol{\xi}_{\mathrm{r}})$$

$$= 3\pi \left[1 - \left(\frac{\boldsymbol{\xi}_{\mathrm{r}} \cdot \boldsymbol{\xi}_{\mathrm{r}}'}{\xi_{\mathrm{r}}^2} \right)^2 \right] \left(\xi_{\mathrm{r},i}\xi_{\mathrm{r},j} - \frac{1}{3}\xi_{\mathrm{r}}^2\delta_{ij} \right) \quad (12.7\text{-}69)$$

注意，式 (12.7-69) 不依赖于具体直角坐标系。

把式 (12.7-69) 代入式 (12.7-64) 得

$$\frac{1}{n} \int f^{(0)} f_1^{(0)} \left[\!\!\left[\left(\xi_i\xi_j - \frac{\xi^2}{3}\delta_{ij} \right) \right]\!\!\right] \mathrm{d}^3 v_1 \alpha \mathrm{d}\alpha \mathrm{d}\varphi$$

$$= \frac{1}{n} \int f^{(0)} f_1^{(0)} \frac{1}{2} 3\pi \sin^2 2\theta \cdot \left(\xi_{\mathrm{r},i}\xi_{\mathrm{r},j} - \frac{1}{3}\xi_{\mathrm{r}}^2\delta_{ij} \right) \mathrm{d}^3\xi_1 \alpha \mathrm{d}\alpha$$

$$= \frac{3\pi}{2n} f^{(0)} \int f_1^{(0)} \left[(\xi_i - \xi_{1,i})(\xi_j - \xi_{1,j}) - \frac{1}{3}(\boldsymbol{\xi} - \boldsymbol{\xi}_1)^2 \delta_{ij} \right] \mathrm{d}^3\xi_1 \int_0^\infty \sin^2 2\theta \cdot \alpha \mathrm{d}\alpha$$

$$= \frac{3\pi}{2} f^{(0)} \left(\xi_i\xi_j - \frac{1}{3}\xi^2\delta_{ij} \right) \int_0^\infty \sin^2 2\theta \cdot \alpha \mathrm{d}\alpha$$

$$(12.7\text{-}70)$$

使用式 (12.7-46)，并在直角坐标系 $(\zeta, \chi, \xi_{\mathrm{r}})$ 里对 φ 积分，得

$$\int_0^{2\pi} \left[\!\!\left[S_1^{3/2}(x)\boldsymbol{\xi} \right]\!\!\right] \mathrm{d}\varphi = -\frac{m}{2k_{\mathrm{B}}T} \int_0^{2\pi} \left[(\boldsymbol{\xi}_{\mathrm{c}} \cdot \boldsymbol{\xi}_{\mathrm{r}})\boldsymbol{\xi}_{\mathrm{r}} - (\boldsymbol{\xi}_{\mathrm{c}} \cdot \boldsymbol{\xi}_{\mathrm{r}}')\boldsymbol{\xi}_{\mathrm{r}}' \right] \mathrm{d}\varphi$$

$$= -\frac{\pi m}{2k_{\mathrm{B}}T} \xi_{\mathrm{r}}^2 \left(-\boldsymbol{e}_1\xi_{\mathrm{c},1} - \boldsymbol{e}_2\xi_{\mathrm{c},2} + \boldsymbol{e}_3 2\xi_{\mathrm{c},3} \right) \sin^2 2\theta \quad (12.7\text{-}71)$$

把式 (12.7-71) 写成不依赖于具体直角坐标系的形式，得

$$\int_0^{2\pi} \left[\!\!\left[S_1^{3/2}(x)\boldsymbol{\xi} \right]\!\!\right] \mathrm{d}\varphi = -\frac{\pi m}{2k_{\mathrm{B}}T} \left[3(\boldsymbol{\xi}_{\mathrm{c}} \cdot \boldsymbol{\xi}_{\mathrm{r}})\boldsymbol{\xi}_{\mathrm{r}} - \xi_{\mathrm{r}}^2\boldsymbol{\xi}_{\mathrm{c}} \right] \left[1 - \left(\frac{\boldsymbol{\xi}_{\mathrm{r}} \cdot \boldsymbol{\xi}_{\mathrm{r}}'}{\xi_{\mathrm{r}}^2} \right)^2 \right] \quad (12.7\text{-}72)$$

从而得

$$\frac{1}{n} \int f^{(0)} f_1^{(0)} \left[\!\!\left[S_1^{3/2}(x)\boldsymbol{\xi} \right]\!\!\right] \mathrm{d}^3 v_1 \alpha \mathrm{d}\alpha \mathrm{d}\varphi$$

$$= -\frac{\pi m}{4nk_{\mathrm{B}}T} f^{(0)} \int f_1^{(0)} \left[(2\xi^2 - 4\xi_1^2)\boldsymbol{\xi} - (4\xi^2 - 2\xi_1^2)\boldsymbol{\xi}_1 \right.$$

$$\left. + 2(\boldsymbol{\xi} \cdot \boldsymbol{\xi}_1)(\boldsymbol{\xi} + \boldsymbol{\xi}_1) \right] \mathrm{d}^3\xi_1 \int_0^\infty \sin^2 2\theta \cdot \alpha \mathrm{d}\alpha$$

$$= -\pi f^{(0)} \left(\frac{m\xi^2}{2k_{\mathrm{B}}T} - \frac{5}{2} \right) \boldsymbol{\xi} \int_0^\infty \sin^2 2\theta \cdot \alpha \mathrm{d}\alpha \quad (12.7\text{-}73)$$

证毕。

把式 (12.7-35) 代入式 (12.7-14)，与式 (12.7-61) 比较；把式 (12.7-44) 代入式 (12.7-15)，并与式 (12.7-62) 比较；结果为

$$A_1 = -\left(\frac{4K}{m}\right)^{-1/2} \frac{1}{\pi \int_0^\infty \sin^2 2\theta \cdot \alpha \mathrm{d}\alpha} = -\frac{3}{4}B_1, \quad A_\tau = A_1 \delta_{\tau,1}, \quad B_\tau = B_1 \delta_{\tau,1}$$

$$\kappa = -\frac{5k_\mathrm{B}^2 T}{2m} A_1 = \frac{1}{\pi \int_0^\infty \sin^2 2\theta \cdot \alpha \mathrm{d}\alpha} \frac{5k_\mathrm{B}^2}{2m} \left(\frac{4K}{m}\right)^{-1/2} T, \quad \eta = \frac{1}{2}k_\mathrm{B} T B_1 = \frac{2}{5c_V}\kappa$$

$$(12.7\text{-}74)$$

式中，$c_V = \frac{3}{2m}k_\mathrm{B}$；$\theta = \theta(\alpha)$ 由式 (12.4-27) 和式 (12.4-28) 定义，即

$$\theta(\alpha) = \int_0^{\zeta_0} \frac{\mathrm{d}\zeta}{\sqrt{1 - \left(\frac{\zeta}{\alpha}\right)^4 - \zeta^2}}, \quad \zeta_0 = \alpha \sqrt{-\frac{\alpha^2}{2} + \sqrt{1 + \frac{\alpha^4}{4}}}$$

$$\int_0^\infty \sin^2 2\theta \cdot \alpha \mathrm{d}\alpha = \frac{\sqrt{2}}{\pi} \times 1.3700 = 0.6167 \tag{12.7-75}$$

习　题

1. 考虑力心点模型 $s = 2$，证明：

$$a_{11} = b_{11} = \left[\left(\frac{K}{k_\mathrm{B}T}\right)^{1/2} \frac{16}{15\sqrt{\pi}} \int_0^\infty \mathrm{d}x x^5 \mathrm{e}^{-x^2}\right] \frac{5\pi}{4} \sqrt{\frac{K}{m}} \int_0^\infty \sin^2\left(\pi\sqrt{\frac{y}{1+y}}\right) \mathrm{d}y$$

$$= \frac{4K}{3} \sqrt{\frac{\pi}{mk_\mathrm{B}T}} \int_0^\infty \sin^2\left(\pi\sqrt{\frac{y}{1+y}}\right) \mathrm{d}y$$

12.8　洛伦兹气体

1905 年，洛伦兹求解了由两种质量相差很大的分子组成的稀薄气体的玻尔兹曼积分微分方程的解，并把所得解应用于金属中的自由电子气体[15,121]。

12.8.1　混合气体的玻尔兹曼积分微分方程

考虑由两种质量分别为 m_1 和 m_2 的分子组成的混合气体，设第一种分子的分布函数为 $f = f(\boldsymbol{r}, \boldsymbol{v}, t)$，第二种分子的分布函数为 $\mathcal{F} = \mathcal{F}(\boldsymbol{r}, \boldsymbol{v}, t)$，有

$$n_1 = \int f(\boldsymbol{r}, \boldsymbol{v}, t)\mathrm{d}^3 v, \quad n_2 = \int \mathcal{F}(\boldsymbol{r}, \boldsymbol{v}, t)\mathrm{d}^3 v \tag{12.8-1}$$

式中，n_1 和 n_2 分别为两种气体的数密度。

把式 (12.4-14) 推广，得玻尔兹曼积分微分方程

$$\frac{\partial f}{\partial t} = -\frac{\partial}{\partial \boldsymbol{r}} \cdot (f\boldsymbol{v}) - \frac{\partial}{\partial \boldsymbol{v}} \cdot (f\boldsymbol{F}_1) + \int (f'f_1' - ff_1)\, \mathrm{d}^3 v_1 \Lambda_{11} \mathrm{d}\Omega$$

$$+ \int (f'\mathcal{F}_1' - f\mathcal{F}_1)\, \mathrm{d}^3 v_1 \Lambda_{12} \mathrm{d}\Omega \tag{12.8-2}$$

$$\frac{\partial \mathcal{F}}{\partial t} = -\frac{\partial}{\partial \boldsymbol{r}} \cdot (\mathcal{F}\boldsymbol{v}) - \frac{\partial}{\partial \boldsymbol{v}} \cdot (\mathcal{F}\boldsymbol{F}_2) + \int (\mathcal{F}'f_1' - \mathcal{F}f_1)\, \mathrm{d}^3 v_1 \Lambda_{21} \mathrm{d}\Omega$$

$$+ \int (\mathcal{F}'\mathcal{F}_1' - \mathcal{F}\mathcal{F}_1)\, \mathrm{d}^3 v_1 \Lambda_{22} \mathrm{d}\Omega \tag{12.8-3}$$

式中，$\Lambda_{ij} = d_{ij}^2 v_{ij} \cos\theta$，$d_{ij} = (d_i + d_j)/2$，$f = f(\boldsymbol{r}, \boldsymbol{v}, t)$，$f' = f(\boldsymbol{r}, \boldsymbol{v}', t)$，$f_1 = f_1(\boldsymbol{r}, \boldsymbol{v}_1, t), f_1' = f_1(\boldsymbol{r}, \boldsymbol{v}_1', t), \mathcal{F} = \mathcal{F}(\boldsymbol{r}, \boldsymbol{v}, t), \mathcal{F}' = \mathcal{F}(\boldsymbol{r}, \boldsymbol{v}', t), \mathcal{F}_1 = \mathcal{F}(\boldsymbol{r}, \boldsymbol{v}_1, t),$
$\mathcal{F}_1' = \mathcal{F}(\boldsymbol{r}, \boldsymbol{v}_1', t),$ $\boldsymbol{F}_1$ 和 $\boldsymbol{F}_2$ 分别为作用在第一种和第二种分子上的单位质量的力，以及

$$\boldsymbol{v}' = \boldsymbol{v} - \frac{2m_1}{m_1 + m_2}\left[(\boldsymbol{v} - \boldsymbol{v}_1) \cdot \boldsymbol{n}\right]\boldsymbol{n}, \quad \boldsymbol{v}_1' = \boldsymbol{v}_1 + \frac{2m_2}{m_1 + m_2}\left[(\boldsymbol{v} - \boldsymbol{v}_1) \cdot \boldsymbol{n}\right]\boldsymbol{n}$$

12.8.2　流体力学方程

使用 10.6 节推导流体力学方程的方法，把式 (12.8-2) 和式 (12.8-3) 两边分别乘以 $\mathrm{d}^3 v$ 并积分，得

$$\frac{\partial \rho_1}{\partial t} + \frac{\partial}{\partial \boldsymbol{r}} \cdot (\rho_1 \boldsymbol{u}_1) = 0, \quad \frac{\partial \rho_2}{\partial t} + \frac{\partial}{\partial \boldsymbol{r}} \cdot (\rho_2 \boldsymbol{u}_2) = 0 \tag{12.8-4}$$

式中，$\rho_1 = n_1 m_1$ 和 $\rho_2 = n_2 m_2$ 分别为两种气体的质量密度；$\boldsymbol{u}_1$ 和 $\boldsymbol{u}_2$ 分别为两种气体的速度，即

$$\boldsymbol{u}_1 = \bar{\boldsymbol{v}}_1, \quad \boldsymbol{u}_2 = \bar{\boldsymbol{v}}_2 \tag{12.8-5}$$

这里，统计平均定义为

$$\overline{A_1} = \frac{1}{n_1}\int A_1(\boldsymbol{v}) f(\boldsymbol{r}, \boldsymbol{v}, t)\mathrm{d}^3 v, \quad \overline{A_2} = \frac{1}{n_2}\int A_2(\boldsymbol{v}) \mathcal{F}(\boldsymbol{r}, \boldsymbol{v}, t)\mathrm{d}^3 v \tag{12.8-6}$$

把式 (12.8-4) 中的两个方程相加得

$$\frac{\partial \rho}{\partial t} + \frac{\partial}{\partial \boldsymbol{r}} \cdot (\rho \boldsymbol{u}_\mathrm{c}) = 0 \tag{12.8-7}$$

式中，

$$\boldsymbol{u}_\mathrm{c} = \frac{\rho_1 \boldsymbol{u}_1 + \rho_2 \boldsymbol{u}_2}{\rho_1 + \rho_2} = \frac{\rho_1 \boldsymbol{u}_1 + \rho_2 \boldsymbol{u}_2}{\rho} \tag{12.8-8}$$

为混合气体的质心速度。

式 (12.8-7) 可以改写为

$$\frac{\mathrm{d}\rho}{\mathrm{d}t} = \left(\frac{\partial}{\partial t} + \boldsymbol{u}_{\mathrm{c}} \cdot \nabla\right)\rho = -\rho\nabla \cdot \boldsymbol{u}_{\mathrm{c}} \tag{12.8-9}$$

把式 (12.8-2) 和式 (12.8-3) 两边分别乘以 $v_i\mathrm{d}^3v$ 并积分,得

$$\frac{\partial u_{1,i}}{\partial t} + (\boldsymbol{u}_1 \cdot \nabla)\, u_{1,i} = F_{1,i} + \frac{1}{\rho_1}\frac{\partial \sigma_{1,ji}}{\partial x_j}, \quad \frac{\partial u_{2,i}}{\partial t} + (\boldsymbol{u}_2 \cdot \nabla)\, u_{2,i} = F_{2,i} + \frac{1}{\rho_2}\frac{\partial \sigma_{2,ji}}{\partial x_j}$$
$$\tag{12.8-10}$$

式中,

$$\sigma_{1,ij} = -\rho_1\overline{\xi_{1,i}\xi_{1,j}}, \quad \boldsymbol{\xi}_1 = \boldsymbol{v} - \boldsymbol{u}_1, \quad \sigma_{2,ij} = -\rho_2\overline{\xi_{2,i}\xi_{2,j}}, \quad \boldsymbol{\xi}_2 = \boldsymbol{v} - \boldsymbol{u}_2 \tag{12.8-11}$$

把式 (12.8-2) 和式 (12.8-3) 两边分别乘以 $v_i^2\mathrm{d}^3v$ 并积分,并使用式 (12.8-4),得

$$\begin{cases} \rho_1\left[\dfrac{\partial}{\partial t} + (\boldsymbol{u}_1 \cdot \nabla)\right]\overline{\xi_1^2} + 2\nabla \cdot \boldsymbol{q}_1 = \sigma_{1,ij}\left(\dfrac{\partial u_{1,i}}{\partial x_j} + \dfrac{\partial u_{1,j}}{\partial x_i}\right) \\[3mm] \rho_2\left[\dfrac{\partial}{\partial t} + (\boldsymbol{u}_2 \cdot \nabla)\right]\overline{\xi_2^2} + 2\nabla \cdot \boldsymbol{q}_2 = \sigma_{2,ij}\left(\dfrac{\partial u_{2,i}}{\partial x_j} + \dfrac{\partial u_{2,j}}{\partial x_i}\right) \end{cases} \tag{12.8-12}$$

式中,

$$\boldsymbol{q}_1 = \frac{1}{2}\rho_1\overline{\boldsymbol{\xi}_1\xi_1^2}, \quad \boldsymbol{q}_2 = \frac{1}{2}\rho_2\overline{\boldsymbol{\xi}_2\xi_2^2} \tag{12.8-13}$$

12.8.3 达到局域麦克斯韦速度分布函数时的流体力学方程

10.6 节的 H 定理很容易推广到现在的情形。定义

$$H\left(t\right) = \int \left[f(\boldsymbol{r},\boldsymbol{v},t)\ln f(\boldsymbol{r},\boldsymbol{v},t) + \mathcal{F}(\boldsymbol{r},\boldsymbol{v},t)\ln\mathcal{F}(\boldsymbol{r},\boldsymbol{v},t)\right]\mathrm{d}^3r\mathrm{d}^3v \tag{12.8-14}$$

容易证明,达到平衡时分布函数满足细致平衡原理,其对数满足

$$\ln f' + \ln f_1' = \ln f + \ln f_1, \quad \ln f' + \ln \mathcal{F}_1' = \ln f + \ln \mathcal{F}_1,$$
$$\ln \mathcal{F}' + \ln f_1' = \ln \mathcal{F} + \ln f_1, \quad \ln \mathcal{F}' + \ln \mathcal{F}_1' = \ln \mathcal{F} + \ln \mathcal{F}_1 \tag{12.8-15}$$

二体碰撞时总动量和总动能守恒,因此分布函数的对数是 m_i, $m_i\boldsymbol{v}_i$ 和 $\frac{1}{2}m_i\boldsymbol{v}_i^2$ 的线性组合,即

$$\ln f^{(0)} = a_1m_1 + m_1\boldsymbol{b} \cdot \boldsymbol{v}_1 + c\frac{1}{2}m_1\boldsymbol{v}_1^2, \quad \ln \mathcal{F}^{(0)} = a_2m_2 + m_2\boldsymbol{b} \cdot \boldsymbol{v}_2 + c\frac{1}{2}m_2\boldsymbol{v}_2^2$$
$$\tag{12.8-16}$$

式中，a_1、a_2 和 c 为常量；$\boldsymbol{b}$ 为恒定矢量。

式 (12.8-16) 可以写成

$$f^{(0)}(\boldsymbol{r},\boldsymbol{v},t)=n_1(\boldsymbol{r},t)\left[\frac{m_1}{2\pi k_{\mathrm{B}}T(\boldsymbol{r},t)}\right]^{3/2}\exp\left[-\frac{m_1}{2k_{\mathrm{B}}T(\boldsymbol{r},t)}\left(\boldsymbol{v}-\frac{1}{c}\boldsymbol{b}\right)^2\right]$$

(12.8-17)

$$\mathcal{F}^{(0)}(\boldsymbol{r},\boldsymbol{v},t)=n_2(\boldsymbol{r},t)\left[\frac{m_2}{2\pi k_{\mathrm{B}}T(\boldsymbol{r},t)}\right]^{3/2}\exp\left[-\frac{m_2}{2k_{\mathrm{B}}T(\boldsymbol{r},t)}\left(\boldsymbol{v}-\frac{1}{c}\boldsymbol{b}\right)^2\right]$$

(12.8-18)

把式 (12.8-12) 代入式 (12.8-5)、式 (12.8-11) 和式 (12.8-13) 得

$$\boldsymbol{u}_1=\boldsymbol{u}_2=\boldsymbol{u}_{\mathrm{c}}=\frac{1}{c}\boldsymbol{b},\quad \sigma_{1,ij}=-\delta_{ij}n_1k_{\mathrm{B}}T=-P_1\delta_{ij},\quad \sigma_{2,ij}=-\delta_{ij}n_2k_{\mathrm{B}}T=-P_2\delta_{ij},$$

$$\rho_1\overline{\xi_1^2}=3P_1,\quad \rho_2\overline{\xi_2^2}=3P_2,\quad \boldsymbol{q}_1=\boldsymbol{q}_2=0$$

(12.8-19)

我们看到，达到局域麦克斯韦速度分布函数时，混合气体没有黏性和传热性，因此为无黏性的理想流体。

把式 (12.8-19) 代入式 (12.8-4)，得连续性方程

$$\frac{1}{\rho_1}\frac{\mathrm{d}\rho_1}{\mathrm{d}t}=\frac{1}{\rho_2}\frac{\mathrm{d}\rho_2}{\mathrm{d}t}=-\nabla\cdot\boldsymbol{u}_{\mathrm{c}}$$

(12.8-20)

把式 (12.8-19) 代入式 (12.8-10)，得动量平衡方程

$$\frac{\mathrm{d}\boldsymbol{u}_{\mathrm{c}}}{\mathrm{d}t}=\boldsymbol{F}_1-\frac{1}{\rho_1}\nabla P_1=\boldsymbol{F}_2-\frac{1}{\rho_2}\nabla P_2=\frac{\rho_1\boldsymbol{F}_1+\rho_2\boldsymbol{F}_2}{\rho}-\frac{1}{\rho}\nabla P$$

(12.8-21)

式中，$P=P_1+P_2=(n_1+n_2)k_{\mathrm{B}}T=nk_{\mathrm{B}}T$ 为混合理想气体压强。

把式 (12.8-19) 代入式 (12.8-14)，并使用式 (12.8-9)，得能量平衡方程

$$\frac{3}{2T}\frac{\mathrm{d}T}{\mathrm{d}t}=-\nabla\cdot\boldsymbol{u}_{\mathrm{c}}$$

(12.8-22)

把式 (12.8-22) 代入式 (12.8-20)，得

$$\frac{\mathrm{d}}{\mathrm{d}t}\ln\left(n_1T^{-3/2}\right)=\frac{\mathrm{d}}{\mathrm{d}t}\ln\left(n_2T^{-3/2}\right)=\frac{\mathrm{d}}{\mathrm{d}t}\ln\left(nT^{-3/2}\right)=0$$

(12.8-23)

仿照式 (12.7-5) 的推导，把 $f^{(0)}$ 取对数，然后求偏导数，并使用式 (12.8-21)～式 (12.8-23)，得

$$\frac{\mathrm{d}\ln f^{(0)}}{\mathrm{d}t} + \xi_j \frac{\partial \ln f^{(0)}}{\partial x_j} + F_{1,j} \frac{\partial \ln f^{(0)}}{\partial v_j}$$

$$= \frac{\mathrm{d}}{\mathrm{d}t} \ln \left(n_1 T^{-3/2}\right) + \frac{m_1}{2k_{\mathrm{B}}T^2} \frac{\mathrm{d}T}{\mathrm{d}t} \xi^2 + \frac{m_1}{k_{\mathrm{B}}T} \boldsymbol{\xi} \cdot \left(\frac{\mathrm{d}\boldsymbol{u}_{\mathrm{c}}}{\mathrm{d}t} - \boldsymbol{F}_1\right)$$

$$+ \xi_j \left[\frac{\partial}{\partial x_j} \ln \left(n_1 T^{-3/2}\right) + \frac{m_1}{2k_{\mathrm{B}}T^2} \frac{\partial T}{\partial x_j} \xi^2 + \frac{m_1}{k_{\mathrm{B}}T} \boldsymbol{\xi} \cdot \frac{\partial \boldsymbol{u}_{\mathrm{c}}}{\partial x_j}\right]$$

$$= \left(\frac{m_1 \xi^2}{2k_{\mathrm{B}}T} - \frac{5}{2}\right) \boldsymbol{\xi} \cdot \nabla \ln T + \frac{m_1}{k_{\mathrm{B}}T} \left(\xi_i \xi_j - \frac{\xi^2}{3} \delta_{ij}\right) \frac{\partial u_{\mathrm{c},i}}{\partial x_j} + \frac{n}{n_1} \boldsymbol{\xi} \cdot \boldsymbol{h} \quad (12.8\text{-}24)$$

式中，$\boldsymbol{\xi} = \boldsymbol{v} - \boldsymbol{u}_{\mathrm{c}}$，

$$\boldsymbol{h} = \nabla \left(\frac{n_1}{n}\right) + \frac{n_1 n_2 (m_2 - m_1)}{n\rho} \nabla P - \frac{n_1 m_1 n_2 m_2 (\boldsymbol{F}_1 - \boldsymbol{F}_2)}{\rho P} \quad (12.8\text{-}25)$$

12.8.4 玻尔兹曼积分微分方程的线性化

现在考虑两种分子质量相差很大的情形 (洛伦兹气体)，即 $m_1 \ll m_2, d_1 \ll d_2$ 的情形。此时玻尔兹曼积分微分方程得到极大的简化。二体碰撞后的速度化为

$$\boldsymbol{v}_1' = \boldsymbol{v}_1 - 2\left[(\boldsymbol{v}_1 - \boldsymbol{v}_2) \cdot \boldsymbol{n}\right] \boldsymbol{n}, \quad \boldsymbol{v}_2' = \boldsymbol{v}_2 \quad (12.8\text{-}26)$$

定义相对速度

$$\boldsymbol{\xi}_1 = \boldsymbol{v}_1 - \boldsymbol{u}_{\mathrm{c}}, \quad \boldsymbol{\xi}_2 = \boldsymbol{v}_2 - \boldsymbol{u}_{\mathrm{c}}, \quad \boldsymbol{\xi}_1' = \boldsymbol{v}_1' - \boldsymbol{u}_{\mathrm{c}}, \quad \boldsymbol{\xi}_2' = \boldsymbol{v}_2' - \boldsymbol{u}_{\mathrm{c}} \quad (12.8\text{-}27)$$

由于气体偏离平衡态不远，则能均分定理近似成立，即

$$\frac{1}{2} m_1 \overline{\boldsymbol{\xi}_1^2} \cong \frac{1}{2} m_2 \overline{\boldsymbol{\xi}_2^2} \cong \frac{1}{2} m_2 \overline{\boldsymbol{\xi}_2'^2} \cong \frac{3}{2} k_{\mathrm{B}}T \quad (12.8\text{-}28)$$

由于 $m_1 \ll m_2$，由式 (12.8-28) 可得 $\boldsymbol{\xi}_2 \cong \boldsymbol{\xi}_2' \cong 0$，则有

$$\boldsymbol{v}_2' \cong \boldsymbol{v}_2 \cong \boldsymbol{u}_{\mathrm{c}}, \quad \boldsymbol{v}_1 - \boldsymbol{v}_2 = \boldsymbol{\xi}_1 - \boldsymbol{\xi}_2 \cong \boldsymbol{\xi}_1 = \boldsymbol{\xi}, \quad \boldsymbol{\xi}' = \boldsymbol{\xi} - 2(\boldsymbol{\xi} \cdot \boldsymbol{n}) \boldsymbol{n}, \quad \xi' = \xi \quad (12.8\text{-}29)$$

式中，$\boldsymbol{\xi}_1$ 已经省去下标，这样就与式 (12.8-24) 中的 $\boldsymbol{\xi}$ 一致。

由于 $d_1 \ll d_2$，则只需要考虑玻尔兹曼积分微分方程之一的式 (12.8-2)，而且可以忽略该方程中的第一种分子之间的碰撞项。使用 $\boldsymbol{v}_2' \cong \boldsymbol{v}_2$，得

$$\mathcal{F}(\boldsymbol{r}, \boldsymbol{v}, t) \cong \mathcal{F}(\boldsymbol{r}, \boldsymbol{v}', t) \quad (12.8\text{-}30)$$

因此式 (12.8-2) 简化为

$$
\frac{\partial f}{\partial t} + \frac{\partial}{\partial \boldsymbol{r}} \cdot (f\boldsymbol{v}) + \frac{\partial}{\partial \boldsymbol{v}} \cdot (f\boldsymbol{F}_1) \cong \int (f'\mathcal{F}_1' - f\mathcal{F}_1) \, \mathrm{d}^3 v_1 \Lambda_{12} \mathrm{d}\Omega
$$

$$
\cong \int (f' - f) \mathcal{F}_1 \mathrm{d}^3 v_1 \Lambda_{12} \mathrm{d}\Omega = n_2 \int (f' - f) \Lambda_{12} \mathrm{d}\Omega
$$

$$\tag{12.8-31}$$

由于 $\rho \cong n_2 m_2$，式 (12.8-25) 简化为

$$
\boldsymbol{h} \cong \nabla \left(\frac{n_1}{n} \right) + \frac{n_1}{n} \nabla \ln P - \frac{n_1 m_1 \boldsymbol{F}_1}{P}
$$

$$\tag{12.8-32}$$

为了求解玻尔兹曼方程，我们使用逐级近似法。为简单起见，考虑一级近似

$$
f = f^{(0)} + f^{(1)} = f^{(0)} \left(1 + \varPhi \right)
$$

$$\tag{12.8-33}$$

式中，$\varPhi = \varPhi(\boldsymbol{v})$ 为待定函数。

这里的要求跟式 (12.7-2) 相同，约束条件为式 (12.7-3)。

把式 (12.8-33) 代入式 (12.8-31)，并保留到线性项，代入式 (12.8-24)，得

$$
\frac{\partial \ln f^{(0)}}{\partial t} + \boldsymbol{v} \cdot \frac{\partial \ln f^{(0)}}{\partial \boldsymbol{r}} + \boldsymbol{F}_1 \cdot \frac{\partial \ln f^{(0)}}{\partial \boldsymbol{v}}
$$

$$
= n_2 \int (\varPhi' - \varPhi) \Lambda_{12} \mathrm{d}\Omega
$$

$$
= \left(\frac{m_1 \xi^2}{2 k_\mathrm{B} T} - \frac{5}{2} \right) \boldsymbol{\xi} \cdot \nabla \ln T + \frac{n}{n_1} \boldsymbol{\xi} \cdot \boldsymbol{h} + \frac{m_1}{k_\mathrm{B} T} \left(\xi_i \xi_j - \frac{\xi^2}{3} \delta_{ij} \right) \frac{\partial u_{\mathrm{c},i}}{\partial x_j} \quad (12.8\text{-}34)
$$

12.8.5 线性方程的解

本节理论的主要应用对象是金属中的自由电子。由于整个金属是静止的，所以没有整体运动，有 $\boldsymbol{u}_\mathrm{c} = 0$。由非齐次线性方程 (12.8-34) 的左边，可以猜想其特解与其左边形式上类似，即

$$
\varPhi = - (A\nabla \ln T + nD\boldsymbol{h}) \cdot \boldsymbol{\xi}
$$

$$\tag{12.8-35}$$

式中，$A(\xi)$ 和 $D(\xi)$ 为 ξ 的待定函数。

齐次方程的特解为 1 和 ξ^2，因为这两个量在碰撞后不变。非齐次的线性方程的通解为其特解的线性组合，加上齐次方程的解。使用约束条件 (12.7-3)，参考式 (12.7-17) 那里的证明，得非齐次方程的通解即为其特解。

使用 $\xi' = \xi$，我们发现 A 和 D 满足

$$
A' = A(\xi') = A(\xi) = A, \quad D' = D(\xi') = D(\xi) = D
$$

$$\tag{12.8-36}$$

把式 (12.8-35) 代入非齐次方程 (12.8-34)，使用式 (12.8-36)，并令方程两边 $\boldsymbol{\xi} \cdot \nabla \ln T$ 和 $\boldsymbol{\xi} \cdot \boldsymbol{h}$ 的各自的系数相等，得确定 A 和 D 的方程

$$n_2 A \int (\boldsymbol{\xi} - \boldsymbol{\xi}') \Lambda_{12} \mathrm{d}\Omega = \left(\frac{m_1 \xi^2}{2k_\mathrm{B} T} - \frac{5}{2} \right) \boldsymbol{\xi} \tag{12.8-37}$$

$$n_2 D \int (\boldsymbol{\xi} - \boldsymbol{\xi}') \Lambda_{12} \mathrm{d}\Omega = \frac{1}{n_1} \boldsymbol{\xi} \tag{12.8-38}$$

如图 12.8.1 所示，引进直角坐标系 (ζ, χ, ξ)，有

$$\boldsymbol{\xi} = (0, 0, \xi), \quad \boldsymbol{n} = (\sin\theta\cos\varphi, \sin\theta\sin\varphi, \cos\theta), \quad \boldsymbol{\xi}' = \boldsymbol{\xi} - 2(\boldsymbol{\xi} \cdot \boldsymbol{n})\boldsymbol{n},$$

$$\int (\boldsymbol{\xi} - \boldsymbol{\xi}') \Lambda_{12} \mathrm{d}\Omega = n_2 A \int 2(\xi\cos\theta) \boldsymbol{n} \Lambda_{12} \mathrm{d}\Omega = \pi d_{12}^2 \xi \boldsymbol{\xi} \tag{12.8-39}$$

使用式 (12.8-37)~式 (12.8-39) 得

$$A = \frac{1}{n_2 \pi d_{12}^2 \xi} \left(\frac{m_1 \xi^2}{2k_\mathrm{B} T} - \frac{5}{2} \right), \quad D = \frac{1}{n_1 n_2 \pi d_{12}^2 \xi} \tag{12.8-40}$$

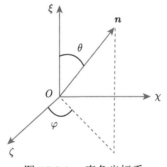

图 12.8.1　直角坐标系

12.8.6　弛豫时间假设

使用式 (12.8-35) 和式 (12.8-39)，式 (12.8-31) 化为

$$\frac{\partial f}{\partial t} + \frac{\partial}{\partial \boldsymbol{r}} \cdot (f\boldsymbol{v}) + \frac{\partial}{\partial \boldsymbol{v}} \cdot (f\boldsymbol{F}_1)$$

$$= n_2 f^{(0)} \int (\Phi' - \Phi) \Lambda_{12} \mathrm{d}\Omega$$

$$= n_2 f^{(0)} (A\nabla\ln T + n D\boldsymbol{h}) \cdot \int (\boldsymbol{\xi} - \boldsymbol{\xi}') \Lambda_{12} \mathrm{d}\Omega = -\frac{f - f^{(0)}}{\tau} \tag{12.8-41}$$

式中,

$$\tau = \frac{1}{n_2\pi d_{12}^2\xi} \tag{12.8-42}$$

我们看到, 对于没有整体运动的情形, 在一级近似下, 弛豫时间假设是成立的。

12.8.7 热传导与扩散

实验发现, 扩散遵守菲克 (Fick) 定律。假设扩散沿 x 轴方向进行。在单位时间内通过垂直于 x 轴的平面的单位面积、由负方流向正方的两种分子的质量 (质量流密度) J_1 和 J_2 与各自的密度的梯度成正比, 即

$$J_1 = -D_{12}\frac{\mathrm{d}\rho_1}{\mathrm{d}x}, \quad J_2 = -D_{21}\frac{\mathrm{d}\rho_2}{\mathrm{d}x} \tag{12.8-43}$$

式中, D_{12} 和 D_{21} 为扩散系数。

由于轻的分子的速率远大于重的分子的速率, 则只需要考虑轻的分子的贡献。假设热传导沿 x 轴方向, 使用式 (12.8-40), 得

$$q_x = \frac{1}{2}m_1\int \xi_x\xi^2 f^{(0)}\varPhi\mathrm{d}^3\xi = -\frac{2k_{\mathrm{B}}n_1}{3n_2\pi d_{12}^2}\sqrt{\frac{2k_{\mathrm{B}}T}{\pi m_1}}\left(\frac{\partial T}{\partial x}+\frac{2nT}{n_1}h_x\right) \tag{12.8-44}$$

假设扩散沿 x 轴方向进行, 有

$$J_1 = n_1m_1\overline{\xi_x} = m_1\int \xi_x f^{(0)}\varPhi\mathrm{d}^3\xi = -\frac{m_1}{2k_{\mathrm{B}}T}\left(\frac{2k_{\mathrm{B}}n_1}{3n_2\pi d_{12}^2}\sqrt{\frac{2k_{\mathrm{B}}T}{\pi m_1}}\right)\left(-\frac{\partial T}{\partial x}+\frac{2nT}{n_1}h_x\right) \tag{12.8-45}$$

联合式 (12.8-44) 与式 (12.8-45) 消去 h_x, 得

$$q_x = -\frac{4k_{\mathrm{B}}Tn_1}{3n_2\pi d_{12}^2 T}\sqrt{\frac{2k_{\mathrm{B}}T}{\pi m_1}}\frac{\partial T}{\partial x}+\frac{2k_{\mathrm{B}}T}{m_1}J_1 \tag{12.8-46}$$

给出热导率

$$\kappa = \frac{4k_{\mathrm{B}}n_1}{3n_2\pi d_{12}^2}\sqrt{\frac{2k_{\mathrm{B}}T}{\pi m_1}} \tag{12.8-47}$$

把式 (12.8-31) 代入式 (12.8-45), 得

$$J_1 = -\frac{m_1}{2k_{\mathrm{B}}T}\left(\frac{2k_{\mathrm{B}}n_1}{3n_2\pi d_{12}^2}\sqrt{\frac{2k_{\mathrm{B}}T}{\pi m_1}}\right)\left[\frac{\partial T}{\partial x}+\frac{2T}{n_1}\frac{\partial n_1}{\partial x}-\frac{2m_1F_{1,x}}{k_{\mathrm{B}}}\right] \tag{12.8-48}$$

给出扩散系数

$$D_{12} = \frac{2}{3n_2\pi d_{12}^2}\sqrt{\frac{2k_{\mathrm{B}}T}{\pi m_1}} \tag{12.8-49}$$

12.8.8 电导率

假设温度和电子数密度均匀，电场强度 $\mathcal{E}$ 沿 x 轴方向，有 $m_1\boldsymbol{F}_1 = -e\mathcal{E}\boldsymbol{e}_x$，这里 $-e$ 为电子电荷。从式 (12.8-48) 获得电流密度

$$J_{\mathrm{e}} = -e\frac{J_1}{m_1} = -\frac{e}{2k_{\mathrm{B}}T}\left(\frac{2k_{\mathrm{B}}n_1}{3n_2\pi d_{12}^2}\sqrt{\frac{2k_{\mathrm{B}}T}{\pi m_1}}\right)\frac{2m_1F_{1,x}}{k_{\mathrm{B}}} = \gamma\mathcal{E} \qquad (12.8\text{-}50)$$

给出电导率

$$\gamma = \frac{2e^2n_1}{3n_2\pi d_{12}^2 k_{\mathrm{B}}T}\sqrt{\frac{2k_{\mathrm{B}}T}{\pi m_1}} \qquad (12.8\text{-}51)$$

比较式 (12.8-47) 和式 (12.8-51) 得

$$\frac{\kappa}{\gamma} = \frac{2k_{\mathrm{B}}^2}{e^2}T \qquad (12.8\text{-}52)$$

式 (12.8-52) 最早由德鲁德 (P. Drude) 于 1900 年获得。实验发现，系数不是 2，而是 3，称为维德曼–弗兰兹 (Wiedemann-Franz) 定律，1928 年索末菲 (A. Sommerfeld) 使用费米分布函数推导出来。

第 13 章 涨　　落

13.1　涨落的准热力学理论

20 世纪初，斯莫卢霍夫斯基 (M. V. Smoluchowski) [123] 和爱因斯坦 [124] 各自独立地提出了涨落的准热力学理论。

考虑一系统与一热源接触，除此之外没有其他系统存在。两者构成复合孤立系统。因此复合孤立系统的总能量和总体积为常数，即

$$E_r + E = E^{(0)}, \quad V_r + V = V^{(0)}, \quad E_r \gg E, \quad V_r \gg V \tag{13.1-1}$$

式中，E_r, V_r 和 E, V 分别为热源和系统的能量和体积。

复合孤立系统的总微观状态数为

$$\Lambda^{(0)}(E, E_r, V, V_r) = \Lambda^{(0)}(E, V) \tag{13.1-2}$$

根据等概率原理，对于处在平衡态的孤立系统，一切可能的微观状态其出现的概率都相等。因此对于处于平衡态的复合孤立系统有

$$\overline{S^{(0)}} = k_B \ln \Lambda^{(0)}(\bar{E}, \bar{V}) \tag{13.1-3}$$

虽然复合孤立系统处在平衡态，但由于系统与热源之间有相互作用，则系统的能量和体积的瞬时值 E 和 V 并不等于平衡值 $\bar{E}$ 和 $\bar{V}$，而是围绕平衡值上下波动，因此复合孤立系统的总微观状态数的瞬时值 $\Lambda^{(0)}(E, V)$ 围绕平衡值 $\Lambda^{(0)}(\bar{E}, \bar{V})$ 上下波动。如果系统远离临界点，那么涨落很小，在任何时刻等概率原理仍然成立，微正则系综的熵公式仍然成立，即

$$S^{(0)} = k_B \ln \Lambda^{(0)}(E, V) \tag{13.1-4}$$

使用式 (13.1-3) 和式 (13.1-4) 得

$$\frac{\Lambda^{(0)}(E, V)}{\Lambda^{(0)}(\bar{E}, \bar{V})} = \exp\left[\frac{S^{(0)} - \overline{S^{(0)}}}{k_B}\right] = \exp\left[\frac{\Delta S^{(0)}}{k_B}\right] = \exp\left(\frac{\Delta S + \Delta S_r}{k_B}\right) \tag{13.1-5}$$

涨落为 ΔE 和 ΔV 的概率密度 $p(\Delta E, \Delta V)$ 正比于总微观状态数的瞬时值 $\Lambda^{(0)}(E, V)$，使用式 (13.1-5) 得

$$p\left(\Delta E, \Delta V\right) \propto \frac{\Lambda^{(0)}\left(E, V\right)}{\Lambda^{(0)}\left(\bar{E}, \bar{V}\right)} \propto \exp\left(\frac{\Delta S + \Delta S_{\mathrm{r}}}{k_{\mathrm{B}}}\right) \tag{13.1-6}$$

选 $(E_{\mathrm{r}}, V_{\mathrm{r}})$ 为描述热源的独立状态参量。由于 $E_{\mathrm{r}} \gg E$，$V_{\mathrm{r}} \gg V$，参考式 (1.7-8)~式 (1.7-11) 那里的论证，ΔS_{r} 的展开的高次项消失了，得

$$\Delta S_{\mathrm{r}} = \frac{\Delta E_{\mathrm{r}} + P\Delta V_{\mathrm{r}}}{T} = -\frac{\Delta E + P\Delta V}{T} \tag{13.1-7}$$

把式 (13.1-7) 代入式 (13.1-6) 得

$$p\left(\Delta E, \Delta V\right) \propto \exp\left(-\frac{\Delta E - T\Delta S + P\Delta V}{k_{\mathrm{B}}T}\right) \tag{13.1-8}$$

选 (S, V) 为描述系统的独立状态参量。把系统能量围绕平衡值作泰勒展开时需要保留到二次项，得

$$\begin{aligned}
E =& E\left(S, V\right) \\
=& E\left(\bar{S}, \bar{V}\right) + \left(\frac{\partial E}{\partial S}\right)_0 \Delta S + \left(\frac{\partial E}{\partial V}\right)_0 \Delta V \\
&+ \frac{1}{2}\left[\left(\frac{\partial^2 E}{\partial S^2}\right)_0 (\Delta S)^2 + 2\left(\frac{\partial^2 E}{\partial S \partial V}\right)_0 \Delta S \Delta V + \left(\frac{\partial^2 E}{\partial V^2}\right)_0 (\Delta V)^2\right]
\end{aligned} \tag{13.1-9}$$

式中，下标 0 表示取平衡值 $S = \bar{S}$，$V = \bar{V}$ 时的值。

把 $\left(\dfrac{\partial E}{\partial S}\right)_0 = T$，$\left(\dfrac{\partial E}{\partial V}\right)_0 = -P$ 代入式 (13.1-9) 得

$$\begin{aligned}
\Delta E =& T\Delta S - P\Delta V + \frac{1}{2}\Delta S\left[\left(\frac{\partial T}{\partial S}\right)_0 \Delta S + \left(\frac{\partial T}{\partial V}\right)_0 \Delta V\right] \\
&- \frac{1}{2}\Delta V\left[\left(\frac{\partial P}{\partial S}\right)_0 \Delta S + \left(\frac{\partial P}{\partial V}\right)_0 \Delta V\right] \\
=& T\Delta S - P\Delta V + \frac{1}{2}\Delta S\Delta T - \frac{1}{2}\Delta P\Delta V
\end{aligned} \tag{13.1-10}$$

把式 (13.1-10) 代入式 (13.1-8) 得涨落概率密度公式

$$p\left(\Delta E, \Delta V\right) \propto \exp\left(-\frac{\Delta S\Delta T - \Delta P\Delta V}{2k_{\mathrm{B}}T}\right) \tag{13.1-11}$$

例如，选择 T 和 V 为独立状态参量，有

$$\Delta S = \left(\frac{\partial S}{\partial T}\right)_V \Delta T + \left(\frac{\partial S}{\partial V}\right)_T \Delta V = \frac{C_V}{T}\Delta T + \left(\frac{\partial P}{\partial T}\right)_V \Delta V,$$

$$\Delta P = \left(\frac{\partial P}{\partial T}\right)_V \Delta T + \left(\frac{\partial P}{\partial V}\right)_T \Delta V$$

代入式 (13.1-11) 得

$$p\left(\Delta T, \Delta V\right) \propto \exp\left[-\frac{C_V}{2k_BT^2}\left(\Delta T\right)^2 + \frac{1}{2k_BT}\left(\frac{\partial P}{\partial V}\right)_T\left(\Delta V\right)^2\right] \propto p\left(\Delta T\right)p\left(\Delta V\right)$$

式中,

$$p\left(\Delta T\right) \propto \exp\left[-\frac{C_V}{2k_BT^2}\left(\Delta T\right)^2\right], \quad p\left(\Delta V\right) \propto \exp\left[\frac{1}{2k_BT}\left(\frac{\partial P}{\partial V}\right)_T\left(\Delta V\right)^2\right]$$

我们看到, T 和 V 的涨落是统计独立的, 即

$$\overline{\Delta T \cdot \Delta V} = 0, \quad \overline{\left(\Delta T\right)^2} = \frac{\displaystyle\int_{-\infty}^{\infty}\left(\Delta T\right)^2 p\left(\Delta T\right)\mathrm{d}\left(\Delta T\right)}{\displaystyle\int_{-\infty}^{\infty}p\left(\Delta T\right)\mathrm{d}\left(\Delta T\right)} = \frac{C_V}{k_BT^2}$$

$$\overline{\left(\Delta V\right)^2} = \frac{\displaystyle\int_{-\infty}^{\infty}\left(\Delta V\right)^2 p\left(\Delta V\right)\mathrm{d}\left(\Delta V\right)}{\displaystyle\int_{-\infty}^{\infty}p\left(\Delta V\right)\mathrm{d}\left(\Delta V\right)} = -k_BT\left(\frac{\partial V}{\partial P}\right)_T$$

式中, 由于积分快速收敛, 我们已经把积分上限和下限分别取为 ∞ 和 $-\infty$。

例如, 选择 P 和 S 为独立状态参量, 有

$$\Delta V = \left(\frac{\partial V}{\partial P}\right)_S \Delta P + \left(\frac{\partial V}{\partial S}\right)_P \Delta S = \left(\frac{\partial V}{\partial P}\right)_S \Delta P + \left(\frac{\partial T}{\partial P}\right)_S \Delta S$$

$$\Delta T = \left(\frac{\partial T}{\partial P}\right)_S \Delta P + \left(\frac{\partial T}{\partial S}\right)_P \Delta S = \left(\frac{\partial T}{\partial P}\right)_S \Delta P + \frac{T}{C_P}\Delta S$$

代入式 (13.1-11) 得

$$p\left(\Delta P, \Delta S\right) \propto \exp\left[-\frac{1}{2k_BC_P}\left(\Delta S\right)^2 + \frac{1}{2k_BT}\left(\frac{\partial V}{\partial P}\right)_S\left(\Delta P\right)^2\right] \propto p\left(\Delta S\right)p\left(\Delta P\right)$$

式中,

$$p\left(\Delta S\right) \propto \exp\left[-\frac{1}{2k_BC_P}\left(\Delta S\right)^2\right], \quad p\left(\Delta P\right) \propto \exp\left[\frac{1}{2k_BT}\left(\frac{\partial V}{\partial P}\right)_S\left(\Delta P\right)^2\right]$$

我们看到, P 和 S 的涨落是统计独立的, 即

$$\overline{\Delta S \cdot \Delta P} = 0, \quad \overline{(\Delta S)^2} = k_{\mathrm{B}} C_P, \quad \overline{(\Delta P)^2} = -k_{\mathrm{B}} T \left(\frac{\partial P}{\partial V} \right)_S$$

<h2 style="text-align:center">习　题</h2>

1. 选择 V 和 T 为独立状态参量，证明：

$$\overline{\Delta T \cdot \Delta P} = \frac{k_{\mathrm{B}} T^2}{C_V} \left(\frac{\partial P}{\partial T} \right)_V, \quad \overline{\Delta V \cdot \Delta P} = -k_{\mathrm{B}} T, \quad \overline{\Delta S \cdot \Delta V} = k_{\mathrm{B}} T \left(\frac{\partial V}{\partial T} \right)_P,$$

$$\overline{\Delta S \cdot \Delta T} = k_{\mathrm{B}} T, \quad \overline{(\Delta E)^2} = k_{\mathrm{B}} T^2 C_V - k_{\mathrm{B}} T \left[T \left(\frac{\partial P}{\partial T} \right)_V - P \right] \left(\frac{\partial V}{\partial P} \right)_T$$

2. 选择 P 和 S 为独立状态参量，证明：

$$\overline{(\Delta H)^2} = k_{\mathrm{B}} T^2 C_P - k_{\mathrm{B}} T V^2 \left(\frac{\partial P}{\partial V} \right)_S$$

13.2　布朗运动的理论

1827 年，英国植物学家布朗 (R. Brown) 观察悬浮于水中的花粉颗粒时，发现这些颗粒的运动永不停息，其轨迹几乎处处没有切线，运动非常不规则，而且各个颗粒的运动互不相关，颗粒的成分及密度对其运动没有影响，温度越高时，颗粒的运动越活泼。这种永不停息的随机运动称为布朗运动 (Brownian motion)。布朗运动发现后的 50 余年里，科学家一直没有很好地理解布朗运动的原因。直到 1877 年，德耳索 (Delsaulx) 才正确地指出，布朗运动是由花粉颗粒受到周围水分子的碰撞不平衡而引起的运动。这是因为，液体是由大量分子组成的，分子会不停地做无规则热运动，从而不断与颗粒发生碰撞，受到的总碰撞力并不为零；由于颗粒比较小，总碰撞力会推动颗粒运动，而且总撞击力无论是大小还是方向都是无规则的，从而颗粒的运动也是无规则的。温度越高，分子的热运动越剧烈，导致颗粒的运动也越剧烈。1905 年，爱因斯坦首先把这一思想发展成定量理论。1908 年，佩兰 (J. B. Perrin) 依据爱因斯坦的理论，通过实验精确测定了阿伏伽德罗常量。从此，人们彻底接受了原子和分子的概念。

13.2.1　爱因斯坦理论

爱因斯坦 [125] 开创了布朗运动的概率方法研究。

1. 爱因斯坦关于扩散方程的推导

设初始时刻 $t = 0$ 时颗粒位于 $x = 0$，$f(x, t)\,\mathrm{d}x$ 为时刻 t 颗粒的坐标 x 位于 $x \sim x + \mathrm{d}x$ 之间的概率 [15]。这里 $f(x, t)$ 为颗粒的位移的分布函数。$f(x, t)$ 的归

一化条件为

$$\int_{-\infty}^{\infty} f(x,t)\,\mathrm{d}x = 1 \tag{13.2-1}$$

具有对称性质

$$f(-x,t) = f(x,t) \tag{13.2-2}$$

设 $n(x,t)\,\mathrm{d}x$ 为时刻 t 颗粒的坐标 x 位于 $x \sim x + \mathrm{d}x$ 之间的数目, 有

$$n(x,t+\tau) = \int_{-\infty}^{\infty} f(x-x',\tau)\,n(x',t)\,\mathrm{d}x' \tag{13.2-3}$$

令 $\xi = x - x'$, 式 (13.2-3) 化为

$$n(x,t+\tau) = \int_{-\infty}^{\infty} f(\xi,\tau)\,n(x-\xi,t)\,\mathrm{d}\xi \tag{13.2-4}$$

作以下泰勒展开

$$n(x,t+\tau) = n(x,t) + \frac{\partial n(x,t)}{\partial t}\tau + \frac{1}{2}\frac{\partial^2 n(x,t)}{\partial t^2}\tau^2 + \cdots \tag{13.2-5}$$

$$n(x-\xi,t) = n(x,t) - \frac{\partial n(x,t)}{\partial x}\xi + \frac{1}{2}\frac{\partial^2 n(x,t)}{\partial x^2}\xi^2 + \cdots \tag{13.2-6}$$

代入式 (13.2-4) 并忽略其余高次项, 得扩散方程

$$\frac{\partial n(x,t)}{\partial t} = D\frac{\partial^2 n(x,t)}{\partial x^2} \tag{13.2-7}$$

式中,

$$D = \frac{1}{2\tau}\int_{-\infty}^{\infty} \xi^2 f(\xi,\tau)\,\mathrm{d}\xi = \frac{1}{2\tau}\overline{\xi^2} \tag{13.2-8}$$

为扩散系数.

扩散方程 (13.2-7) 可以改写成

$$\frac{\partial n(x,t+\tau)}{\partial \tau} = D\frac{\partial^2 n(x,t+\tau)}{\partial x^2} \tag{13.2-9}$$

把式 (13.2-3) 代入式 (13.2-9) 得

$$\int_{-\infty}^{\infty}\left[\frac{\partial}{\partial \tau}f(x-x',\tau) - D\frac{\partial^2}{\partial x^2}f(x-x',\tau)\right]n(x',t)\,\mathrm{d}x' = 0 \tag{13.2-10}$$

式 (13.2-10) 对于任意的 $n(x',t)$ 都是成立的, 因此被积函数必须为零, 即

$$\frac{\partial f(x,t)}{\partial t} = D\frac{\partial^2 f(x,t)}{\partial x^2} \tag{13.2-11}$$

我们看到, $n(x,t)$ 和 $f(x,t)$ 都满足扩散方程。

2. 方均根位移

假设 $t=0$ 时所有颗粒都位于 $x=0$ 处, 即

$$f(x,0) = \delta(x) \tag{13.2-12}$$

扩散方程 (13.2-7) 的解为

$$f(x,t) = \frac{1}{2\sqrt{\pi Dt}}\mathrm{e}^{-\frac{x^2}{4Dt}} \tag{13.2-13}$$

得

$$\overline{x^2} = \int_{-\infty}^{\infty} x^2 f(x,t)\,\mathrm{d}x = 2Dt \tag{13.2-14}$$

3. 扩散系数与黏性系数之间的关系

现在考虑颗粒在重力场中的运动。设颗粒为球形, 其密度为 ρ, 其质量为 m, 所受重力为 mg, 浮力为 $\dfrac{\rho_0}{\rho}mg$, 流体阻力为 αv, 这里 ρ_0 为水的密度, $\alpha = 6\pi a\eta$ 为阻力系数 (其中 a 为颗粒直径, η 为液体黏性系数)。当颗粒达到以均匀速度下降的稳恒状态时, 所受合力为零, 满足力学平衡条件

$$\frac{\rho_0}{\rho}mg + \alpha v = mg \tag{13.2-15}$$

由于颗粒所受重力和浮力的合力为 $\left(1-\dfrac{\rho_0}{\rho}\right)mg$, 其等效势能为 $\left(1-\dfrac{\rho_0}{\rho}\right)mgz$, 达到热平衡时颗粒在空间的分布遵守玻尔兹曼分布律

$$n = n_0 \exp\left[-\frac{1}{k_\mathrm{B}T}\left(1-\frac{\rho_0}{\rho}\right)mgz\right] \tag{13.2-16}$$

式中, n_0 为 $z=0$ 处的数密度。

当颗粒以速度 v 下降时, 在单位时间内分别向下和向上穿过水平方向单位面积的数目为 nv 和 $-D\dfrac{\mathrm{d}n}{\mathrm{d}z}$。达到扩散平衡时, 有

$$nv = -D\frac{\mathrm{d}n}{\mathrm{d}z} \tag{13.2-17}$$

式 (13.2-15)~ 式 (13.2-17) 分别是颗粒经过足够长时间达到稳恒状态时所满足的力学平衡条件、热平衡条件和扩散平衡条件。

把式 (13.2-16) 代入式 (13.2-17) 得

$$v = D \frac{1}{k_{\mathrm{B}}T} \left(1 - \frac{\rho_0}{\rho} \right) mg \tag{13.2-18}$$

把式 (13.2-18) 与式 (13.2-15) 比较得

$$D = \frac{2k_{\mathrm{B}}T}{\alpha} = \frac{k_{\mathrm{B}}T}{3\pi a \eta} \tag{13.2-19}$$

式 (13.2-19) 称为爱因斯坦关系。

13.2.2 朗之万理论

不同于爱因斯坦的概率方法，朗之万 (P. Langevin)[126] 考虑的是一个颗粒，使用的是牛顿第二定律，即

$$m \frac{\mathrm{d}^2 \boldsymbol{r}}{\mathrm{d}t^2} = \boldsymbol{f}(t) + \boldsymbol{f}_{\mathrm{ex}}(t) \tag{13.2-20}$$

式中，m 为颗粒质量；$\boldsymbol{f}_{\mathrm{ex}}(t)$ 为颗粒在外场中受到的外力；$\boldsymbol{f}(t)$ 为周围液体分子作用在颗粒上的力的合力。

现在我们来证明流体力学能用于在水中做布朗运动的颗粒。颗粒直径为 $10^{-6} \sim 10^{-7}$m。室温下水的密度为 $\rho = 10^3 \mathrm{kg/m^3}$，水分子的质量为 $m = 18 \times 1.67 \times 10^{-27}\mathrm{kg} = 3.0 \times 10^{-26}\mathrm{kg}$，数密度为 $N/V = \rho/m = 3.3 \times 10^{25}\mathrm{m^{-3}}$，每个水分子占据的平均体积为 $V/N = 3.0 \times 10^{-26}\mathrm{m^3}$，分子间的平均距离为 $\sim (V/N)^{1/3} \sim 10^{-9}$m，比颗粒直径小 2 ~ 3 个数量级，因此可以忽略液体的分立结构，把液体当成连续介质处理。所以流体力学能用于描述布朗运动。

液体分子作用在颗粒上的力的合力的平均值，就是颗粒运动时受到的阻力。假设颗粒为球形，使用流体力学中的斯托克斯阻力公式，得

$$\overline{\boldsymbol{f}} = -\alpha \boldsymbol{v} \tag{13.2-21}$$

式中，$\alpha = 6\pi a \eta$，这里 a 为颗粒直径，η 为液体黏性系数。

液体分子作用在颗粒上的力的合力可以写成

$$\boldsymbol{f} = \overline{\boldsymbol{f}} + \Delta \boldsymbol{f} \tag{13.2-22}$$

式中，$\Delta \boldsymbol{f}$ 为涨落。

把式 (13.2-22) 和式 (13.2-21) 代入式 (13.2-20)，得

$$m\frac{\mathrm{d}^2\boldsymbol{r}}{\mathrm{d}t^2} = -\alpha\boldsymbol{v} + \Delta\boldsymbol{f} + \boldsymbol{f}_{\mathrm{ex}}(t) \tag{13.2-23}$$

考虑 $\boldsymbol{f}_{\mathrm{ex}}(t) = 0$ 的情形，用 $\boldsymbol{r}$ 点乘式 (13.2-23) 的两边，得

$$\frac{1}{2}m\frac{\mathrm{d}^2\boldsymbol{r}^2}{\mathrm{d}t^2} - m\boldsymbol{v}^2 = -\frac{1}{2}\alpha\frac{\mathrm{d}\boldsymbol{r}^2}{\mathrm{d}t} + \boldsymbol{r}\cdot\Delta\boldsymbol{f} \tag{13.2-24}$$

取统计平均得

$$\frac{1}{2}m\frac{\mathrm{d}^2\overline{\boldsymbol{r}^2}}{\mathrm{d}t^2} - m\overline{\boldsymbol{v}^2} = -\frac{1}{2}\alpha\frac{\mathrm{d}\overline{\boldsymbol{r}^2}}{\mathrm{d}t} + \overline{\boldsymbol{r}\cdot\Delta\boldsymbol{f}} \tag{13.2-25}$$

由于 $\Delta\boldsymbol{f}$ 是随机力，与颗粒的位置矢量是统计独立的，有

$$\overline{\boldsymbol{r}\cdot\Delta\boldsymbol{f}} = \bar{\boldsymbol{r}}\cdot\overline{\Delta\boldsymbol{f}} = 0 \tag{13.2-26}$$

颗粒为介观球，满足经典能均分定理，即

$$\frac{1}{2}m\overline{\boldsymbol{v}^2} = \frac{3}{2}k_{\mathrm{B}}T \tag{13.2-27}$$

把式 (13.2-26) 和式 (13.2-27) 代入式 (13.2-25) 得

$$\frac{1}{2}m\frac{\mathrm{d}^2\overline{\boldsymbol{r}^2}}{\mathrm{d}t^2} - 3k_{\mathrm{B}}T = -\frac{1}{2}\alpha\frac{\mathrm{d}\overline{\boldsymbol{r}^2}}{\mathrm{d}t} \tag{13.2-28}$$

其解为

$$\overline{\boldsymbol{r}^2} = \frac{6k_{\mathrm{B}}T}{\alpha}t + C_1\mathrm{e}^{-\frac{\alpha}{m}t} + C_2 \tag{13.2-29}$$

式中，C_1 和 C_2 为积分常量。

由于 $\frac{m}{\alpha} \sim 10^{-7}\mathrm{s}$，所以只要 $t \sim 10^{-6}\mathrm{s}$，指数衰减项即可忽略。设 $\overline{\boldsymbol{r}^2}\big|_{t=0} = 0$，得

$$\overline{\boldsymbol{r}^2} = \frac{6k_{\mathrm{B}}T}{\alpha}t \tag{13.2-30}$$

我们看到，使用朗之万方法得到的方均根位移公式 (13.2-30) 与使用扩散方程得到的方均根位移公式 (13.2-14) 形式上相同，令两者的系数相等，得到爱因斯坦关系 (13.2-19)。

13.3   福克尔–普朗克方程

爱因斯坦首先推导出扩散方程,后来福克尔 (Fokker) [127] 和普朗克 (Planck) [128] 把扩散方程作了推广,得到概率分布 $W(x,t;x_0,t_0)$ 等满足的偏微分方程,称为福克尔–普朗克方程。

设原在 (x_0,t_0) 转变到 $(x \sim x+\mathrm{d}x,t)$ 的概率为 $W(x,t;x_0,t_0)\,\mathrm{d}x^{[15]}$,有

$$W(x,t;x_0,t_0) = \int_{-\infty}^{\infty} W(x,t;x_1,t_1)\,W(x_1,t_1;x_0,t_0)\,\mathrm{d}x_1 \tag{13.3-1}$$

根据 $W(x,t;x_0,t_0)$ 定义,有

$$W(x,t;x_0,t_0) > 0 \tag{13.3-2}$$

归一化条件为

$$\int_{-\infty}^{\infty} W(x,t;x_0,t_0)\,\mathrm{d}x = 1 \tag{13.3-3}$$

我们看到,所讨论的系统在 t 时的概率只与系统在前一时刻的情况有关,而与系统的历史无关,这样的概率过程称为马尔可夫 (Markov) 过程。

设在 $(x \sim x+\mathrm{d}x,t)$ 的颗粒数为 $n(x,t)\,\mathrm{d}x$,显然有

$$n(x,t) = \int_{-\infty}^{\infty} W(x,t;x_0,t_0)\,n(x_0,t_0)\,\mathrm{d}x_0 \tag{13.3-4}$$

假设 $W(x,t;x_0,t_0)$ 满足如下条件:

$$\lim_{\Delta t \to 0} \frac{1}{\Delta t} \int_{-\infty}^{\infty} (x_1-x)^n W(x_1,t+\Delta t;x,t)\,\mathrm{d}x_1 = \begin{cases} a(x,t), & n=1 \\ b(x,t), & n=2 \\ 0, & n \geqslant 3 \end{cases} \tag{13.3-5}$$

现在我们来推导福克尔–普朗克方程。考虑积分

$$\int_{-\infty}^{\infty} R(x)\frac{\partial W(x,t;x_0,t_0)}{\partial t}\mathrm{d}x$$

$$= \lim_{\Delta t \to 0} \frac{1}{\Delta t} \int_{-\infty}^{\infty} R(x)\left[W(x,t+\Delta t;x_0,t_0) - W(x,t;x_0,t_0)\right]\mathrm{d}x \tag{13.3-6}$$

式中,$R(x)$ 为使上述积分收敛的任意函数,且 $R(x \to \pm\infty) = 0$。

使用式 (13.3-1)，则式 (13.3-6) 化为

$$\int_{-\infty}^{\infty} R\left(x\right) \frac{\partial W\left(x,t;x_0,t_0\right)}{\partial t}\mathrm{d}x$$

$$= \lim_{\Delta t \to 0} \frac{1}{\Delta t} \int_{-\infty}^{\infty} \mathrm{d}x R\left(x\right) \left[\int_{-\infty}^{\infty} W\left(x,t+\Delta t;x_1,t\right) W\left(x_1,t;x_0,t_0\right) \mathrm{d}x_1 \right.$$

$$\left. - W\left(x,t;x_0,t_0\right)\right]$$

把 x_1 和 x 相互交换，把 $R\left(x_1\right)$ 围绕 x 作泰勒展开，并代入式 (13.3-3) 和式 (13.3-5)，得

$$\int_{-\infty}^{\infty} R\left(x\right) \frac{\partial W\left(x,t;x_0,t_0\right)}{\partial x}\mathrm{d}x$$

$$= \lim_{\Delta t \to 0} \frac{1}{\Delta t} \int_{-\infty}^{\infty} W\left(x,t;x_0,t_0\right) \left[\int_{-\infty}^{\infty} R\left(x_1\right) W\left(x_1,t+\Delta t;x,t\right) \mathrm{d}x_1 - R\left(x\right)\right] \mathrm{d}x$$

$$= \lim_{\Delta t \to 0} \frac{1}{\Delta t} \int_{-\infty}^{\infty} \mathrm{d}x W\left(x,t;x_0,t_0\right)$$

$$\times \int_{-\infty}^{\infty} \left[\sum_{n=1}^{\infty} \frac{1}{n!} \frac{\mathrm{d}^n R\left(x\right)}{\mathrm{d}x^n}\left(x_1-x\right)^n\right] W\left(x_1,t+\Delta t;x,t\right) \mathrm{d}x_1$$

$$= \int_{-\infty}^{\infty} W\left(x,t;x_0,t_0\right) \left[a\frac{\mathrm{d}R\left(x\right)}{\mathrm{d}x} + \frac{1}{2}b\frac{\mathrm{d}^2 R\left(x\right)}{\mathrm{d}x^2}\right] \mathrm{d}x$$

作分部积分并利用 $R\left(x \to \pm\infty\right) = 0$ 得

$$\int_{-\infty}^{\infty} R\left(x\right) \left[\frac{\partial W}{\partial x} + \frac{\partial \left(aW\right)}{\partial x} - \frac{1}{2}\frac{\partial^2 \left(bW\right)}{\partial x^2}\right] \mathrm{d}x = 0 \qquad (13.3\text{-}7)$$

由于式 (13.3-7) 对任意函数 $R\left(x\right)$ 成立，则被积函数必须为零，即

$$\frac{\partial W}{\partial x} + \frac{\partial \left(aW\right)}{\partial x} - \frac{1}{2}\frac{\partial^2 \left(bW\right)}{\partial x^2} = 0 \qquad (13.3\text{-}8)$$

式 (13.3-8) 即为福克尔–普朗克方程。

13.4　力　与　流

本节讨论热现象的力与流 [1,8,10,13,119,120]。

13.4.1 热传导现象的力与流

设一个固体的热流密度矢量为 q，根据傅里叶定律，当只有热传导时热流密度矢量 q 为

$$q = -\kappa \nabla T \tag{13.4-1}$$

式中，$\kappa = \kappa(T, P)$ 是热导率。

在固体内任意取一体积 V，单位时间内流入的热量为

$$-\oint_A q \cdot \mathrm{d}A = -\int_V \nabla \cdot q \, \mathrm{d}V \tag{13.4-2}$$

考虑固体的一个体积为 $\mathrm{d}V$ 的微元，在 $\mathrm{d}t$ 时间内通过其表面传入的热量为 $-\nabla \cdot q \, \mathrm{d}t \mathrm{d}V$，导致其熵增加为

$$\mathrm{d}S = -\frac{\nabla \cdot q}{T} \mathrm{d}t \mathrm{d}V \tag{13.4-3}$$

式中，T 为微元的温度。

把所有微元的熵增量相加，得单位时间内体积 V 内的熵增

$$\frac{\mathrm{d}S}{\mathrm{d}t} = -\int_V \frac{\nabla \cdot q}{T} \mathrm{d}V = -\oint_A \frac{q}{T} \cdot \mathrm{d}A + \int_V q \cdot \nabla \left(\frac{1}{T}\right) \mathrm{d}V \tag{13.4-4}$$

式 (13.4-4) 表示熵平衡：左边代表一固定体积内的固体的熵在单位时间内的增量；右边第一项代表在单位时间内通过表面传入的熵，第二项代表在单位时间内在该体积内产生的熵。我们看到，熵流密度矢量为 $\dfrac{q}{T}$，在单位时间内单位体积内产生的熵，称为熵源强度，为

$$\sigma = q \cdot \nabla \left(\frac{1}{T}\right) = j \cdot X = \kappa \frac{1}{T} (\nabla T)^2 \tag{13.4-5}$$

我们把 $X = \nabla \left(\dfrac{1}{T}\right)$ 称为力，把 $j = q$ 称为流。

根据热力学第二定律，有 $\sigma \geqslant 0$，因此热导率必须为正的，即 $\kappa > 0$。

13.4.2 导体的焦耳热现象的力与流

考虑一个流有电流的导体，电场会对导体里的载流子做功，单位时间内电场 $\mathcal{E}$ 对单位体积内的载流子做功为 $nqv \cdot \mathcal{E} = j \cdot \mathcal{E}$，这里 n 为载流子的数密度，q 为载流子的电荷，v 为载流子的漂移速度，j 为电流密度矢量。这些功经过耗散变

成热, 导体吸收热导致其熵增加。在 dt 时间间隔内导体的一个微元吸收的热量为 $\boldsymbol{j} \cdot \boldsymbol{\mathcal{E}} dt dV$, 导致其熵增为

$$dS = \frac{\boldsymbol{j} \cdot \boldsymbol{\mathcal{E}}}{T} dt dV \tag{13.4-6}$$

式中, T 为微元的温度。

均匀和各向同性的导体满足欧姆定律

$$\boldsymbol{j} = \gamma \boldsymbol{\mathcal{E}} \tag{13.4-7}$$

式中, γ 为导体的电导率。

既然热量 $\boldsymbol{j} \cdot \boldsymbol{\mathcal{E}} dt dV$ 是在微元内部产生的, 不是从外面传入的, 则熵源强度为

$$\sigma = \frac{dS}{dt dV} = \frac{\boldsymbol{j} \cdot \boldsymbol{\mathcal{E}}}{T} = \boldsymbol{j} \cdot \boldsymbol{X} = \gamma \frac{\boldsymbol{\mathcal{E}}^2}{T} \tag{13.4-8}$$

我们把 $\boldsymbol{X} = \dfrac{\boldsymbol{\mathcal{E}}}{T}$ 称为力, 把 $\boldsymbol{j}$ 称为流。

导体的总熵的时间变化率为

$$\frac{dS_t}{dt} = \int_V \frac{\boldsymbol{j} \cdot \boldsymbol{\mathcal{E}}}{T} dV \tag{13.4-9}$$

根据热力学第二定律, 有 $\sigma \geqslant 0$, 因此电导率必须为正的, 即 $\gamma > 0$。

13.4.3 无黏性流体的力与流

1. 局域热力学方程

考虑由几种没有化学反应的粒子组成的系统, 处于局域平衡状态。

考虑其中的一个微元, 其质量为 $\Delta m = \sum_i \Delta m_i = \sum_i \rho_i \Delta V = \rho \Delta V$, 密度为 $\rho = \sum_i \rho_i$, 压强为 P, 内能为 ΔE, 焓为 $\Delta H = \Delta E + P \Delta V$, 这里 ρ_i 为第 i 个组元的密度, $\Delta m_i = \rho_i \Delta V$ 为第 i 个组元的质量。该微元的热力学方程为

$$T d \Delta S = d \Delta E + P d \Delta V - \sum_i \mu_i d \Delta m_i \tag{13.4-10}$$

定义浓度及单位质量的体积、熵、内能和焓如下:

$$c_i = \lim_{\Delta V \to 0} \frac{\Delta m_i}{\Delta m} = \frac{\rho_i}{\rho}, \quad \frac{1}{\rho} = \lim_{\Delta V \to 0} \frac{\Delta V}{\Delta m}, \quad s = \lim_{\Delta V \to 0} \frac{\Delta S}{\Delta m}, \quad u = \lim_{\Delta V \to 0} \frac{\Delta E}{\Delta m},$$

$$h = \lim_{\Delta V \to 0} \frac{\Delta H}{\Delta m} = \lim_{\Delta V \to 0} \frac{\Delta E + P \Delta V}{\Delta m} = u + \frac{P}{\rho}$$

$$\tag{13.4-11}$$

把式 (13.4-11) 代入微元的热力学方程 (13.4-10)，得

$$T\mathrm{d}s = \mathrm{d}u + P\mathrm{d}\left(\frac{1}{\rho}\right) - \sum_i \mu_i \mathrm{d}c_i \qquad (13.4\text{-}12)$$

式 (13.4-12) 为局域热力学方程。

2. 连续性方程与随体导数

第 i 个组元的连续性方程为

$$\frac{\partial \rho_i}{\partial t} = -\nabla \cdot (\rho_i \boldsymbol{v}_i) \qquad (13.4\text{-}13)$$

式中，$\boldsymbol{v}_i$ 为第 i 个组元的速度。

把各个组元的连续性方程相加得

$$\frac{\partial \rho}{\partial t} = -\nabla \cdot (\rho \boldsymbol{v}) \qquad (13.4\text{-}14)$$

式中，$\boldsymbol{v}$ 为质心速度

$$\boldsymbol{v} = \frac{\sum_i \rho_i \boldsymbol{v}_i}{\rho} \qquad (13.4\text{-}15)$$

现在我们定义随体导数；让一位观察者跟随微元一道运动，则观察者看到的微元的物理量 f 的时间变化率为

$$\frac{\mathrm{d}f}{\mathrm{d}t} = \left(\frac{\partial}{\partial t} + \boldsymbol{v} \cdot \nabla\right) f \qquad (13.4\text{-}16)$$

即随体导数为

$$\frac{\mathrm{d}}{\mathrm{d}t} = \frac{\partial}{\partial t} + \boldsymbol{v} \cdot \nabla \qquad (13.4\text{-}17)$$

我们看到，如果我们让一位观察者跟随微元一道运动，则观察者看到的微元的单位质量的熵的时间变化率为

$$\frac{\mathrm{d}s}{\mathrm{d}t} = \frac{1}{T}\frac{\mathrm{d}u}{\mathrm{d}t} - \frac{P}{T\rho^2}\frac{\mathrm{d}\rho}{\mathrm{d}t} - \frac{1}{T}\sum_i \mu_i \frac{\mathrm{d}c_i}{\mathrm{d}t} \qquad (13.4\text{-}18)$$

使用随体导数 (13.4-17)，则式 (13.4-13) 和式 (13.4-14) 可以分别改写为

$$\frac{\mathrm{d}\rho}{\mathrm{d}t} = \frac{\partial \rho}{\partial t} + \boldsymbol{v} \cdot \nabla\rho = -\rho\nabla \cdot \boldsymbol{v} \qquad (13.4\text{-}19)$$

$$\frac{\mathrm{d}\rho_i}{\mathrm{d}t} = \frac{\partial \rho_i}{\partial t} + \boldsymbol{v} \cdot \nabla\rho_i = -\nabla \cdot (\rho_i \boldsymbol{v}_i) + \frac{\sum_k \rho_k \boldsymbol{v}_k}{\rho} \cdot \nabla\rho_i \qquad (13.4\text{-}20)$$

3. 浓度的时间变化率

由浓度的定义 $c_i = \dfrac{\rho_i}{\rho}$ 得

$$\frac{\mathrm{d}c_i}{\mathrm{d}t} = \frac{1}{\rho}\frac{\mathrm{d}\rho_i}{\mathrm{d}t} - \frac{\rho_i}{\rho^2}\frac{\mathrm{d}\rho}{\mathrm{d}t} \qquad (13.4\text{-}21)$$

把式 (13.4-19) 和式 (13.4-20) 代入式 (13.4-21) 得

$$\frac{\mathrm{d}c_i}{\mathrm{d}t} = -\frac{1}{\rho}\nabla \cdot [\rho_i\,(\boldsymbol{v}_i - \boldsymbol{v})] \qquad (13.4\text{-}22)$$

4. 能量平衡方程

忽略流体的黏性, 现在我们根据热力学第一定律写出一固定体积内的流体的能量平衡方程

$$\frac{\partial}{\partial t}\int_V \left(\frac{1}{2}\rho v^2 + \rho u\right)\mathrm{d}V$$

$$= -\oint_S \left(\frac{1}{2}\rho v^2 + \rho u\right)\boldsymbol{v}\cdot\mathrm{d}\boldsymbol{S} - \oint_S \boldsymbol{q}\cdot\mathrm{d}\boldsymbol{S} - \oint_S P\boldsymbol{v}\cdot\mathrm{d}\boldsymbol{S} + \int_V \sum_i \rho_i\boldsymbol{F}_i\cdot\boldsymbol{v}_i\mathrm{d}V$$

$$(13.4\text{-}23)$$

式中, $\boldsymbol{q} = -\kappa\nabla T$ 为只有热传导时的热流密度矢量; $\boldsymbol{F}_i$ 为作用在第 i 个组元单位质量上的外力。

式 (13.4-23) 的物理意义如下: 左边代表一固定体积内的流体的能量 (动能和内能之和) 在单位时间内的增量; 右边第一项代表在单位时间内由流体通过表面直接携带进去的能量, 第二项代表在单位时间内从该体积的表面流进去的热量, 第三项代表在单位时间内在该体积的表面上的压力所做的功, 第四项代表在单位时间内作用在该体积内的外力所做的功。使用高斯定理把式 (13.4-23) 写成微分形式

$$\frac{\partial}{\partial t}\left(\frac{1}{2}\rho v^2 + \rho u\right) = -\nabla \cdot \left[\left(\frac{1}{2}v^2 + h\right)\rho\boldsymbol{v} + \boldsymbol{q}\right] + \sum_i \rho_i\boldsymbol{F}_i\cdot\boldsymbol{v}_i \qquad (13.4\text{-}24)$$

使用连续性方程 $\dfrac{\partial\rho}{\partial t} = -\nabla\cdot(\rho\boldsymbol{v})$ 及欧拉方程 $\dfrac{\partial\boldsymbol{v}}{\partial t} = -\,(\boldsymbol{v}\cdot\nabla)\,\boldsymbol{v} - \dfrac{1}{\rho}\nabla P + \sum_i c_i\boldsymbol{F}_i$ 得

$$\frac{\partial}{\partial t}\left(\rho\frac{v^2}{2}\right) = -\nabla\cdot\left(\rho\frac{v^2}{2}\boldsymbol{v} + P\boldsymbol{v}\right) + P\nabla\cdot\boldsymbol{v} + \boldsymbol{v}\cdot\sum_i \rho_i\boldsymbol{F}_i \qquad (13.4\text{-}25)$$

把式 (13.4-24) 和式 (13.4-25) 相减得

$$\frac{\partial}{\partial t}\left(\rho u\right) = -\nabla \cdot \left(\rho u \boldsymbol{v} + \boldsymbol{q}\right) - P\nabla \cdot \boldsymbol{v} + \sum_i \rho_i \boldsymbol{F}_i \cdot \left(\boldsymbol{v}_i - \boldsymbol{v}\right) \tag{13.4-26}$$

把式 (13.4-14) 代入式 (13.4-26) 得

$$\rho \frac{\mathrm{d}u}{\mathrm{d}t} = -\nabla \cdot \boldsymbol{q} - P\nabla \cdot \boldsymbol{v} + \sum_i \rho_i \boldsymbol{F}_i \cdot \left(\boldsymbol{v}_i - \boldsymbol{v}\right) \tag{13.4-27}$$

5. 熵平衡方程与熵源强度

把式 (13.4-19)、式 (13.4-22) 和式 (12.4-27) 代入式 (13.4-18) 得

$$\rho \frac{\mathrm{d}s}{\mathrm{d}t} = -\nabla \cdot \boldsymbol{J}_{\mathrm{s}} + \sigma \tag{13.4-28}$$

式中,

$$\boldsymbol{J}_{\mathrm{s}} = \frac{\boldsymbol{q} - \sum_i \mu_i \boldsymbol{J}_i}{T}, \quad \boldsymbol{J}_i = \rho_i\left(\boldsymbol{v}_i - \boldsymbol{v}\right), \quad \sigma = \boldsymbol{q}\cdot\boldsymbol{X}_u + \sum_i \boldsymbol{J}_i\cdot\boldsymbol{X}_i,$$

$$\boldsymbol{X}_u = \nabla\left(\frac{1}{T}\right), \quad \boldsymbol{X}_i = \frac{\boldsymbol{F}_i}{T} - \nabla\frac{\mu_i}{T} \tag{13.4-29}$$

为了看出式 (13.4-28) 的物理意义,我们来计算单位体积内的熵 ρs 的时间变化率,使用式 (13.4-14) 和式 (13.4-28) 得

$$\frac{\partial\left(\rho s\right)}{\partial t} = -\nabla \cdot \left(\boldsymbol{J}_{\mathrm{s}} + \rho s \boldsymbol{v}\right) + \sigma \tag{13.4-30}$$

在某一固定体积上积分,得

$$\frac{\partial}{\partial t}\int_V \rho s \mathrm{d}V = -\oint_A \left(\boldsymbol{J}_{\mathrm{s}} + \rho s \boldsymbol{v}\right)\cdot\mathrm{d}\boldsymbol{A} + \int_V \sigma \mathrm{d}V \tag{13.4-31}$$

式 (13.4-31) 的物理意义如下:左边代表一固定体积内的熵在单位时间内的增量;右边第一项代表在单位时间内从该体积的表面流进去的熵,第二项代表由不可逆过程在单位时间内该体积内产生的熵,因此式 (13.4-31) 是熵平衡方程。σ 为熵源强度。$\boldsymbol{J}_{\mathrm{s}} + \rho s \boldsymbol{v}$ 为熵流密度矢量。我们把 $\boldsymbol{X}_u$ 和 $\boldsymbol{X}_i$ 称为力,把 $\boldsymbol{q}$ 和 $\boldsymbol{J}_i$ 称为流。

13.5 昂萨格倒易关系

一般情况下熵源强度可以写成流 J_i 与力 X_i 乘积之和

$$\sigma = \sum_i J_i X_i \tag{13.5-1}$$

如果系统偏离平衡态不远，流与力之间存在线性关系

$$J_i = \sum_k L_{ik} X_k \tag{13.5-2}$$

昂萨格证明，系数 L_{ik} 存在倒易关系 [129]

$$L_{ki} = L_{ik} \tag{13.5-3}$$

证明 考虑一个孤立系统，处于局域热力学平衡态，其总熵为局域热力学量 $a_1, a_2, \cdots, a_n$ 的函数 [8]，即

$$S = S(a_1, a_2, \cdots, a_n) \tag{13.5-4}$$

当系统处于热平衡时，参量为 $\bar{a}_1, \bar{a}_1, \cdots, \bar{a}_n$，总熵达到最大值

$$\bar{S} = \bar{S}(\bar{a}_1, \bar{a}_1, \cdots, \bar{a}_n) \tag{13.5-5}$$

因此有

$$\left(\frac{\partial S}{\partial a_i} \right)_0 = 0 \tag{13.5-6}$$

式中，下标 0 表示取平衡态时的值。

如果系统偏离平衡态不远，则可以围绕平衡态作泰勒展开，得

$$S = \bar{S} + \sum_i \left(\frac{\partial S}{\partial a_i} \right)_0 \xi_i + \frac{1}{2} \sum_{ij} \left(\frac{\partial^2 S}{\partial a_i \partial a_j} \right)_0 \xi_i \xi_j + \cdots$$
$$= \bar{S} + \frac{1}{2} \sum_{ij} \left(\frac{\partial^2 S}{\partial a_i \partial a_j} \right)_0 \xi_i \xi_j + \cdots \tag{13.5-7}$$

式中，$\xi_i = a_i - \bar{a}_i$。

忽略高次项，得总熵的偏离值

$$\Delta S = \frac{1}{2} \sum_{ij} g_{ij} \xi_i \xi_j \tag{13.5-8}$$

式中，$g_{ij} = \left(\dfrac{\partial^2 S}{\partial a_i \partial a_j}\right)_0 = g_{ji}$。

孤立系统的熵增率为

$$\frac{\mathrm{d}\Delta S}{\mathrm{d}t} = \sum_{ij} g_{ij}\dot{\xi}_i \xi_j = \sum_i \dot{\xi}_i \left(\sum_j g_{ij}\xi_j\right) \tag{13.5-9}$$

对于孤立系统，有

$$\frac{\mathrm{d}\Delta S}{\mathrm{d}t} = \int_V \sigma \mathrm{d}V \tag{13.5-10}$$

比较式 (13.5-9) 和式 (13.5-10) 可知，$\dot{\xi}_i$ 可以解释为流，$\displaystyle\sum_j g_{ij}\xi_j$ 可以解释为力，即

$$J_i = \dot{\xi}_i, \quad X_i = \sum_j g_{ij}\xi_j = \frac{\partial \Delta S}{\partial \xi_i} \tag{13.5-11}$$

对于孤立系统，根据式 (13.1-5)，偏离平衡态的概率为

$$w\mathrm{d}\xi_1 \mathrm{d}\xi_2 \cdots \mathrm{d}\xi_n = \frac{\mathrm{e}^{\frac{\Delta S}{k_B}}\mathrm{d}\xi_1\mathrm{d}\xi_2\cdots\mathrm{d}\xi_n}{\int\cdots\int \mathrm{e}^{\frac{\Delta S}{k_B}}\mathrm{d}\xi_1\mathrm{d}\xi_2\cdots\mathrm{d}\xi_n}$$

得

$$\overline{\xi_i X_j} = k_B \overline{\xi_i \frac{\partial \ln w}{\partial \xi_j}} = k_B \frac{\displaystyle\int_{-\infty}^{\infty}\cdots\int_{-\infty}^{\infty} \xi_i \frac{\partial \ln w}{\partial \xi_j}w\mathrm{d}\xi_1\mathrm{d}\xi_2\cdots\mathrm{d}\xi_n}{\displaystyle\int_{-\infty}^{\infty}\cdots\int_{-\infty}^{\infty} w\mathrm{d}\xi_1\mathrm{d}\xi_2\cdots\mathrm{d}\xi_n} = -k_B\delta_{ij} \tag{13.5-12}$$

式中，我们已经利用 $w(\xi_j = \pm\infty) = 0$。

系统的哈密顿运动方程为

$$\dot{\boldsymbol{r}}_i = \frac{\partial H}{\partial \boldsymbol{p}_i}, \quad \dot{\boldsymbol{p}}_i = -\frac{\partial H}{\partial \boldsymbol{r}_i} \tag{13.5-13}$$

在变换 $t \to -t$，$\boldsymbol{p}_i \to -\boldsymbol{p}_i$ 下保持不变，这反映了微观可逆性。既然 $\xi_i(t)$ 是微观分子力学量的统计平均值，那么 $\xi_i(t)$ 与 $\xi_i(-t)$ 出现的概率相等，因此有

$$\overline{\xi_j(0)\xi_i(t)} = \overline{\xi_j(0)\xi_i(-t)} \tag{13.5-14}$$

由于平均值与初始时刻的选择无关，把式 (13.5-14) 右边作时间平移 t，得

$$\overline{\xi_j\left(0\right)\xi_i\left(t\right)} = \overline{\xi_j\left(t\right)\xi_i\left(0\right)} \tag{13.5-15}$$

把式 (13.5-15) 两边都减去 $\xi_j\left(0\right)\xi_i\left(0\right)$，然后除以 t，得

$$\overline{\xi_j\left(0\right)\frac{\xi_i\left(t\right)-\xi_i\left(0\right)}{t}} = \overline{\frac{\xi_j\left(t\right)-\xi_j\left(0\right)}{t}\xi_i\left(0\right)}$$

令 $t \to 0$，得

$$\overline{\xi_j\left(0\right)\dot{\xi}_i\left(0\right)} = \overline{\dot{\xi}_j\left(0\right)\xi_i\left(0\right)} \tag{13.5-16}$$

由于平均值与初始时刻的选择无关，则把式 (13.5-16) 两边作时间平移 t，得

$$\overline{\xi_j\left(t\right)\dot{\xi}_i\left(t\right)} = \overline{\dot{\xi}_j\left(t\right)\xi_i\left(t\right)} \tag{13.5-17}$$

把 $J_i = \dot{\xi}_i = \sum\limits_k L_{ik}X_k$ 代入式 (13.5-17) 得

$$\sum_k \overline{L_{ik}X_k\xi_j\left(t\right)} = \sum_k \overline{L_{jk}X_k\xi_i\left(t\right)} \tag{13.5-18}$$

把式 (13.5-12) 代入式 (13.5-18) 得

$$\sum_k L_{ik}\delta_{kj} = \sum_k L_{jk}\delta_{ki}$$

即

$$L_{ij} = L_{ji} \tag{13.5-19}$$

证毕。

13.6 热 电 效 应

现在我们把昂萨格倒易关系应用到热电效应 [1,8,10,13,119,120]。

13.6.1 热电效应的昂萨格倒易关系

1. 流与力

金属由原子实 (离子) 和自由电子组成，由于原子实的质量 m_2 远大于自由电子的质量 $m_1 = m$，则可以认为原子实的速度为零，即 $\boldsymbol{v}_2 = 0$。由于原子实的质量密度 ρ_2 远大于自由电子的质量密度 ρ_1，有

$$\boldsymbol{v} = \frac{\sum\limits_i \rho_i\boldsymbol{v}_i}{\rho} = \frac{\rho_1\boldsymbol{v}_1}{\rho_1 + \rho_2} \to 0$$

即质心速度为零，因此式 (13.4-29) 化为

$$\boldsymbol{J}_1 = \rho_1 (\boldsymbol{v}_1 - \boldsymbol{v}) = \rho_1 \boldsymbol{v}_1 = \frac{m}{e} (n_1 e \boldsymbol{v}_1) = -\frac{m}{e} \boldsymbol{J}, \quad \boldsymbol{J}_2 = \rho_2 (\boldsymbol{v}_2 - \boldsymbol{v}) = 0,$$

$$\boldsymbol{F}_1 = -\frac{e\boldsymbol{\mathcal{E}}}{m}, \quad \boldsymbol{F}_2 = 0, \quad \boldsymbol{X}_1 = \frac{\boldsymbol{F}_1}{T} - \nabla \frac{\mu_1}{T} = -\frac{e\boldsymbol{\mathcal{E}}}{mT} - \nabla \frac{\mu}{T}, \quad \boldsymbol{X}_2 = 0,$$

$$\boldsymbol{X}_u = \nabla \left(\frac{1}{T} \right), \quad \boldsymbol{X} = -\frac{m}{e} \boldsymbol{X}_1 = \frac{1}{T} \boldsymbol{\mathcal{E}} + \frac{m}{e} \nabla \frac{\mu}{T}$$

$$\text{(13.6-1)}$$

式中，$\boldsymbol{J} = -n_1 e \boldsymbol{v}_1$ 为电流密度；$\mu_1 = \mu$ 为电子气体的化学势；电子电荷为 $-e$。
流与力之间的线性关系为

$$\boldsymbol{J} = L_{11} \boldsymbol{X} + L_{1u} \boldsymbol{X}_u, \quad \boldsymbol{q} = L_{u1} \boldsymbol{X} + L_{uu} \boldsymbol{X}_u \qquad \text{(13.6-2)}$$

根据昂萨格原理，有

$$L_{1u} = L_{u1} \qquad \text{(13.6-3)}$$

2. 欧姆定律

考虑温度均匀和电子分布均匀的情况，有 $\boldsymbol{X}_u = 0$，$\boldsymbol{X} = \frac{1}{T} \boldsymbol{\mathcal{E}}$。使用式 (13.6-2)
得欧姆定律

$$\boldsymbol{J} = L_{11} \boldsymbol{X} = \frac{1}{T} L_{11} \boldsymbol{\mathcal{E}} = \gamma \boldsymbol{\mathcal{E}} \qquad \text{(13.6-4)}$$

得

$$L_{11} = \gamma T \qquad \text{(13.6-5)}$$

式中，γ 为电导率。

3. 傅里叶定律

考虑温度不均匀和没有电流的情况，式 (13.6-2) 化为

$$\boldsymbol{J} = L_{11} \boldsymbol{X} + L_{1u} \boldsymbol{X}_u = 0, \quad \boldsymbol{q} = L_{u1} \boldsymbol{X} + L_{uu} \boldsymbol{X}_u$$

消去 $\boldsymbol{X}$ 得傅里叶定律

$$\boldsymbol{q} = -\frac{1}{T^2} \left(L_{uu} - \frac{L_{u1} L_{1u}}{L_{11}} \right) \nabla T = -\kappa \nabla T \qquad \text{(13.6-6)}$$

给出

$$\frac{1}{T^2} \left(L_{uu} - \frac{L_{u1} L_{1u}}{L_{11}} \right) = \kappa \qquad \text{(13.6-7)}$$

式中，κ 为热导率。

4. 内能平衡方程

使用式 (13.6-2) 消去 $\boldsymbol{X}$ 得

$$\boldsymbol{q} = -\kappa\nabla T + \frac{L_{u1}}{L_{11}}\boldsymbol{J} \tag{13.6-8}$$

把 $\boldsymbol{X} = \dfrac{1}{T}\boldsymbol{\mathcal{E}} + \dfrac{m}{e}\nabla\dfrac{\mu}{T}$ 代入 $\boldsymbol{J} = L_{11}\boldsymbol{X} + L_{1u}\boldsymbol{X}_u$ 得

$$\boldsymbol{\mathcal{E}} = \frac{1}{\gamma}\boldsymbol{J} + \frac{L}{T}\nabla T - \frac{m}{e}\nabla\mu \tag{13.6-9}$$

式中,

$$L = \frac{L_{u1}}{L_{11}} + \frac{m\mu}{e} = \frac{L_{1u}}{L_{11}} + \frac{m\mu}{e} \tag{13.6-10}$$

把式 (13.6-8) 和式 (13.6-9) 代入内能平衡方程 (13.4-26),并使用稳恒电流守恒方程 $\nabla\cdot\boldsymbol{J} = 0$,得

$$\frac{\partial}{\partial t}(\rho u) = -\nabla\cdot\boldsymbol{q} - \rho_1\boldsymbol{F}_1\cdot\boldsymbol{v}_1 = \nabla\cdot(\kappa\nabla T) + \frac{1}{\gamma}\boldsymbol{J}^2 + \boldsymbol{J}\cdot\left(-\nabla L + \frac{1}{T}L\nabla T\right) \tag{13.6-11}$$

13.6.2 佩尔捷效应

当电流流过由两种不同导体组成的电路时,如果要保持电路的恒温,必须一端吸热,一端放热,这一现象称为佩尔捷效应 (Peltier effect),如图 13.6.1 所示。现在我们来解释这一效应。

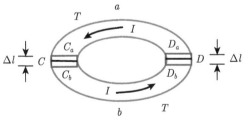

图 13.6.1 佩尔捷效应

把内能平衡方程 (13.6-11) 改写为

$$\frac{\partial}{\partial t}(\rho u) = \nabla\cdot(\kappa\nabla T - L\boldsymbol{J}) + \frac{1}{\gamma}\boldsymbol{J}^2 + \boldsymbol{J}\cdot\frac{1}{T}L\nabla T \tag{13.6-12}$$

把式 (13.6-12) 在一个固定体积上积分得

$$\frac{\partial}{\partial t} \int_V \rho u \mathrm{d}V = \oint_A (\kappa \nabla T - L\boldsymbol{J}) \cdot \mathrm{d}\boldsymbol{A} + \int_V \left(\frac{1}{\gamma} \boldsymbol{J}^2 + \boldsymbol{J} \cdot \frac{1}{T} L \nabla T \right) \mathrm{d}V \quad (13.6\text{-}13)$$

如图 13.6.1 所示，D 和 C 分别为两种不同导体连接处的横截面。取一包含横截面 D 的微段，微段上、下横截面分别为 D_a 和 D_b，微段长度 $\Delta l \to 0$，电流方向为 $b \to a$。把式 (13.6-13) 应用到该微段，利用恒温条件 $\nabla T = 0$，得

$$\frac{\partial}{\partial t} \int_V \rho u \mathrm{d}V = -\oint_A L\boldsymbol{J} \cdot \mathrm{d}\boldsymbol{A} + \int_A \frac{1}{\gamma} \boldsymbol{J}^2 \mathrm{d}A \Delta l$$
$$\xrightarrow{\Delta l \to 0} -\oint_A L\boldsymbol{J} \cdot \mathrm{d}\boldsymbol{A} = -L_a \int_{D_a} \boldsymbol{J}_a \cdot \mathrm{d}\boldsymbol{A}_a - L_b \int_{D_b} \boldsymbol{J}_b \cdot \mathrm{d}\boldsymbol{A}_b \quad (13.6\text{-}14)$$

稳恒电流连续性条件给出

$$\int_{D_a} \boldsymbol{J}_a \cdot \mathrm{d}\boldsymbol{A}_a = -\int_{D_b} \boldsymbol{J}_b \cdot \mathrm{d}\boldsymbol{A}_b = I \quad (13.6\text{-}15)$$

把式 (13.6-15) 代入式 (13.6-14) 得单位时间内流入横截面 D 的净热量为

$$\frac{\partial}{\partial t} \int_V \rho u \mathrm{d}V = (L_b - L_a) I = \Pi_{ab} I \quad (13.6\text{-}16)$$

式中，Π_{ab} 为佩尔捷系数，即

$$\Pi_{ab} = L_b - L_a = -\Pi_{ba} \quad (13.6\text{-}17)$$

同理，得单位时间内流入横截面 C 的净热量为 $\Pi_{ba} I$。在 D 和 C 接头处吸热分别为 $\Pi_{ab} I$ 和 $\Pi_{ba} I$。

13.6.3　泽贝克效应

把金属 a 和 b 的两端相互紧密接触组成环路，若在两连接处保持不同温度，则在环路中将由温度差而产生温差电动势，这一现象称为泽贝克效应 (Seebeck effect)，如图 13.6.2 所示。

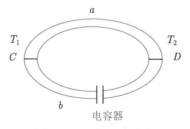

图 13.6.2　泽贝克效应

在式 (13.6-9) 中令 $\boldsymbol{J} = 0$，得

$$\boldsymbol{\mathcal{E}} = \frac{L}{T}\nabla T - \frac{m}{e}\nabla\mu \tag{13.6-18}$$

对回路作积分得回路电动势

$$E = -\oint \boldsymbol{\mathcal{E}} \cdot \mathrm{d}\boldsymbol{l} = -\oint \left(\frac{L}{T}\nabla T - \frac{m}{e}\nabla\mu\right) \cdot \mathrm{d}\boldsymbol{l} \tag{13.6-19}$$

由于电容器内部恒温，在电容器两端金属的化学势相等，则作回路积分时可以略去电容器而不影响结果，得

$$E = -\oint \frac{L}{T}\mathrm{d}T = -\int_{T_1}^{T_2} \frac{1}{T}\left(L_a - L_b\right)\mathrm{d}T \tag{13.6-20}$$

进一步得

$$\frac{\partial E}{\partial T} = -\frac{1}{T}\left(L_a - L_b\right) \tag{13.6-21}$$

把式 (13.6-17) 代入式 (13.6-21) 得

$$T\frac{\partial E}{\partial T} = \Pi_{ab} \tag{13.6-22}$$

称为汤姆孙第二关系 (second Thomson relation)。

13.6.4 汤姆孙效应

把内能平衡方程 (13.6-11) 改写为

$$\frac{\partial}{\partial t}\left(\rho u\right) = \nabla \cdot \left(\kappa\nabla T\right) + \frac{1}{\gamma}\boldsymbol{J}^2 - \xi\boldsymbol{J} \cdot \nabla T \tag{13.6-23}$$

式中，

$$\xi = \frac{\partial L}{\partial T} - \frac{1}{T}L \tag{13.6-24}$$

为汤姆孙 (Thomson) 系数。

式 (13.6-23) 的右边的第一项表示热传导的贡献，第二项表示焦耳热，第三项表示汤姆孙热，即在存在温度梯度的导体中通过电流时，导体中除了产生不可逆的焦耳热外，还要吸收或放出一定的热量，这一现象称为汤姆孙效应 (Thomson effect)，所吸放的热量称为汤姆孙热。

使用式 (13.6-24) 得

$$\xi_a - \xi_b = \frac{\partial (L_a - L_b)}{\partial T} - \frac{1}{T}(L_a - L_b) \tag{13.6-25}$$

把式 (13.6-17) 和式 (13.6-21) 代入式 (13.6-25) 得

$$\xi_a - \xi_b = -\frac{\partial \Pi_{ab}}{\partial T} + \frac{\partial E}{\partial T} \tag{13.6-26}$$

称为汤姆孙第一关系 (first Thomson relation)。

13.7 涨落–耗散定理

涨落–耗散定理是平衡态统计物理的一个重要的结果，该定理建立耗散过程的特性和系统的平衡涨落之间的关系 [13]。正如卡伦 (H. B. Callen) 和韦尔顿 (T. A. Welton) 在推导他们的涨落–耗散定理的论文里所指出的 [130]：It is felt that the relationship between equilibrium fluctuations and irreversibility which is here developed provides a method for a general approach to a theory of irreversibility, using statistical ensemble methods.(我们认为在这里推导出来的平衡系统的涨落和不可逆性之间的关系，就能给出利用统计系综方法研究不可逆理论的普遍方法。)

在讲述线性响应理论之前，我们先来补充数学工具。

13.7.1 数学工具

1. 希尔伯特变换和柯西主值

考虑一个函数 $f(z)$，在上半平面不但是解析的，而且满足 $\lim\limits_{|z|\to\infty} f(z) = 0$。考虑沿如图 13.7.1 所示由两个半径相差很大的半圆和两个直线段组成的围线 C 的积分，由于在围线 C 内和在 C 上，$\frac{f(z)}{z-\alpha}$ 是解析的，根据柯西定理有

$$\oint_C \frac{f(z)}{z-\alpha}dz = \int_{S_R} \frac{f(z)}{z-\alpha}dz + \int_{S_\delta} \frac{f(z)}{z-\alpha}dz + P\int_{-R}^R \frac{f(x)}{x-\alpha}dx = 0 \tag{13.7-1}$$

式中，α 为实的；R 为大的半圆的半径；δ 为小的半圆的半径；

$$P\int_{-R}^R \frac{f(x)}{x-\alpha}dx = \int_{-R}^{\alpha-\delta} \frac{f(x)}{x-\alpha}dx + \int_{\alpha+\delta}^R \frac{f(x)}{x-\alpha}dx \tag{13.7-2}$$

称为 $\dfrac{f(x)}{x-\alpha}$ 的柯西主值积分 (Cauchy principal value integral)。

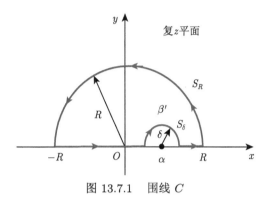

图 13.7.1 围线 C

考虑沿大的半圆的积分，有 $z = Re^{i\theta}$，得

$$\left|\int_{S_R} \frac{f(z)}{z-\alpha}\mathrm{d}z\right| = \left|\int_0^\pi \frac{f(Re^{i\theta})}{Re^{i\theta}-\alpha}\mathrm{i}Re^{i\theta}\mathrm{d}\theta\right| < \frac{R}{R-\alpha}\int_0^\pi \left|f(Re^{i\theta})\right|\mathrm{d}\theta \xrightarrow{R\to\infty} 0$$

$$(13.7\text{-}3)$$

考虑沿小的半圆的积分，有 $z = \alpha + \delta e^{i\theta}$，得

$$\int_{S_\delta} \frac{f(z)}{z-\alpha}\mathrm{d}z = \mathrm{i}\int_\pi^0 f(\alpha + \delta e^{i\theta})\mathrm{d}\theta \xrightarrow{\delta\to0} -\mathrm{i}\int_0^\pi f(\alpha)\mathrm{d}\theta = -\mathrm{i}\pi f(\alpha) \quad (13.7\text{-}4)$$

把式 (13.7-3) 和式 (13.7-4) 代入式 (13.7-1)，得

$$\mathrm{P}\int_{-\infty}^\infty \frac{f(x)}{x-\alpha}\mathrm{d}x = \mathrm{i}\pi f(\alpha) \tag{13.7-5}$$

给出

$$\mathrm{Re}f(\alpha) = \frac{1}{\pi}\mathrm{P}\int_{-\infty}^\infty \frac{\mathrm{Im}f(x)}{x-\alpha}\mathrm{d}x, \quad \mathrm{Im}f(\alpha) = -\frac{1}{\pi}\mathrm{P}\int_{-\infty}^\infty \frac{\mathrm{Re}f(x)}{x-\alpha}\mathrm{d}x \tag{13.7-6}$$

称为希尔伯特 (Hilbert) 变换 [131]。

2. 沿实轴的积分

考虑沿实轴的积分 $\displaystyle\int_{-\infty}^\infty \mathrm{d}x\frac{f(x)}{x-x_1}$，可以看成从上半平面接近实轴，写成一般的数学形式，得

$$\lim_{\eta\to0^+} F(x_1 + \mathrm{i}\eta) = \int_{-\infty}^\infty \mathrm{d}x\frac{f(x)}{x-x_1-\mathrm{i}\eta} \tag{13.7-7}$$

式中，$f(x)$ 为任意函数。

为了避开奇点 $x = x_1 + \mathrm{i}\eta$，如图 13.7.2 所示，以奇点为圆心作一个半径很小的半圆，代替原来的那一段，得

$$\int_{-\infty}^{\infty} \mathrm{d}x \frac{f(x)}{x - x_1 - \mathrm{i}\eta} = \mathrm{P}\int_{-\infty}^{\infty} \mathrm{d}x \frac{f(x)}{x - x_1} + \int_{S_\delta} \mathrm{d}z \frac{f(z)}{z - x_1 - \mathrm{i}\eta} \tag{13.7-8}$$

考虑沿小的半圆的积分，有 $z = x_1 + \mathrm{i}\eta + \delta \mathrm{e}^{\mathrm{i}\theta}$，得

$$\int_{S_\delta} \mathrm{d}z \frac{f(z)}{z - x_1 - \mathrm{i}\eta} = \mathrm{i}\int_{-\pi}^{0} f\left(x_1 + \mathrm{i}\eta + \delta \mathrm{e}^{\mathrm{i}\theta}\right) \mathrm{d}\theta \xrightarrow{\delta \to 0} \mathrm{i}\int_{-\pi}^{0} f(x_1)\,\mathrm{d}\theta = \mathrm{i}\pi f(x_1)$$
$$\tag{13.7-9}$$

把式 (13.7-9) 代入式 (13.7-8) 得数学恒等式 [132]

$$\int_{-\infty}^{\infty} \mathrm{d}x \frac{f(x)}{x - x_1 - \mathrm{i}\eta} = \mathrm{P}\int_{-\infty}^{\infty} \mathrm{d}x \frac{f(x)}{x - x_1} + \mathrm{i}\pi f(x_1) \tag{13.7-10}$$

既然 $f(x)$ 是任意函数，则式 (13.7-10) 可以写成

$$\frac{1}{x - x_1 - \mathrm{i}\eta} \xrightarrow{\eta \to 0^+} \mathrm{i}\pi\delta(x - x_1) + \mathrm{P}\frac{1}{x - x_1} \tag{13.7-11}$$

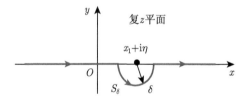

图 13.7.2　避开奇点的积分路径

13.7.2　克拉默斯–克勒尼希关系

考虑处于随时间变化的电场 $\mathcal{E}(t)$ 中的电介质的电偶极矩 $\boldsymbol{\mathcal{P}}$，根据因果性原理，在时刻 t 的电场不能引起先于时刻 t 的电偶极矩；时刻 t 的电偶极矩等于先于时刻 t 的所有电场的权重线性叠加，即

$$\mathcal{P}_i(t) = \sum_j \int_{-\infty}^{t} \mathcal{E}_j(t')\, G_{ij}(t - t')\,\mathrm{d}t' \tag{13.7-12}$$

式中，$G_{ij}(t)$ 为响应函数，满足 $G_{ij}(t < 0) = 0$。

响应函数的傅里叶变换为

$$G_{ij}(\omega) = \int_{-\infty}^{\infty} \mathrm{e}^{-\mathrm{i}\omega t} G_{ij}(t)\,\mathrm{d}t = \int_{0}^{\infty} \mathrm{e}^{-\mathrm{i}\omega t} G_{ij}(t)\,\mathrm{d}t \tag{13.7-13}$$

根据因果性原理，响应函数 $G_{ij}(t)$ 对任何 $t>0$ 总是有限的，$G_{ij}(\omega)$ 及其导数在上半平面都是有限的，因此 $G_{ij}(\omega)$ 在上半平面是解析函数，希尔伯特变换成立，称为克拉默斯–克勒尼希 (Kramers-Kronig) 关系 [133]。

13.7.3 量子刘维尔方程的解

假设系统未受到微扰时的哈密顿算符为 $\hat{H}_0$，薛定谔方程为 $\hat{H}_0\,|E_0\rangle = E_0\,|E_0\rangle$，平衡态正则系综里的密度算符为 $\hat{\rho}_0$。假设 $t=-\infty$ 时系统处于平衡态。为了保证初始时的平衡态，我们 $t=-\infty$ 时绝热地给系统加上一个随时间变化的微扰 $-\hat{\boldsymbol{A}} \cdot \boldsymbol{F}(t) = -\sum_j \hat{A}_j F_j(t)$，哈密顿算符变为

$$\hat{H} = \hat{H}_0 - \hat{\boldsymbol{A}} \cdot \boldsymbol{F}(t) = \hat{H}_0 - \sum_j \hat{A}_j F_j(t) \tag{13.7-14}$$

式中，$F_j(t=-\infty) = 0$。

密度算符要加上微扰引起的贡献 $\hat{\rho}_1$，即

$$\hat{\rho} = \hat{\rho}_0 + \hat{\rho}_1 \tag{13.7-15}$$

式中，$\hat{\rho}_1(t=-\infty) = 0$。

把式 (13.7-15) 代入量子刘维尔方程 (2.3-5) 并略去非线性项，得线性方程

$$\frac{\partial \hat{\rho}_1}{\partial t} = \frac{1}{\mathrm{i}\hbar}\left[\hat{H}_0, \hat{\rho}_1\right]_{-} - \sum_j \frac{1}{\mathrm{i}\hbar}\left[\hat{A}_j, \hat{\rho}_0\right]_{-} F_j(t) \tag{13.7-16}$$

定义

$$\hat{\rho}_1 = \mathrm{e}^{-\frac{\mathrm{i}}{\hbar}\hat{H}_0 t}\,\hat{g}\,\mathrm{e}^{\frac{\mathrm{i}}{\hbar}\hat{H}_0 t} \tag{13.7-17}$$

把式 (13.7-17) 代入式 (13.7-16)，得

$$\frac{\partial \hat{g}}{\partial t} = \sum_j \frac{1}{\mathrm{i}\hbar} F_j(t)\,\mathrm{e}^{\frac{\mathrm{i}}{\hbar}\hat{H}_0 t}\left[\hat{\rho}_0, \hat{A}_j\right]_{-}\mathrm{e}^{-\frac{\mathrm{i}}{\hbar}\hat{H}_0 t} \tag{13.7-18}$$

积分得

$$\hat{\rho}_1 = \sum_j \frac{1}{\mathrm{i}\hbar}\int_{-\infty}^{t} F_j(t')\,\mathrm{e}^{-\frac{\mathrm{i}}{\hbar}\hat{H}_0(t-t')}\left[\hat{\rho}_0, \hat{A}_j\right]_{-}\mathrm{e}^{\frac{\mathrm{i}}{\hbar}\hat{H}_0(t-t')}\mathrm{d}t' \tag{13.7-19}$$

13.7.4　线性响应函数

1. 线性响应函数的定义

考虑一个力学量 $\hat{B}$，假设处于热平衡时其统计平均值为零。使用式 (13.7-19) 得受到微扰时的统计平均值

$$\left\langle \hat{B} \right\rangle = \mathrm{Tr}\left(\hat{\rho}_1 \hat{B} \right) = \sum_j \int_{-\infty}^t F_j\left(t'\right) \varphi_{BA_j}\left(t - t'\right) \mathrm{d}t' \tag{13.7-20}$$

式中，

$$\varphi_{BA_j}\left(t\right) = \frac{1}{\mathrm{i}\hbar} \mathrm{Tr}\left\{ \hat{B}\left(t\right) \left[\hat{\rho}_0, \hat{A}_j\right]_- \right\} \tag{13.7-21}$$

$$\hat{B}\left(t\right) = \mathrm{e}^{\frac{\mathrm{i}}{\hbar}\hat{H}_0 t} \hat{B} \mathrm{e}^{-\frac{\mathrm{i}}{\hbar}\hat{H}_0 t} \tag{13.7-22}$$

$\varphi_{BA_j}\left(t\right)$ 称为线性响应函数 (linear response function)。

2. 因果性原理

式 (13.7-20) 反映了因果性原理，即在时刻 t，一个输入不能引起一个先于时刻 t 的响应；时刻 t 的响应等于先于时刻 t 的所有输入的权重的线性叠加。

式 (13.7-20) 可以改写为

$$\left\langle \hat{B} \right\rangle = \sum_j \int_{-\infty}^{\infty} F_j\left(t'\right) \theta\left(t - t'\right) \varphi_{BA_j}\left(t - t'\right) \mathrm{d}t'$$

$$= \sum_j \frac{1}{2\pi} \int_{-\infty}^{\infty} \mathrm{e}^{-\mathrm{i}\omega t} F_j\left(\omega\right) \Omega_{BA_j}\left(\omega\right) \mathrm{d}\omega \tag{13.7-23}$$

式中，$\theta\left(x \geqslant 0\right) = 1; \theta\left(x < 0\right) = 0$；$F_j\left(\omega\right)$ 为 $F_j\left(t\right)$ 的傅里叶变换；$\Omega_{BA_j}\left(\omega\right)$ 为 $\theta\left(t\right)\varphi_{BA_j}\left(t\right)$ 的傅里叶变换，即

$$\Omega_{BA_j}\left(\omega\right) = \int_{-\infty}^{\infty} \mathrm{e}^{\mathrm{i}\omega t} \theta\left(t\right) \varphi_{BA_j}\left(t\right) \mathrm{d}t = \int_0^{\infty} \mathrm{e}^{\mathrm{i}\omega t} \varphi_{BA_j}\left(t\right) \mathrm{d}t \tag{13.7-24}$$

由于响应函数 $\varphi_{BA_j}\left(t\right)$ 对任何 $t > 0$ 总是有限的，$\Omega_{BA_j}\left(\omega\right)$ 及其导数在上半平面都是有限的，所以 $\Omega_{BA_j}\left(\omega\right)$ 在上半平面是解析函数，希尔伯特变换成立。

$\Omega_{BA_j}\left(\omega\right)$ 和 $\varphi_{BA_j}\left(t\right)$ 的傅里叶变换的 $\varphi_{BA_j}\left(\omega\right)$ 之间的关系如下：

$$\Omega_{BA_j}\left(\omega\right) = \int_0^{\infty} \mathrm{e}^{\mathrm{i}\omega t} \varphi_{BA_j}\left(t\right) \mathrm{d}t = \frac{1}{2\pi} \int_{-\infty}^{\infty} \mathrm{d}\omega' \varphi_{BA_j}\left(\omega'\right) \int_0^{\infty} \mathrm{e}^{-\mathrm{i}\left(\omega' - \omega\right) t} \mathrm{d}t$$

$$\tag{13.7-25}$$

为了使积分 $\int_0^\infty e^{-i(\omega'-\omega)t}dt$ 收敛,我们把被积函数 $e^{-i(\omega'-\omega)t}$ 改为 $e^{-[i(\omega'-\omega)+\eta]t}$,
令 $\eta \to 0^+$,得

$$\Omega_{BA_j}(\omega) = \frac{1}{2\pi i}\int_{-\infty}^\infty d\omega' \frac{\varphi_{BA_j}(\omega')}{\omega'-\omega-i\eta} \qquad (13.7\text{-}26)$$

使用沿实轴的积分公式 (13.7-10),则式 (13.7-26) 化为

$$\Omega_{BA_j}(\omega) = \frac{1}{2}\varphi_{BA_j}(\omega) - \frac{i}{2\pi}P\int_{-\infty}^\infty d\omega' \frac{\varphi_{BA_j}(\omega')}{\omega'-\omega} \qquad (13.7\text{-}27)$$

把式 (13.7-27) 分离实部和虚部,得

$$\mathrm{Re}\Omega_{BA_j}(\omega) = \frac{1}{2}\mathrm{Re}\varphi_{BA_j}(\omega) + \frac{1}{2\pi}P\int_{-\infty}^\infty d\omega' \frac{\mathrm{Im}\varphi_{BA_j}(\omega')}{\omega'-\omega}$$

$$\mathrm{Im}\Omega_{BA_j}(\omega) = \frac{1}{2}\mathrm{Im}\varphi_{BA_j}(\omega) - \frac{1}{2\pi}P\int_{-\infty}^\infty d\omega' \frac{\mathrm{Re}\varphi_{BA_j}(\omega')}{\omega'-\omega} \qquad (13.7\text{-}28)$$

3. 线性响应函数的其他形式

现在我们把 $\varphi_{BA_j}(t)$ 表示为其他形式。

算符 $\hat{A}_j$ 不显含时间,满足海森伯运动方程 (2.4-10)。使用式 (3.4-1) 和式 (2.4-10) 得

$$\frac{d}{d\beta}\left(Qe^{\beta\hat{H}_0}\left[\hat{\rho}_0,\hat{A}_j\right]_-\right) = -e^{\beta\hat{H}_0}\left[\hat{H}_0,\hat{A}_j\right]_- e^{-\beta\hat{H}_0} = i\hbar e^{\beta\hat{H}_0}\overset{\bullet}{\hat{A}}_j(0)e^{-\beta\hat{H}_0} \quad (13.7\text{-}29)$$

积分得

$$\left[\hat{\rho}_0,\hat{A}_j\right]_- = i\hbar\hat{\rho}_0\int_0^\beta e^{\lambda\hat{H}_0}\overset{\bullet}{\hat{A}}_j(0)e^{-\lambda\hat{H}_0}d\lambda \qquad (13.7\text{-}30)$$

把式 (13.7-30) 代入式 (13.7-21),并利用迹的变量的循环置换的不变性,得

$$\varphi_{BA_j}(t) = \int_0^\beta \mathrm{Tr}\left\{\hat{\rho}_0\overset{\bullet}{\hat{A}}_j(0)\hat{B}(t+i\hbar\lambda)\right\}d\lambda \qquad (13.7\text{-}31)$$

把式 (13.7-31) 代入式 (13.7-24) 得

$$\Omega_{BA_j}(\omega) = \int_0^\infty dt e^{i\omega t}\int_0^\beta d\lambda \mathrm{Tr}\left[\hat{\rho}_0\overset{\bullet}{\hat{A}}_j(0)\hat{B}(t+i\hbar\lambda)\right] \qquad (13.7\text{-}32)$$

4. $\varphi_{BA_j}(t)$ 的傅里叶变换

现在计算式 (13.7-21) 中的平衡态系综统计平均值，得 $\varphi_{BA_j}(t)$ 的傅里叶变换

$$
\begin{aligned}
\varphi_{BA_j}(\omega) &= -\frac{\mathrm{i}}{\hbar} \int_{-\infty}^{\infty} \mathrm{e}^{\mathrm{i}\omega t} \mathrm{Tr}\left\{ \hat{B}(t) \left[\hat{\rho}_0, \hat{A}_j \right]_- \right\} \mathrm{d}t \\
&= -\frac{\mathrm{i}}{\hbar Q} \int_{-\infty}^{\infty} \mathrm{d}t \mathrm{e}^{\mathrm{i}\omega t} \sum_{E_0'} \sum_{E_0''} \langle E_0''| \hat{B}(t) |E_0'\rangle \langle E_0'| \left(\hat{\rho}_0 \hat{A}_j - \hat{A}_j \hat{\rho}_0 \right) |E_0''\rangle \\
&= -\frac{\mathrm{i}}{\hbar Q} \sum_{E_0'} \sum_{E_0''} \left(\mathrm{e}^{-\beta E_0'} - \mathrm{e}_0^{-\beta E''} \right) \langle E_0''| \hat{B} |E_0'\rangle \\
&\quad \times \langle E_0'| \hat{A}_j |E_0''\rangle 2\pi\delta\left(\omega - \frac{E_0' - E_0''}{\hbar} \right) \\
&= -\frac{\mathrm{i}}{\hbar Q} \left(1 - \mathrm{e}^{\beta\hbar\omega} \right) \sum_{E_0'} \sum_{E_0''} \mathrm{e}^{-\beta E_0'} \langle E_0''| \hat{B} |E_0'\rangle \\
&\quad \times \langle E_0'| \hat{A}_j |E_0''\rangle 2\pi\delta\left(\omega - \frac{E_0' - E_0''}{\hbar} \right)
\end{aligned}
$$

$$(13.7\text{-}33)$$

13.7.5 时间关联函数

引入时间关联函数

$$
\Lambda_{BA_j}(t, t') = \frac{1}{2} \mathrm{Tr}\left\{ \hat{\rho}_0 \left[\hat{A}_j(t') \hat{B}(t) + \hat{B}(t) \hat{A}_j(t') \right] \right\} \tag{13.7-34}
$$

使用平衡态正则系综计算统计平均值得

$$
\begin{aligned}
\Lambda_{BA_j}(t, t') &= \frac{1}{2} \left\langle \left[\hat{A}_j(t') \hat{B}(t) + \hat{B}(t) \hat{A}_j(t') \right] \right\rangle_0 \\
&= \frac{1}{2} \mathrm{Tr}\left\{ \hat{\rho}_0 \left[\hat{A}_j(t') \hat{B}(t) + \hat{B}(t) \hat{A}_j(t') \right] \right\} \\
&= \frac{1}{2Q} \sum_{E_0'} \sum_{E_0''} \left[\langle E_0'| \hat{\rho}_0 \hat{A}_j(t') |E_0''\rangle \langle E_0''| \hat{B}(t) |E_0'\rangle \right. \\
&\quad \left. + \langle E_0''| \hat{\rho}_0 \hat{B}(t) |E_0'\rangle \langle E_0'| \hat{A}_j(t') |E_0''\rangle \right] \\
&= \frac{1}{2Q} \sum_{E_0'} \sum_{E_0''} \left(\mathrm{e}^{-\beta E_0'} + \mathrm{e}^{-\beta E_0''} \right) \langle E_0'| \hat{A}_j |E_0''\rangle \\
&\quad \times \langle E_0''| \hat{B} |E_0'\rangle \mathrm{e}^{\mathrm{i}\frac{E_0'' - E_0'}{\hbar}(t-t')}
\end{aligned}
$$

$$= \Lambda_{BA_j}(t - t') \qquad (13.7\text{-}35)$$

其傅里叶变换为

$$\Lambda_{BA_j}(\omega) = \int_{-\infty}^{\infty} \mathrm{e}^{\mathrm{i}\omega t} \Lambda_{BA_j}(t)\,\mathrm{d}t$$

$$= \frac{1}{2Q} \sum_{E_0'} \sum_{E_0''} \left(\mathrm{e}^{-\beta E_0'} + \mathrm{e}^{-\beta E_0''} \right) \langle E_0' | \hat{A}_j | E_0'' \rangle$$

$$\times \langle E_0'' | \hat{B} | E_0' \rangle 2\pi\delta \left(\omega - \frac{E_0' - E_0''}{\hbar} \right)$$

$$= \frac{1}{2Q} \left(1 + \mathrm{e}^{\beta\hbar\omega} \right) \sum_{E_0'} \sum_{E_0''} \mathrm{e}^{-\beta E_0'} \langle E_0' | \hat{A}_j | E_0'' \rangle$$

$$\times \langle E_0'' | \hat{B} | E_0' \rangle 2\pi\delta \left(\omega - \frac{E_0' - E_0''}{\hbar} \right) \qquad (13.7\text{-}36)$$

把式 (13.7-33) 与式 (13.7-36) 比较得

$$\varphi_{BA_j}(\omega) = \frac{2\mathrm{i}\tanh\dfrac{\beta\hbar\omega}{2}}{\hbar} \Lambda_{BA_j}(\omega) \qquad (13.7\text{-}37)$$

13.7.6 涨落–耗散定理的几种形式

1. 卡伦–韦尔顿涨落–耗散定理

现在我们推导卡伦–韦尔顿涨落–耗散定理[129]。考虑扰动只有一个分量的情形，即

$$\hat{H} = \hat{H}_0 - \hat{A}F(t) \qquad (13.7\text{-}38)$$

取 $\hat{B} = \hat{A}$，使用式 (13.7-33) 和式 (13.7-37) 得

$$\varphi_{AA}(\omega) = \frac{2\mathrm{i}\tanh\dfrac{\beta\hbar\omega}{2}}{\hbar} \Lambda_{AA}(\omega)$$

$$= -\frac{\mathrm{i}}{\hbar Q} \left(1 - \mathrm{e}^{\beta\hbar\omega} \right) \sum_{E_0'} \sum_{E_0''} \mathrm{e}^{-\beta E_0'} \left| \langle E_0' | \hat{A} | E_0'' \rangle \right|^2 2\pi\delta \left(\omega - \frac{E_0'' - E_0'}{\hbar} \right)$$

$$\qquad (13.7\text{-}39)$$

我们看到，$\varphi_{AA}(\omega)$ 是虚的，$\Lambda_{AA}(\omega)$ 是实的。使用 $\mathrm{Re}\varphi_{AA}(\omega) = 0$ 和式 (13.7-32)，得

$$\mathrm{Im}\kappa(\omega) = \mathrm{Im}\Omega_{AA}(\omega) = \frac{1}{2}\mathrm{Im}\varphi_{AA}(\omega) = \frac{\tanh\dfrac{\beta\hbar\omega}{2}}{\hbar} \Lambda_{AA}(\omega) \qquad (13.7\text{-}40)$$

式中，$\kappa(\omega) = \Omega_{AA}(\omega)$ 称为广义极化率。

$\Lambda_{AA}(t)$ 的傅里叶变换为

$$\Lambda_{AA}(t) = \frac{1}{2\pi} \int_{-\infty}^{\infty} e^{-i\omega t} \Lambda_{AA}(\omega) \, dt \tag{13.7-41}$$

在式 (13.7-41) 中取 $t = 0$，并代入式 (13.7-40)，得

$$\Lambda_{AA}(t=0) = \left\langle \hat{A}^2 \right\rangle_0 = \overline{\hat{A}^2} = \frac{\hbar}{2\pi} \int_{-\infty}^{\infty} \left(\coth \frac{\beta\hbar\omega}{2} \right) \operatorname{Im} \kappa(\omega) \, d\omega \tag{13.7-42}$$

式 (13.7-42) 即为卡伦–韦尔顿涨落–耗散定理，把系统在外来扰动作用下的物理量的均方值用广义极化率来表示。

2. 一般涨落–耗散定理

现在回到扰动有若干个分量的情形，取 $\hat{B} = \hat{A}_i$，式 (13.7-37) 化为

$$\varphi_{A_i A_j}(\omega) = \frac{2i \tanh \dfrac{\beta\hbar\omega}{2}}{\hbar} \Lambda_{A_i A_j}(\omega) \tag{13.7-43}$$

使用式 (13.7-32) 得

$$\kappa_{ij}(\omega) = \Omega_{A_i A_j}(\omega) = \int_0^{\infty} dt e^{i\omega t} \int_0^{\beta} d\lambda \operatorname{Tr} \left[\hat{\rho}_0 \, \dot{\hat{A}}_j(0) \hat{A}_i(t + i\hbar\lambda) \right] \tag{13.7-44}$$

式中，$\kappa_{ij}(\omega) = \Omega_{A_i A_j}(\omega)$ 称为广义极化率。

式 (13.7-44) 是久保 (Kubo) 的涨落–耗散定理[134]，它把广义极化率用平衡态系综平均值来表示。

取 $\hat{B} = \hat{A}_i$，式 (13.7-33) 化为

$$\varphi_{A_i A_j}(\omega) = -\frac{i}{\hbar Q} \left(1 - e^{\beta\hbar\omega} \right) \sum_{E_0'} \sum_{E_0''} e^{-\beta E_0'} \langle E_0'' | \hat{A}_i | E_0' \rangle$$

$$\times \langle E_0' | \hat{A}_j | E_0'' \rangle \, 2\pi\delta \left(\omega - \frac{E_0' - E_0''}{\hbar} \right) \tag{13.7-45}$$

注意到 $\hat{A}_j$ 是厄米算符，有 $\langle E_0' | \hat{A}_j | E_0'' \rangle^* = \langle E_0'' | \hat{A}_j | E_0' \rangle$，因此式 (13.7-45) 的复共轭为

$$\varphi_{A_i A_j}^*(\omega) = \frac{i}{\hbar Q} \left(1 - e^{\beta\hbar\omega} \right) \sum_{E_0'} \sum_{E_0''} e^{-\beta E_0'} \langle E_0'' | \hat{A}_j | E_0' \rangle$$

$$\times \left\langle E_0' \right| \hat{A}_i \left| E_0'' \right\rangle 2\pi\delta \left(\omega - \frac{E_0' - E_0''}{\hbar} \right)$$

$$= -\varphi_{A_j A_i} (\omega) \tag{13.7-46}$$

在式 (13.7-27) 中取 $\hat{B} = \hat{A}_i$，得

$$\kappa_{ij}(\omega) = \Omega_{A_i A_j}(\omega) = \frac{1}{2} \varphi_{A_i A_j}(\omega) - \frac{\mathrm{i}}{2\pi} \mathrm{P} \int_{-\infty}^{\infty} \mathrm{d}\omega' \frac{\varphi_{A_i A_j}(\omega')}{\omega' - \omega} \tag{13.7-47}$$

使用式 (13.7-43)、式 (13.7-46) 和式 (13.7-47) 得

$$\kappa_{ij}(\omega) - \kappa_{ji}^*(\omega) = \Omega_{A_i A_j}(\omega) - \Omega_{A_j A_i}^*(\omega)$$

$$= \frac{1}{2} \left[\varphi_{A_i A_j}(\omega) - \varphi_{A_j A_i}^*(\omega) \right]$$

$$- \frac{\mathrm{i}}{2\pi} \mathrm{P} \int_{-\infty}^{\infty} \mathrm{d}\omega' \frac{\varphi_{A_i A_j}(\omega') + \varphi_{A_j A_i}^*(\omega')}{\omega' - \omega}$$

$$= \varphi_{A_i A_j}(\omega) = \frac{2\mathrm{i} \tanh \dfrac{\beta\hbar\omega}{2}}{\hbar} \Lambda_{A_i A_j}(\omega) \tag{13.7-48}$$

给出

$$\Lambda_{A_i A_j}(t) = \frac{1}{2\pi} \int_{-\infty}^{\infty} \mathrm{e}^{-\mathrm{i}\omega t} \Lambda_{A_i A_j}(\omega) \, \mathrm{d}\omega$$

$$= -\frac{\mathrm{i}\hbar}{4\pi} \int_{-\infty}^{\infty} \mathrm{e}^{-\mathrm{i}\omega t} \left[\kappa_{ij}(\omega) - \kappa_{ji}^*(\omega) \right] \coth \frac{\beta\hbar\omega}{2} \mathrm{d}\omega \tag{13.7-49}$$

当只有一个分量的扰动时，令 $t = 0$，式 (13.7-49) 化为上面的卡伦–韦尔顿涨落–耗散定理 (13.7-42)，因此式 (13.7-49) 就是一般情形下的涨落–耗散定理，它把时间相关函数跟广义极化率联系起来 [135]。

3. 非稳态过程的昂萨格倒易关系

考虑没有磁场的情形，$\hat{H}_0$ 的本征波函数是实的。由于进行时间反演时哈密顿算符保持不变，$\hat{A}_j$ 当然保持不变，所以 $\hat{A}_j$ 是实算符，$\left\langle E_0' \right| \hat{A}_j \left| E_0'' \right\rangle$ 是实的 [2]，使用式 (13.7-45)，我们发现 $\varphi_{A_i A_j}(\omega)$ 是虚的，式 (13.7-46) 化为

$$-\varphi_{A_i A_j}^*(\omega) = \varphi_{A_i A_j}(\omega) = \varphi_{A_j A_i}(\omega) \tag{13.7-50}$$

把式 (13.7-50) 代入式 (13.7-47) 得

$$\kappa_{ij}(\omega) = \kappa_{ji}(\omega) \tag{13.7-51}$$

式 (13.7-51) 是非稳态过程的昂萨格倒易关系。

13.7.7　电导率张量

哈密顿算符为 [13]

$$\hat{H} = \hat{H}_0 - \hat{\boldsymbol{\mathcal{P}}} \cdot \boldsymbol{\mathcal{E}}(t) = \hat{H}_0 - \sum_j \hat{\mathcal{P}}_j \mathcal{E}_j(t) \tag{13.7-52}$$

式中，$\hat{\boldsymbol{\mathcal{P}}} = \sum_k q_k \boldsymbol{r}_k$ 为电偶极矩算符；$\boldsymbol{\mathcal{E}}(t)$ 为电场。

给出

$$\hat{A}_j = \hat{\mathcal{P}}_j, \quad F_j(t) = \mathcal{E}_j(t) \tag{13.7-53}$$

电流算符为

$$\hat{\boldsymbol{J}}(t) = \dot{\hat{\boldsymbol{\mathcal{P}}}}(t) = \sum_k q_k \dot{\boldsymbol{r}}_k(t) \tag{13.7-54}$$

电流密度算符为

$$\hat{\boldsymbol{j}}(t) = \frac{1}{V}\hat{\boldsymbol{J}}(t) = \frac{1}{V}\dot{\hat{\boldsymbol{\mathcal{P}}}}(t) = \frac{1}{V}\sum_k q_k \dot{\boldsymbol{r}}_k(t) \tag{13.7-55}$$

使用式 (13.7-23)，电流的统计平均值为

$$\left\langle \hat{j}_k \right\rangle = \frac{1}{V}\left\langle \hat{J}_k \right\rangle = \frac{1}{V}\sum_j \frac{1}{2\pi}\int_{-\infty}^{\infty} \mathrm{e}^{-\mathrm{i}\omega t}\mathcal{E}_j(\omega)\Omega_{J_k \mathcal{P}_j}(\omega)\mathrm{d}\omega \tag{13.7-56}$$

使用式 (13.7-32) 和式 (13.7-56) 得电导率张量

$$\begin{aligned}
\gamma_{kj}(\omega) &= \frac{1}{V}\Omega_{J_k \mathcal{P}_j}(\omega) = \frac{1}{V}\int_0^\infty \mathrm{e}^{\mathrm{i}\omega t}\varphi_{J_k \mathcal{P}_j}(t)\mathrm{d}t \\
&= \frac{1}{V}\int_0^\infty \mathrm{d}t\mathrm{e}^{\mathrm{i}\omega t}\int_0^\beta \mathrm{d}\lambda \operatorname{Tr}\left[\hat{\rho}_0 \dot{\mathcal{P}}_j(0)\hat{J}_k(t+\mathrm{i}\hbar\lambda)\right] \\
&= \frac{1}{V}\int_0^\infty \mathrm{d}t\mathrm{e}^{\mathrm{i}\omega t}\int_0^\beta \mathrm{d}\lambda \operatorname{Tr}\left[\hat{\rho}_0 \hat{J}_j(0)\hat{J}_k(t+\mathrm{i}\hbar\lambda)\right]
\end{aligned} \tag{13.7-57}$$

参 考 文 献

[1] 王竹溪. 热力学. 北京: 北京大学出版社, 2005.

[2] Landau L D, Lifshitz E M. Statistical Physics, Part 1. Oxford: Pergamon, 1980.

[3] 汪志诚. 热力学和统计物理. 4 版. 北京: 高等教育出版社, 2008.

[4] Huang K. Statistical Mechanics. 2nd ed. New York: John Wiley, 1987.

[5] 久保亮五. 热力学——包括习题和解答的高级教程. 吴宝路, 译. 北京: 人民教育出版社, 1982.

[6] 雷克 L E. 统计物理现代教程. 黄畇, 夏梦芬, 仇韵清, 等译. 北京: 北京大学出版社, 1983.

[7] Plischke M. Equilibrium Statistical Mechanics. 上海: 复旦大学出版社, 2006.

[8] 钟云霄. 热力学和统计物理. 北京: 科学出版社, 1988.

[9] Hsieh J S. Principles of Thermodynamics. New York: Scripta, 1975.

[10] Landau L D, Lifshitz E M. Electrodynamics of Continuous Media. Oxford: Pergamon, 1980.

[11] Feynman R P. Statistical Mechanics: A Set of Lectures. London: W. A. Benjamin, 1972.

[12] Landau L D, Lifshitz E M. Quantum Mechanics. Oxford: Pergamon, 1980.

[13] 祖巴列夫. 非平衡统计力学. 北京: 高等教育出版社, 1982.

[14] 久保亮五. 统计力学——包括习题和解答的高级教程. 徐振环, 等译. 北京: 人民教育出版社, 1985.

[15] 王竹溪. 统计物理学导论. 2 版. 北京: 人民教育出版社, 1979.

[16] 德哈尔 D. 统计力学基础. 丁厚昌, 乔登江, 韩叶龙, 等译. 上海: 上海科学技术出版社, 1980.

[17] Morandi G, Napoli F, Ercolessi E. Statistical Mechanics. 北京: 世界图书出版公司北京公司, 2001.

[18] Pathria R K. Statistical Mechanics. 2nd ed. Oxford: Butterworth Heinemann, 2001.

[19] 北京大学物理系编写组. 量子统计物理学. 北京: 北京大学出版社, 1987.

[20] 杨展如. 量子统计物理学. 北京: 高等教育出版社, 2007.

[21] Wang X Z. J. Phys. A: Math. Gen., 2002, 35: 9601.

[22] Griffiths R B. Rigorous Results and Theorems//Phase Transitions and Critical Phenomena, Vol.1. London: Academic Press, 1972.

[23] van Hove L. Physica, 1949, 15: 951.

[24] Yang C N, Lee T D. Phys. Rev., 1952, 87: 404.

[25] Uhlenbeck G E, Gropper L. Phys. Rev., 1932, 41: 79.

[26] Peierls R E. Phys. Rev., 1938, 54: 918.

[27]　Einstein A. Berl. Ber., 1924, 22: 261; 1925, 23: 3, 18.

[28]　London F. Nature, 1938, 141: 643; Phys. Rev., 1938, 54: 947; J. Phys. Chem., 1939, 43: 49.

[29]　Anderson M H, et al. Science, 1995, 269: 198.

[30]　Davis K B, et al. Phys. Rev. Lett., 1995, 75: 3969.

[31]　Wang X Z. Phys. Rev. A, 2002, 65: 045601.

[32]　Pauli W. Z. Physik, 1927, 41: 81.

[33]　Landau L D. Z. Phys., 1930, 64: 629.

[34]　Cooper L N. Phys. Rev., 1956, 104: 1189.

[35]　Bardeen J, Cooper L N, Schreifer J R. Phys. Rev., 1957, 108: 1175.

[36]　Ginzberg V L. Usp. Fiz.Nauk (USSR), 1952, 48: 25; Fortschr. Physik, 1953, 1: 99.

[37]　Feynman R P. Proc. Intern. Conf. Theoret. Phys., Kyoto,Japan, 1953.

[38]　Schafroth M R. Phys. Rev., 1954, 96: 1442; Phys. Rev., 1955, 100: 463.

[39]　Wang X Z. J. Phys.: Condens. Matter, 2008, 20: 295207.

[40]　Mayer J E. J. Chem. Phys., 1937, 5: 67; Mayer J E, Ackermann P G. J. Chem. Phys., 1937, 5: 74; Mayer J E, Harrison S F. J. Chem. Phys., 1938, 6: 87, 101.

[41]　Wang X Z. Commun. Theor. Phys. (Beijing), 2016, 65: 185.

[42]　Wang X Z. Phys. Rev. E, 2002, 66: 056102.

[43]　Wang X Z. Phys. Rev. E, 2002, 66: 031203; J. Chem. Phys., 2004, 120: 7055; Physica A, 2010, 389: 3048.

[44]　Wang X Z, Ma H R. Chin. J. Chem. Phys., 2010, 23: 675.

[45]　Wang X Z. J. Chem. Phys., 2005, 122: 044515.

[46]　Wang X Z. Physica A, 2012, 391: 3566.

[47]　Kahn B, Uhlenbeck G E. Physica, 1938, 5: 399.

[48]　Debye P, E. Hükel. Phys. Z., 1923, 24: 185, 334.

[49]　Lee L L. Molecular Thermodynamics of Nonideal Fluids. Boston: Butterworths, 1988.

[50]　刘光恒, 戴树珊. 化学应用统计力学. 北京: 科学出版社, 2001.

[51]　Yvon J. Actualites scientifiques et industrielles, no.203. Paris: Hermann and Cie, 1935.

[52]　Born M, Green H S. Proc. Roy. Soc. A, 1946, 188: 10.

[53]　Kirkwood J G, Boggs E M. J. Chem. Phys., 1942, 10: 394.

[54]　Percus J K, Yevick G J. Phys. Rev., 1958, 110: 1.

[55]　Rowlinson J S. Rep. Prog. Phys., 1965, 28: 169.

[56]　Wertheim M S. J. Math. Phys., 1964, 5: 643; Thiele E. J. Chem. Phys., 1964, 39: 474.

[57]　Tonks L. Phys. Rev., 1936, 50: 955.

[58]　Weiss P. J. Phys. Radium (Paris), 1907, 6: 667.

[59]　Heisenberg W. Z. Physik., 1928, 49: 619.

[60]　Lenz W. Physik. Z., 1920, 21: 613.

[61]　Ising E. Z. Physik, 1925, 31: 253.

[62]　Peierls R. Proc. Camb. Philos. Soc., 1936, 32: 477.

[63] Kramers H A, Wannier G H. Phys. Rev., 1941, 60: 252.

[64] Onsager L. Phys. Rev., 1944, 65: 117.

[65] Yang C N. Phys. Rev., 1952, 85: 808.

[66] McCoy B M, Wu T T. The Two-Dimensional Ising Model. Cambridge: Harvard University Press, 1973.

[67] Bragg W L, Williams E J. Proc. Roy. Soc. A, 1934, 145: 699.

[68] Bethe H A. Proc. Roy. Soc. A, 1935, 150: 552.

[69] Guggenheim E A. J. Chem. Phys., 1945, 13: 253.

[70] Landau L D. Phys. Z. Sowjetunion, 1937, 11: 26.

[71] Ginzberg V L, Landau L D. Zh. Eksperim. i Teor. Fiz., 1950, 20: 1064.

[72] Lifshitz E M, Pitaveskii L P. Statistical Physics, Part 2. Oxford: Pergamon Press, 1980.

[73] Baxter R J. Exactly Solved Models in Statistical Mechanics. London: Academic Press, 1982.

[74] Mattis D C. The Theory of Magnetism Made Simple: An Introduction to Physical Concepts and to Some Useful Mathematical Methods. Singapore: World Scientific, 2006.

[75] Schultz T D, Mattis D C, Lieb E H. Rev. Mod. Phys., 1964, 36: 856.

[76] Hauge E H, Hemmer P C. Physica, 1963, 29: 1338.

[77] Lee T D, Yang C N. Phys. Rev., 1952, 87: 410.

[78] Wang X Z. Phys. Rev. E, 2001, 63: 046103.

[79] Wang X Z. Chin. Phys. Lett., 2001, 18: 953.

[80] Wang X Z. Physica A, 2007, 380: 163.

[81] Wang X Z, Kim J S. Phys. Rev. E, 1998, 57: 5013; Phys. Rev. E, 1998, 58: 4174.

[82] Wang X Z. Commun. Theor. Phys., 2001, 35: 365; J. Phys. A, 2002, 35: 1885.

[83] Wannier G H. Phys. Rev., 1950, 79: 357.

[84] Matveev V, Shrock R. J. Phys. A, 1996, 29: 803.

[85] Wang X Z, Kim J S. Phys. Rev. Lett., 1997, 78: 413.

[86] Wang X Z, Kim J S. Phys. Rev. E, 1997, 56: 2793.

[87] Müller-Hartmann E, Zittartz J. Z. Phys. B, 1977, 27: 261.

[88] Wang X Z. Phys. Rev. E, 2002, 66: 056102.

[89] Wang X Z. Physica A, 2004, 341: 433.

[90] Wang X Z. J. Chem. Phys., 2005, 123: 054504.

[91] Groeneveld J. Phys. Lett., 1962, 3: 50.

[92] Feynman R P, Leighton R B, Sands M. The Feynman Lectures on Physics, Vol.1,42-1. London: Addision-Wesley, 2004.

[93] Wang X Z, Kim J S. Phys. Rev. E, 1999, 59: 1242.

[94] Rushbrooke G S. J. Chem. Phys., 1963, 39: 842.

[95] Griffiths R B. Phys. Rev. Lett., 1965, 14: 623; J. Chem. Phys., 1965, 43: 1958.

[96] Widom B. J. Chem. Phys., 1965, 43: 3892, 3898.

[97] Kadanoff L P. Physics, 1966, 2: 263.

[98]　Wilson K G. Phys. Rev. B, 1971, 4: 3174, 3184.

[99]　Niemeijer T, van Leeuwen J M. J. Phys. Rev., 1973, 31: 1411.

[100]　Amit D J. Field Theory, the Renormalization Group, and Critical Phenomena. Singapore: World Scientific, 1984.

[101]　Feynman R P. Phys. Rev., 1953, 91: 1291.

[102]　Landau L D. J. Phys. USSR, 1941, 5: 71.

[103]　Feynman R P. Phys. Rev., 1954, 94: 262.

[104]　Feynman R P, Cohen M. Phys. Rev., 1956, 102: 1189.

[105]　Huang K, Yang C N. Phys. Rev., 1957, 105: 767.

[106]　Wang X Z. Eur. Phys. J. B, 2005, 48: 385.

[107]　Bogoliubov N N. J. Phys. USSR, 1947, 11: 23.

[108]　Lee T D, Yang C N. Phys. Rev., 1957, 105: 1119.

[109]　Dalfovo F, Giorgini S, Pitaevskii L P, et al. Rev. Mod. Phys., 1998, 71: 463.

[110]　Gross E P. Nuovo Cimento, 1961, 20: 454; J. Math. Phys., 1963, 4: 195.

[111]　Pitaevskii L P. Sov. Phys. JETP, 1961, 13: 451.

[112]　Landau L D. J. Exptl. Theoret. Phys. USSR, 1956, 30: 1058.

[113]　Maxwell E. Phys. Rev., 1950, 78: 477.

[114]　Fröhlich H. Phys. Rev., 1950, 79: 845.

[115]　Bogoliubov N N. Nuovo Cimento, 1958, 7: 794.

[116]　王先智. 物理流体力学. 北京: 清华大学出版社, 2021.

[117]　Landau L D, Lifshitz E M. Fluid Mechanics. Oxford: Pergamon, 1980.

[118]　王先智. 斯托克斯阻力公式的简单推导. 力学与实践, 2017, 39: 617.

[119]　Kreuzer H J. Nonequilibrium Thermodynamics and Its Statistical Foundations. New York: Oxford University Press, 1981.

[120]　德格鲁脱 S R, 梅休尔 P. 非平衡态热力学. 陆全康, 译. 上海: 上海科学技术出版社, 1981.

[121]　Chapman S, Cowling T G. The Mathematical Theory of Non-uniform Gases. New York: Cambridge University Press, 1952.

[122]　Lifshitz E M, Pitaevskii L P. Physical Kinetics. Oxford: Pergamon, 1980.

[123]　Smoluchowski M V. Ann. Phys., 1908, 25: 205.

[124]　Einstein A. Ann. Phys., 1910, 33: 1275.

[125]　Einstein A. Ann. Phys., 1905, 17: 549; 1905, 19: 371.

[126]　Langevin P. Comptes Rend. Acad. Sci. Paris, 1908, 146: 530.

[127]　Fokker A D. Ann. Phys., 1914, 43: 810.

[128]　Planck M. Sitz. Berlin, 1917: 324.

[129]　Onsager L. Phys. Rev., 1931, 37: 405; 38: 2265.

[130]　Callen H B, Welton T A. Phys. Rev., 1951, 83: 34.

[131]　Byron F W, Fuller R W. Mathematics of Classical and Quantum Physics. London: Addison-Wesley, 1970.

[132]　Wyld H W. Mathematical Methods for Physics. London: W. A. Benjamin, 1976.

[133] Jackson J D. Classical Electrodynamics, Second Edition. London: John Wiley & Sons, 1975.

[134] Kubo R. J. Phys. Soc. Japan, 1957, 12: 570.

[135] Callen H B, Barasch M L, Jackson J L. Phys. Rev., 1952, 88: 1382.

《现代物理基础丛书》已出版书目

(按出版时间排序)